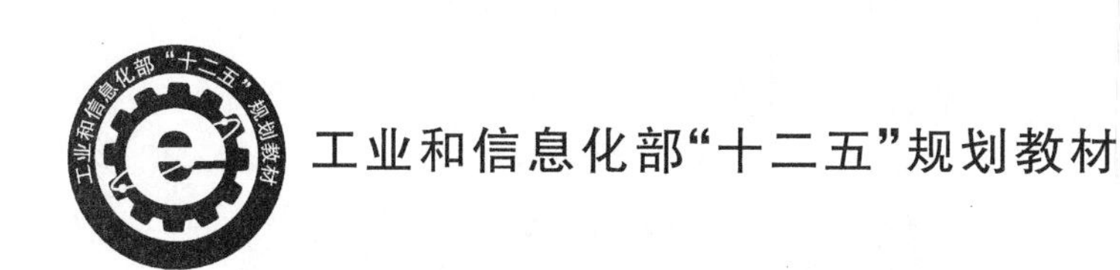

数字电子技术基础
(第3版)

胡晓光　徐　东　刘　丽　主　编

彭朝琴　马耀飞　副主编

北京航空航天大学出版社

内容简介

本书是工信部“十二五”规划教材，是普通高等教育“十一五”国家级规划教材《数字电子技术基础》一书的修订版。这本教材凝聚了作者多年的教学积累和精华，内容新颖，简明易懂。同时本书坚持以“学”为中心的教学理念，每章提出探索问题，引导学生自主学习。

教材结构由问题探究、课程导论和主体内容3部分组成。全书共分8章，第1章逻辑代数基础，第2章门电路，第3章组合数字电路，第4章触发器和定时器，第5章时序数字电路，第6章存储器及大规模集成电路，第7章数模与模数转换器，第8章模型计算机系统。书中还配有适量的习题、硬件描述语言和仿真实例。在可编程逻辑器件部分紧密与实验平台相结合阐述编程设计过程，并设有附录VHDL语言结构和语法规则供学习者参考。

本书可作为普通高等工科学校和大中专院校的电子、电气和自控类专业的教材，也可供从事这方面工作的工程技术人员参考。

图书在版编目(CIP)数据

数字电子技术基础 / 胡晓光，徐东，刘丽主编. --
3版. -- 北京 ：北京航空航天大学出版社，2021.11
ISBN 978-7-5124-3647-3

Ⅰ. ①数… Ⅱ. ①胡… ②徐… ③刘… Ⅲ. ①数字电路－电子技术－高等学校－教材 Ⅳ. ①TN79

中国版本图书馆CIP数据核字(2021)第236720号

数字电子技术基础
(第3版)
胡晓光 徐 东 刘 丽 主 编
彭朝琴 马耀飞 副主编
策划编辑 蔡 喆 责任编辑 蔡 喆 周世婷
*
北京航空航天大学出版社出版发行
北京市海淀区学院路37号(邮编100191) http://www.buaapress.com.cn
发行部电话：(010)82317024 传真：(010)82328026
读者信箱：goodtextbook@126.com 邮购电话：(010)82316936
涿州市新华印刷有限公司印装 各地书店经销
*
开本：787×1092 1/16 印张：20.25 字数：518千字
2021年11月第3版 2021年11月第1次印刷 印数：3000册
ISBN 978-7-5124-3647-3 定价：59.00元

若本书有倒页、脱页、缺页等印装质量问题，请与本社发行部联系调换。联系电话：(010)82317024

前　言

“数字电子技术基础”是高等学校工科电类各专业的一门重要的技术基础课，具有较强的理论性和工程实践性，是培养学生学习现代电子技术理论和实践知识的入门性课程。

基于本课程的特点，为顺应培养创新型人才的要求，编写小组将长期在教学中取得的教学成果和积累的教学经验融入到教材的编写中。在教学中编者提出基于建构主义的教学模式，建构主义的学习理论和教学理论是以“学”为中心的教学设计的理论基础，强调学生对知识的主动探索、主动发现和对所学知识意义的主动建构，教材的整个构思都是围绕这个中心思想展开的。

首先，本书在绪论里给出了“问题探究”题目，这些题目是针对课程学习的重点和难点而提出来的，多数是要通过整个课程的学习和研究才可以得出结果。然后，每一章还是以“问题探究”开始，以此引导学生自发建构学习平台，实现自主学习的目的。

接下来是课程导论，包括该课程的前导课程、学习者必备知识和技能以及课程教学内容简介等。这些提示性内容一方面可以帮助学生得到研究问题的思路和方法；另一方面也有助于学生在学习过程中更快、更准确地将当前的学习内容与原有的知识建立联系，使课程的学习体现出累积性和目标指引性等特征。

最后是教材主体内容，根据建构主义学习特征，须能满足学习者自主性学习的要求。如：建构主义学习理论教学方法之一——“随机进入”教学模式，是事物的复杂性和问题的多面性所决定的。要做到对事物内在性质和事物之间相互联系的全面了解和掌握，即真正达到对所学知识全面而深刻的意义建构是很困难的，从不同的角度考虑往往可以得出不同的理解。为克服这方面的弊病，在教学中就要注意对同一教学内容，需要在不同的时间、不同的情境下，为不同的教学目的，用不同的方式加以呈现。为此，本书增加了举例和训练内容，如：开始学习逻辑事件与逻辑函数时，就用加法器、译码器和数据选择器等做例子，进行逻辑抽象和逻辑函数表达的课堂教学；到学习基本逻辑器件时，仍然提出加法器、译码器和数据选择器等的实现方案；而学习由基本逻辑器件构成的数字电路时，就自然讲到集成加法器、译码器和数据选择器等；接下来学习由基本数字电路构成的简单数字电路应用系统时，可以采用加法器、译码器和数据选择器等组合构成。这样的教材结构会使学习循序渐进，由浅入深。

为了方便教师和学生的教学与学习，每一章的后面都配有适量的习题，习题的难度由浅到深，学生可以根据实际情况选做。

本书由胡晓光、徐东、刘丽任主编,彭朝琴、马耀飞任副主编,由哈尔滨工业大学王淑娟教授审阅。在编写过程中,得到哈尔滨工业大学电子学教研室的大力支持,并采纳了他们的许多宝贵意见,在此表示衷心的感谢!教材编写的新思路,需要在教学实践中不断地完善和提高,编者真诚地希望广大教师和学生提出宝贵意见。

作者

2021年10月

于北京航空航天大学

目　　录

工业和信息化部"十二五"规划教材

绪 论

1. 电子技术的发展

电子技术基础是研究电子器件和电子电路工作原理及其应用的一门科学技术，是高等院校理工科学生必修的技术基础课。电子器件经历了第一代电子管、第二代半导体器件和第三代集成电路后，其发展日新月异。

2. 模拟电路和数字电路

电子电路中的信号分为模拟信号与数字信号 2 大类。模拟信号是指随时间连续变化的物理量，如：电压、电流、温度和流量等，并且可以用计量仪器测量出某个时刻模拟量的瞬时值和有效值。数字信号是指随时间断续变化的信号。一般来说，数字信号是在 2 个稳定状态之间阶跃式变化的信号。模拟量和数字量之间可以转换，但它们之间需要建立一定的转换关系。例如：可以通过计算数字信号变化的次数来得到相应的模拟量，而不需要知道数字信号每次变化的具体大小，或者研究数字信号之间的编排方式就可以了。

处理模拟信号的电子电路是模拟电路。模拟电路研究各种模拟电子器件及模拟信号的变换、控制、测量和应用等内容。模拟电路主要有放大电路、振荡电路、运算电路、有源滤波电路、整流稳压电路、反馈电路，以及混频、调制解调等非线性电路。

模拟电路具有如下特点：

① 模拟电路处理的是连续变化的电信号，人们的日常生活、生产等活动与模拟信号的联系特别密切，模拟电子电路应用十分广泛。

② 模拟电路中的器件往往工作在放大状态，因而电路的灵敏度比较高，但也容易受到干扰信号的影响。

③ 在模拟与数字电路的复合系统中，需要在模拟—数字、数字—模拟信号间进行变换，其中少不了模拟电路，而且技术难点往往在模拟电路。

④ 许多模拟电路便于集成，可以较大地降低成本，减小体积。

⑤ 模拟信号相对数字信号而言，不便于处理和存储。

处理数字信号的电子电路是数字电路。数字电路研究各种逻辑器件和各种数字电路，以及研究数字信号的变换、存储、测量和应用等内容。

数字电路具有如下特点：

① 数字电路中的器件往往工作于开关（饱和和截止）状态，因而电路的稳定性好、可靠性高。

② 电路只须识别信号的有无，这样就便于扩充数字的位数以获得较高的灵敏度。

③ 数字信号便于处理和存储。

④ 数字电路便于集成，可大大降低成本，减小体积。数字电路的集成水平一般都高于模拟电路。

⑤ 便于采用数字计算机或微处理机来处理信息和参与控制。

上述特点使数字电路迅速发展，成为电子电路发展的主流，一些原来由模拟电路完成的工

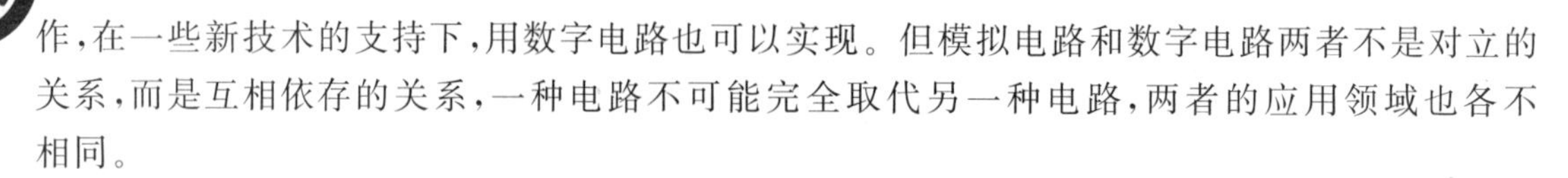

作,在一些新技术的支持下,用数字电路也可以实现。但模拟电路和数字电路两者不是对立的关系,而是互相依存的关系,一种电路不可能完全取代另一种电路,两者的应用领域也各不相同。

3. 本课程的学习建议

电子技术课程具有自己鲜明的特点,但不像数学、物理等基础课,讨论的问题理论性强,计算严格。电子技术是一门介于基础课和专业课之间的"搭桥型"课程。电子技术课的实践性很强,电子技术课程有其自身的理论体系,但在分析问题和进行计算时具有工程的特点,可以忽略一些次要的因素,进行简化计算。这与基础课处理问题的方式有较大的不同。

读者在刚刚学习电子技术课程时,会有一些不习惯。对于电子电路中所用的电子器件,只介绍这些器件的基本性能,着重介绍外部特性,对电子器件内部的物理过程只要求一般了解。对电子器件的了解,以能够正确分析电子电路和正确使用器件为目标。学习本课程,主要应掌握本课程的基本概念、基本知识和基本的分析方法,从而学会分析电子电路中的问题和实验中的现象。

读者应该十分重视电子技术课程的实验。一方面应该加强课程内容与实验的联系,通过实验进行学习,另一方面在实验中也会学习到许多实用的知识。读者不但要学会传统的分析和测试电子电路的基本方法,也要学会现代化的分析测试手段,这是对电子电路性能指标进行客观评价的必经之路。同时需要通过及时复习、做习题帮助建立正确的基本概念。

4. 问题探究

(1) 如何制作1个3人表决器或多人表决器?

(2) 如何制作1个定时电路来控制水的温度?

(3) 如何设计1个倒计时电路?

(4) 如何设计1个双音频电子门铃电路?

(5) 如何设计1个自动投币售票机的控制电路?

(6) 如何设计1个交通红绿黄灯的循环显示控制电路?

(7) 如何设计1个3位十进制显示电路,对设计方法与技巧进行研究,并用proteus仿真平台验证?

(8) 如何分析、简化与应用1个包含任意项的逻辑函数?

(9) TTL系列与CMOS系列的门电路及芯片的特性有什么不同?使用时应注意什么?

(10) 门电路的动作时间延迟会给电路带来什么影响?怎样消除这些影响?分别讨论组合电路和时序电路2种情况。

(11) 为什么要设计"OC"门?其性质与应用技巧是什么?

(12) 如何实现代码的灵活转换及对加法器的灵活应用研究?

(13) GAL、FPGA的设计方法与仿真研究。

(14) 如何将输入模拟量转换成数字量?如何将输出的数字量转换成模拟量以便驱动后续电路?如何衡量转换的精度?

(15) 对数字电路与模拟电路性能进行对比研究。

第1章 逻辑代数基础

内容提要：

本章介绍数字电路的学习工具——逻辑代数，也称布尔代数。逻辑代数包括基本逻辑运算、公式定理和基本规则。在此，还将介绍逻辑函数的化简和变换，以及最小项、最大项的概念和性质等，讨论几种常用逻辑函数的表示方法及其相互间的转换。

问题探究

1. 在测量温度时，温度传感器输出的电压信号，在任何情况下被测温度都不可能发生突变，因而测得的电压信号无论在时间上还是在数量上都是连续的。而且，这个电压信号在连续变化过程中的任何一个取值都具有具体的物理意义，即表示一个相应的温度。那么这个电压信号属于模拟信号还是数字信号？

若用电子计数器记录旅客流量时，当有人通过时，给计数器1个信号使之加1；没有人通过时，给计数器的信号是0。可见计数这个信号无论在时间上还是在数量上都是不连续的，因此，它是1个离散信号，属于数字信号吗？你能找出几种分别具有上述2种特征的信号吗？

2. 如果数字量表示的是事件的逻辑状态，则在图1.1所示的灯控电路中，开关 A 和 B 的开与合决定了灯 P 的亮或灭，而开关 A 和 B 只有2种取值，若取**1**为开关闭合，取**0**为开关打开，则灯 P 的亮为**1**，灭为**0**，显然这些都是数字量。A 和 B 可以有不同取值，即：可以同时为**1**或**0**，也可以 A 为**1**而 B 为**0**，也可以 A 为**0**而 B 为**1**，其结果是灯 P 亮或灭。你能用逻辑表达式将 A 和 B 的取值组合与 P 的因果关系表达出来吗？

3. 日常生活和生产实践中有很多类似的甚至是较为复杂的逻辑事件，必须借助于数学工具描述复杂逻辑问题。如何将这些逻辑的问题抽象成数学表达式是研究逻辑电路的基础。例如：某教室有2台风扇 F_1 和 F_2，教室设置了3个温度检测元件 A、B、C，并设定了每个检测元件的阈值温度，$A=25$ ℃，$B=28$ ℃，$C=30$ ℃。现要求当室内温度高于30 ℃时，2台风扇 F_1 和 F_2 同时工作；当室内温度高于28 ℃低于30 ℃时，风扇 F_1 工作；当室内温度高于25 ℃低于28 ℃时，风扇 F_2 工作；当室内温度低于25 ℃时，2台风扇 F_1 和 F_2 都不工作。试设计1个控制2台风扇的逻辑电路。怎样用数学表达这个逻辑关系？

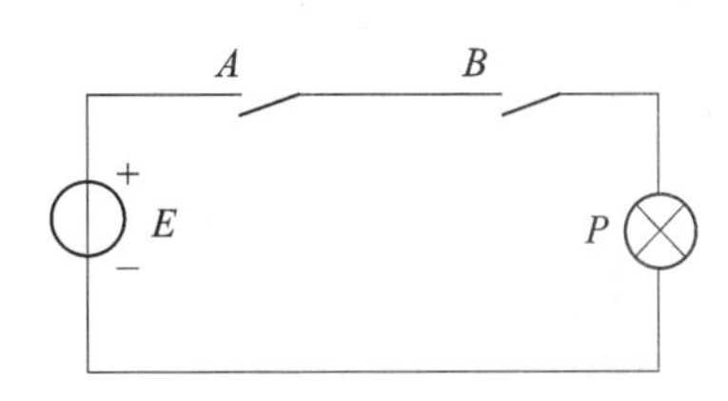

图1.1 灯控电路

1.1 导 论

本书讨论的是数字逻辑电路，电路中的信号是数字信号。数字信号是离散的脉冲信号，属于双值逻辑信号。对数字电路中的信号进行分析和运算所使用的数学工具是逻辑代数，也称布尔代数。布尔代数起源于19世纪50年代，是英国数学家G·Boole首先提出的。1938年，Shannon又把它发展成适合于分析开关电路的形式。

1.1.1　模拟信号与数字信号

电子电路中的信号分为模拟信号与数字信号2大类。模拟信号是指随时间连续变化的物理量,如:电压、电流、温度和亮度等。可以用计量仪器测量出某个时刻模拟量的瞬时值,或某一段时间内的平均值,或有效值。

数字信号是指随时间断续变化的信号。一般地说,数字信号是在2个稳定状态之间阶跃式变化的信号,或者说数字信号是规范化了的矩形脉冲信号。模拟量和数字量之间可以转换,但前提是它们之间应建立起一定的转换关系。例如:可以通过计算数字信号变化的次数来得到相应的模拟量,而不需要知道数字信号每次变化的具体大小。如果把数字信号看成是一种脉冲信号,只要计算脉冲的个数,或者研究脉冲之间的编排方式就可以了。

在数字电路中,数字的表示方法与人们习惯的十进制有很大的不同。数字电路中,目前都是采用二进制,这是因为实现数字电路的器件是与二进制相对应的。例如:二极管的正向导通和反向截止,三极管的饱和与截止,都正好与二进制相对应。二进制系统也称之为**双值逻辑系统**。用这些器件与双值逻辑系统的二进制相对应,容易实现各种逻辑电路的功能。所以,数字电路中用二进制的“0”“1”和“0”“1”的不同组合来表示数字信号,并遵循二进制的运算规则。

1.1.2　二进制的算术运算

数字电路中,1位二进制数码的**0**和**1**不仅可以表示数量的大小,而且可以表示2种不同的逻辑状态。可以用**1**和**0**分别表示一件事情的是和非、真和假、有和无、好和坏,或者表示电路的通和断、电灯的亮和灭等等。

当2个二进制数码表示2个数量大小时,它们之间可以进行数值运算,这种运算称为算术运算。二进制算术运算和十进制算术运算的规则基本相同,唯一的区别在于二进制数是“逢2进1”,而不是十进制的“逢10进1”。

例如:2个二进制数**1001**和**0101**的算术运算如下:

```
加法运算          减去运算          乘法运算              除法运算

  1001             1001               1001                     1.11
 +0101            -0101              ×0101             0101 ) 1001
 -----            -----          -----------                  0101
  1110             0100               1001                    -----
                                     0000                      1000
                                    1001                       0101
                                   0000                        -----
                                 -----------                    0110
                                   0101101                      0101
                                                                -----
                                                                0001
```

1.1.3　计数制及其转换

数制是指计数的制式,数制的核心是每一位的构成;从低位向高位的进位规则。如二进制、十进制和十六进制等。二进制共有2个数码,即**0**和**1**;十进制共有10个数码,即0、1、2、3、4、5、6、7、8、9。以此类推,所谓数码就是1种数制中可能出现的数字符号。

1. 几种常用的数制

(1) 十进制数

十进制有10个不同的数码：0、1、2、3、4、5、6、7、8、9；其基数为10；按"逢十进一"的准则计数。

一般地说，任何一个十进制数 S，都可以表示为

$$(S)_{10}=K_{n-1}10^{n-1}+K_{n-2}10^{n-2}+\cdots+K_{0}10^{0}+K_{-1}10^{-1}+\cdots+K_{-m}10^{-m}=\sum_{i=-m}^{n-1}K_{i}10^{i}$$

其中，K_i 表示第 i 位的数码，可以是0～9十个数码中的任一个；10^i 为十进制数 S 第 i 位的权，权决定了该位的数值大小；n 为整数位数，m 为小数位数。

例如：

$$(2001.9)_{10}=2\times10^{3}+0\times10^{2}+0\times10^{1}+1\times10^{0}+9\times10^{-1}$$

(2) 二进制

在二进制数中，每一位仅有0、1两个数码；基数为2；计数规律是"逢二进一"。任意一个二进制数可以表示为：

$$(S)_{2}=K_{n-1}2^{n-1}+K_{n-2}2^{n-2}+\cdots+K_{0}2^{0}+K_{-1}2^{-1}+K_{-2}2^{-2}+\cdots+K_{-m}2^{-m}=\sum_{i=-m}^{n-1}K_{i}2^{i}$$

这里 K_i 只能取0和1。

例如，二进制数101.101按上述公式展开为

$$(101.101)_{2}=1\times2^{2}+0\times2^{1}+1\times2^{0}+1\times2^{-1}+0\times2^{-2}+1\times2^{-3}$$

(3) 十六进制

在十六进制数中，每一位有0～9、A(10)、B(11)、C(12)、D(13)、E(14)、F(15)十六个数码；基数为16；计数规律是"逢十六进一"。任意一个十六进制数可以表示为

$$(S)_{16}=K_{n-1}16^{n-1}+K_{n-2}16^{n-2}+\cdots+K_{0}16^{0}+K_{-1}16^{-1}+K_{-2}16^{-2}+\cdots+K_{-m}16^{-m}=\sum_{i=-m}^{n-1}K_{i}16^{i}$$

例如，十六进制数8AE6按上述公式展开为：

$$(8AE6)_{16}=8\times16^{3}+A\times16^{2}+E\times16^{1}+6\times16^{0}$$

各种进数制之间对应表如表1.1所列。为了区分不同进制的数据，二进制数后面加"B"，十六进制数后面加"H"，十进制数后面加"D"，可省略。

表1.1　各种进数制之间对应表

十进制	二进制	十六进制	十进制	二进制	十六进制
0	0000B	0H	8	1000B	8H
1	0001B	1H	9	1001B	9H
2	0010B	2H	10	1010B	AH
3	0011B	3H	11	1011B	BH
4	0100B	4H	12	1100B	CH
5	0101B	5H	13	1101B	DH
6	0110B	6H	14	1110B	EH
7	0111B	7H	15	1111B	FH

2. 不同数制间转换

十进制数转换成二进制数、十六进制数时,其整数部分与小数部分转换方法不同,所以需分别进行。

(1) 十进制整数转换为任意进制整数——除基取余法

设 $N_{整数}$ 是要转换的十进制整数,它相应的 X 进制整数共 n 位,则

$$N_{整数}=a_{n-1}X^{n-1}+a_{n-2}X^{n-2}+\cdots\cdots+a_1X^1+a_0X^0$$

① 等式两边同除以基数 X,得商 Q_1 和余数。

$Q_1=a_{n-1}X^{n-2}+a_{n-2}X^{n-3}+\cdots\cdots+a_1X^0$,余数恰好是 X 进位制数的最低位 a_0。

② 将 Q_1 除以 X,得商 $Q_2=a_{n-1}X^{n-3}+a_{n-2}X^{n-4}+\cdots\cdots+a_2X^0$,余数恰好是次低位 a_1。

③ ……,直到商为0为止,得到一系列余数,正好是所求的 X 进制数的各位。

④ 将各余数以先后次序从低位向高位排列(逆序排列),可得转换后 X 进制整数。

例如,将十进制数59转换为二进制数的计算过程为

除数	被除数/商		余数	
2	59		余数	
2	29	……	1	最低位
2	14	……	1	
2	7	……	0	
2	3	……	1	
2	1	……	1	
	0	……	1	最高位

所以,59D=111011B

又如,把十进制数427转换为十六进制数的过程为

除数	被除数/商		余数	
16	427		余数	
16	26	………	11	↑ 低位
16	1	………	10	
	0	………	1	高位

所以,427D=1ABH

(2) 十进制小数转换为任意进制小数——乘基取整法

设 $N_{小数}$ 是要转换的十进制小数,它相应的 X 进制小数共 m 位,则

$$N_{小数}=a_{-1}X^{-1}+a_{-2}X^{-2}+\cdots\cdots+a_{-m}X^{-m}$$

① 等式两边同乘以基数 X,得整数部分 a_{-1} 和小数 P_1。

$P_1=a_{-2}X^{-1}+a_{-3}X^{-2}+\cdots\cdots+a_{-m}X^{-m+1}$,整数部分恰好是 X 进位制小数的最高位 a_{-1}。

② 将 P_1 乘以 X,得积的小数部分 $P_2=a_{-3}X^{-1}+a_{-4}X^{-2}+\cdots\cdots+a_{-m}X^{-m+2}$,整数恰好是次高位 a_{-2}。

③ ……,直到小数部分为0为止,得到一系列整数部分,正好是所求的 X 进制数的各位。

④ 将各次乘积的整数部分以先后次序排列(逆序排列),可得转换后 X 进制小数。

若小数部分始终不为0,按精度保留到小数点后一定位数即可。

例如，将十进制小数 0.625 转换为二进制小数的过程为

$$
\begin{array}{r l l}
0.625 & & \text{整数部分} \\
\times\quad 2 & & \\
\hline
1.250 & \cdots\cdots\cdots & 1 \quad \text{最高位} \\
0.250 & & \\
\times\quad 2 & & \\
\hline
0.500 & \cdots\cdots\cdots & 0 \\
0.500 & & \\
\times\quad 2 & & \\
\hline
1.000 & \cdots\cdots\cdots & 1 \quad \text{最低位}
\end{array}
$$

所以，0.625D=0.101B

又如，将十进制小数 0.34375 转换为十六进制小数的过程为

$$
\begin{array}{r l l}
0.34375 & & \text{整数部分} \\
\times\quad 16 & & \\
\hline
5.50000 & \cdots\cdots\cdots & 5 \quad \text{高位} \\
0.50000 & & \\
\times\quad 16 & & \\
\hline
8.00000 & \cdots\cdots\cdots & 8 \quad \text{低位}
\end{array}
$$

所以，0.34375D=0.58H

当十进制数既包括整数部分，又包括小数部分时，需要对整数部分和小数部分分别进行转换。根据前面的例子，可以知道：

59.625D=111011.101B

427.34375D=1AB.58H

(3) 任意进制数转换为十进制数

把任意进制数按权展开成多项式和的形式，再把各位的权与该位上的数码相乘，最后求和即得相应的十进制数。

例如，将 1011.01B 和 2A.7FH 转换为十进制数的过程为

$$
\begin{aligned}
(1011.01)_2 &= 1\times 2^3+0\times 2^2+1\times 2^1+1\times 2^0+0\times 2^{-1}+1\times 2^{-2} \\
&= 8+0+2+1+0+0.25=(11.25)_{10}
\end{aligned}
$$

$$(2A.7F)_{16}=2\times 16^1+10\times 16^0+7\times 16^{-1}+15\times 16^{-2}=(42.4960937)_{10}$$

1.1.4 码制与常用编码

码制是指利用不同制式的数码进行编码的方式。什么是编码？按某种编排方式组成的 N 位数码，用它来表示某种信息，称为编码。这些信息包括数值、语言、操作命令和状态等。

数值数据用于表示数量的多少，符号数据又叫作非数值数据，用于表示一些符号标记，包括英文大小写字母，数字符 0 到 9，专用字符+、−、*、/、(、)等，汉字、图形和语言信息等也属于符号数据。各类数据在数字电路中的编码与机器长度有关，这里取机器长度为 8。

1. 无符号数

无符号数直接以对应的二进制表示。如二进制数 X_1=**1101011B** 在8位机中表示的机器数为 **01101011**，X_2=**11101011B** 的机器数为 **11101011**。

8位机能处理的无符号数据范围为0～255。

2. 有符号数

在数字电路中，二进制的正、负号也是用 **0** 和 **1** 表示。以机器数最高位作为符号位，正数用 **0** 表示，负数用 **1** 表示。符号位数值化之后，为了能方便地对机器数进行算术运算、提高运算速度，人们设计了多种符号位与数值一起编码的方法，最常用的是原码、反码和补码表示法。

(1) 原　码

如果用符号位表示数的符号，用数的绝对值表示数值部分，这种表示法称为原码表示法。

【例1.1】 $X_1=+1001010$，$X_2=-1011011$，求它们的原码。

解：

$$[X_1]_{原}=01001010$$

$$[X_2]_{原}=11011011$$

按照原码的定义，可知$[+0]_{原}=00000000$，$[-0]_{原}=10000000$。

(2) 反　码

反码是用机器数的最高一位代表符号，数值位是对负数值各位取反的表示。

正数的反码与其原码相同。

【例1.2】 $X_1=+1001010$，$X_2=-1011011$，求它们的反码。

解：

$$[X_1]_{反}=01001010$$

$$[X_2]_{反}=10100100$$

按照反码的定义，可知$[+0]_{反}=00000000$，$[-0]_{反}=11111111$

(3) 补　码

n 位二进制整数的补码定义为

$$[X]_{补}=\begin{cases}X, & 0\leqslant X<2^{n-1} \quad\quad\quad 正数\\ 2^n+X, & -2^{n-1}\leqslant X\leqslant 0 \quad (\mathrm{mod}\ 2^n)\ 负数\end{cases}$$

其中，$M=2^n$ 为机器的模。

正数的补码与原码相同，就是数值自身。负数补码的数值部分是其原码的按位求反加1。

【例1.3】 $X_1=+1011011$，$X_2=-1101001$，求它们的补码。

解：

$$[X_1]_{补}=01011011$$

$$[X_2]_{补}=[X_2]_{反}+1=10010110+1=10010111$$

按照补码的定义，可知$[0]_{补}=00000000$

8位机器数对应的无符号数、原码、反码、补码之间的对应关系如表1.2所列。

表1.2　8位二进制数的表示法

二进制数码表示	无符号二进制数	原　码	补　码	反　码
00000000	0	+0	+0	+0
00000001	1	+1	+1	+1
00000010	2	+2	+2	+2

续表 1.2

二进制数码表示	无符号二进制数	原　码	补　码	反　码
⋮	⋮	⋮	⋮	⋮
01111101	125	+125	+125	+125
01111110	126	+126	+126	+126
01111111	127	+127	+127	+127
10000000	128	−0	−128	−127
10000001	129	−1	−127	−126
10000010	130	−2	−126	−125
⋮	⋮	⋮	⋮	⋮
11111101	253	−125	−3	−2
11111110	254	−126	−2	−1
11111111	255	−127	−1	−0

(4) 补码运算

在数字系统中，凡是带符号的数一律用补码表示，其运算结果也是用补码表示。用补码运算时，数的符号位与数值部分一起参加运算，不论两个数为正还是为负，总是有

$$[X+Y]_{补}=[X]_{补}+[Y]_{补}$$

$$[X-Y]_{补}=[X]_{补}-[Y]_{补}$$

用补码表示法，可以把减法运算转化为加法运算，解决了用原码表示法在加减法运算中所遇到的矛盾，从而简化了数字系统中的运算电路、降低了成本、加快了运算速度。

例如，设 $n=8$，用补码进行(−18)+(−11)的运算过程为

```
      1 1 1 0 1 1 1 0 B    [-18]补
  +   1 1 1 1 0 1 0 1 B    [-11]补
  ---------------------
   [1][1]1 1 0 0 0 1 1 B   [-29]补
    |  |
    |  符号位
  自然丢失
```

运算结果$[X+Y]_{补}=$**11100011B**，可知 $X+Y=-29$。

例如，设 $n=8$，用补码进行(+18)+(−11)的运算过程为

```
      0 0 0 1 0 0 1 0 B    [+18]补
  +   1 1 1 1 0 0 0 1 B    [-15]补
  ---------------------
   [1][0]0 0 0 0 0 1 1 B   [+3]补
    |  |
    |  符号位
  自然丢失
```

又如，设 $n=8$，用补码进行 96−19 的运算过程为

$$
\begin{array}{rl}
01100000\text{B} & [+96]_{补} \\
+\ 11101101\text{B} & [-19]_{补} \\
\hline
\boxed{1}\ \boxed{0}1001101\text{B} & [+77]_{补}
\end{array}
$$

符号位

自然丢失

(5) 溢　出

采用补码运算时,若结果的数值超过了补码能表示的数据范围,则计算结果错误,一般称这种情况为溢出。例如: $n=8$(字长),最高位为符号位,补码能表示的范围为$-128\sim+127$,如果结果超过此范围,就会产生溢出。

例如,

$$
\begin{array}{rl}
0\ 1\ 0\ 1\ 1\ 0\ 1\ 0\ \text{B} & [90]_{补} \\
+\quad 0\ 1\ 1\ 0\ 1\ 0\ 1\ 1\ \text{B} & [107]_{补} \\
\hline
1\ 1\ 0\ 0\ 0\ 1\ 0\ 1\ \text{B} &
\end{array}
$$

运算结果符号位为1,表示结果为负数,按补码规定 **11000101B** 应理解为-59。两个正数求和,结果为负,这显然是错误的。因 $90+107=197$ 超过了8位有符号数所能表示的最大值$+127$,导致了运算结果错误。

又如,

$$
\begin{array}{rl}
1\ 0\ 0\ 1\ 0\ 0\ 1\ 0 & [-110]_{补} \\
+\quad 1\ 0\ 1\ 0\ 0\ 1\ 0\ 0 & [-92]_{补} \\
\hline
0\ 0\ 1\ 1\ 0\ 1\ 1\ 0 &
\end{array}
$$

运算结果符号位为0,表示结果为正数,按补码规定 **00110110B** 应理解为$+54$。两个负数求和,结果为正,这显然是错误的。因$(-110)+(-92)=-202$ 小于了8位有符号数所能表示的数据最小值-128,导致了运算结果错误。

那么如何判断溢出呢?判断溢出方法有好几种,这里介绍利用双进位的状态判断溢出的方法。该方法是用字节的最高位(符号位)与次高位(数值部分的最高位)的进位状态来判断结果是否发生溢出。为了说明这种方法,引入两个符号 C_s 和 C_{s+1}。C_s 用来表示两数据中次高位向符号位的进位状态,有进位,则 $C_s=1$,否则 $C_s=0$;C_{s+1} 用来表示两个符号位向更高位的进位状态,有进位则 $C_{s+1}=1$,否则 $C_{s+1}=0$。

当 $C_{s+1}C_s=00$ 或 $C_{s+1}C_s=11$ 时不产生溢出;如 $C_{s+1}C_s=01$ 或 $C_{s+1}C_s=10$,则产生溢出,也即 C_{s+1} 和 C_s 相异时产生溢出。换言之,溢出$=C_{S+1}\oplus Cs$,用此式可判断有符号数是否溢出。

(6) 机器中对运算结果的处理方式

设置一组二进制信息作为标识位(见图1.2),表示运算结果的状态。

CF——进位标志位,用来反映运算是否产生进位或借位。当最高位有进位或借位时,CF=1。

SF	ZF		AF		PF	OF	CF

图 1.2　状态标志位

PF——奇偶标志位，用于反映运算结果中“1”的个数的奇偶性。运算结果中有偶数个“1”时，PF=1，有奇数个“1”时，PF=0。

AF——辅助进位标志位，反映低 4 位向高 4 位的进位或借位情况。AF 一般用在 BCD 码运算中，判断是否需要十进制调整。运算结果第三位向第四位进位或借位时，AF=1。

ZF——零标志位，用来反映运算结果是否为 0。运算结果为 0 时，ZF=1，否则 ZF=0。

SF——符号标志位，反映运算结果的符号位。运算结果的最高位为 1 时，SF=1，否则 SF=0。

OF——溢出标志位，用于反映有符号数加减运算所得结果是否溢出。有符号数运算过程中产生溢出时，OF=1，否则 OF=0。

3. BCD 码

BCD 码的英文是 binary-coded decimal，用缩写 BCD 表示。即：二-十进制编码，是用二进制数码表示十进制，也称 BCD 码。用二进制数码表示十进制，如果用 3 位二进制数是不够的，它只有能组成 8 个编码。因此，至少需要 4 位二进制数，因为 4 位二进制有 16 个不同取值组合，舍去其中的 6 个，即可构成许多种 BCD 码。常用的有特色的码制如表 1.3 所列。

表 1.3　各种常用编码

有权码				无权码循环码	偏权码余三码
二进制码	BCD8421	BCD5421	BCD2421		
0000	0000	0000	0000	0000	
0001	0001	0001	0001	0001	
0010	0010	0010	0010	0011	
0011	0011	0011	0011	0010	0011
0100	0100	0100	0100	0110	0100
0101	0101			0111	0101
0110	0110			0101	0110
0111	0111			0100	0111
1000	1000	1000		1100	1000
1001	1001	1001		1101	1001
1010		1010		1111	1010
1011		1011	1011	1110	1011
1100		1100	1100	1010	1100
1101			1101	1011	
1110			1110	1001	
1111			1111	1000	

关于表1.1作以下几点说明：

① BCD码中最常用的是BCD8421码,8421是它的权,因为BCD8421码正好取的是4位二进制的前10个,所以它的权与二进制相同。BCD8421码也称为自然二-十进制编码,是一种有权码。所谓有权码就是这种编码的数值可以用组成该数码各位的权的和来代表。例如：**1001**$=1\times2^3+0\times2^2+0\times2^1+1\times2^0=8+0+0+1=[9]_{10}$,所以,**1001**代表的是9。而无权码是不能用通式来计算其十进制数的数值的。

② 表中的一些编码是有权码,有一些是无权码。对于有权二-十进制编码确定一种权时,必须能组成0～9十个不同的数码。如采用2221码就不能组成8和9。

③ 对于一种有权码,决定其中任意一个数码的值时,只有唯一的一种,这就是编码的**单值性**问题。BCD8421码是单值的,而BCD2421码和BCD5421码等是多值的,常用的BCD2421码就有2种。例如：BCD2421码的5可以是**1011**,也可以是**0101**;BCD5421码的5是**1000**,也可以是**0101**。表中所列的BCD码已经是公认的,虽然有多值的问题,但不能再写成其他的形式。

对于表1.3中的BCD5421,最高位是5个"**0**"和5个"**1**",其他排下来是按**000**、**001**、**010**、**011**、**100**(0、1、2、3、4)的顺序变化。从5421码的最高位输出可以获得50%占空比的方波,它含有的基波分量比例较高,而8421码最高位输出所含基波分量的比例就较低,这也是5421码的优点所在。

④二-十进制编码必须以10为周期。以BCD8421码为例

$$\mathbf{1001+0001}=\underbrace{\mathbf{0001}}_{\text{十位}}\quad\underbrace{\mathbf{0000}}_{\text{个位}}$$

9加1得10,正好是1个周期,个位的BCD码是**0000**,同时给出1个进位信号,使10位的BCD码为**0001**。

⑤ 余三码是**偏权码**。如果用BCD8421码的权来计算余三码,得到的数值为3～12,比0～9每一个码正好多余3,故称余三码。偏权码代表的数值可按有权码计算,然后减去1个固定的偏离值得到,偏权码也因此得名。

余三码的2数相加时,其进位是可以直接从这2个二进制码相加获得。因为1个余三码多余3,2个余三码相加多余6,正好跳过4位二进制码多余已经舍去的6个码。

例如：余三码**1100**对应十进制的9,余三码**1001**对应十进制的6,将这2个数相加得对应十进制的15

$$\begin{array}{r}\mathbf{1100}\\ \mathbf{+1001}\\ \hline \mathbf{0001,0101}\\ \downarrow\quad\downarrow\\ \text{十位 个位}\end{array}$$

所以,余三码的**1100+1001=0001　0101**(BCD码十位上为**0001**,个位上为**0101**)

⑥ 余三码还有一个重要性质,即：0和9、1和8、2和7、3和6、4和5的"**0**""**1**"互换,例如：把余三码2中的"**0**""**1**"互换就得到7,而把7中的"**0**""**1**"互换,就得到2。这5对码之和都是9,称这5对码是互补的,如表1.3所列。BCD2421码也具有互补对称性。

(5) 循环码

循环码是一种无权码,循环码编排的特点是相邻 2 个数码之间符合卡诺图中的逻辑相邻条件,即:相邻 2 个数码之间只有一位码元不同,码元就是组成数码的单元。符合这个特点的有多种方案,但循环码只能如表 1.1 所列。循环码的优点是没有瞬时错误,因为在数码变换过程中,在速度上会有快有慢,例如:从二进制码的 **0111** 变化到 **1000**,可能是按如下方式变化的

0　1　1　1

0　0　1　1

0　0　0　1

1　0　0　0

中间经过其他一些数码形式,称它们为瞬时错误。这在某些数字系统中是不允许的,为此希望相邻两个数码之间仅有一位码元不同,即满足邻接条件,这样就不会产生瞬时错误。循环码就是这样一种编码,它的编排顺序如表 1.3,它可以在卡诺图中依次循环得到。循环码又称格雷码(Grey Code)。

4. ASCII 码

ASCII 码(American Standard Code for Information Interchange,美国标准信息交换码)是美国信息交换标准委员会制定的 7 位字符编码,它是目前常用的一种编码(见表 1.4)。

在这种编码方案中,规定 8 个二进制位的最高一位为 0,余下的 7 位可以给出 128 个编码,表示 128 个不同的字符。其中 95 个编码对应着计算机终端能敲入并且可以显示的 95 个字符,打印机设备也能打印这 95 个字符,如大小写各 26 个英文字母,0～9 共 10 个数字符等。另外的 33 个字符,其编码值为 0～31 和 127,则不对应任何一个可以显示或打印的实际字符,它们被用作控制码,如 LF 表示换行,CR 表示回车等。从表 1.4 可以查出某一字符 ASCII 码值,如字符 A 的 ASCII 码为 41H。

表 1.4　ASCII 码

字符 / $b_3b_2b_1b_0$	**000**	**001**	**010**	**011**	**100**	**101**	**110**	**111**
0000	NUL	DEL	SP	0	@	P	.	p
0001	SOH	DC1	!	1	A	Q	a	q
0010	STX	DC2	”	2	B	R	b	r
0011	ETX	DC3	#	3	C	S	e	s
0100	EOF	DC4	$	4	D	T	d	t
0101	ENQ	NAK	%	5	E	U	e	u
0110	ACK	SYN	&	6	F	V	f	v
0111	BEL	ETB	,	7	G	W	g	w
1000	BS	CAN	(	8	H	X	h	x
1001	HT	EM	)	9	I	Y	i	y
1010	LF	SUB	*	:	J	Z	j	z

续表 1.4

字符 $b_3b_2b_1b_0$	000	001	010	011	100	101	110	111
1011	VT	ESC	+		K	[	k	{
1100	FF	FS	,	<	L	\	l	|
1101	CR	GS	−	=	M	]	m	}
1110	SO	RS	.	>	N		n	~
1111	SI	US	/	?	O		o	DEL

5. 汉字编码

计算机汉字处理技术对在我国推广计算机应用以及加强国际交流都具有十分重要的意义。汉字也是一种字符,数字系统中汉字的表示用二进制编码。根据应用目的的不同,汉字编码分为外码、机内码和字形码等。一个汉字从输入设备输入到由输出设备输出的过程如图 1.3 所示。

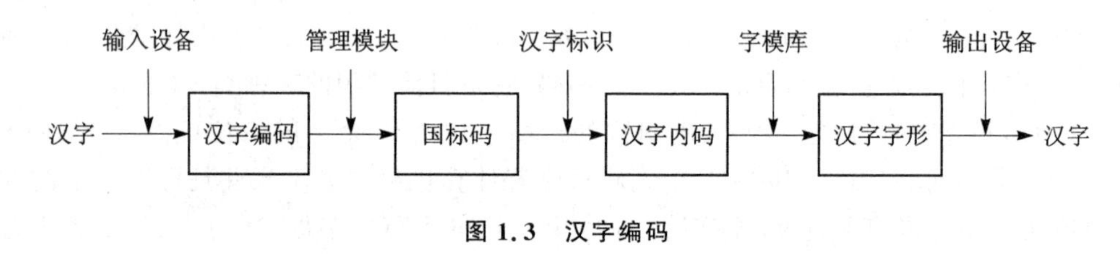

图 1.3 汉字编码

(1) 汉字输入码

汉字输入码是将汉字输入计算机而编制的代码,也叫外码。常用的输入码有拼音码、五笔字型码、自然码、表形码、认知码、区位码和电报码等,一种好的编码应有编码规则简单、易学好记、操作方便、重码率低、输入速度快等优点,每个人可根据自己的需要进行选择。

(2) 汉字机内码

汉字机内码简称“内码”,指计算机内部存储、处理加工和传输汉字时所用的由 0 和 1 符号组成的代码。输入码被接收后就由汉字操作系统的“输入码转换模块”转换为机内码,与所采用的键盘输入法无关。

机内码是汉字最基本的编码且内码是唯一的,不管是什么汉字系统和汉字输入方法,输入的汉字外码到机器内部都要转换成机内码,才能被存储和进行各种处理。

在国标 GB2312—80 中规定,所有的国标汉字及符号分配在一个 94 行、94 列的方阵中,方阵的每一行称为一个“区”,编号为 01 区到 94 区,每一列称为一个“位”,编号为 01 位到 94 位,方阵中的每一个汉字和符号所在的区号和位号组合在一起形成的四个阿拉伯数字就是它们的“区位码”。区位码的前两位是它的区号,后两位是它的位号。用区位码就可以唯一地确定一个汉字或符号。

为了避免机内码与基本 ASCII 码的冲突,并与基本 ASCII 码中的字符相区别。在区位码的区码和位码分别加上 A0H,则可得到汉字的机内码。

(3) 字型码

汉字输出码提供输出汉字时所需要的汉字字型，用以将机内码还原为汉字进行输出。由于汉字是由笔画组成的方字，所以对汉字来讲，不论其笔画多少，都可以放在相同大小的方框里，如用 M 行 N 列的小圆点组成的方块(称为汉字的字模点阵)，那么每个汉字都可以用点阵中的一些点组成。每个点用一位二进制表示，有笔形的为 1，否则为 0，就可得到该汉字的字形码。常用的点阵矩阵有 12 * 12，14 * 14，16 * 16 三种字库。

对于 16 * 16 的矩阵来说，它所需要的位数共是 16 * 16＝256 个位，每个字节为 8 位，因此，每个汉字都需要用 256/8＝32 个字节来表示。即每两个字节代表一行的 16 个点，共需要 16 行，如图 1.4 所示。显示汉字时，只需一次性读取 32 个字节，并将每两个字节为一行打印出来，即可形成一个汉字。

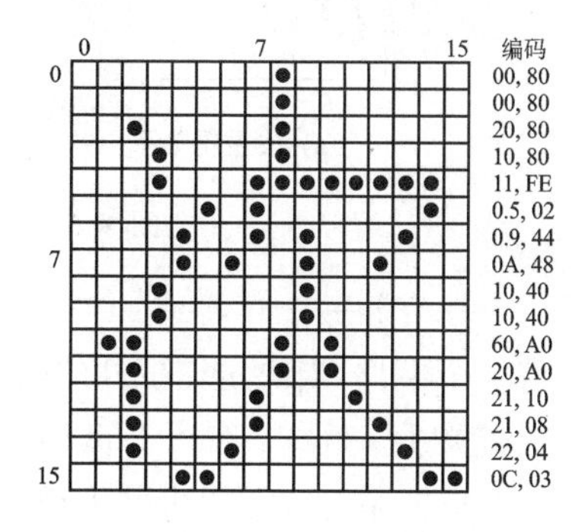

图 1.4　点阵结构图

1.2　逻辑运算

1.2.1　基本逻辑运算

1. 逻辑变量

逻辑代数中的变量往往用字母 A，B，C，……表示。每个变量只取"**0**"或"**1**"两种取值，即：变量不是取"**0**"，就是取"**1**"，不可能有第 3 种情况。它相当于信号的有或无、电平的高或低和电路的导通或截止。这使逻辑代数可以直接用于**双值系统逻辑电路**的研究。

2. 基本逻辑运算

逻辑代数的基本运算类型有 3 种：**与**、**或**、**非**。

(1) 或运算——逻辑加

有 1 个事件，当决定该事件的诸变量中只要有 1 个存在，该事件就会发生，这样的因果关系称为**或**逻辑关系，也称为逻辑加；或者称为**或**运算，逻辑加运算。

例如：在图 1.5(a)所示电路中，灯 P 亮这个事件由 2 个条件决定，只有开关 A 与 B 中有 1 个闭合时，灯 P 就亮。因此灯 P 与开关 A 与 B 满足或逻辑关系，逻辑表达式为

$$P = A + B \tag{1.1}$$

该等式读成"P 等于 A **或** B"，或者"P 等于 A 加 B"。

若以 A、B 表示开关的状态，"**1**"表示开关闭合，"**0**"表示开关断开；以 P 表示灯的状态，为"**1**"时，表示灯亮，为"**0**"时，表示灯灭。表 1.5 称为**或逻辑真值表**及运算规则。真值表是用状态反映逻辑变量 A、B 与函数 P 的因果关系的数学表达形式，它与表达式是一一对应的，有了表达式可以对应写出真值表，有了真值表同样可以对应写出表达式。

这里必须指出的是，逻辑加法与算术加法的运算规律不同，有的尽管表面上相同，但实质不同，要特别注意在逻辑代数中 **1+1=1**。

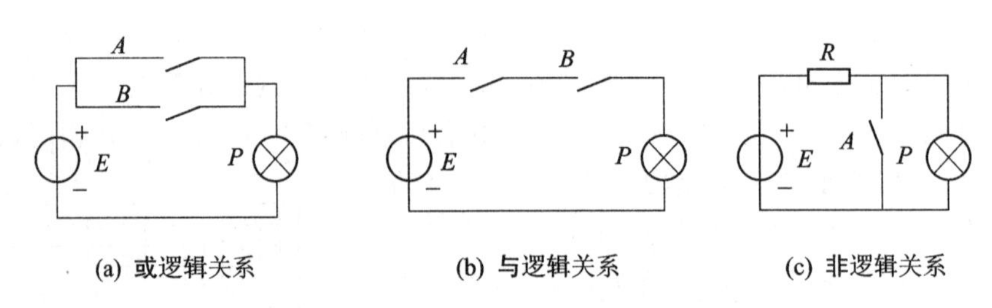

图 1.5　三种基本逻辑运算的开关模拟电路图

(2) 与运算——逻辑乘

有 1 个事件,当决定该事件的诸变量中必须全部存在,这件事才会发生,这样的因果关系称为**与**逻辑关系。例如:在图 1.5(b)所示电路中,开关 A 与 B 都闭合时,灯 P 才亮,因此它们之间满足与逻辑关系。与逻辑也称为逻辑乘,其真值表及运算规则如表 1.6 所列,逻辑表达式为

$$P=A\cdot B=AB \tag{1.2}$$

该等式读成"P 等于 A **与** B",或者"A 乘 B"。**与**逻辑运算规则与算术运算规则一样。**与**逻辑和**或**逻辑的输入变量不一定只有 2 个,可以有多个,如 $P=ABC$ 和 $P=A+B+C$。

表 1.5　或逻辑真值表及运算规则

变量		或逻辑	或逻辑运算规则
A	B	$A+B$	
0	0	0	0+0=0
0	1	1	0+1=1
1	0	1	1+0=1
1	1	1	1+1=1

表 1.6　与逻辑真值表及运算规则

变量		与逻辑	与逻辑运算规则
A	B	AB	
0	0	0	0·0=0
0	1	0	0·1=0
1	0	0	1·0=0
1	1	1	1·1=1

(3) 非运算——非逻辑关系

当 1 个事件的条件满足时,该事件不会发生;条件不满足时,才会发生。这样的因果关系称为**非**逻辑关系。图 1.5(c)所示电路表示了这种关系。其真值表及运算规则如表 1.7 所列,逻辑表达式为

$$P=\overline{A} \tag{1.3}$$

该等式读成"P 等于 A **非**"。**非**逻辑只有 1 个输入变量。

3. 基本逻辑门符号

基本逻辑运算要通过逻辑门电路来实现,具体逻辑门电路的内部构成将在第 2 章介绍,在此先给出这些逻辑门的图形符号,如图 1.6 所示。

表 1.7　与逻辑真值表及运算规则

变量	非逻辑	非逻辑运算规则
A	$\overline{A}$	
0	1	$\overline{0}=1$
1	0	$\overline{1}=0$

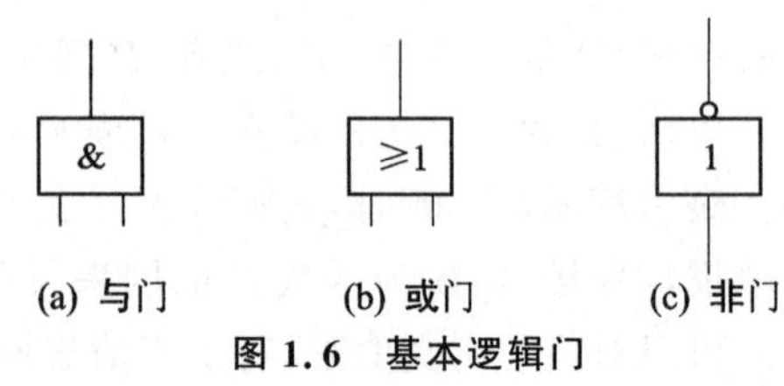

图 1.6　基本逻辑门

1.2.2　组合逻辑运算

1. 基本逻辑运算

将基本逻辑运算进行各种组合，可以获得**与非**、**或非**、**与或非**、**异或**、**同或**等组合逻辑运算。各种组合逻辑运算的表达式如下，真值表和运算规则如表 1.8 所列。

表 1.8　组合逻辑真值表及运算规则

逻辑变量				与　非	或　非	与　或　非	异　或	同　或
A	B	C	D	$\overline{ABCD}$	$\overline{A+B+C+D}$	$\overline{AB+CD}$	$C\oplus D$	$C\odot D$
0	0	0	0	1	1	1	0	1
0	0	0	1	1	0	1	1	0
0	0	1	0	1	0	1	1	0
0	0	1	1	1	0	0	0	1
0	1	0	0	1	0	1		
0	1	0	1	1	0	1		
0	1	1	0	1	0	1		
0	1	1	1	1	0	0		
1	0	0	0	1	0	1		
1	0	0	1	1	0	1		
1	0	1	0	1	0	1		
1	0	1	1	1	0	0		
1	1	0	0	1	0	0		
1	1	0	1	1	0	0		
1	1	1	0	1	0	0		
1	1	1	1	0	0	0		

① **与非**逻辑运算　其逻辑表达式为

$$P=\overline{A\cdot B} \tag{1.4}$$

② **或非**逻辑运算　其逻辑表达式为

$$P=\overline{A+B} \tag{1.5}$$

③ **与或非**逻辑运算　其逻辑表达式为

$$P=\overline{AB+CD} \tag{1.6}$$

④ **异或**逻辑运算　其逻辑表达式为

$$P=A\oplus B=\overline{A}B+A\overline{B} \tag{1.7}$$

注意：由于每个**异或**电路只有 2 个输入端，因此，一次**异或**逻辑运算只能有 2 个输入变量；而多个变量的**异或**运算，必须 2 个输入变量使用 1 个**异或**电路，所得输出在与其他变量进行**异或**运算。例如：$A\oplus B\oplus C$，先进行其中 2 个变量 A 和 B 的**异或**运算，其结果再和第 3 个变量 C 进行**异或**运算。与**异或**逻辑相同，**同或**运算也具有同样的特点。

⑤ **同或**逻辑运算　其逻辑表达式为

$$P = A \odot B = \overline{A}\overline{B} + AB \tag{1.8}$$

2. 组合逻辑门符号

与基本逻辑运算有对应的逻辑门一样,组合逻辑运算也有相应的逻辑门符号,这些符号基本上是由基本逻辑门的**与**门、**或**门和**非**门符号组合而成,如图1.7所示。

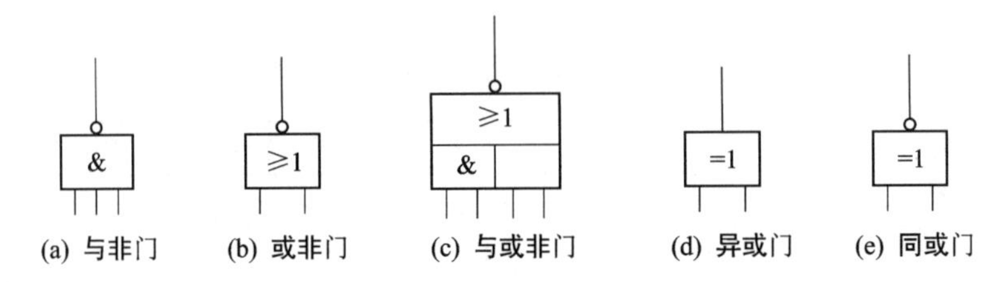

图1.7　各种组合逻辑门

1.3　公式和定理

1.3.1　常量与常量之间的关系

常量与常量之间的关系可分为**与**逻辑和**或**逻辑2种形式共8个,即

(1) $\mathbf{0 \cdot 0 = 0}$　　(1)′ $\mathbf{1 + 1 = 1}$

(2) $\mathbf{0 \cdot 1 = 0}$　　(2)′ $\mathbf{1 + 0 = 1}$

(3) $\mathbf{1 \cdot 1 = 1}$　　(3)′ $\mathbf{0 + 0 = 0}$

(4) $\mathbf{\overline{0} = 1}$　　(4)′ $\mathbf{\overline{1} = 0}$

1.3.2　变量与常量之间的关系

变量与常量之间的关系可分为**与**逻辑和**或**逻辑2种形式,共4个,即

(5) $A \cdot \mathbf{1} = A$　　(5)′ $A + \mathbf{0} = A$

(6) $A \cdot \mathbf{0} = \mathbf{0}$　　(6)′ $A + \mathbf{1} = \mathbf{1}$

用语言叙述为:任何变量乘"**0**",恒等于"**0**";任何变量乘"**1**",等于变量自身;任何变量加"**1**",恒等于"**1**";任何变量加"**0**",等于变量自身。

变量自身有**与**和**或**2种:

(7) $A \cdot \overline{A} = \mathbf{0}$　　(7)′ $A + \overline{A} = \mathbf{1}$

用语言叙述为:任何变量自身相乘,等于变量自身;任何变量自身相加,等于变量自身;变量与其反变量之积恒等于"**0**";变量与其反变量之和恒等于"**1**"。

1.3.3　特殊定理

特殊定理有以下5个:

(8) $A \cdot A = A$　　(8)′ $A + A = A$

(9) $\overline{A \cdot B} = \overline{A} + \overline{B}$　　(9)′ $\overline{A + B} = \overline{A} \cdot \overline{B}$

(10) $\overline{\overline{A}} = A$

公式(9)与(9)′为变量乘积的反等于反变量之和,变量之和的反,等于反变量之积。这 2 个定理也称为摩根定理,是很有用的 2 个定理,其证明可用真值表法。

注意: 逻辑代数与初等数学中代数运算的异同在于 $A+B=A+C$ 不能用移项规则化简为 $B=C$;$AB=AC$ 也不能用除法规则化简为 $B=C$;$A+A=A$,而不是 $2A$。

1.3.4　与普通代数相似的定理

交换律

(11) $A\cdot B=B\cdot A$　　(11)′ $A+B=B+A$

结合律

(12) $(A\cdot B)\cdot C=A\cdot(B\cdot C)$　　(12)′ $(A+B)+C=A+(B+C)$

分配律

(13) $A\cdot(B+C)=A\cdot B+A\cdot C$　　(13)′ $A+B\cdot C=(A+B)\cdot(A+C)$

1.3.5　几个常用公式

(1) $A+A\ B=A$　(吸收)

(2) $AB+\overline{A}B=B$　(并项)

(3) $A+\overline{A}B=A+B$　(消因子)

(4) $AB+\overline{A}C+BC=AB+\overline{A}C$　(消项)

(5) $\overline{A\cdot\overline{B}+\overline{A}\cdot B}=\overline{A}\cdot\overline{B}+A\cdot B$　(求反)

(6) $\overline{A\cdot\overline{B}+\overline{A}\cdot C}=\overline{A}\cdot\overline{C}+A\cdot B$　(求反)

用代数法证明公式(1)得

$$A+AB=A(1+B)=A\cdot 1=A$$

故该公式成立。

证明公式(3)得

$$A+\overline{A}B=A+AB+\overline{A}B=A+B(A+\overline{A})=A+B\cdot 1=A+B$$

证明公式(4)得

$$\begin{aligned}AB+\overline{A}C+BC&=AB+\overline{A}C+(A+\overline{A})BC\\&=AB+\overline{A}C+ABC+\overline{A}BC\ (\text{利用 }A+AB=A)\\&=AB+\overline{A}C\end{aligned}$$

公式(5)和(6)更具有一般性,即:在有 2 个**与**项相加的表达式中,如果其中 1 个**与**项含有因子 A,另 1 个**与**项含有因子 $\overline{A}$,那么,将这 2 个**与**项除了变量 A 的其余部分各自求反,就得到这个函数的反。

1.4　基本规则

除上述公式和定理外,布尔代数在运算时还有一些基本规则:代入规则、反演规则、对偶规则和展开规则。

1.4.1 代入规则

在任一含有变量 A 的逻辑等式中,如果用另一个逻辑函数 F 去代替所有的变量 A,则等式仍然成立。

代入规则是容易理解的,因为 A 只可能取"**0**"或"**1**",而另一逻辑函数 F,不管外形如何复杂,F 最终也只能非"**0**"即"**1**"。

例如:$A+\overline{A}B=A+B$,用 $F=C+D+E$ 代替式中的变量 A,则有

$$(C+D+E)+\overline{(C+D+E)}B=C+D+E+B$$

显然等式是成立的。

又如:$A+AB=A$,用 $F=CDE$ 替代变量 B,则有

$$A+AB=A+A(CDE)=A$$

实际上,根据常用公式(1)就可以知道它是相等的。

1.4.2 对偶规则

对偶概念为:在一个逻辑函数式 P 中,实行加乘互换,即"**0**"和"**1**"互换,得到的新逻辑式记为 P',则称 P' 为 P 的对偶式(注意不实行原反互换)。

对偶规则为:有一布尔等式,对等号两边实行对偶变换,得到的新布尔函数式等号两边仍然相等。

显然对对偶式 P' 再求对偶,就得到原函数 P,即

$$(P')'=P$$

用对偶规则去考查 1.3.1～1.3.4 节中的(1)～(13)公式和定理,发现**与**和**或**、**与或**型和**或与**型的公式和定理存在对偶关系。即:定理(1)和定理(1)′、定理(2)和定理(2)′、…。有了对偶规则,需要证明的定理减少了一半,只要记住上述每一对定理中的1个,则另1个用对偶规则就可推导出来。特殊定理(10)无对偶式。

【例 1.4】 试求函数式 $Y=A\overline{B}+(C+\overline{D})\overline{E}$ 的对偶式。

解:按对偶概念,实行加乘互换,**0**、**1** 互换,得 Y 的对偶式为

$$Y'=(A+\overline{B})\cdot(C\cdot\overline{D}+\overline{E})$$

【例 1.5】 证明 $A+BCD=(A+B)(A+C)(A+D)$。

证明:设 $Y_1=A+BCD$,$Y_2=(A+B)(A+C)(A+D)$

则 Y_1 的对偶式为 $Y'_1=A(B+C+D)=AB+AC+AD$,Y_2 的对偶式为 $Y'_2=AB+AC+AD$。

因为 $Y'_1=Y'_2$,所以 $Y_1=Y_2$。

1.4.3 反演规则

设 P 为一逻辑函数,如果把式中的"·"号改为"+"号;"+"号改为"·"号,则称为加乘互换;如果把式中的"**0**"换为"**1**",而"**1**"换为"**0**",则称为"**0**""**1**"互换;如果把式中的原变量改为反变量,而反变量改为原变量,则称为原反互换。于是,反演规则可叙述为:在一逻辑式 P 中,如果实行加乘互换,"**0**""**1**"互换,原反互换,得到的新逻辑式记为 $\overline{P}$,$\overline{P}$ 称为 P 的反式或反函数。即:按反演定义有

$$P=ABC$$

则

$$\overline{P}=\overline{A}+\overline{B}+\overline{C}$$

又如：用反演规则求布尔式

$$P=\overline{A}\cdot\overline{B}+CD$$

的反式，有

$$\overline{P}=(A+B)\cdot(\overline{C}+\overline{D})$$

前面讲到的摩根定理是反演规则的一个特例，只包含变量不包括常量“**0**”“**1**”。也可用摩根定理来求

$$P=\overline{A}\cdot\overline{B}+CD$$

的反式，有

$$\overline{P}=\overline{\overline{A}\cdot\overline{B}+CD}=\overline{\overline{A}\cdot\overline{B}}\cdot\overline{CD}=(A+B)\cdot(\overline{C}+\overline{D})$$

可见，用反演规则和用摩根定理所得结果相同。

变换时是每一个变量和运算符都参与互换，无论表达式有多复杂，只变最底层的变量，上层的反号不变。再比如：用反演规则求式

$$P=A+\overline{B+\overline{C}+\overline{D+\overline{E}}} \tag{1.8}$$

的反式，有

$$\overline{P}=\overline{A}\cdot(\overline{\overline{B}\cdot C\cdot\overline{\overline{D}\cdot E}}) \tag{1.9}$$

式(1.8)变到式(1.9)为止，且无需化简。即：只需 A、B、C、D、E 及所有运算符按规则变换，P 表达式中的原有复合表达式 $\overline{B+\overline{C}+\overline{D+\overline{E}}}$ 最上面的大非号和 $\overline{D+\overline{E}}$ 上面的非号不能变。因为反演就是为了在特定条件下运算方便才采取的措施，因此，变化后就是想要的结果，不用再化简。当然也可以用摩根定理来求解，即

$$P=A+\overline{B+\overline{C}+\overline{D+\overline{E}}}$$

则

$$\overline{P}=\overline{A}\cdot(B+\overline{C}+\overline{D+\overline{E}})$$

这里应把$(B+\overline{C}+\overline{D+\overline{E}})$看为一个整体，上面有一个反号，就好像 $P=A+\overline{M}$，而 $M=B+\overline{C}+\overline{D+\overline{E}}$，用代入规则替代以后一样。所以，若

$$P=A+\overline{M}$$

则

$$\overline{P}=\overline{A}\cdot(B+\overline{C}+\overline{D+\overline{E}})$$

M 式中的加乘、原反不应互换，否则就错了。

对比一下反演规则和摩根定理求反的结果，把反演规则的结果进一步整理可得

$$P=A+\overline{B+\overline{C}+\overline{D+\overline{E}}}$$

$$\overline{P}=\overline{A}\cdot(\overline{\overline{B}\cdot C\cdot\overline{\overline{D}\cdot E}})\Rightarrow\overline{A}\cdot(B+\overline{C}+\overline{D}\cdot E)=\overline{A}\cdot(B+\overline{C}+\overline{D+\overline{E}})$$

同样，反演规则和用摩根定理所得结果相同。

1.5　逻辑函数表示方法

对于一个逻辑问题，其逻辑关系有多种表示方法，主要有：逻辑真值表、逻辑函数式、逻辑

图、波形图、硬件描述语言五种。

下面以一个逻辑问题为例说明。

例如，有一个裁判电路的逻辑问题。举重比赛中有 A、B、C 三个裁判，A 为主裁，B、C 为副裁，规定当主裁和至少一个副裁认定成绩有效时，则运动员成绩 F 有效，否则无效。

1. 逻辑真值表

将输入变量所有取值下对应的输出值求出来，列成表格，即为逻辑真值表。

列真值表的步骤如下：

① 找出输入、输出变量，并用相应的字母表示；

② 逻辑赋值；

③ 画出表格。

对于裁判电路的逻辑问题，有 3 个输入变量：主裁 A，副裁 B 和 C，当变量取值为 1 时表示裁判认定成绩有效；输出变量 F 表示成绩是否有效，$F=1$ 表示运动员成绩有效。则输出变量和输入变量之间的逻辑关系可用真值表 1.9 表示。

2. 逻辑函数式

逻辑函数式是将输出变量与输入变量之间的逻辑关系用与、或、非等逻辑运算符号连接起来的式子，又称函数式或逻辑式。

对于裁判电路，由规定当主裁 A 和至少一个副裁 B、C 认定成绩有效时，则运动员成绩 Y 有效，可知：

$$F=A\cdot(B+C)$$

对于较复杂的逻辑问题，往往很难直接写出逻辑函数式，可以通过真值表的帮助来获得逻辑函数式，其方法为

① 如图 1.8，找出所有使输出为 1 的输入组合；

② 将每一种组合以 1 对应原变量，0 对应反变量的方法变换为逻辑与的形式；

③ 将所有②的结果相加(或)，得到的函数式就是输出 F 的表达式。

$$F=A\overline{B}C+AB\overline{C}+ABC$$

④ 将逻辑化简，$F=A\overline{B}C+AB\overline{C}+ABC$

$=(AB\overline{C}+ABC)+(A\overline{B}C+ABC)=AB+AC=A\cdot(B+C)$

与前面的表达式相同。

表 1.9 裁判电路真值表

A	B	C	F
0	0	0	0
0	0	1	0
0	1	0	0
0	1	1	0
1	0	0	0
1	0	1	1
1	1	0	1
1	1	1	1

A	B	C	F	
0	0	0	0	
0	0	1	0	
0	1	0	0	
0	1	1	0	
1	0	0	0	
1	0	1	1	⇒ $A\overline{B}C$
1	1	0	1	⇒ $AB\overline{C}$
1	1	1	1	⇒ ABC

图 1.8 由真值表求逻辑函数

3. 逻辑图

将逻辑函数中输出变量与输入变量之间的逻辑关系用与、或、非等逻辑符号表示出来的图形，称为逻辑图。

由逻辑函数式，从输入到输出每一个逻辑函数用相应的逻辑符号表示，可以画出逻辑电路图。根据裁判电路的逻辑函数 $F=A\cdot(B+C)$，可画出其逻辑电路图(见图 1.9)。

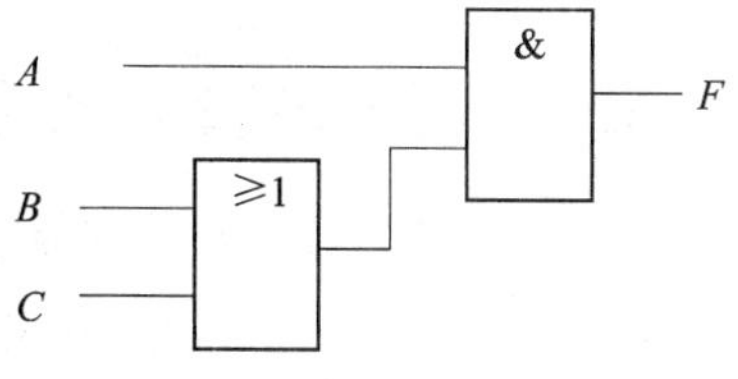

图 1.9　裁判电路逻辑电路图

4. 波形图

将逻辑函数输入变量每一种可能出现的取值与对应的输出值按时间顺序依次排列起来的图形，称为波形图。

如裁判电路的输入变量 3 个，有 8 种可能的取值，分别为 000、001、010……111，按时间顺序画出输入的各种电平组合，根据真值表得到输出变量对应每种输入变量的取值，画出其对应的输出变量的电平。

裁判电路的波形图如图 1.10 所示。

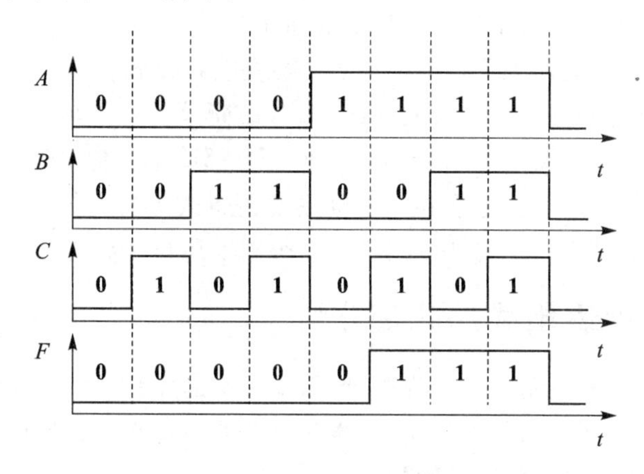

图 1.10　裁判电路波形图

5. 硬件描述语言

以硬件描述语言(Verilog 或 VHDL)完成电路设计，烧录至可编程逻辑器件即可工作。

对于裁判电路，其 Verilog 描述如下：

```
module Judge(A,B,C,Y)
    input A,B,C;
    output Y;
    assign Y= (A&(B|C));
endmodule
```

1.6　用代数法化简逻辑式

在逻辑电路的设计中，所用的元器件少、器件间相互连线少和工作速度高是小、中规模逻辑电路设计的基本要求。为此,在一般情况下,逻辑表达式应该表示成最简的形式,这样对应的逻辑电路才相对简单。这就涉及对逻辑式的化简问题。其次,为了将某一逻辑表达式用给定的基本逻辑门实现,就要采用相应的具体电路,需要对原逻辑式进行变换。所以逻辑代数要解决2个问题:一是函数化简,另一个是函数形式的变换。先讨论函数化简的问题,化简的方法主要有代数法和卡诺图法。

1.6.1 同一逻辑关系逻辑式形式的多样性

一个逻辑式除了**与或**型及**或与**型之外,还有**与非与非**型、**或非或非**型及**与或非**型。这些类型的转换问题将在后面介绍。即使是同一类型的逻辑式,如常见的**与或**型,其表现形式对于同一逻辑关系也有多种形式,例如

$$P_1 = AB + \overline{A}C$$

$$P_2 = AB + \overline{A}C + BC$$

$$P_3 = ABC + AB\overline{C} + \overline{A}BC + \overline{AB}C$$

……

这里,不难用形式定理加以证明 P_1、P_2、P_3 是相等的。

用实际电路实现上述逻辑关系时,总希望化简后电路比较简单。一般来说,逻辑式越简单,由此实现的电路也越简单。对于**与或**型逻辑式,最简单就是逻辑式中的**与**项最少,每一个**与**项中变量也最少。在上述例子中,显然 P_1 比另2个都简单。化简逻辑式有几种方法,这里介绍的是代数法,即:运用公式、定理和基本规则对逻辑式进行变换,消去一些多余的**与**项和变量。所以必须熟练掌握这些公式、定理和规则,否则容易与一般代数相混。

1.6.2 与或型逻辑式的化简步骤

代数法化简,没有普遍适用的一定规则,但需要一定的经验。以下介绍的方法是一个基本方法,是以**与或**逻辑式为基础的化简例子,其方法具有普遍意义。其他形式的逻辑式都可以先转化成**与或**型的逻辑式再进行化简。例如

$$P = (A + B)(C + D) = AC + AD + BC + BD$$

$$P = \overline{\overline{AB} \cdot \overline{CD}} = AB + CD$$

因此,这里主要讨论**与或**型逻辑式的化简。

下面通过几个例子来说明具体的简化步骤。

【例1.6】 化简逻辑式 $P = AB + ABC + BD$。

解: $P = AB + ABC + BD$

$= AB + BD$ (吸收)

【例1.7】 化简逻辑式 $P = A + A\overline{B}\,\overline{C} + \overline{A}CD + \overline{C}E + \overline{D}E$。

解: $P = A + A\overline{B}\,\overline{C} + \overline{A}CD + \overline{C}E + \overline{D}E$ (吸收)

$= A + \overline{A}CD + \overline{C}E + \overline{D}E$ (消因子)

$= A + CD + \overline{C}E + \overline{D}E$

再用其他定理检验看能否进一步化简,则

$P = A + CD + (\overline{C} + \overline{D})E$

$=A+CD+\overline{CD}E$　　（消因子）

$=A+CD+E$

【例 1.8】化简逻辑式 $P=A+AB+\overline{A}C+BD+ACFE+\overline{B}E+EDF$。

解：$P=A+AB+\overline{A}C+BD+ACFE+\overline{B}E+EDF$　　（吸收）

$=A+\overline{A}C+BD+\overline{B}E+EDF$　　（消因子）

$=A+C+BD+\overline{B}E+EDF$　　（消项）

$=A+C+BD+\overline{B}E$

【例 1.9】化简逻辑式 $P=\overline{AC}+\overline{AB}+BC+\overline{ACD}$。

解：$P=\overline{AC}+\overline{AB}+BC+\overline{ACD}$　　（吸收）

$=\overline{AC}+\overline{AB}+BC$

$=\overline{A}(\overline{B}+\overline{C})+BC$　　（摩根定理）

$=\overline{A}\cdot\overline{BC}+BC$　　（消因子）

$=\overline{A}+BC$

【例 1.10】化简逻辑式 $P=ABC+\overline{A}BC+\overline{BC}$。

解：$P=ABC+\overline{A}BC+\overline{BC}$

$=BC(A+\overline{A})+\overline{BC}$

$=1$

【例 1.11】化简逻辑式 $P=B(ABC+\overline{A}B+AB\overline{C})$。

解：$P=B(ABC+\overline{A}B+AB\overline{C})$

$=ABC+\overline{A}B+AB\overline{C}$

$=B(AC+\overline{A}+A\overline{C})$

$=B[A(C+\overline{C})+\overline{A}]$

$=B(A+\overline{A})$

$=B$

配项法与合项法相反，就是给某个**与**项乘上$(A+\overline{A})$，以寻找新的组合关系，使化简继续进行。

【例 1.12】化简逻辑式 $P=A\overline{B}+B\overline{C}+\overline{B}C+\overline{A}B$。

解：

$$
\begin{aligned}
P&=A\overline{B}+B\overline{C}+\overline{B}C+\overline{A}B\\
&=A\overline{B}(C+\overline{C})+B\overline{C}(A+\overline{A})+\overline{B}C+\overline{A}B\\
&=A\overline{B}C+A\overline{B}\ \overline{C}+AB\overline{C}+\overline{A}B\overline{C}+\overline{B}C+\overline{A}B\\
&=(A\overline{B}C+\overline{B}C)+A\overline{C}(B+\overline{B})+(\overline{A}B\overline{C}+\overline{A}B)\\
&=\overline{B}C+A\overline{C}+\overline{A}B
\end{aligned}
$$

由此看来，如果不采用配项法，这个逻辑式就很难再化简了。若采用配项法，如果$(A+\overline{A})$乘的位置不对，即：$(A+\overline{A})$变量符号是选$(B+\overline{B})$，还是选$(C+\overline{C})$，选得不合适均不能化简，因此，必须要有相当熟练的技巧，才可能快而准的完成化简。利用代数法化简，有时虽然很简单，但并不是都很方便和很快化简的，有时看上去似乎已经不能再化简了，而实际上还可以化简。所以 1.8 节介绍的卡诺图化简法，可以弥补代数法的不足。

1.7 最小项和最大项

1.7.1 最小项和最大项的定义

1. 最小项的概念

最小项：n 个变量 X_1、X_2、…、X_n 的最小项，是 n 个变量的逻辑乘，每一个变量既可以是原变量 X_i，也可以是反变量 $\overline{X_i}$，每一个变量均不可缺少。如有 A、B 两个变量时，最小项为：$\overline{AB}$、$\overline{A}B$、$A\overline{B}$、AB，共有 $2^2=4$ 个最小项；如有 A、B、C 三个变量时，最小项共有 $2^3=8$ 个最小项，如表1.6所列；以此类推，n 个变量应该有 2^n 个最小项。

最小项用小写字母 m 表示，其下标数字为该二进制数相对应的十进制数数值。即：将最小项中的原变量视为“**1**”，反变量视为“**0**”，按高低位排列，这样得到了1个二进制数，这个数就是最小项的下标数字。前面曾讲到二进制数是逢2进1的，例如：对于最小项 $A\overline{B}C$，C 为最低位，A 为最高位，对应的二进制数是 **101**，其十进制数值为

$$\mathbf{1}\times 2^2+\mathbf{0}\times 2^1+\mathbf{1}\times 2^0=4+0+1=5$$

因此，最小项 $A\overline{B}C$ 的符号是 m_5。对应 n 个变量构成的二进制的某一种取值组合，2^n 个最小项中同时只能有1个最小项为“**1**”，其他最小项全为“**0**”，这一特点称为 N 中取1个“**1**”。如：有 A、B、C 三个变量，当 $A=\mathbf{1}$、$B=\mathbf{0}$、$C=\mathbf{1}$ 时，8个最小项中只有 $A\overline{B}C=\mathbf{1}$，其余7个最小项均为“**0**”，读者可自行验证。

2. 最大项的概念

最大项：n 个变量 X_1、X_2、…、X_n 的最大项，是 n 个变量的逻辑和，每一个变量既可以是原变量 X_i，也可以是反变量 $\overline{X_i}$，每一个变量均不可缺少。如：有 A、B 两个变量时，最大项为：$\overline{A}+\overline{B}$、$\overline{A}+B$、$A+\overline{B}$、$A+B$，共有 $2^2=4$ 个最大项。

对于 n 个变量来说，最小项和最大项的数目各为 2^n 个。3个变量 A、B、C 时的最大项，如表1.10所列。

表1.10 三变量最小项和最大项的表示方法

十进制数	A	B	C	最小项	最大项
0	**0**	**0**	**0**	$m_0=\overline{ABC}$	$M_7=\overline{A}+\overline{B}+\overline{C}$
1	**0**	**0**	**1**	$m_1=\overline{AB}C$	$M_6=\overline{A}+\overline{B}+C$
2	**0**	**1**	**0**	$m_2=\overline{A}B\overline{C}$	$M_5=\overline{A}+B+\overline{C}$
3	**0**	**1**	**1**	$m_3=\overline{A}BC$	$M_4=\overline{A}+B+C$
4	**1**	**0**	**0**	$m_4=A\overline{B}\,\overline{C}$	$M_3=A+\overline{B}+\overline{C}$
5	**1**	**0**	**1**	$m_5=A\overline{B}C$	$M_2=A+\overline{B}+C$
6	**1**	**1**	**0**	$m_6=AB\overline{C}$	$M_1=A+B+\overline{C}$
7	**1**	**1**	**1**	$m_7=ABC$	$M_0=A+B+C$

最大项用大写字母 M 表示，最大项是**或**逻辑，最小项是**与**逻辑，最大项和最小项是对偶关系。所以，最大项下标确定的原则与最小项确定的原则是对偶的。

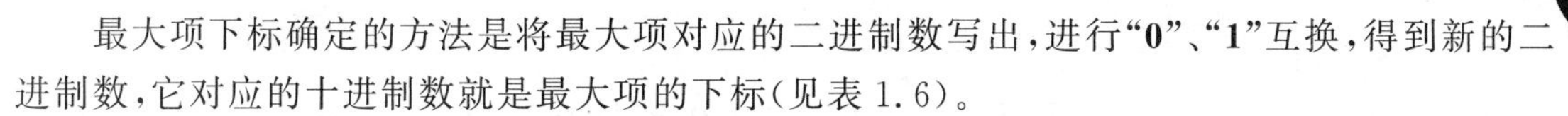

最大项下标确定的方法是将最大项对应的二进制数写出，进行“**0**”、“**1**”互换，得到新的二进制数，它对应的十进制数就是最大项的下标(见表 1.6)。

例如：最大项为 $A+\overline{B}+C$，对应的二进制数是 **101**，“**0**”、“**1**”互换，新的二进制数是 **010**，对应的十进制数是 2。所以，最大项 $A+\overline{B}+C$ 写成 M_2。对应 n 个变量构成的二进制的某一种取值组合，2^n 个最大项中同时只能有 1 个最大项为“**0**”，其余最大项全部为“**1**”，这一特点称为 N 中取 1 个“**0**”。

最大项的下标是使该最大项为“**0**”时，对应二进制码所表示的十进制数。或是将最小项直接变为或项时，最大项的下标是最小项的补数。例如：m 的下标为 5，3 位二进制数的最大数为 7，所以，最大项的下标是 $7-5=2$。也就是说最小项和与之对应的最大项下标之和等于二进制码的最大数。

1.7.2　最小项和最大项的性质

掌握最小项和最大项的性质，有助于逻辑式的化简和变换，下面对其性质加以介绍。

① 当最小项中的变量取不同数值时，只有 1 个最小项是“**1**”，其余最小项都是“**0**”，即所谓 $N(2^n)$ 中取一个“**1**”。以二变量为例，则

A	B	m_3	m_2	m_1	m_0
0	**0**	**0**	**0**	**0**	**1**
0	**1**	**0**	**0**	**1**	**0**
1	**0**	**0**	**1**	**0**	**0**
1	**1**	**1**	**0**	**0**	**0**

② 全部最小项之和恒等于“**1**”，即

$$m_3+m_2+m_1+m_0=\mathbf{1}$$

③ 两个最小项之积恒等于“**0**”，即

$$m_i m_j=\mathbf{0}$$

④ 若干个最小项之和等于其余最小项之和的反，即

$$m_1+m_2=\overline{m_0+m_3}$$

$$m_0=\overline{m_1+m_2+m_3}$$

异或逻辑和**同或**逻辑之间也符合这种关系，即：**异或**等于**同或非**，**异或非**等于**同或**。例如

$$A\oplus B=\overline{A}B+A\overline{B}=m_1+m_2=\overline{m_0+m_3}=\overline{\overline{A}\,\overline{B}+AB}=\overline{A\odot B}$$

$$\overline{A\oplus B}=\overline{\overline{A}B+A\overline{B}}=\overline{\overline{A}B}\cdot\overline{A\overline{B}}=(A+\overline{B})(\overline{A}+B)=\overline{A}\,\overline{B}+AB=A\odot B$$

⑤ 最小项的反是最大项；最大项的反是最小项。例如

$$\overline{m_0}=\overline{\overline{A}\,\overline{B}\,\overline{C}}=A+B+C=M_0$$

$$\overline{M_0}=\overline{A+B+C}=\overline{A}\,\overline{B}\,\overline{C}=m_0$$

$$\overline{m_1}=\overline{\overline{A}\,\overline{B}C}=A+B+\overline{C}=M_1$$

$$\overline{M_1}=\overline{A+B+\overline{C}}=\overline{A}\,\overline{B}C=m_1$$

…

…

$$\overline{m_7}=\overline{ABC}=\overline{A}+\overline{B}+\overline{C}=M_7$$

$$\overline{M_7}=\overline{\overline{A}+\overline{B}+\overline{C}}=ABC=m_7$$

⑥ 当对应变量的某一组取值时，2^n 个最大项中只有 1 个最大项是“**0**”,其余最大项都是“**1**”,即：所谓 $N(2^n)$ 中取 1 个“**0**”。以二变量为例,则

A	B	M_3	M_2	M_1	M_0
0	**0**	**0**	**1**	**1**	**1**
0	**1**	**1**	**0**	**1**	**1**
1	**0**	**1**	**1**	**0**	**1**
1	**1**	**1**	**1**	**1**	**0**

⑦ 最小项的性质和最大项的性质之间具有对偶性。例如：全部最小项之和恒等于“**1**”,那么,全部最大项之积恒等于“**0**”,其余性质可类推。

1.7.3 与或标准型和或与标准型

有了最小项的概念,就可以利用公式 $\overline{N}+N=\mathbf{1}$,将任何一个逻辑式展成若干个最小项之和的形式,这一形式称为**与或**标准型。例如

$$\begin{aligned}P(A,B,C)&=AB+\overline{ABC}=AB(C+\overline{C})+\overline{ABC}\\&=AB\overline{C}+ABC+\overline{ABC}\\&=\sum\nolimits_m(0,6,7)\end{aligned}$$

有了**与或**标准型可以方便地转换为**或与**标准型,即若干个最大项之积的形式。可以利用若干个最小项之和等于全部最小项中其余最小项之和的反这一性质来求出**或与**标准型。例如上例的**与或**标准型

$$P=\sum(m_0,m_6,m_7)$$

可以转换为**或与**标准型

$$\begin{aligned}P&=\sum(m_0,m_6,m_7)=m_0+m_6+m_7=\overline{m_1+m_2+m_3+m_4+m_5}\\&=\overline{m_1}\cdot\overline{m_2}\cdot\overline{m_3}\cdot\overline{m_4}\cdot\overline{m_5}\\&=M_1M_2M_3M_4M_5=\Pi M(1,2,3,4,5)\\&=(A+B+\overline{C})(A+\overline{B}+C)(A+\overline{B}+\overline{C})(\overline{A}+B+C)(\overline{A}+B+\overline{C})\end{aligned}$$

1.8 卡诺图化简法

1.8.1 卡诺图

1. 卡诺图的构成

在一方格中把所有最小项按一定顺序排列起来,每一个小方格由 1 个最小项占有,且满足最小项逻辑相邻条件的图称为**卡诺图**(Karnaugh Map)。因为最小项的数目与变量数有关,设变量数为 n,则最小项的数目为 2^n,卡诺图中的方格数也应该是 2^n 个。具体顺序是这样：如 2

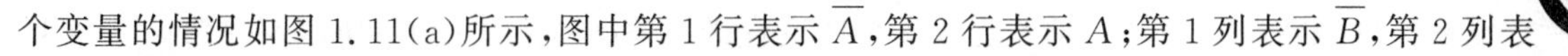

个变量的情况如图 1.11(a)所示,图中第 1 行表示 $\overline{A}$,第 2 行表示 A;第 1 列表示 $\overline{B}$,第 2 列表示 B。这样 4 个小方格就由 4 个最小项分别对号占有,行和列的符号相交就以最小项的与逻辑形式记入该方格中。

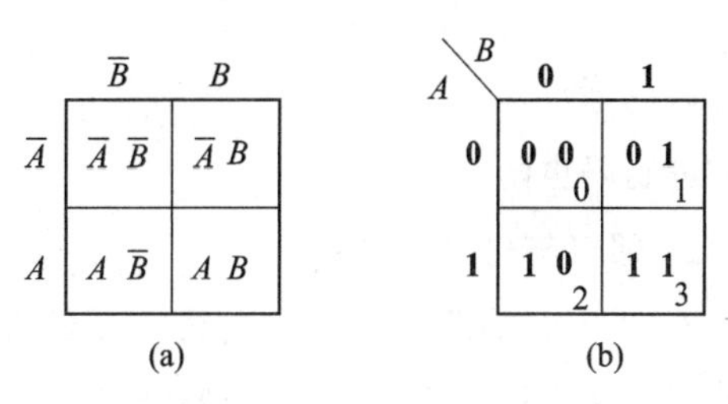

图 1.11　两变量卡诺图

有时为了更简便,可用“**1**”表示原变量,用“**0**”表示反变量,这样就可以将图 1.11(a)改画成图 1.11(b)的形式,即:4 个小方格中心的数字 0、1、2、3 就代表最小项的编号。

三变量的卡诺图如图 1.12 所示,方格编号即最小项编号。最小项的排列要求每对几何相邻方格之间仅有一个变量变化成它的反变量,或仅有一个反变量变化成它的原变量,这样的相邻又称为逻辑相邻。即:逻辑相邻的小方格相比较时,仅有一个变量互为反变量,其余变量都相同。将卡诺图中最小项按逻辑相邻顺序排列起来就形成了前述的循环码。

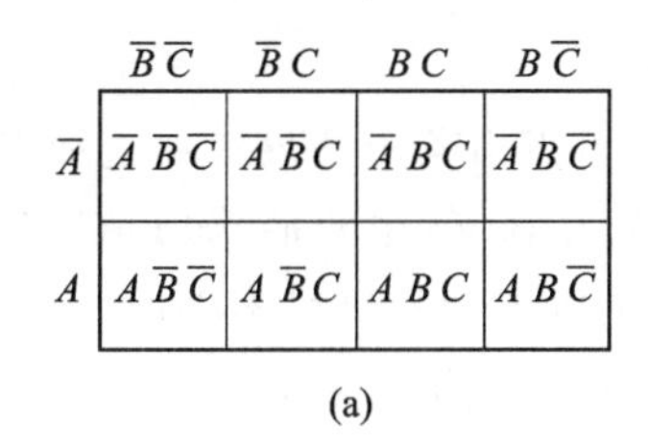

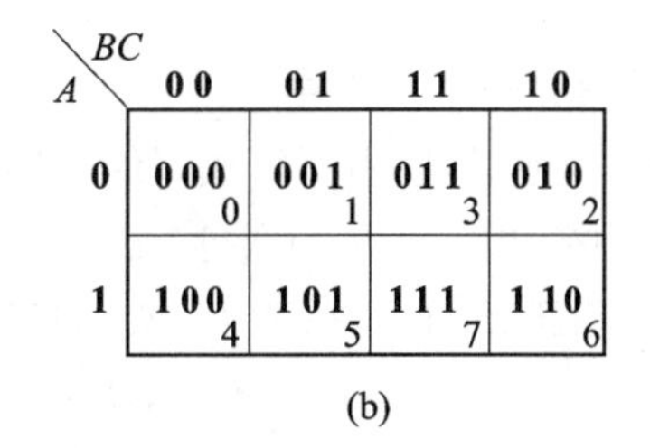

图 1.12　三变量卡诺图

四变量的卡诺图如图 1.13 所示,该图只画出了图 1.11(b)的形式。由图 1.11～图 1.13 可知,几何位置相邻小方格都满足逻辑相邻条件,如图 1.13 中,将卡诺图首尾相连卷成圆筒,不但 m_0 与 m_4 之间,而且 m_0 与 m_1 之间,m_0 与 m_2 之间也都满足逻辑相邻关系,同 1 列的第 1 行和最后 1 行,同 1 行的第 1 列和最后 1 列之间也满足逻辑相邻。

掌握卡诺图的构成特点,就可以从印在表格旁边的 AB、CD 的“**0**”、“**1**”值直接写出最小项的文字符号内容。例如:图 1.13 中,第 4 行第 2 列相交的小方格,表格第 4 行的“AB”标为“**10**”,应记为 $A\overline{B}$,第 2 列的“CD”标为“**01**”,应记为 $\overline{C}D$,所以,该小格为 $A\overline{B}\overline{C}D$。

五变量的最小项图如图 1.14 所示。它是由四变量最小项图构成的,将左边的 1 个四变量

AB \ CD	00	01	11	10
00	0000 0	0001 1	0011 3	0010 2
01	0100 4	0101 5	0111 7	0110 6
11	1100 12	1101 13	1111 15	1110 14
10	1000 8	1001 9	1011 11	1010 10

图 1.13　四变量最小项图

	$\overline{E}$				轴 E			
AB \ CD	00	01	11	10	10	11	01	00
00	0	1	3	2	18	19	17	16
01	4	5	7	6	22	23	21	20
11	12	13	15	14	30	31	29	28
10	8	9	11	10	26	27	25	24

图 1.14　五变量最小项图

卡诺图按轴翻转180°而成。轴左边的1个四变量最小项图对应变量$E=\mathbf{0}$,轴右侧的另1个四变量最小项图对应的变量$E=\mathbf{1}$。有一点需要注意,以轴为对称左右两侧图重叠后的每对重叠小方格也满足逻辑邻接条件。图中最小项编号按变量$EABCD$由高到低的顺序排列,所对应的二进制码也随之确定。

2. 邻接与化简的关系

卡诺图可以用来化简,这与最小项的排列满足逻辑相邻关系有关。因为在最小项相加时,相邻两项就可以提出$(N+\overline{N})$项,从而消去1个变量。以四变量为例,m_{12}与m_{13}为相邻项,则$m_{12}+m_{13}$为

$$AB\overline{C}\,\overline{D}+AB\overline{C}D=AB\overline{C}(\overline{D}+D)=AB\overline{C}$$

所以,在卡诺图中只要将2^n个相邻最小项组合,就可能消去一些变量,使逻辑函数得到化简,n可以是1,2,3,…。

1.8.2 与项的读取和填写

1. 最小项如何填入卡诺图

既然卡诺图由全部最小项组成,任一**与或**逻辑式可以由若干个最小项之和来表示,那么就可以将该**与或**型逻辑式存在的最小项一一对应填入图中,存在的最小项填“**1**”,不存在的填“**0**”。因为小方格不是“**1**”,就是“**0**”,所以只填“**1**”就可以了,“**0**”可以不必填。

例如:将逻辑式$P(A,B,C)=AB\overline{C}+\overline{A}\,\overline{B}C$填入卡诺图。它为1个三变量的逻辑式,结果如图1.15所示。相反,也可以从卡诺图写出其带**1**的小方格所对应的逻辑式。如:写出图1.16卡诺图的逻辑式为

$$P=\overline{A}\,\overline{B}\,\overline{C}\,\overline{D}+\overline{A}B\overline{C}D+A\overline{B}CD+ABC\overline{D}$$

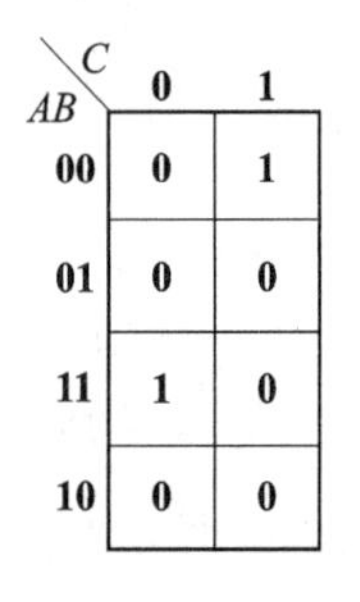

图1.15

AB \ CD	00	01	11	10
00	1	0	0	0
01	0	1	0	0
11	0	0	0	1
10	0	0	1	0

图1.16

上述2个例子中带“**1**”的小方格都不相邻,下面讨论带“**1**”小方格相邻的情况。

2. 与项的读取和填写

(1) **与项的读出**

由图1.17的卡诺图写出相应的逻辑式P

$$P=m_3+m_7+m_{13}+m_{15}$$

现在的P不是最简表达式。如果想从卡诺图直接写出最简逻辑表达式,首先,把m_3和m_7 2个小方格圈在一起,这个圈它占有2行1列,2行中互为反变量的变量B可以被消去,即

$$m_3+m_7=\overline{A}\,\overline{B}CD+\overline{A}BCD=\overline{A}CD(\overline{B}+B)$$

$$=\overline{A}CD$$

然后，再把 m_{13} 和 m_{15} 圈在一起，这个圈它占 2 列 1 行，2 列中互为反变量的变量 C 可以被消去，于是有

$$m_{13}+m_{15}=AB\overline{C}D+ABCD=ABD(\overline{C}+C)=ABD$$

$$P=m_3+m_7+m_{13}+m_{15}=\overline{A}CD+ABD$$

所以，当相邻方格占据 2 行或 2 列时，变量相同的则保留，变量之间互为反变量的则消去，即：卡诺图中圈在一起的最小项对应方格框外面"**0**""**1**"标号不同者，所对应的变量应消去。在卡诺图中如果有 $2^i(i=0,1,\cdots,n)$ 个取 **1** 的小方格连成 1 个矩形带，这样的 1 个矩形带就代表 1 个与项。实际上，1 个**与或**型逻辑表达式都是对应 1 个包含 2^i 个小格的矩形带。不同的 i 值与最小项小格数的对应关系如下：

当 $i=0$ 时，对应 1 个小方格，即最小项，不能化简。

当 $i=1$ 时，1 个矩形带含有 2 个小方格，可消去 1 个变量。

当 $i=2$ 时，1 个矩形带含有 4 个小方格，可消去 2 个变量。

当 $i=3$ 时，1 个矩形带含有 8 个小方格，可消去 3 个变量。

一般来说，1 个矩形带中含有 2^i 个小方格时，可消去 i 个变量。

至此，对最小项的命名可以有更形象的体会了，在卡诺图中，1 个小方格代表最小项，而它所含变量数最多。矩形带所含的格子多了，包含相应的**与**项就多，但化简后的变量数目却少了。以后图中带"**0**"的小格一般就不再标了，以使卡诺图更加清晰。

若写出图 1.18 所示卡诺图对应的最简逻辑式，先将 m_0 与 m_4 圈在一起，然后再将 m_6 与 m_4 圈在一起，最后，再将 m_0 与 m_8 圈在一起，那么，m_0、m_4 圈在一起就是多余的了。所以，每个圈中的最小项必须有 1 个没有被其他圈圈过，即：每个圈至少有 1 个没被覆盖过的新最小项。这样，只需把 m_0 与 m_8 圈在一起，m_4 与 m_6 圈在一起就可以了，则有

$$m_0+m_8=\overline{A}\overline{B}\overline{C}\overline{D}+A\overline{B}\overline{C}\overline{D}$$

$$=\overline{B}\overline{C}\overline{D}$$

$$m_4+m_6=\overline{A}B\overline{C}\overline{D}+\overline{A}BC\overline{D}=\overline{A}B\overline{D}$$

$$P=\overline{B}\overline{C}\overline{D}+\overline{A}B\overline{D}$$

熟练后，应根据卡诺图直接写出结果。m_0+m_8 占 1 列 2 行，消去行上的变量 A，剩下 $\overline{B}\overline{C}\overline{D}$；$m_4+m_6$ 占 1 行 2 列，消去列上的变量 C，剩下 $\overline{A}B\overline{D}$。

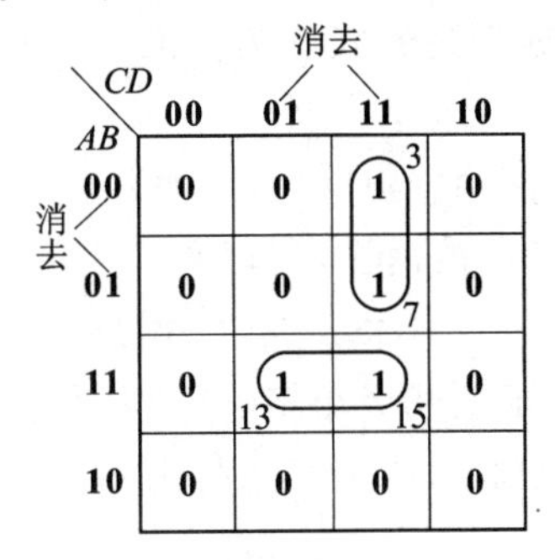

图 1.17　P 填入卡诺图

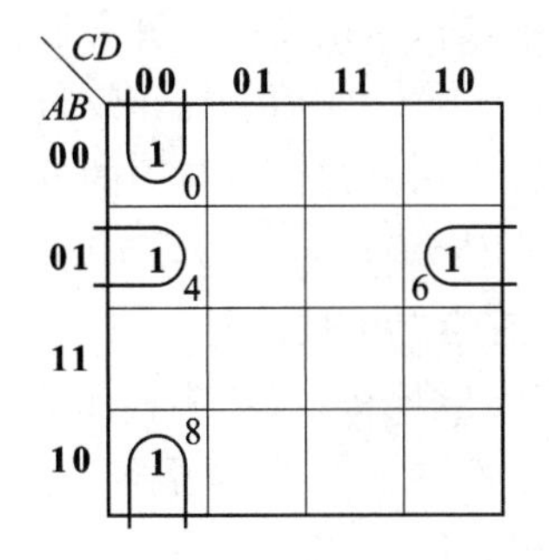

图 1.18　简化填法

【例1.13】写出图1.19所示卡诺图对应的逻辑式。

解:对于图1.19(a),4个小方格占2行2列,行上和列上的变量均可消去1个,所以

$$P=B\overline{C}$$

对于图1.19(b),4个小方格虽在4个角上,但也相邻,也占2行2列,结果为

$$P=\overline{B}\overline{D}$$

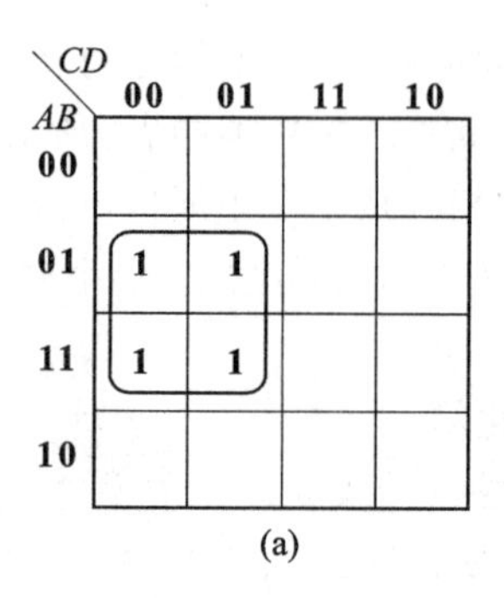

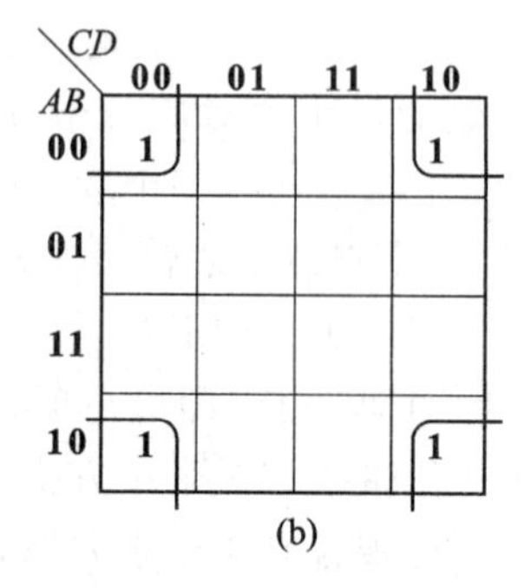

图1.19 例1.13卡诺图

【例1.14】写出图1.20所示卡诺图对应的逻辑式。

解:对于图1.20(a),4个小方格占1列4行,行上可消去2个变量,即AB全部消去,列上的变量保留,结果为$P=CD$。对于图1.20(b),8个小方格2列4行,结果为$P=D$。

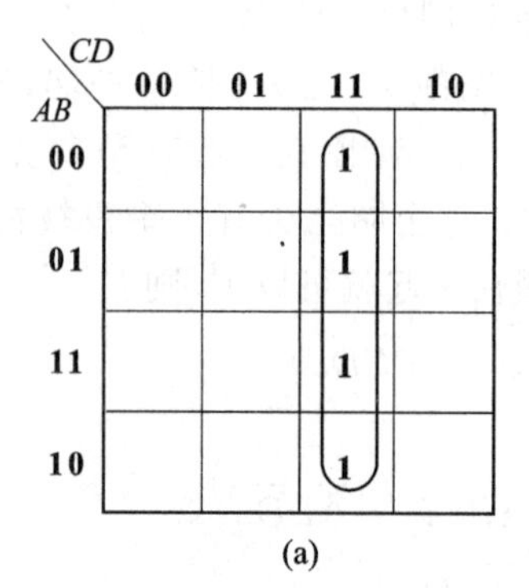

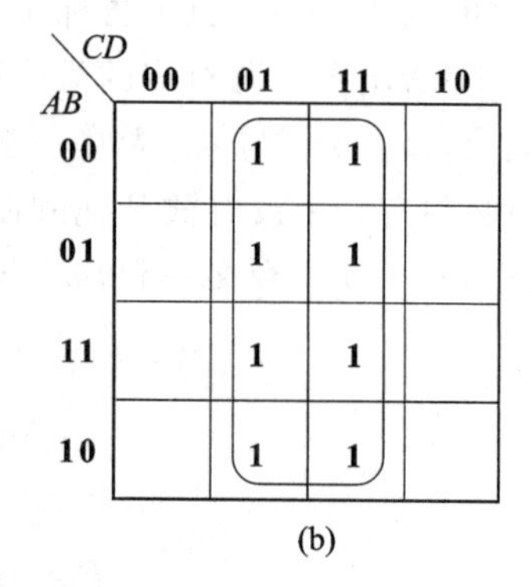

图1.20 例1.14卡诺图

(2) 如何将与项填入卡诺图

将**与**项填入卡诺图有2种方法。第1种方法是将**与或**型逻辑式化为标准型,按最小项一一填入图中。这在前面已经介绍过。

第2种方法是按读取**与**项的方法,反过来将**与**项填入图中。熟练后,这种方法更方便。例如:逻辑式$P=\overline{A}\overline{B}+\overline{A}CD$,与项$\overline{A}\overline{B}$表示列上的2个变量被消去,所以它应占有卡诺图中"$AB$"项下标有"**00**"的1行所对应的4列,即1行4列,共4个小格。与项$\overline{A}CD$,列的变量都存在,所以它应填在"CD"项右侧为"**11**"的一列之中。至于填几个小格,还要看行上的变量。行上的变量消去1个,保留下来的为$\overline{A}$,所以,应占据对应$\overline{A}$2行,即第1行和第2行,所以共为2个小格,见图1.21(a)。

又如,将逻辑式$P=AB\overline{D}+\overline{A}C$填入图中。第1个与项$AB\overline{D}$,应填在$AB$(**11**)行中对应$\overline{D}$的第1列和第4列,见图1.21(b)。第2个与项$\overline{A}C$,应填入对应$\overline{A}$的第1行和第2行,以及

对应 C 的第 3 列和第 4 列这 2 行 2 列相交处的 4 个小格中。

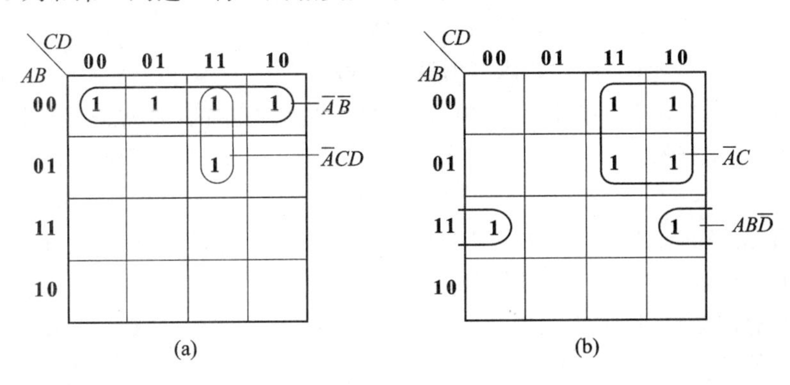

图 1.21　卡诺图

1.8.3　卡诺图化简的原则

原则就是将逻辑函数化简为最简式。如图 1.22 所示为卡诺图中带"**1**"的小方格，若把上面 2 个小方格圈在一起有 $\overline{A}B\overline{C}$，下面 4 个小方格圈在一起有 $A\overline{C}$，于是逻辑式为

$$P=\overline{A}B\overline{C}+A\overline{C}$$

该逻辑式是否最简，显然不是最简形式，因为

$$P=\overline{A}B\overline{C}+A\overline{C}=\overline{C}(\overline{A}B+A)$$

$$=(A+B)\overline{C}=A\overline{C}+B\overline{C}$$

$A\overline{C}$ 相应的**与**项是下面 4 个小方格，$B\overline{C}$ 相应的**与**项是上面 4 个小方格。2 个**与**项互相搭接重叠。实际上**与**项 $\overline{A}B\overline{C}$ 可以被**与**项 $B\overline{C}$ 所覆盖，只要满足每个圈中的最小项必须有 1 个没有被其他圈圈过即可，即：每个圈至少有 1 个没被覆盖过的新最小项。所以，在组成矩形带圈定**与**项时，应该用 2^i 的规律画圈，圈尽可能大，并且可以重叠，这样上面 4 个小格和下面 4 个小格圈出的 2 个**与**项可得到最简逻辑式。总之，应该按照 2^i 的规律尽可能多地把卡诺图中含"**1**"的小格围成矩形带，能成 8 的不成 4，能成 4 的不成 2，能成 2 的不成 1。这样得到的**与**项就一定是最简的**与**项。

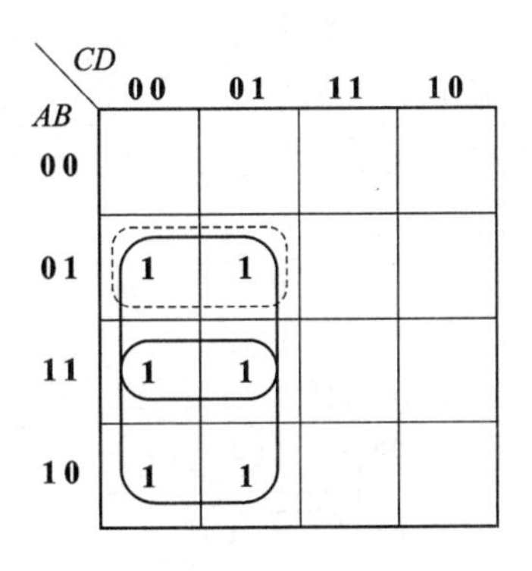

图 1.22　卡诺图

1.8.4　卡诺图化简的步骤

卡诺图化简法的步骤如下：

① 首先，画出对应相应变量的卡诺图，并将需要化简的表达式按照最小项对应方格位置填入，有这个最小项填"**1**"或无该最小项填"**0**"。

② 接下来将相邻最小项圈起来，且圈越大越好，并满足 2^i 的规律。在合并最小项时，圈的最小项越多，消去的变量就越多，因而得到的由这些最小项的公因子构成的乘积项也就越简单。

③ 在圈方格时每 1 个圈至少应包含 1 个新的最小项。合并时，任何 1 个最小项都可以重复使用，但是每 1 个圈至少都应包含 1 个新的最小项——即没被其他圈圈过的最小项，否则它就是多余的。

④ 必须把组成函数的全部最小项圈完。每1个圈中最小项的公因子就构成1个乘积项，一般地说，把这些乘积项加起来，就是该函数的最简与或表达式。

⑤ 最后，有时需要比较、检查才能写出最简**与或**表达式。在有些情况下，最小项的圈法不唯一，虽然它们同样都包含了全部最小项，但是哪个是最简单的，常常需要比较、检查才能确定。而且有时还会出现几个表达式都是最简式的情况，即最简式不唯一，但简单程度是一样的。

【例 1.15】 化简 $P=\overline{A}C+A\overline{C}\,\overline{D}+AC\overline{D}$。

解： ① 作出卡诺图，如图 1.23 所示。

② 圈出所有的矩形带，标于图中。

③ 选出最简与项 $\overline{A}C$ 和 $A\overline{D}$。

④ 所有的 **1** 都必须圈。

于是有

$$P=\overline{A}C+A\overline{D}$$

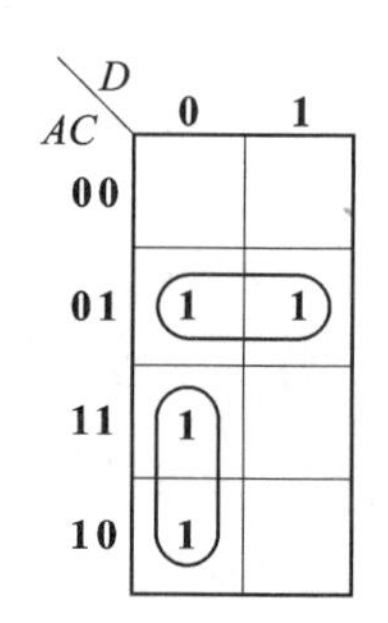

图 1.23　例 1.15 卡诺图

【例 1.16】 化简 $P=\overline{B}CD+B\overline{C}+\overline{A}\,\overline{C}D+A\overline{B}C$。

解： 卡诺图见图 1.24。图中共有5个矩形带，其中3个为独立的矩形带，有2个被覆盖的矩形带，所以

$$P=B\overline{C}+\overline{AB}C+A\overline{B}D$$

【例 1.17】 化简 $P=A\overline{B}+ABC+\overline{ACD}+\overline{ABD}$。

解： 卡诺图如图 1.25 所示，图中共有4个矩形带，注意 $\overline{B}D$ 这一最简与项，第1行第4行也是邻接的，不要把 $\overline{B}D$ 写成 $\overline{ABC}$。所以

$$P=A\overline{B}+AC+\overline{B}D+\overline{AC}D$$

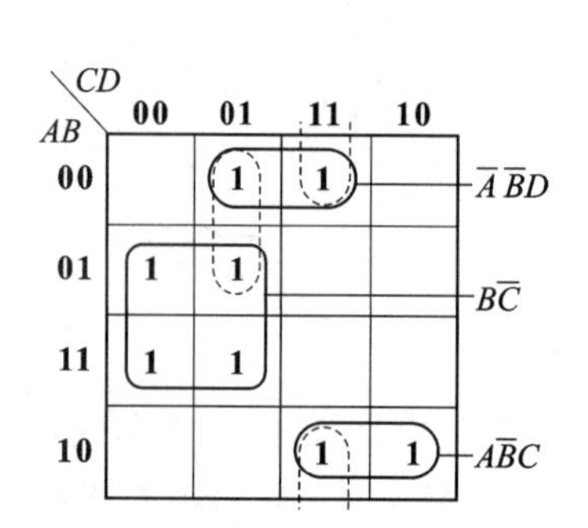

图 1.24　例 1.16 卡诺图

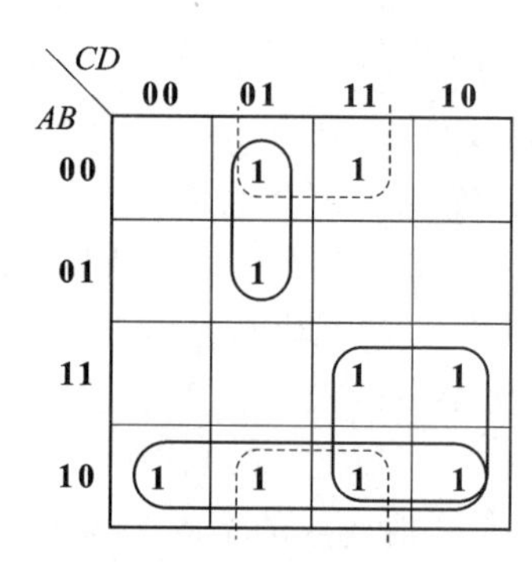

图 1.25　例 1.17 卡诺图

【例 1.18】 化简逻辑式

$$P=\overline{ABCDE}+\overline{ACE}+BCD\overline{E}+\overline{A}BDE+\overline{ACDE}+A\overline{B}DE+ACD+ABC\overline{D}$$

解： 该逻辑式的**与**项分3种情况：含有变量 $\overline{E}$；含有 E；既不含 E 也不含 $\overline{E}$。对于含有 $\overline{E}$ 的**与**项，按填四变量卡诺图的方法，把这些含有 $\overline{E}$ 的与项去掉 $\overline{E}$ 后，填入五变量卡诺图的左半部分对应 $\overline{E}$ 的四变量卡诺图中。对于含有 E 的项，按同样原则填入五变量卡诺图的右半部分对应 E 的四变量卡诺图中。此时，要注意列上变量排列的左右对称关系，对于既不含 $\overline{E}$ 也不含 E 的与项，可以填入 $\overline{E}$ 四变量卡诺图中然后以中间轴翻转 180°，在 E 四变量卡诺图中对称位置也填上“**1**”。

填写完毕后，圈出矩形带，除和四变量卡诺图圈法原则相同的以外，还要考虑几何位置虽

不相邻，但以轴为对称将两侧重叠后同一位置上有“**1**”的小格也是逻辑相邻，也必须圈在一起，如图 1.26 所示。

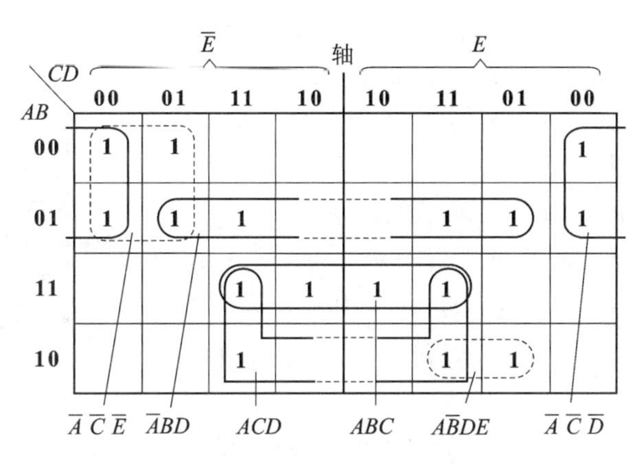

图 1.26　例 1.18 卡诺图

在 $\overline{E}$ 四变量卡诺图中圈定的最简**与**项读出时，**与**项中包括 $\overline{E}$ 这一变量；在 E 四变量卡诺图中圈定的最简**与**项读出时，**与**项中要包括 E 这一变量；在 2 个四变量卡诺图中，以轴为对称相同位置圈定的最简**与**项读出后的**与**项，则不包括 E 或 $\overline{E}$。

最后化简结果为

$$P=\overline{ACE}+A\overline{B}DE+\overline{A}BD+ACD+ABC+\overline{ACD}$$

1.8.5　具有约束条件的逻辑函数化简

在解决实际问题时经常会遇到这样一种情况，即输入变量的取值不是任意的。这种对输入变量取值所加的限制称为约束。同时，把这 1 组变量称为具有约束的 1 组变量。

例如：有 3 个逻辑变量 A、B、C，分别表示 3 个学生拿笔在写字，$A=\mathbf{1}$ 表示学生甲在写字，$B=\mathbf{1}$ 表示学生乙在写字，$C=\mathbf{1}$ 表示学生丙在写字。因为只有 1 只笔任意时间只能有 1 个人在写字，所以，不允许 2 个以上的变量同时为 **1**。ABC 的取值只能是 **000**、**001**、**010**、**100** 当中的某 1 个，而不能是 **011**、**101**、**110**、**111** 中的任意 1 种。因此，A、B、C 是 1 组具有约束的变量。

通常用约束条件来描述约束的具体内容。显然用上面的这样一段文字叙述约束条件很不方便，最好能用简单明了的逻辑语言表述约束条件。

由于每 1 组输入变量的取值都使 1 个、而且仅有 1 个最小项的值为 **1**，所以，当限制某些输入变量的取值不能同时出现时，可以用它们对应的最小项恒等于 **0** 来表示。这样，上面的例子中的约束条件可以表示为

$$\overline{A}BC=\mathbf{0},\ A\overline{B}C=\mathbf{0},\ AB\overline{C}=\mathbf{0},\ ABC=\mathbf{0}$$

或者写成

$$\overline{A}BC+A\overline{B}C+AB\overline{C}+ABC=\mathbf{0}$$

同时，把这些恒等于 **0** 的最小项叫做约束项。由于约束项的值始终等于 **0**，所以，可以把约束项写进逻辑函数中，也可以把约束项从函数中删除，而不影响函数值。

上一节讲到用卡诺图表示逻辑函数，首先将函数化成最小项之和的形式，然后在卡诺图中将最小项对应的位置上填入 **1**，其他位置上填入 **0**。为了使逻辑函数得到进一步化简，合理利用这些约束项可以达到目的。如果逻辑函数含有约束项，则在卡诺图中对应约束项的位置上

用"×"或"Φ"表示约束项,在化简逻辑函数时既可以认为它是1,也可以认为它是0。其结果不影响函数值和逻辑关系,却得到了相邻最小项矩形组合最大,从而使逻辑函数最简。

【例1.19】 试化简具有约束项的逻辑函数 $Y=\overline{A}C\overline{D}+\overline{A}\,\overline{B}C\overline{D}+A\overline{B}\,\overline{C}\,\overline{D}$ 约束条件为 $A\overline{B}C\overline{D}+A\overline{B}CD+ABC\overline{C}\,\overline{D}$

解: 画出函数 Y 的卡诺图,如图1.27所示。

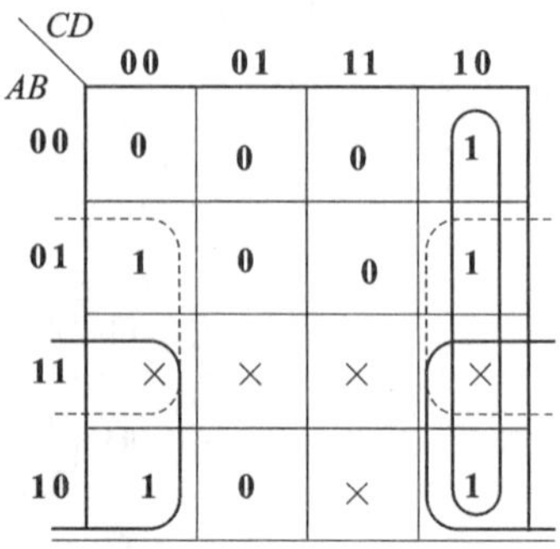

AB \ CD	00	01	11	10
00	0	0	0	1
01	1	0	0	1
11	×	×	×	×
10	1	0	×	1

图1.27　例1.19卡诺图

由图可见,若认为其中的约束项 m_{10}、m_{12}、m_{14} 为 **1**,而约束项 m_{11}、m_{13}、m_{15} 为 **0**,则可将 m_4、m_6、m_{12} 和 m_{14} 合并为 $B\overline{D}$,将 m_8、m_{10}、m_{12} 和 m_{14} 合并为 $A\overline{D}$,将 m_2、m_6、m_{10} 和 m_{14} 合并为 $C\overline{D}$,于是得到

$$Y=A\overline{D}+B\overline{D}+C\overline{D}$$

1.9　逻辑函数的变换

逻辑函数的变换是指在保持逻辑函数真值表不变的条件下,逻辑函数形式上的变换。以**与或**型逻辑函数为出发点,在保持逻辑关系不变的前提下,可以有**与非与非**型、**或与**型、**或非或非**型和**与或非**型5种。当然**与非**型可以有许多种,但最简的只有1种,这几种形式上的变换也是最简型之间的变换。

1.9.1　5种类型的逻辑函数

逻辑函数式有5种表达式:**与或**、**或与**、**与非与非**、**或非或非**和**与或非**。例如

$$F=AB+\overline{A}C \qquad \text{与或型}$$

$$F=\overline{\overline{AB}\cdot\overline{\overline{A}C}} \qquad \text{与非与非型}$$

$$F=\overline{\overline{AB}\cdot\overline{\overline{A}C}}=\overline{\overline{AC}+A\overline{B}+\overline{BC}}=\overline{\overline{A}\,\overline{C}+A\overline{B}}=(\overline{A}+B)(A+C) \qquad \text{或与型}$$

$$F=(\overline{A}+B)(A+C)=\overline{\overline{\overline{A}+B}+\overline{A+C}} \qquad \text{或非或非型}$$

$$F=\overline{A\overline{B}+\overline{AC}} \qquad \text{与或非型}$$

这5个逻辑关系式都相等,这很容易用真值表加以证明,也可以将它们的**与或**标准型写出,它们的最小项都相同。它们的最小项为

$$F=AB+\overline{A}C=AB\overline{C}+ABC+\overline{AB}C+\overline{A}BC=\sum m(1,3,6,7)$$

$$F=\overline{\overline{AB}\cdot\overline{\overline{A}C}}=AB+\overline{A}C=\sum m(1,3,6,7)$$

$$F=(\overline{A}+B)(A+C)=A\overline{A}+AB+\overline{A}C+BC=\sum m(1,3,6,7)$$

$$F=\overline{\overline{\overline{A}+B}+\overline{A+C}}=(\overline{A}+B)(A+C)=\sum m(1,3,6,7)$$

$$F=\overline{A\overline{B}+\overline{AC}}=\overline{A\overline{B}}\cdot\overline{\overline{AC}}=(\overline{A}+B)(A+C)=\sum m(1,3,6,7)$$

这些逻辑表达式都可以用相应的**与门**、**或门**、**与非门**、**或非门**以及**与或非门**来实现。

1.9.2　与或型转换为与非与非型

逻辑电路用**与或**式实现时，需要 2 种类型的逻辑门，**与**门和**或**门。用小规模集成电路实现时，要用 1 片四 2 输入**与**门 CT74LS08；1 片四 2 输入**或**门 CT74LS32。如果用 CT74LS08，其中有 4 个 2 输入的**与**门，只用了 2 个。用 CT74LS32，其中有 4 个**或**门，只用了 1 个，门的利用率很低；如果变换为**与非与非**型，需要 2 输入的**与非**门 3 个，这样用 1 片 CT74LS00 就可以了。74LS00 中有 4 个 2 输入**与非**门，用去 3 个，只剩 1 个。

下面就以 $F=AB+\overline{A}C$ 为例说明逻辑式的变换问题。

将**与或**逻辑式转换为**与非与非**型，方法是对**与或**式二次求反，即

$$F=AB+\overline{A}C=\overline{\overline{AB+\overline{A}C}}=\overline{\overline{AB}\cdot\overline{\overline{A}C}}$$

变换中主要利用了摩根定理，具体用**与非**门实现的电路如图 1.28(b)所示。

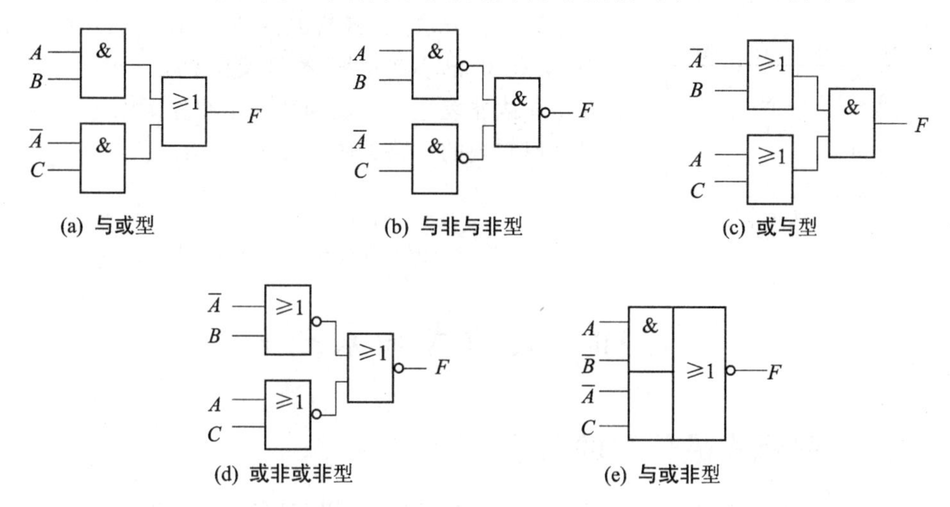

图 1.28　同一逻辑关系的 5 种逻辑表达式

1.9.3　与或型转换为或与型

将**与或**式转换为**或与**型的基本方法是：利用对偶规则求出**与或**式的对偶式，将对偶式展开再化简；最后将对偶式进行对偶变换，即可得到**或与**型逻辑式。

注意：与或式进行对偶变换，得到**或与**式，再展开就得到**与或**式，再一次对偶就得到**或与**式。

将**与或**式 $F=AB+\overline{A}C$ 转化为最简的**或与**表达式为

$$F'=(A+B)(\overline{A}+C)=AC+\overline{A}B+BC=AC+\overline{A}B$$

$$F=(F')'=(A+C)(\overline{A}+B)$$

用**或**门和**与**门实现的电路如图 1.22(c)。

1.9.4　与或型转换为或非或非型

基本方法是将**与或**式先变换为最简**或与**式，对**或与**式进行二次求反，即得**或非或非**表达式。将**与或**逻辑函数 $F=AB+\overline{A}C$ 转化为最简的**或非或非**表达式为

$$F=(A+C)(\overline{A}+B)$$

$$F=\overline{\overline{(A+C)(\overline{A}+B)}}=\overline{\overline{A+C}+\overline{\overline{A}+B}}$$

用**或非**门实现的电路如图1.28(d)所示。

1.9.5 与或型转换为与或非型

基本方法是将**或非或非**逻辑式的第2层反号用摩根定理变换,即可得到**与或非**型逻辑式。将逻辑函数 $F=AB+\overline{A}C$ 转化为最简的**与或非**表达式为

$$F=\overline{\overline{A+C}+\overline{\overline{A}+B}}=\overline{\overline{A}\,\overline{C}+A\overline{B}}$$

同样,也可以将**与非与非**逻辑式中的第2层反号用摩根定理变换,展开化简得到

$$F=\overline{\overline{\overline{AB}\cdot\overline{\overline{A}C}}}=\overline{(\overline{A}+\overline{B})\cdot(A+\overline{C})}=\overline{A\overline{B}+\overline{A}\,\overline{C}+\overline{B}\,\overline{C}}=\overline{A\overline{B}+\overline{A}\,\overline{C}}$$

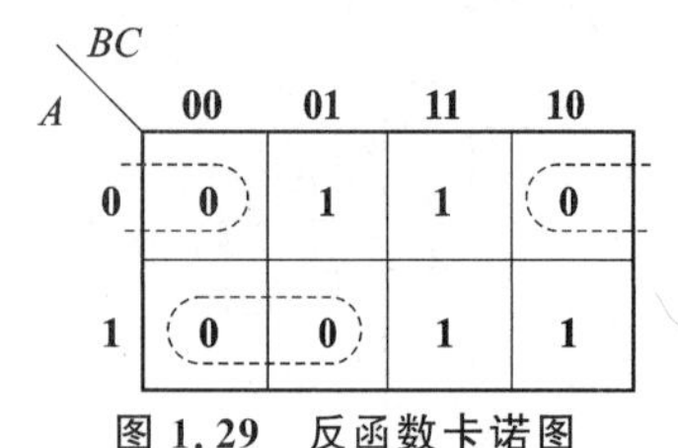

图1.29 反函数卡诺图

第3种方法是,将**与或**式 $F=AB+\overline{A}C$ 填入卡诺图中,从有"0"的小格化简,得到反函数 $\overline{F}$。对等号两侧求反即得**与或非**表达式。反函数卡诺图如图1.29所示。用与或非门实现的电路如图1.28(e)所示。

$$\overline{F}=A\overline{B}+\overline{A}\,\overline{C}$$

$$F=\overline{\overline{F}}=\overline{A\overline{B}+\overline{A}\,\overline{C}}$$

*1.10 逻辑式的最佳化

1.10.1 逻辑式最佳化的概念

以前讨论问题时,对组合数字电路的输入变量是原变量还是反变量并没有什么限制,如果不允许反变量输入时,可以在逻辑门的输入端加接反相器(非门)来消除反变量。但这种方法不是最好的方法,例如实现逻辑函数

$$F=A\oplus B=A\overline{B}+\overline{A}B=\overline{\overline{A\overline{B}}\cdot\overline{\overline{A}B}}$$

用**与非**门实现的逻辑图如图1.30所示,加接反相器消除反变量如图1.31所示。

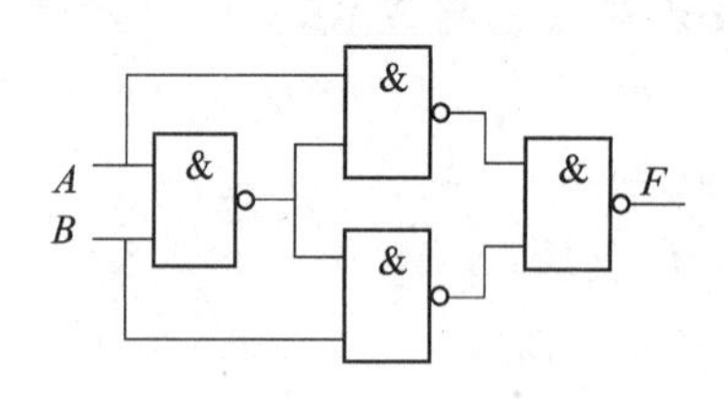

图1.30 与非门逻辑电路图

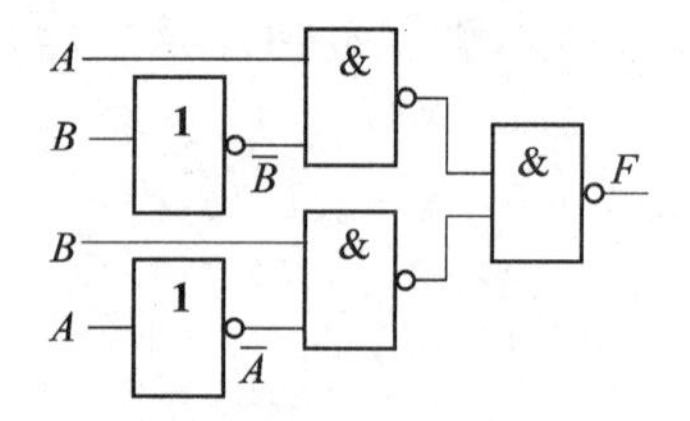

图1.31 用反相器消除反变量的与非门

解决反变量的问题,有时也可以从电路的中间变量获得解决。所以,一个最简逻辑式在实现具体电路时,往往要增加一些门电路,以解决反变量问题。所以,逻辑式的最简化(也叫最小化)与逻辑电路的最简化并非始终一致。如何通过合理的接线以及利用电路的中间运算结果,

即中间变量,用最少的门电路来实现最简化逻辑式的逻辑关系,这也是数字电路最佳化的问题。数字电路的最佳化也要从逻辑式入手,这就是逻辑式的最佳化。下面通过例子加以说明。

1.10.2 异或门实现最佳化

在**异或**门的设计例子中,是通过加接 2 个反相器来消除反变量的。反相器实际上用的是**与非**门,而实际上多用了 2 个**与非**门。能否不用或者少用完全有可能。对这个例子有如下关系式

$$F=\overline{A}B+A\overline{B}=\overline{\overline{A\overline{B}}\cdot\overline{\overline{A}B}}=\overline{\overline{A\overline{AB}}\cdot\overline{\overline{AB}B}}$$

式中有 2 处变换

$$A\cdot\overline{AB}=A\overline{B}\qquad B\cdot\overline{AB}=\overline{A}B$$

这很容易证明

$$A\cdot\overline{AB}=A(\overline{A}+\overline{B})=A\overline{A}+A\overline{B}=A\overline{B}$$
$$B\cdot\overline{AB}=B(\overline{A}+\overline{B})=B\overline{A}+B\overline{B}=B\overline{A}$$

1.10.3 实现最佳化的一般方法

1. 代替因子

对逻辑式 $F=\overline{A}B+A\overline{B}=\overline{\overline{A\overline{B}}\cdot\overline{\overline{A}B}}$ 实现最佳化的关键,是用中间变量 $\overline{AB}$ 分别代替 $\overline{A}$ 和 $\overline{B}$ 这 2 个反变量。它是将 $\overline{A}$ 和 $\overline{B}$ 变换成 $\overline{AB}$,这样 1 个**与非**门分别起到 $\overline{A}$ 和 $\overline{B}$ 的作用,从而节省 1 个门。用来代替 $\overline{A}$ 和 $\overline{B}$ 的 $\overline{AB}$ 称为**代替因子**。代替因子确定的方法如下:

把最简**与或**式的每一个**与**项的原变量写在前面,称为**头部因子**,反变量写在后面称为**尾部因子**。把头部因子的各种组合以**与**的形式插入尾部因子中,便得到了代替因子。用代替因子代替相应的尾部因子,所得到的**与**项和原**与**项是相等的。例如:有**与**项 $B\,\overline{A}\,\overline{C}$ 时,则

头部因子 B;

尾部因子 $\overline{A}$、$\overline{C}$;

代替因子 $\overline{BA}$、$\overline{BC}$。

2. 有反变量时实现最佳化的步骤

① 化简给出**与或**型逻辑式;

② 确定各个**与**项的代替因子;

③ 寻找对各个**与**项都能适用的公共代替因子,若是再找不到,只好通过加接**非**门来获得反变量;

④ 用摩根(Morgan)定理将使用代替因子的**与或**式展开成**与非与非**表达式,用**与非**门即可实现最佳化线路。

如果用**或非**门实现逻辑电路,方法类似,只不过将逻辑式展成**或与**型,再寻找公共代替因子。当然此时的公共代替因子应为**或非**形式,头部因子也应该以**或**逻辑的形式插入尾部因子之中。

【例 1.20】对逻辑式 $P=\overline{A}BC+A\overline{B}C$ 实现最佳化。

解:按逻辑最佳化概念,得表 1.11 所列的各项因子。

表 1.11　最佳化的各项因子

与项	头部因子	尾部因子	代替因子
$\overline{A}\ B\ C$	B、C、BC	$\overline{A}$	$\overline{BA}$、$\overline{CA}$、$\overline{BCA}$
$A\ \overline{B}\ C$	A、C、AC	$\overline{B}$	$\overline{AB}$、$\overline{CB}$、$\overline{ACB}$

$\overline{AB}$ 和 $\overline{ACB}$ 都是公共代替因子,但 $\overline{AB}$ 所需的输入端较少,所以,选择 $\overline{AB}$ 作为公共代替因子,即

$$F=\overline{A}BC+A\overline{B}C=BC\overline{AB}+AC\overline{AB}$$

$$F=\overline{\overline{BC\overline{AB}}\cdot\overline{AC\overline{AB}}}$$

由此实现的逻辑图如图 1.32 所示。

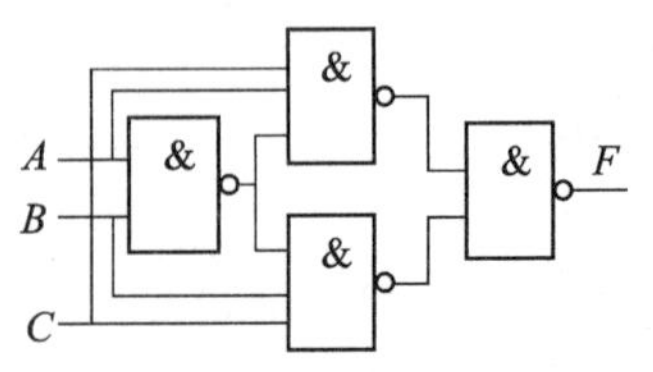

图 1.32　例 1.15 的最佳化逻辑图

【例 1.21】对逻辑式 $F=\overline{A}B+A\overline{C}+\overline{A}BC$ 实现最佳化。

解: 经过比较找不出公共代替因子,但第 1、第 3 项,第 2、第 3 项各有自己的公共代替因子,把逻辑式稍加变换为

$$F=\overline{A}B+A\overline{C}+\overline{A}BC=A(\overline{B}+\overline{C})+\overline{A}BC=A\overline{BC}+\overline{A}BC$$

这样,就可以找出公共代替因子 $\overline{ABC}$,如表 1.12 所列。

表 1.12　最佳化的各项因子

与项	头部因子	尾部因子	代替因子
$A\overline{B}$	A	$\overline{B}$	$\overline{AB}$
$A\overline{C}$	A	$\overline{C}$	$\overline{AC}$
$\overline{A}BC$	B、C、BC	$\overline{A}$	$\overline{ABC}$

于是

$$P=A\overline{ABC}+BC\overline{ABC}=\overline{\overline{A\overline{ABC}}\cdot\overline{BC\overline{ABC}}}$$

可用 4 个与非门实现,但所用的与非门的输入端数要稍多些。所以,在寻找公共代替因子时还有一定的技巧性。

上述方法一般只适用于三级以下的情况,级数多则更复杂些,在此不作讨论。

习　题

1. 将下列十进制数转换为二进制数。

(1) 31　(2) 40　(3) 69　(4) 123　(5) 200.375　(6) 254.75

2. 将下列二进制或十六进制数转换为十进制数。

(1) $(3C)_{16}$　(2) $(110\ 1100)_2$　(3) $(B7.A)_{16}$　(4) $(100\ 1011.01)_2$

3. 计算下列用补码表示的二进制数的代数和,如果和为负数,请求出负数的绝对值。

(1) 01001011+11001011　(2) 00111110+11011111

(3) 00011110+11001110　(4) 00110111+10110101

(5) 11000010+00100001　(6) 00110010+11100010

(7) 11011111＋11000010　　　　(8) 11100010＋11001110

4. 用补码列竖式计算下式，并给出标志位 ZF、SF、CF、OF、PF 的值。

(1) 97－65　　(2) (－56)＋(－46)

5. 给出字符‘a’、‘7’、‘D’和换行符的 ASCII 码。

6. 给出**与非**门、**或非**门及**异或**门逻辑符号如图 1.33(a)所示，若 A、B 的波形如图 1.33(b)，画出 F_1、F_2、F_3 波形图。

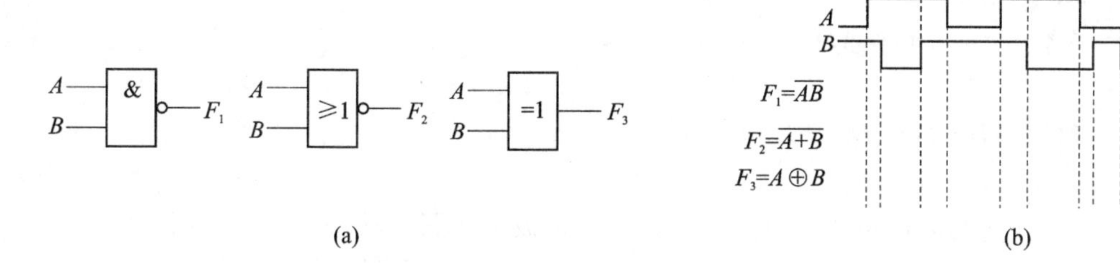

图 1.33　习题 3 图

7. 求下列函数的反函数。

(1) $F=AB+\overline{AB}$

(2) $F=ABC+AB\overline{C}+A\overline{B}C+A\overline{B}\,\overline{C}$

(3) $F=A\overline{B}+B\overline{C}+C(\overline{A}+D)$

(4) $F=B(A\overline{D}+C)(C+D)(A+\overline{B})$

8. 写出下列函数的对偶式。

(1) $F=(A+B)(\overline{A}+C)(C+DE)+E$

(2) $F=\overline{\overline{AB}\,\overline{C\overline{B}}\;D\,\overline{\overline{A}\,\overline{B}}}$

(3) $F=\overline{\overline{\overline{A}+B+\overline{B+C}}+\overline{\overline{A}+C+\overline{B+C}}}$

(4) $F=\overline{\overline{\overline{XY}Z}+\overline{\overline{XY}Z}}$

9. 证明函数 $F=C\overline{(A\overline{B}+\overline{A}B)}+\overline{C}(A\overline{B}+\overline{A}B)$ 为自对偶函数。

10. 用布尔代数的基本公式和规则证明下列等式。

(1) $A\overline{B}+BD+\overline{A}D+DC=A\overline{B}+D$

(2) $AB\overline{D}+A\,\overline{B}\,\overline{D}+AB\overline{C}=A\overline{D}+AB\overline{C}$

(3) $BC+D+\overline{D}(\overline{B}+\overline{C})(DA+B)=B+D$

(4) $ACD+A\overline{C}D+\overline{A}D+BC+B\overline{C}=B+D$

(5) $AB+BC+CA=(A+B)(B+C)(C+A)$

(6) $ABC+\overline{ABC}=\overline{A\overline{B}+B\overline{C}+C\overline{A}}$

(7) $A\overline{B}+B\overline{C}+C\overline{A}=\overline{A}B+\overline{B}C+\overline{C}A$

(8) $(Y+\overline{Z})(W+X)(\overline{Y}+Z)(Y+Z)=YZ(W+X)$

(9) $(A+B)(A+\overline{B})(\overline{A}+B)(\overline{A}+\overline{B})=0$

(10) $(AB+\overline{AB})(BC+\overline{BC})(CD+\overline{CD})=\overline{A\overline{B}+B\overline{C}+C\overline{D}+D\overline{A}}$

(11) $A\oplus B\oplus C=A\odot B\odot C$

(12) 如果 $\overline{A\oplus B}=0$,证明$\overline{AX+BY}=A\overline{X}+B\overline{Y}$

11. 用公式将下列逻辑函数化简为最简**与或**式。

(1) $F=\overline{AB}+(AB+A\overline{B}+\overline{A}B)C$

(2) $F=(X+Y)Z+\overline{XY}W+ZW$

(3) $F=AB+\overline{A}C+\overline{BC}$

(4) $F=AB+\overline{AB}C+BC$

(5) $F=\overline{A}B+\overline{A}C+\overline{BC}+AD$

(6) $F=\overline{AB}+\overline{AC}D+AC+B\overline{C}$

(7) $F=AC+\overline{AB}+\overline{B}\ \overline{C}\ \overline{D}+BE\overline{C}+DE\overline{C}$

(8) $F=A(B+\overline{C})+\overline{A}(\overline{B}+C)+BCD+\overline{BC}D$

12. 图1.34为由**与非**门组成的电路,输入 A、B 的波形如图所示,试画出 F 的波形。

13. 逻辑函数 $F=(A+\overline{B})(A+B)(\overline{A}+B)(\overline{A}D+C)+\overline{C+\overline{A}+\overline{B}}(\overline{B}\,\overline{C}D+C\overline{D})$。若 A、B、C、D 的输入波形如图1.35所示,画出逻辑函数 F 的波形。

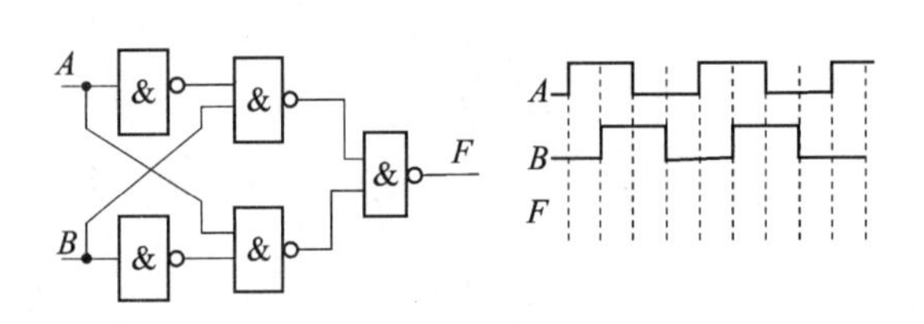

图1.34 习题12图

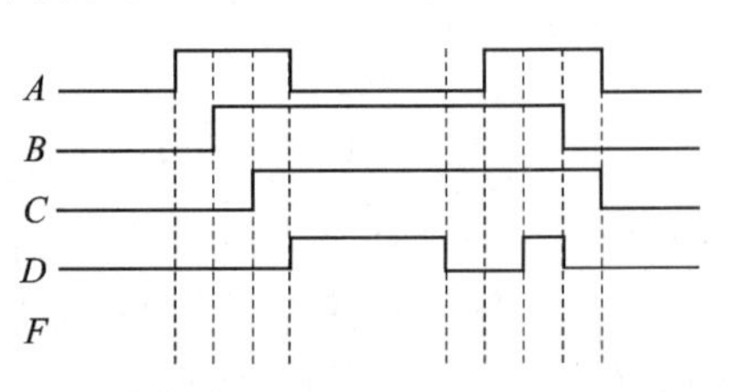

图1.35 习题13图

14. 用卡诺图将下列函数化为最简**与或**式。

(1) $F=\sum m^3(0,1,2,4,5,7)$

(2) $F=\sum m^4(0,1,2,3,4,6,7,8,9,11,15)$

(3) $F=\sum m^4(3,4,5,7,9,13,14,15)$

(4) $F=\sum m^4(2,3,6,7,8,10,12,14)$

(5) $F=\sum m^4(0,1,2,5,8,9,10,12,14)$

15. 用卡诺图将下列函数化为最简**与或**式。

(1) $F=ABC+\overline{AB}C+\overline{A}B\overline{C}+A\ \overline{B}\ \overline{C}+\overline{ABC}$

(2) $F=AC+ABC+A\overline{C}+\overline{ABC}+BC$

(3) $F=\overline{A}+ABC+B\overline{C}+\overline{AB}+\overline{B}$

(4) $F=\overline{BD}+ABCD+\overline{ABC}$

(5) $F=\overline{A}BCD+ABC+DC+D\overline{C}B+\overline{A}BC$

16. 将下列具有无关最小项的函数化为最简**与或**式。

(1) $F=\sum m^4(0,2,7,13,15)+\sum d(1,3,5,6,8,10)$

(2) $F=\sum m^4(0,3,5,6,8,13)+\sum d(1,4,10)$

(3) $F=\sum m^4(0,2,3,5,7,8,10,11)+\sum d(14,15)$

(4) $F=\sum m^4(2,3,4,5,6,7,11,14)+\sum d(9,10,13,15)$

17. 用卡诺图化简下列带有约束条件的逻辑函数。

(1) $P_1(A,B,C,D)=\sum m^4(3,6,8,9,11,12)+\sum_d(0,1,2,13,14,15)$ 卡诺图如图 1.36(a)所示。

(2) $P_2(A,B,C,D)=\sum m^4(0,2,3,4,5,6,11,12)+\sum_d(8,9,10,13,14,15)$ 卡诺图如图 1.36(b)所示。

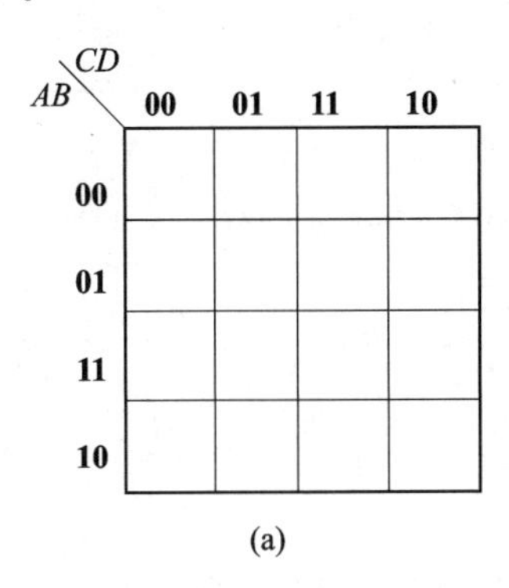

(a)

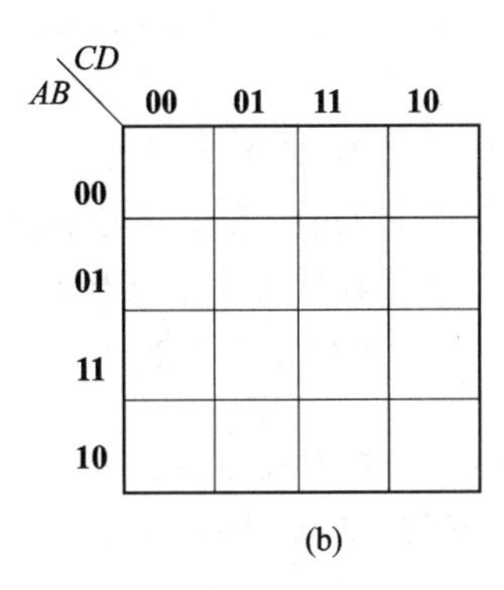

(b)

图 1.36　习题 17 图

18. 画出用**与非**门和反相器实现下列函数的逻辑图。

(1) $F=AB+BC+AC$

(2) $F=A\overline{BC}+\overline{\overline{A\overline{B}}+\overline{AB}+BC}$

第 2 章　门电路

内容提要：

本章介绍 TTL 和 MOS 两大类型逻辑门电路。重点讨论 TTL 集成门电路的工作原理、特性曲线和参数指标，其中以**与非**门为典型例子作详细介绍。对 CMOS 门做了较详细的讨论，有关电器特性主要通过反相器进行具体说明。

问题探究

1. 如何设计 1 个可实现**与**、**或**、**非**逻辑运算的电路？在之前学过的电子电路中可以采用哪种电路能够实现**与**、**或**、**非**等基本逻辑运算呢？

2. 讨论图 2.1(a)所示电路，电源 E 的变化是从 0 V 开始，连续变化到 5 V，输出电压 U 怎样变化？

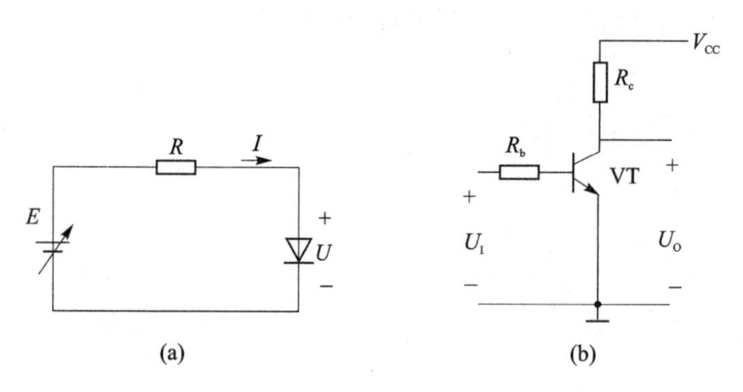

图 2.1　电路图

3. 讨论当图 2.1 (b)电路的电源电压分别为 0 V 和 5 V 时，输出电压如何？

4. 根据上述讨论结果说明二极管、三极管所组成的相应电路是否可以实现基本逻辑运算？试搭建 1 个**或**逻辑运算电路。

5. 当手机、相机或手提式电脑的电池电量消耗很快的时候，人们会思考怎样能够让它们更省电呢？同时还会遇到显示和输入数据的反应较慢等问题，结合这 2 个疑问，试探讨影响电路功耗和速度的因素是什么？怎样才能降低功耗和提高速度？

2.1　导　论

在模拟电子电路中，二极管工作在正向导通或反向截止状态，三极管工作在放大区。在数字电子电路中，如前所述，二极管和三极管往往工作于饱和或截止状态，即工作于“开”或“关”的状态。本节的任务是讨论二极管和三极管作为开关运用时的特性，为以后学习各类集成门电路的有关特性做好准备。

2.1.1　半导体二极管的开关特性

1. 静态特性

二极管正偏时导通，正向电阻很小；二极管反偏时截止，反向电阻很大。因此，二极管可近似看成 1 个开关。在输入信号稳定时，即二极管处于稳定的正偏或反偏条件下，可以把二极管看成 1 个开关，这时可以用 1 个等效电路来反映它。等效电路可以由二极管的伏安特性曲线（见图 2.2(a)）折线化后转换得到，即输入电压小于死区电压 U_D 时，二极管不导通，正向导通电流为零；输入电压大于死区电压 U_D 时，二极管正向导通，其正向导通电压视锗管和硅管而不同，锗管约 0.3 V，硅管约 0.7 V。所以，可以等效为 1 个电阻上的压降和 1 个无压降的理想二极管，电路如图 2.2(b)所示。等效电路根据实际使用条件，有时忽略正向电阻 R 简化为 1 个理想的开关，即正向导通时在二极管上无压降。一般情况正向电阻为 R，在 1 kΩ以下，可以由曲线求出。

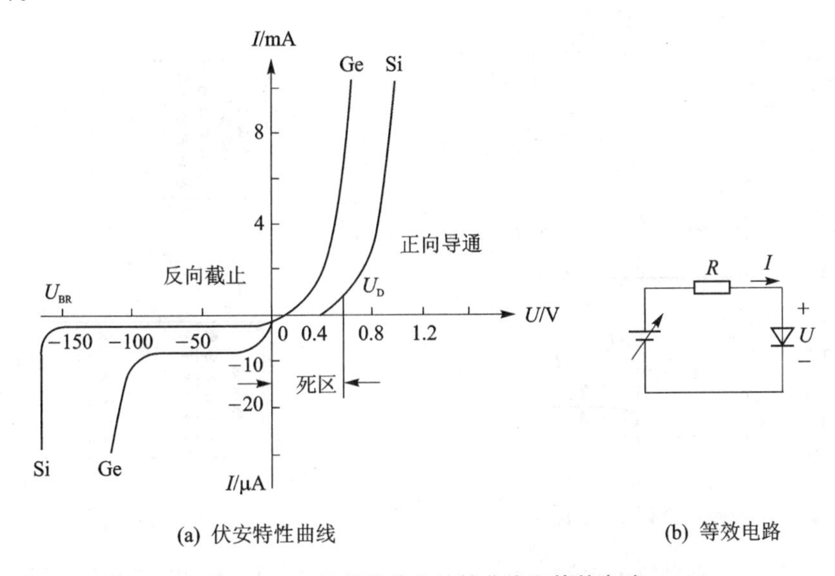

图 2.2　二极管的伏安特性曲线和等效电路

2. 动态特性

当二极管由正向偏置突然变为反向偏置时，二极管开关是否由接通突然转为关断呢？实验表明，情况并非如此，实际曲线如图 2.3 所示。

(1) 从正向导通到反向截止

当 $u_i=U_H \gg U_D$ 时，相当于二极管加正向电压，且 $R_L \gg R$ 时，$I_F \approx \dfrac{U_H}{R_L}$ 为流过二极管的正向电流。

当 u_i 突然反向，且 $u_i=U_L<0$ V，相当于对二极管加反向电压。在 u_i 反向后的一段时间，反向电流不等于 $-I_s$，而是等于 $I_R \approx -\left|\dfrac{U_L}{R_L}\right|$，反向电流 $|I_r| \gg |I_s|$，经过 t_{re} 时间后，反向电流才减小到 $0.1I_R$，二极管接近关断。

t_{re} 称为反向恢复时间。t_{re} 又可分为 2 段，反向电流基本上为恒定的一段，即 $-I_F$ 对应的

时间称为存储时间 t_s;反向电流经 t_s 后开始减小直至 $0.1I_R$,这段时间称为渡越时间 t_t。

产生反向恢复时间的原因是,二极管正向导通时,正向偏压降低了 PN 结的内电场,使 P 区空穴向 N 区扩散,N 区电子向 P 区扩散,这些载流子越过了 PN 结后,一边向前扩散,一边复合掉一部分,最后形成正向电流,如图 2.4(a)所示。这样就在 PN 结两侧形成了载流子浓度分布的梯度,在势垒区两侧就有一定数量载流子的积累。把正向导电时载流子的这种积累现象叫做电荷存储效应。当 u_i 突然反向时,这些积累的载流子不会马上消失,除一部分继续复合外,其余的在外加反向电压形成的电场作用下,形成了漂移电流,即反向电流 I_R,如图 2.4(b)所示。只要存储的电荷足够多,就可维持住 I_R 这么大的反向电流,持续 t_s 时间,该电流的大小由外电路负载电阻 R_L 限制。当存储电荷逐渐消失而维持不住 I_R 这么大的反向电流时,I_R 就要开始下降,趋向于 $-I_s$。为便于计算,当该电流下降到 $0.1I_R$ 时,就认为二极管恢复为关断,动态过程结束。

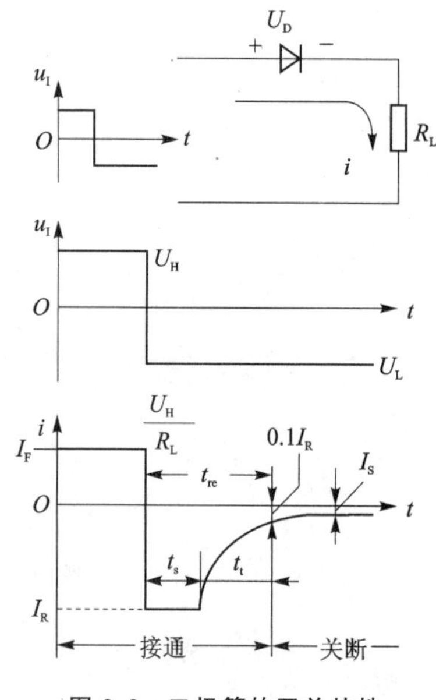

图 2.3　二极管的开关特性

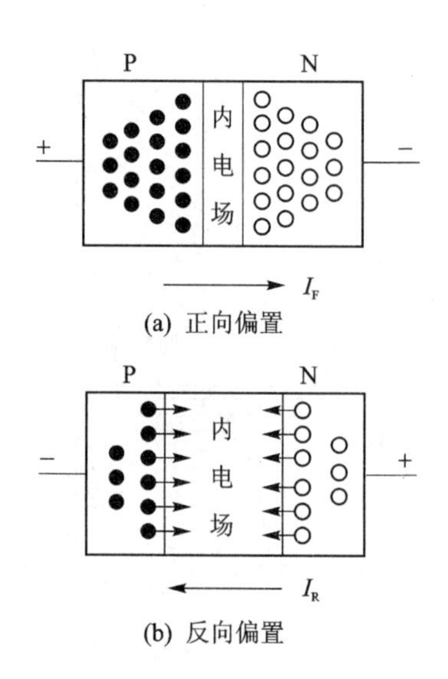

图 2.4　PN 结的关断过程

(2) 从反向截止到正向导通

从正向刚过渡到反向时,PN 结电容除了势垒电容外还包括较大的扩散电容。当二极管关断后,只剩下很小的反向饱和电流,这时 PN 结电容主要为势垒电容。所以,当输入信号由反向突然转为正向时,正向电压首先促使势垒电容放电,使 PN 结内电场由宽变窄,扩散作用加强,使管子导通,产生正向电流。此时由于结电容很小,放电很快,PN 结很快由反偏转为正偏,形成较大的正向电流。虽然也形成了较大的扩散电容,但是扩散电容此时已为 PN 结较小的正向电阻所旁路,对转化时间影响不大。所以,二极管的开通时间(由截止转为导通的时间)是很短的,对开关速度影响可忽略。

2.1.2　半导体三极管的开关特性

由晶体管的工作原理可知,共发射极接法的输出特性曲线可分成几个不同的区域。晶体管在输入信号作用下稳定地处于饱和区时就相当开关的接通;处于截止区时就相当开关的断

开。将在静态开关特性中讨论晶体开关在饱和区与截止区的性能，如图 2.5 所示。

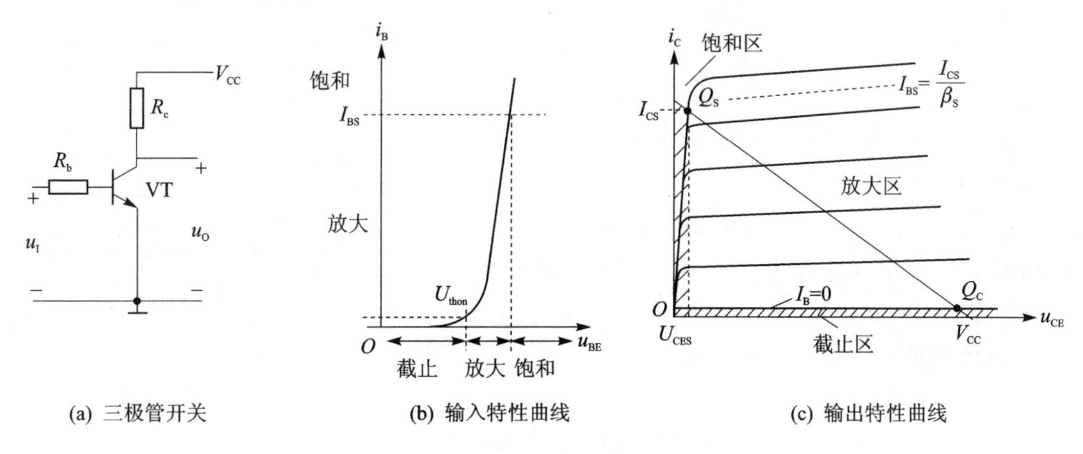

(a) 三极管开关　(b) 输入特性曲线　(c) 输出特性曲线

图 2.5　三极管开关及其特性

1. 半导体三极管的静态开关特性

(1) 截止(Out off)

由图 2.5 可知，当输入信号使 $u_{BE}<U_{thon}$ 时(NPN 管)，$i_B \leqslant 0$，$i_C \approx 0$，三极管截止，工作点位于 Q_C 之下，可靠截止时应使 $u_{BE}<0$。U_{thon} 为开启电压。

截止时三极管的特点是：发射结和集电结均处于反向偏压之下；$i_B \leqslant 0$，$i_C \approx I_{CBO}$，I_{CBO} 为集电结反向饱和电流，此时相当于一个开关的断开。

(2) 饱和(Saturation)

当输入信号使 $u_{BE} \gg U_{thon}$ 时，工作点移到 Q_S 处，由图 2.5(a)可知，三极管 VT 进入饱和区，饱和时集电极电流

$$I_{CS}=\frac{V_{CC}-U_{CES}}{R_c}\approx\frac{V_{CC}}{R_c} \tag{2.1}$$

而

$$I_{BS}=\frac{I_{CS}}{\beta_s}\approx\frac{V_{CC}}{\beta_s\cdot R_c} \tag{2.2}$$

式中，β_s 为饱和区的放大系数，其值小于放大区的 β 值。所以，当 $i_B \geqslant I_{BS}$ 时，三极管进入饱和状态的特点是：发射结和集电结均处于正向偏压之下；$i_B \geqslant I_{BS}$，$U_{CES} \approx 0$，U_{CES} 为集电极饱和电压，典型值取 0.3 V，此时相当于一个开关的接通。

(3) 放大(Amplify)

当输入信号使 $u_B \geqslant U_{BE} > U_{thon}$ 时，晶体管出现 i_B，工作点沿负载线进入放大区。

三极管处于放大状态时的特点是：发射结正偏，集电结反偏；$I_{BS}>i_B>0$，$i_C=\beta i_B$，$u_{CE}=V_{CC}-i_C R_c$。根据输入信号幅度的大小，工作点只要在 Q_C 和 Q_S 之间，而又满足动态范围的要求，就可获得线性放大。

2. 动态开关特性

对于图 2.5(a)的三极管开关，在输入端加 1 个阶跃脉冲，即 u_I 从 U_{IL} 跃变到 U_{IH}，经过 t_w 后又跃变到 U_{IL}，如图 2.6 所示。共射接法的放大电路输出与输入电压是反相变化的，对于这

样 1 个阶跃输入,三极管 VT 是否会立即从截止转为饱和,也就是说,u_I 从 U_{IL} 跃变到 U_{IH},u_O 是否随之从 U_{OH} 跃变到 U_{OL};u_I 从 U_{IH} 跃变到 U_{IL},u_O 是否随之从 U_{OL} 跃变 U_{IH}。实验表明并非如此,而是具有图 2.6 中波形所示的那样,上升与下降都出现了过渡过程,表现为有一定的延迟时间。

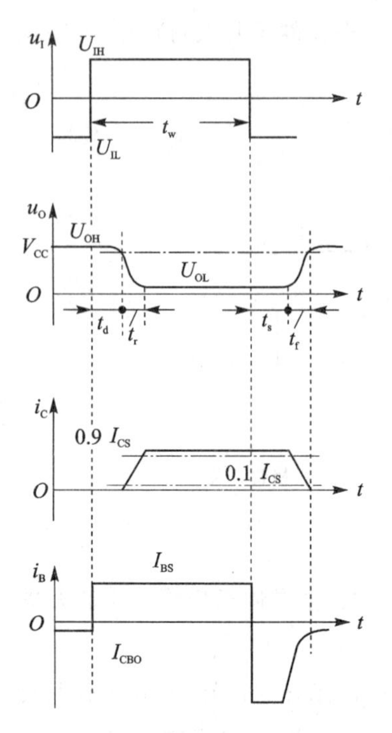

图 2.6　三极管的开关特性

输出脉冲的上升和下降不像理想输入脉冲 u_I 是一个阶跃,而出现相对比较缓慢变化的过程。输出脉冲 u_O 所以有这样的变化,是集电极电流 i_C 的变化而产生的。下面将分开启和关闭 2 个过程来讨论。

(1) 开启过程

开启过程是三极管从截止转化到饱和的过程。这一段所需的时间用 t_{on} 表示,称为**开启时间**,而开启时间 $t_{on}=t_d+t_r$。式中 t_d **称为延迟时间**,它对应从 u_I 的正阶跃开始到 i_C 达到 $0.1I_{CS}$ 所滞后的时间。t_r **称为上升时间**,它对应从 $0.1I_{CS}$ 开始到集电极电流达到 $0.9I_{CS}$ 所需的时间。首先,研究延迟时间 t_d,先看一下正阶跃来到之前,三极管 VT 处于截止状态的情况。$U_{BE}=U_{IL}<0$,此时 I_B 很小,忽略了 R_b 上的压降;$U_{BC}=U_B-U_C=U_{IL}-V_{CC}<0$。即 2 个结都处于反偏,所以 2 个结的内电场增加,阻挡层加宽,其中有较多的空间电荷,相当结电容较大。

如果在某一时刻,u_I 由 U_{IL} 突变到 U_{IH},这时就产生了 1 个流入基极的电流,但这个电流并不能立即引起发射极少数载流子的注入,而产生集电极电流。因为 u_I 刚变到 U_{IH} 时,发射结的阻挡层基本上还是原状态,这时的 i_B 向结电容充电。随着充电的进行,发射结由反偏向正偏过渡,随之出现 i_C。开始时 i_C 很微小,不便于测量,所以,规定当 $i_C=0.1I_{CS}$ 时为止,延迟时间 t_d 结束。显然驱动电流 i_B 越大,向电容充电也越快,t_d 也越小。开始的反向偏压较小,结电容也较小,t_d 也会较小。

开启过程经过 t_d 后,发射区向基区注入的电子越来越多,基区的电子浓度也越来越大,i_C 也不断上升,最后达到 I_{CS}(测量时以 $0.9I_{CS}$ 计)。上升时间 t_r 就是 i_C 从 $0.1I_{CS}$ 达到 $0.9I_{CS}$ 所对应的时间。因为在基区中电子积累的同时,也必须有等量的空穴积累,才能保持基区的电中性。电子是从发射极注入的,来源丰富,而空穴要靠基流 i_B 注入而产生,所以上升时间与 i_B 的大小有关。i_B 越大,正向驱动能力越强,基区电荷积累越快,t_r 越小。

(2) 关闭过程

上升时间结束后,三极管进入饱和状态,$i_C=I_{CS}$,这时基极驱动电流 I_{BS} 注入基区所提供的空穴,刚好等于同时间内因复合而减少的空穴,基区中积累的电荷量 Q_S 达到了稳定,正好可以维持 I_{CS}。

但实际上,往往驱动电流 $i_B>I_{BS}$。由于集电极回路有 R_c 存在,I_{CS} 不会再增加,所以 i_B 除了补充复合掉的空穴外,还有多余电流,使基区中电荷的积累还要增加,出现了一部分超量存储电荷 Q'_S。Q'_S是由过驱动引起的,Q'_S越多,三极管饱和就越深。

关闭过程是三极管从饱和转为截止的过程。该过程可用**关闭时间** t_{off} 来描绘。t_{off} 包括 2

部分，即：$t_{off}=t_s+t_f$，t_s **称为存储时间**，t_f **称为下降时间**。

存储时间 t_s 在关断时，u_I 由 U_{IH} 突变到 U_{IL}，因 U_{IL} 是负值，就形成了一个流出基极的电流，把基区的电荷抽出，故称这时的基流为抽取电流。因为先抽取的是超量存储电荷，所以，I_{CS} 不会下降，直到超量存储电荷 Q'_s 被抽取完为止。于是出现了一段 I_{CS} 不变化的时间，测量时是 u_I 从 U_{IH} 突变到 U_{IL} 开始，到 I_{CS} 下降到 0.9 I_{CS} 为止所对应的时间。显然减小 i_B 过驱动，或加大抽取电流，可以减小 t_s。

三极管开关工作在 $i_B>I_{BS}$ 条件下为饱和型开关；当 i_B 稍小于 I_{BS} 时为非饱和型开关，此时 $t_s=0$。

下降过程中超量存储电荷 Q'_s 被抽光后，I_{CS} 就开始下降。随着抽取的进行，基区的电荷密度不断下降，这时基区的内部电荷的变化与上升时间正好相反，直至 i_C 下降到零为止。这时结区又重新建立反向偏压。测量下降时间 t_f，是以 i_C 从 0.9 I_{CS} 下降到 0.1I_{CS} 所对应的时间来计算的。显然抽取电流越大，t_f 就越小。

由以上分析可知，描述三极管开关过程共有 6 个时间参数 t_{on}、t_d、t_r、t_{off}、t_s 和 t_f，相互间的关系式为

$$t_{on}=t_d+t_r$$

$$t_{off}=t_s+t_f$$

2.2　分立元件门电路

在数字系统中，大量地运用着执行基本逻辑操作的数字电路。这些基本的逻辑操作是**与**(AND)、**或**(OR)、**非**(NOT)。把实现这些逻辑操作的电路称为基本逻辑电路或门电路。什么是逻辑操作？例如：有的电气设备在投入使用时，必须有 2 个开关控制，当 2 个开关都合上，设备才接上电源，这就是一种逻辑操作，确切地说是一种**与**逻辑的操作。门电路的输入信号是用信号的有无、电平(Level)的高低来表示的。经过逻辑运算后的输出信号也是如此。早期的门电路主要由继电器的触点构成，后来采用了二极管、三极管门电路，目前则广泛应用集成门电路。

2.2.1　与　门

1. 与门电路

与门是 1 个具有多个输入端头和 1 个输出端头的逻辑门电路。如图 2.7(a)所示的是 1 个二极管**与**门电路，A、B、C 是输入端，P 是输出端；而如图 2.7(b)所示是其逻辑符号。输入端头数可任意多，但实际制造时是有限制的。

2. 逻辑功能与真值表

从图 2.7 中可知，只要 A、B、C 三个输入中有 1 个是低电平(如 0.3 V)，则 V_{CC} 就要通过 R 向该路二极管提供电流，同时将 P 点电位钳制在 $U_P=0.3$ V$+0.7$ V$=1$ V 上(硅 PN 结压降以 0.7 V 计)，输出端 P 视为低电平，记为逻辑低电平“**0**”。只有当 $U_A=U_B=U_C=U_{IH}=3.6$ V，即：均为高电平时，各路二极管仍导通，P 点电压为 $U_P=3.6+0.7=4.3$ V，P 点视为高电平，记为逻辑高电平“**1**”。

上述逻辑关系可归纳为有"**0**"出"**0**",全"**1**"出"**1**"。这种输入输出之间的逻辑关系称为**与**逻辑。即:输入端 A、输入端 B 和输入端 C 全部都是高电平"**1**"输入时,输出为"**1**"。由以上分析可知,该电路可以完成与逻辑运算。3个输入端可能有 $8(=2^3)$ 种输入组合情况,将各种组合情况及其对应的与逻辑输出 P 列于表2.1。

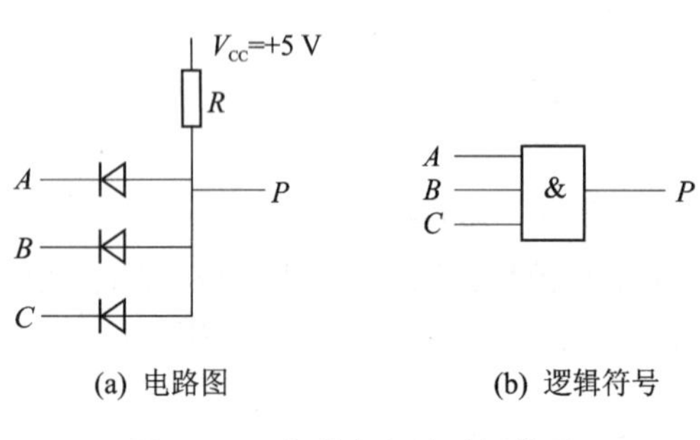

(a) 电路图　　(b) 逻辑符号

图2.7　二极管与门电路及符号

表2.1　与门真值表

A	B	C	P
0	0	0	0
0	0	1	0
0	1	0	0
0	1	1	0
1	0	0	0
1	0	1	0
1	1	0	0
1	1	1	1

由真值表可明显看出,只有 A、B 与 C 所有输入端都是高电平,输出才是高电平(对应第8种情况),与逻辑的表达式如下

$$P = A \cdot B \cdot C = ABC$$

3. 使能端

与门的任意1个输入端都可作为使能(Enable)端使用。使能端有时也称允许输入端或禁止端。例如:以 C 为使能端,A、B 为信号端,则当 $C=\mathbf{0}$ 时,$P=\mathbf{0}$,即与门被封锁,信号 A 和 B 无法通过与门。只有当 $C=\mathbf{1}$(封锁条件去除)时,$P=A \cdot B$,与门的输出才反映输入信号 A 与 B 的逻辑关系。

2.2.2 或　门

如图2.8(a)所示为二极管**或**门电路,可以看出 A、B、C 三个输入端中只要有1个是高电平(3.6 V),则该路二极管导通,输出 P 被钳制在高电平(2.9 V),记为逻辑高电平"**1**"。只有当 A、B、C 都是低电平(0.3 V),输出 P 才是0 V,记为逻辑低电平"**0**"。若干个输入中只要有1个是"**1**"电平,输出就是"**1**"电平这种逻辑关系称为**或**逻辑。或逻辑可用逻辑式 $P=A+B+C$ 表示,它的运算规则为有"**1**"出"**1**",全"**0**"出"**0**",即:符合或门真值表的规则。或门的逻辑符号如图2.8(b)所示。

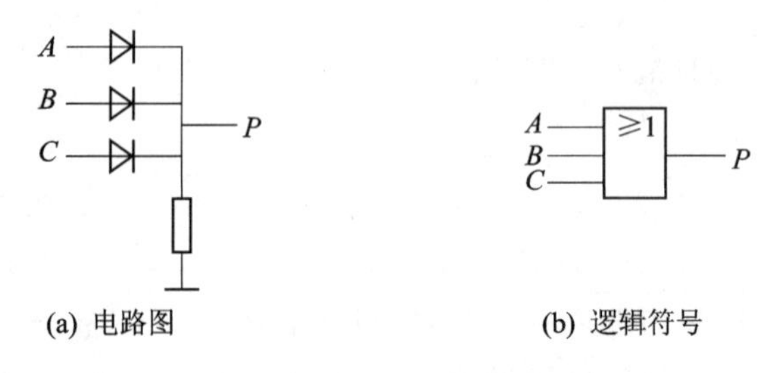

(a) 电路图　　(b) 逻辑符号

图2.8　二极管或门电路及符号

2.2.3　非门(反相器)

图 2.9(a)是 1 个三极管反相器电路,图 2.9(b)为**非**门的逻辑符号。其输出端 P 的状态总是与输入端的状态相反,是反相关系。电路参数 R_b、R_c 选择适当,使 A 为高电平时,晶体管饱和导通,其集电极即 P 点为低电平,$P=U_{CES}=0.3$ V;而当 A 为低电平时,三极管截止,其集电极则为高电平,$P=U_H \approx V_{CC}$,实现了**非**逻辑。A 为"**1**",P 为"**0**";A 为"**0**",P 为"**1**"。**非**门的逻辑关系可用逻辑式 $P=\overline{A}$ 表示。

由于**非**门有电流放大能力,所以输出电平稳定,带负载能力强。为了利用非门的这种性质,实际工作中,**与**门、**或**门总是和**非**门联合使用,组成**与非**门、**或非**门和**与或非**门等。另外,逻辑门在驱动发光二极管、继电器等电流较大的元件时,都采用**非**门做为缓冲门,以提高带负载能力。

非门的逻辑符号如图 2.9(b)所示,图 2.9(b)中小圆圈"◦"表示**非**的逻辑运算关系,使用"◦"则为单一逻辑约定。在单一逻辑约定采用非运算符号"◦"时,在逻辑符号框外既可以标注"H"或"L",也可以标注"**1**"或"**0**",因为此时"H""L"和"**1**""**0**"是对应关系。

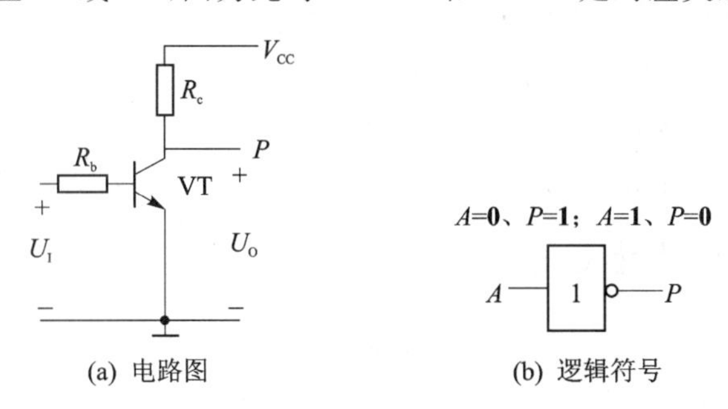

(a) 电路图　　(b) 逻辑符号

图 2.9　三极管非门电路及符号

2.3　集成门电路(TTL)

在数字系统中应用大量的逻辑门电路,采用分立元件焊接成门电路,不仅体积大,而且焊点多,易出故障,使得电路可靠性下降。集成门电路是通过特殊工艺方法将所有电路元件制造在一个很小的硅片上,其优点是体积小、重量轻、功耗小、成本低、使用起来焊点少及可靠性提高。DTL(Diode Transistor Logic,二极管三极管逻辑)门电路是集成电路的早期产品,具有线路简单、成品率高等优点;缺点是速度较慢。为克服 DTL 的不足,1 种新颖的电路形式——TTL(Transistor Transistor Logic,三极管三极管逻辑)门电路被广泛使用。CT74/54TTL 系列也称 TTL 标准系列,第 1 个字母 C 代表中国;T 代表 TTL;74 代表标准 TTL 民用系列;54 代表标准 TTL 军用系列。

2.3.1　TTL 与非门电路结构

以 CT7400 型集成电路为例,在这个集成电路中包括 4 个相同的 2 输入**与非**门,其中的 1 个如图 2.10 所示。

输入级包括多发射极晶体管 VT_1 及电阻 R_1,构成**与**电路。多发射极晶体管一般是靠近

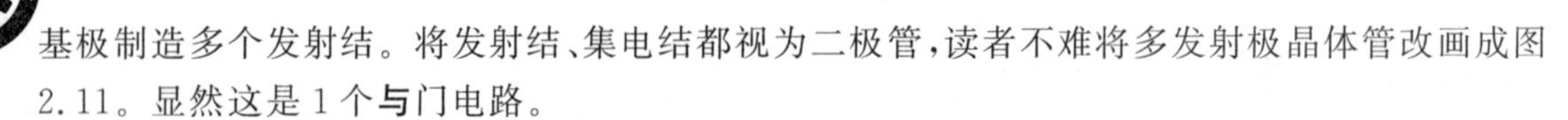

基极制造多个发射结。将发射结、集电结都视为二极管,读者不难将多发射极晶体管改画成图 2.11。显然这是 1 个**与**门电路。

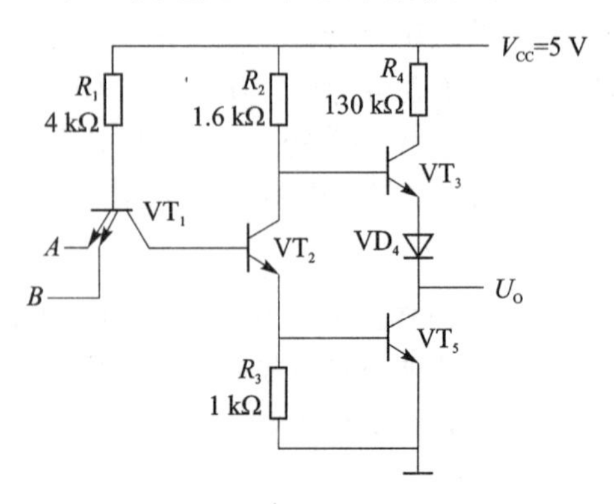

图 2.10　CT7400 型与非门

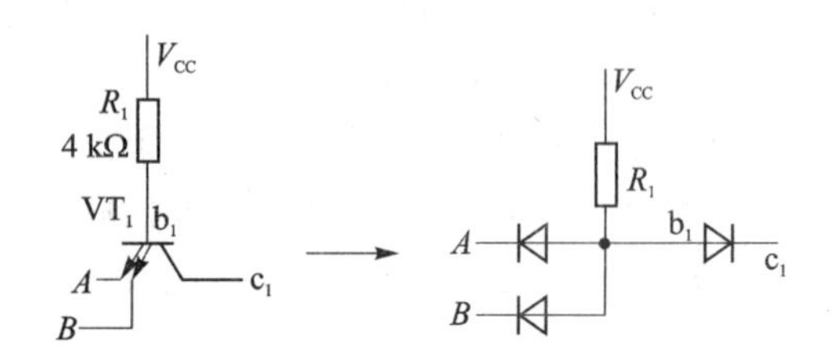

图 2.11　多发射极管等效 1 个与门

中间级包括 VT_2 管及电阻 R_2、R_3,主要作用是将 VT_2 的基极电流放大,以增强对输出级的驱动能力。其电路结构是共射组态的基本放大电路。

输出级由 VT_5、VT_3、VD_4、R_4 等元器件组成。图 2.10 所示的**与非**门电路的输出级只有 2 种稳定工作状态:VT_5 导通,VT_3、VD_4 截止,输出为低电平;VT_5 截止,VT_3、VD_4 导通,输出为高电平。这种输出级的电路结构形式也称作图腾柱(Totem post)输出级。

2.3.2　电路的逻辑功能

CT7400 是 1 个**与非**门,由 2.3.1 小节可知,当它的全部输入端是高电平时,输出为低电平,这一状态也称为开态;输入端有低电平输入时,输出为高电平,这一状态也称为关态。

下面将分别讨论这 2 个状态。

1. 开　态

开态对应所有输入端为高电平,输出为低电平的状态。因为所有的输入端为高电平,即 $A=B=1$,VT_1 管的 2 个发射结都反偏,于是 V_{CC} 通过 R_1、VT_1 的集电结向 VT_2 提供基流 I_{B2}。只要电路参数设计正确,VT_2 可饱和,VT_2 将 I_{B2} 放大后又可驱动 VT_5 饱和,输出低电平 $U_{OL}=U_{CES5}\approx 0.3$ V。此时

$$I_{B2}=I_{B1}=\frac{V_{CC}-U_{B1}}{R_1}=\frac{V_{CC}-(U_{BE5}+U_{BE2}+U_{BC1})}{R_1}=\frac{5-(0.7+0.7+0.7)}{4}=0.725\ \text{mA}$$

$$U_{C2}=U_{E2}+U_{CES2}\approx 0.7+0.3=1\ \text{V}$$

$$I_{R2}=\frac{V_{CC}-U_{C2}}{R_2}=\frac{5-1}{1.6}=2.5\ \text{mA}$$

如果忽略 VT_3 的基流,则可认为 $I_{R2}=I_{C2}$,而

$$I_{E2}=I_{B2}+I_{C2}=0.725+2.5=3.225\ \text{mA}$$

驱动 VT_5 饱和的基流则可认为

$$I_{B5}=I_{E2}-I_{R3}=I_{E2}-\frac{U_{E2}}{R_3}=3.225-\frac{0.7}{1}=2.525\ \text{mA}$$

可见,由于 VT_2 管的电流放大作用,VT_5 管得到的驱动电流 I_{B5} 要比 I_{B2} 大。VT_5 管在 I_{B5} 的

作用下将饱和，所以，可认为 $U_{C5}=U_O=U_{CES5}\leqslant 0.3$ V。

与此同时，因为 $U_{C2}=U_{E2}+U_{CES2}\approx 0.7+0.3=1$ V，而 $U_O\leqslant 0.3$ V。所以 VT_3 和输出端之间的电位差：$U_{C2}-U_{O1}=1\text{ V}-0.3\text{ V}=0.7$ V。这一电位差值不可能同时打开 2 个串联的 PN 结，即：VT_3 的发射结和 VD_4，故 VT_3 和 VD_4 截止。

灌电流——在开态时，VT_5 管输出为低电平，VT_3 和 VD_4 截止，V_{CC} 不会经 R_4 向 VT_5 灌入电流。VT_5 的集电极电流只可能由外电路提供，并流入 VT_5，这个电流称为**输出低电平电流** I_{OL}，也称**灌电流**。

开态情况下，VT_1 管的发射极处于高电平 3 V 左右，基极的电位为 VT_1 集电结电压 0.7 V、VT_2 发射结电压 0.7 V 和 VT_5 发射结电压 0.7 V 之和，等于 2.1 V，VT_1 发射结反偏；I_{B1} 流向集电极，去掉集电结的压降 0.7 V，$U_{C1}=U_{B2}=1.4$ V。电路各有关点的电位可按如下顺序确定

$U_A=U_B=U_{IH}$ → $I_{B1}=I_{B2}$ → VT_2饱和 → VT_4饱和 → U_{OL}

$U_{B1}=2.1\text{V}$ ← $U_{B2}=1.4\text{ V}$ ← $U_{B4}=0.7\text{ V}$

$U_{C2}=1\text{ V}$ → VT_3、VD_1截止

2. 关　态

当输入端有低电平(0.3 V)，V_{CC} 经 R_1 有电流 I_{IL} 向输入端流去，所以，VT_1 的基极电位为输入电压 0.3 V 和 VT_1 发射结电压 0.7 V 之和，$U_{B1}=(0.3+0.7)\text{ V}=1$ V，该电位不足以使 VT_2 及 VT_5 导通，因此，VT_2 及 VT_5 截止。VT_2 截止，V_{CC} 经 R_2 有电流向 VT_3 的基极流去，使 VT_3 饱和，由此可确定输出为高电平。于是可以列出

$$V_{CC}=I_{B3}R_2+U_{BE3}+U_{D4}+U_O \tag{2.3}$$

式(2-3)中，$I_{B3}\approx 0$，所以，$I_{B3}R_2\approx 0$；$U_O\approx V_{CC}-U_{BE3}-U_{D4}=5-0.7-0.7=3.6$ V。

拉电流——在关态时，VT_5 截止，V_{CC} 经 R_4 向 VT_3 集电极和二极管 VD_4 提供电流，并流向外电路，这个电流称为**输出高电平电流** I_{OH}，也称**拉电流**。

关态时各有关点的电位可按下列顺序确定：

$U_A=0$, $U_B=0$ → $I_{B1}=I_{IL}$, $U_{B1}=1\text{ V}$ → VT_2截止 → VT_4截止

$I_{R_2}=I_{B3}$ → VT_3、VD_1饱和 → U_{OH}

通过对开态和关态的分析，可以确定 CT7400 型 TTL 逻辑门具有输入全“**1**”，输出为“**0**”；输入有“**0**”，输出为“**1**”的**与非**逻辑关系，因而它是**与非门**，并且它的输出级只有开态和关态 2 种稳定工作状态。

2.3.3　特性曲线

逻辑门的特性曲线是指逻辑门输入端、输出端的电压、电流之间的函数关系，这种关系是非线性的，所以用特性曲线来描述。TTL 逻辑门的特性曲线有 3 条，分别为

① $U_o = f(i_o)$,表示输出电压随输出电流变化而变化的规律,它又分为**输出低电平负载输出特性曲线** $u_{oL} = f(i_{oL})$ 和**输出高电平负载输出特性曲线** $u_{oH} = f(i_{oH})$ 2条。

② $U_o = f(u_I)$,表示输出电压随输入电压变化而变化的规律,称为**电压传输特性曲线**。

③ $u_I = f(i_I)$,表示输入电压随输入电流变化而变化的规律,称为**输入特性曲线**。

此外还有1条输入端电阻负载特性曲线,它反映逻辑门输入端对地之间接有电阻时对逻辑门输出逻辑电平的影响。

1. $u_{OL} = f(i_{OL})$ 输出低电平负载特性曲线

输出低电平负载特性曲线也称**灌电流负载特性曲线**。在实际电路中灌电流是由后面所接的逻辑门输入低电平电流汇集在一起而灌入前面逻辑门的输出端所形成,如图2.12所示电路。显然它的测试电路应该如图2.13所示,输入端所加的逻辑电平是保证输出端能够获得低电平,只不过灌电流是通过接向电源的1只电位器而获得的。调节电位器可改变灌电流的大小,输出低电平的电压值也将随之变化。

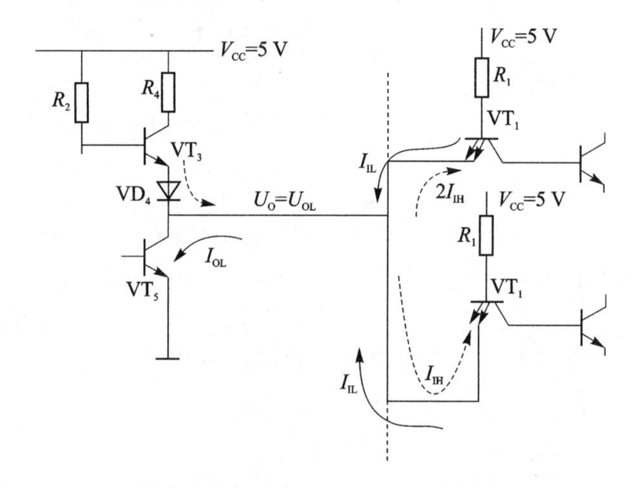

图2.12 灌电流(实线箭头)与拉电流(虚线箭头)示意图

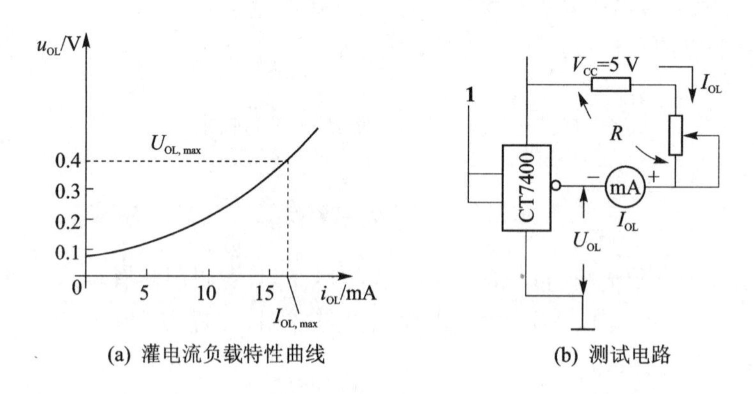

图2.13 灌电流负载特性曲线及测试电路

由图2.13看出,当输出低电平的电压值随着灌电流的增加而增加,TTL系列的最大灌电流为 $I_{OL,max} = 16$ mA时,对应输出电压为0.4 V。此时的输出电压指定为输出低电平时的最大值,灌电流不能再增加,否则输出电压会超过0.4 V,加上在传输过程中产生的电压,就会导致后面电路的低电平输入电压超限。所以，将 $u_{OL}=U_{OL,max}=0.4$ V 时所对应的灌电流值定义为输出低电平电流的最大值 $I_{OL,max}$。不同系列的逻辑电路，同一系列中不同型号的集成电路，国家标准中对输出低电平电流最大值 $I_{OL,max}$ 的规范值的规定往往是不同的。比较常用的数值为

TTL 系列：$I_{OL,max}=16$ mA；

LSTTL74 系列：$I_{OL,max}=8$ mA；

LSTTL54 系列：$I_{OL,max}=4$ mA。

扇出系数 N_O——是描述集成电路带负载能力的参数，其定义式为

$$N_O=\frac{I_{O,max}}{I_{I,max}}$$

在计算扇出系数时，正确计算 $I_{I,max}$ 电流值是重要的。对于图 2.12 而言，当输出为低电平时，后面逻辑门输入端流出的 I_{IL} 是由电源 V_{CC} 经 R_1 提供的，与并联输入端头数无关。但是，当输出为高电平时，$I_{I,max}$ 电流的方向改变为流进输入端，电流值为输入多发射极(每个发射极相当于反向偏置的二极管)的反向饱和电流的总和，其值与后面所接的逻辑门的输入端并联端头数有关。同时，多 1 个门并联就要增加 1 个流入电流 I_{IH}。

由于有上述输出低电平和输出高电平 2 种情况，所计算出的扇出系数可能是不同的。但是，输入低电平电流 I_{IL} 的数值比输入高电平电流 I_{IH} 的数值要大很多，按低电平计算出的扇出系数较小，因此，只需按低电平计算扇出系数即可。所以，有

$$N_O=\frac{I_{OL,max}}{I_{IL,max}} \tag{2.4}$$

按标准 TTL 系列 $I_{OL,max}=16$ mA，$I_{IL,max}=1.6$ mA，$N_O=\frac{I_{OL,max}}{I_{IL,max}}=10$。所以，TTL 门电路的扇出系数一般为 10，即：其带负载能力为 10 个以下的门负载。

2. $u_{OH}=f(I_{OH})$ 输出高电平负载特性曲线

在实际电路中拉电流是由前面的逻辑门流出的高电平负载电流，流向后面所接的逻辑门的输入端，如图 2.12 所示。此时由于后面所接逻辑门的输入三极管的发射结是反向偏置，I_{IH} 很小，所以拉电流也比较小。显然它的测试电路应该如图 2.14(b)所示。

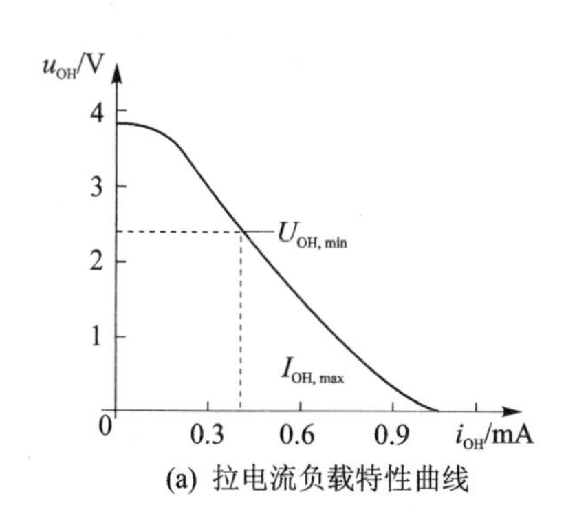

(a) 拉电流负载特性曲线

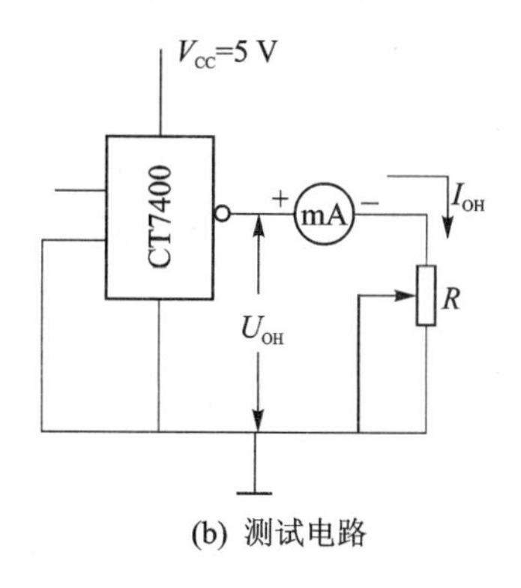

(b) 测试电路

图 2.14 拉电流负载特性曲线及测试电路

输入端所加的低电平，是为了获得输出高电平。只不过拉电流是通过接向地线的 1 只电

位器而获得电流通路,调节的电位器可改变拉电流的数值。输出高电平负载特性曲线的实测结果如图 2.14(a)所示,其基本规律是随着拉电流的增加,输出高电平下降。输出电平下降到 $u_{OH}=U_{OH,min}=2.4$ V 时,所对应的拉电流值定义为输出高电平电流的最大值 $I_{OH,max}=400$ μA。不同系列的逻辑电路,或者同一系列中不同型号的集成电路,国家标准中对输出高电平电流最大值 $I_{OH,max}$ 的规范值的规定往往是不同的。比较常用的数值为

标准 TTL 系列:$I_{OH,max}=-400$ μA;

低功耗肖特基 LSTTL 系列:$I_{OH,max}=-400$ μA。

-400 μA 前面的负号表示电流的方向是从集成电路流出的,正号表示电流是流进集成电路中的。

3. $u_o=f(u_o)$电压传输特性曲线

电压传输特性曲线就是研究在逻辑门的输入电压变化时,逻辑门的输出电压是如何随之变化的。正常使用时,逻辑门的输入是双值逻辑信号,在研究电压传输特性时,为了全方位的了解输入和输出的关系,所加的输入信号是从 0 V 连续变化到电源电压的模拟量。电压传输特性曲线的实验电路如图 2.15 所示,电压传输特性曲线如图 2.16 所示。

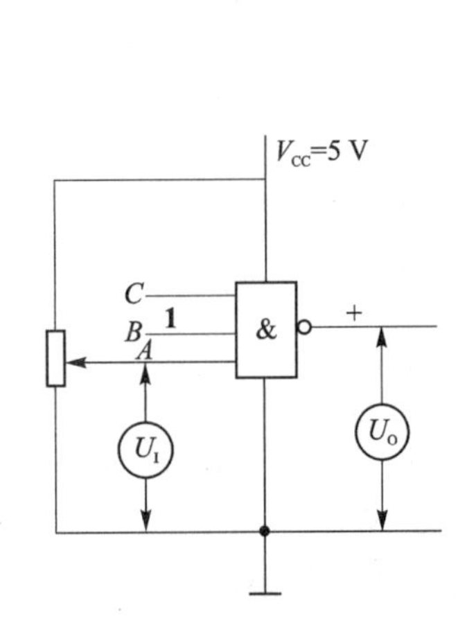

图 2.15 实验电路

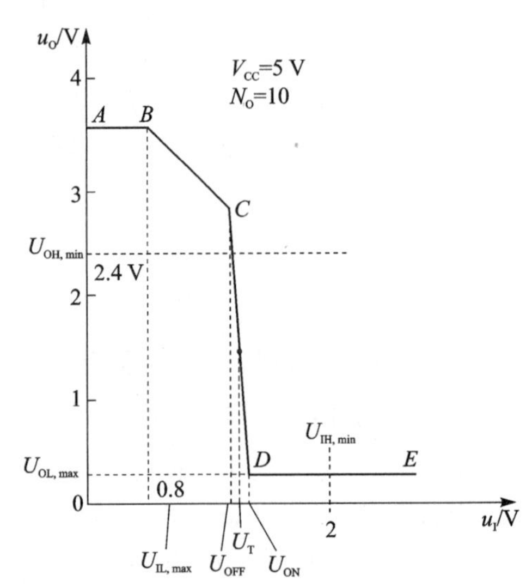

图 2.16 电压传输特性曲线

电压传输特性曲线可以分为 4 段来说明。

① *AB* 段:当输入电压值在属于低电平范围内的电压时,即 $U_I \leqslant 0.8$ V,输出是高电平,是关态。曲线在 *AB* 段,基本上与 *X* 轴平行。据此,把输入电压=0.8 V 指定为**输入低电平最大值,即** $U_{IL,max}=0.8$ V。

② *BC* 段:由于输入电压的提高,VT_1 基极电压随之增大,从 $U_{B1}=0.8+0.7=1.5$ V 开始,逐渐变为大于 1.5 V。输入低电平电流有一部分开始流入 VT_2 的基极,VT_2 进入放大状态,但 I_{E2} 在 R_3 上的压降还不足以使 VT_5 导通。此时 VT_3 和 VD_4 原来就是导通的,所以输出电压将跟随 VT_2 集电极,即 VT_3 的基极电位下降而下降,称为线性区。

③ *CD* 段:当输入增大使 VT_2 的导通较强时,VT_5 也将开始导通,整个门电路的三极管均处于放大状态,输入的微小变化会引起输出的很大变化。输入继续增大至 1.4 V 后,VT_5

迅速由导通到饱和。因此,CD 段变化很陡,称为过渡区。

④ DE 段:当输入进入高电平范围,即 $u_I \geqslant 2$ V,输出是低电平,为开态。输出电压 $U_{OL} \leqslant 0.4$ V。曲线在 DE 段,基本上与 X 轴平行。据此,将输入电压为 2 V,指定为**输入高电平最小值**,即 $U_{IH,min}=2$ V。

由电压传输特性曲线还可以知道**与非**门输出高电平 U_{OH} 和低电平 U_{OL} 的值,而且还可以求出阈值电压、关门电平、开门电平和输入噪声容限等重要参数。

阈值电压 U_T:电压传输特性的过渡区所对应的输入电压,既是决定 VT_5 管截止和导通的分界线,又是决定输出高、低电平的分界线。因此,经常形象化地把这个电压叫做阈值电压或门槛电压,并用 U_T 表示。然而,过渡区所对应的输入电压,实际上有一定的范围,所以,严格地讲,应当把阈值电压定义为过渡区中 $u_I=u_0$ 那一点所对应的输入电压值,$U_T=1.4$ V。

U_T 是一个很重要的参数,在近似分析估算中,常把它作为决定**与非**门工作状态的关键值。当 $u_I>U_T$ 时,认为**与非**门开启,输出为低电平 U_{OL};当 $U_I<U_T$ 时,认为**与非**门截止,输出为高电平 U_{OH}。

关门电平 U_{off} 和**开门电平** U_{on}:定义输出电压下降到 U_{OH} 下限值时,所对应的输入电压称做关门电平 U_{off}。显然只有当 $u_I<U_T$ 时,u_O 才是高电平 U_{OH};当 $u_I>U_T$ 时,u_o 迅速下降到 U_{OL}。当 u_O 刚刚降到 U_{OL} 时,对应的输入电压定义为开门电平 U_{on}。U_{on} 相当电压传输特性曲线中 D 点对应的输入电压值。当 $u_I>U_{on}$时,u_O 为低电平 U_{OL}。

由于电压传输特性曲线中对应 U_{off} 和 U_{on} 两点电压之间线段 CD 很陡,所以 U_{off} 与 U_{on} 不便于测量,因此,就根据**输入低电平最大值** $U_{IL,max}=0.8$ V,**输入高电平最小值** $U_{IH,min}=2$ V,令其分别代替 U_{off} 和 U_{on}。当 $u_I<U_{IL,max}$ 时电路处于关态;当 $u_I>U_{IH,min}$ 时电路处于开态。$U_T=(U_{off+}U_{on})/2=(0.8+2)/2=1.4$ V,与分析实际电路所得结论吻合。要注意 $U_{IL,max}$ 和 $U_{IH,min}$ 是用于计算与测试,而 U_T 是用于分析,用途不同。

噪声容限 U_N:由图 2.17 和以上分析可知,当输入低电平时,虽然有外来正向干扰,但只要不超过 $U_{IL,max}$,电路的关态就不会受到破坏。输入低电平时,允许的干扰电平范围($U_{IL,max} \sim U_{OL,max}$)称为**低电平噪声容限** U_{NL}(或 Δ0)。同样,当输入高电平时,加上外来干扰,只要不低于最小输入高电平,就不会破坏电路的开态。输入高电平时,允许的干扰电平范围($U_{OH,min} \sim U_{IH,min}$)称为**高电平噪声容限** U_{NH}(或 Δ1),如图 2.17 所示。

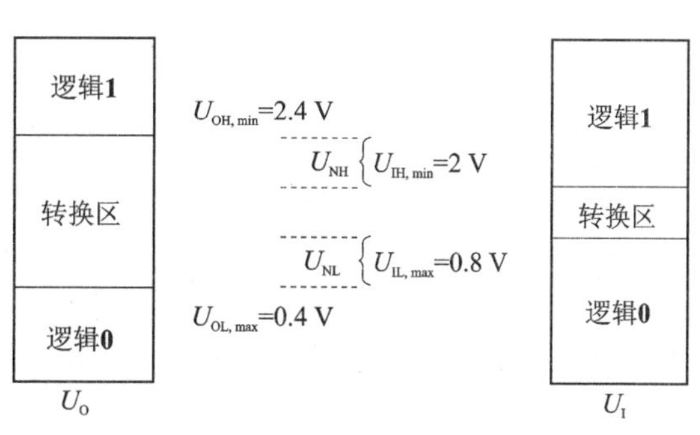

图 2.17　噪声容限的概念

由图 2.17 可知,TTL **与非**门的低电平噪声容限为 $U_{NL}=U_{IL,max}-U_{OL,max}=0.8-0.4=0.4$ V;高电平噪声容限为 $U_{NH}=U_{OH,min}-U_{IH,min}=2.4-2=0.4$ V。所以,在 TTL 电路中,噪声容限在 0.4 V 左右。

4. TTL 逻辑电路输入端电阻负载特性曲线

在数字电路和脉冲电路中,**与非**门电路有时是作为反相放大器使用的。同时,TTL **与非**门输入回路的电阻值对门的状态也有很大的影响。因此,在讨论实际电路之前,还需要了解 TTL **与非**门在这方面的一些性能。

TTL **与非**门当输入端开路时($R=\infty$),相当于接高电平,于是 $u_o=U_{oL}$;当输入端对地短路时($R=0$),相当于接低电平,于是 $u_o=U_{oH}$。现在进一步讨论当输入端经过电阻接地时(见图2.18),输出端是高电平还是低电平,这要取决于所接电阻 R 的阻值。当电阻 R 大于1个被称为**开门电阻** R_{on} 的电阻时,输入相当于高电平,**与非**门输出为低电平;当 R 小于1个被称为**关门电阻** R_{off} 的电阻时,输入相当于低电平,**与非**门的输出为高电平。下面讨论**与非**门的开门电阻 R_{on} 和关门电阻 R_{off} 的概念。

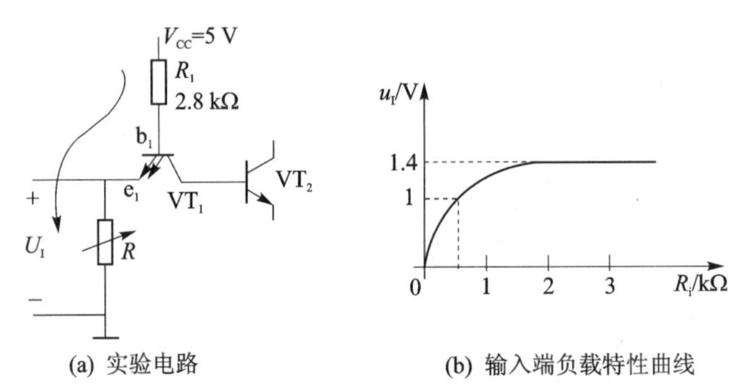

(a) 实验电路　　(b) 输入端负载特性曲线

图2.18　输入端电阻对与非门工作状态的影响

(1) 关门电阻 R_{off}

当**与非**门输入端接有电阻 R 且 $R=0$ 时,该支路中的电流即为 I_{IS}。当 R 稍有增加时 R 上的压降也稍有增加,但这个压降 u_I 很小,仍能保持输入低电平的状态。随着 R 的增加,u_I 不断增加,当增加的某一数值时,R 上的电位达到 U_{off}。输出电压就要开始从 $U_{OH,min}$ 开始下降,此时对应的电阻值称为关门电阻 R_{off}。当 $R<R_{off}$,**与非**门处于关态。

当 $R<R_{off}$ 时,I_{R1} 经 VT_1 发射结几乎全部流入 R,VT_2 此时处于截止状态,则可算出 R_{off}。若

$$u_I=\frac{V_{CC}-U_{BE1}}{R_1+R}R$$

当 $u_I=U_{off}$ 时,$R=R_{off}$,可得

$$R_{off}=\frac{R_1U_{off}}{V_{CC}-U_{BE1}-U_{off}} \tag{2.5}$$

当 $R_1=2.8\ \text{k}\Omega$,$V_{CC}=5\ \text{V}$,$U_{BE1}=0.7\ \text{V}$,$U_{off}=1\ \text{V}$ 代入式(2.5)可得关门电阻 $R_{off}=0.85\ \text{k}\Omega$,这时**与非**门处于关态。

(2) 开门电阻 R_{on}

如果把**与非**门输入端的电阻 R 继续加大,输入电压 u_I 随之增加,当 u_I 增加到开门电平 U_{on} 时,**与非**门转入开态,输出低电平。此时,对应的电阻值就是开门电阻 R_{on}。当 $R>R_{on}$ 时,**与非**门处于开态。

由图2.18(a)可知,当 $u_I=U_{on}$ 时,I_{R1} 电流将有一部分被分到 VT_2 的基极,由于**与非**门的状态刚刚由关态转为开态,分流到 VT_2 基极的电流还不算大。为了简化计算,可忽略 VT_2 的基流,亦可计算出 R_{on}。若

$$u_I=\frac{V_{CC}-U_{BE1}}{R_1+R}R$$

当 $u_1=U_{on}$ 时，$R=R_{on}$，推导后可得

$$R_{on}=\frac{R_1U_{on}}{V_{CC}-U_{BE1}-U_{on}} \tag{2.6}$$

将 $R_1=2.8\ \text{k}\Omega$、$V_{CC}=5\ \text{V}$、$U_{BE1}=0.7\ \text{V}$、$U_{on}=1.8\ \text{V}$ 代入式(2.5)可得开门电阻 $R_{on}=2\ \text{k}\Omega$。当 $R>R_{on}=2\ \text{k}\Omega$ 时，**与非**门处于开态。实际上由于有 I_{B2} 的分流，对于 $R=2\ \text{k}\Omega$，其上的压降要小于 1.8 V。为了保证**与非**门可靠地开启（输出低电平），R 常取得比 2 kΩ 稍大些，一般常选 $R_{on}=2.5\ \text{k}\Omega$。

R 从零开始逐渐增大，u_1 也不断增加，这一关系可用图 2.18(b)的输入端负载特性曲线来描绘。

注意：对不同系列的逻辑门，开门电阻和关门电阻的具体数值可能差别很大，所以，取以上计算的临界数值往往并不可靠，应留有余度。

2.3.4　参数与指标

逻辑门的参数分为静态参数和动态参数，或分别称为直流参数和交流参数。静态参数有电压参数、电流参数和电源参数，动态参数主要有时间参数，分别叙述如下。

1. 电压参数

$U_{OH,min}$：输出高电平电压最小值；

$U_{OL,max}$：输出低电平电压最大值；

$U_{IL,max}$：输入低电平电压最大值；

$U_{IH,min}$：输入高电平电压最小值。

2. 电流参数

$I_{OH,max}$：输出高电平电流最大值（拉电流）；

$I_{OL,max}$：输出低电平电流最大值（灌电流）；

$I_{IH,max}$：输入高电平电流最大值；

$I_{IL,max}$：输入低电平电流最大值。

I_{IH} 的测试电路如图 2.19 所示，其他测试电路读者可以根据被测试参数的概念和要求自己确定。

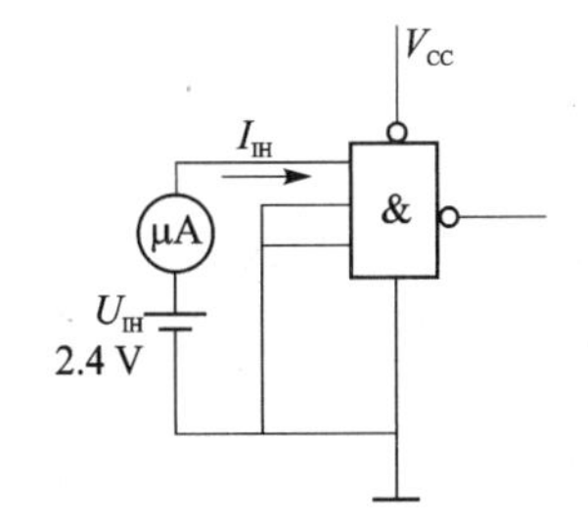

图 2.19　I_{IH} 的测试电路

3. 电源参数

V_{CC}：电源供电电压；

I_{CCL}：输出低电平电源电流；

I_{CCH}：输出高电平电源电流；

P_0：静态功耗。静态功耗由式

$$P_0=0.5(I_{CCL}+I_{CCH})V_{CC}$$

计算得出。

注意：对于几个相同的逻辑电路封装在一起的产品，如 4 个 2 输入**与非**门 CT74LS00，从电源端(14 脚)测出的电流是 4 个逻辑门的电流值，计算出来的功耗要除以 4 才是 1 个逻辑门的功耗。

4. 时间参数

时间参数是动态参数,不同系列、不同型号差别较大。对逻辑门而言一般分为如下3个时间参数,具体参阅图2.20。

t_{PHL}:输出电压从高电平变化到低电平相对于输入电压变化的延迟时间;

t_{PLH}:输出电压从低电平变化到高电平相对于输入电压变化的延迟时间;

t_{pd}:t_{PHL} 和 t_{PLH} 的平均值。

与非门平均传输延迟时间是指1个数字信号从输入端输入,经过门电路再从输出端输出所延迟的时间,它反映了电路传输信号的速度。

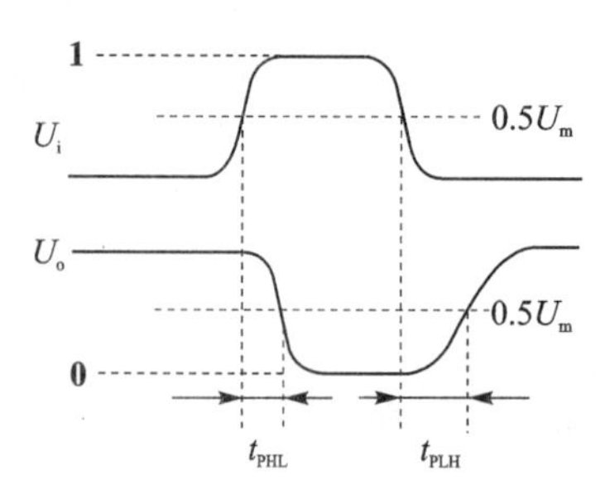

图 2.20　输出对输入的时间延迟

为了测试方便,都以电压波形摆幅的1/2处为起始点去测量平均延迟时间。从输入上升边50%到输出下降边50%为止的时间叫做**导通延迟时间** t_{PHL};从输入下降边50%到输出上升边50%为止的时间叫做**截止延迟时间** t_{PLH}。导通延迟时间和截止延迟时间的平均值称为**平均延迟时间**(如图2.20),标准TTL门的平均传输延迟时间的典型值约10 ns。t_{pd}、t_{PHL} 和 t_{PLH} 的关系为

$$t_{pd}=\frac{t_{PHL}+t_{PLH}}{2}$$

由图2.20可以看出,t_{PLH} 略大于 t_{PHL},因为74系列的门电路中,输出级 VT_5 导通时处于深度饱和状态,所以,从饱和到截止时开关时间比截止到饱和的开关时间长,对应输出由低电平跳变到高电平时的时间 t_{PLH}。

2.4　其他类型TTL门

除了上面所介绍的TTL**与非**门外,还有许多其他类型TTL门电路,这里主要介绍2种新的逻辑电路——集电极开路门(OC)和三态门(ST)电路结构和相关参数。而常用的**与**门、**或**门、**或非**门、**与或非**门及**异或**门等,这些门的电路结构的基本部分与**与非**门很相似,其具有的特性也基本一样,上述分析的相关参数对这些电路都适用,因此这些门的特性和参数就不一一赘述了。又因为**与**门和**或**门电路是在**与非**门、**或非**门电路基础上在电路内部增加一级反相级所构成,因此,下面只介绍**或非**门、**与或非**门和**异或**门的电路结构及其基本工作原理。

2.4.1　集电极开路门(OC门)

1. 工作原理

将TTL**与非**门中的 VT_3、VD_4 去掉,就得到集电极开路(Open Collector)门,如图2.21所示。由于 VT_5 的上拉部分 VT_3、VD_4 去掉,VT_5 将不能得到高电平,为此OC门在工作时必须在输出端与电源之间接1个电阻,这个电阻称为上拉电阻。

由于上拉电阻的接入,又给OC门带来一些特点,即:OC门的输出端可以并联,如图2.22所示,也就是2个OC门的输出不再接入**与**门,直接连接在一起。当其中某一个输出端是低电平,输出就是低电平。只有2个输出都是高电平时,输出才是高电平。这相当于**与**的

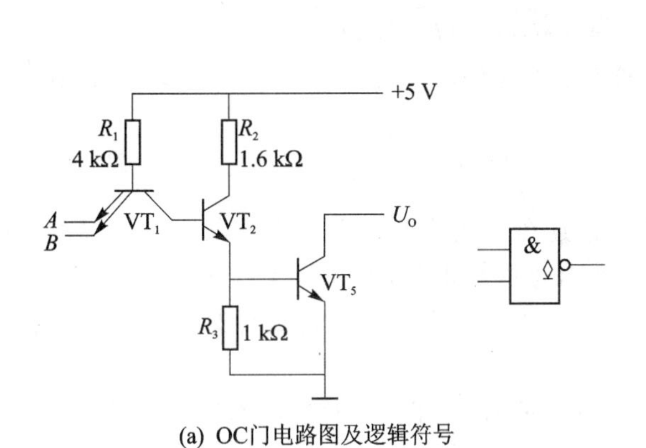

(a) OC门电路图及逻辑符号

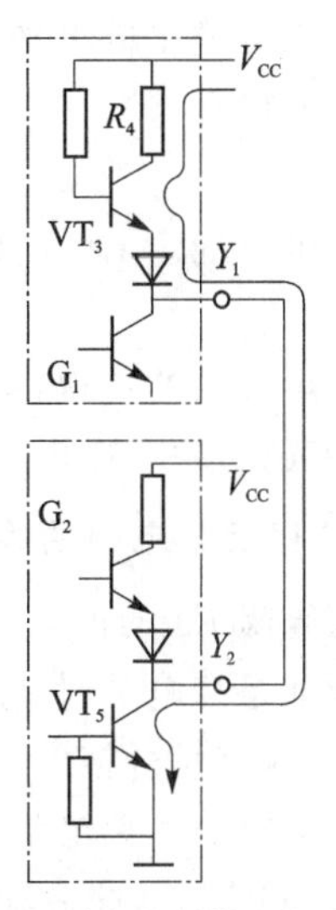

(b) 两个与非门输出并联

图 2.21　OC 门电路与与非门输出并联

逻辑关系,这个**与**逻辑关系是在输出线上实现的,称为**线与**。这在标准 TTL 系列的推挽输出级(图腾输出级)是不允许输出端并联的。如图 2.21(b)所示,2 个逻辑门的输出端并联,1 个是高电平输出,另 1 个是低电平输出,因为处于开态的输出管电阻很小,从另 1 个门就会有很大的拉电流流出,灌入处于开态的输出管中,从而使输出电压值超出规定的逻辑电平,最后门的输出既不是高电平,也不是低电平,在双值逻辑系统中出现这种情况是不允许的。所以,前面介绍的 TTL **与非**门就不能**线与**。

为什么 OC 门就可以**线与**? OC 门与 TTL **与非**门不同的是输出有 1 个门处于开态,即是低电平时,灌入开态输出管的电流是由 V_{CC} 和 R_c 大小决定的,只要上拉电阻 R_c 的阻值大小选择合适,灌入开态输出管的电流不会太大,就不会造成管子烧坏,同时电路输出电压也会满足高或低电平的要求,如图 2.22 所示。

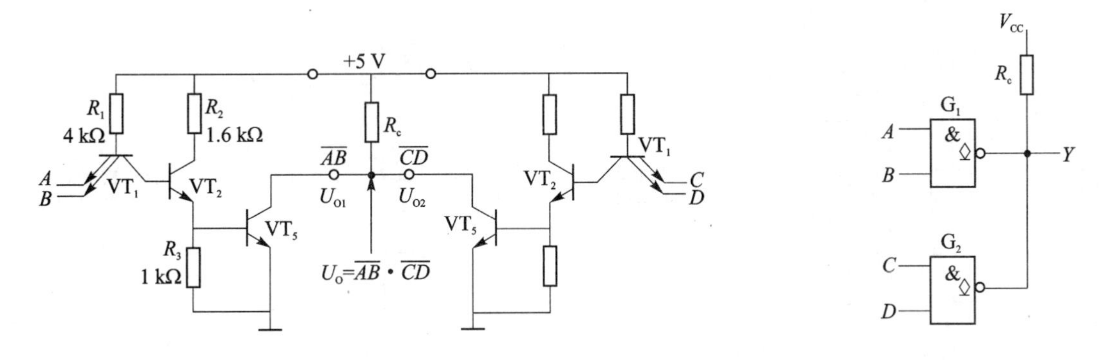

图 2.22　OC 门输出并联和 OC 门实现线与

工作中可以将几个 OC 门的输出端连在一起,共用 1 个集电极负载电阻 R_c,只要 R_c 的阻值大小合适,电路就可正常工作;当然也可 1 个门单独使用。图 2.22 中给出了 2 个 OC 门连接的情况。门 G_1 的输出 $U_{O1}=\overline{AB}$,门 G_2 的输出 $U_{O2}=\overline{CD}$。将 2 个门的输出端连在一起后,

只要其中有1个输出低电平,总的输出就是低电平;只有2个门都输出高电平时,总的输出才是高电平。所以有

$$U_O = U_{O1} \cdot U_{O2} = \overline{AB} \cdot \overline{CD}$$

由摩根定理可以确定OC门的输出与各**与非**门的输入之间满足**与或非**的逻辑关系,即

$$U_O = \overline{AB} \cdot \overline{CD} = \overline{AB + CD}$$

上述逻辑关系的获得,并不需要增添很多元件,只外接1个负载电阻即可,因而十分方便、经济,同时OC门的功耗也有所下降。

2. 集电极负载电阻的确定

当上拉电阻 R_c 的值大小合适,OC门连在一起才能正常工作。也就是当**与**在一起的OC门的输出全部是高电平时,输出则是1个合格的高电平,即 $u_O \geqslant 2.4$ V;当输出有1个门是低电平,输出就应该是合格的低电平,$u_O \leqslant 0.4$ V。现在分2种情况计算,分别计算出满足输出为高或低电平时的上拉电阻值 R_c。

当 N 个OC门并联后输出高电平,后面带 K 个TTL门输入端,M 个TTL门,如图2.23所示。根据图中有关电流的标记,可得

$$U_{OH} = V_{CC} - I_{Rc}R_c = V_{CC} - (NI_{CEX} + KI_{IH})R_c \tag{2.6}$$

式中,I_{CEX} 为OC门输出管的漏电流。

后面连接的TTL门,输入端有的并联,有的不并联,对 I_{IH} 的计算会有不同的结果。由上式可看出,如果 R_c 越大,U_{OH} 越低,根据 U_{OH} 要满足下限值 $U_{OH,min} = 2.4$ V,将 $U_{OH,min}$ 代入式(2.6)可得

$$R_{c,max} = \frac{V_{CC} - U_{OH,min}}{NI_{CEX} + KI_{IH}}$$

当OC门中有低电平输出时,对应的电路情况如图2.24所示。由图中有关电流的标记可得

$$I_{OL} = I_{Rc} + MI_{IL} = \frac{V_{CC} - U_{OL}}{R_c} + MI_{IL}$$

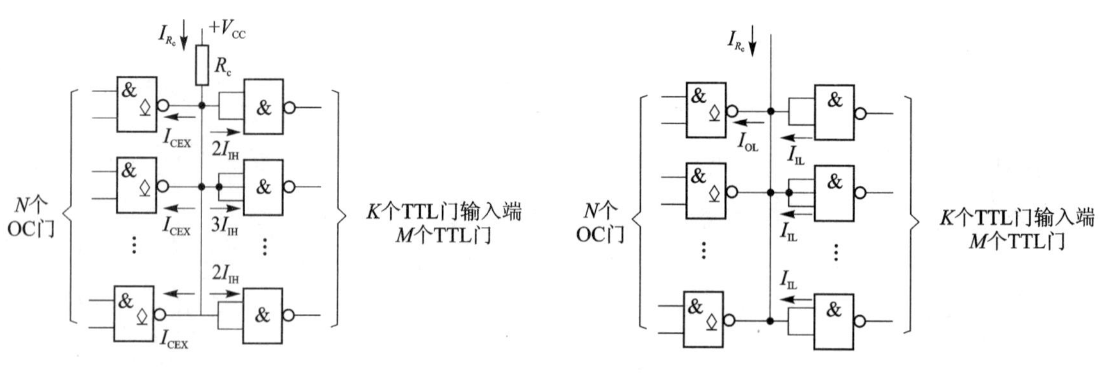

图2.23 $R_{c,max}$ 的确定　　图2.24 $R_{c,min}$ 的确定

显然 R_c 越小,流入OC门中的电流越大,U_{OL} 上升也越多;根据 U_O 满足上限值 $U_{O,max} \leqslant 0.4$ V,就确定了 R_c 的最小值。于是有

$$R_{c,min} = \frac{V_{CC} - U_{OL,max}}{I_{OL} - MI_{IL}}$$

最后应取 R_c 在最大值与最小值之间的值，既能满足输出高电平时对 R_c 的要求，又同时满足输出低电平时对 R_c 的要求，即

$$R_{c,\min} \leqslant R_c \leqslant R_{c,\max}$$

如果从工作速度考虑，R_c 越大，驱动电容负载的能力越差，工作速度就会降低；如果从提高工作速度这一角度考虑，R_c 应取接近 $R_{c,\min}$ 值。如果对工作速度没有特别的要求，R_c 一般选 5～10 kΩ 即可。

2.4.2　三态门

1. 三态门(ST 门)

三态逻辑门与其他一般门电路的输出状态有所不同，它的输出端除了可以出现高电平和低电平外，还可以出现第三种状态——高阻状态，或称禁止状态，故称三态门。以常用的三态**与非**门为例，就是输出与输入逻辑关系仍然是**与非**逻辑，但与一般**与非**门不同，还出现了第三种状态——高阻状态。如图 2.25 所示的电路就是 1 个三态**与非**门电路的实例。该电路实际上是由 2 个**与非**门加上 1 个二极管 VD 组成的。

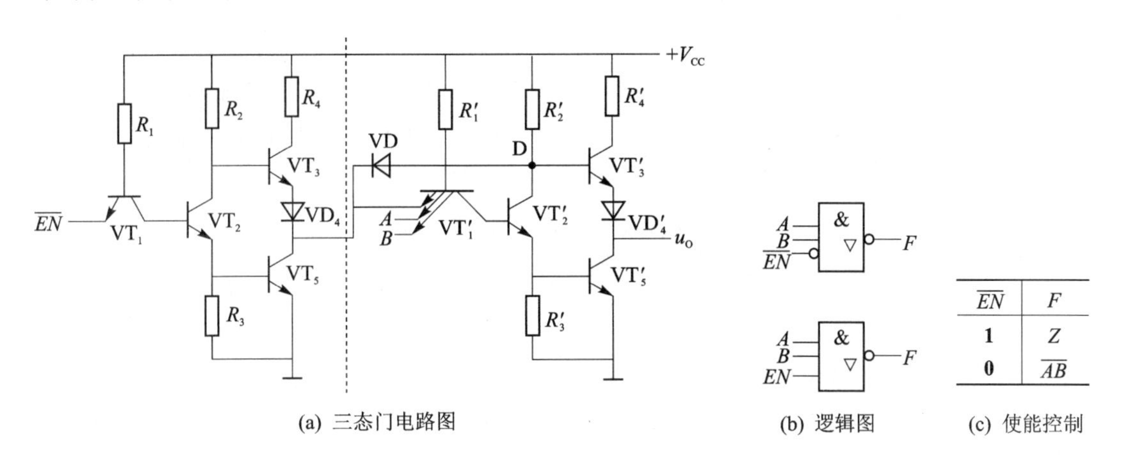

$\overline{EN}$	F
1	Z
0	$\overline{AB}$

(a) 三态门电路图　(b) 逻辑图　(c) 使能控制

图 2.25　三态与非门

图 2.25(a)所示的虚线右半部分就是 1 个**与非**门，左半部分是 1 个**非**门，**非**门的输入端是 $\overline{EN}$，$\overline{EN}$(Enable)称为使能端，在本电路中是低电平有效。

当 $\overline{EN}=\mathbf{0}$ 时，左侧的非门 VT$_5$ 输出 1 个高电平给右侧的**与非**门输入 VT$_1'$。这时，二极管 VD 截止或者导通，这 2 种状态都不影响 VT$_5$ 输出高电平，因此，VT$_1'$ 的输入不受 VT$_5$ 输出高电平影响，而是决定于 VT$_1'$ 其他 2 个输入端 A 和 B。右边的**与非**门将按照**与非**的逻辑关系把输入信号 A 和 B 传送到输出端，即：当 $\overline{EN}=\mathbf{0}$ 时，$u_O=\overline{u_A \cdot u_B}=\overline{AB}$。

当 $\overline{EN}=\mathbf{1}$ 时，应该是第 3 种高阻状态。$\overline{EN}=\mathbf{1}$ 使左侧非门输出 1 个低电平给**与非**门，**与非**门的输入端有 1 个是低电平，这个低电平应该使右侧**与非**门输出高电平，即：**与非**门输出级的 VT$_5'$ 是截止的。同时，左侧**非**门输出的低电平将右侧**与非**门电路中的 D 点电位钳位在 1 V 左右。即：左侧**非**门输出低电平电压值 0.3 V，加上二极管 VD 导通压降 0.7 V。使右侧**与非**门输出级的上拉部分 VT$_3'$、VD$_4'$ 2 个管上的电压只有 1 V，如使 2 个管同时导通 D 点应加大于 1.4 V 电压，而 D 点 1 V 不足以让 2 个管导通。这时 VT$_3'$、VD$_4'$ 和 VT$_5'$ 都截止，输出端 F 相当

于悬空,没有电压值,即为高阻状态。

因此,把三态**与非**门按**与非**逻辑功能工作的状态称为三态门的工作状态,高阻态为第三态。左边的**非**门称为三态门的控制部,使能端可以是低电平有效,也可以是高电平有效,这在逻辑符号上有一些不同,如图2.25(b)所示。图2.25(b)上面1个是使能端$\overline{EN}=\mathbf{0}$为工作状态;下面的1个是使能端$EN=\mathbf{1}$为工作状态。图2.25(a)电路对应的是使能端低电平为工作状态。

现行国标三态**与非**门的逻辑符号,在输出端边框线内侧加1个等边三角形,一角向下。EN为使能端,有空心小圆者,代表EN低电平使能;无空心小圆者,代表EN高电平使能。高阻状态常用字母Z表示。

2. 三态门的应用

三态门在数字电路中是1种重要的器件,它大多挂接在1组总线(Bus)上,以实现不同数字部件之间的数据传输,如图2.26所示。

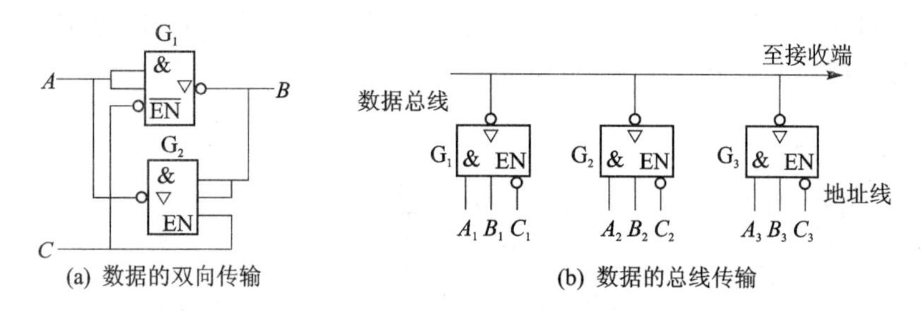

图2.26 三态门的应用

图2.26(a)所示的电路可实现数据的双向传输。当控制端$C=0$时,三态门G_1工作,G_2高阻,数据由A传输到B,$B=\overline{A}$。当$C=1$时,G_2工作,G_1高阻,数据由B传输到A,$A=\overline{B}$。图2.26(b)所示的是数据的总线传输方式,若干个三态门挂在1条传输线上,在任何时刻只有1个三态门是工作状态,其余的是高阻状态,这样就保证总线上只有1个数据向接收端传输。这些三态门采用的是分时工作方式,可以使用同1条传输线分别传输多个数据。如果再让这些三态门具有图2.26(a)所示的双向功能,则每1个三态门既可以发送数据,也可以接收数据。

2.4.3 与或非门、或非门和异或门

1. 与或非门

与或非门的典型电路如图2.27(a)所示。**与或非**门的**与**逻辑同**与非**门输入端一样,采用的是多发射极三极管实现**与**的关系。**与或非**门的**或**逻辑是通过VT_2和VT_2'两个三极管输出端并联来实现的。

图2.27(a)中下面虚框里由VT_1'和VT_2'所组成的电路与上面虚框里由VT_1和VT_2组成的电路完全相同。当$A=B=\mathbf{1}$时,VT_2和VT_5同时导通,VT_4截止,输出Y为低电平。当$C=D=\mathbf{1}$时,VT_2'和VT_5同时导通,VT_4截止,输出Y为低电平。只有A、B有1个或都是低电平,或者C、D有1个或者都是低电平时,VT_2和VT_2'同时截止,VT_5截止而VT_4导通,从而使输出成为高电平。Y和A、B及C、D间是**与或非**关系,即

$$Y=\overline{A \cdot B+C \cdot D}$$

由于**与或非**门的输入和输出端的电路结构与**与非**门相同，所以输入特性、输出特性及相关参数也与**与非**门一样。

2. 或非门

或非门的典型电路如图 2.27(b)所示。将图 2.27(a)的**与或非**门的**与**逻辑取消，输入端由 1 个发射极三极管构成，输入与输出构成**非**的逻辑关系。**或非**门的**或**逻辑是同样通过 VT_2 和 VT_2' 两个三极管输出端并联来实现的，即

$$Y=\overline{A+B}$$

3. 异或门

异或门的典型电路如图 2.27(c)所示。图中虚线以右部分和**或非**门的倒相级、输出级相同，只要 VT_6 和 VT_7 当中有 1 个基极为高电平，都能使 VT_8 截止、VT_9 导通，输出为低电平。如果 A、B 同时为高电平，则 VT_6、VT_9 导通而 VT_8 截止，输出为低电平。反之，如果 A、B 同时为低电平，则 VT_4、VT_5 同时截止，VT_7 和 VT_9 导通而 VT_8 截止，输出也为低电平。

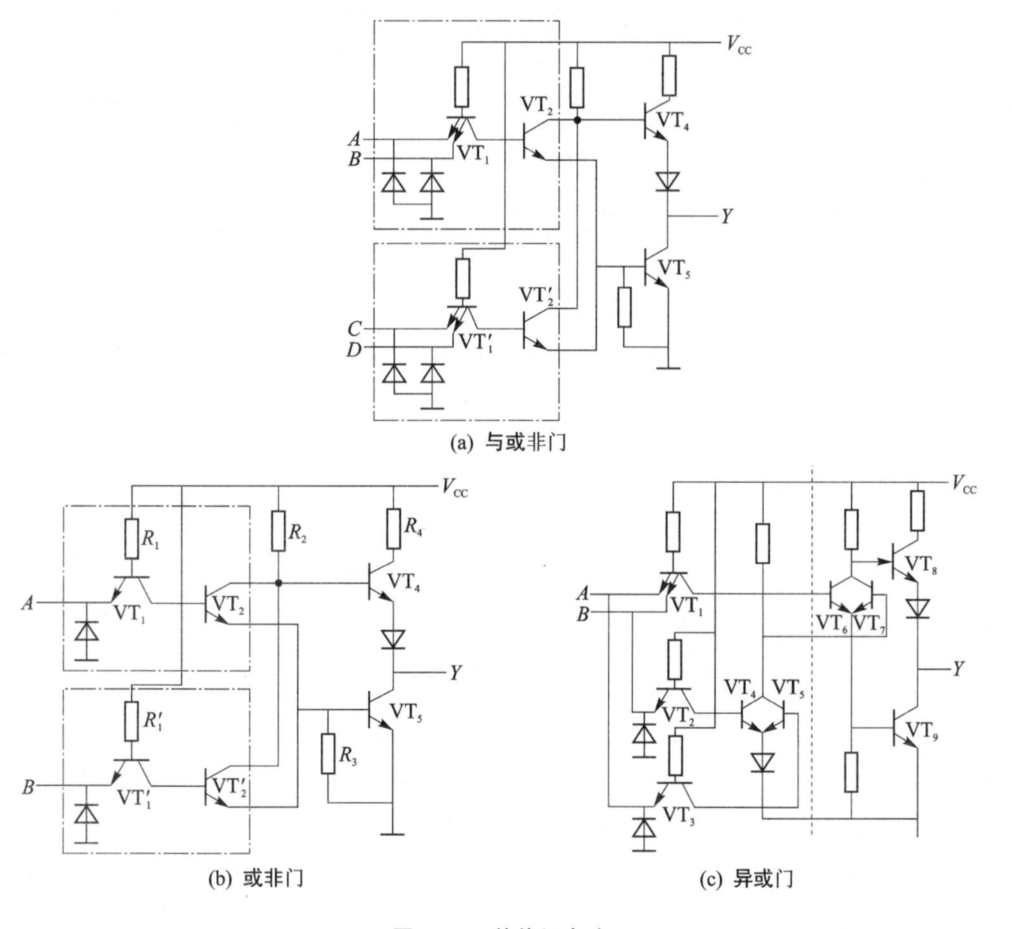

图 2.27　其他门电路

当 A、B 不同时(即：1 个是高电平而另 1 个是低电平)，VT_1 正向饱和导通、VT_6 截止。

同时,由于 A、B 中必有1个是高电平,使 VT_4、VT_5 中有1个导通,从而使 VT_7 截止。VT_6 和 VT_7 同时截止后,VT_8 导通而 VT_9 截止,故输出为高电平。因此,Y 和 A、B 之间是**异或**关系,即

$$Y = A \oplus B$$

2.4.4 TTL 系列门标准参数

为了对 TTL 门电路的各参数有一个全面的了解,表2.2~表2.4分别给出了 TTL 门各种参数标准。有了这些参数标准后,在使用 TTL 门的时候,一方面可以根据实际电路要求选择合适的系列,另一方面可以了解和估算门电路工作在最大、最小和正常3种状态时的各项参数。其中静态功耗 P_O 和延迟时间 t_{pd} 是衡量1个门优劣的重要指标,静态功耗 $P_O = 0.5(I_{CCL} + I_{CCH})V_{CC}$,延迟时间 $t_{pd} = 0.5(t_{pdH} + t_{pdL})$。在表2.3和表2.4分别列出了 I_{CCL}、I_{CCH}、t_{pdH} 和 t_{pdL},方便计算 P_O 和 t_{pd} 两个参数。P_O 和 t_{pd} 两个参数之间存在一定矛盾,往往不易兼顾;要想功耗小一些,延迟时间就不能太小;或者要延迟时间小一些,功耗就不能太小。因此经常用 P_O 和 t_{pd} 之积来表示电路优劣,乘积最小电路最优,$P_O t_{pd}$ 称为优质因子。对于标准 TTL 门,典型值是每门功耗10 mW,每门平均延迟10 ns,优质因子是100。

表2.2 TTL 门的参数规范标准

名称	符号	54/74系列	标准54/74TTL '00、'04、'20、'30			低功耗肖特基54/74LSTTL 'LS00、'LS04、'LS20、'LS30			单位
			min	NOM	max	min	NOM	max	
电源电压	V_{CC}	54	4.5	5	5.5	4.5	5	5.5	V
		74	4.75	5	5.25	4.75	5	5.25	
高电平输出电流	I_{OH}	54/74			−400			−400	μA
低电平输出电流	I_{OL}	54			16			4	mA
		74			16			8	
工作环境温度	T_A	54	−55		125	−55		125	℃
		74	0		70	0		70	
低电平输入电压	U_{IL}	54			0.8			0.7	V
		74			0.8			0.8	
高电平输入电压	U_{IH}	54/74	2			2			V
低电平输出电压	U_{OL}	54		0.2	0.4		0.25	0.4	V
		74		0.2	0.4		0.25	0.5	
高电平输出电压	U_{OH}	54	2.4	3.4		2.5	3.4		V
		74	2.4	3.4		2.7	3.4		
低电平输入电流	I_{IL}	54/74			−1.6			−0.4	mA
高电平输入电流	I_{IH}	54/74			40			20	μA
短路输出电流	I_{OS}	54	−20		−55	−20		−100	mA
		74	−20		−55	−20		−100	

表 2.3　TTL 门的电源电流参数规范标准(V_{CC}=5 V,T_A=25 ℃)

型　号	I_{CCH}/mA		I_{CCL}/mA		I_{CC}/mA 每门平均值 50%占空比
	TYP	max	TYP	max	TYP
'00	4	8	12	22	2
'04	6	12	18	33	2
'20	2	4	6	11	2
'30	1	2	3	6	2
'LS00	0.8	1.6	2.4	4.4	0.4
'LS04	1.2	2.4	3.6	6.6	0.4
'LS10	0.6	1.2	1.8	3.3	0.4
'LS20	0.4	0.8	12	2.2	0.4
'LS30	0.35	0.5	0.6	1.1	0.48

表 2.4　TTL 门的时间参数规范标准(V_{CC}=5 V,T_A=25 ℃)

型　号	测试条件	t_{PLH}/ns		t_{PHL}/ns	
		TYP	max	TYP	max
'00	C_L=15 pF R_L=400 Ω	11	22	7	15
'04,'20		12	22	8	15
'30		13	22	8	15
'S00,'S04	C_L=15 pF R_L=2 kΩ	9	15	10	15
'LS10,'LS20		9	15	10	15
'LS30		8	15	13	20

2.5　CMOS 逻辑门

MOS 是金属氧化物半导体场效应管的英文缩写(metal-oxide-semiconductor),MOS 组成的集成电路,简称 MOS 集成电路。它有以下特点:

① 工艺简单,集成度高(在 3×5 mm^2 单片上可做几万支管子);

② MOS 管可以作为电阻使用,来替代集成电路中的电阻,使 MOS 集成电路完全 MOS 管化;

③ 由于没有输入电流回路,输入阻抗高,可以超过 10^{10} Ω,扇出数目大;

④ 功耗小、噪声小;

⑤ 可以做成双向开关;

⑥ 利用极间电容存储电荷效应,可以组成动态存储器件。

场效应 MOS 集成电路几乎与双极型的 TTL 集成电路系列同时发展起来的,也已经具有与 TTL 系列相同功能的各种门电路。MOS 电路与前面讲过的双极型门电路相比,大多数性

能都优于TTL电路,主要的缺点就是开关速度较低。

MOS集成电路根据MOS管的不同,又分为PMOS、NMOS和CMOS三种。由于CMOS具有一系列的优点,所以,另两种就没有发展起来,如PMOS就被淘汰了。

由于N型半导体中载流子电子的迁移率高,所以,N沟道MOS电路(NMOS)比P沟道MOS电路(PMOS)的工作速度高;但NMOS工艺较复杂,目前国内NMOS电路已有一些产品。把NMOS管和PMOS管做到一起,形成互补MOS电路CMOS,这种电路结构输出与输入是非的逻辑关系。这种电路可以提高开关速度,其工作频率可提高到5~50 MHz,而且功耗极低,也因此在数字系统中越来越多的应用CMOS的门电路。

2.5.1 CMOS反相器

现代实用的MOS反相器是由上述NMOS管和PMOS管组成的一种互补型MOS电路——CMOS(comple-mentary MOS)集成电路。NMOS管是驱动管,PMOS管是负载管,这种结构的反相器,具有很好的传输特性、极小的功耗和较快的工作速度,是现代集成电路,特别是大规模集成电路的主流品种。

1. CMOS反相器的电路结构

CMOS反相器的电路图如图2.28所示。CMOS反相器中的NMOS管和PMOS管一般都是增强型MOS管,2只管子的几何尺寸相同,电气参数相同。把2个管的漏极连在一起作为反相器的输出端,2个栅极连在一起作为反相器的输入端。P沟管的源极接电源正极,在电子手册上常标注为V_{DD};N沟管的源极接地,在电子手册上常标注为V_{SS}。并要求电源电压大于2个管子的开启电压的绝对值之和,更好地使应开启的管子充分开启,导电沟道的电阻更小一些,即:$V_{DD}>|U_{thonP}|+|U_{thonN}|$。为了简化下标,该式也写成$V_{DD}>|U_{TP}|+|U_{TN}|$,一般$|U_{thonP}|=|U_{thonN}|=$ 2 V。

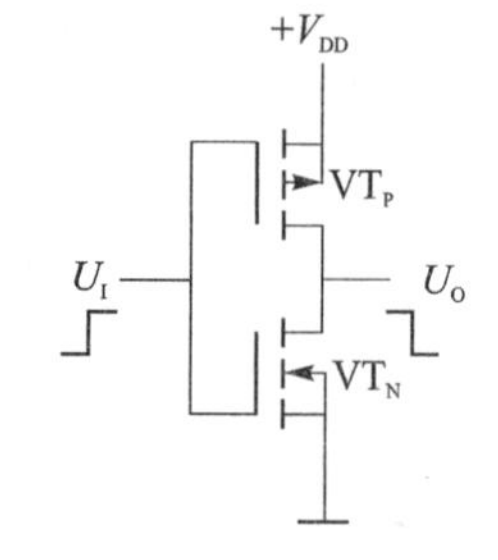

图2.28 CMOS反相器

2. CMOS反相器工作原理

当U_I为高电平,$V_{DD}=5$ V,$U_{TN}=|U_{TP}|=2$ V,那么$U_I=V_{DD}$时,VT_N的栅源电压$U_{GSN}=5$ V,大于开启电压$U_{TN}=2$ V,于是VT_N管导通。对于VT_P管来说,由于栅极电位较高,栅源间的电压$U_{GSP}=0$ V,绝对值小于VT_P的开启电压的绝对值$|U_{TP}|=2$ V,因此VT_P管截止。VT_N导通和VT_P截止使反相器输出低电平。

当U_I为低电平时,VT_N栅源间的电压$U_{GSN}=0$ V,小于VT_N的开启电压2 V,VT_N管截止。对于VT_P来说,由于栅极电位较低,使栅源电压$U_{GSP}=-5$ V,绝对值大于VT_P开启电压的绝对值2 V,因此,VT_P管导通。VT_N截止和VT_P导通使反相器输出高电平。

由上述可知,当反相器处于稳态时,无论是输出高电平还是低电平,VT_P和VT_N中必有1个截止,另1个导通。电源只向反相器提供纳安级的漏电流,故CMOS电路具有静态功耗很低的优点。

反相器输出低电平时,由于VT_P截止,相当于1个几兆欧以上的大电阻,VT_N导通相当于1个几百欧的小电阻,因此,逻辑低电平值一般不足0.1 V。通常使VT_P和VT_N的g_m接近相等,导通电阻都较小。反相器的输出由高电平变为低电平时,VT_N导通,由于N沟管的沟道电阻小，给负载电容提供 1 个快速放电回路。反相器的输出由低电平变为高电平时，VT_P 导通，由于 P 沟管的沟道电阻小，给负载电容提供 1 个快速充电回路。所以 CMOS 门电路的开关速度较快。

当负载电容较小时，或采用驱动电流大的电路后，CMOS 反相器的平均延迟时间可以小到几十纳秒。

3. CMOS 反相器的特性曲线

(1) 电压传输特性

CMOS 逻辑门的电压传输特性曲线的外形与 TTL 逻辑门的外形相似，如图 2.29 所示，但两者相比也有较大不同。

CMOS 逻辑门输出高电平的数值基本上等于电源供电电压值。也就是说，为了获得一个相同的高电平值，对于 CMOS 集成电路所需要的供电电压值要更小一些，或称为 CMOS 集成电路对电源电压的利用率高。在 5 V 供电电压条件下，CMOS 逻辑门的高电平值要比 TTL 逻辑门高出大约 1 V。

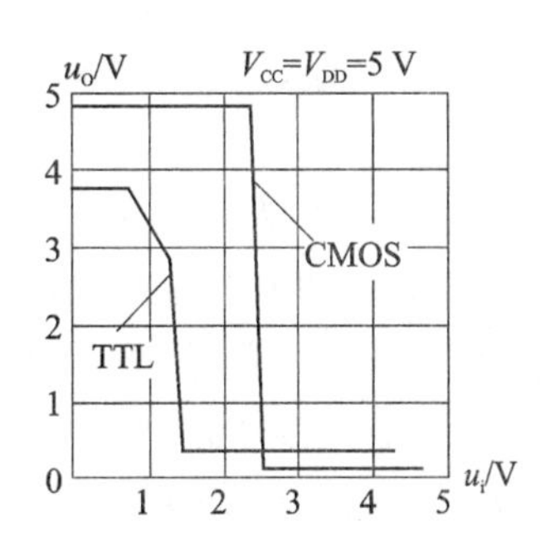

图 2.29 TTL 和 CMOS 逻辑门电压传输特性曲线

CMOS 逻辑门输出低电平的数值基本上等于零，一般小于 0.1 V，CMOS 逻辑门的低电平值要比 TTL 逻辑门更低，所以 CMOS 逻辑门的输出电压值摆幅比 TTL 逻辑门要大许多。一般条件下，CMOS 的高电平比 V_{DD} 小 0.1 V，低电平约为 0.1 V。在相同供电电压条件下，TTL 和 CMOS 逻辑门的逻辑电平的范围如图 2.29 所示。

TTL 集成电路的供电电压是 5 V，CMOS 集成电路可以有更宽阔的供电电压范围，可以从一点几伏到二十几伏。低的供电电压和微功耗，有利于便携式电子仪器。

CMOS 逻辑门的阈值电平大约等于 $1/2V_{DD}$，一般在电源电压的 45%～55%。在 5 V 供电电压条件下，CMOS 逻辑门的阈值电压约为 2.5 V，要比 TTL 逻辑门的阈值高出大约 1 V，因此，CMOS 逻辑门的抗干扰能力要比 TTL 逻辑门高，特别是在低电平这一侧。CMOS 逻辑门的噪声容限约为 2.5 V，即：无论高低电平(2.5－0.1) V＝2.4 V≈2.5 V。

CMOS 逻辑门的缺点是比较容易受到静电的损伤。由于场效应管的栅极和源极之间几乎是绝缘的，电阻十分大，而栅源之间的电容又较小，一旦受到静电的影响，栅源之间会有较高的电压产生，这个电压很可能击穿栅极，使场效应管损坏。不过现在制造的 MOS 集成电路都有输入保护回路，用以防止静电损伤，但仍应注意静电的危害。

CMOS 反相器使用时应注意的是：

CMOS 电路的功耗很小是指它的静态功耗很小，动态功耗不一定小。由于静态功耗极小，所以，在 MOS 管的开关过程中，无论 NMOS 管从开到关、PMOS 管从关到开，或 NMOS 管从关到开、PMOS 管从开到关，在输入电压在 2～3 V 过程中，都存在短暂同时导通的时间，这样就形成了动态功耗。CMOS 电路的动态功耗基本上随工作频率的增加而线性增加。在静态时，CMOS 电路的静态功耗在微瓦数量级，在工作频率达到 1 MHz 时，可能达到毫瓦数

量级。

(2) 电流传输特性

图2.30所示是漏极电流随输入电压而变化的曲线,即所谓的输入电流特性曲线。这个特性也分成三个工作区。在AB段,因为VT_N工作在截止状态,内阻非常高,所以,流过VT_P和VT_N的漏极电流几乎等于零。

在CD段,因为VT_P工作在截止状态,内阻非常高,所以流过VT_P和VT_N的漏极电流也几乎为零。

在特性曲线BC段中,VT_P和VT_N同时导通,有电流i_D流过VT_P和VT_N,而且$V_i=\frac{1}{2}V_{DD}$附近的最大。考虑到CMOS电路的这一特点,在使用这类器件时不应使之长期工作在电流传输特性的BC段,以防止器件因功耗过大而损坏。

(3) 输入端噪声容限

随着V_{DD}的增加高电平噪声容限V_{NH}和低电平噪声容限V_{NL}也相应地加大,而且每个V_{DD}值下V_{NH}和V_{VL}始终保持相等。

国产CC4000系列CMOS电路的性能指标中规定,在输出高、低电平的变化不大于10% V_{DD}的条件下,输入信号低、高电平允许的最大变化量为V_{NL}和V_{NH}。

为了提高CMOS反相器的输入噪声容限,可以通过适当提高V_{DD}的方法实现,而这在TTL电路中是办不到的。

(4) 输入特性

在CC4000系列CMOS器件中,多采用图2.31输入保持电路。图中D_1和D_2都是双极型二极管,它们的正向导通压降$V_{DF}=0.5\sim0.7$ V,反向击穿电压约为30 V。由于D_1是在输入端的P型扩散电阻区和N型底衬间自然形成的,是一种所谓分布式二极管结构,所以在图2.31中用一条虚线和两端的两个二极管表示。这种分布式二极管结构可以通过较大的电流。R_S的电阻值一般为1.5～2.5 kΩ。C_1和C_2分别表示T_1和T_2的栅极等效电容。

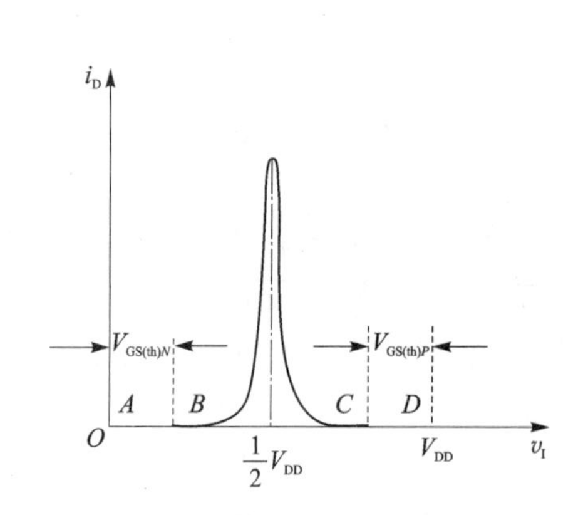

图2.30 CMOS非门电流传输特性

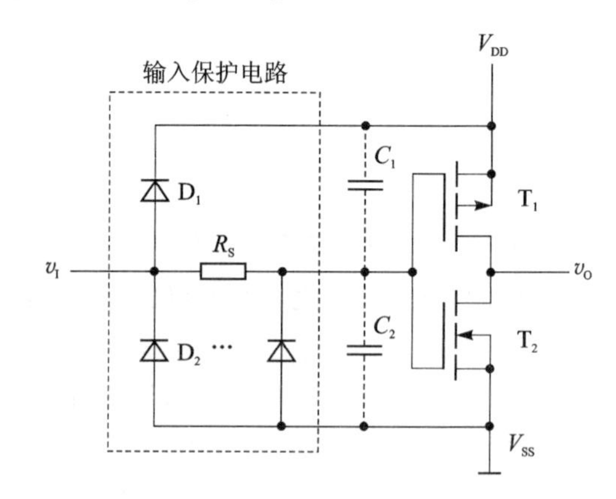

图2.31 CC4000系列的输入保护电路

在输入信号电压的正常工作范围内($0\leqslant v_I\leqslant V_{DD}$)输入保护电路不起作用。若二极管的正向导通压降为$V_{DF}$,则$v_I>V_{DD}+V_{DF}$时,$D_1$导通,将$T_1$和$T_2$的栅极电$V_G$钳位在$V_{DD}+V_{DF}$,保证加到$C_2$上的电压不超过$V_{DD}+V_{DF}$。而当$v_I<-0.7$ V时,D_2导通,将栅极电位V_G钳在

$-V_{DF}$，保证加到 C_1 上的电压也不会超过 $V_{DD}+V_{DF}$。因为多数 CMOS 集成电路使用的 V_{DD} 不超过 18 V，所以加到 C_1 和 C_2 上的电压不会超过允许的耐压极限。

在输入端出现瞬时的过冲电压使 D_1 或 D_2 发生击穿的情况下，只要反向击穿电流不过大，而且持续时间很短，那么在反向击穿电压消失后，D_1 和 D_2 的 PN 结仍然可以恢复工作。

当然，这种保持措施还有一定限度的，通过 D_1 或 D_2 的正向导通电流过大或反向击穿电流过大，都会损坏输入保护电路，进而使 MOS 管栅极被击穿。因此，在可能出现上述情况时，还必须采取一些附加的保护措施，并注意器件的正确使用方法。

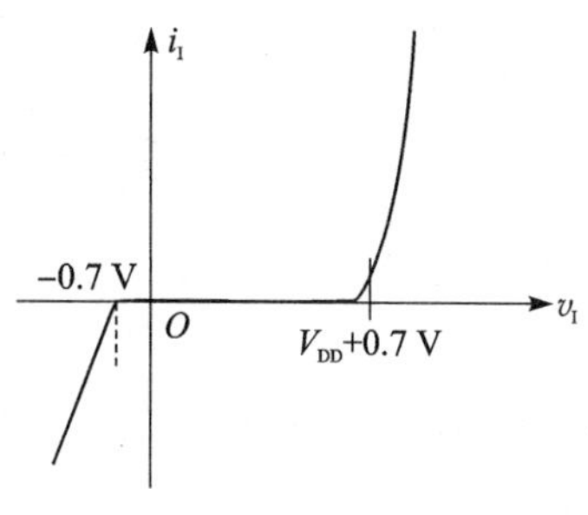

图 2.32　电路的输入特性

根据上述分析可以画出输入特性曲线如图 2.32 所示。在 $-V_{DF}<v_I<V_{DD}+V_{DF}$ 范围内，输入电流 $i_I=0$。当 $v_I>V_{DD}+V_{DF}$ 以后，i_I 迅速增大。而在 $v_I<-V_{DF}$ 以后，D_2 经 R_S 导通，i_I 的绝对值随 v_I 绝对值的增大而加大，二者绝对值的增加近似竖线性关系，变化的斜率由 R_S 决定。

（5）输出特性

首先讨论的电平输出特性，当输出为低电平，即 $v_O=V_{OL}$ 时反相器的 P 沟道管截止、N 沟道管导通，工作状态如图 2.33 所示，这时负载电流 I_{OL} 从负载电路注入 T_2，输出电平随 I_{OL} 增加而增大，如图 2.34 所示。

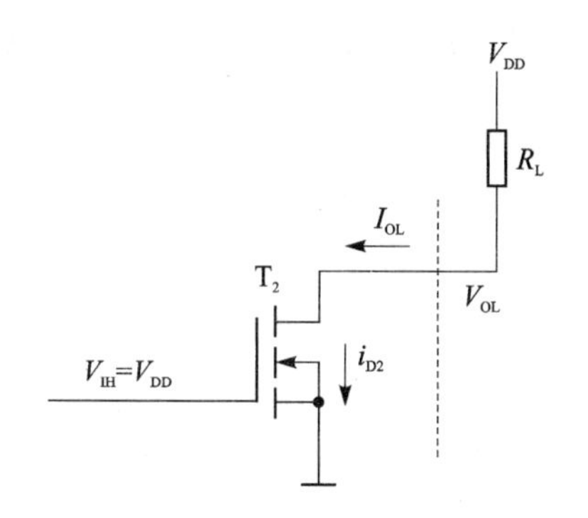

图 2.33　$V_O=V_{OL}$ 时 CMOS 反相器的工作状态

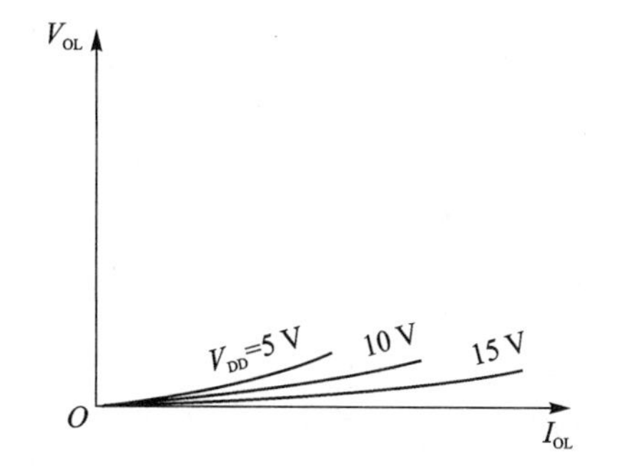

图 2.34　CMOS 反相器的低电平输出特性

因为这时的 V_{OL} 就是 V_{DS2}，I_{OL} 就是 i_{D2}，所以 V_{OL} 与 I_{OL} 的关系曲线实际上也就是 T_2 管的漏极特性曲线。从曲线上还可以看到，由于 T_2 的导通内阻与 V_{GS2} 的大小有关，V_{GS2} 越大导通内阻越小，所以同样的 I_{OL} 值下 V_{DD} 越高，T_2 导通时的 V_{GS2} 越大，V_{OL} 也越低。

再讨论高电平输出特性，当 CMOS 反相器的输出为高电平，即 $v_O=V_{OH}$ 时，P 沟道管导通 N 沟道管截止，电路的工作状态如图 2.35 所示。这时的负载电流 I_{OH} 是从门电路的输出端流出的，与规定的负载电流正方向相反，在图 2.36 的输出特性曲线上为负值。

由图 2.35 可见，这时 V_{OH} 的数值等于 V_{DD} 减去 T_1 管的导通压降。随着负载电流的增加，T_1 的导通压降加大，V_{OH} 下降。如前所述，因为 MOS 管的导通内阻与 V_{GS} 大小有关，所以在同样的 I_{OH} 值下 V_{DD} 越高，则 T_1 导通时 V_{GS1} 越负，它的导通内阻越小，V_{OH} 下降的也越少，如图 2.36 所示。

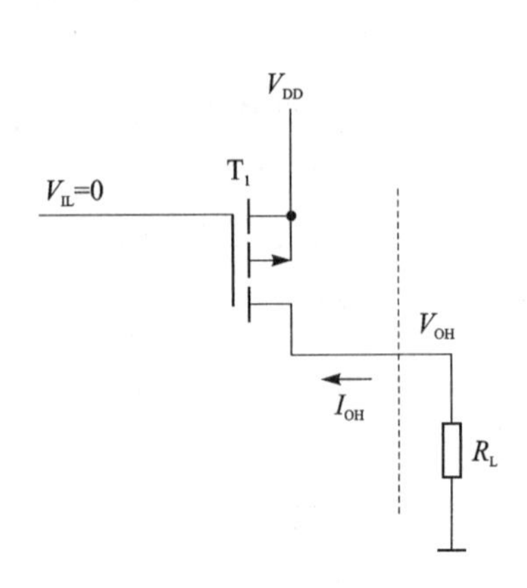

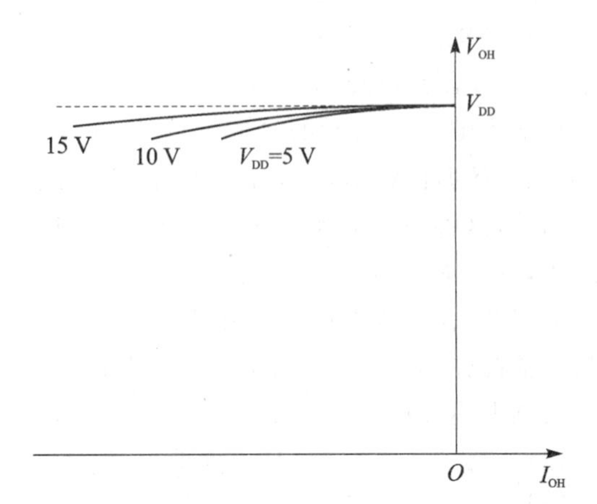

图 2.35　$v_O=V_{OH}$ 时 CMOS 反相器的工作状态　　**图 2.36　CMOS 反相器的高电平输出特性**

CC4000 系列门电路的性能参数规定,当 $V_{DD}>5$ V,而且输出电流不超过允许范围时:$V_{OH}\geqslant0.95V_{DD}$、$V_{OL}\leqslant0.05V_{DD}$,因此,可以认为 $V_{OH}\approx V_{DD}$,$V_{OL}\approx0$。

CMOS 电路既然没有输入电流,那么它的扇出系数是否很大呢?答案是否定的。因为从电流的角度看,CMOS 门是可以带很多很多的门,但从动态的情况看,带的门越多,输出端的分布电容也越大,相当于 C_L 很大,时间常数加大。这就使输出电压从低电平向高电平变化时,上升沿变慢,限制了该逻辑门的工作速度。所以 CMOS 电路的扇出也不是十分的大,扇出主要受制于逻辑门的工作速度。低速时,可以带较多的门;高速工作时,就带不了那么多了。

2.5.2　CMOS 与非门电路

CMOS 门电路是在 CMOS 反相器的基础上构成的,CMOS 门电路中无论是晶体管还是电阻负载全部由 MOS 管组成,具有全 MOS 管的特点。

CC4011 和 54/74HC00 都是 2 输入四**与非**门,其电路构成相同。只不过 54/74HC00 高速 CMOS 电路采用了硅栅 CMOS 工艺,而标准 CMOS 系列采用铝栅 CMOS 工艺。MOS 门电路在电路结构上,其输入端和输出端都加有 MOS 反相器,以增强带负载的能力,减轻逻辑门之间的影响,以及规范逻辑电平的高低。图 2.37(a)为 CMOS **与非**门的电路图,图 2.37(b)为等效的逻辑图,由图可知,输出逻辑式为

$$P=\overline{\overline{\overline{A}+\overline{B}}}=\overline{AB}$$

逻辑式说明:**与非**逻辑是在**或非**门的基础上组合而成的。式中 $\overline{A}$ 和 $\overline{B}$ 为输入端的 2 个反相器的输出;逻辑式最上面的大反号,则代表输出端的反相器。中间的**或非**门,N 沟管是并联结构;P 沟管是串联结构。所以,只要有 1 个输入端是低电平,经过输入侧反相器,加到**或非**门输入端的高电平就使 N 沟管导通,**或非**门输出低电平,经过输出反相器,输出端为高电平,符合**与非**门的逻辑关系。当 2 个输入端都是高电平时,输入侧的 2 个反相器输出都是低电平,使串联的 2 个 P 沟管导通,**或非**门输出高电平,经输出反相器输出低电平,这也符合**与非**门的逻辑关系。

图 2.38(a)为 CMOS **或非**门电路图,它是在中间**与非**电路的基础上,在输入端和输出端都

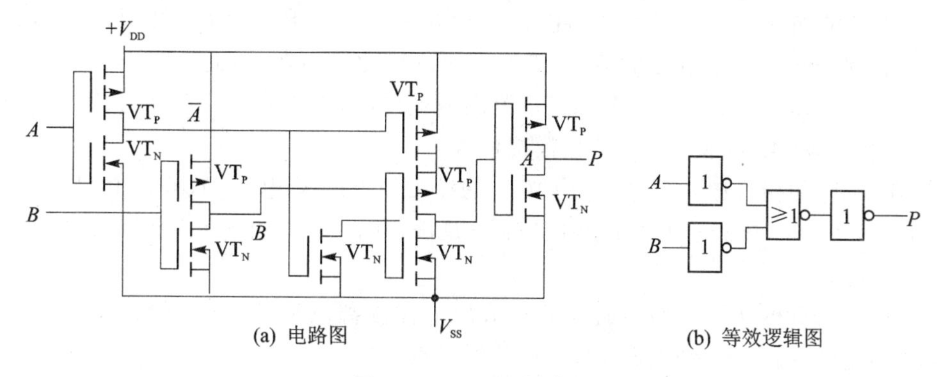

(a) 电路图　　(b) 等效逻辑图

图 2.37　CMOS 与非门

加上起缓冲作用的反相器而得到的。图 2.38(b)为等效的逻辑图。由图可知,输出逻辑为

$$P=\overline{\overline{\overline{A}\cdot\overline{B}}}=\overline{A+B}$$

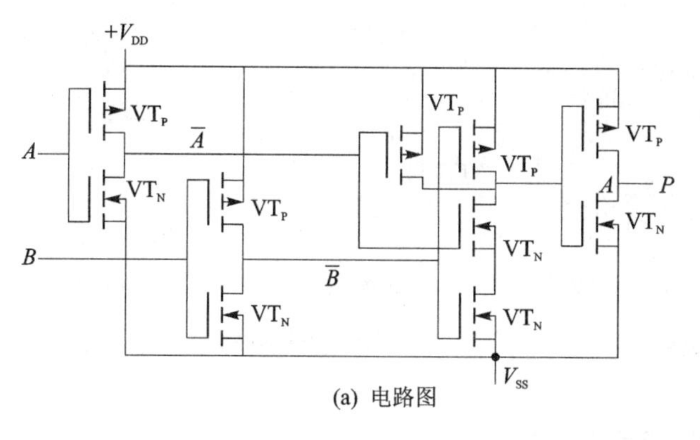

(a) 电路图

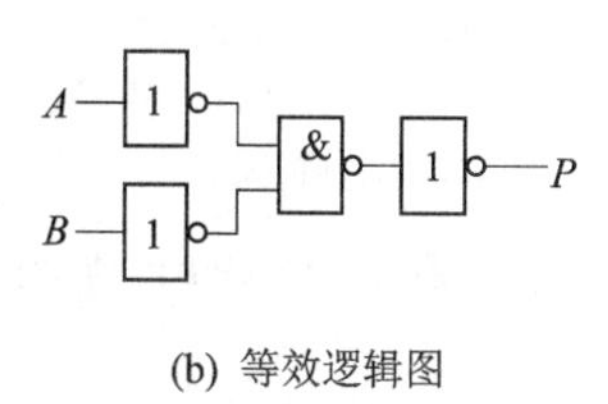

(b) 等效逻辑图

图 2.38　CMOS 或非门

2.5.3　CMOS 传输门

CMOS 传输门电路和符号如图 2.39 所示。传输门是由 PMOS 管和 NMOS 管并联而成的。2 个管的源极相接,作为输入端 u_i,2 个管的漏极相接,作为输入端 u_o。2 个管的栅极作为控制端,分别作用一对互为反相的控制电压。由于 MOS 管的结构对称,源极和漏极可以互换,电流可以从 2 个方向流通,所以,传输门的输入端和输出端可以对换。因此,CMOS 传输门具有双向特性,通常也称为双向开关。传输门在电路中起开关作用,当传输门导通时,输入信号传到输出端;当传输门截止时,输入信号则传不到输出端。CMOS 传输门具有很低的导通电阻(几百欧)和很高的截止电阻(大于 10^7 Ω),接近于理想开关。这种开关在数字系统中应用广泛,和 CMOS 反向器、逻辑门相结合可以构成许多逻辑电路,如 D 和 JK 触发器、移位寄存器等。在图 2.39(a)中,设 MOS 管开启电压绝对值均为 3 V,在 N 沟道管 VT_N 的栅极 C 端加+10 V 电压,P 沟道

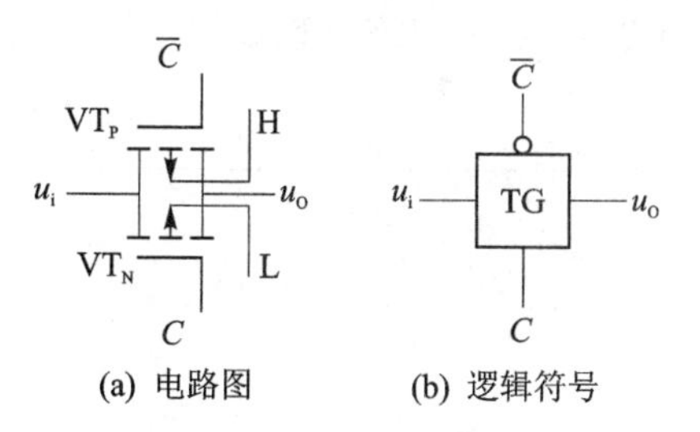

(a) 电路图　　(b) 逻辑符号

图 2.39　CMOS 传输门

VT_P 的栅极 $\overline{C}$ 端加 0 V 电压。当输入电压 u_i 在 0～10 V 范围内连续变化时，u_i 可以全部传输到输出端，即有 $u_o=u_i$。因为 u_i 在 0～7 V 范围内变化时，VT_N 导通，当 u_i 在 3～10 V 范围内变化时，VT_P 导通。所以，u_i 在 0～10 V 范围内变化时，至少有 1 个管子导通，这就相当于开关接通，此时 CMOS 传输门可以传输模拟信号。

如果在 VT_N 的栅极加 0 V 电压，在 VT_P 的栅极加 +10 V 电压，如图 2.40(b)所示，当输入电压仍在 0～10 V 内变化时，VT_N 和 VT_P 总是截止的。这就相当于开关断开，u_i 不能传到输出端。

综上所述，CMOS 传输门的导通与截止取决于控制端电平。当 C 端为"**1**"和 $\overline{C}$ 端为"**0**"时，传输门导通；C 端为"**0**"和 $\overline{C}$ 端为"**1**"时，传输门截止。

传输门和反相器结合组成单刀开关，电路和表示符号分别如图 2.41(a)和(b)所示。开关的控制电压供给传输门的 C 端，控制电压经反相器反相后供给 $\overline{C}$ 端，所以，只需 1 个电压控制端。当控制电平为"**1**"时，传输门导通；当控制电平为"**0**"时，传输门截止。

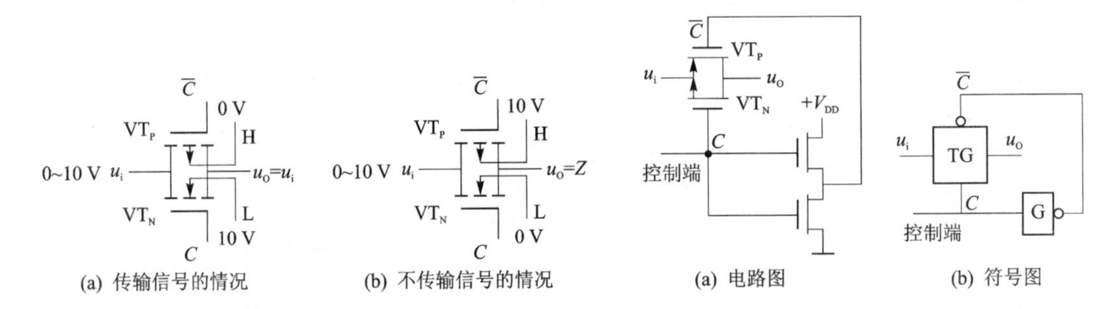

(a) 传输信号的情况　　(b) 不传输信号的情况

图 2.40　CMOS 传输门作开关使用

(a) 电路图　　(b) 符号图

图 2.41　CMOS 传输门作开关的接线

2.5.4　CMOS 门的参数指标

下面给出 CC4011、54/74HC00 和 54/74HCT00 的主要技术指标，以便熟悉电路的性能和查阅元件手册。54/74HC 是高速 CMOS 系列数字集成电路，54/74HCT 系列是一种在逻辑电平上可以直接与 TTL 电路兼容接口的 CMOS 集成电路。CC4011、54/74HC00 和 54/74HCT00 的动、静态特性如表 2.5～表 2.8 所列。

表 2.5　CC4011 静态参数指标

名　称	符　号		测试条件			参数规范	
			U_I/V	U_O/V	V_{DD}/V	最　小	最　大
电源静态电流/μA	I_{DD}	Ⅰ类	0/5		5		0.25
			0/15		15		1
		Ⅱ类	0/5		5		1
			0/15		15		4
输出低电平电压/V	U_{OL}		0/5		5		0.05
			0/15		15		0.05
输出高电平电压/V	U_{OH}		0/5		5	4.95	
			0/15		15	14.95	

续表 2.5

名　称	符　号	测试条件			参数规范	
		U_I/V	U_O/V	V_{DD}/V	最　小	最　大
输入低电平电压/V	U_{IL}		0.5/4.5			1.5
			1.5/13.5			4.0
输入高电平电压/V	U_{IH}		4.5/0.5		3.5	
			13.5/1.5		11	
输出低电平电流/mA	I_{OL}	0/5	0.4	5	0.51	
		0/15	1.5	15	3.4	
输出高电平电流/mA	I_{OH}	0/5	4.6	5		−0.51
		0/15	13.5	15		−3.4
输入电流/μA	I_I	0/15		15		±0.1
		0/15		15		±0.3

表 2.6　CC4011 动态电特性(T_A=25 ℃,C_L=50 pF,R_L=200 kΩ,输入信号 t_r=t_f=20 ns)

参　数	V_{DD}/V	规范值	
		典　型	最　大
t_{PLH}/ns	5	125	250
t_{PHL}/ns	10 15	60 45	120 90

表 2.7　54/74HC00、54/74HCT00 静态电特性

名　称	符　号	74HC＊＊		54HC＊＊＊		74HCT		54HCT	
		最小	最大	最小	最大	最小	最大	最小	最大
输入高电平电压	U_{IH}/V	3.15		3.15		2		2	
输入低电平电压	U_{IL}/V		0.9		0.9		0.8		0.8
输出高电平电压 CMOS 负载 TTL 负载	U_{OH}/V	4.4 3.84		4.4 3.7		4.4 3.84		4.4 3.7	
输出低电平电压 CMOS 负载 TTL 负载	U_{OL}/V		0.1 0.33		0.1 0.4		0.1 0.3		0.1 0.4
输出高电平电流	I_{OH}/mA	−4		−3.4		−4		−3.4	
输出低电平电流	I_{OL}/mA	4		3.4		4		3.4	
输入电流＊	I_I/μA		±1		±1		±1		±1
静态电源电流＊	I_{DD}/μA		20		40		20		40

＊ 全温范围的最大值；＊＊ 工作温度−40～85 ℃；＊＊＊ 工作温度−55～125 ℃,工作电源均为 4.5 V。

表2.8　54/74HC00、54/74HCT00 动态电特性

参　数	74HC	54HC	74HCT	54HCT
	最　大	最　大	最　大	最　大
t_{PLH}/ns	23	27	25	30
t_{PHL}/ns	19	22	19	22

比较 CC4000 和 54/74HC 两个系列,差别主要有 2 个方面:

① 工作速度,54/74HC 比 CC4000 几乎快 1 个数量级;静态功耗相差不多,只是 CC4011 给出的是 25 ℃条件下的电源电流,而 54/74HC 和 54/74HCT 给的是最高温度下的电源电流,它们在 25 ℃条件下的电源电流约 2 μA,比 CC4011 稍大一些。

② CC4000 和 54/74HC(54/74HCT)相比最大的不同是输出电流,54/74HC 的 I_{OH} 和 I_{OL} 几乎比 CC4000 大 1 个数量级,这就为 54/74HC 驱动 TTL 门创造了条件。但是,54/74HC 和 CC4000 系列的输入高电平电压的最小值分别为 3.15 V 和 3.5 V;而 TTL 和 LSTTL 的输出高电平最小值在 2.4~2.7 V 之间。用 TTL 和 LSTTL 直接驱动 CC4000、54/74HC 系列就有问题。但 54/74HCT 系列的输入高电平最小值为 2 V,因而 TTL 门可以直接驱动 54/74HCT 系列的集成电路。

CMOS 和 TTL 集成电路的参数基本相同,但也有一些不同。在逻辑电平的定义上是相同的,但具体数值上有所不同。但相同的供电电压条件下,CMOS 的高电平比 TTL 的高电平更高一些;而 CMOS 的低电平比 TTL 更低一些。因为 CMOS 集成电路的栅极是绝缘的,所以,没有输入电流(忽略),这一点与 TTL 不同。

习　题

1. 图 2.42 所示为某门电路的特性曲线,试根据此图确定它的下列参数:输出高电平 U_{OH}=______;输出低电平 U_{OL}=______;输入短路电流 I_{IS}=______;高电平输入漏电流 I_{IH} ______;开门电平 U_{ON}=______;关门电平 U_{OFF}=______;低电平噪声容限 U_{NL}=______;高电平噪声容限 U_{NH}=______;最大灌电流 $I_{OL,max}$=______;扇出系数 N=______。

2. 由 TTL 门组成的电路如图 2.43 所示,已知它们的输入低电平电流为 $I_{IL}=-1$ mA,高电平输入漏电流 $I_{IH}=40$ μA。试问:当 $A=B=\mathbf{1}$ 时,G_1 的______(拉,灌)电流为______;$A=\mathbf{0}$ 时,G_1 的______(拉,灌)电流为______。

3. 试说明在下列情况下,用万用表测量图的 B 端和 C 端得到的电压各是多少?

(1) A 端悬空;

(2) A 端接低电平;

(3) A 端接高电平;

(4) A 端接地;

(5) A 端经 10 kΩ 电阻接地。

4. 若把上题中的与非门改成 TTL 或非门,试问在上述 5 种情况下 B 端和 C 端测得到的电压各是多少?

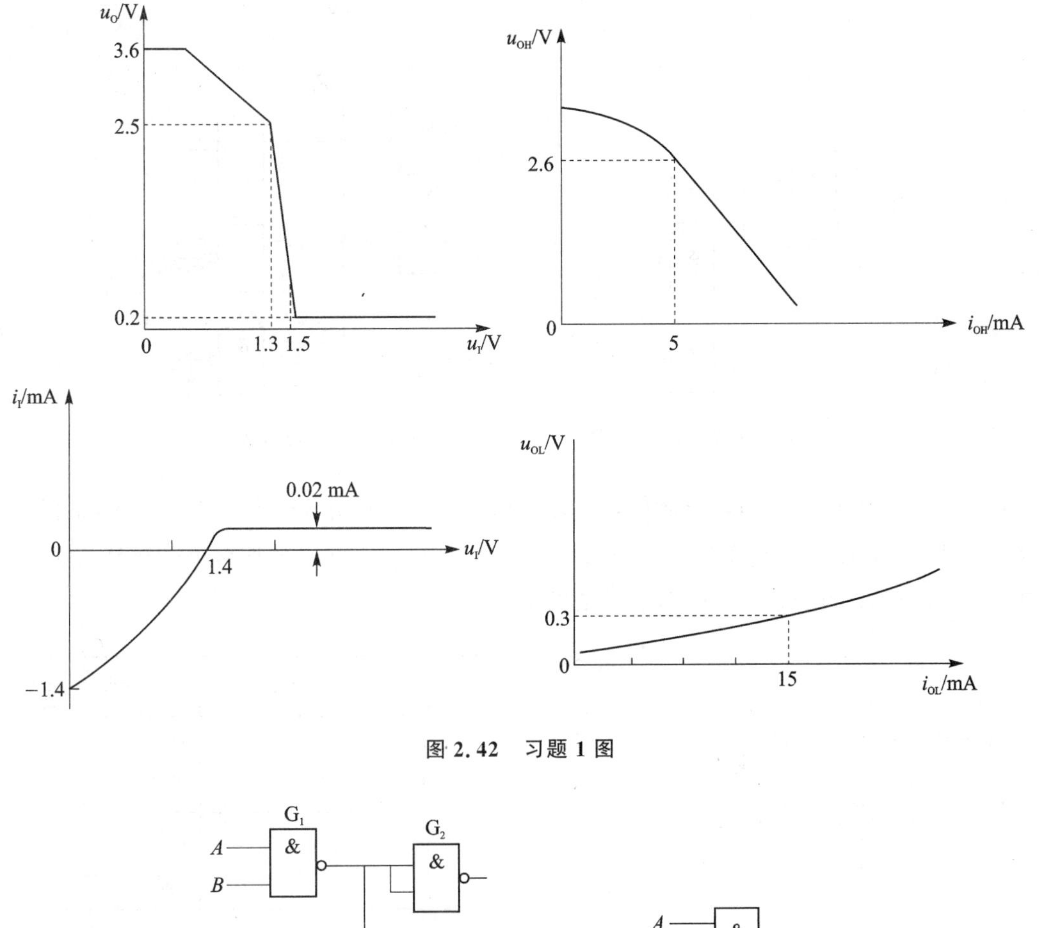

图 2.42　习题 1 图

图 2.43　习题 2 图

图 2.44　习题 3 图

5. 由 TTL 与非门组成电路如图 2.45 所示。要求 G_M 输出的高电平 $V_{OH,min}=3.2$ V，低电平 $V_{OL,max}=0.4$ V。与非门的输入电流为 $I_{IL,max}=-1.6$ mA，$I_{IH,max}=40$ μA。$V_{OL}\leqslant 0.4$ V 时输出电流 $I_{OL}\leqslant 16$ mA，$V_{OH}\geqslant 3.2$ V 时输出电流 $|I_{OH}|\leqslant 0.4$ mA。G_M 的输出电阻可忽略不计。试问门 G_M 能驱动多少个同样的与非门？

6. 如图 2.46 所示电路中，G_1、G_2、G_3 是 74LS 系列的 OC 门，输出高电平时漏电流 $I_{OH,max}=100$ μA，其输出低电平电流 $I_{OL,max}=8$ mA；G_4、G_5、G_6 是 74LS 系列的与非门，其输入电流 $I_{iL,max}=400$ μA，$I_{iH,max}=20$ μA。要求 OC 门输出高、低电平应满足 $U_{OH,min}=3$ V，$U_{OL,max}=0.4$ V，试计算上拉电阻 R_L 的取值范围。

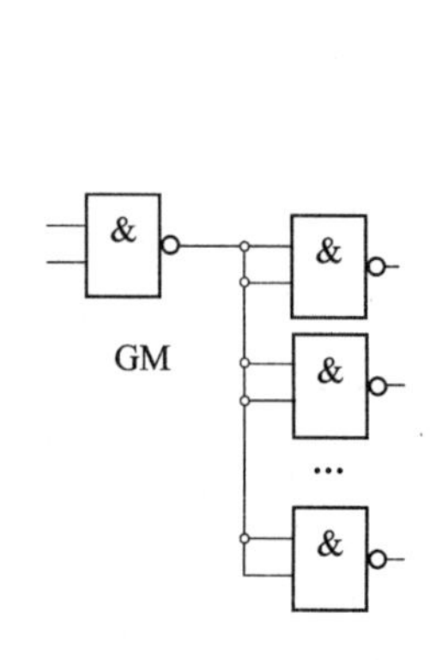

图 2.45　习题 5 图

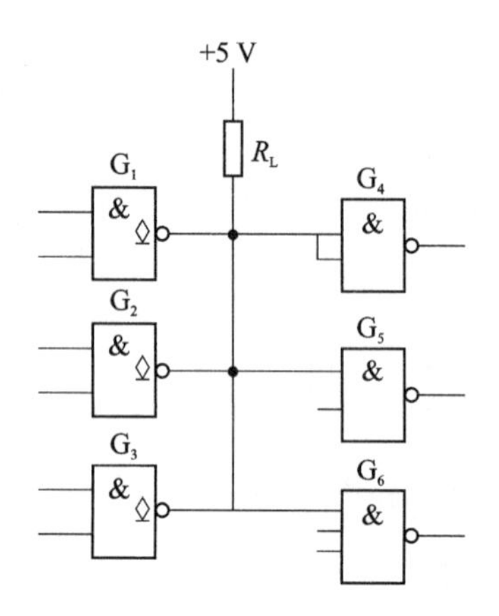

图 2.46　习题 6 图

7. 图 2.47 中 G_1 为 TTL 三态门,G_2 为 TTL 与非门,万用表的内阻 20 kΩ/V,量程 5 V。当 $\overline{C}=\mathbf{1}$ 或 $\overline{C}=\mathbf{0}$ 以及 S 通或断等不同情况下,U_{01} 和 U_{02} 的电位各是多少?请填入表中,如果 G_2 悬空的输入端改接至 0.3 V,上述结果将有何变化?

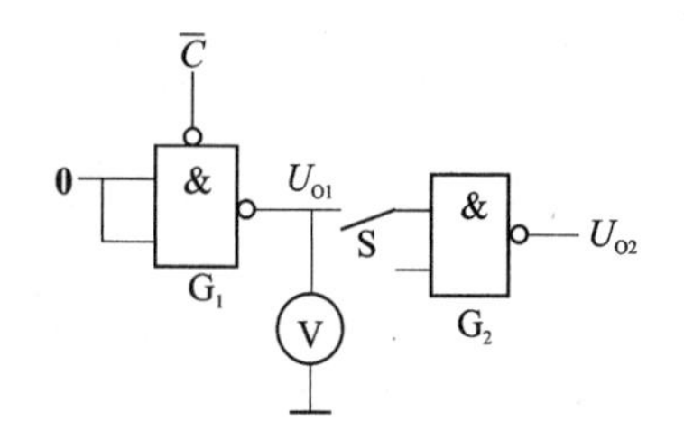

$\overline{C}$	S通	S断
1 **1**	U_{01}= U_{02}=	U_{01}= U_{02}=
0 **0**	U_{01}= U_{02}=	U_{01}= U_{02}=

图 2.47　习题 7 图

8. 如图 2.48 所示电路为 TTL 门电路,非门的低电平输入电流 $I_{IL}=-1.5$ mA,高电平输入电流为 $I_{IH}=0.05$ mA,当门 1 输入 A 为"**1**"或"**0**"时,问各流入门 1 输出端的电流为多少 mA?

9. 如图 2.49 所示门电路,试写出输出函数 Y 的逻辑表达式。

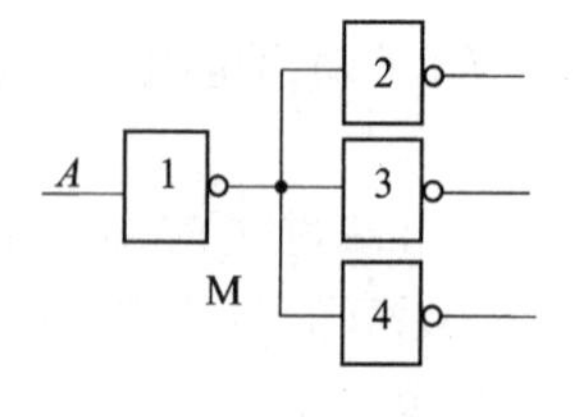

图 2.48　习题 8 图

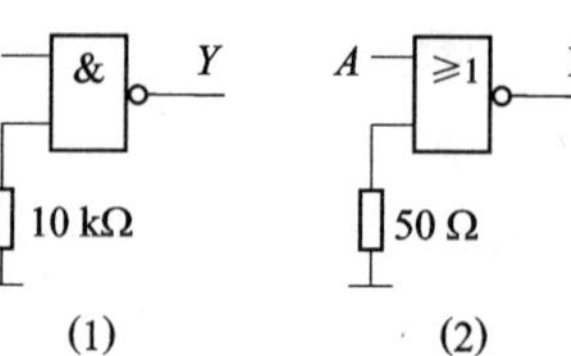

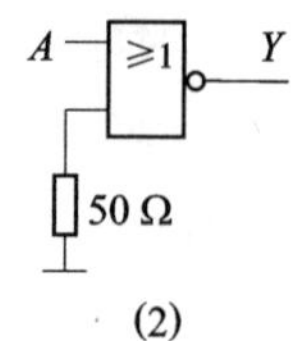

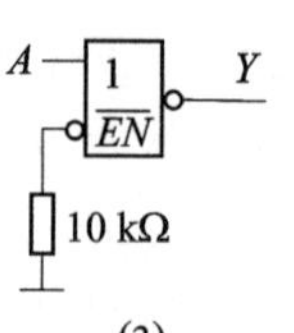

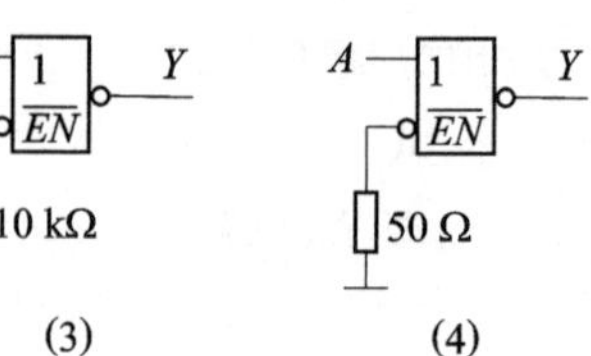

图 2.49　习题 9 图

10. CMOS 传输门 TG 和 TTL 与非门 G 组成电路如图 2.50 所示。写出 $C=\mathbf{0}$ 和 $C=\mathbf{1}$ 时电路输出 Y 的表达式。

11. 已知传输门 TG_1、TG_2 的输入信号 A、B 和控制信号 C 的波形如图 2.51 所示,试画

出输出信号 Y 的波形。

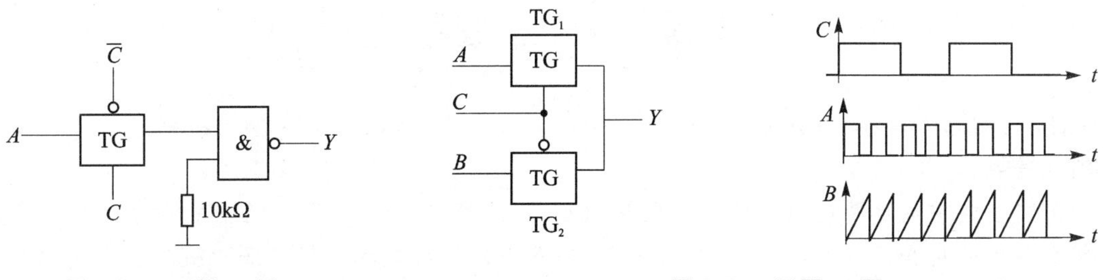

图 2.50　习题 10 图

图 2.51　习题 11 图

12. 图 2.52 中门 1、2、3 均为 TTL 门电路，平均延迟时间为 20 ns，画出 U_O 的波形。

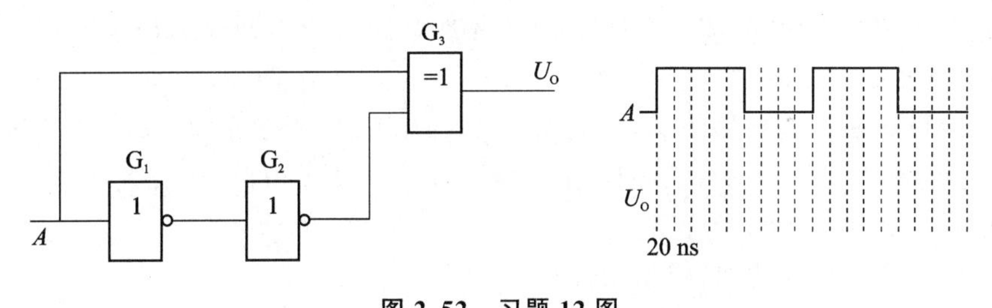

图 2.52　习题 12 图

第3章　组合数字电路

内容提要：

组合数字电路是通用数字集成电路的重要品种，它的用途很广泛。本章介绍组合数字电路的分析和设计方法，包括加法器、译码器、编码器、数据选择器和比较器等常用组合数字电路的工作原理和应用。本章还讨论了组合数字电路中的瞬态现象——竞争冒险。

问题探究

1. 班级要组织演讲比赛，请3个评委进行评优表决，取得多数评委赞成票的获胜，如何做1个3人表决器？如果评委是5个人，如何设计1个5人表决器？

2. 实验室里有3个人在做实验，因为只有1块万用表，所以在同一时间里只能有1个人在使用。为了能够直观的显示有人在使用万用表，请设计1个电路，当有人在使用万用表时输出$Y=\mathbf{1}$，红灯亮；否则$Y=\mathbf{0}$，绿灯亮。

3. 如何实现数字信号的加、减和比较？

4. 计算机是怎样识别键盘不同按键所代表的信息的？

5. 如何控制从多个信号或数据中选择任1个输出？

6. 设计1个逻辑电路，能够实现将所测得的电流或电压值用数字形式显示出来？例如：显示电压86.7 V。

3.1　导　论

上述探究问题属于组合逻辑电路的分析与设计的研究内容。数字逻辑电路通常分为组合数字电路和时序数字电路两大类。组合数字电路的定义是：有1个数字电路，在某一时刻，它的输出仅仅由该时刻的输入所决定。时序数字电路的定义是：有1个数字电路，在某一时刻，它的输出不仅仅由该时刻的输入所决定，而且与过去的输入有关。由定义可知，组合数字电路比时序数字电路简单。组合数字电路是由逻辑门构成的，它是逻辑电路的基础。组合数字电路的框图如图3.1所示，每一个输出都是1个组合数字函数。

$$P_1=f_1(X_1,X_2,\cdots,X_{n-1},X_n)$$

$$P_2=f_2(X_1,X_2,\cdots,X_{n-1},X_n)$$

……

$$P_m=f_m(X_1,X_2,\cdots,X_{n-1},X_n)$$

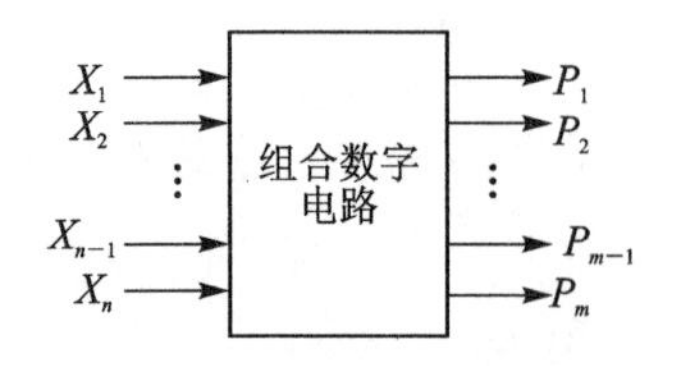

图3.1　组合数字电路框图

在本章中要讨论4个问题：组合数字电路的分析、组合数字电路的设计、通用组合数字电路的应用和组合数字电路的瞬态现象——竞争冒险。

组合数字电路的分析是指已知逻辑图，求解电路的逻辑功能。分析组合数字电路的步骤大致如下：

① 根据逻辑电路从输入到输出，写出各级逻辑函数表达式，直到写出最后输出端与输入信号的逻辑函数表达式。

② 将各逻辑函数表达式化简和变换，以得到最简的表达式。

③ 根据简化的逻辑表达式列真值表。

④ 根据真值表和化简后的逻辑表达式对逻辑电路进行分析，确定其功能。

组合数字电路的设计是指，已知对电路逻辑功能的要求，将逻辑电路设计出来。与分析过程相反，它是对提出的实际逻辑问题得到满足的逻辑电路。通常要求电路简单，所用器件的种类和每种器件的数目尽可能少，所以，前面介绍的用代数法和卡诺图化简法来化简逻辑函数，就是为了获得最简逻辑表达式，有时还需要一定的变换，以便能用最少的门电路来组成逻辑电路，使电路结构紧凑，工作可靠并且经济。电路的实现可以采用小规模集成电路、中规模组合集成器件或者可编程逻辑器件。因此，逻辑函数的化简也要结合所选用的器件进行。

组合逻辑电路的设计步骤大致如下：

① 明确实际问题的逻辑功能。许多实际设计要求是用文字描述的，因此，需要确定实际问题的逻辑功能，并确定输入、输出变量数及表示符号。

② 根据对电路逻辑功能的要求，列出真值表。

③ 由真值表写出逻辑表达式。

④ 简化和变换逻辑表达式，从而画出逻辑图。

3.2　组合数字电路的分析

下面通过实例来说明组合数字电路的分析方法和有关的概念。在分析之前，要对电路的性质进行判断，是否是组合数字电路，如果是，则按组合数字电路的分析方法进行。对组合数字电路进行判断的要领是：电路仅仅由逻辑门构成，信号由输入侧向输出侧单方向传输，不存在反方向传输(反馈)。

3.2.1　组合电路的分析方法

试分析如图 3.2 所示电路的逻辑功能，按组合数字电路的分析方法和步骤进行。

1. 写出电路的输出逻辑表达式

该电路只有 1 个输出端，属于单输出组合数字电路。为了便于书写输出逻辑表达式，可以设 1 个中间变量 P_1，对于多级数的组合逻辑电路，设 1 个或几个合适的中间变量，对求取输出逻辑表达式十分有利。

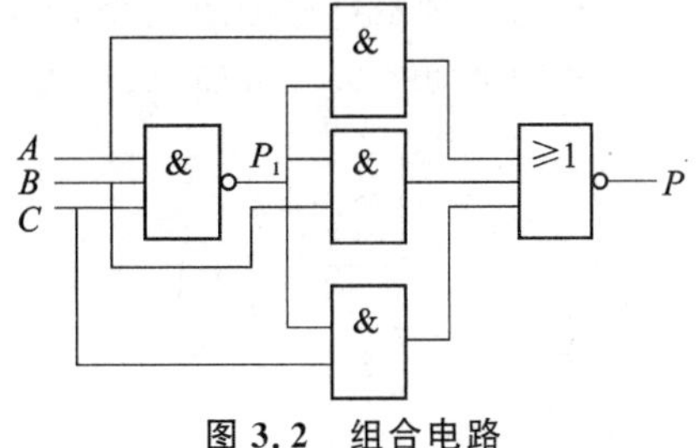

图 3.2　组合电路

$$P_1 = \overline{ABC}$$

$$P = \overline{AP_1 + BP_1 + CP_1}$$

$$= \overline{A\overline{ABC} + B\overline{ABC} + C\overline{ABC}}$$

$$= \overline{\overline{ABC}(A+B+C)} = ABC + \overline{(A+B+C)}$$

$$=ABC+\overline{A}\overline{B}\overline{C}=m_7+m_0=\sum m(0,7) \tag{3.1}$$

2. 列出电路的真值表

输入和输出变量是双值的,可用二进制码表示。表中列入了对于每一种可能的输入组合,所对应的输出逻辑变量的真值,即"0"或"1"值。对于3个输入变量,应有 $2^3=8$ 种可能的输入组合。显然,输出逻辑表达式中存在最小项,所对应的输出应为"1",不存在最小项的所对应的输出为"0"。这里用到了与或标准型的概念。电路真值表如表3.1所列。

3. 指出逻辑功能

根据真值表可以写出逻辑说明。从真值表可知,当 A、B、C 三个变量一致时,电路输出高电平;当三个变量不一致时,电路输出低电平,所以,这个电路称为"一致电路"。该电路只是对于三个变量有效,不一致电路也有多个变量的情况,原理相同,变量越多,电路也要更加复杂。一致电路可以用在一些高可靠性设备的检测上。高可靠性设备往往几套设备同时工作,1套实际工作,另外的设备开机待命。只要一出故障,一致电路就立即输出信号,切除有故障的设备,投入好的设备进入工作状态。

表 3.1 电路真值表

A	B	C	P
0	0	0	1
0	0	1	0
0	1	0	0
0	1	1	0
1	0	0	0
1	0	1	0
1	1	0	0
1	1	1	1

3.2.2 分析异或门

异或门是一种十分有用的逻辑门,前面已经提到**异或**逻辑关系式为

$$Y=A\overline{B}+\overline{A}B=A\oplus B \tag{3.2}$$

对于图3.3,输出逻辑表达式为

$$Y=\overline{\overline{A\overline{AB}}\cdot\overline{B\overline{AB}}}$$

实际上它可以变换为

$$Y=\overline{\overline{A\overline{AB}}\cdot\overline{B\overline{AB}}}=A\overline{AB}+B\overline{AB}=A(\overline{A}+\overline{B})+B(\overline{A}+\overline{B})=A\overline{B}+\overline{A}B=A\oplus B$$

异或门的逻辑符号如图3.3(b)所示。

异或门的真值表十分简单,如表3.2所列。

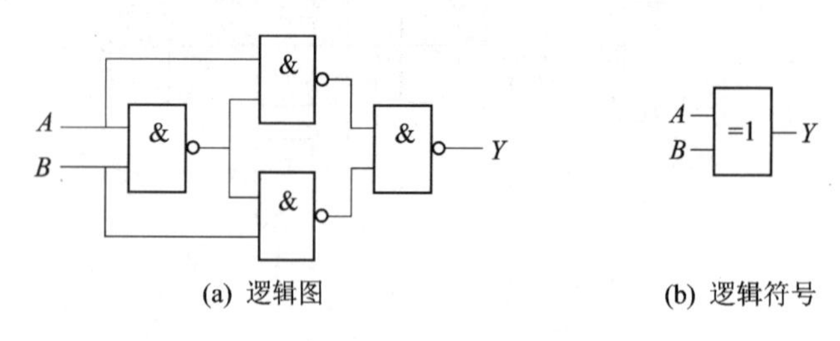

(a) 逻辑图　　(b) 逻辑符号

图 3.3 异或门逻辑图及逻辑符号

表 3.2 真值表

A	B	Y
0	0	0
0	1	1
1	0	1
1	1	0

当 $A=B$ 时,即:$A=B=\mathbf{0}$ 时,或 $A=B=\mathbf{1}$ 时,$Y=\mathbf{0}$;当 $A\neq B$ 时,即:$A=\mathbf{0}$、$B=\mathbf{1}$ 时,或 $A=\mathbf{1}$、$B=\mathbf{0}$ 时,$Y=\mathbf{1}$。异或门逻辑符号中的"=1",表明输入变量中有1个"1"时,输出为

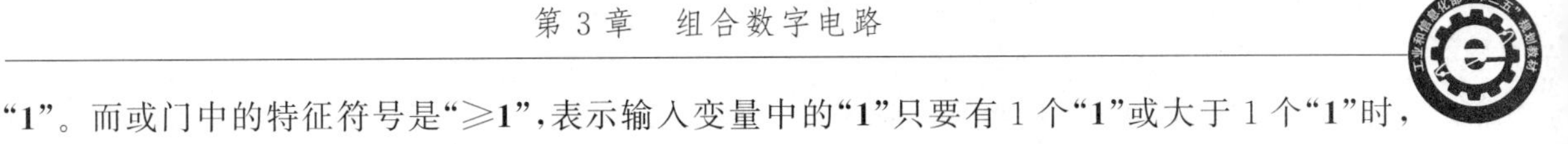

“1”。而或门中的特征符号是“≥1”，表示输入变量中的“1”只要有 1 个“1”或大于 1 个“1”时，输出为“1”。

注意： 每一个**异或**门只有 2 个输入变量，而多个输入端的异或运算可以采用多个**异或**门，先选 2 个输入端用 1 个门，再将其输出与另 1 个输入端**异或**，以此类推来实现。

【例 3.1】 试分析图 3.4 电路，写出它的逻辑表达式、真值表，并进行逻辑功能说明。

解：（1）写出输出逻辑表达式

该电路有 2 个输入控制变量 A 和 B，4 个数据输入端 D_3、D_2、D_1、D_0，输出为 1 个 Q 的组合数字电路，电路的逻辑表达式如下

$$Q=(\overline{A}\,\overline{B}D_0+\overline{A}BD_1+A\overline{B}D_2+ABD_3)\overline{S} \tag{3.3}$$

（2）列出真值表

真值表如表 3.3 所列。表中 2 个控制输入是 A、B，4 个数据输入输入端 D_3、D_2、D_1、D_0，输出为 Q。

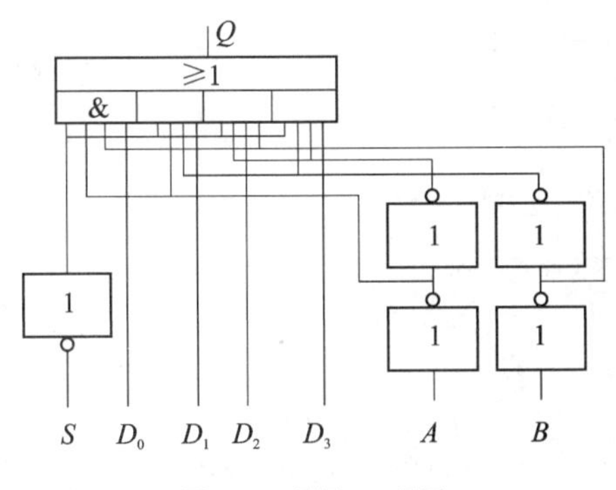

图 3.4 【例 3.1】图

表 3.3　真值表表

S	A	B	Q
0	0	0	D_0
0	0	1	D_1
0	1	0	D_2
0	1	1	D_3

（3）写出逻辑说明

由真值表和逻辑表达式可以看出是 1 个由最小项译码器选择输入数据的电路结构，是 1 个**与或**逻辑的数据选择器。图 3.4 中的 S 为使能端，其作用和译码器中的使能端一样，使能端可以是低电平有效，也可以是高电平有效，图 3.4 所示为低电平有效。

3.3　组合数字电路的设计

组合逻辑电路的设计是分析的反过程，是为实现某一特定功能，用基本门电路设计组合而成的电路。组合逻辑电路的设计也称为组合逻辑电路的综合。组合逻辑的设计，一般用文字对所设计的逻辑关系加以说明，有时也可以用真值表或波形图的形式给出。

3.3.1　半加法器设计

半加器是完成 1 位二进制数相加功能的一种组合逻辑电路。因为只考虑了 2 个加数本身相加，而没有考虑低位进位的加法运算，所以称为半加。实现半加运算的逻辑电路称为半加器。设计步骤：

① 明确实际问题的逻辑功能，并确定输入、输出变量数及表示符号。设 A_0、B_0 是 2 个加数，S_0 表示和数，C_0 表示进位数。

② 根据对电路逻辑功能的要求,列出真值表。

2个1位二进制的半加法器逻辑真值表如表3.4所列。

表3.4 半加器真值表

A_0	B_0	C_0	S_0
0	0	0	0
0	1	0	1
1	0	0	1
1	1	1	0

③ 由真值表写出逻辑表达式。

$$S_0 = A_0\overline{B}_0 + \overline{A}_0 B_0 = A_0 \oplus B_0 \qquad C_0 = A_0 B_0 \qquad (3.4)$$

④ 简化和变换逻辑表达式,从而画出如图3.5所示逻辑图。

图3.5(a)为由**与**门和**或**门组成的半加器电路。由于A_0与B_0半加的表达式是1个**异或**关系,图3.5(b)就是利用A_0与B_0由**与非**门构成的异或电路组成的半加器(在前述分析**异或**电路的图3.3所示)。

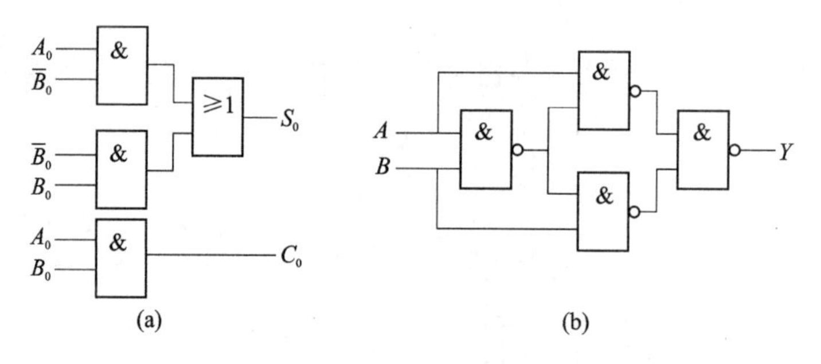

图3.5 半加器

3.3.2 全加器设计

全加器也是完成1位二进制数相加功能的1种组合逻辑电路。因为不仅考虑了2个加数本身相加,而且还考虑低位进位的加法运算,所以称为全加。实现全加运算的逻辑电路称为全加器。

① 明确实际问题的逻辑功能,并确定输入、输出变量数及表示符号。设A_i、B_i是2个加数,C_{i-1}表示低位的进位,S_i表示和数,C_i表示向高位进位数。

② 根据对电路逻辑功能的要求,列出真值表。2个1位二进制的全加运算可用表3.5真值表表示。

③ 由真值表写出逻辑表达式。

$$\begin{aligned} S_i &= A_i \oplus B_i \oplus C_{i-1} \\ &= \overline{A}_i\overline{B}_i C_{i-1} + \overline{A}_i B_i \overline{C_{i-1}} + A_i\overline{B}_i\overline{C_{i-1}} + A_i B_i C_{i-1} = \sum m(1,2,4,7) \end{aligned} \qquad (3.5)$$

$$\begin{aligned} C_i &= A_i B_i + (A_i \oplus B_i) C_{i-1} \\ &= A_i B_i + A_i \overline{B}_i C_{i-1} + \overline{A}_i B_i C_{i-1} \\ &= A_i B_i \overline{C_{i-1}} + A_i B_i C_{i-1} + A_i \overline{B}_i C_{i-1} + \overline{A}_i B_i C_{i-1} = \sum m(3,5,6,7) \end{aligned} \qquad (3.6)$$

④ 简化和变换逻辑表达式,从而画出如图3.6所示逻辑图。由表达式$S_i = A_i \oplus B_i \oplus C_{i-1}$看到,是3个输入变量的**异或**运算,首先将$A_i$、$B_i$ **异或**运算,所得结果再与C_{i-1} **异或**运算,即:用2个图3.5(b)**异或**运算电路就构成了全加器。

表 3.5　全加器的真值表

A_i	B_i	C_{i-1}	C_i	S_i
0	0	0	0	0
0	0	1	0	1
0	1	0	0	1
0	1	1	1	0
1	0	0	0	1
1	0	1	1	0
1	1	0	1	0
1	1	1	1	1

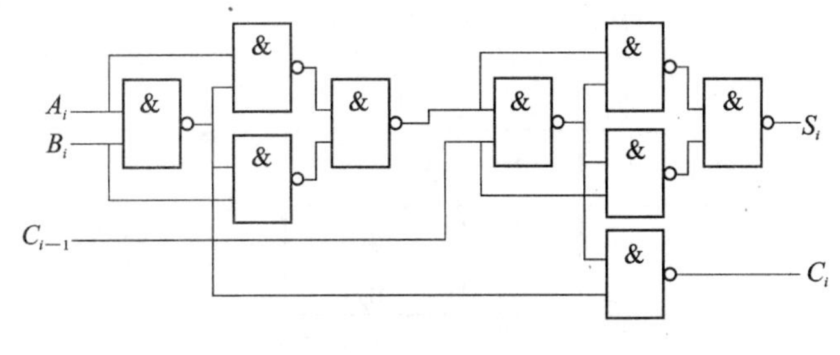

图 3.6　全加器

半加器和全加器的逻辑符号图如图 3.7 所示。有 2 个输入端的是半加器，有 3 个输入端的是全加器，Σ代表相加。

【例 3.2】设计 1 个组合逻辑电路，能够实现输入为 4 位二进制码 $B_3B_2B_1B_0$，当 $B_3B_2B_1B_0$ 是 BCD8421 码时，输出 $Y=\mathbf{1}$；否则 $Y=\mathbf{0}$。列出真值表，写出**与或非**型表达式。

解： 列出如表 3.6 所列真值表，其逻辑表达式为

$$Y=\overline{B_3B_2+B_3B_1}=\overline{B_3B_2}\cdot\overline{B_3B_1} \tag{3.7}$$

逻辑电路如图 3.8 所示。

表 3.6　例 3.2 的真值表

B_3	B_2	B_1	B_0	Y
0	0	0	0	1
0	0	0	1	1
0	0	1	0	1
0	0	1	1	1
0	1	0	0	1
0	1	0	1	1
0	1	1	0	1
0	1	1	1	1
1	0	0	0	1
1	0	0	1	1
1	0	1	0	0
1	0	1	1	0
1	1	0	0	0
1	1	0	1	0
1	1	1	0	0
1	1	1	1	0

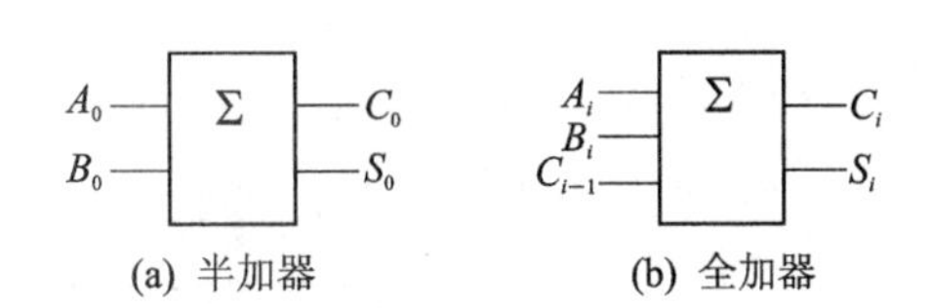

图 3.7　半加器和全加器的逻辑符号

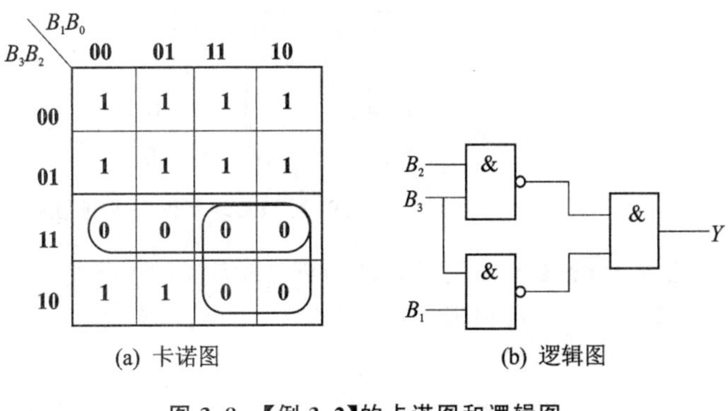

图 3.8　【例 3.2】的卡诺图和逻辑图

【例 3.3】分析如图 3.9 所示的由全加器构成的组合电路的逻辑功能。

解： 通过分析全加器的真值表 3.5，可得到表 3.7 所列的简易真值表。

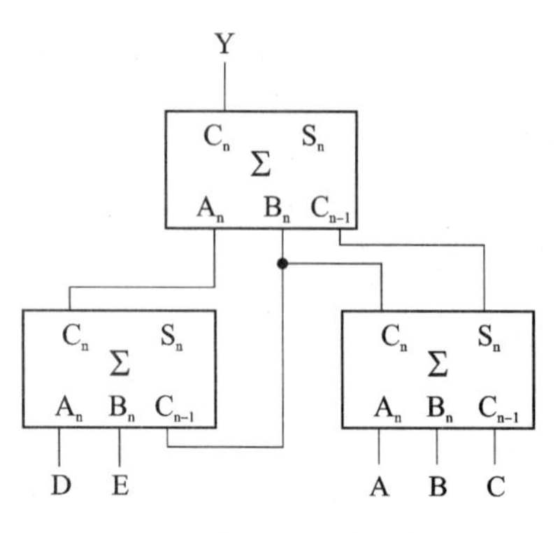

图 3.9 【例题 3.3】逻辑图

表 3.7 例题 3.3 的简易真值表

$A\ \ B\ \ C$	DE 状态	Y
0 0 0	× ×	0
1 1 1	× ×	1
2 个 1	1 ×或 ×1	1
2 个 1	0 0	0
1 个 1	1 1	1
1 个 1	0 ×	0

由表 3.7 可以看出，当 A,B,C,D,E 中有大于等于 3 个 1 时，电路的输出 Y 为“1”，由此课知该电路实现了五人表决的逻辑功能。

【例 3.4】 试用一位全加器及基本的门电路实现两位二进制数的乘法功能。

解： 设 $A=A_1A_0$，$B=B_1B_0$，$P=AB=A_1A_0\times B_1B_0$

A 与 B 的相乘过程如图 3.10 所示：

$A_1\ A_0$
$\times\ B_1\ B_0$
$A_1\ B_0\ \ A_0\ B_0$
$+\ C_2\ \ A_1\ B_1\ \ C_1\ A_0\ B_1$
$P_3\ \ P_2\ \ P_1\ \ P_0$

图 3.10 【例题 3.4】两位二进制相乘过程

其中：C_1 为 $A_1B_0+A_0B_1$ 的进位位，C_2 为 $A_1B_1+C_1$ 的进位位，$P_0=A_0B_0$，$P_1=A_1B_0+A_0B_1$，$P_2=A_1B_1+C_1$，$P_3=C_2$。

逻辑电路图如图 3.11 所示。

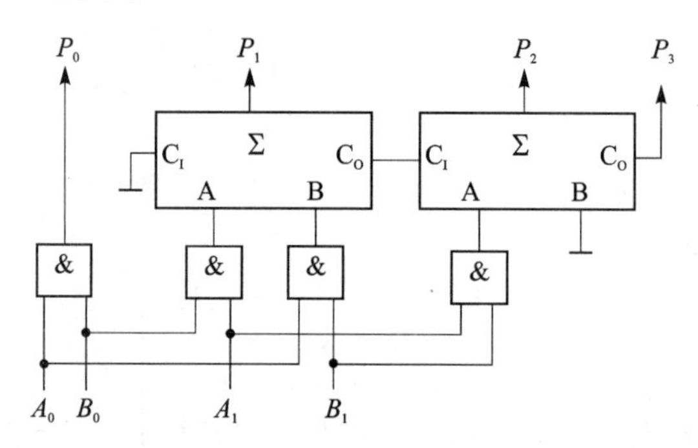

图 3.11 【例 3.4】实现两位二进制相乘功能的逻辑电路图

【例 3.5】 某教室有 2 台风扇 F_1 和 F_2，教室设置了 3 个温度检测元件 A、B、C，并设定了每个检测元件的阈值温度，$A=25$ ℃，$B=28$ ℃，$C=30$ ℃。当室内温度高于某设定阈值时，该检测元件给出低电平。现要求当室内温度高于 30 ℃时，2 台风扇 F_1 和 F_2 同时工作；当室内温度高于 28 ℃，低于 30 ℃时，风扇 F_1 工作；当室内温度高于 25 ℃，低于 28 ℃时，风扇 F_2 工作；当室内温度低于 25 ℃时，2 台风扇 F_1 和 F_2 都不工作。试用门电路设计 1 个控制 2 台风扇的逻辑电路。列出真值表，写出最简表达式，并画出逻辑电路。

解： 根据题意设 3 个输入变量 A、B、C，高于设定值取低电平，低于设定值时取高电平；风扇 F_1 和 F_2 工作时输出高电平，不工作时输出低电平。于是有表 3.8 所列真值表，对应卡诺图见图 3.12，得到的逻辑表达式为式(3.8)。

表 3.8　真值表

A	B	C	F_2	F_1
0	0	0	1	1
0	0	1	0	1
0	1	0	×	×
0	1	1	1	0
1	0	0	×	×
1	0	1	×	×
1	1	0	×	×
1	1	1	0	0

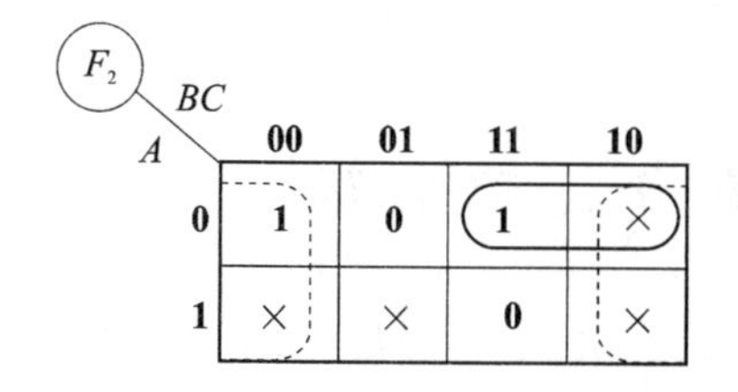

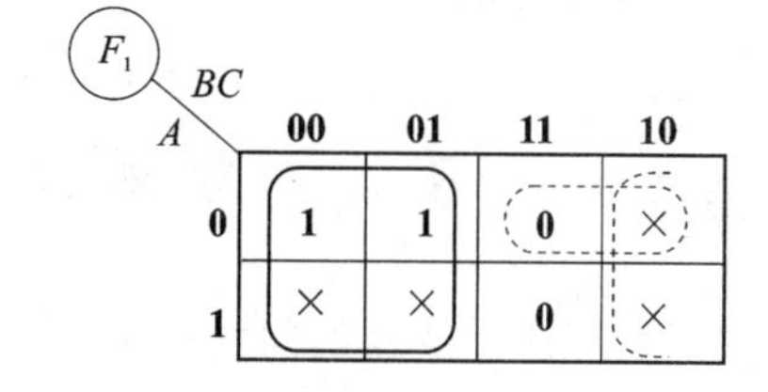

图 3.12　【例 3.5】卡诺图

表达式

$$F_2 = \overline{C} + \overline{A}B$$

$$F_1 = \overline{B} \tag{3.8}$$

根据表达式画出如图 3.13 所示逻辑图。

【例 3.6】 班级要组织演讲比赛，请 3 个评委进行评优表决，取得多数评委赞成票的获胜，如何做 1 个 3 个人表决器？

解： 设 3 个评委的表决票分别为输入变量 A、B、C，A、B、C 取值为高电平表示赞成票，取值为低电平时是反对票，参赛选手得到多数票获胜，即：得到 2 票或 3 票者，这样的表决结果为输出 Y。

(1) 根据题意列真值表，如表 3.9 所列。

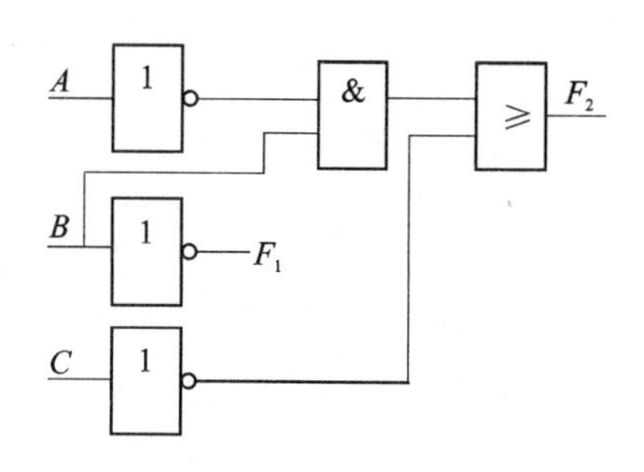

图 3.13　例 3.5 逻辑电路

表 3.9　真值表

A	B	C	Y
0	0	0	0
0	0	1	0
0	1	0	0
0	1	1	1
1	0	0	0
1	0	1	1
1	1	0	1
1	1	1	1

(2) 根据真值表画出卡诺图,如图3.14所示。

(3) 根据卡诺图化简的结果写出表达式,如式(3.9)。

$$Y = AB + BC + AC \tag{3.9}$$

(4) 根据表达式画出电路图,如图3.15所示。

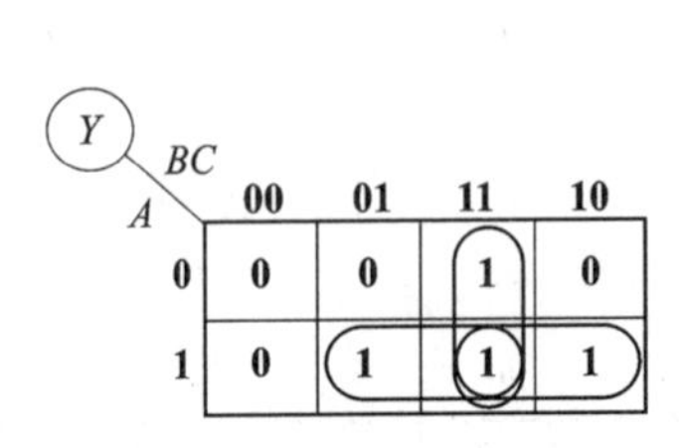

图3.14 【例3.6】卡诺图

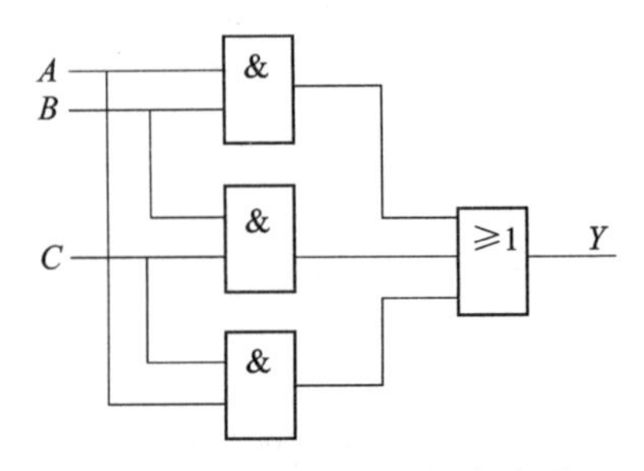

图3.15 【例3.6】逻辑电路图

3.4 常用组合集成逻辑电路

由于人们在实践中遇到的问题层出不穷,因而为解决这些逻辑问题而设计的逻辑电路也很多。然而发现,有些逻辑电路经常大量地出现在各种数字系统中。这些电路包括加法器、编码器、译码器、数据选择器和数值比较器等。为了使用方便,已经把这些逻辑电路制成了中、小规模集成的标准化集成电路,使用时可以到电子市场选择即可。下面分别介绍这些器件的工作原理和使用方法。

3.4.1 集成4位超前进位全加器

1. 串行进位加法器

前面我们介绍了1位二进制数的全加器,在实际应用中往往用全加器来实现多位数相加,现在只要依次将低位全加器的进位输出 CO 接到高位全加器的进位输入端 CI,就可以构成多位加法器了。

图3.16就是根据上述原理接成的4位加法器电路。显然,每1位的相加结果都必须等待低1位的进位产生以后才能建立起来,因此,把这种结构的电路叫做串行进位加法器。

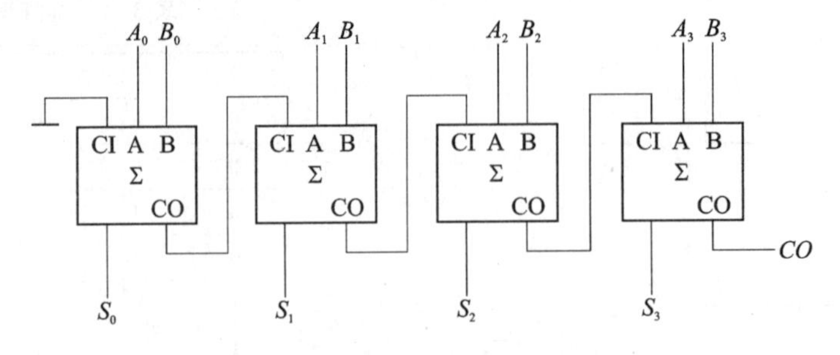

图3.16 4位串行进位加法器

串行进位加法器的最大缺点是运算速度慢,在最不利的情况下,做一次加法运算需要经过4个全加器的传输延迟时间才能得到稳定可靠的运算结果。但考虑到串行进位加法器的电路

结构比较简单，因而在对运算速度要求不高的设备中，这种加法器仍是很可取的电路。

2. 超前进位加法器

为了提高运算速度，必须设法减小或消除由于进位信号逐级传递所消耗的时间，人们采用新的电路结构，使各位的进位输入信号能在相加开始时就能全部得到，不必再等着下 1 位运算结果。根据前述可知，全加器的逻辑式为(3.5)和式(3.6)。

得到，

$$S_i = A_i \oplus B_i \oplus CI_i$$
$$= \overline{A}_i\overline{B}_iCI_i + \overline{A}_iB_i\overline{CI_i} + A_i\overline{B}_i\overline{CI_i} + A_iB_iCI_i = \sum m(1,2,4,7)$$

2 个多位数中第 i 位相加的进位输出 $(CO)_i$ 可表达为

$$(CO)_i = A_iB_i + (A_i + B_i)(CI)_i$$

令 $G_i = A_iB_i$，$P_i = A_i + B_i$，则

$$(CO)_i = G_i + P_i(CI)_i \tag{3.10}$$

将式(3.10)展开后得到

$$(CO)_i = G_i + P_i(CI)_i$$
$$= G_i + P_i[G_{i-1} + P_{i-1}(CI)_{i-1}]$$
$$= G_i + P_iG_{i-1} + P_iP_{i-1}[G_{i-2} + P_{i-2}(CI)_{i-2}]$$
$$\cdots\cdots$$
$$= G_i + P_iG_{i-1} + P_iP_{i-1}G_{i-2} + \cdots + P_iP_{i-1}\cdots P_1G_0 + P_iP_{i-1}\cdots P_1C_0 \tag{3.11}$$

根据逻辑式(3.5)和(3.11)可画出如图 3.17 所示的超前进位 4 位二进制加法器 74LS283。

另外，从图 3.17 可知：从 2 个加数送到输入端到完成加法运算，只需三级门电路的传输延迟时间，而获得进位输出的信号仅需一级反相器和一级与或非门的传输延迟时间，运算时间的缩短是用电路复杂的代价换来的。

74LS283 四位全加器，逻辑符号如图 3.18 所示。其中 A_4、A_3、A_2、A_1 和 B_4、B_3、B_2、B_1 是 2 个 4 位二进制数的输入，S_4、S_3、S_2、S_1 是和的输出，C_4 是向高位（比 A_4、B_4 更高 1 位）的进位，C_0 是低位（比 A_1、B_1 还低 1 位）给 A_1、B_1 的进位。其他各位的进位都在内部连接了，没有引线向集成电路外部连出。

4 位全加器除了做 4 位二进制数的加法运算之外，还有许多用途，典型的有码制的转换，例如 BCD8421 码转换为余三码，BCD8421 码转换为 BCD5421 码等。

【例 3.7】用 4 位全加器实现 BCD8421 码至 BCD5421 码的转换。

解：将 BCD8421 码和 BCD5421 码列表，如表 3.10 所列的状态对照。从表中可以看出：

表 3.10　BCD8421 码和 BCD5421 码

8 4 2 1 码(加数)				另一加数				5 4 2 1 码(加法器的和)			
D_i	C_i	B_i	A_i	Y_3	Y_2	Y_1	Y_0	D_o	C_o	B_o	A_o
0	0	0	0	0	0	0	0	0	0	0	0
0	0	0	1	0	0	0	0	0	0	0	1
0	0	1	0	0	0	0	0	0	0	1	0
0	0	1	1	0	0	0	0	0	0	1	1

续表 3.10

8421码(加数)				另一加数				5421码(加法器的和)			
0	1	0	0	0	0	0	0	0	1	0	0
0	1	0	1	0	0	1	1	1	0	0	0
0	1	1	0	0	0	1	1	1	0	0	1
0	1	1	1	0	0	1	1	1	0	1	0
1	0	0	0	0	0	1	1	1	0	1	1
1	0	0	1	0	0	1	1	1	1	0	0

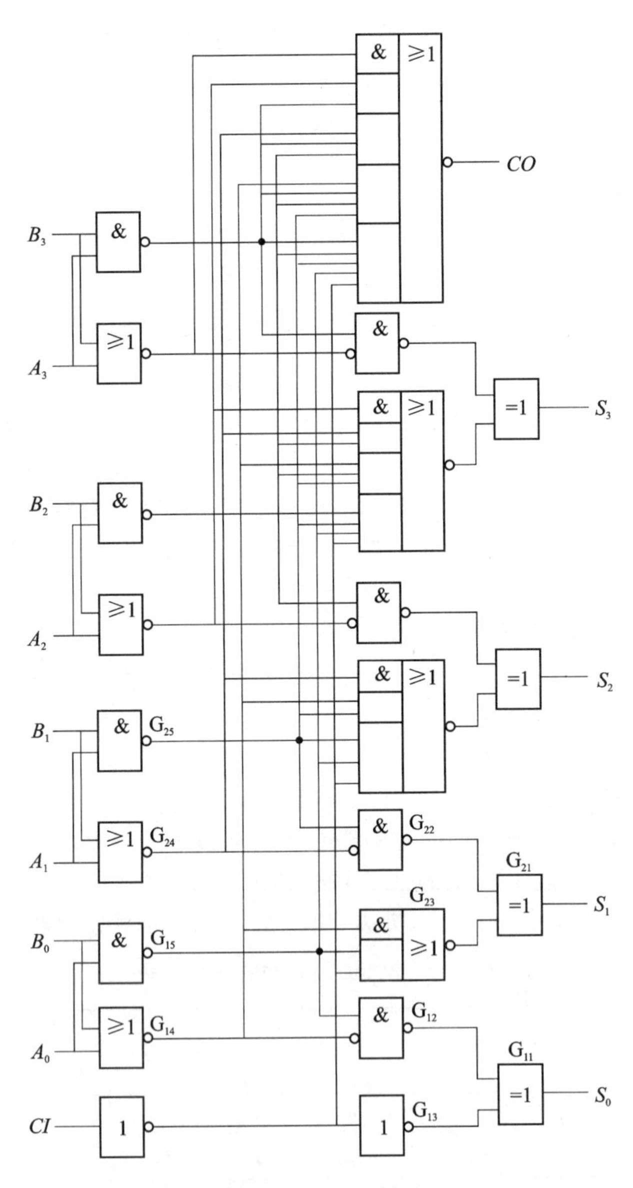

图 3.17　超前进位 4 位加法器 74LS283

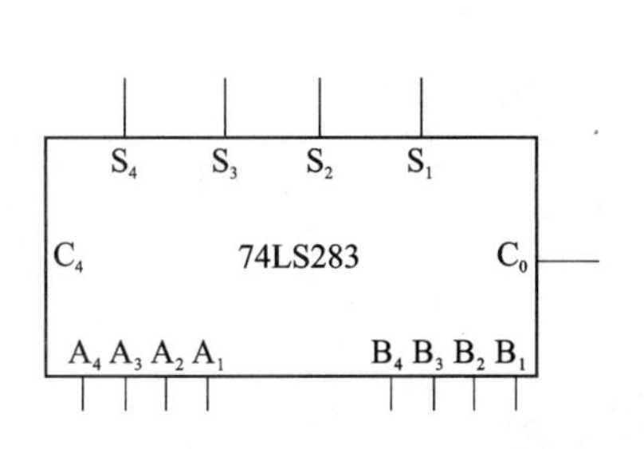

图 3.18　4 位全加器 74LS283 的逻辑符号图

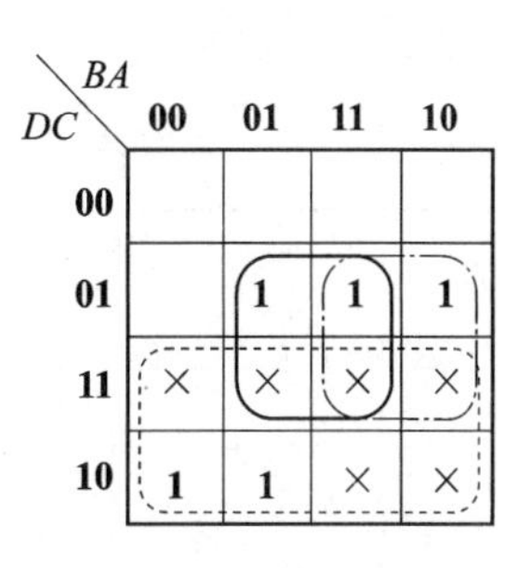

图 3.19　卡诺图

BCD8421 码从 0～4，与 BCD5421 码相同。BCD8421 码从 5～9 分别加 **0011** 即为 BCD5421 码。所以，对输入的 8421 码进行检测。若是 0～4 这 5 个数出现，加法器另一加数给"**0000**"，若是输出 5～9，则给"**0011**"。纵观一下 $Y_3\,Y_2\,Y_1\,Y_0$，$Y_3\,Y_2$ 无论在哪一组取值情况下都是"**0**"，接下来的关键问题就是要设计 1 个组合数字电路随着 8421 码的取值变化对应的 $Y_1\,Y_0$，实际上这又是 1 个组合电路设计问题。

将 Y_1 或 Y_0 的取值填在卡诺图里，如图 3.19 所示。在卡诺图中，在 0～4 的位置填"**0**"；在 5～9 的位置填"**1**"，其他位置可视为约束项，填"×"。由此可得逻辑式

$$Y = D + CA + CB = \overline{\overline{D} \cdot \overline{CA} \cdot \overline{CB}} \tag{3.12}$$

根据逻辑式可画出逻辑图，如图 3.20 所示。与 4 位全加器相连接后得到总逻辑图，如图 3.21 所示。

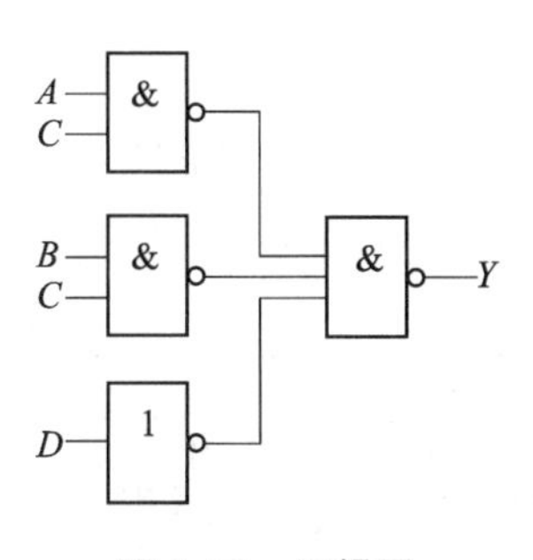

图 3.20　逻辑图

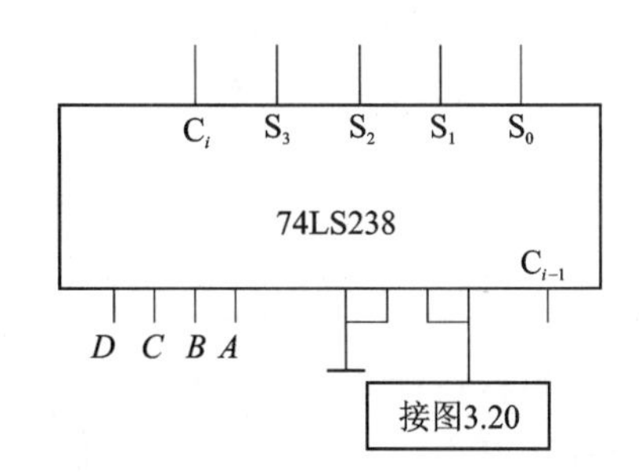

图 3.21　与全加器连接的总逻辑图

【例 3.8】用四位全加器实现两个 8421BCD 码的加法运算。

解：8421BCD 码由 4 位二进制代码组成，由于 8421BCD 码表示的是十进制的范围为 0～9，因此两个 8421BCD 码相加之和对应的十进制只可能为 0～19，8421 码相加和二进制相加的和如表 3.11 所列。

由于两位 8421 码和的本位最高输出只能是 1001，超过 1001 必须向高位进位。因此，不能直接用 4 位全加器实现两个 8421 码相加。8421BCD 码是逢十进一，四位二进制是逢十六进一，两者进位关系不同，其中恰好相差 6。因此，当和数范围位于 0～9 时，两个 8421BCD 码相加之和与两个 4 位二进制相加结果相同；当相加的和数的范围位于 10～15 时，相加结果需加 6 修正；当相加的和数范围位于 16～19 时，相加的结果需加 6 修正，并且产生进位。因此，修正电路应含一个判断电路，当和数大于 9 时对结果加二进制 0110，小于等于 9 时加二进

制 0000。

表 3.11　二进制加法和 8421 码加法

十进制数	二进制数相加的“和数”					8421 码十进制数相加“和数”				
	进位 C_O	S_3	S_2	S_1	S_0	进位 F	S_3	S_2	S_1	S_0
0	0	0	0	0	0	0	0	0	0	0
1	0	0	0	0	1	0	0	0	0	1
2	0	0	0	1	0	0	0	0	1	0
3	0	0	0	1	1	0	0	0	1	1
4	0	0	1	0	0	0	0	1	0	0
5	0	0	1	0	1	0	0	1	0	1
6	0	0	1	1	0	0	0	1	1	0
7	0	0	1	1	1	0	0	1	1	1
8	0	1	0	0	0	0	1	0	0	0
9	0	1	0	0	1	0	1	0	0	1
10	0	1	0	1	0	1	0	0	0	0
11	0	1	0	1	1	1	0	0	0	1
12	0	1	1	0	0	1	0	0	1	0
13	0	1	1	0	1	1	0	0	1	1
14	0	1	1	1	0	1	0	1	0	0
15	0	1	1	1	1	1	0	1	0	1
16	1	0	0	0	0	1	0	1	1	0
17	1	0	0	0	1	1	0	1	1	1
18	1	0	0	1	0	1	1	0	0	0
19	1	0	0	1	1	1	1	0	0	1

根据上述分析，设计两个一位 8421BCD 码加法电路，电路由三部分组成：① 实现两个一位 8421BCD 加法电路；② 产生修正控制信号 F；③ 完成加 6 修正。详细过程如图 3.22 所示。

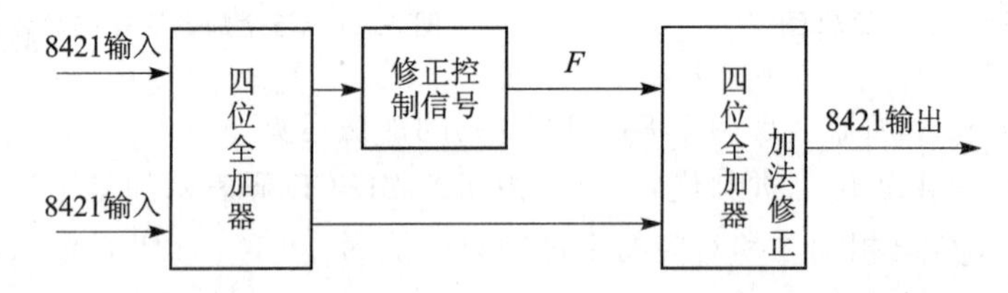

图 3.22　【例 3.8】两个 8421BCD 码的加法运算结构框图

由表 3.11 可知，修正信号 F 应在有进位信号 C_O 时、或者两个 8421BCD 码相加之和的范围为 10～15 的情况下产生，由此得到 F 的表达式

$$F = C_O + \sum m(10,11,12,13,14,15) \tag{3.13}$$

相加之和为 10～15 的卡诺图化简如图 3.23 所示。

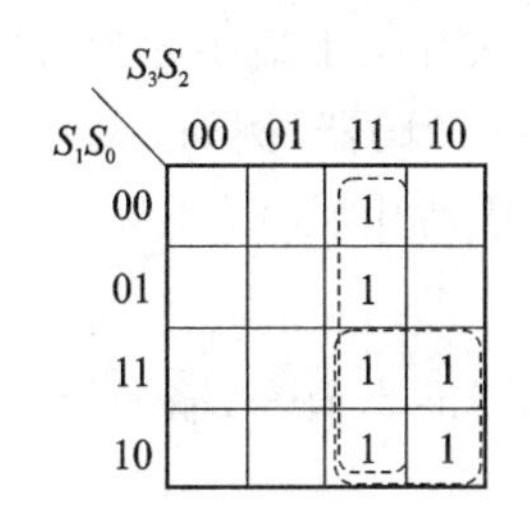

图 3.23 【例 3.8】相加之和大于 9 的卡诺图化简

于是：

$$F = C_O + S_3S_2 + S_3S_1 = \overline{\overline{C_O}\ \overline{S_3S_2}\ \overline{S_3S_1}} \tag{3.14}$$

由此可以设计如图 3.24 所示的两个 8421BCD 码加法运算的逻辑图，第(II)片全加器的 C_O 作为进位输出。

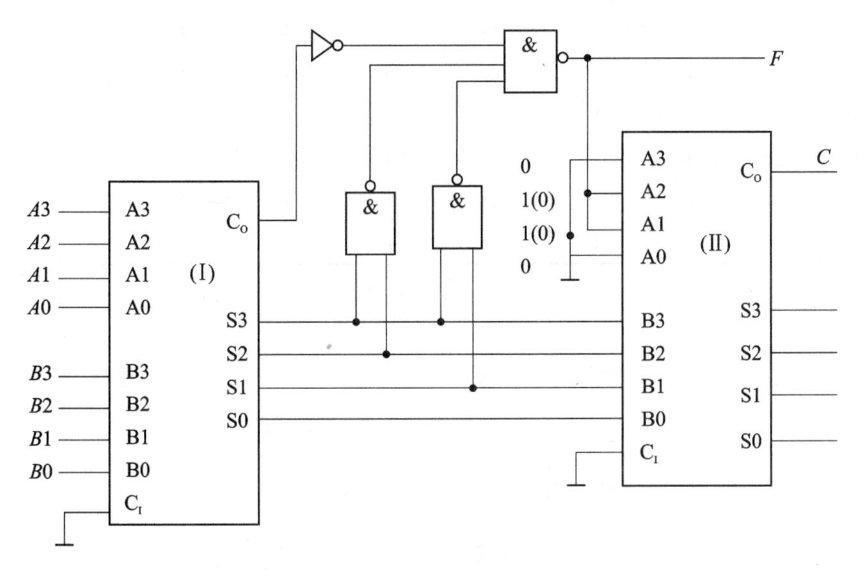

图 3.24 【例 3.8】四位全加器实现 2 个 8421BCD 码的加法运算的逻辑图

3.4.2 译码器

译码器是典型的组合数字电路，译码器是将一种编码转换为另一种编码的逻辑电路，学习译码器必须与各种编码结合起来，其中包括：最小项译码器、代码转换译码器和显示译码器。

最小项译码器，也称二进制码译码器、N 取一译码器，最小项译码器一般是将二进制码译为十进制码；

代码转换译码器，是从 1 种编码转换为另 1 种编码；

显示译码器，一般是将 1 种编码译成十进制码或特定的编码，并通过显示器件将译码器的状态显示出来。

1. 最小项译码器

二进制码译码器又名最小项译码器，N 中取一译码器。若 n 为二进制码的位数，就是输入变量的位数，那么，$N=2^n$，N 也是输出量的数目，或全部最小项的数目。因为最小项取值的性质是对于1种二进制码的输入,只有1个最小项为“**1**”,其余 $N-1$ 个最小项均为“**0**”。所以,二进制码译码器也称为 n 线/N 线译码器,例如:对于3位二进制码译码器,可称为3线/8线译码器,这种称呼往往出现在器件手册中。

(1) 真值表

如表3.12所列3位二进制译码器的真值表,输入3位二进制码 B_2,B_1,B_0,输出 $\overline{Y}_0 \sim \overline{Y}_7$ 是状态译码。

表3.12　3位二进制译码器的真值表

输入			输出							
B_2	B_1	B_0	$\overline{Y}_0$	$\overline{Y}_1$	$\overline{Y}_2$	$\overline{Y}_3$	$\overline{Y}_4$	$\overline{Y}_5$	$\overline{Y}_6$	$\overline{Y}_7$
0	**0**	**0**	**0**	**1**	**1**	**1**	**1**	**1**	**1**	**1**
0	**0**	**1**	**1**	**0**	**1**	**1**	**1**	**1**	**1**	**1**
0	**1**	**0**	**1**	**1**	**0**	**1**	**1**	**1**	**1**	**1**
0	**1**	**1**	**1**	**1**	**1**	**0**	**1**	**1**	**1**	**1**
1	**0**	**0**	**1**	**1**	**1**	**1**	**0**	**1**	**1**	**1**
1	**0**	**1**	**1**	**1**	**1**	**1**	**1**	**0**	**1**	**1**
1	**1**	**0**	**1**	**1**	**1**	**1**	**1**	**1**	**0**	**1**
1	**1**	**1**	**1**	**1**	**1**	**1**	**1**	**1**	**1**	**0**

(2) 逻辑表达式

$$
\begin{aligned}
\overline{Y}_0 &= \overline{\overline{B}_2\overline{B}_1\overline{B}_0} & \overline{Y}_4 &= \overline{B_2\overline{B}_1\overline{B}_0} \\
\overline{Y}_1 &= \overline{\overline{B}_2\overline{B}_1 B_0} & \overline{Y}_5 &= \overline{B_2\overline{B}_1 B_0} \\
\overline{Y}_2 &= \overline{\overline{B}_2 B_1\overline{B}_0} & \overline{Y}_6 &= \overline{B_2 B_1\overline{B}_0} \\
\overline{Y}_3 &= \overline{\overline{B}_2 B_1 B_0} & \overline{Y}_7 &= \overline{B_2 B_1 B_0}
\end{aligned}
\tag{3.15}
$$

(3) 逻辑图

根据逻辑表达式(3.15)画出如图3.25所示逻辑图。

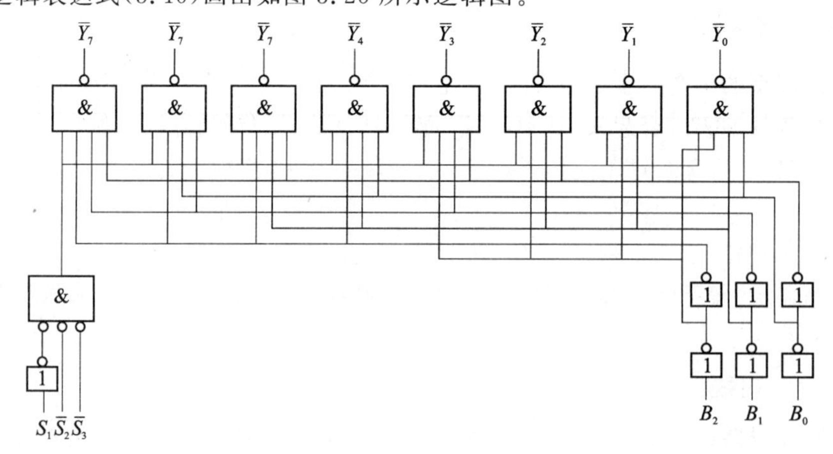

图3.25　三变量最小项译码器逻辑图

(4) 集成 3 位二进制译码器——74LS138 译码器

将图 3.25 电路集成制作成集成 3 位二进制译码器，74LS138 译码器的功能表如 3.13 所列，逻辑符号如图 3.26 所示。

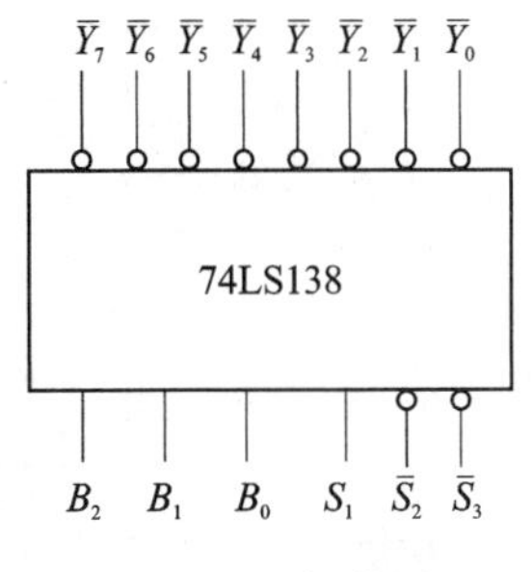

图 3.26　逻辑符号图

(5) 使能部分

对于三变量最小项译码器，例如：74LS138，它的使能端是 1 个与逻辑，如图 3.25 的左下部分，使能逻辑为 $EN=S_1\overline{S}_2\overline{S}_3$。

只有当 $S_1\overline{S}_2\overline{S}_3=100$ 时，使能输出为"**1**"，解除对译码门(与非门)的封锁，允许译码。如当 $S_1\overline{S}_2\overline{S}_3=\mathbf{110}$ 时，使能输出为"**0**"，禁止译码，即：全部 8 个译码门的输出全部为"**1**"。74LS138 的功能表如表 3.13 所列。

表 3.13　74LS138 的功能表

输入					输出							
S_1	$\overline{S_2}$、$\overline{S_3}$	B_2	B_1	B_0	$\overline{Y_0}$	$\overline{Y_1}$	$\overline{Y_2}$	$\overline{Y_3}$	$\overline{Y_4}$	$\overline{Y_5}$	$\overline{Y_6}$	$\overline{Y_7}$
×	1	×	×	×	1	1	1	1	1	1	1	1
0	×	×	×	×	1	1	1	1	1	1	1	1
1	0	0	0	0	0	1	1	1	1	1	1	1
1	0	0	0	1	1	0	1	1	1	1	1	1
1	0	0	1	0	1	1	0	1	1	1	1	1
1	0	0	1	1	1	1	1	0	1	1	1	1
1	0	1	0	0	1	1	1	1	0	1	1	1
1	0	1	0	1	1	1	1	1	1	0	1	1
1	0	1	1	0	1	1	1	1	1	1	0	1
1	0	1	1	1	1	1	1	1	1	1	1	0

(6) 译码器的扩展

可以利用使能端进行译码门的扩展——级联，例如：用 2 片 74LS138 可以构成 4 变量二进制码译码器，如图 3.27 所示。对于 4 位二进制码 $B_3B_2B_1B_0$，将 2 片 74LS138 的输入 $B_2B_1B_0$ 并联，接向输入 4 位二进制码的 $B_2B_1B_0$，低位片的输出是 4 位二进制码译码输出的低 8 位 $\overline{Y}_0\sim\overline{Y}_7$；高位片的输出是 4 位二进制码输出的高 8 位 $\overline{Y}_8\sim\overline{Y}_{15}$。所以，处于 4 位二进制码的低 8 位时，应用 $B_3=\mathbf{0}$ 去封锁高位片，仅使低位片工作。这样一种接线，当处于 4 位二进制码的低 8 位时，最高位的 $B_3=\mathbf{0}$，为此高位片不工作，低位片工作，将 $B_2B_1B_0$ 的状态译出；当处于 4 位二进制码的高 8 位时，最高位的 $B_3=\mathbf{1}$，为此低位片不工作，高位片工作，将 $B_2B_1B_0$ 的状态译出。

【例 3.9】 用 3 线/8 线最小项译码器 74LS138 和逻辑门实现全加器写出逻辑表达式，画出逻辑图。

解： 分析如图 3.6 所示的全加器逻辑电路，得出全加器的输出逻辑表达式为(3.5)、(3.6)：

$$S=A\oplus B\oplus C=m_1+m_2+m_4+m_7$$

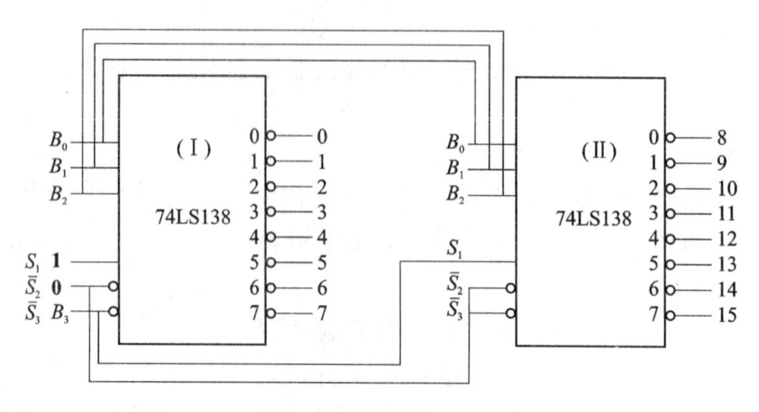

图3.27　3位二进制译码器扩展为4位译码器

$$C_i = AB\overline{C} + ABC + \overline{A}BC + A\overline{B} = m_3 + m_5 + m_6 + m_7$$

74LS138输出的最小项是低电平有效,即最小项的反 $\overline{m_i}$。所以,有

$$S = m_1 + m_2 + m_4 + m_7 = \overline{\overline{m_1}\,\overline{m_2}\,\overline{m_4}\,\overline{m_7}}$$

$$C_i = AB\overline{C} + ABC + \overline{A}BC + A\overline{B}C =$$

$$m_3 + m_5 + m_6 + m_7 = \overline{\overline{m_3}\,\overline{m_5}\,\overline{m_6}\,\overline{m_7}}$$

由此可以用**与非**门将最小项的反进行**与非**运算,得出的结果正好是4个最小项相加。如图3.28所示逻辑图。

最小项译码器所以是低电平输出有效,除了通用数字集成电路中**与非**门的种类比较多之外,低电平通过开关来获取也比较容易。

【例3.10】用3线/8线最小项译码器74LS138构成"1线-8线"数据分配器,画出逻辑图。

解:数据分配是将一个数据源来的数据根据需要送到多个不同的通道上去,实现数据分配功能的逻辑电路称为数据分配器。根据功能要求,列出"1线-8线"数据分配器的功能如表3.14所列。

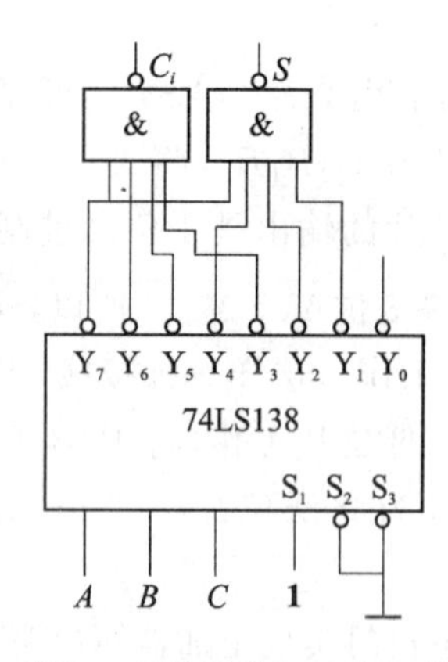

图3.28　【例3.9】译码器和与非门构成全加器

表3.14　数据分配器功能表

地址选择信号			输　出
A_2	A_1	A_0	
0	0	0	$Y_0=D$
0	0	1	$Y_1=D$
0	1	0	$Y_2=D$
0	1	1	$Y_3=D$
1	0	0	$Y_4=D$
1	0	1	$Y_5=D$
1	1	0	$Y_6=D$
1	1	1	$Y_7=D$

根据表 3.14 以及表 3.13，利用 74LS138 可以设计实现“1 线－8 线”数据分配，逻辑电路如图 3.29 所示。

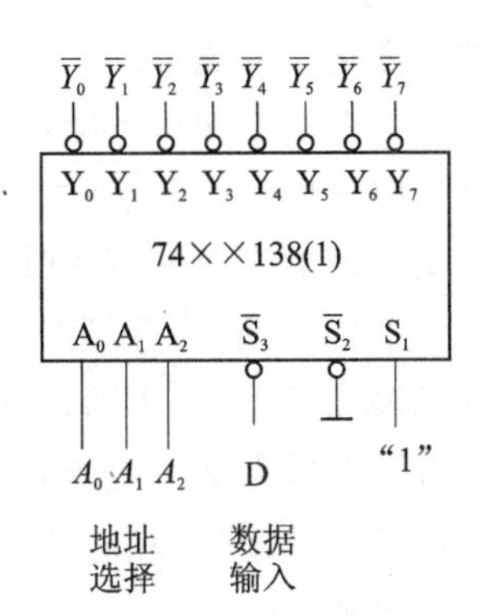

图 3.29 【例 3.10】74LS138 构成“1 线－8 线”数据分配器

2. 显示译码器

目前用于电子电路系统中的显示器件主要有发光二极管组成的各种显示器件和液晶显示器件，这 2 种显示器件都有笔画段和点阵型 2 大类。笔画段型的由一些特定的笔画段组成，以显示一些特定的字型和符号；点阵型的由许多成行成列的发光元素点组成，由不同行和列上的发光点组成一定的字型、符号和图形。其示意图如图 3.30 所示。

(1) LED 显示器件

LED 是 Light Emitting Diode 的缩写，直译为光发射二极管，中文名为发光二极管。由于作为单个发光元素 LED 发光器件的尺寸不能做的太小，对于小尺寸的 LED 显示器件，一般是笔画段型的，广泛用于显示仪表中；大型尺寸的一般是点阵型器件，往往用于大型的和特大型的显示屏中。

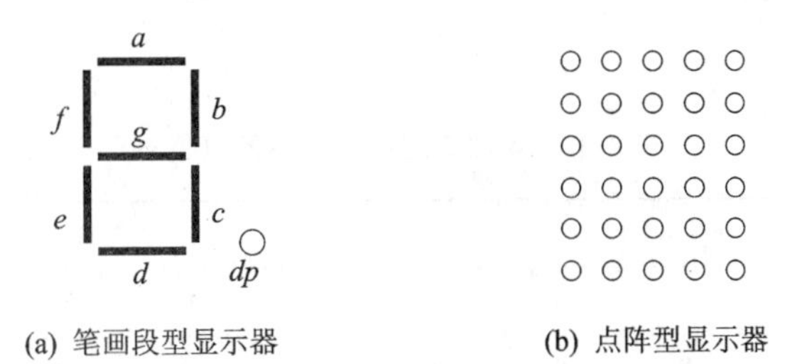

(a) 笔画段型显示器　　(b) 点阵型显示器

图 3.30 笔画段型和点阵型显示器的示意图

LED 显示器件有共阴极和共阳极 2 类，如图 3.31 所示。图 3.31(a)是共阳极的示意图，图 3.31(b)是共阴极的示意图。LED 发光二极管由砷化镓、磷砷化镓等半导体材料制成。LED 显示器件的供电电压仅几伏，可以和 TTL 集成电路匹配，单个发光二极管的电流从零点几毫安到几个毫安。它是 1 种主动发光器件，周围光线越暗，发光显得越明亮，有红、绿、黄、橙、蓝等几种颜色。

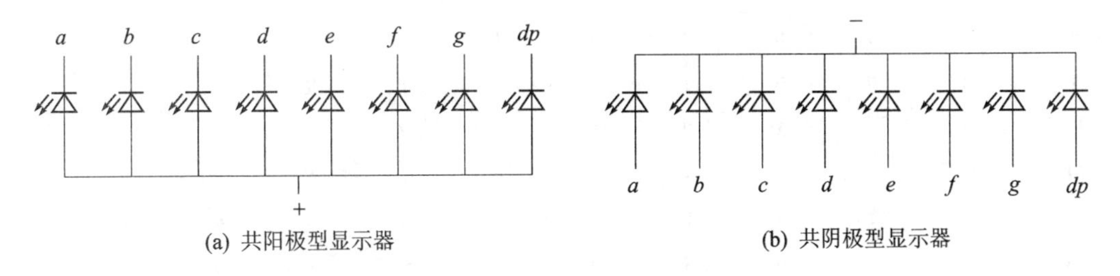

(a) 共阳极型显示器　　(b) 共阴极型显示器

图 3.31 笔划段型 LED 显示器件

(2) 液晶显示器件

液晶是一种特殊的能极化的液态晶体，是一种有机化合物。在一定的温度范围内，它既具有液体的流动性，又具有晶体的某些光学特性，其透明度和颜色随电场、磁场、光和温度等外界

条件的变化而变化。

液晶在电场作用下会产生各种光电效应。将液晶密封在一个平板形玻璃容器中,玻璃上印有透明电极。定向层的作用使液晶分子与玻璃表面平行,并且在前后玻璃之间呈正交排列。当透明电极上没有加电压时,液晶分子在定向层的作用下成正交排列,入射光透过起偏振片,变成水平偏振光,然后经液晶分子再旋转90°成垂直偏振光。因为检偏振片的光轴与起偏振片的光轴互相垂直,所以,光线可以透过检偏振片,由反射片反射,经原路径返回,形成亮视场。当在透明电极上加上电压时,液晶分子变成与玻璃垂直排列,它不能把水平偏振光旋转,因而光线通过检偏振片,被液晶分子吸收,形成暗视场。这样,形成了光线的反差,可以把字型和图案显示出来。

(3) 显示译码器设计

在数字系统中输出结果仍然是1个二进制码,怎样将二进制输出转换成字形显示出来,就需要在输出与显示器之间有一个中间环节——显示译码器。现以驱动共阴极七段发光二极管的BCD译码器为例,具体说明显示译码器的设计过程。

① 真值表:表3.15所示是4位二进制译码器的真值表,输入是4位二进制代码$DCBA$,输出是其状态译码$Y_a \sim Y_g$。

② 逻辑表达式:

表3.15　4位二进制译码器的真值表

十进制数	输入				输出						
	D	C	B	A	Y_a	Y_b	Y_c	Y_d	Y_e	Y_f	Y_g
0	0	0	0	0	1	1	1	1	1	1	0
1	0	0	0	1	0	1	1	0	0	0	0
2	0	0	1	0	1	1	0	1	1	0	1
3	0	0	1	1	1	1	1	1	0	0	1
4	0	1	0	0	0	1	1	0	0	1	1
5	0	1	0	1	1	0	1	1	0	1	1
6	0	1	1	0	0	0	1	1	1	1	1
7	0	1	1	1	1	1	1	0	0	0	0
8	1	0	0	0	1	1	1	1	1	1	1
9	1	0	0	1	1	1	1	0	0	1	1
10	1	0	1	0	0	0	0	1	1	0	1
11	1	0	1	1	0	0	1	1	0	0	1
12	1	1	0	0	0	1	0	0	0	1	1
13	1	1	0	1	1	0	0	1	0	1	1
14	1	1	1	0	0	0	0	1	1	1	1
15	1	1	1	1	0	0	0	0	0	0	0

从得到的真值表画出表示$Y_a \sim Y_g$的卡诺图,即得到图3.32的卡诺图。在卡诺图上采用"合并**0**然后求反"的化简方法将$Y_a \sim Y_g$化简,可得到式

$$
\begin{aligned}
Y_a &= \overline{\bar{D}\bar{C}\bar{B}A + DB + C\bar{A}} \\
Y_b &= \overline{DB + CB\bar{A} + C\bar{B}A} \\
Y_c &= \overline{DC + \bar{C}B\bar{A}} \\
Y_d &= \overline{CBA + C\bar{B}\bar{A} + \bar{C}\bar{B}A} \\
Y_e &= \overline{C\bar{B} + A} \\
Y_f &= \overline{\bar{D}\bar{C}A + \bar{C}B + BA} \\
Y_g &= \overline{\bar{D}\bar{C}\bar{B} + CBA}
\end{aligned}
\tag{3.16}
$$

③ 逻辑图：根据式(3.16)如图 3.32 所示给出了 BCD-七段显示译码器的逻辑图。图中由 $G_1 \sim G_4$ 组成的附加控制电路，附加控制电路用于扩展电路功能。如不考虑由 $G_1 \sim G_4$ 组成的附加控制电路的影响，则 $Y_a \sim Y_g$ 与 $DCBA$ 之间的逻辑关系与式(3.16)完全相同。

④ 集成 BCD-七段显示译码器：将图 3.33 集成制作成芯片，集成 BCD-七段显示译码器 74LS48(74LS47)，其逻辑符号和对应显示字形如图 3.34 所示。

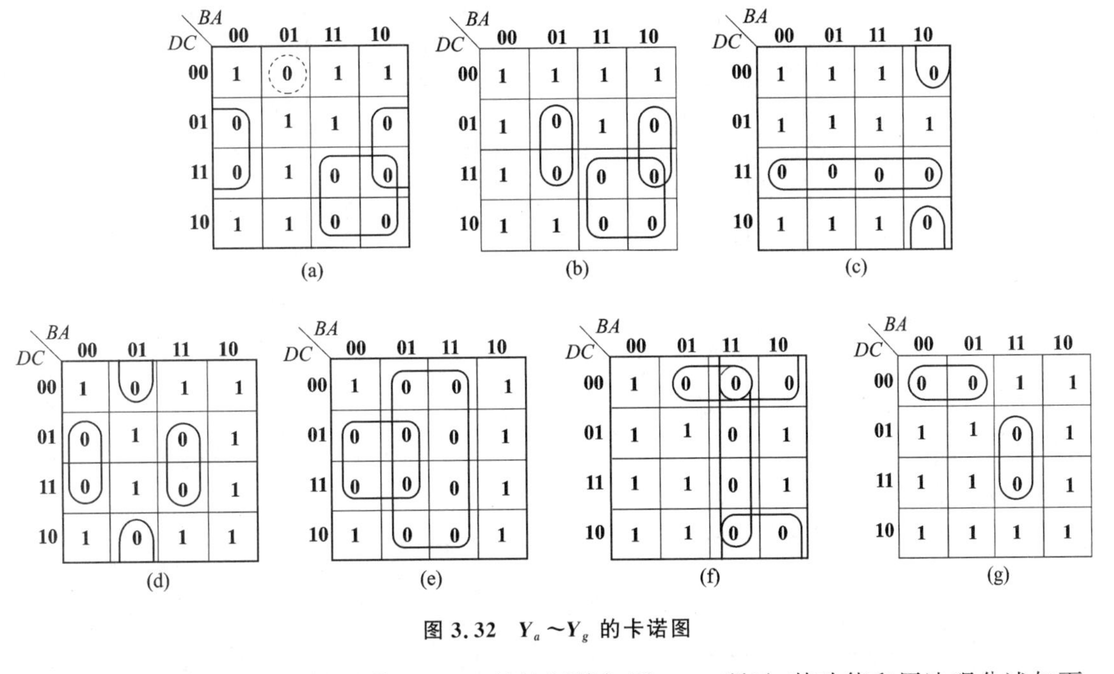

图 3.32　$Y_a \sim Y_g$ 的卡诺图

集成 BCD-七段显示译码器 74LS48 的控制端如图 3.33 所示，其功能和用法现分述如下。

① **试灯输入** $\overline{LT}$(Lamp Test Input)为试灯输入，低电平有效。

当 $\overline{LT}=\mathbf{0}$ 时，G_4、G_5、G_6 和 G_7 的输出同时为高电平，使 $A'=B'=C'=\mathbf{0}$。对后面的译码电路而言，与输入为 $A=B=C=\mathbf{0}$ 一样。由式(3.16)可知，$Y_a \sim Y_f$ 全部为高电平。同时由于 G_{19} 的两组输入中均含有低电平输入信号，因而 Y_g 也处于高电平。整个数码管点亮，显示 8。用于检查数码管和译码器是否有缺欠。优先级次于灭灯输入，平时应置 $\overline{LT}$ 为高电平。

② **灭零输入** $\overline{RBI}$(Rpiile Blanking Input)灭零输入，低电平有效。

当 $\overline{RBI}=\mathbf{0}$ 时，且 $DCBA=\mathbf{0000}$ 时，数码管熄灭；若 $DCBA \neq \mathbf{0000}$ 时，译码器照常显示，

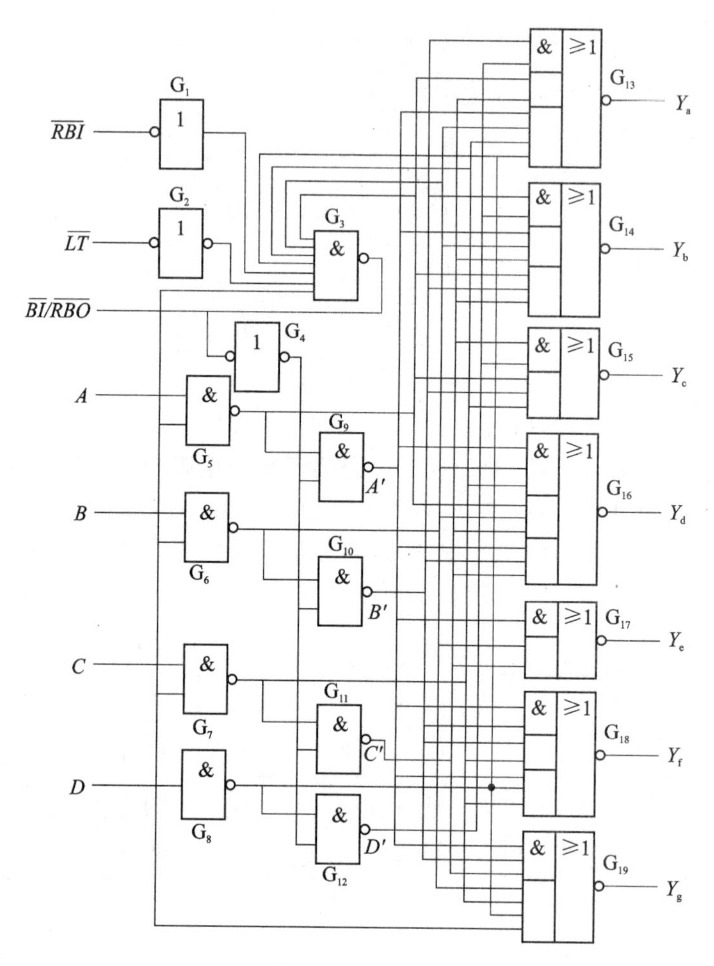

图 3.33　BCD-七段显示译码器逻辑图

显示字型取决于输入。动态灭零输入用于多个译码器级联时,消隐无用的前零和尾零,具体电路如图 3.34 所示。

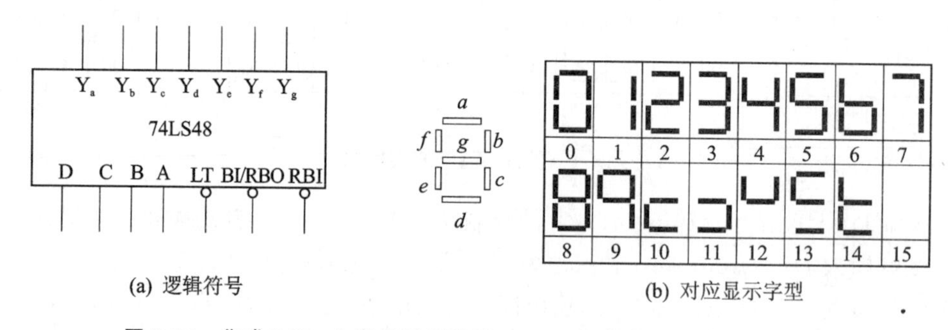

(a) 逻辑符号　　(b) 对应显示字型

图 3.34　集成 BCD-七段显示译码器 74LS48 逻辑符号和对应显示字型

由图 3.34 可知,当输入 $A=B=C=D=\mathbf{0}$ 时,本应显示 **0**。如果要将这个零灭掉,则可加入 $\overline{RBI}=\mathbf{0}$ 的输入信号。这时 G_3 的输出为低电平,并经过 G_4 输出低电平使 $A'=B'=C'=D'=\mathbf{1}$。由于 $G_{13} \sim G_{19}$ 每个**与或非**门都有一组输入全为高电平,所以 $Y_a \sim Y_g$ 全为低电平,使本应显示的 **0** 熄灭。

③ 灭灯输入/灭零输出 $\overline{BI}/\overline{RBO}$(Blaking input)为灭灯输入/灭零输出端,低电平有效。

当 $\overline{BI}/\overline{RBO}$ 作为输入端使用时,称灭灯输入控制端。只要加入灭灯控制信号 $\overline{BI}=\mathbf{0}$,无论 $DCBA$ 的状态是什么,一定可以将被驱动数码管的各段同时熄灭。由图 3.33 可见,此时 G_4 肯定输出低电平,使 $A'=B'=C'=D'=\mathbf{1}$,$Y_a \sim Y_g$ 同时输出低电平,因而将被驱动的数码管熄灭。

当 $\overline{BI}/\overline{RBO}$ 作为输出端使用时,称灭零输出控制端。由图 3.33 可得

$$\overline{RBO}=\overline{\overline{D}\cdot\overline{C}\cdot\overline{B}\cdot\overline{A}\cdot\overline{LT}\cdot RBI} \tag{3.17}$$

式(3.17)表明,只有当输入为 $A=B=C=D=\mathbf{0}$,而且有灭零输入信号($\overline{RBI}=\mathbf{0}$)时,$\overline{RBO}$ 才会输出低电平。因此,$\overline{RBO}=\mathbf{0}$ 表示译码器已将本来应该显示的零熄灭了。

将灭零输入端和灭零输出端配合使用,即可实现多位数码显示系统的灭零控制。图 3.35 中每 1 位都是由 1 个 74LS48 和 1 个显示器组成,构成了 1 个 5 位整数位和 3 位小数位的显示系统灭零控制的连接方法。只需在整数部分把高位的 $\overline{RBO}$ 与低位的 $\overline{RBI}$ 相连,在小数部分将低位的 $\overline{RBO}$ 和高位的 $\overline{RBI}$ 相连,就可以将前、后多余的零灭掉。在这种连接方式下,整数部分只有高位是零,而且被熄灭的情况下,低位才有灭零输入信号。同理,小数部分只有在低位是零,而且被熄灭时,高位才有灭零输入信号。

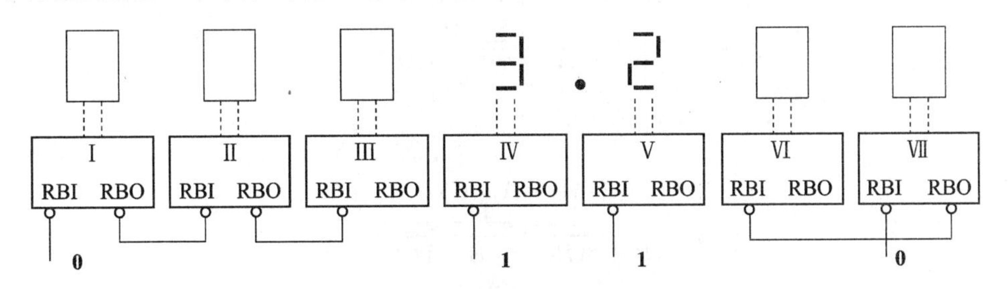

图 3.35　有灭零控制的 7 位数码显示系统

【例 3.11】设计 1 个显示译码器,采用共阳极数码管(74LS47),显示的字型如图 3.36 所示。

解: ① 确定控制变量数。

根据图 3.30 要显示的字型数有 7 个,确定控制变量数为 3 个,用 A、B、C 表示。3 个控制变量可以控制 8 个字型,多余的 1 个可以视为任意状态。

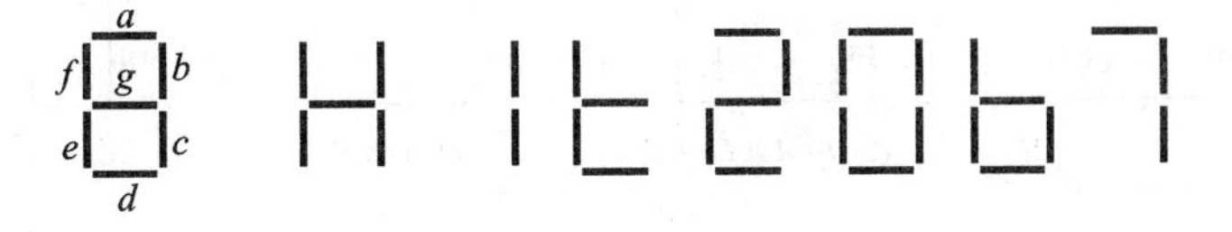

图 3.36　设计例 3.7 的显示字型

② 确定显示字型的真值表。

3 个控制变量,根据图 3.36 中 7 个字型的要求,确定 7 个笔划段 a、b、c、d、e、f、g 的点亮和熄灭的状态。在表 3.16 中,采用的是共阳极 LED 数码管,则"**1**"代表熄灭,"**0**"代表点亮;若采用共阴极 LED 数码管,点亮和熄灭的状态正好与采用共阳极相反。

表 3.16　显示译码器的真值表

字型	输入			输出						
	A	B	C	a	b	c	d	e	f	g
	0	0	0	1	0	0	1	0	0	0
	0	0	1	1	0	0	1	1	1	1
	0	1	0	1	1	1	0	0	0	0
	0	1	1	0	0	1	0	0	1	0
	1	0	0	0	0	0	0	0	0	1
	1	0	1	1	1	0	0	0	0	0
	1	1	0	0	0	0	1	1	1	1
	1	1	1	×	×	×	×	×	×	×

③ 确定各笔划段的逻辑表达式。

3个控制变量,除了控制7个字形外,还多余1个状态,可以将其中的1个,例如:输入ABC=**111**这一状态作为任意项看待,于是由卡诺图可求出各笔划段的逻辑表达式,具体如图3.37所示。各逻辑式为

$$a=\overline{A}\,\overline{B}+\overline{A}\,\overline{C}+AC=\overline{\overline{\overline{A}\,\overline{B}}\cdot\overline{\overline{A}\,\overline{C}}\cdot\overline{AC}}$$

$$b=\overline{A}B\overline{C}+AC=\overline{\overline{\overline{A}B\overline{C}}\cdot\overline{AC}}$$

$$c=\overline{A}B=\overline{\overline{\overline{A}B}}$$

$$d=\overline{A}\,\overline{B}+AB=\overline{\overline{\overline{A}\,\overline{B}}\cdot\overline{AB}}$$

$$e=AB+\overline{A}\,\overline{B}C=\overline{\overline{AB}\cdot\overline{\overline{A}\,\overline{B}C}}$$

$$f=AB+\overline{A}C=\overline{\overline{AB}\cdot\overline{\overline{A}C}}$$

$$g=A\overline{C}+\overline{A}\,\overline{B}C=\overline{\overline{A\overline{C}}\cdot\overline{\overline{A}\,\overline{B}C}}$$

(a) $a=\overline{A}\,\overline{B}+\overline{A}\,\overline{C}+AC$
$=\overline{A}\,\overline{B}+\overline{A}B\overline{C}+AC$

(b) $b=\overline{A}B\overline{C}+AC$

(c) $c=\overline{A}B$

(d) $d=\overline{A}\,\overline{B}+AB$

(e) $e=AB+\overline{A}\,\overline{B}C$

(f) $f=AB+\overline{A}C$

(g) $g=A\overline{C}+\overline{A}\,\overline{B}C$

图 3.37　显示译码器的笔画段卡诺图

④ 画出译码器的逻辑图，如图 3.38 所示。

为了简单起见，往往采用同 1 种逻辑门来实现 1 个逻辑电路，如采用**与非门**。将 7 个笔画段的逻辑式转换为**与非与非**型，然后用**与非门**实现，如图 3.38 所示。在实现逻辑图时，一般要注意 2 个问题：一是在数码管和笔划段电极之间要串入限流电阻，以保护笔划段发光二极管不被烧毁；二是要注意逻辑门的输出电流要能够驱动笔划段发光，对于共阳极 LED 数码管，逻辑门承受的是灌电流；对于共阴极 LED 数码管，逻辑门承受的是拉电流。例 3.11 给出的笔画段电流为 8 mA，如采用 74LS 系列的逻辑门，它的灌电流规范值正好是 8 mA，可以直接驱动笔画段发光二极管。如果笔画段电流大于逻辑门的灌电流，则要在笔画段电极和逻辑门之间增加 1 个驱动电路；或采用具有更大灌电流的驱动门，也称缓冲门、功率门。驱动电路往往由三极管来承担，三极管起到电流放大的作用。

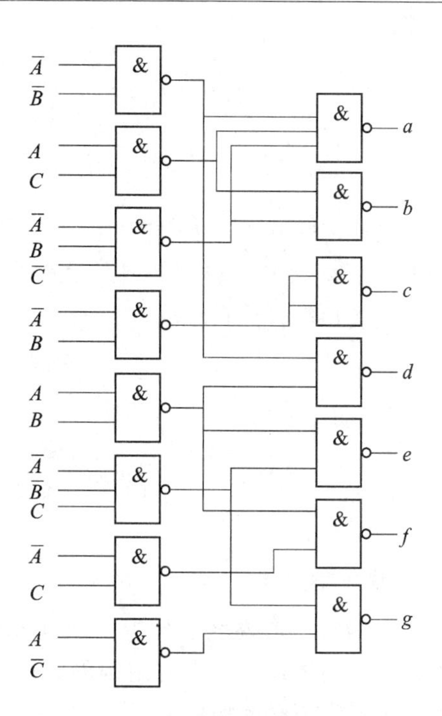

图 3.38　LED 显示译码器的逻辑图

3.4.3　编码器

编码器的功能与译码器恰好相反，是对输入信号按一定规律进行编排，使每组输出代码具有其特定的含义。编码器按照被编信号的不同特点和要求，有各种不同的类型，最常见的有二进制编码器和优先编码器。

1. 二进制编码器

图 3.39 是 3 位二进制编码器的框图，它的输入 $I_0 \sim I_7$ 为 8 个高电平信号，输出是 3 位二进制代码 $Y_2Y_1Y_0$。为此，又把它叫做 8 线/3 线编码器。输出与输入的对应关系由表 3.17 给出。将表 3.17 的真值表写成对应的逻辑表达式得到式

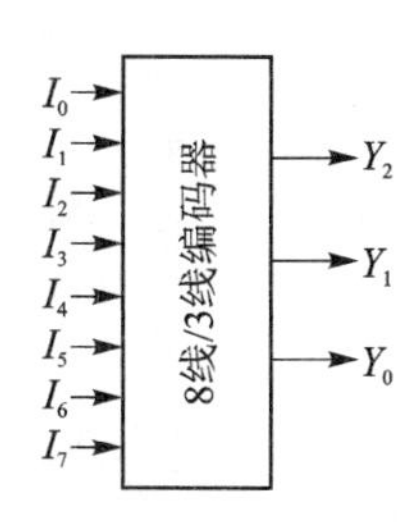

图 3.39　3 位二进制编码器的框图

表 3.17　3 位二进制编码器的真值表

输入								输出		
I_0	I_1	I_2	I_3	I_4	I_5	I_6	I_7	Y_2	Y_1	Y_0
1	0	0	0	0	0	0	0	0	0	0
0	1	0	0	0	0	0	0	0	0	1
0	0	1	0	0	0	0	0	0	1	0
0	0	0	1	0	0	0	0	0	1	1
0	0	0	0	1	0	0	0	1	0	0
0	0	0	0	0	1	0	0	1	0	1
0	0	0	0	0	0	1	0	1	1	0
0	0	0	0	0	0	0	1	1	1	1

$$Y_2 = \overline{I}_0\overline{I}_1\overline{I}_2\overline{I}_3 I_4\overline{I}_5\overline{I}_6\overline{I}_7 + \overline{I}_0\overline{I}_1\overline{I}_2\overline{I}_3\overline{I}_4 I_5\overline{I}_6\overline{I}_7 + \overline{I}_0\overline{I}_1\overline{I}_2\overline{I}_3\overline{I}_4\overline{I}_5 I_6\overline{I}_7 + \overline{I}_0\overline{I}_1\overline{I}_2\overline{I}_3\overline{I}_4\overline{I}_5\overline{I}_6 I_7$$
$$Y_1 = \overline{I}_0\overline{I}_1 I_2\overline{I}_3\overline{I}_4\overline{I}_5\overline{I}_6\overline{I}_7 + \overline{I}_0\overline{I}_1\overline{I}_2 I_3\overline{I}_4\overline{I}_5\overline{I}_6\overline{I}_7 + \overline{I}_0\overline{I}_1\overline{I}_2\overline{I}_3\overline{I}_4\overline{I}_5 I_6\overline{I}_7 + \overline{I}_0\overline{I}_1\overline{I}_2\overline{I}_3\overline{I}_4\overline{I}_5\overline{I}_6 I_7$$
$$Y_0 = \overline{I}_0 I_1\overline{I}_2\overline{I}_3\overline{I}_4\overline{I}_5\overline{I}_6\overline{I}_7 + \overline{I}_0\overline{I}_1\overline{I}_2 I_3\overline{I}_4\overline{I}_5\overline{I}_6\overline{I}_7 + \overline{I}_0\overline{I}_1\overline{I}_2\overline{I}_3\overline{I}_4 I_5\overline{I}_6\overline{I}_7 + \overline{I}_0\overline{I}_1\overline{I}_2\overline{I}_3\overline{I}_4\overline{I}_5\overline{I}_6 I_7 \tag{3.18}$$

如果任意时刻 $I_0 \sim I_7$ 当中仅有一个取值为1,即输入变量取值的组合仅有表3.17中列出的8种状态,则输入变量为其他取值下其值等于1的那些最小项均为约束项。利用这些约束项将上式化简,得到式

$$\begin{aligned} Y_2 &= I_4 + I_5 + I_6 + I_7 \\ Y_1 &= I_2 + I_3 + I_6 + I_7 \\ Y_0 &= I_1 + I_3 + I_5 + I_7 \end{aligned} \tag{3.19}$$

图3.40就是根据式(3.19)得到的编码电路。该电路是由三个或门组成。

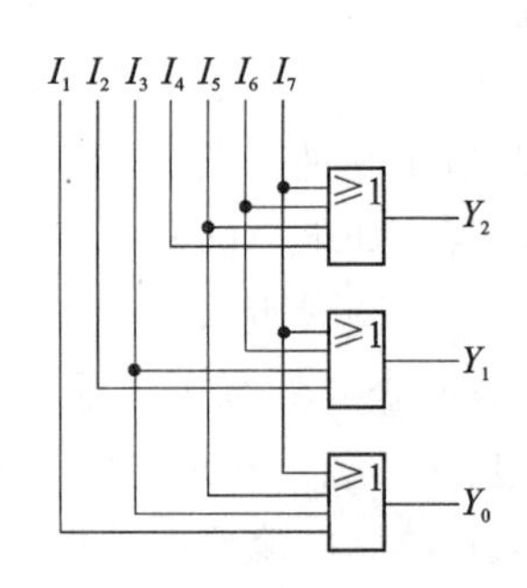

图3.40　3位二进制编码器

2. 优先编码器

优先编码器是数字系统中实现优先权管理的一个重要逻辑部件。它与上述二一十进制编码器的最大区别是,优先编码器的各个输入不是互斥的,允许多个输入端同时为输入有效信号。优先编码器的每个输入具有不同的优先级别;当多个输入信号有效时,它能识别输入信号的优先级别,并对其中优先级别最高的一个进行编码,产生相应的输出代码。

表3.18给出了优先编码器74LS148的功能表。图3.41为优先编码器74LS148的逻辑符号。

图3.42给出了8线/3线优先编码器74LS148的逻辑图。由图可以写出逻辑表达式为

表3.18　优先编码器74LS148的功能表

输入									输出				
$\overline{S}$	$\overline{I}_0$	$\overline{I}_1$	$\overline{I}_2$	$\overline{I}_3$	$\overline{I}_4$	$\overline{I}_5$	$\overline{I}_6$	$\overline{I}_7$	$\overline{Y}_2$	$\overline{Y}_1$	$\overline{Y}_0$	$\overline{Y}_{EX}$	$\overline{Y}_S$
1	×	×	×	×	×	×	×	×	1	1	1	1	1
0	1	1	1	1	1	1	1	1	1	1	1	1	0
0	×	×	×	×	×	×	×	0	0	0	0	0	1
0	×	×	×	×	×	×	0	1	0	0	1	0	1
0	×	×	×	×	×	0	1	1	0	1	0	0	1
0	×	×	×	×	0	1	1	1	0	1	1	0	1
0	×	×	×	0	1	1	1	1	1	0	0	0	1
0	×	×	0	1	1	1	1	1	1	0	1	0	1
0	×	0	1	1	1	1	1	1	1	1	0	0	1
0	0	1	1	1	1	1	1	1	1	1	1	0	1

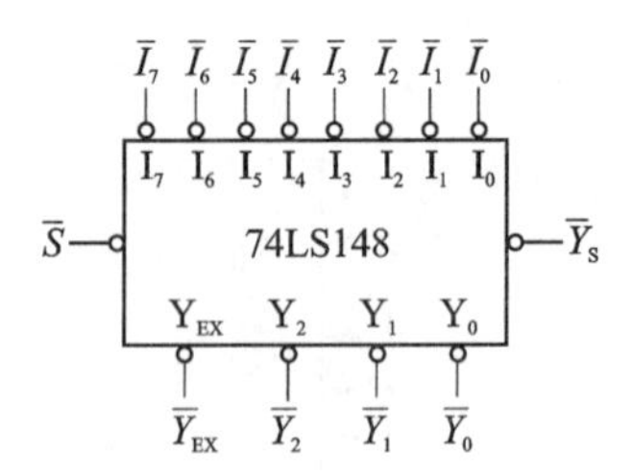

图3.41　74LS148的逻辑符号

$$\begin{aligned}\overline{Y}_2 &= \overline{(I_4+I_5+I_6+I_7)\cdot S}\\ \overline{Y}_1 &= \overline{(I_2\overline{I}_4\overline{I}_5+I_3\overline{I}_4\overline{I}_5+I_6+I_7)\cdot S}\\ \overline{Y}_0 &= \overline{(I_1\overline{I}_2\overline{I}_4\overline{I}_6+I_3\overline{I}_4\overline{I}_6+I_7)\cdot S}\end{aligned} \tag{3.20}$$

为了扩展电路的功能和增加使用的灵活性，在 74LS148 的逻辑图中附加了由门 G_1、G_2 和 G_3 组成的的控制电路。其中，$\overline{S}$ 为选通输入端，只有在 $\overline{S}=0$ 的条件下，编码器才能正常工作；而在 $\overline{S}=1$ 时，所有的输出端均被封锁在高电平。

选通输出端 $\overline{Y}_S$ 和扩展端 $\overline{Y}_{EX}$ 用于扩展编码功能。由功能表可知

$$\overline{Y}_S = \overline{\overline{I}_0\overline{I}_1\overline{I}_2\overline{I}_3\overline{I}_4\overline{I}_5\overline{I}_6\overline{I}_7 S} \tag{3.21}$$

式(3.20)表明，只有当所有的编码输入端都是高电平和 $\overline{S}=0$ 时，$\overline{Y}_S$ 才是低电平。因此，$\overline{Y}_S$ 的低电平信号表示“电路工作，但无编码输入”。

由图 3.42 还可以得出式

$$\overline{Y}_{EX} = \overline{\overline{\overline{I}_0\overline{I}_1\overline{I}_2\overline{I}_3\overline{I}_4\overline{I}_5\overline{I}_6\overline{I}_7 S}\cdot S} \tag{3.22}$$

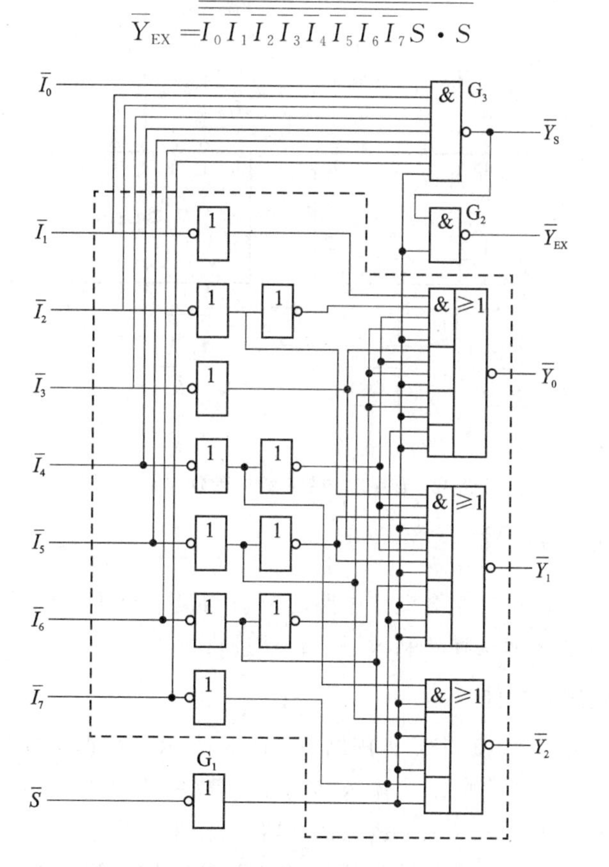

图 3.42　优先编码器 74LS148 的逻辑图

这说明只要任何一个编码输入端有低电平信号输入，且 $\overline{S}=0$，$\overline{Y}_{EX}$ 即为低电平。因此，$\overline{Y}_{EX}$ 的低电平输出信号表示“电路工作，而且有编码输入”。

由功能表可知，在 $\overline{S}=0$ 电路正常工作状态下，允许输入 $\overline{I}_0\sim\overline{I}_7$ 同时有几个端有输入。在 $\overline{I}_0\sim\overline{I}_7$ 输入端中，下角标号码越大的优先级越高。例如，$\overline{I}_0$、$\overline{I}_2$、$\overline{I}_3$、$\overline{I}_5$ 和 $\overline{I}_7$ 均为 1，$\overline{I}_1$、$\overline{I}_4$

和 $\overline{I}_6$ 为0时，输出按优先级较高的 $\overline{I}_6$ 编码，即001，而不是按优先级较低的 $\overline{I}_1$ 和 $\overline{I}_4$ 编码。此后，若 $\overline{I}_6$ 变为1，则按 $\overline{I}_4$ 编码，$Y_2Y_1Y_0=011$ 。若 $\overline{I}_4$ 也变为1，输出才按 $\overline{I}_1$ 编码，$Y_2Y_1Y_0=110$。输入 $\overline{S}$ 和输出 $\overline{Y}_S$、$\overline{Y}_{EX}$ 在容量扩展时使用。$\overline{S}$ 为工作状态选择端(或称允许输入端)。当 $\overline{S}=0$ 时，编码器工作，反之不进行编码工作；$\overline{Y}_S$ 为允许输出端，当允许编码($\overline{S}=0$)而无信号输入时，$\overline{Y}_S$ 为0。$\overline{Y}_{EX}$ 为编码群输出端，当不允许编码($\overline{S}=1$)，或者虽允许编码($\overline{S}=0$)但无信号输入($\overline{I}_0\sim\overline{I}_7$ 均为1)时，$\overline{Y}_{EX}$ 为1。换而言之，允许编码且有信号输入($\overline{I}_0\sim\overline{I}_7$ 中至少有一个为0)时，$\overline{Y}_{EX}$ 才为0。

【例3.12】用优先编码器74LS148设计一个能裁决16级不同中断请求的中断优先编码器。

解：设 $\overline{A}_0\sim\overline{A}_{15}$ 为16个不同的中断请求信号，下标码越大，优先级别越高。Z_3、Z_2、Z_1 和 Z_0 为中断请求信号的编码输出，输入和输出均为低电平有效。$\overline{A}_S$ 为允许输入端，Z_S 为允许输出端，Z_{EX} 为编码群输出端。根据 $74LS148$ 的功能，可用2片 $74LS148$ 实现给定功能，逻辑图如图3.43所示。

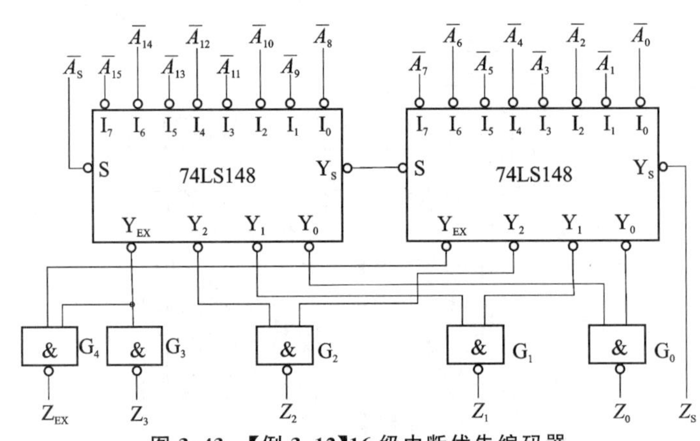

图3.43 【例3.12】16级中断优先编码器

3.4.4 数据选择器

通过典型译码器的讨论，对组合数字电路的分析与设计有了一定的了解。下面对其他的通用组合数字电路，例如数据选择器和数码比较器进行讨论。

1. 数据选择器的逻辑功能

数据选择器的英文是Multiplexer，用缩写MUX表示。数据选择器的功能是，从若干个输入信号中选出一个传送到输出端。输入信号的个数一般是2、4、8、16、…。例如，产品有74LS153双四选一、74LS151为八选一数据选择器、74LS150为十六选一数据选择器等。其逻辑功能可用图3.44中的四选一数据选择器的示意图来说明。图中 D_0、D_1、D_2、D_3 是4个数据输入，也称输入变量。A 和 B 的作用是选择哪一个输入变量传送到输出端，称为选择变量，如果有4个输入变量，应有二位选择变量。Y 是数据输出，即输出 D_0、D_1、D_2、D_3 中的某一个。由此可确定数据选择器的功能表，如表3.19所列。

表 3.19　数据选择器的功能表

A	B	Y
0	0	D_0
0	1	D_1
1	0	D_2
1	1	D_3

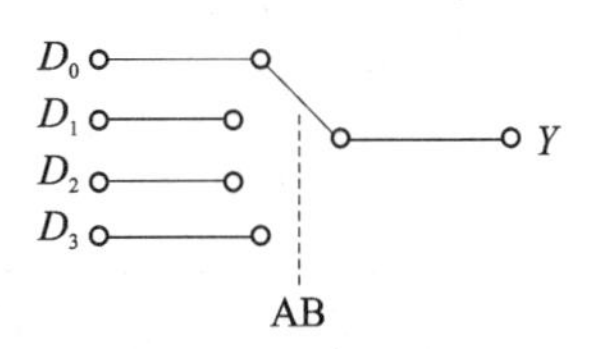

图 3.44　MUX 功能示意图

2. 四选一数据选择器

(1) 74LS153 功能

即在一个封装内有 2 个相同的四选一数据选择器，其逻辑符号和引线如图 3.45 所示。由逻辑符号和功能表可知，Y 为输出端，D_0、D_1、D_2、D_3 为数据输入端，EN 为使能端，V_{CC} 为正电源端，GND 为地。功能如表 3.19 所列。

(2) 数据选择器的逻辑表达式

根据功能表的描述，不难写出数据选择器的逻辑表达式为

$$Y=\overline{A}\overline{B}D_0+\overline{A}BD_1+A\overline{B}D_2+ABD_3 \qquad (3.23)$$

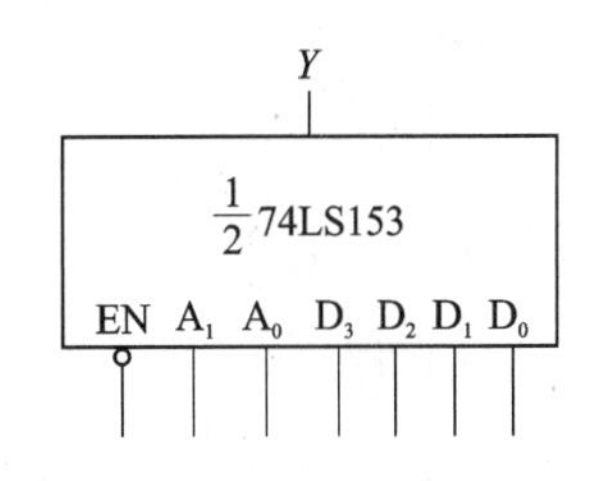

图 3.45　四选一 MUX 的逻辑符号

(3) 数据选择器的逻辑图

由真值表或数据选择器的逻辑表达式可以看出，数据选择器是一个**与或**逻辑，是一个由最小项译码器选择输入数据的 Σm_i 的电路结构。于是可以画出如图 3.46 所示的数据选择器的逻辑图，图中的 $\overline{EN}$ 为使能端，其作用和译码器中的使能端一样，使能端可以是低电平有效，也可以是高电平有效。图 3.45 所示的为低电平有效。

3. 八选一数据选择器

(1) 八选一数据选择器 74LS151 功能

八选一数据选择器功能如表 3.20 所列。A、B、C 为选择变量，共有 8 个取值组合，可以选择 8 个数据传送到输出端。设 Y 是输出数据，数据为 D_0、D_1、D_2、D_3、D_4、D_5、D_6、D_7。

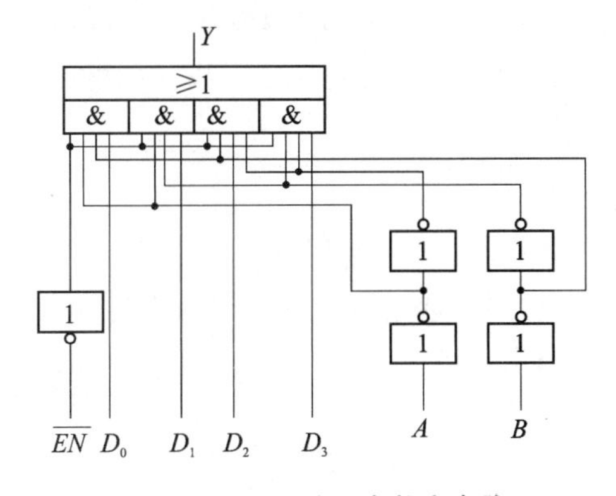

图 3.46　实现的组合数字电路

表 3.20　数据选择器的功能表

A	B	C	Y
0	0	0	D_0
0	0	1	D_1
0	1	0	D_2
0	1	1	D_3
1	0	0	D_4
1	0	1	D_5
1	1	0	D_6
1	1	1	D_7

(2) 数据选择器的逻辑表达式

根据功能表的描述,不难写出数据选择器的逻辑表达式为

$$Y=\overline{A}\,\overline{B}\,\overline{C}D_0+\overline{A}\,\overline{B}CD_1+\overline{A}B\overline{C}D_2+\overline{A}BCD_3+A\overline{B}\,\overline{C}D_4+AB\overline{C}D_6+ABCD_7 \quad (3.24)$$

(3) 数据选择器的逻辑图

图 3.47 所示为八选一数据选择器的逻辑图。数据选择端 A、B、C 中 A 为高位,由此给出八选一数据选择器逻辑符号,如图 3.48 所示。

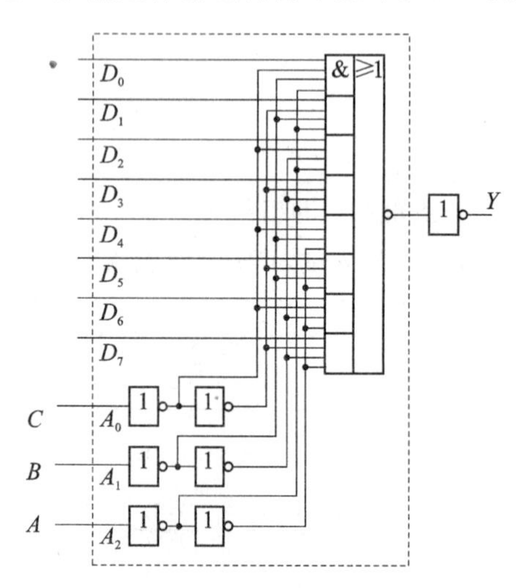

图 3.47 八选一数据选择器的逻辑图

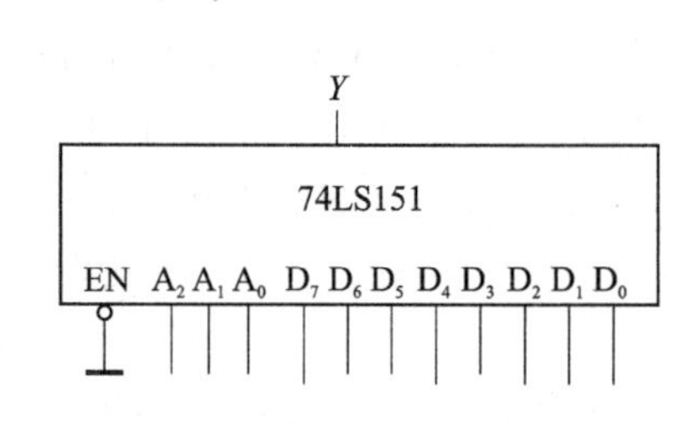

图 3.48 八选一数据选择器的逻辑符号

4. 用数据选择器实现任意组合数字电路

既然数据选择器是一个有使能端的 Σm_i **与或**标准型电路结构,因此用它构成任意一个组合数字电路就较为简单。用数据选择器实现组合数字电路有两种情况:一是选择变量的数目与输入逻辑变量的数目相同;二是选择变量的数目少于输入逻辑变量的数目。

对于输入逻辑变量数目多于选择变量的情况,必然是输入逻辑变量的最小项多于译码器所能分辨的最小项数,仅仅靠数据选择器中的译码器本身不能解决问题。为此,需要在数据输入端增加一级译码电路,即用两级译码来完成对全部最小项的分辨。现定义新增加的译码电路为一级译码器,原数据选择器中的译码器为二级译码器。如果输入的逻辑变量仅仅比选择变量多一个,例如用三变量数据选择器去实现四变量的逻辑函数,新增加的一级译码电路只需对一个变量进行判断,因此有一个反相器就可以了。

【例 3.13】 例如有逻辑函数

$$Y=A\oplus B\oplus C=\overline{A}\,\overline{B}C+\overline{A}B\overline{C}+A\overline{B}\,\overline{C}+ABC=\sum m(1,2,4,7)$$

解: 将待实现的组合逻辑函数化为**与或**标准型,再对照八选一数据选择器的表达式有

$$Y=\overline{A}\,\overline{B}\,\overline{C}\cdot 0+\overline{A}\,\overline{B}C\cdot 1+\overline{A}B\overline{C}\cdot 1+\overline{A}BC\cdot 0+A\overline{B}\,\overline{C}\cdot 1+$$
$$A\overline{B}C\cdot 0+AB\overline{C}\cdot 0+ABC\cdot 1$$

于是

$$D_0=0,\ D_1=1,\ D_2=1,\ D_3=0,$$
$$D_4=1,\ D_5=0,\ D_6=0,\ D_7=1$$

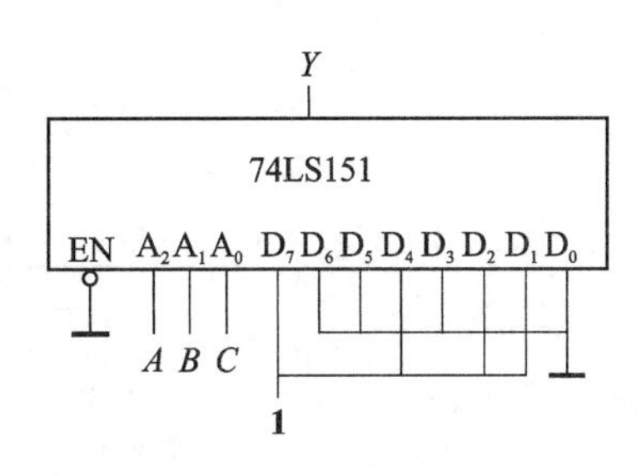

图 3.49 【例 3.13】的解答

最后画出逻辑图，根据最小项编号确定的变量的高低位将输入 A、B、C 变量加于选择变量的位置，如图 3.49 所示。在上述逻辑式中 A 为高位，C 为低位。将 D_1、D_2、D_4、D_7 接 **1**，D_0、D_3、D_5、D_6 端接 **0**。

【例 3.14】用三变量数据选择器实现四变量的组合逻辑函数为

$$Y=A\overline{B}C+BD+\overline{AC}$$

将逻辑函数化为**与或**标准型，确定 3 个变量为输入选择变量，并画出逻辑图。

解：(1) 将逻辑函数转换为**与或**标准型

$$Y=\overline{ABCD}+\overline{ABC}D+\overline{A}B\overline{CD}+\overline{A}B\overline{C}D+\overline{A}BCD+$$
$$A\overline{B}C\overline{D}+A\overline{B}CD+AB\overline{C}D+ABCD$$

(2)从 4 个输入逻辑变量中任意确定 3 个变量作为选择变量

从 4 个输入逻辑变量中任意确定 3 个变量作为选择变量可有多种方案，确定 ABC、BCD、ABD、ACD 等等。不同的方案得到的结果是不同的，化简的程度也不同。

方案一　确定 ABC 为选择变量，于是有

$$Y=\overline{ABCD}+\overline{ABC}D+\overline{A}B\overline{CD}+\overline{A}B\overline{C}D+\overline{A}BCD+$$
$$A\overline{B}C\overline{D}+A\overline{B}CD+AB\overline{C}D+ABCD$$
$$=m_0\overline{D}+m_0D+m_2\overline{D}+m_2D+m_3D+m_5\overline{D}+m_5D+m_6D+m_7D$$

再根据选择变量的高低位关系，将逻辑函数写成最小项和第四个逻辑变量相**与**的形式，再经相同最小项合并得到

$$Y=m_0+m_2+m_5+m_3D+m_6D+m_7D$$

对照八选一数据选择器的表达式，得到数据端数据为

$$D_0=1,\ D_1=0,\ D_2=1,\ D_3=D,\ D_4=0,\ D_5=1,\ D_6=D,\ D_7=D$$

将八选一数据选择器的 8 个数据输入端分别按照上式接入数据，于是可以画出如图 3.50(a)所示的逻辑图。

方案二　如果将 BCD 作为选择变量，则有

$$Y=A\overline{B}C+BD+\overline{AC}$$
$$Y=\overline{ABCD}+\overline{ABC}D+\overline{A}B\overline{CD}+\overline{A}B\overline{C}D+\overline{A}BCD+$$
$$A\overline{B}C\overline{D}+A\overline{B}CD+AB\overline{C}D+ABCD$$
$$=\overline{A}m_0+\overline{A}m_1+\overline{A}m_4+\overline{A}m_5+\overline{A}m_7+Am_2+Am_3+Am_5+Am_7$$
$$=m_5+m_7+\overline{A}m_0+\overline{A}m_1+\overline{A}m_4+Am_2+Am_3$$

对照八选一数据选择器的表达式，于是得

$$D_0=\overline{A},\ D_1=\overline{A},\ D_2=A,\ D_3=A,\ D_4=\overline{A},\ D_5=1,\ D_6=0,\ D_7=1$$

由此画出的逻辑图如图 3.50(b)所示，显然结果比以 ABC 作选择变量时要复杂一些。

当然也可以用三变量数据选择器实现五变量的组合逻辑函数，因多了 2 个变量，所以一级译码器必须对 2 个变量进行译码。因此，需要二输入的**与**门、**与非**门等逻辑门，具体实现的方法与上例相同。从 5 个变量中选出 3 个变量作为选择变量，由选择变量确定最小项，在**与或**标

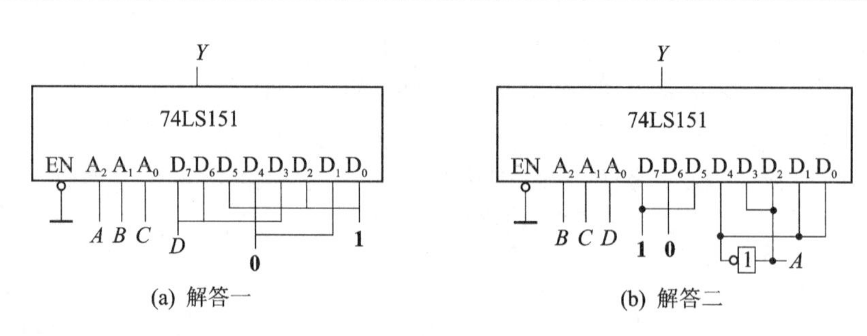

图 3.50 【例 3.14】的解答

准型的基础上与另外 2 个变量组成**与或**逻辑式。以此决定连线的方法是,单独的最小项接 **1**,不存在的最小项接 **0**,最小项与另 2 个变量相乘的**与**项则用逻辑门组成一级译码电路。

5. 数据选择器的扩展

当数据选择器的输入端数目不够时,可以采用扩展输入量的办法。图 3.51 是 4 个用八选一的数据选择器和 1 个四选一的数据选择器实现三十二选一的逻辑图。

根据图中的连线,选择变量是 $EDCBA$,ED 是高位,CBA 是低位。当 L_0、L_1、L_2、L_3 被高位 ED 分别选中时,再由 CBA 决定 $D_0 \sim D_7$、$D_8 \sim D_{15}$、$D_{16} \sim D_{23}$、$D_{24} \sim D_{31}$ 四组数据中哪一个数据被选中,这个数据就是最终从输出端 Y 送出的数据。如 $ED=01$,则 L_1 被选中;$CBA=101$,则 N_{13} 被选中,$Y=N_{13}$。

【例 3.15】 用双 4 选 1 选择器 74LS153 以及基本的门电路扩展成 16 选 1 数据选择器。

解: 16 选 1 数据选择器的功能如表 3.21 所列。

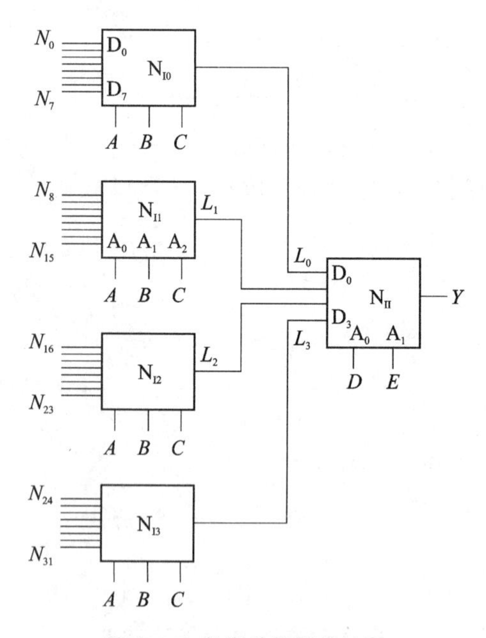

图 3.51 数据选择器的扩展

表 3.21 16 选 1 数据选择器功能表

A_3	A_2	A_1	A_0	Y
0 0		0	0	D_0
		0	1	D_1
		1	0	D_2
		1	1	D_3
0 1		0	0	D_4
		0	1	D_5
		1	0	D_6
		1	1	D_7
1 0		0	0	D_8
		0	1	D_9
		1	0	D_{10}
		1	1	D_{11}
1 1		0	0	D_{12}
		0	1	D_{13}
		1	0	D_{14}
		1	1	D_{15}

74LS153是双4选1数据选择器，因此在进行扩展的时候，需要进行2次选择，先用一个74LS153分为4组，每组选出1个，再从所选中的4选1数据选择器中选择1个。从功能表上分析，可以先用低两位控制，也可以先用高两位控制。如果用低两位控制第一层，高两位控制第二层，则逻辑电路图如图3.52所示。

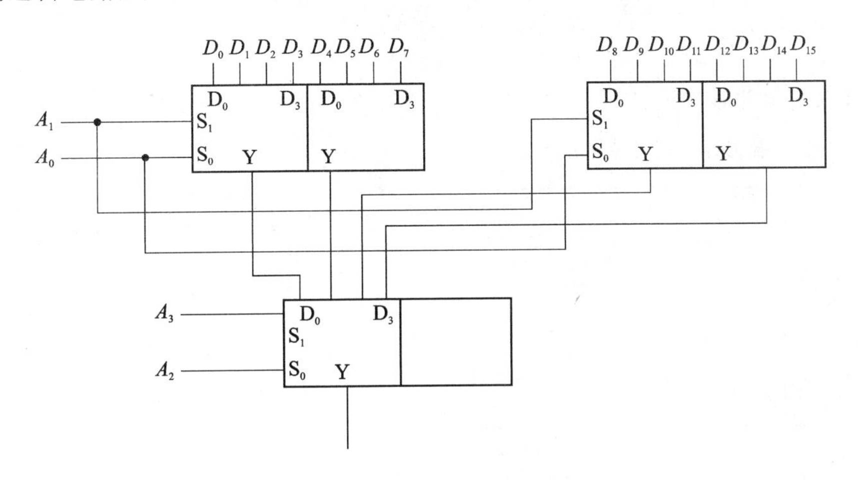

图3.52 【例3.15】扩展方案一

如果用高两位控制第一层，低两位控制第二层，则逻辑电路图如图3.53所示。

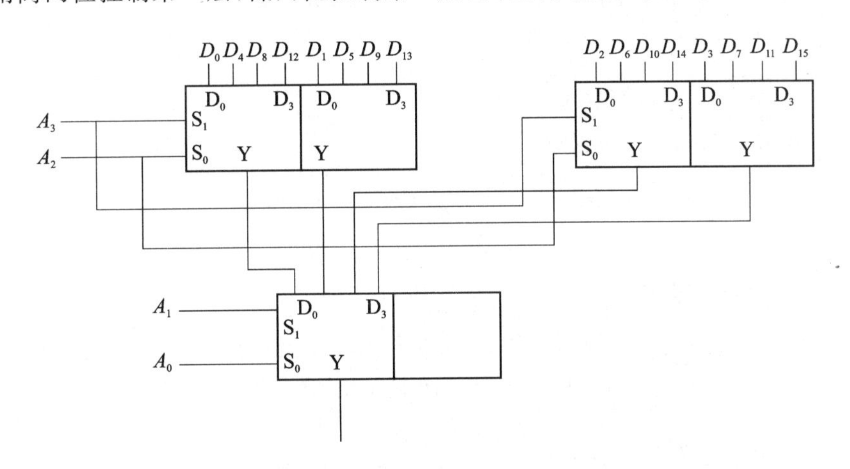

图3.53 【例3.15】扩展方案二

3.4.5 数码比较器

数码比较器是实现对2个二进制码 A 和 B 进行比较的数字电路，比较的结果只有三种情况 $A=B$、$A>B$ 和 $A<B$。

1. 比较单元电路

比较单元电路是指2个一位二进制码比较的电路，由此可写出如表3.22所列真值表。由真值表可以写出一位二进制码的比较电路的逻辑表达式

$$Y_{A=B}=\overline{A}\,\overline{B}+AB=\overline{A\oplus B}\quad Y_{A<B}=\overline{A}B\quad Y_{A>B}=A\overline{B}\tag{3.25}$$

式中，$A=B$ 用 $\overline{A\oplus B}$ 表示，即**异或非**的关系；$A<B$ 用 $\overline{A}B$ 表示；$A>B$ 用 $A\overline{B}$ 表示。

根据逻辑式(3.25)可以作如下变换

$$Y_{A=B}=\overline{A}\,\overline{B}+AB=(A+\overline{B})(\overline{A}+B)=(A+\overline{A+B})(B+\overline{A+B})$$

$$=\overline{\overline{(A+\overline{A+B})}+\overline{(B+\overline{A+B})}}$$

由此可以作出比较单元的相等输出部分的逻辑图，如图3.54所示。

表3.22 比较单元电路真值表

A	B	$Y_{A=B}$	$Y_{A>B}$	$Y_{A<B}$
0	0	1	0	0
0	1	0	0	1
1	0	0	1	0
1	1	1	0	0

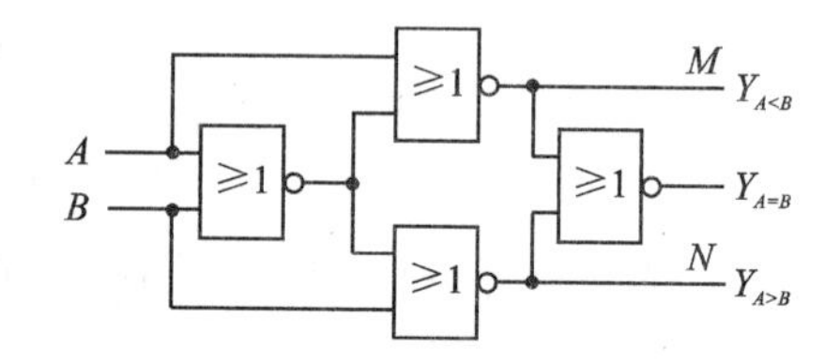

图3.54 比较单元电路

在此要说明两点：一是逻辑式的最佳化，这种变换消除了输入变量中的反变量，简化了输入形式，可以由4个**或非**门实现。二是 $A=B$ 这个相等输出是一个**或非**关系，**或非**门的两个输入中间变量，同时又是 $A>B$ 和 $A<B$ 的输出，所以就不需要单独设置 $A>B$ 和 $A<B$ 部分的逻辑电路了。图3.54中 M 点的逻辑表达式为

$$M=\overline{\overline{A+B}+A}=(A+B)\overline{A}=\overline{A}B$$

代表 $A<B$。图3.54中 N 点的逻辑式为

$$N=\overline{\overline{A+B}+B}=(A+B)\overline{B}=A\overline{B}$$

代表 $A>B$。

2. 四位二进制码比较电路

对于2个四位二进制码进行比较，可以由4个比较单元电路组合而成。但这里从另一个角度来解决这个问题。根据**异或非**运算的规律和从高位开始比较的原则，写出如下比较逻辑式

$$Y_{A=B}=\overline{A_3\oplus B_3}\,\overline{A_2\oplus B_2}\,\overline{A_1\oplus B_1}\,\overline{A_0\oplus B_0}\,I_{(A=B)}\tag{3.26}$$

$$\begin{aligned}Y_{A<B}=&\overline{A}_3B_3+\overline{A_3\oplus B_3}\cdot\overline{A}_2B_2+\overline{A_3\oplus B_3}\,\overline{A_2\oplus B_2}\cdot\overline{A}_1B_1+\\&\overline{A_3\oplus B_3}\,\overline{A_2\oplus B_2}\,\overline{A_1\oplus B_1}\,A_0B_0+\\&\overline{A_3\oplus B_3}\,\overline{A_2\oplus B_2}\,\overline{A_1\oplus B_1}\,\overline{A_1\oplus B_0}\,I_{(A<B)}\end{aligned}\tag{3.27}$$

$$\begin{aligned}Y_{A>B}=&A_3\overline{B}_3+\overline{A_3\oplus B_3}\,A_2\overline{B}_2+\overline{A_3\oplus B_3}\,\overline{A_2\oplus B_2}\,A_1\overline{B}_1+\\&\overline{A_3\oplus B_3}\,\overline{A_2\oplus B_2}\,\overline{A_1\oplus B_1}\,A_0\overline{B}_0+\overline{A_3\oplus B_3}\,\overline{A_2\oplus B_2}\,\overline{A_1\oplus B_1}\,\overline{A_0\oplus B_0}\,I_{(A>B)}\end{aligned}\tag{3.28}$$

根据逻辑式(3.26)、(3.27)和(3.28)，就可以做出四位二进制码的比较电路，实际的四位数码比较器还有一些附加部分，在此就不介绍了。

表 3.23 是四位二进制码比较器 74LS85 的功能表，功能表的排列按照从最高位开始比较的原则进行。

表 3.23　四位数码比较器的功能表

比较输入				串联输入			输出		
A_3　B_3	A_2　B_2	A_1　B_1	A_0　B_0	$I_{(A>B)i}$	$I_{(A<B)i}$	$I_{(A=B)i}$	$Y_{A>B}$	$Y_{A<B}$	$Y_{A=B}$
$A_3>B_3$	×	×	×	×	×	×	H	L	L
$A_3<B_3$	×	×	×	×	×	×	L	H	L
$A_3=B_3$	$A_2>B_2$	×	×	×	×	×	H	L	L
$A_3=B_3$	$A_2<B_2$	×	×	×	×	×	L	H	L
$A_3=B_3$	$A_2=B_2$	$A_1>B_1$	×	×	×	×	H	L	L
$A_3=B_3$	$A_2=B_2$	$A_1<B_1$	×	×	×	×	L	H	L
$A_3=B_3$	$A_2=B_2$	$A_1=B_1$	$A_0>B_0$	×	×	×	H	L	L
$A_3=B_3$	$A_2=B_2$	$A_1=B_1$	$A_0<B_0$	×	×	×	L	H	L
$A_3=B_3$	$A_2=B_2$	$A_1=B_1$	$A_0=B_0$	H	L	L	H	L	L
$A_3=B_3$	$A_2=B_2$	$A_1=B_1$	$A_0=B_0$	L	H	L	L	H	L
$A_3=B_3$	$A_2=B_2$	$A_1=B_1$	$A_0=B_0$	L	L	H	L	L	H
$A_3=B_3$	$A_2=B_2$	$A_1=B_1$	$A_0=B_0$	L	L	L	L	L	L
$A_3=B_3$	$A_2=B_2$	$A_1=B_1$	$A_0=B_0$	L	H	H	L	H	H
$A_3=B_3$	$A_2=B_2$	$A_1=B_1$	$A_0=B_0$	H	L	H	H	L	H
$A_3=B_3$	$A_2=B_2$	$A_1=B_1$	$A_0=B_0$	H	H	L	H	H	L
$A_3=B_3$	$A_2=B_2$	$A_1=B_1$	$A_0=B_0$	H	H	H	H	H	H

比较是从高位开始，只要 $A_3>B_3$，就有 $[A_3\ A_2\ A_1\ A_0]>[B_3\ B_2\ B_1\ B_0]$；当 $A_3=B_3$ 时，比较次高位，只要 $A_2>B_2$，就有 $[A_3\ A_2\ A_1\ A_0]>[B_3\ B_2\ B_1\ B_0]$，其余类推。该电路还增加了 3 个串联输入端，分别代表大于、等于、小于串联输入。串联输入用于几片四位数码比较器的级联，在片间传递某一片四位数码比较器比较结果。有 CMOS 门电路组成的比较器 CC14585 的逻辑图如图 3.55 所示。

表 3.23 中最下方八种串联输入组合中，只有 $I_{(A>B)i}$、$I_{(A<B)i}$、$I_{(A=B)i}$ 分别等于 **1** 这三行是合乎逻辑的，对于粗线以下所示的五种组合是不合逻辑的。对此，表中给出有什么样不合理的输入，就有什么样不合理的输出，也称为“浮现”，即将 $I_{(A>B)i}$、$I_{(A<B)i}$、$I_{(A=B)i}$ 的取值直接输出。

四位数码比较器的逻辑符号如图 3.56 所示。

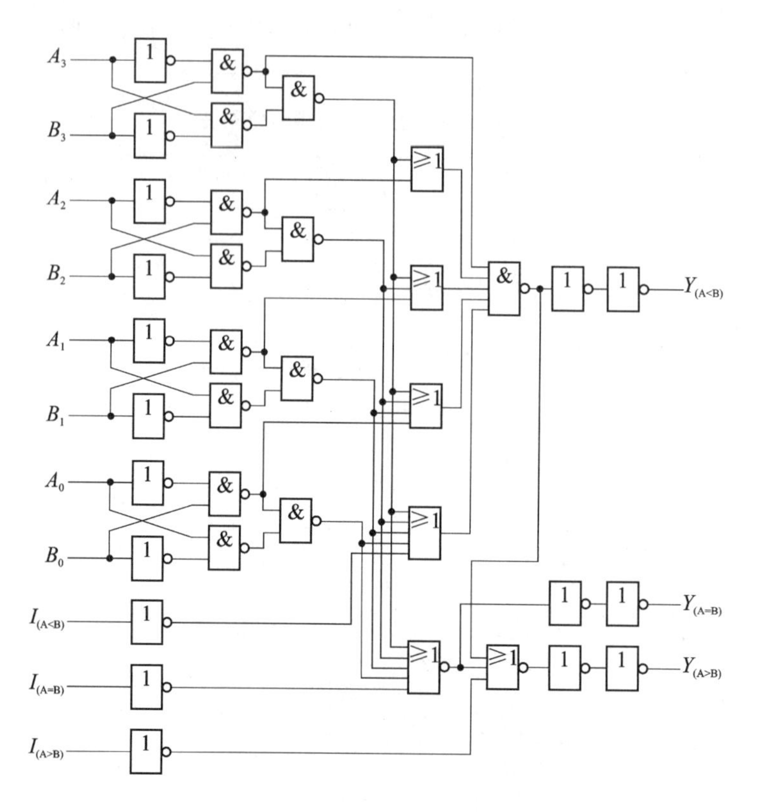

图 3.55　比较器 CC14585 的逻辑

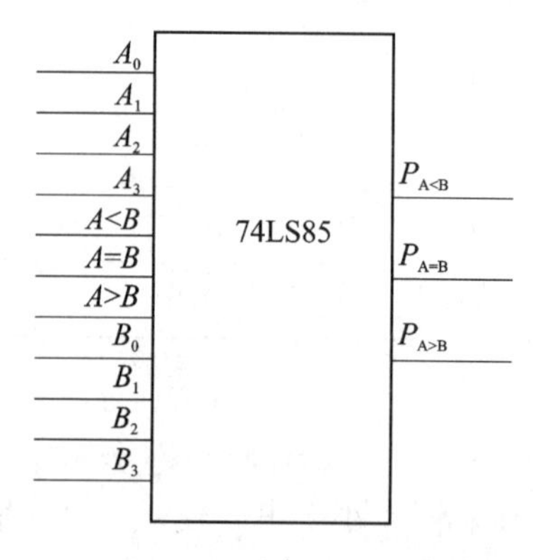

图 3.56　四位数码比较器逻辑符号

例如 24 位二进制码比较时可以由 6 片四位二进制码数码比较器级联而成,其比较电路如图 3.57 所示。这种比较方式分并行方式和串行方式两种情况,显然串行方式所用时间较长,并行方式所用时间较短。实际上,对于一片四位二进制码比较器而言,加上串联输入,就相当五位二进制码的比较。在进行四位二进制码比较时,级联输入应保持中立,应该 $I_{(A=B)i}$ 接 **1**,$I_{(A>B)i}$、$I_{(A<B)i}$ 接 **0**。

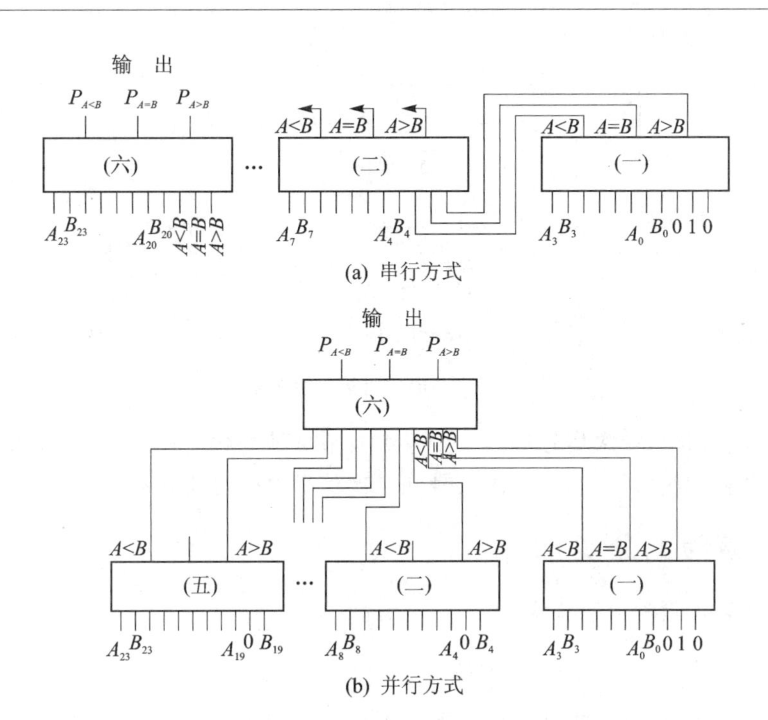

(a) 串行方式

(b) 并行方式

图 3.57　四位数码比较器的级联

3.5　竞争与冒险

竞争与冒险是数字电路中存在的一种现象。由于元器件质量和设备工艺已达到相当高的水平,因而数字电路的故障往往是竞争与冒险引起的。在一个复杂的数字电路的设计阶段,就完全预料到电路中的竞争与冒险是困难的,有一些要通过实验来检查。本节将说明组合数字电路中竞争与冒险的基本概念和确定消除它的一些基本方法。

3.5.1　竞争与冒险的基本概念

什么是竞争?如果一个数字电路从一个稳定状态转换到另一个稳定状态时,其中某个门电路的两个输入信号同时向相反方向变化,就称该电路存在竞争。由于没有考虑门电路的延迟,所以认为一个门的两个输入信号同时向相反方向变化,不应该影响逻辑门的输出。对于图 3.58(a)所示电路,当输入信号如图 3.58(b)时,在门 G_4 的输入就出现了竞争。由于没有考虑门的延迟,输出端 P_4 的波形是符合真值表的规定的。当考虑了门电路的延迟后(见图 3.58(c)),输出 P_4 就出现了一个尖峰干扰,也即冒险出现了。图中 t_{pd3} 是逻辑门 G_3 的平均传输延迟时间;t_{pd4} 是逻辑门 G_4 的平均传输延迟时间。

什么是冒险?冒险是指数字电路中在某瞬间可能出现非预期信号的现象,也就是在某瞬间电路中出现的违背真值表规定的逻辑电平的情况。冒险也可以看成为一种过渡现象,一种干扰。竞争的结果不一定都产生冒险,只是有可能产生冒险,竞争的结果产生冒险时称为竞争冒险。

数字电路的输入信号一般又称一次信号,数字电路输入级之后的信号一般称为二次信号,

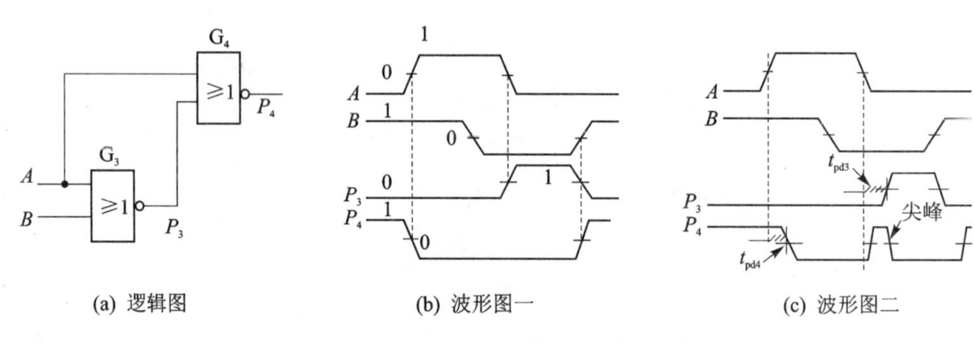

图 3.58　门电路延迟产生的影响

或中间变量。一般约定,一次信号都是一个一个有节奏地变化的标准信号,一次信号之间没有竞争。一次信号和二次信号之间,二次信号和二次信号之间可能存在竞争。

3.5.2　冒险的分类

冒险分为 **0** 态冒险和 **1** 态冒险。

1. 0 态冒险

如图 3.59 (a)所示,以**与或**型写出逻辑式 $P_2=\overline{\overline{A\cdot B}\cdot A}=AB+\overline{A}$,$A$、$B$ 为输入信号,因为是一次信号,所以,假设 A、B 按图 3.60 的规律变化,并假设**与非**门 G_1 的动作速度比**与非**门 G_2 的动作速度慢。

当 $B=1$ 时,A 由 **0** 变为 **1**,因**与非**门 G_1 的延迟作用,P_1 仍然等于 **1**;又因为**与非**门 G_2 的动作速度快,即延迟较小,所以,**与非**门 G_2 的两输入端 A 与 P_1 同时为 **1**,所以 $P_2=0$。当**与非**门 G_1 的输出变为 **0** 时,P_2 则变为 **1**。于是在这一瞬间,P_2 出现一个窄的干扰信号,违背了真值表的规定。这种干扰称为 **0** 态冒险或 **0** 型干扰,即出现冒险处的电平瞬间从正确的 **1** 跳到错误的 **0** 。

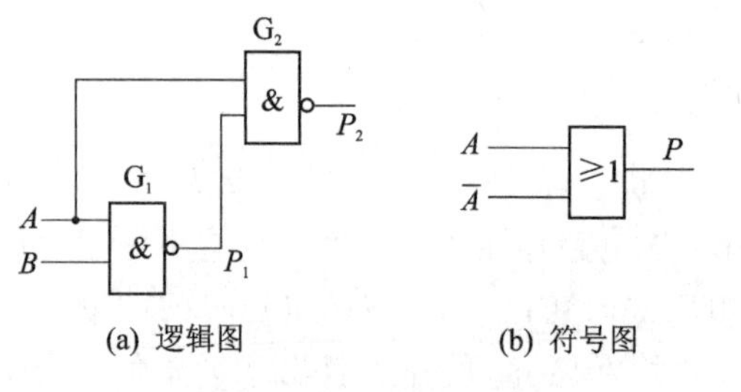

图 3.59　存在 0 态冒险的电路

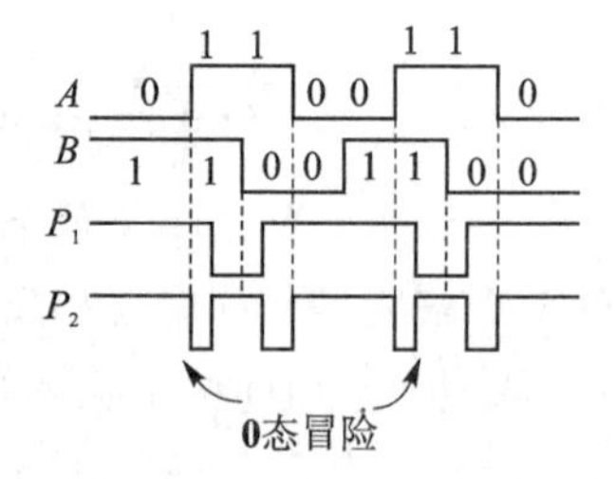

图 3.60　0 态冒险的波形

2. 1 态冒险

电路如图 3.61(a)所示,以**或与**型写出逻辑式

$$P_4=\overline{\overline{A+B}+A}=(A+B)\overline{A}$$

设图 3.61(a)的 A、B 按图 3.62 的规律变化,并假设**或非**门 G_3 的动作速度比**或非**门 G_4 的动作速度慢。在 t_1 时刻 $B=0$,A 由 **1** 变为 **0**,因**或非**门 G_3 的延迟作用 P_3 仍然等于 **0**,又因为**或非**门 G_4 动作速度快,即延迟小,所以**或非**门 G_4 的两输入端 A 及 P_3 同时为 **0**,所以 $P_4=$

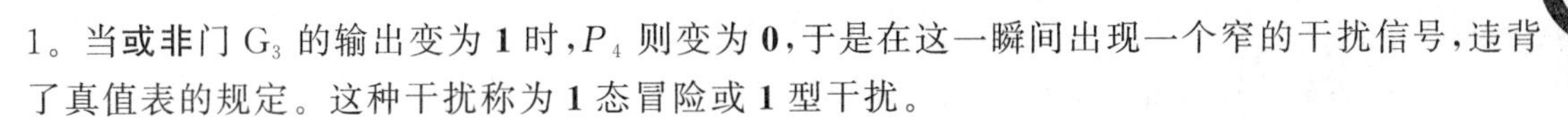

1。当或非门 G_3 的输出变为 **1** 时，P_4 则变为 **0**，于是在这一瞬间出现一个窄的干扰信号，违背了真值表的规定。这种干扰称为 **1** 态冒险或 **1** 型干扰。

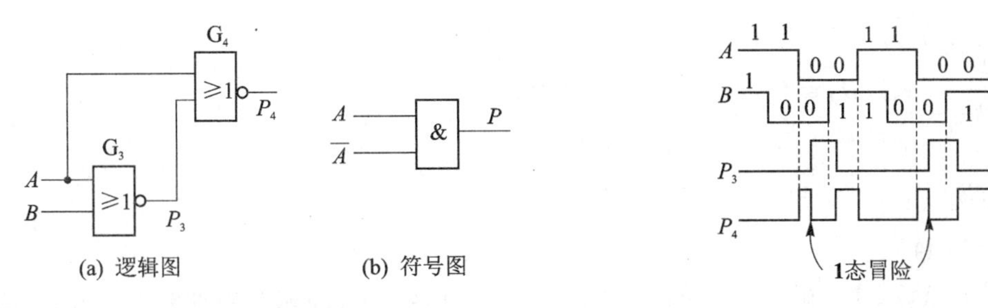

图 3.61　1 态冒险的波形　　　　图 3.62　1 态冒险的波形

显然存在 **0** 冒险的逻辑式、电路及条件与存在 **1** 态冒险的逻辑式、电路及条件是互相对偶的。

由上述分析不难得出产生冒险的原因，第一是门电路存在延迟，第二是信号间的竞争，只要条件具备，就会有竞争冒险存在。判断竞争的方法可采用波形图和真值表，但要把各中间变量列入，逐行考查有无竞争。另外，也可用逻辑式判断。

3.5.3　竞争冒险判别式

在讨论 **0** 态冒险时，曾假设 A 由 **0** 变化到 **1** 时 $B=1$；在讨论 **1** 态冒险时，曾假设 A 由 **1** 变化到 **0** 时 $B=0$。这个条件如果不具备冒险就不会产生。

将上述两种冒险出现时假设的条件分别代入图 3.59(a)、图 3.61(a)所给出的电路的逻辑式可得

$$P_2=AB+\overline{A}\qquad 当 B=1 时，P_2=A+\overline{A}$$

$$P_4=(A+B)\overline{A}\qquad 当 B=0 时，P_4=A\overline{A}$$

称这两个式子为竞争冒险判别式。

对于图 3.61 的情况，因为 $B=0$，A 从 **1** 变化到 **0**，P_3 将从 **0** 变化到 **1**，所以二次信号 P_3 就相当于经过延迟的 $\overline{A}$ 信号。于是图 3.61(a)的电路在出现冒险的瞬间可用图 3.61(b)的简化电路代替，即 $P=(A+B)\overline{A}$，因为 $B=0$，所以

$$P=(A+0)\overline{A}=A\overline{A}$$

一个门的输入信号可以写成 A 乘 $\overline{A}$，则说明信号间一定存在竞争。

3.5.4　竞争冒险的确定方法

通过分析竞争冒险产生的原因，不难得出确定组合数字电路存在竞争冒险的方法。

1. 判别式确定

例如，有下列三个布尔式：

$$P_1=AB+\overline{A}C$$

$$P_2=(A+B)(\overline{A}+C)$$

$$P_3=\overline{A}B+A\overline{C}+\overline{B}C$$

当 $B=C=1$,$P_1=A+\overline{A}$,存在**0**态冒险;

当 $B=C=0$ 时,$P_2=A\overline{A}$,存在**1**态冒险;

当 $B=1,C=0$ 时,$P_3=A+\overline{A}$,存在**0**态冒险;

当 $C=1,A=0$ 时,$P_3=B+\overline{B}$,存在**0**态冒险;

当 $A=1,B=0$ 时,$P_3=C+\overline{C}$,存在**0**态冒险。

2. 卡诺图法确定

分别做出上述 P_1、P_2 和 P_3 三个布尔式的卡诺图,如图3.63所示。不难发现三个卡诺图中的矩形带都是靠在一起但又互不搭接而独立的。其中 P_2 为**或与**表达式,既然**或与**型和**与或**型为对偶关系,则可将卡诺图旁标号实行**0**和**1**互换,将矩形带中的**1**改为**0**,"·"改为"+"即可得**或与**函数的卡诺图。

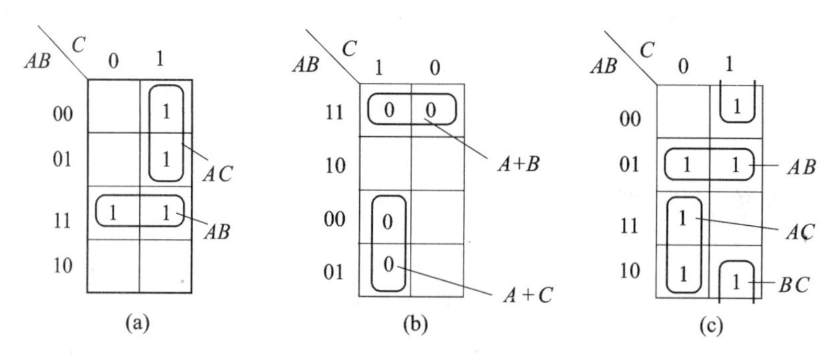

图3.63 三个布尔式的卡诺图

下面用**与或**逻辑函数为例说明:一个**与**项可以由相应的最小项相加得到,被消去的变量意味着在确定该部分**与**运算时不再起作用。电路的状态若由某一**与**项确定时,其输出就为稳定值**1**,而且确定该**与**项名称的变量也不变化。当电路的状态从一个矩形带过渡到另一个与其靠拢但又不搭接的矩形带时,确定前一个矩形带名称的变量必有一个要向其相反方向变化,这就具备了竞争的条件。而且电路的状态从前一个矩形带过渡到另一个与其靠拢但又不搭接的矩形带时,因脱离原来的矩形带,就可能使输出出现非稳定值,从而产生竞争冒险。

所以,具有竞争冒险因素 $A\overline{A}$、$A+\overline{A}$ 的逻辑式画在卡诺图上,卡诺图中矩形带靠拢但又互不搭接决不是偶然的,而是必然的规律,因而也可以利用卡诺图这一特点来判断电路是否可能存在竞争冒险。

3.5.5 竞争冒险的消除

1. 代数法消除竞争冒险

逻辑式 $P_1=AB+\overline{A}C$,当 $B=C=1$ 时,可改写为 $P_1=A+\overline{A}$,存在**0**态冒险。此时若在 P_1 式中加上一个**1**电平,就可消除**0**态冒险。显然,这个固定的**1**电平是出现冒险瞬间时**1**电平,这样不影响 P_1 的逻辑关系的**与**项才行。将 P_1 改写为 $P_1=A+\overline{A}$ 的条件是 $B=C=1$ 所组成的**与**项 BC 可以胜任。在出现冒险瞬间 $BC=1$,根据形式定理 $P_1=AB+\overline{A}C=AB+$

$\overline{A}C+BC$,可知逻辑关系不变。由此逻辑式画出逻辑图 3.64(a),虚线部分是后加的。

同理,**或与**型布尔式 $P_2=(A+B)(\overline{A}+C)$改写为 $P_2=A\overline{A}$ 的条件为$B=C=0$,消除 **1** 态冒险应乘上**或**项$(B+C)$,即 $P_2=(A+B)(\overline{A}+C)(B+C)=(A+B)(\overline{A}+C)$,变换前后逻辑关系不变,由此可画出逻辑图 3.64(b)。

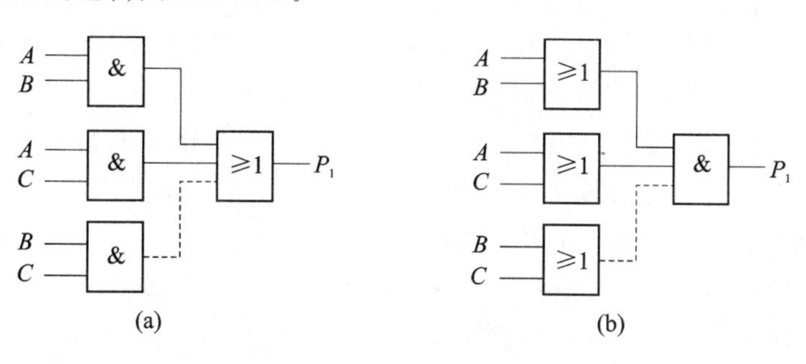

图 3.64　代数法消除竞争冒险

2. 卡诺图法消除竞争冒险

用卡诺图法消除竞争冒险实质上和用代数法是一致的,应根据条件采用合适的方法来消除竞争冒险。

从卡诺图上看,既然问题出在矩形带互不搭接上,只要增加一些矩形带将互不搭接的矩形带一一搭接起来就可以了,如图 3.65 所示。

3. 加吸收电容器

在出现竞争冒险的部位与地之间加吸收电容器。加吸收电容器后,电路的时间常数加大,对窄的干扰脉冲,电路就不能响应。但是加吸收电容器要影响电路的动作速度,故电容量的选取要合适,这往往要靠调试来确定。

在数字电路中,由于竞争冒险形成的尖峰干扰对电路工作影响不大,而且持续的时间很短。但若后级是触发器等电路,在这种尖峰干扰作用下很可能改变其工作状态,因此,采用如图 3.66 所示的 C_f 便可消除竞争冒险现象。

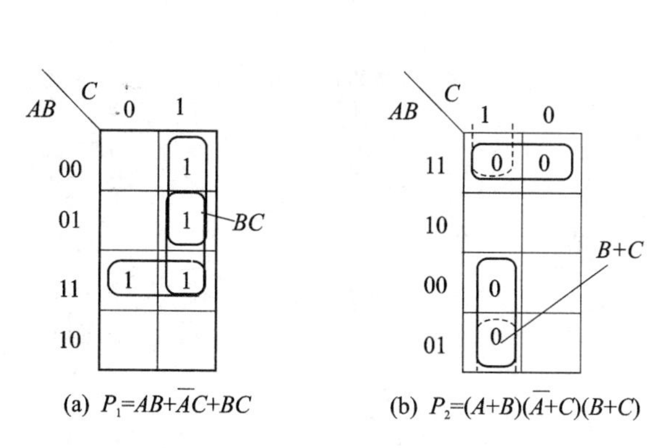

图 3.65　增加与项来消除竞争冒险

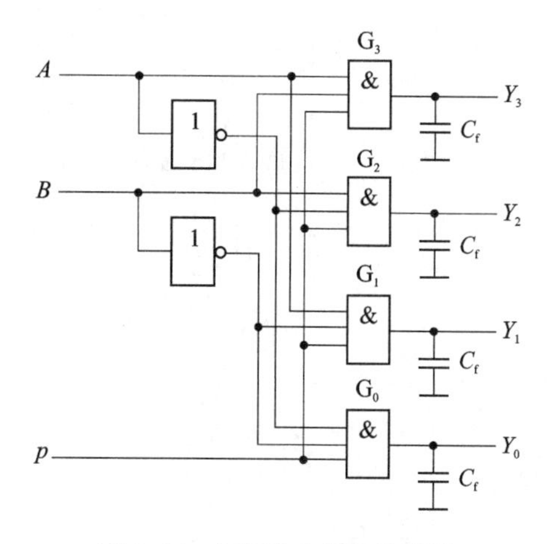

图 3.66　加吸收电容和选通端

4. 加选通控制端

对于图3.66所示的电路,该电路是一个2线/4线译码器。加入选通信号P以后,当$P=1$时,门G_0、G_1、G_2、G_3同时开启,可以通过控制P信号到来的时间来避免冒险出现。另外,由图3.66可以看出,输入端到达各输出端的电路结构不同,因此传输延迟时间也不相同,经分析得到如图3.67(a)所示的波形图,电路会产生如图3.67(a)所示的**"0"**重叠现象。例如,当输入信号AB由11变为00时,由于传输延迟时间的不同,导致在某段时间内,$\overline{Y}_0$和$\overline{Y}_3$同时为0,也就是产生了**"0"**重叠,这显然会导致2线/4线译码器功能出错。电路加入P信号以后的波形图如图3.67(b)所示,通过控制P信号的宽度,可以消去**"0"**重叠现象,使得电路更加稳定。需要注意的是,加入P信号以后,译码器的有效信号(该电路为低有效)的宽度与P信号高电平的宽度一致,与没有加入P信号相比,电路输出的有效信号变窄了,电路的工作效率及工作速度也降低了,因此P信号的宽度应该要"合适"。

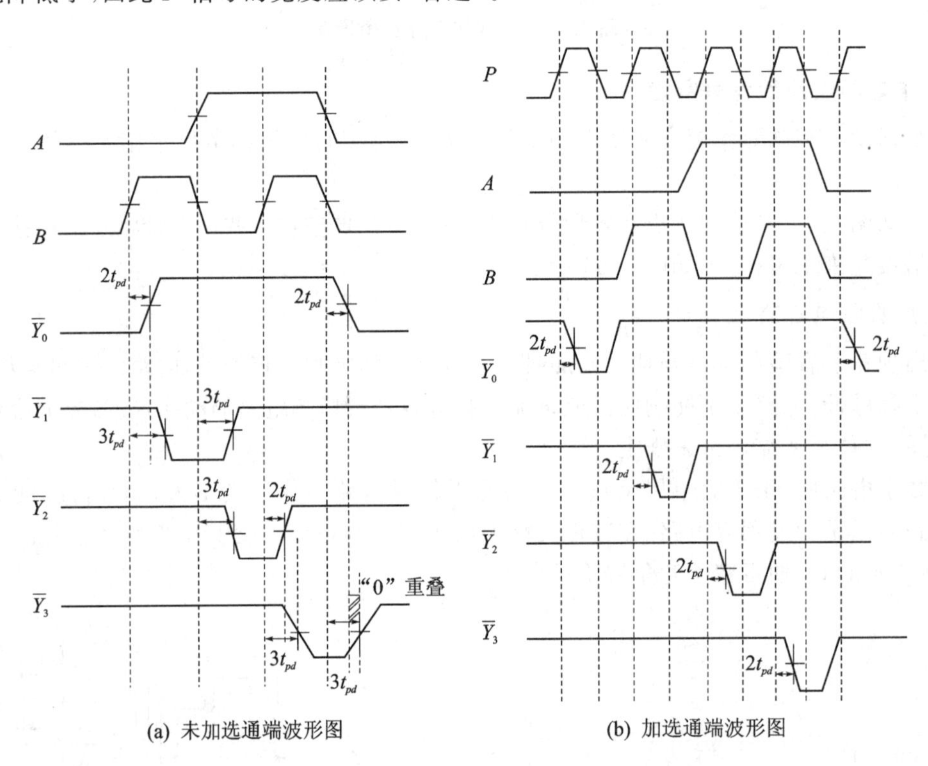

图3.67 选通端的作用

习　题

1. 分析如图3.68所示电路的逻辑功能,写出输出的逻辑表达式,列出真值表,说明其逻辑功能。

2. 逻辑电路如图3.69所示。

(1) 写出S、C、P、L的函数表达式;

(2) 当取S和C作为电路的输出时,此电路的逻辑功能是什么?

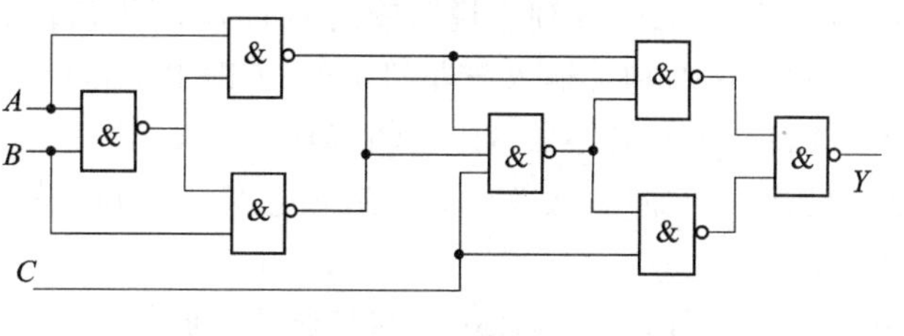

图 3.68　习题 1 图

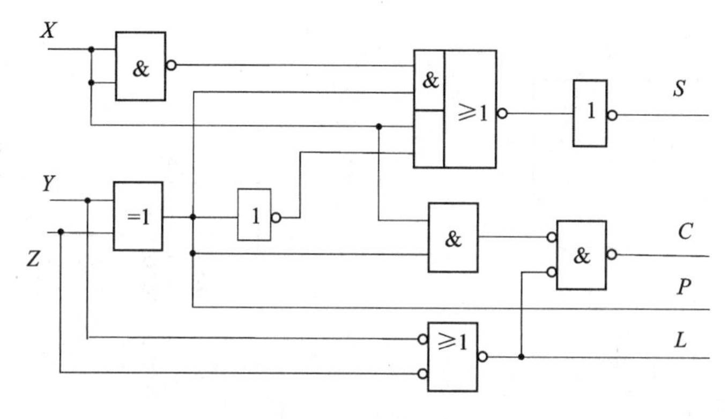

图 3.69　习题 2 图

3. 设 A、B、C 为某保密锁的三个按钮，当无按钮按下或按钮 A 单独按下时，锁既不打开也不报警；只有当 A、B、C 或 A、B 或 A、C 分别同时按下时，锁才能被打开；其他状态时，将发出报警信息。试写出真值表和表达式，并用基本门电路实现保密锁的逻辑电路。

4. 某水仓装有大小 2 台水泵排水，如图 3.70 所示。试设计一个水泵启动、停止逻辑控制电路。具体要求是，当水位在 H 以上时，大小水泵同时开动；水位在 H、M 之间时，只开大泵；水位在 M、L 之间时，只开小泵；水位在 L 以下时，停止排水。请列出真值表，写出**与或非**型表达式，用**与或非**门实现，注意约束项的使用。

5. 设计一组合数字电路，输入为四位二进制码 $B_3B_2B_1B_0$，当 $B_3B_2B_1B_0$ 是 BCD8421 码时输出 $Y=1$；否则 $Y=0$。列出真值表，写出**与或非**型表达式，用集电极开路门实现。

6. 设计一个将四位二进制数转换成格雷码的转换电路。列出表达式，并用**异或**门实现。

7. 图 3.71 为由 3 个全加器构成的电路图，试写出其输出 F_1、F_2、F_3、F_4 的表达式。

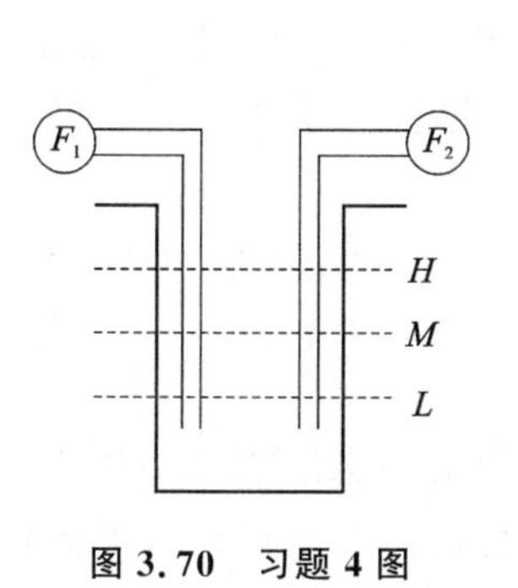

图 3.70　习题 4 图

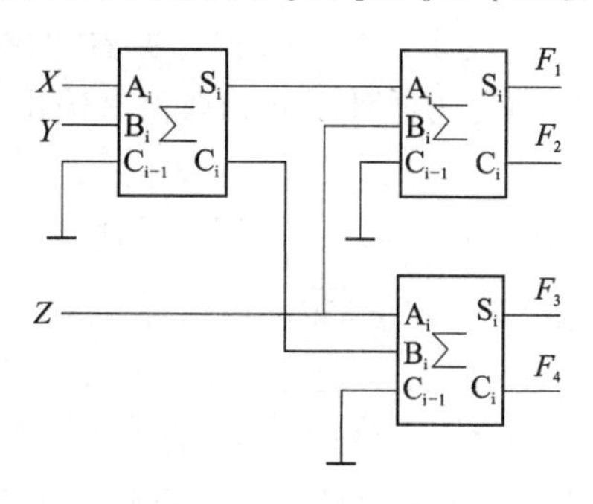

图 3.71　习题 7 图

8. 图 3.72 为由集成四位全加器 74LS283 和**或非**门构成的电路图。已知输入 $DCBA$ 为

BCD8421码，写出B_2、B_1的表达式，并列表说明输出$D'C'B'A'$为何种编码?

9. 试用四位全加器74LS283和二输入**与非**门实现BCD8421码到BCD5421码的转换。

10. 用1片74LS283将余3码转换成8421BCD码。

11. 试用74LS283设计一个加/减法器(加/减运算电路)，控制信号$M=0$时进行加法运算，$M=1$时进行减法运算。

12. 图3.73是由3线/8线译码器74LS138和**与非**门构成的电路，试写出P_1和P_2的表达式，列出真值表，说明其逻辑功能。

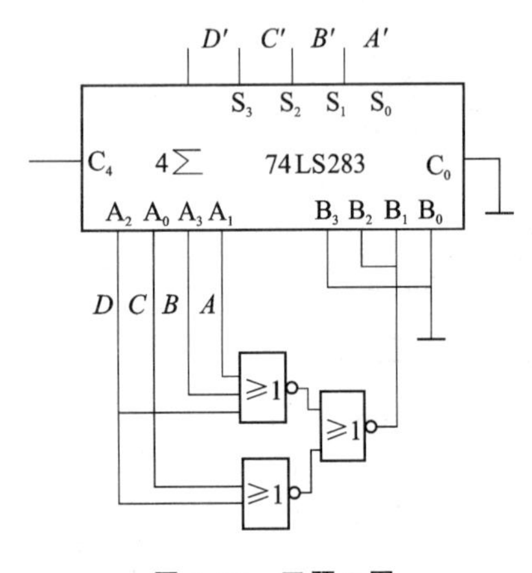

图3.72 习题8图

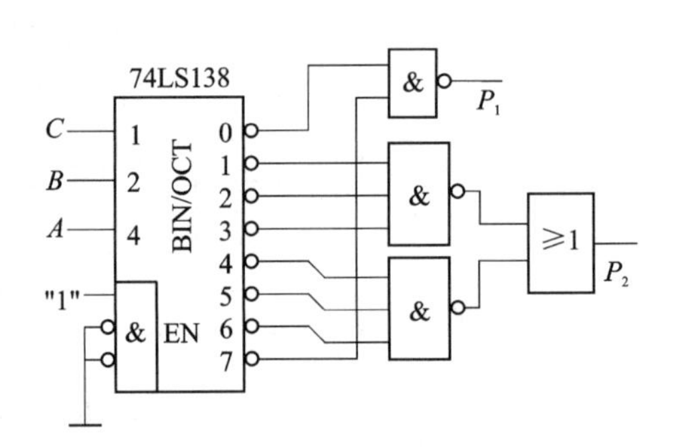

图3.73 习题12图

13. 试用最小项译码器74LS138和1片74LS00实现下面逻辑函数

$$P_1(A,B)=\sum m(1,2,3)$$

$$P_2(A,B)=\sum m(0,3)$$

14. 有一数字电压表，其测量的数据范围为0～300.00V(小数点后有两位有效数字)，用七段码显示测量结果。要求测量结果中整数部分个位的0须显示，个位前面不是有效数字的0不显示，小数部分的0须显示。试用74LS48实现七段码显示的驱动电路。

15. 图3.74是由八选一数据选择器构成的电路，试写出当G_1G_0为各种不同的取值时输出Y的表达式。

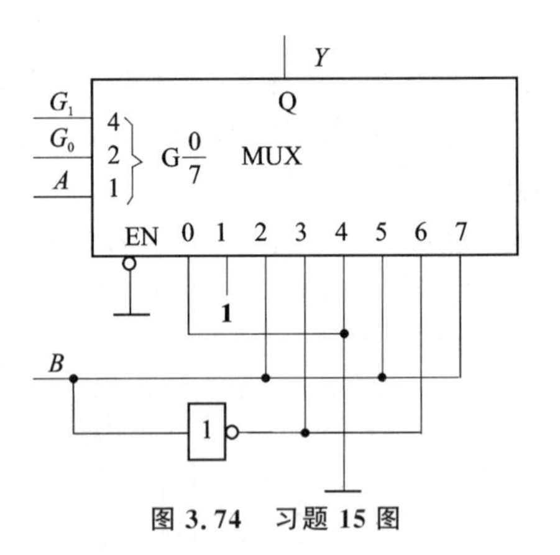

图3.74 习题15图

16. 用八选一数据选择器实现下列函数:

(1)  $F=\overline{X\overline{Y}Z+W+\overline{XY}}$

(2) $F(D,C,B,A)=\sum m^4(0,1,2,3,8,9,10,11)=$

$\overline{A}\overline{B}\overline{C}\overline{D}+A\overline{B}\overline{C}\overline{D}+\overline{A}B\overline{C}\overline{D}+AB\overline{C}\overline{D}+\overline{A}\overline{B}\overline{C}D+A\overline{B}\overline{C}D+\overline{A}B\overline{C}D+AB\overline{C}D$

17. 设计用3个开关控制一个电灯的电路，要求改变任何一个开关的状态都能控制电灯由亮变灭或由灭变亮。

(1) 写出真值表与表达式;

(2) 用基本门电路实现其逻辑电路；

(3) 用最小项译码器 74LS138 实现；

(4) 用八选一数据选择器 74LS151 实现。

18. 仿照全加器设计一个全减器，被减数 A，减数 B，低位来的借位 J_0，差为 D，向上一位的借位为 J。要求：

(1) 列出真值表，写出 D、J 的表达式；

(2) 仿全加器，用二输入**与非门**实现；

(3) 用最小项译码器 74LS138 实现；

(4) 用双四选一数据选择器实现。

19. 试用 8 线/3 线编码器 74LS148 实现 16 位输入的优先编码。

20. 用 8 线/3 线编码器 74LS148 和适当的门电路构成的逻辑电路如图 3.75，试分析其功能。

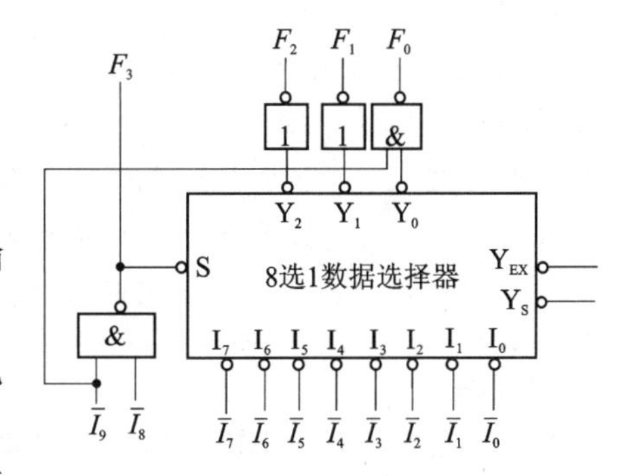

图 3.75　习题 20 图

21. 分析图 3.76(a)所示电路，写出 L，Q，G 的表达式，列出真值表，说明它完成什么逻辑功能；用图 3.76(a)所示电路与集成四位数码比较器(如图 3.76(b)所示)构成一个五位数码比较器。

22. 分析图 3.77 所示电路中，当 A、B、C、D 只有一个改变状态时，是否存在竞争冒险现象？如果存在，都发生在其他变量为何种取值的情况下？

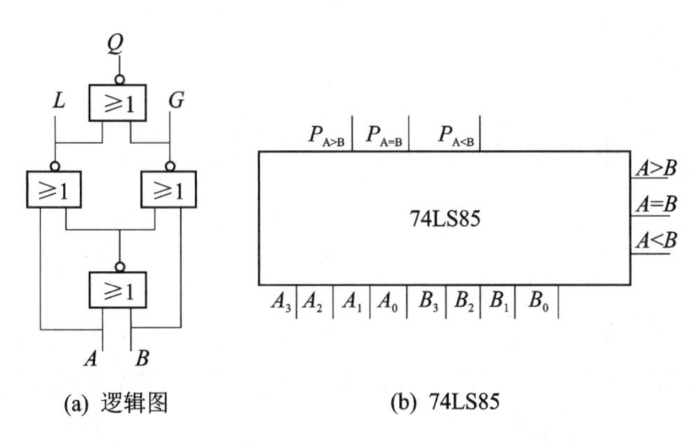

(a) 逻辑图　　(b) 74LS85

图 3.76　习题 21 图

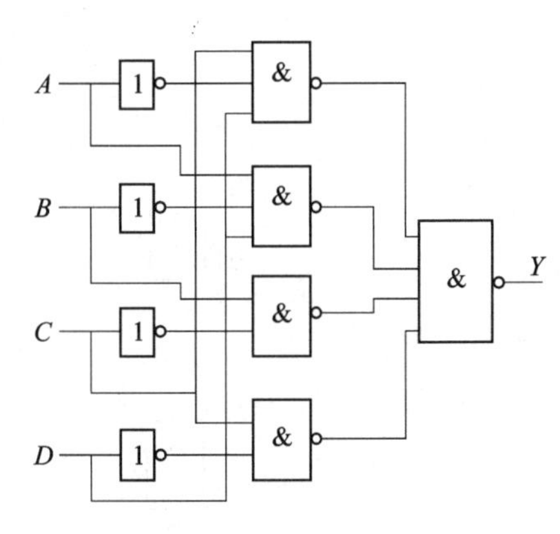

图 3.77　习题 22 图

第 4 章　触发器和定时器

内容提要：

触发器是最简单的一种时序数字电路，它具有存储作用，是构成其他时序数字电路的重要单元。本章主要讨论基本 RS 触发器、时钟 RS 触发器（主从 RS）、D 触发器（边沿 D）、T 触发器、T' 触发器和 JK 触发器（主从 JK、边沿 JK）的电路构成、工作原理、参数和特性，介绍触发器逻辑功能的描述方法。本章还介绍触发器的双稳态、单稳态和无稳态 3 种工作模式以及 555 定时器的工作原理、特性和典型应用。

问题探究

1. 图 4.1(a)为防止输入信号有抖动现象的电路图，图 4.1(b)是输出波形图。试分析由 A、B 两个**与非**门组成的电路起什么作用？具有什么特点？

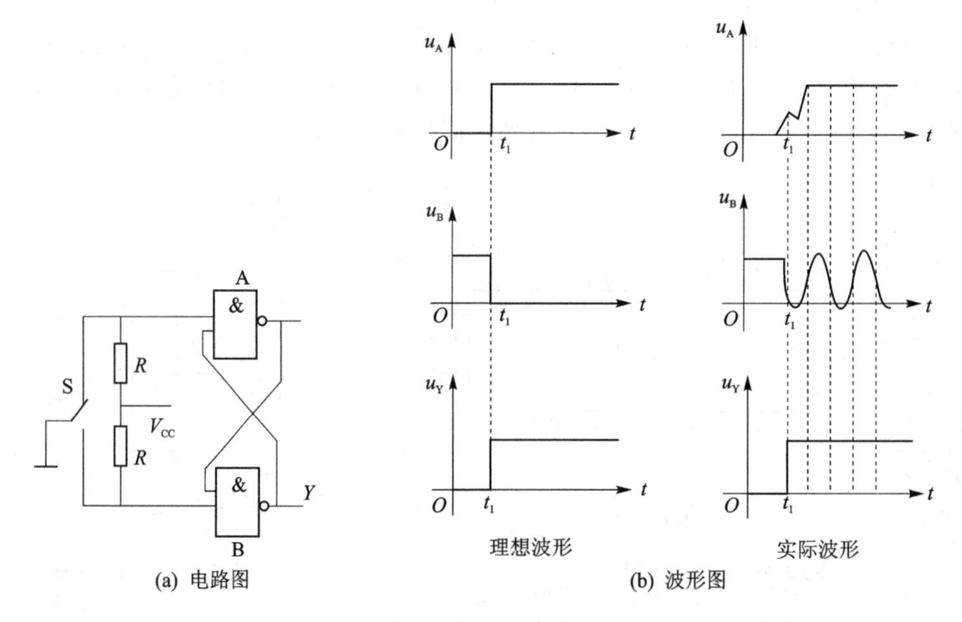

图 4.1　防抖电路

2. 在数字系统中需要数字信号的寄存和锁存，如何设计 N 位数字信号的寄存电路和锁存电路？

3. 在很多电子系统中需要自行产生方波，作为电路的时钟和脉冲。如何设计 1 个脉冲发生电路？

4. 电水壶等电气装置的加热器需要定时自动投切，如何设计加热器实现自动投切的控制电路？

4.1　导　论

4.1.1　时序数字电路的定义

上述问题属于触发器的研究内容，触发器是组成时序电路的基本单元。

时序数字电路的定义是，有 1 个数字电路，某一个时刻该电路的输出，不仅由该时刻的输入所确定，而且和电路过去的输入有关。或者说，某一个时刻它的输出不仅与该时刻的输入有关，而且和电路原来的状态有关。也就是说，电路必须有记住过去状态的功能，触发器就具有记忆这一功能。触发器是由逻辑门加反馈线构成的，具有存储数据、记忆信息等多种功能，在数字电路和计算机电路中具有重要应用。

4.1.2　触发器的分类和逻辑功能

由 2 个**与非**门或者**或非**门按正反馈的规律交叉耦合构成，这种形式的触发器称为基本 *RS* 触发器，具体电路如图 4.2 所示。这种连线方式使得触发器具有 2 个稳定状态——“**0**”状态和“**1**”状态。要想使电路从一个稳态转换到另一个稳态，必须要有外加的触发信号，否则触发器将维持原有状态不变，因此它具有记忆功能。

集成触发器可按多种方式分类：

按晶体管性质分——BJT(Bipolar Junction Transistor 双极型晶体管)集成电路触发器和 MOS 型集成电路触发器；

按工作方式分——无时钟的基本 *RS* 触发器，异步工作方式；有时钟控制的时钟触发器，同步工作方式；

按结构方式分(仅限时钟触发器)——电位触发器、维持阻塞触发器、边沿触发器和主从触发器；

按逻辑功能分——有 *RS* 触发器、*JK* 触发器、*D* 触发器、*T* 触发器和 T'触发器；

构成触发器的方式虽然很多，但最简单的是基本 *RS* 触发器，是构成各类触发器的基础；其次是维持阻塞 *D* 触发器和边沿 *JK* 触发器。

时钟触发器按逻辑功能分为 5 种，它们的逻辑功能如下：

RS 触发器具有保持、置“**0**”和置“**1**”功能；

JK 触发器具有保持、置“**0**”、置“**1**”和计数功能；

D 触发器具有置“**0**”和置“**1**”功能；

T 触发器具有保持和计数功能；

T'触发器仅具有计数功能。

触发器的置“**0**”功能就是使触发器成为“**0**”状态；置“**1**”功能就是使触发器成为“**1**”状态；保持就是触发器在时钟作用下，不改变状态；计数功能就是触发器每来 1 个时钟信号，触发器就改变 1 次状态，即：每来 1 个时钟触发器的状态翻转 1 次。而置“**0**”功能，触发器若原状态为“**1**”，则在时钟作用下，触发器就翻转 1 次成为“**0**”状态；若触发器的原状态为“**0**”，则在时钟作用下，触发器就不必翻转了。所以置“**0**”或置“**1**”时，触发器可能翻转，也可能不翻转。翻转是指触发器状态的改变，与次数无关，而计数功能则是在时钟作用下的多次翻转。

4.2 基本 RS 触发器

4.2.1 基本 RS 触发器的工作原理

基本 RS 触发器的电路如图 4.2(a)所示。它是由 2 个**与非**门并按正反馈方式闭合而成，也可以用 2 个**或非**门按正反馈方式闭合而成。图 4.2(b)是基本 RS 触发器逻辑符号。基本 RS 触发器也称为闩锁(Latch)触发器。

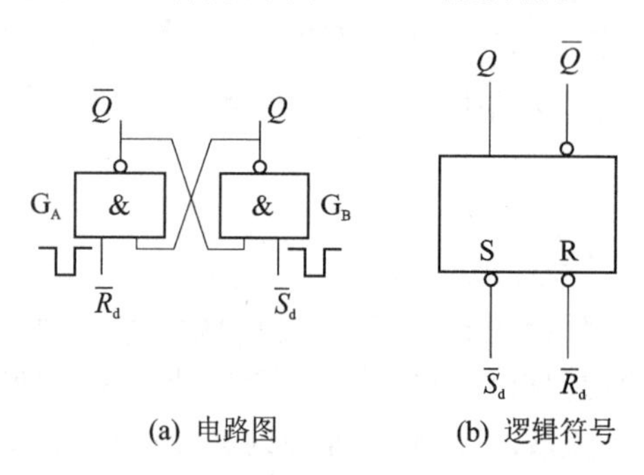

图 4.2 基本 RS 触发器电路图和逻辑符号

定义 $\overline{R}_d$ 和 $\overline{S}_d$ 为触发端，不触发时都应接为高电平。A 门的 1 个输入端为 $\overline{R}_d$ 端，触发时低电平有效，称为**直接置“0”端**，或**直接复位端**(Reset)，此时 $\overline{S}_d$ 端应为高电平；B 门的 1 个输入端为 $\overline{S}_d$ 端，触发时低电平有效，称为**直接置“1”端**，或**直接置位端**(Set)，此时 $\overline{R}_d$ 端应为高电平。定义 1 个**与非**门的输出端为基本 RS 触发器的输出端 Q ，图 4.2(a)中为 B 门的输出端；另 1 个**与非**门的输出端为 $\overline{Q}$ 端，这 2 个输出端的逻辑状态应该相反。因为基本 RS 触发器的电路是对称的，定义 A 门的输出端为 Q 端，还是定义 B 门的输出端为 Q 端都是可以的。一旦 Q 端确定，$\overline{R}_d$ 和 $\overline{S}_d$ 端就随之确定，不能再任意更改。

4.2.2 2 个稳态

在没有加入触发信号之前，即 $\overline{R}_d$ 和 $\overline{S}_d$ 端都是高电平，电路的状态不会改变。从基本 RS 触发器电路结构可以看出，形成 2 个稳态，即

$$Q=\mathbf{1}、\overline{Q}=\mathbf{0};\quad Q=\mathbf{0}、\overline{Q}=\mathbf{1}$$

当 $Q=\mathbf{1}$ 时，$Q=\mathbf{1}$ 和 $\overline{R}_d=\mathbf{1}$ 决定了 A 门的输出，即 $\overline{Q}=\mathbf{0}$，$\overline{Q}=\mathbf{0}$ 的反馈又保证了 $Q=\mathbf{1}$；当 $Q=\mathbf{0}$ 时，$\overline{Q}=\mathbf{1}$，$\overline{Q}=\mathbf{1}$ 和 $\overline{S}_d=\mathbf{1}$ 决定了 B 门的输出，即 $Q=\mathbf{0}$，$Q=\mathbf{0}$ 的反馈又保证了 $\overline{Q}=\mathbf{1}$。

4.2.3 触发翻转

电路要改变状态必须加入触发信号，触发信号是低电平有效。

$\overline{R}_d$ 和 $\overline{S}_d$ 是一次信号，只能一个一个的加，即它们不能同时为低电平。

在 $\overline{R}_d$ 端加低电平触发信号，即 $\overline{R}_d=\mathbf{0}$，于是 $\overline{Q}=\mathbf{1}$；$\overline{Q}=1$ 和 $\overline{S}_d=\mathbf{1}$ 决定了 $Q=\mathbf{0}$，触发器置“**0**”。因此，$\overline{R}_d$ 是置“**0**”的触发器信号。

$Q=\mathbf{0}$ 以后，反馈后可以替代 $\overline{R}_d=\mathbf{0}$ 的作用，$\overline{R}_d=\mathbf{0}$ 就可以撤消了。所以，$\overline{R}_d$ 不需要长时间保留，是 1 个触发信号。

在 $\overline{S}_d$ 端加低电平触发信号，即 $\overline{S}_d=\mathbf{0}$，于是 $Q=\mathbf{1}$；$Q=\mathbf{1}$ 和 $\overline{R}_d=\mathbf{1}$ 决定了 $\overline{Q}=0$，触发器置“**1**”。但当 $\overline{Q}=0$ 反馈后，$\overline{S}_d=\mathbf{0}$ 才可以撤消，因此，$\overline{S}_d$ 是置“**1**”的触发信号。

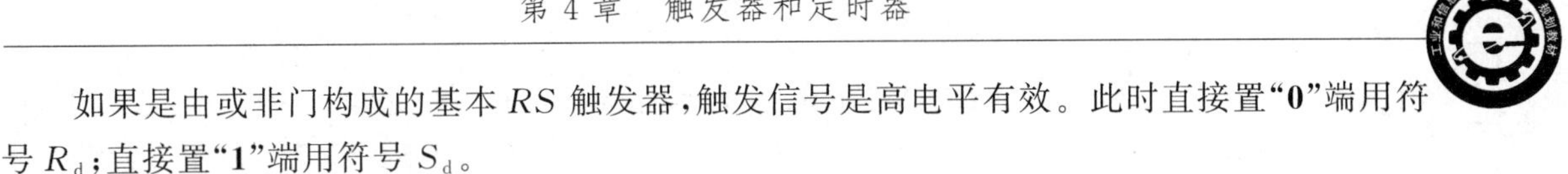

如果是由或非门构成的基本 RS 触发器，触发信号是高电平有效。此时直接置“**0**”端用符号 R_{d}；直接置“**1**”端用符号 S_{d}。

4.2.4　真值表和特征方程

以上过程，可以用真值表来描述，如表 4.1 所列。表中的 Q^n 和$\overline{Q^n}$ 表示触发器的目前状态，简称**现态**；Q^{n+1} 和$\overline{Q^{n+1}}$ 表示触发器在触发信号作用后输出端的新状态，简称**次态**。对于新状态 Q^{n+1} 而言，Q^n 也称为原状态。

表中 $Q^{n+1}=Q^n$ 表示新状态等于原状态，即：触发器没有翻转，触发器的状态保持不变。必须注意的是，一般书上列出的基本 RS 触发器的真值表中，当 $\overline{R}_{\mathrm{d}}=\mathbf{0}$、$\overline{S}_{\mathrm{d}}=\mathbf{0}$ 时，Q 的状态为任意态。这是指当 $\overline{R}_{\mathrm{d}}$、$\overline{S}_{\mathrm{d}}$ 同时撤消时，Q 端状态不定。若当 $\overline{R}_{\mathrm{d}}=\mathbf{0}$、$\overline{S}_{\mathrm{d}}=\mathbf{0}$ 时，$Q=\overline{Q}=\mathbf{1}$，状态都为“**1**”是确定的。但这一状态违背了触发器 Q 端和 $\overline{Q}$ 端状态必须相反的规定，是不正常的工作状态。若 $\overline{R}_{\mathrm{d}}$、$\overline{S}_{\mathrm{d}}$ 不是同时撤消时，Q 端状态是确定的，但若 $\overline{R}_{\mathrm{d}}$、$\overline{S}_{\mathrm{d}}$ 同时撤消时，Q 端状态是不确定的。由于**与非**门响应有延迟，且 2 个门延迟时间不同，这时哪个门先动作了，触发器就保持哪个状态，这一点一定不要误解。

表 4.1　真值表

$\overline{R}_{\mathrm{d}}$	$\overline{S}_{\mathrm{d}}$	Q^{n+1}	$\overline{Q^{n+1}}$
0	**1**	**0**	**1**
1	**0**	**1**	**0**
1	**1**	Q^n	$\overline{Q^n}$
0	**0**	**1**	**1**　需要保持时状态是不定的

把表 4.1 所列逻辑关系写成逻辑函数式，则得到

$$Q^{n+1}=\overline{R}_{\mathrm{d}}S_{\mathrm{d}}+\overline{R}_{\mathrm{d}}\overline{S}_{\mathrm{d}}Q^n$$

$$\overline{R}_{\mathrm{d}}+\overline{S}_{\mathrm{d}}=1\text{（约束条件）}$$

利用约束条件将上式化简，于是得到特征方程式(4.1)。或者将真值表填到卡诺图后化简得到相同结果。

$$\begin{aligned}&Q^{n+1}=S_{\mathrm{d}}+\overline{R}_{\mathrm{d}}Q^n\\&R_{\mathrm{d}}S_{\mathrm{d}}=\mathbf{0}\end{aligned}\tag{4.1}$$

【例 4.1】画出基本 RS 触发器在给定输入信号 $\overline{R}_{\mathrm{d}}$ 和 $\overline{S}_{\mathrm{d}}$ 的作用下，Q 端和 $\overline{Q}$ 端的波形。输入波形如图 4.3 所示。

解：此例题的解答见图 4.3 的波形 Q 和 $\overline{Q}$。

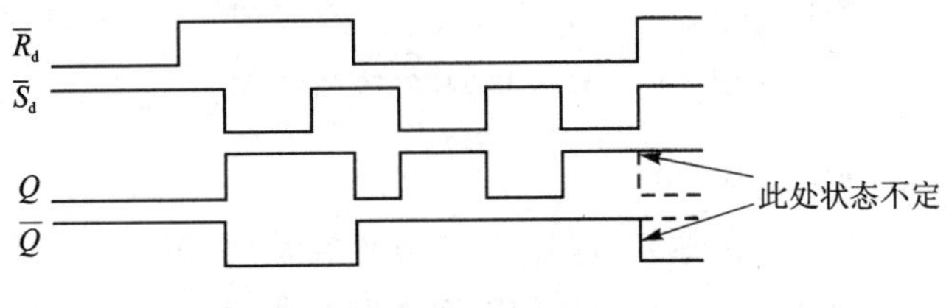

图 4.3　【例 4.1】的解答波形图

4.2.5　状态转换图

对触发器这样一种时序数字电路，它的逻辑功能的描述除了用真值表外，还可以用状态转

换图。真值表在组合数字电路中已经采用过,而状态转换图在这里是第一次出现。实际上,状态转换图是真值表的图形化,二者是一一对应的,只是表现形式上不同而已。基本 *RS* 触发器的状态转换图如图 4.4 所示。

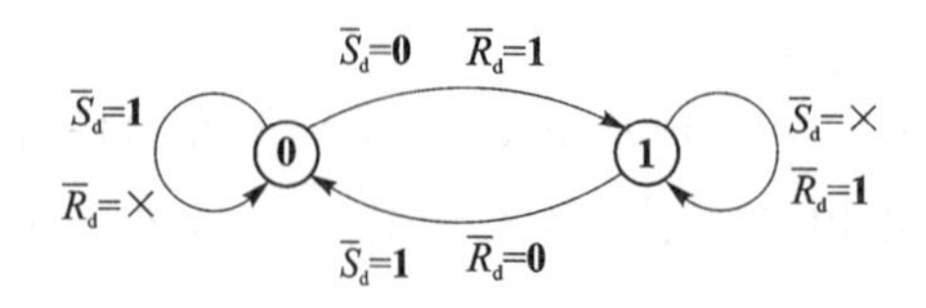

图 4.4 基本 *RS* 触发器的状态转换图

图 4.4 中 2 个圆圈,其中写有 **0** 和 **1** 代表了基本 *RS* 触发器的 2 个稳态,状态的转换方向用箭头表示,状态转换的条件标明在箭头的旁边。从"**1**"状态转换到"**0**"状态,为置"**0**",对应真值表中的第 1 行;从"**0**"状态转换到"**1**"状态,为置"**1**",对应真值表中的第 2 行;从"**0**"状态有 1 个箭头自己闭合,即:源于"**0**"又终止于"**0**",对应真值表的第 1 行置"**0**"和第 3 行的保持;从"**1**"状态有 1 个箭头自己闭合,即:源于"**1**"又终止于"**1**",对应真值表的第 2 行置"**1**"和第 3 行的保持。

4.2.6 集成基本 *RS* 触发器

1. TTL 集成 *RS* 触发器

如图 4.5 所示为 TTL 集成基本 *RS* 触发器 74279、74LS279 的逻辑电路和引脚图。这 2 个芯片都是在 1 个芯片上,集成了 2 个如图 4.5(a)所示的电路和 2 个如图 4.5(b)所示的电路,共 4 个触发器。

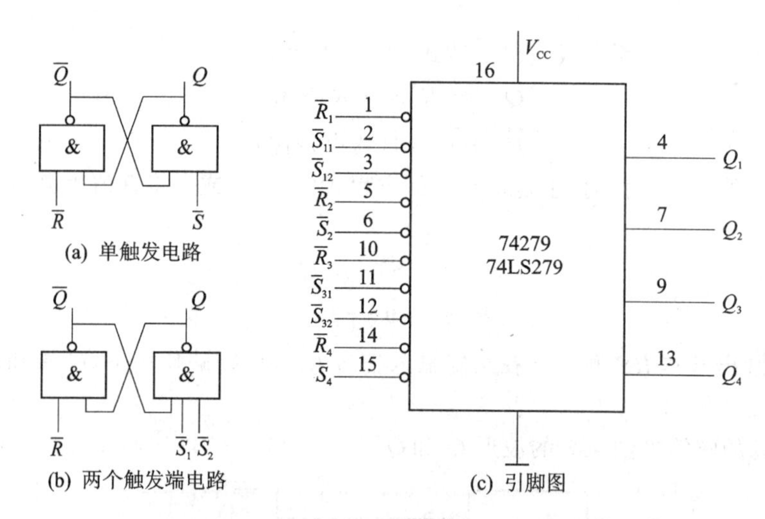

图 4.5 74279 与 74LS279 的引脚图

2. CMOS 集成 *RS* 触发器 CC4043

CC4043 中集成了 4 个由 CMOS 基本门电路构成的基本 *RS* 触发器,引脚图如图 4.6 所示。

【例 4.2】 如图 4.7(a)所示是**与非门**构成的基本触发器,输入 R、S 的波形如图所示,画出 Q 和 $\overline{Q}$ 波形,并指出不定状态。

解: 开始触发器置"**1**"状态,根据基本 *RS* 触发器输入与输出的功能关系,第 1 步 $R=\mathbf{1}$、$S=\mathbf{1}$ 触发器保持置"**1**";第 2 步 $R=\mathbf{0}$、$S=\mathbf{1}$ 触发器置"**0**"翻转;第 3 步 $R=\mathbf{1}$、$S=\mathbf{0}$ 触发器置"**1**"翻转;第 4 步 $R=\mathbf{0}$、$S=\mathbf{0}$ 触发器 $Q=\overline{Q}=1$,R、S 同时变为 1,触发器应该保持原态,但由

于触发器保持的状态不确定，因此，此时是不定态。如图 4.7(b)所示。

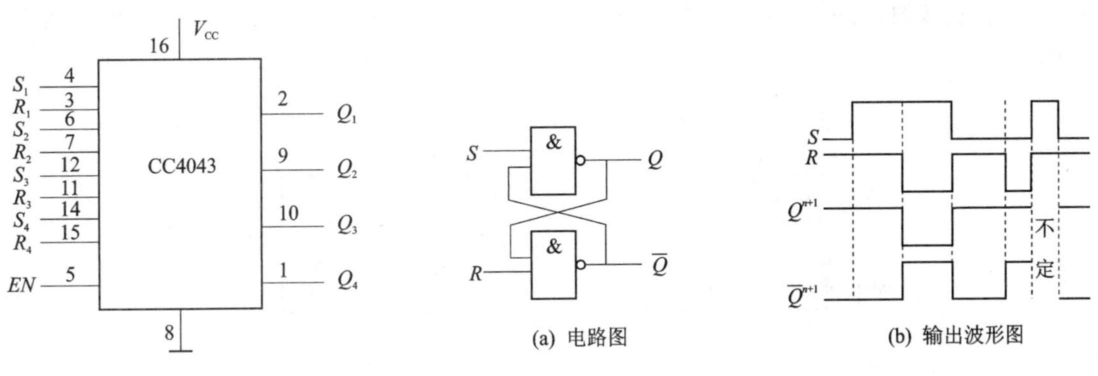

图 4.6　CC4043 引脚图　　　图 4.7　【例 4.2】图

4.3　同步时钟 *RS* 触发器

4.3.1　同步时钟触发器引出

基本 *RS* 触发器具有置“**0**”和置“**1**”的功能，这种功能是由触发信号决定的。何时来 $\overline{R}_d$ 或 $\overline{S}_d$ 信号就何时置“**0**”或置“**1**”。也就是说，$\overline{R}_d$ 或 $\overline{S}_d$ 到来，基本 *RS* 触发器随之翻转，这在实际应用中会有许多不便。在 1 个由多个触发器构成的电路系统中，各个触发器会有所联系，一旦有 1 个发生翻转，其他与之连接的触发器会相继翻转。这在各触发器的时间关系上难于控制，弄不好会在各触发器的状态转换关系上造成错乱。为此，希望设计 1 种触发器，它们在 1 个称为时钟脉冲信号(Clock Pulse)的控制下翻转，没有 *CP* 就不翻转，*CP* 来到后才翻转。至于翻转成何种状态，则由触发器的数据输入端决定，或根据触发器的真值表决定。这种在时钟控制下翻转，而翻转后的状态由翻转前数据端的状态决定的触发器，称为时钟触发器。时钟脉冲 *CP* 是由一系列从“**0**”到“**1**”变化的方波组成，占空比可以是任意的，根据电路需要而定。

4.3.2　同步 *RS* 时钟触发器的结构和原理

最简单的时钟 *RS* 触发器如图 4.8(a)所示。为了引入时钟，在基本 *RS* 触发器的基础上又增加了 2 个与非门，即 C 门和 D 门。C 门和 D 门的 1 个输入端接向时钟 *CP*，C 门的另 1 个输入端接数据输入 *R*；D 门的另 1 个输入端接数据输入 *S*；*R* 和 *S* 就不是直接置“**0**”端和直接置“**1**”端了，而是数据输入端，*R* 和 *S* 上面的反号也没有了，而是高电平有效；*R* 和 *S* 的高电平经 C 门和 D 门反相，变为低电平，才能对基本 *RS* 触发器置“**0**”或置“**1**”触发。当 *CP*＝**0** 时，C 门和 D 门被封锁，C 门和 D 门输出均为 **1**，不会改变基本 *RS* 触发器的状态，即触发器不翻转。时钟 *RS* 触发器的真值表如表 4.2 所列。

表 4.2　真值表

R	*S*	Q^{n+1}
1	**0**	**0**
0	**1**	**1**
0	**0**	Q^n
1	**1**	不定

图 4.8(a)的触发器还可以有单独的直接置“**0**”端和直接置“**1**”端，如图 4.8(b)所示，即 $\overline{R}_d$ 和 $\overline{S}_d$ 端。通过这 2 个端头对基本 *RS* 触发器的置“**0**”作用和置“**1**”作用不受时钟的控制。而通过 *R*

或 S 端的置"**0**"或置"**1**"作用必须有时钟参与。所以,称通过 $\overline{R}_d$ 或 $\overline{S}_d$ 端的置"**0**"或置"**1**"作用是异步的、直接的;而通过数据端 R 或 S 端的置"**0**"或置"**1**"作用,必须有时钟参与,是同步的。

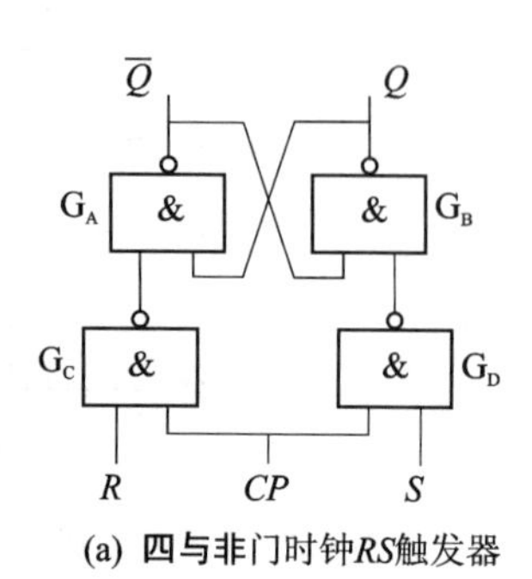

(a) 四与非门时钟RS触发器

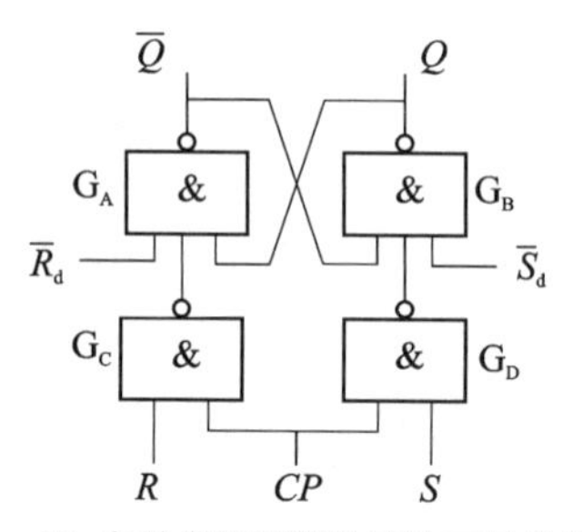

(b) 有异步预置端的时钟RS触发器

图 4.8　时钟 *RS* 触发器的结构

4.3.3　同步 *RS* 时钟触发器的特征方程

在时钟 $CP=1$ 时,把表 4.2 所列逻辑关系展开列于表 4.3,并填在卡诺图如图 4.9 所示。化简写成逻辑函数式(4.2)。其中输出"**1***"态是在约束条件时,即:当 RS 同时为触发信号"**1**"时,输出 Q 和 $\overline{Q}$ 都输出"**1**"。

表 4.3　真值表

Q	R	S	Q^{n+1}
0	0	0	0
0	0	1	1
0	1	0	0
0	1	1	1*
1	0	0	1
1	0	1	1
1	1	0	0
1	1	1	1*

Q^n \ RS	00	01	11	10
0	0	1	1	0
1	1	1	1	0

图 4.9　时钟 *RS* 触发器卡诺图

以区别正常输出"**1**"态,当 RS 同时将触发信号"**1**"撤销时,与基本 RS 触发器一样所保持的状态是不定的。

$$Q^{n+1}=S+\overline{R}Q^n$$
$$RS=\mathbf{0}(\text{约束条件}) \qquad (4.2)$$

4.3.4　波形及空翻现象

如图 4.8 所示的时钟触发器有不完善的地方,即有所谓空翻现象。空翻是在基本 RS 触发器的基础上构造时钟触发器时,因导引电路 C 门和 D 门功能不完善而造成的一种现象。即:在 1 次时钟来到期间,触发器多次翻转的现象称为**空翻**。如图 4.10(a)所示。这违背了构造时钟触发器的初衷,每来 1 次时钟,最多允许触发器翻转 1 次,若多次翻转,电路也会发生状态的差错,因而是不允许的。因为在 $CP=\mathbf{1}$ 的期间,时钟对 C 门和 D 门的封锁作用消失,数

据端 R 和 S 端的多次变化就会通过 C 门和 D 门到达基本 RS 触发器的输入端，造成触发器在 1 次时钟期间的多次翻转。为了解决这一问题，将在后面分述时钟触发器的其他 2 种结构：主从和边沿触发器。图 4.10(b)所示为同步 RS 触发器逻辑符号。

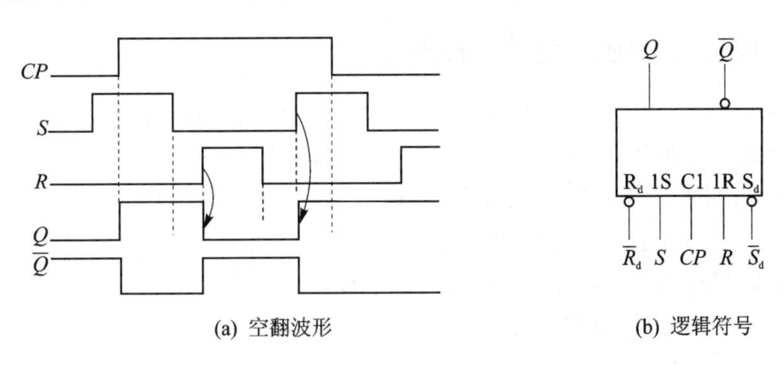

图 4.10　同步 **RS** 触发器空翻波形和逻辑符号

4.3.5　状态转换图

同步 RS 时钟触发器的状态转换图如图 4.11 所示。

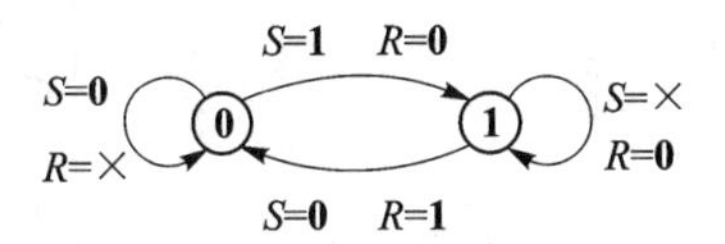

图 4.11　同步 **RS** 时钟触发器的状态转换图

【例 4.3】同步时钟 RS 触发器及它的输入 R、S、CP 的波形如图所示，初态为 **0**。试画出 Q 和 $\overline{Q}$ 波形，并指出触发器状态不定区域。

解：根据同步时钟的功能可以得到图 4.12(b)的结果。

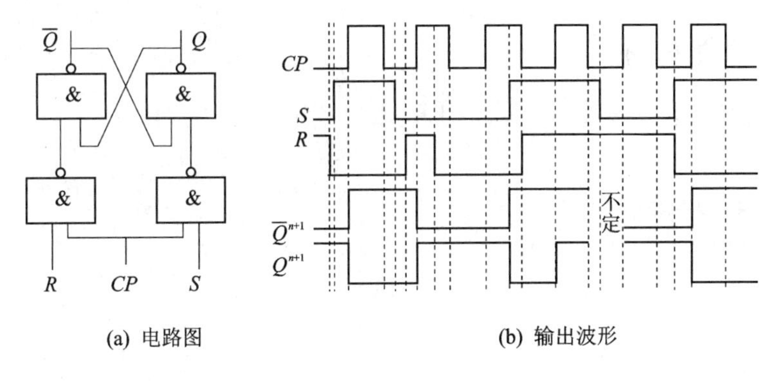

图 4.12　**【例 4.3】**图

4.4 同步 D 触发器

4.4.1 同步 D 触发器电路结构

同步 RS 触发器仍然有在不定状态,现将 RS 电位型触发器的输入电 RS 双端输入改为单端输入,把新的输入端命名为 D 端,即为同步 D 触发器,如图 4.13 所示。4.13 工作原理由于就一个 D 输入端,当 $D=0$,$CP=1$,右侧通道将 $\overline{Q}^{n+1}$ 置为“1”,左侧通道 Q^{n+1} 置为“0”,D 触发器置“**1**”态;当 $D=1$,$CP=1$,左侧通道将 Q^{n+1} 置“**1**”,右侧通道 $\overline{Q}^{n+1}$ 置为“D”,D 触发器置“0”态。D 触发器只有两个稳定状态,就不会出现不定状态了。

在 $CP=0$ 时,为了让触发器直接置“**0**”和置“**1**”,设置了直接置“**0**”端 $\overline{R}_D$ 和直接置“1”端(也称置位端)$\overline{S}_D$,如图 4.14 所示。

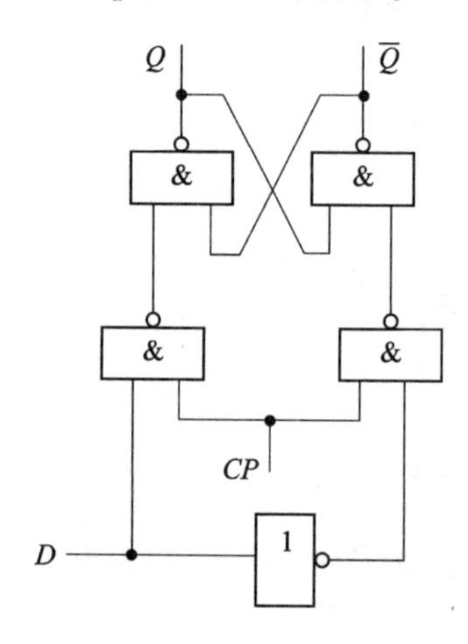

图 4.13　同步 D 触发器

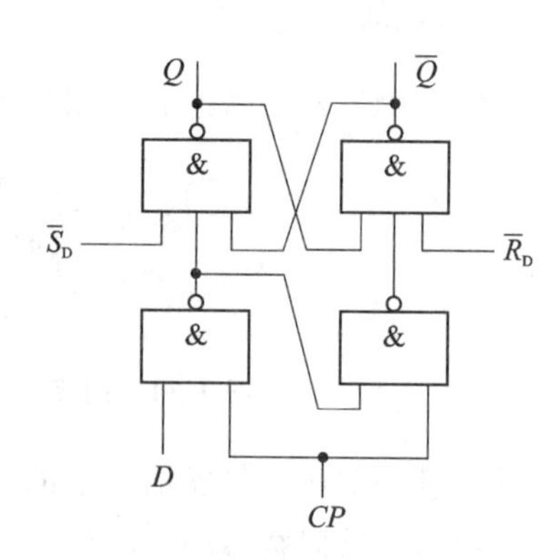

图 4.14　带置位复位的同步 D 触发器

4.4.2 功能描述

同步 D 触发器的功能表如表 4.4 所列,逻辑符号如图 4.15 所示。

表 4.4　D 触发器功能表

D	Q^{n+1}
0	0
1	1

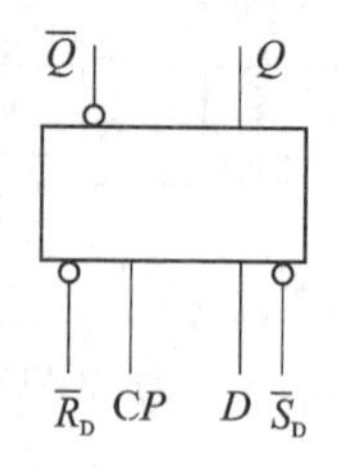

图 4.15　同步 D 触发器逻辑符号

将表 4.4 中的 Q^{n+1} 表示为:$Q^{M+1}=D(CP=1)$,即为同步 D 触发器的特征方程,可见,在 $CP=1$ 高电平期间,触发器触发翻转,为此称其为电平型触发器。如图 4.16 为 D 器的状态转换图,图 4.17 为时序图。从时序图 4.17 可以看出,当 $CP=1$ 时,$Q^{n+1}=D$,也就是 Q 端接收 D 的输入。因此,$CP=1$ 这个电位一到,触发器就接收数据,这个触发器叫“电位型”触发

器，也叫"锁存器"。

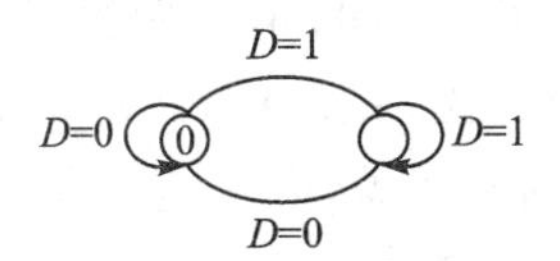

图 4.16　同步 D 触发器状态转换图

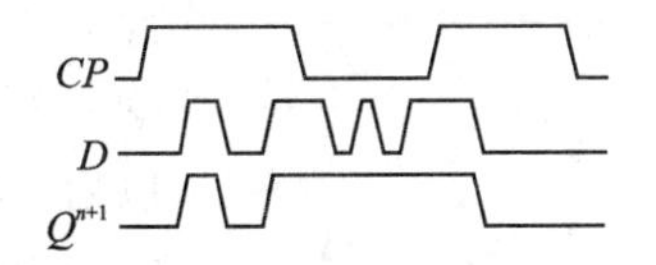

图 4.17　同步 D 触发器时序图

4.5　主从触发器

4.5.1　主从 RS 触发器

为了克服空翻的现象，希望在每个 CP 周期里输出的状态只能改变 1 次，在同步 RS 触发器的基础上又设计了主从结构的触发器。

1. 电路结构

主从 RS 触发器由 2 个相同的同步时钟 RS 触发器组成，但是它们的时钟信号正好相反，如图 4.18 所示。其中由**与非**门 A、B、C、D 组成的同步 RS 触发器称为从触发器，由**与非**门 E、F、G、H 组成的同步 RS 触发器称为主触发器。

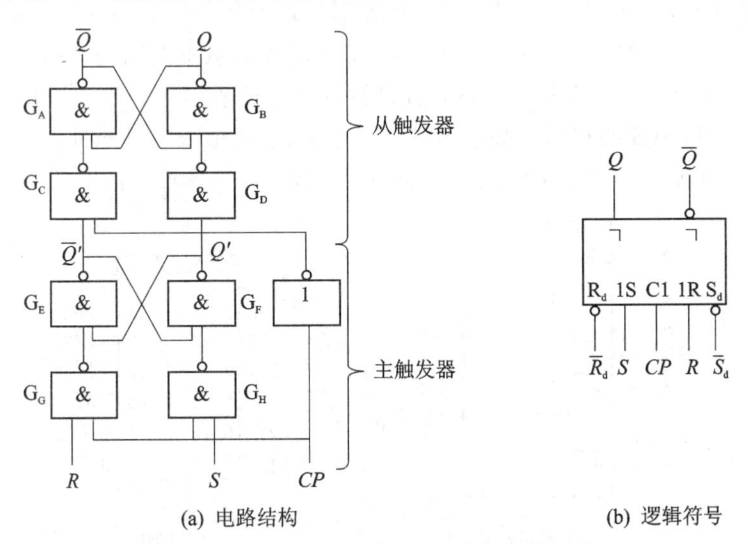

图 4.18　主从 RS 触发器电路结构和逻辑符号

2. 工作原理

当 $CP=\mathbf{1}$ 时门 G、H 被打开，门 C、D 被封锁，故主触发器根据 R、S 的输入状态而翻转，而从触发器则保持原来状态不变。

当 CP 由高电平返回低电平时，门 G、H 被封锁，此后无论 R、S 的输入状态如何改变，在 $CP=\mathbf{0}$ 的全部时间里主触发器的状态不再改变。与此同时，门 C、D 被打开，从触发器按照主触发器相同状态翻转。因此，在 CP 的 1 个变化周期内触发器输出端的状态只可以改变 1 次。

表 4.5 特征表

CP	Q_n	R	S	Q_{n+1}
⎍↓	0	0	0	0
⎍↓	0	0	1	1
⎍↓	0	1	0	0
⎍↓	0	1	1	1*
⎍↓	1	0	0	1
⎍↓	1	0	1	1
⎍↓	1	1	0	0
⎍↓	1	1	1	1*

例如：$CP=\mathbf{0}$ 时，触发器的初始状态为 $Q=\mathbf{0}$，当 CP 由 **0** 变为 **1** 以后，若 $S=\mathbf{1}$、$R=\mathbf{0}$，主触发器将被置“**1**”，即：$Q'=\mathbf{1}$，$\overline{Q'}=\mathbf{0}$，而从触发器保持 **0** 状态不变。CP 回低电平以后，从触发器的时钟变为高电平，它的输入 $Q'=\mathbf{1}$，$\overline{Q'}=\mathbf{0}$，因而被置成 $Q=\mathbf{1}$。

图形符号中的“┐”表示延迟输出，即：CP 回低电平以后输出状态才改变。因此输出状态的变化发生在 CP 信号的下降沿。将上述逻辑关系列出真值表，如表 4.5 所列为主从 RS 触发器的特征表。

从同步 RS 触发器到主从 RS 触发器的 1 次演变，克服了在 $CP=\mathbf{1}$ 期间触发器输出状态可能多次翻转的问题，即空翻现象。但因为主触发器是同步 RS 触发器，所以在 $CP=\mathbf{1}$ 期间 Q'、$\overline{Q'}$ 的状态仍然还会随着 R、S 的状态变化而多次变化，而且输入信号仍然有约束条件，$RS=\mathbf{0}$。

3. 集成主从 *RS* 触发器的逻辑符号和管脚图

TTL 集成主从 RS 触发器 74LS71 的逻辑符号和引脚分布如图 4.19 所示。触发器分别有 3 个 S 端和 3 个 R 端，均为与逻辑关系，即：$1R=R_1 \cdot R_2 \cdot R_3$，$1S=S_1 \cdot S_2 \cdot S_3$。使用中如有多余的输入端，要将它们接至高电平。触发器带有清零端(置 **0**)R_D 和预置端(置 **1**)S_D，它们的有效电平为低电平。可以得到该触发器的逻辑功能：

① 具有预置、清零功能。预置端加低电平，清零端加高电平时，触发器置 **1**，反之触发器置 **0**。预置和清零与 CP 无关，这种方式称为直接预置和直接清零。

② 正常工作时，预置端和清零端必须都加高电平，且要输入时钟脉冲。

③ 触发器的功能表和同步 RS 触发器的功能一致。

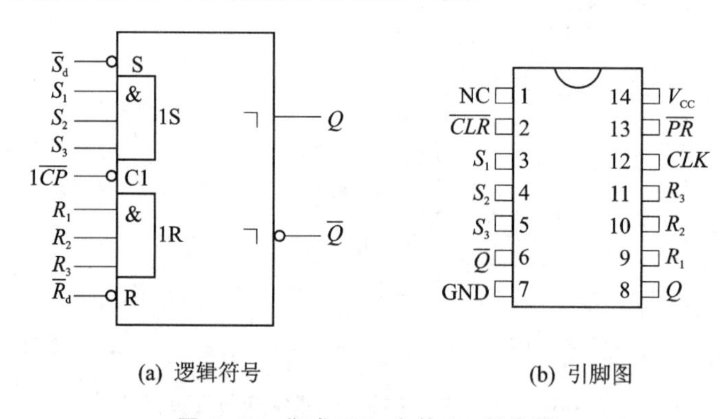

(a) 逻辑符号 (b) 引脚图

图 4.19 集成 TTL 主从 *RS* 触发器

主从 RS 触发器 74LS71 功能表如表 4.6 所列。对主从 RS 触发器归纳为以下几点：

① 主从 RS 触发器具有置位、复位和保持(记忆)功能。

② 由 2 个受互补时钟脉冲控制的主触发器和从触发器组成，二者轮流工作，主触发器的状态决定从触发器的状态，属于脉冲触发方式，触发翻转只在时钟脉冲的下降沿发生。

③ 主从 RS 触发器存在约束条件，即：当 $R=S=\mathbf{1}$ 时将导致下一状态的不确定。

表 4.6　74LS71 功能表

输入					输出	
预置 S_D	清零 R_D	时钟 CP	$1S$	$1R$	Q^{n+1}	$\overline{Q}^{n+1}$
L	H	×	×	×	H	L
H	L	×	×	×	L	H
H	H	↓	L	L	Q^n	Q^n
H	H	↓	H	L	H	L
H	H	↓	L	H	L	H
H	H	↓	H	H	不定	

4.5.2　主从 *JK* 触发器

1. 电路结构

为了使 $R=S=\mathbf{1}$ 的情况下触发器的次态也是确定的，因而进一步改进触发器的电路结构，如图 4.20 所示电路。把主从 RS 触发器的 Q 和 $\overline{Q}$ 端作为一对附加控制信号接回到输入端，就达到上述目的了。为区别于主从 RS 触发器的功能，将输入端改成 J、K。

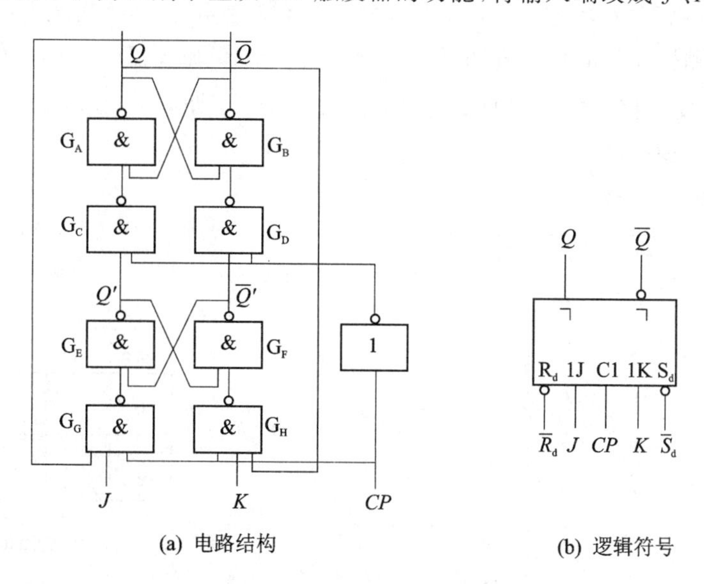

(a) 电路结构　　(b) 逻辑符号

图 4.20　主从 *JK* 触发器电路结构和逻辑符号

2. 工作原理

若 $J=\mathbf{1}$、$K=\mathbf{0}$，则 $CP=\mathbf{1}$ 时主触发器无论原来是什么状态均置"**1**"。待 $CP=\mathbf{0}$ 后从触发器也随之置"**1**"，即 $Q^{n+1}=\mathbf{1}$。

若 $J=\mathbf{0}$、$K=\mathbf{1}$，则 $CP=\mathbf{1}$ 时主触发器无论原来是什么状态均置"**0**"。待 $CP=\mathbf{0}$ 后从触发器也随之置"**0**"，即 $Q^{n+1}=\mathbf{0}$。

若 $J=K=\mathbf{0}$，则由于门 G、H 被封锁，触发器保持原状态不变，即 $Q^{n+1}=Q^n$。

若 $J=K=\mathbf{1}$ 时，需要分 2 种情况考虑，第 1 种情况是 $Q^n=\mathbf{0}$，这时门 H 被 Q 端的低电平

封锁,$CP=1$ 时仅G门输出低电平信号,故主触发器置“1”,$CP=0$ 后从触发器也随之置“1”,即 $Q^{n+1}=1$;另1种情况是 $Q^n=1$,这时门G被 $\overline{Q}$ 端的低电平封锁,因而在 $CP=1$ 时仅门H输出低电平信号,故主触发器置“0”,当 $CP=0$ 后从触发器也随之置“0”,即 $Q^{n+1}=0$。

综合以上2种情况,无论 $Q^n=1$ 还是 $Q^n=0$,触发器的次态可以统一表示为 $Q^{n+1}=\overline{Q^n}$,也就是说 $J=K=1$ 时,CP 下降沿到来后触发器将翻转为与原来状态相反的状态。主从 JK 触发器的特征表如表4.7所列。将特征表的取值填在卡诺图里,如图4.21所示,并化简得到 JK 触发器的特征方程式(4.3)。

$$Q^{n+1}=J\overline{Q^n}+\overline{K}Q^n \tag{4.3}$$

3. 主从 *JK* 触发器的一次翻转现象

在图4.20电路中主从 JK 触发器当 $CP=1$ 的全部时间段里,主触发器都可以接收数据。由于 Q^n、$\overline{Q^n}$ 都反馈接回输入端的对应门上,所以在 $Q^n=0$ 时,主触发器只能接受置“1”输入信号,因为此时 $Q^n=0$ 接回到了H门的输入端,H门被封锁不再接收数据。只有G门可以接受输入数据,也就是 J 的数据。而此时触发器的状态是 $Q^n=0$,接受 $J=0$ 数据,触发器翻转后新状态还是 $Q^{n+1}=0$,相当于只能接受 $J=1$ 数据,即置“1”输入信号。而且,在 $CP=1$ 期间主触发器只能翻转1次,因为主触发器置“1”翻转后,即使输入信号又变成 $J=0$,此时,$J=0$,$K=0$ 主触发器保持置“1”状态。即:主触发器一旦翻转就不会再翻回原来的状态了。同理,在$Q^n=1$ 期间主触发器只能接受置“0”信号。这与主从 RS 触发器不一样,主从 RS 触发器由于没有 Q^n、$\overline{Q^n}$ 都反馈接回输入端的反馈线,所以在 $CP=1$ 期间 R、S 状态多次改变时主触发器的状态也会随着多次翻转。

表4.7 特征表

CP	Q^n	J	K	Q^{n+1}
⎍↓	0	0	0	0
⎍↓	0	0	1	0
⎍↓	0	1	0	1
⎍↓	0	1	1	1
⎍↓	1	0	0	1
⎍↓	1	0	1	0
⎍↓	1	1	0	1
⎍↓	1	1	1	0

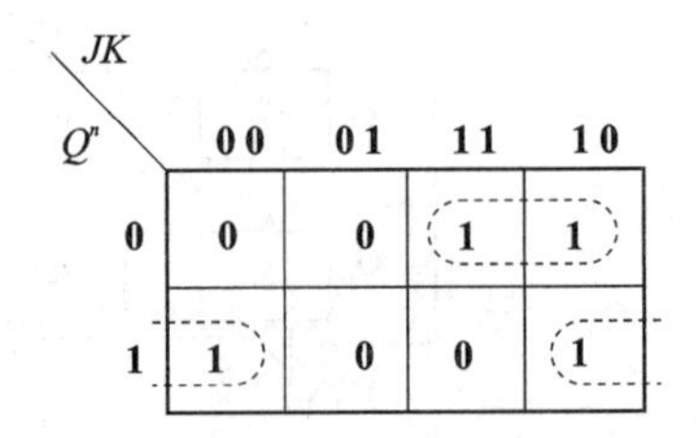

图4.21 *JK* 触发器的卡诺图

注意: 在使用主从触发器时,只有在 $CP=1$ 的全部时间里输入状态始终未变的条件下,用 CP 的下降沿到达时的输入状态来决定触发器的状态才肯定是对的。否则,必须考虑 $CP=1$ 期间输入状态的全部变化过程,才能确定 CP 的下降沿到达时触发器的状态。

【例4.4】 试按图4.22(a)所示的 J、K 输入画出主从 JK 触发器的输出波形。假设初态“0”。

解: 第1个 $CP=1$ 期间主触发器接收 $J=1$,$K=0$ 的置“1”翻转,且只翻转1次,在 CP 的下降沿到达时输出状态置“1”,之后 $CP=0$ 期间输出状态保持。第2个 $CP=1$ 期间主触发器接

收 $J=\mathbf{0}, K=\mathbf{1}$ 的置"0"翻转，且只翻转 1 次，在 CP 的下降沿到达时输出状态置"0"，以此类推。

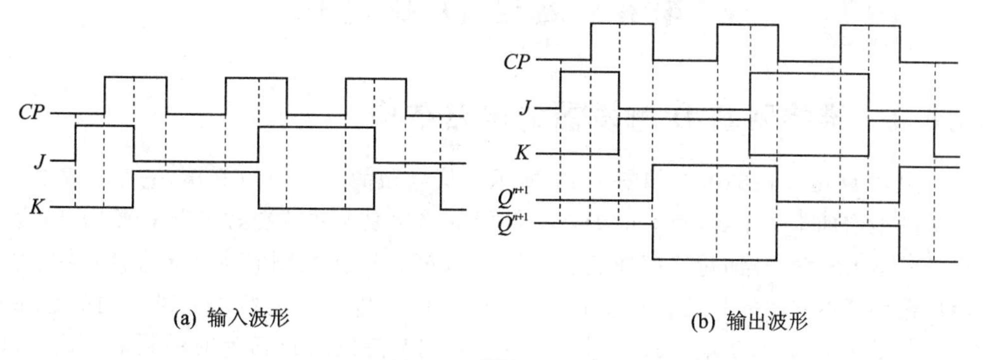

图 4.22　【题 4.4】图

4. 集成 TTL 主从 *JK* 触发器 74LS72

74LS72 的逻辑符号和引脚图如图 4.23 所示。为多输入端的单 JK 触发器，它有 3 个 J 端和 3 个 K 端，3 个 J 端之间是与逻辑关系，3 个 K 端之间也是与逻辑关系。使用中如有多余的输入端，应将其接高电平。该触发器带有直接置 **0** 端 R_D 和直接置 **1** 端 S_D，都为低电平有效，不用时应接高电平。74LS72 为主从型触发器，CP 下跳沿触发。74LS72 的功能表如表 4.8 所列。

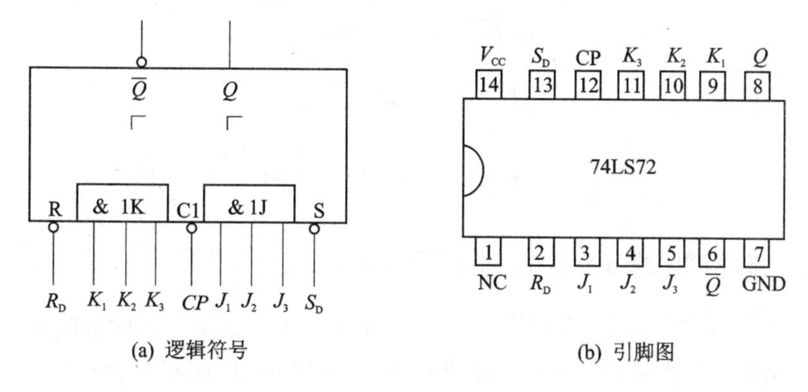

图 4.23　TTL 主从 *JK* 触发器 74LS72

表 4.8　74LS72 的功能表

输　入					输　出	
R_D	S_D	CP	J	K	Q^{n+1}	$\overline{Q}^{n+1}$
0	**1**	×	×	×	**0**	**1**
1	**0**	×	×	×	**1**	**0**
1	**1**	↓	**0**	**0**	Q^n	$\overline{Q^n}$
1	**1**	↓	**0**	**1**	**0**	**1**
1	**1**	↓	**1**	**0**	**1**	**0**
1	**1**	↓	**1**	**1**	$\overline{Q^n}$	Q^n

4.6 边沿 D 触发器

4.6.1 维持阻塞 D 触发器的电路结构

维持阻塞 D 触发器的电路如图4.24所示。从电路的结构可以看出,它是在基本 RS 触发器的基础上增加了4个逻辑门而构成的,C门的输出是基本 RS 触发器的置"**0**"通道,D门的输出是基本 RS 触发器的置"**1**"通道。C门和D门可以在控制时钟的控制下,决定数据 D 是否能传输到基本 RS 触发器的输入端。E门将数据 D 以反变量形式送到C门的输入端,再经过F门将数据 D 以原变量形式送到D门的输入端。使数据 D 等待时钟到来后,通过C门、D门,以实现置"**0**"或置"**1**"。

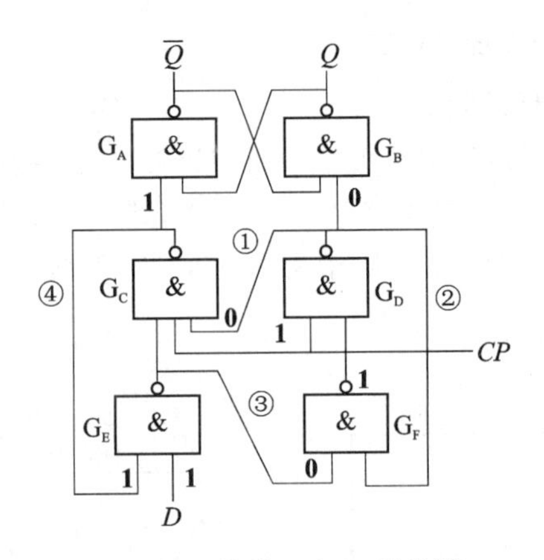

图4.24 维持阻塞 *D* 触发器

4.6.2 维持阻塞 D 触发器的工作原理

D 触发器具有置"**0**"和置"**1**"的功能。设 $Q=\mathbf{0}$、$D=\mathbf{1}$,当 CP 来到后,触发器将置"**1**",触发器各点的逻辑电平如图4.25所示。在执行置"**1**"操作时,C门输出高电平;D门输出低电平,此时应保证置"**1**"和禁止置"**0**"。为此,将 $G_D=\mathbf{0}$ 通过①线加到C门的输入端,保证 $G_C=\mathbf{1}$,从而禁止置"**0**"。同时 $G_D=\mathbf{0}$ 通过②线加到F门的输入端,保证 $G_F=\mathbf{1}$,与 $CP=\mathbf{1}$ 共同保证 $G_D=\mathbf{0}$,从而维持置"**1**"。

置"**0**"过程与此类似。设 $Q=\mathbf{1}$、$D=\mathbf{0}$,当 CP 来到后,触发器将置"**0**"。触发器各点的逻辑电平如图4.26所示。在执行置"**0**"操作时,C门输出低电平,此时应保证置"**0**"和禁止置"**1**"。为此,将 $C=\mathbf{0}$ 通过④线加到E门的输入端,保证 $G_E=\mathbf{1}$,从而保证 $G_C=\mathbf{0}$,维持置"**0**"。同时 $G_E=\mathbf{1}$ 通过③线加到F门的输入端,保证 $G_F=\mathbf{0}$,从而使 $G_D=\mathbf{1}$,禁止置"**1**"。以上过程如图4.26所示。

电路图中的②线或④线都是分别加在置"**1**"通道或置"**0**"通道的同一侧,起到维持置"**1**"或维持置"**0**"的作用;①线和③线都是加在另一侧通道上,起阻塞置"**0**"或置"**1**"作用。所以,①线称为**置"0"阻塞线**,②**线是置"1"维持线**,③**线称为置"1"阻塞线**,④**线是置"0"维持线**。从电路结构上看,加于置"**1**"通道或置"**0**"通道同侧的是维持线,加到另一侧的是阻塞线,只要把电路

的结构搞清楚，采用正确的分析方法，就不难理解电路的工作原理。

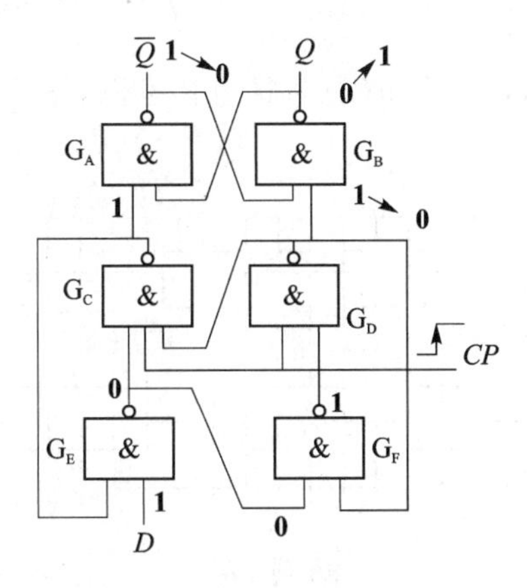

图 4.25　触发器置“1”状态

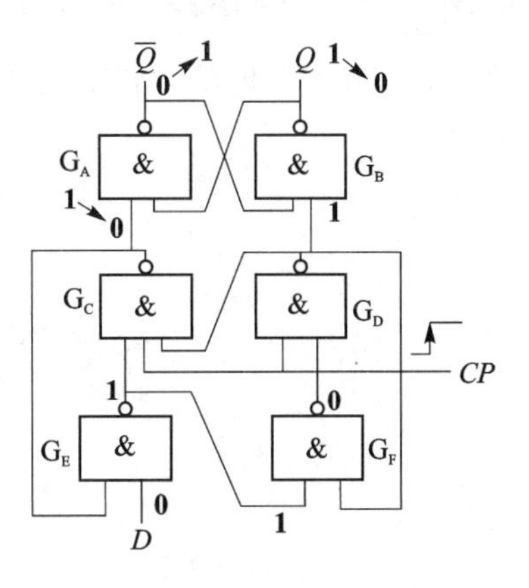

图 4.26　触发器置“0”状态

根据对工作原理的分析，可以看出，维持阻塞 D 触发器是在时钟上升沿来到时开始翻转的。我们称使触发器发生翻转的时钟边沿为**动作沿**。

图 4.27 是带有异步清零和预置端的完整的维持阻塞 D 触发器的电路图。这个触发器的直接置“0”和直接置“1”功能无论是在时钟的低电平期间，还是在时钟的高电平期间都可以正确执行。图 4.28 是 D 触发器的逻辑符号，从图 4.28(a) 可看出 CP 是上升沿有效，当然，D 触发器还有 CP 下降沿有效的，如图 4.28(b)所示。

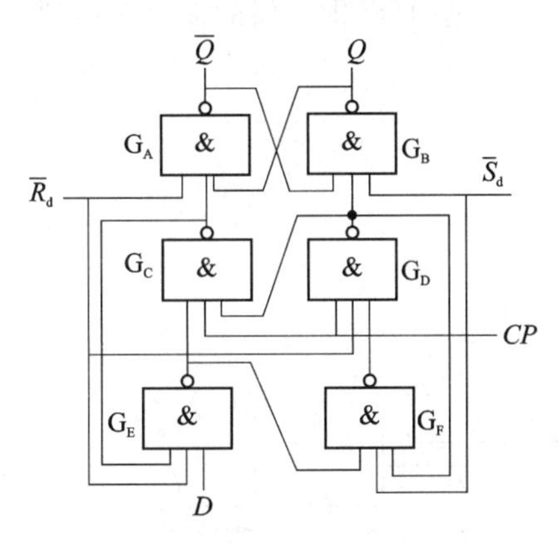

图 4.27　维持阻塞 D 触发器电路图

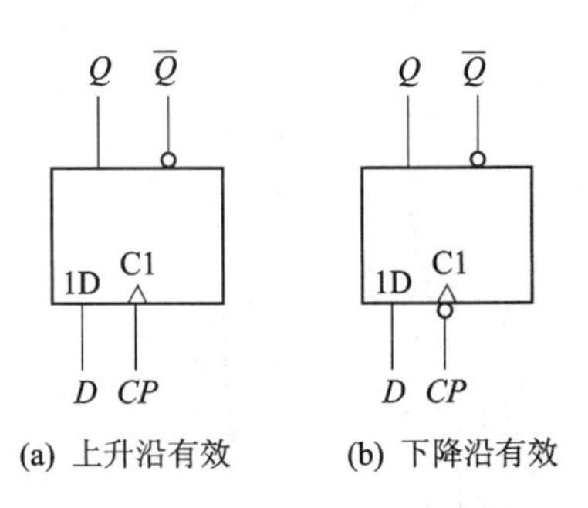

图 4.28　维持阻塞 D 触发器逻辑符号

4.6.3　特征表和特征方程

表 4.9　特征表

D	Q^n	Q^{n+1}
1	0	1
0	1	0
0	0	0
1	1	1

表 4.9 为 D 触发器的特征表，特征表就是将 Q^n 也作为真值表的输入变量，而 Q^{n+1} 为输出，此时的真值表称为特征表。有特征表可得特征方程

$$Q^{n+1}=D \tag{4.4}$$

4.6.4 状态转换图和时序图

维持阻塞 D 触发器的状态转换图如图 4.29 所示，图 4.29(a)为状态转换图，图 4.29(b)为时序图。

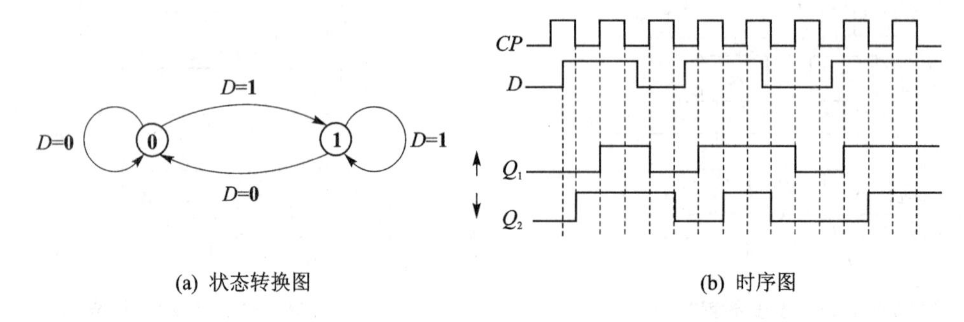

(a) 状态转换图　　(b) 时序图

图 4.29　D 触发器的状态转换图和时序图

4.6.5 开关参数

图 4.30 所示为上升沿 D 触发器，分析其开关特性。

(1) 描述输入数据和 CP 之间关系的参数

描述输入数据和 CP 之间关系的参数包括数据建立时间 t_{su} 和数据保持时间 t_h，其中 t_{su} 为门 5 和 6 的传输延迟时间之和，t_h 为一级非门的传输延迟时间，即 4 门的输出返回到 6 门的时间，如图 4.31 波形所示。

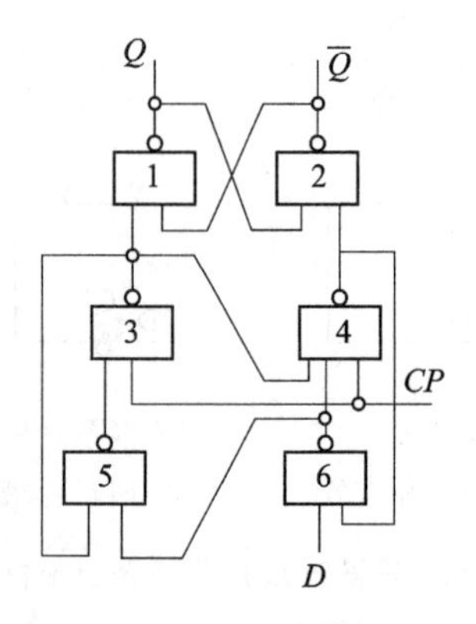

图 4.30　上升沿 D 触发器

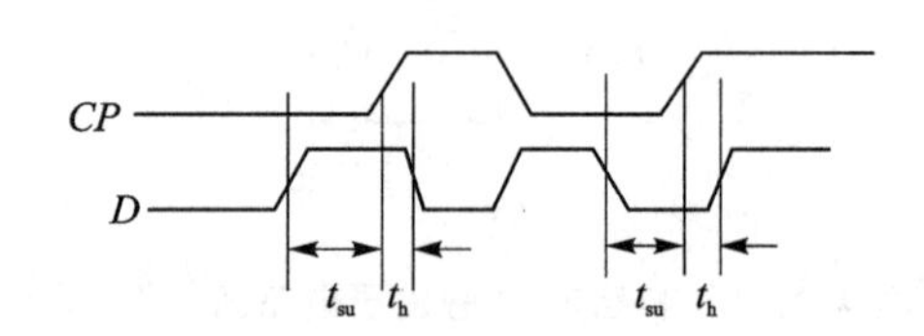

图 4.31　数据建立时间和保持时间

(2) 传输延迟时间

$CP=1$，继发器 Q 端从低电平翻转到高电平的时间 $t_{pLHCP}\to Q$，触发器 Q 端从高电平翻转到低电平的时间 $t_{pHLCP}\to Q$，触发器 $\overline{Q}$ 端从高电平翻转到低电平的时间 $t_{pHCP}\to\overline{Q}$，触发器 $\overline{Q}$ 端从低电平翻转到高电平时间 $t_{pLHCP}\to\overline{Q}$。图 4.31 的 $t_{pLHCP}\to Q$ 等于 2 个门的传输延迟时间，$t_{pHCP}\to Q$ 等于 3 个门的传输时间，$t_{pHLCP}\to\overline{Q}$ 等于 3 个门的传输延迟时间，$t_{pLHCP}\to\overline{Q}$ 等于2 个门的传输延迟时间，如图 4.32 所示。当给触发器输入数据 D 时，要充分考虑到 Q 和 $\overline{Q}$ 的可靠翻转，加合适的 CP 时钟。

(3) 描述 CP 脉宽的参数

CP 时钟的脉冲宽度用周期来描述，用 T 表示时钟 CP 的周期，其中 t_{wCP-} 表示时钟负脉宽，t_{wCP+} 表示时钟正脉宽。

$T=t_{wCP-}+t_{wCP+}$，其中 t_{wCP-} 至少等于在负脉冲时数据准备时间加上 4 门的传输延迟时间，即 $t_{wCP-}\geqslant t_{su}+t_{pd4}(CP=0)$；$t_{wCP+}$ 至少等于 $CP=1$ 时，触发器 Q 和 $\overline{Q}$ 都可靠翻转的时间，即 $t_{wCP+}\geqslant t_{pdCP}\rightarrow Q,\overline{Q}$，如图 4.33 所示。由此可以得出 CP 时钟的最小周期为 $T_{min}=t_{wCP-}+t_{wCP+}$，最大频率为 $f_{max}=\dfrac{1}{T_{min}}$。

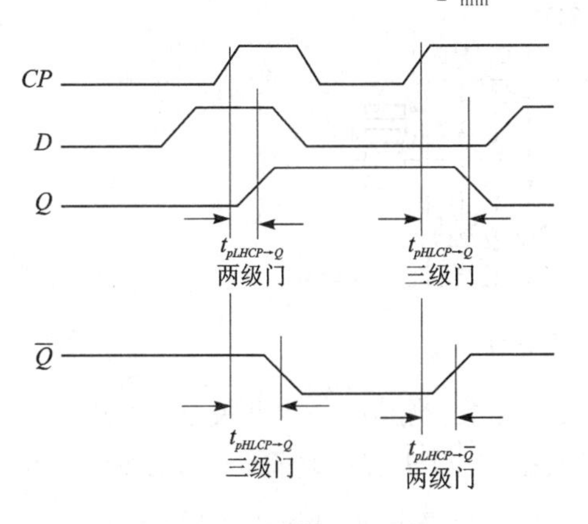

图 4.32　传输延迟时间

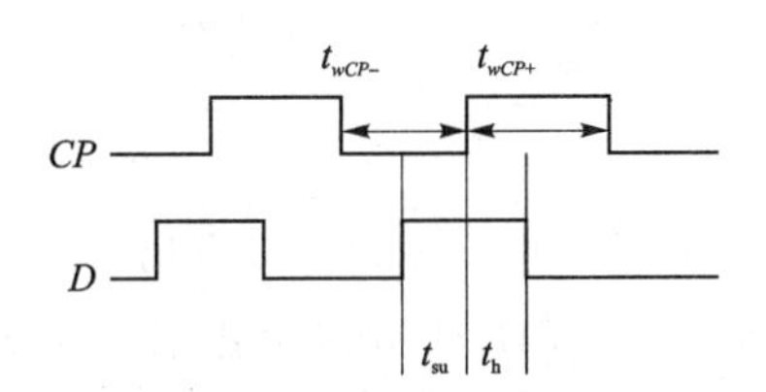

图 4.33　CP 时钟宽度参数

4.6.6　边沿集成 D 触发器

1. TTL 集成 D 触发器

图 4.34 所示是 TTL 上边沿 D 触发器 7474 的引出端功能图。7474 中集成了 2 个触发器单元，均为 CP 上升沿触发的边沿 D 触发器，异步输入端 $\overline{R}_D$、$\overline{S}_D$ 低电平有效。常用的还有 74××175 上边沿 D 触发器，16 个引角，4 个触发器，如图 4.36 所示。

2. CMOS 集成 D 触发器

图 4.35所示是CMOS边沿D触发器CC4013的引出端功能图。CC4013中集成了2个

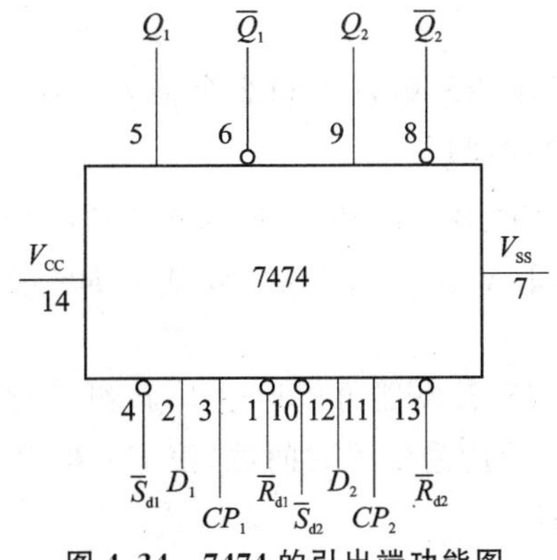

图 4.34　7474 的引出端功能图

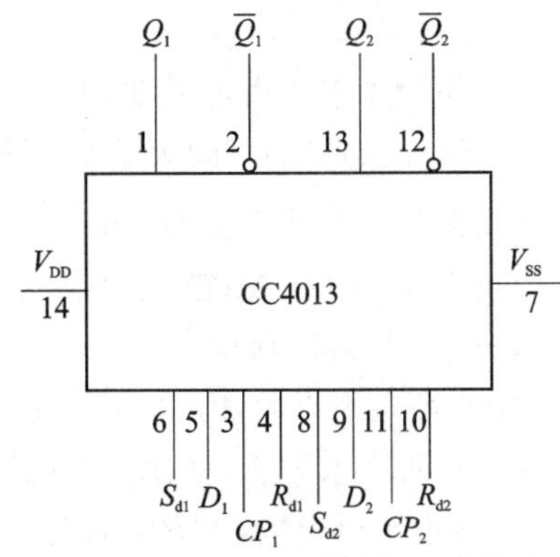

图 4.35　CC4013 的引出端功能图

触发器单元,它均为 CP 上升沿触发的边沿 D 触发器,异步输入端 R_D、S_D 高电平有效,即 $R_D=\mathbf{1}$ 触发器复位到 **0**,$S_D=\mathbf{1}$ 触发器置位到 **1**。

【例 4.5】 分析图 4.36 所示电路的逻辑功能。

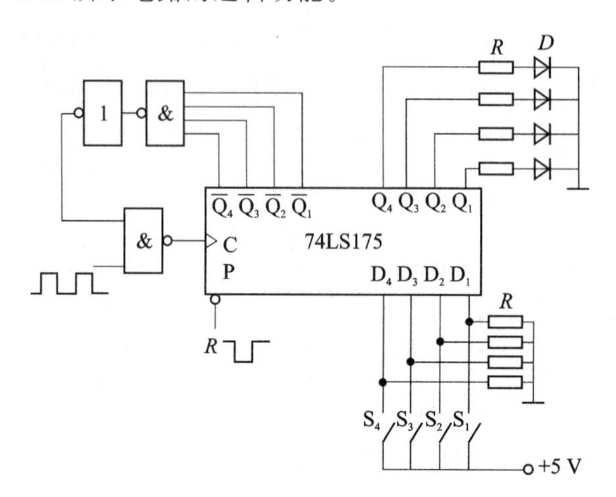

图 4.36 四人抢答器

解: 从图 4.36 中可以看出,$S_1S_2S_3S_4$ 是抢答按钮开关,当其中一个开关合上(按下),说明有人抢答。74LS175 是上边沿四个 D 触发器,其数据 $D_1D_2D_3D_4$ 均接地。74LS175 初态为零,即 $Q_1=Q_2=Q_3=Q_4=0$,因此 $\overline{Q}_1=\overline{Q}_2=\overline{Q}_3=\overline{Q}_4=1$,经与非门和非门后;与 CP 时钟相与,加在 74LS175 时钟端,此时 CP 连续不断地输入。

当有人抢答,如 S_1 合上,即 D_1 接高电平 $D_1=5$ V,在 CP 时钟触发下,$Q_1=$"1",$\overline{Q}_1=$"0",经与非门后变为"1",再经非门变为"0",将 CP 时钟封锁,74LS175 也就锁存了 $Q_1=$"1" D_1 发光二极管指示灯亮,即抢答成功。

4.7 边沿 *JK* 触发器

4.7.1 边沿 *JK* 触发器的结构与原理

这种边沿触发器是利用门电路的传输延迟时间实现边沿触发的,电路结构如图 4.37 所示。

这个电路包含 1 个由与或非门 G_1 和 G_2 组成的基本 RS 触发器和 2 个输入控制 G_3 和 G_4。门 G_3 和 G_4 的传输时间大于基本 RS 触发器的翻转时间。

设触发器的初始状态为 $Q=\mathbf{0}$。$\overline{Q}=\mathbf{1}$。$CP=\mathbf{0}$ 时门 B、B′、G_3 和 G_4 同时被 CP 的低电平封锁。而由于 G_3 和 G_4 的输出 P、P' 两端为高电平,门 A、A′是打开的,故基本 RS 触发器的状态通过 A、A′得以保持。

CP 变为高电平以后,门 B、B′首先解除封锁,基本 RS 触发器可以通过 B、B′继续保持原状态不变。此时输入为 $J=\mathbf{1}$、$K=\mathbf{0}$ 则通过门 G_3 和 G_4 的传输延迟时间后,使 $P=\mathbf{0}$、$P'=\mathbf{1}$,则门 A、A′均不导通,对基本 RS 触发器的状态没有影响。

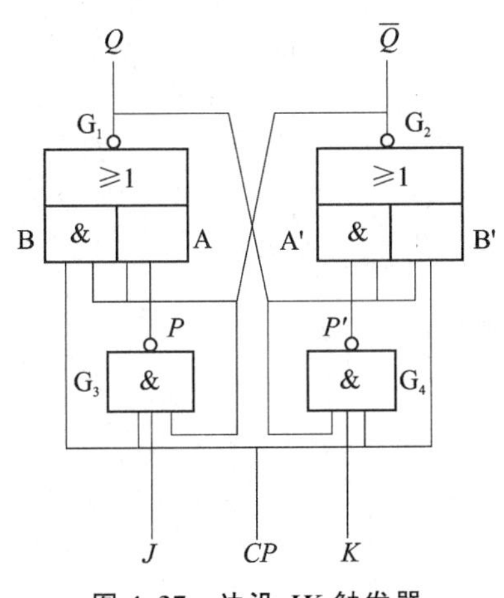

图 4.37　边沿 JK 触发器

当 CP 下降沿到达时，门 B、B′立即被封锁，但由于门 G_3 和 G_4 存在传输延迟时间，所以 P、P' 的电平不会马上改变。因此，在瞬间出现 A、B 各有 1 个输入端为低电平的状态，使 $Q=\mathbf{1}$，并经过 A′使 $\overline{Q}=\mathbf{0}$。由于 G_3 的传输延迟时间足够长，可以保证在 P 点的低电平消失之前 $\overline{Q}$ 的低电平已反馈到了门 A，所以在 P 点的低电平消失以后触发器获得的 **1** 状态将保持下去。

经过 G_3 和 G_4 的传输延迟时间后，P 和 P' 都变为高电平，但对基本 RS 触发器的状态并无影响。同时，CP 的低电平已将门 G_3 和 G_4 封锁，J、K 状态即使再发生变化也不会影响触发器的状态了。

4.7.2　特征表和特征方程

触发器稳定状态下 J、K、Q^n、Q^{n+1} 之间的逻辑关系如表 4.10 所列。

表 4.10　特征表

J	K	Q^n	Q^{n+1}
0	0	0	0
0	0	1	1
0	1	0	0
0	1	1	0
1	0	0	1
1	0	1	1
1	1	0	1
1	1	1	0

由特征表可得出特征方程

$$Q^{n+1}=J\overline{Q}^n+\overline{K}Q^n \tag{4.5}$$

4.7.3　状态转换图和时序图

边沿 JK 触发器的状态转换图和时序图如图 4.38 所示。图 4.38(a)为状态转换图，图 4.38(b)为时序图，边沿 JK 触发器在给定输入信号 J、K 和 CP 的作用下，Q_1 端输出为触发器时钟的动作沿（上升沿），Q_2 端输出为下降沿触发的波形。

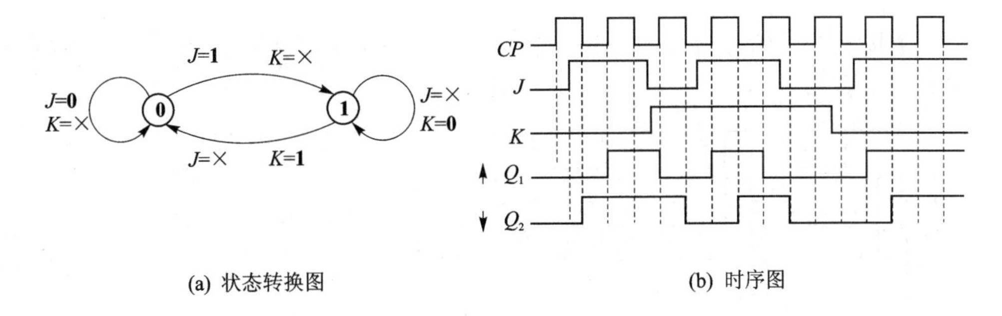

(a) 状态转换图　　(b) 时序图

图 4.38　边沿 JK 触发器的状态转换图和时序图

4.7.4　逻辑符号

边沿 JK 触发器分上升边沿和下降边沿触发 2 种，CP 端有空心圆符号的是下降边沿，无空心圆符号的是上升边沿，它的逻辑符号如图 4.39 所示。

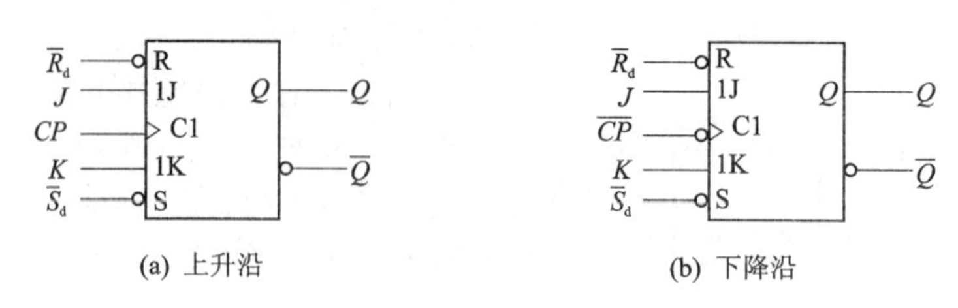

图 4.39　边沿 *JK* 触发器的逻辑符号

4.7.5　集成边沿 *JK* 触发器

1. TTL 集成边沿 *JK* 触发器

如图 4.40(a)所示是 TTL 集成双下降沿 *JK* 触发器 74LS112 引出端功能图。

2. CMOS 集成边沿 *JK* 触发器

如图 4.40(b)所示是 CMOS 集成双上升沿 *JK* 触发器 CC4027 引出端功能图。

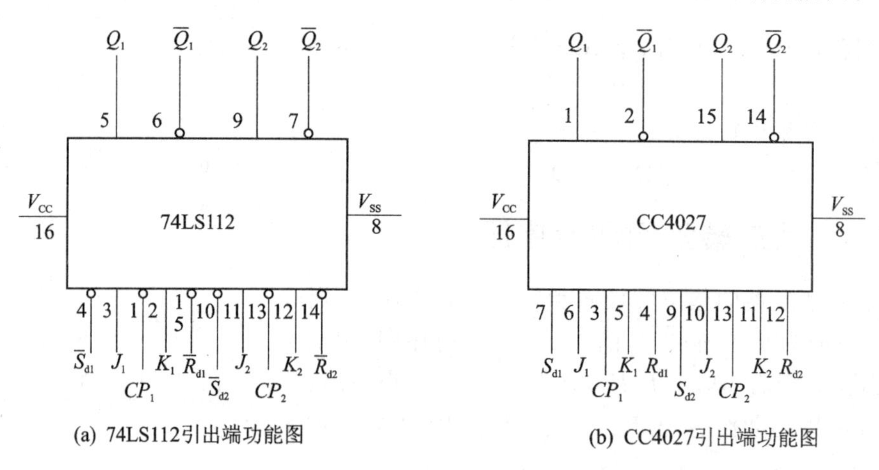

图 4.40　74LS112 和 CC4027 引出端功能图

【例 4.6】 按 4.41 图所示 *JK* 触发器的输入波形，试画出主从触发器及负边沿 *JK* 触发器的输出波形。

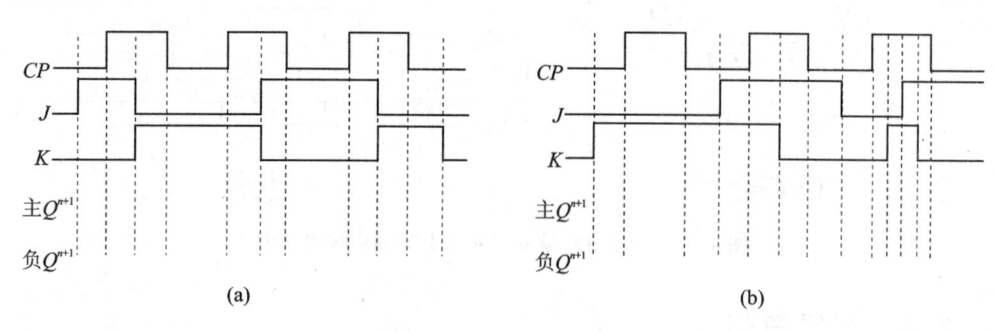

图 4.41　【例 4.5】图

解： 在 *CP* 时钟作用下，主从 *JK* 的翻转要考虑 1 次翻转现象，即：在高电平时根据 *JK* 触发器第 1 次的输入状态判断出当下降沿来后应该翻转的状态，虽然在高电平期间 *J*、*K* 输入端有多次变化，但是输出只由第 1 次 J、K 的输入决定。而负边沿 J、K 触发器只需考虑在下降沿来到时 J、K 的输入状态，即：触发器的输出状态由此时的 J、K 决定。答案见图 4.42 所示。

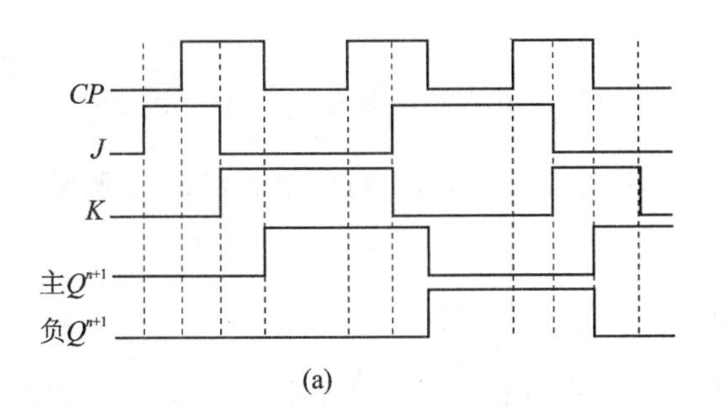

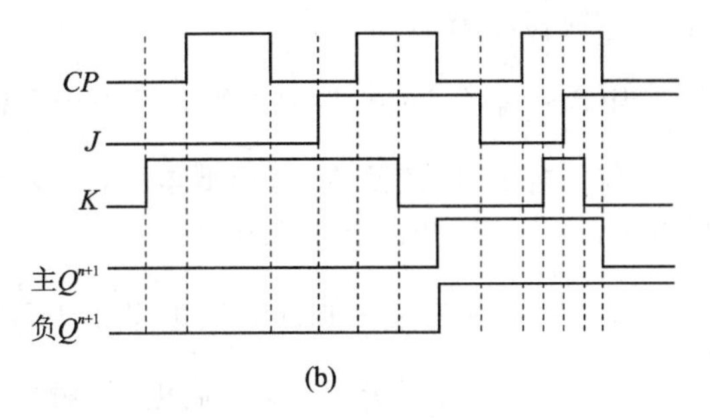

图 4.42　【例 4.5】答案

4.8　555 定时器

4.8.1　概　述

555 定时器是一种功能强大的模拟数字混合集成电路，其组成电路框图如图 4.43 所示。它的功能表如表 4.11 所列。555 定时器有 2 个比较器 A_1 和 A_2，有 1 个 RS 触发器，R 和 S 高电平有效。G 起输出缓冲作用。三极管 VT_2 是放电管，将对外电路的元件提供放电通路。比较器的输入端有 1 个由 3 个 5 kΩ 电阻组成的分压器，由此可以获得 $\frac{2}{3}V_{CC}$ 和 $\frac{1}{3}V_{CC}$ 两个分压值，一般称为**阈值**。

由图 4.43 不难证明表 4.11 的正确性，表中第 1 行说明 555 定时器的清零作用。4 脚 $\overline{R}_d$ 加入低电平，将对 RS 触发器直接置"**0**"，接在 $\overline{R}_d$ 端的三极管起跟随作用。

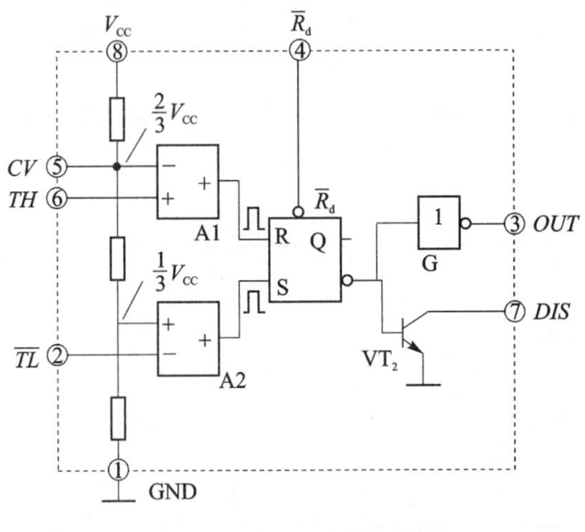

图 4.43　555 定时器电路框图

表 4.11　555 定时器功能表

CV	*TH*	$\overline{TL}$	$\overline{R}_d$	*OUT*	*DIS*
	×	×	L	L	L通
直流悬空或交流接地	$>\frac{2}{3}V_{CC}$	$>\frac{1}{3}V_{CC}$	H	L　L	L通
	$<\frac{2}{3}V_{CC}$	$>\frac{1}{3}V_{CC}$	H	L　H	L H
	$<\frac{2}{3}V_{CC}$	$<\frac{1}{3}V_{CC}$	H	H　H	H断
	$>\frac{2}{3}V_{CC}$	$<\frac{1}{3}V_{CC}$	H	H	H断

当 TH 高触发端6脚加入的电平大于$\frac{2}{3}V_{CC}$,$\overline{TL}$ 低触发端的电平大于$\frac{1}{3}V_{CC}$ 时,比较器 A_1 输出高电平,比较器 A_2 输出低电平,触发器置"**0**",放电管 VT_2 饱和,3脚为低电平,放电管 VT_2 饱和,7脚为低电平。

当 TH 高触发端6脚加入的电平小于$\frac{2}{3}V_{CC}$,$\overline{TL}$ 低触发端的电平大于$\frac{1}{3}V_{CC}$ 时,比较器 A_1 输出低电平,比较器 A_2 输出低电平,触发器状态不变,仍维持前1行的电路状态,3脚输出低电平,放电管饱和,7脚为低电平。

当 TH 高触发端6脚加入的电平小于$\frac{2}{3}V_{CC}$,$\overline{TL}$ 低触发端的电平小于$\frac{1}{3}V_{CC}$ 时,比较器 A_1 输出低电平,比较器 A_2 输出高电平,触发器置"**1**",3脚输出高电平,放电管截止,7脚为悬空,可视为高电平。因为7脚为集电极开路输出,工作时应有外接上拉电阻,所以7脚为高电平。

当从功能表的最后1行向倒数第2行变化时,电路的输出将保持最后1行的状态,即:输出为高电平,7脚高电平。只有高触发端和低触发端的电平变化到倒数第3行的情况时,电路输出的状态才发生变化,即:输出为低电平,7脚为低电平。

由电路框图和功能表可以得出如下结论:

① 555定时器有2个阈值,分别是$\frac{1}{3}V_{CC}$ 和$\frac{2}{3}V_{CC}$。

② 输出端3脚和放电端7脚的状态一致,输出低电平时对应放电管饱和,如在7脚经上拉电阻外接电源时,7脚为低电平;输出高电平对应放电管截止,经上拉电阻外接电源时,7脚为高电平。

③ 输入的变化与输出端状态的改变有滞回现象,回差电压为$\frac{1}{3}V_{CC}$。

④ 输出和触发输入之间的关系与反相相似。

掌握这4条,对分析555定时器组成的电路十分有利。

4.8.2 单稳态触发器

555定时器构成单稳态触发器如图4.44所示,工作波形如图4.45所示。该电路的触发信号在2脚输入。

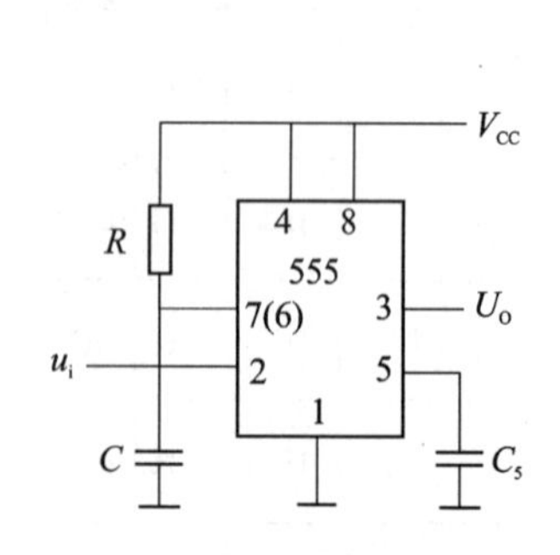

图4.44 单稳态触发器电路图

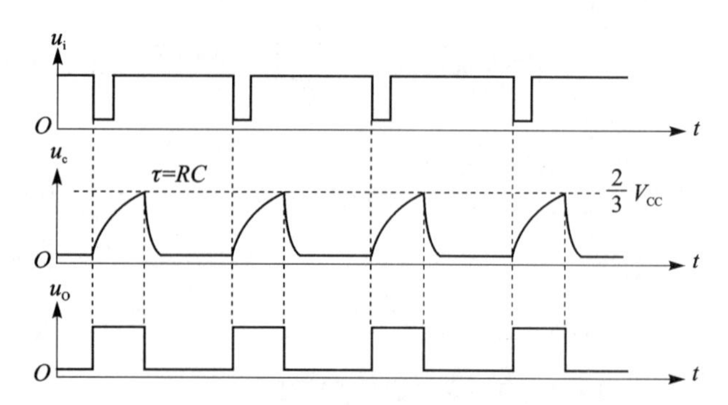

图4.45 单稳态触发器的波形图

这里有 2 点需要注意：

① 触发输入信号的逻辑电平为低电平，在无触发时是高电平，必须大于$\frac{2}{3}V_{CC}$，低电平必须小于$\frac{1}{3}V_{CC}$，否则触发无效。

② 触发信号的低电平宽度要窄，其低电平的宽度应小于单稳暂稳的时间。否则当暂稳时间结束时，触发信号依然存在，输出与输入反相。此时单稳态触发器成为 1 个反相器。暂稳态时间的求取可以通过过渡过程公式，根据图 4.35 可以用电容器 C 上的电压曲线确定 3 要素：初始值为 $u_c(0)=0$ V，稳态值 $u_c(\infty)=V_{CC}$，$\tau=RC$，设暂稳态的时间为 t_w，当 $t=t_w$ 时，$u_c(t_w)=\frac{2}{3}V_{CC}$。代入过渡过程公式

$$u_c(t)=u_c(\infty)+[u_c(0)-u_c(\infty)]e^{-\frac{t}{\tau}}$$
$$t_w=RC\ln 3\approx 1.1RC$$

注意： R 的取值不能太小，若 R 太小，当放电管导通时，灌入放电管的电流太大，会损坏放电管。

4.8.3　多谐振荡器

555 定时器构成多谐振荡器如图 4.46 所示，其工作波形如图 4.47 所示。

与单稳态触发器比较，它是利用电容器的充放电来代替外加触发信号，所以，电容器上的电压信号应该在 2 个阈值之间按指数规律转换。充电回路是 R_A、R_B 和 C，此时相当输入是低电平，输出是高电平；当电容器充电达到$\frac{2}{3}V_{CC}$ 时，即输入达到高电平时，电路的状态发生翻转，输出为低电平，电容器开始放电。当电容器放电达到$\frac{1}{3}V_{CC}$ 时，电路的状态又开始翻转，如此不断循环。电容器之所以能够放电，是由于有放电端 7 脚的作用，因 7 脚的状态与输出端一致，7 脚为低电平，电容器即放电。

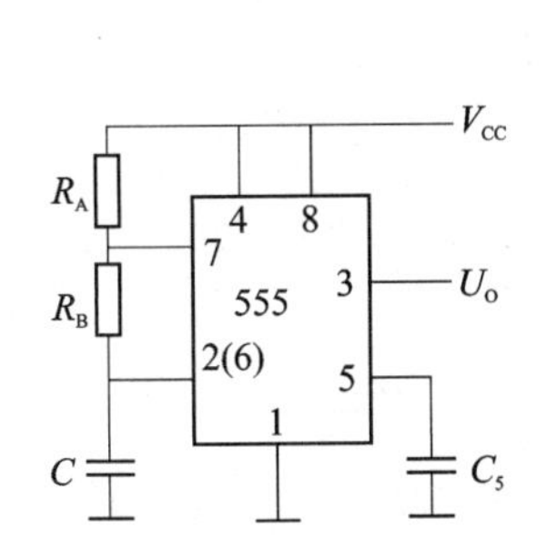

图 4.46　多谐振荡器电路图

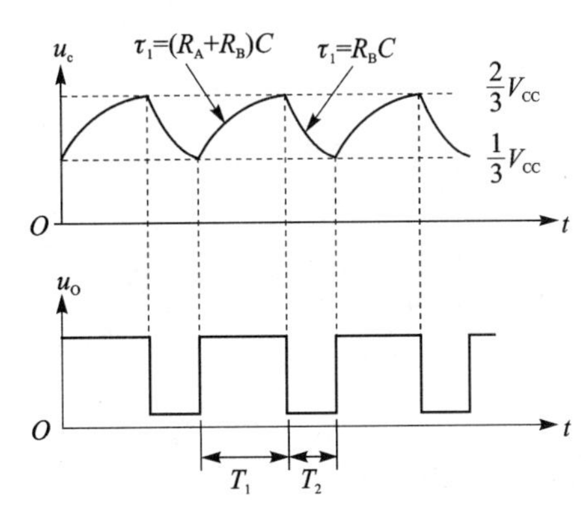

图 4.47　多谐振荡器的波形图

根据 $u_c(t)$的波形图可以确定振荡周期，$T=T_1+T_2$。

求 T_1：T_1 对应充电，$\tau_1=(R_A+R_B)C$，初始值为 $u_c(0)=\frac{1}{3}V_{CC}$，稳态值 $u_c(\infty)=V_{CC}$，当

$t=T_1$ 时，$u_c(T_1)=\frac{2}{3}V_{CC}$，代入过渡过程公式，可得 $T_1=\ln 2(R_A+R_B)C\approx 0.7(R_A+R_B)C$。

求 T_2：T_2 对应放电，$\tau_2=R_BC$，初始值为 $u_c(0)=\frac{2}{3}V_{CC}$，稳态值 $u_c(\infty)=0$ V，当 $t=T_2$ 时，$u_c(T_2)=\frac{1}{3}V_{CC}$，代入过渡过程公式，可得 $T_2=\ln 2R_BC\approx 0.7R_BC$。

因此，振荡周期 $T=T_1+T_2\approx 0.7(R_A+2R_B)C$；

振荡频率 $f=1/T\approx 1/0.7(R_A+2R_B)C=1.44/(R_A+2R_B)C$；

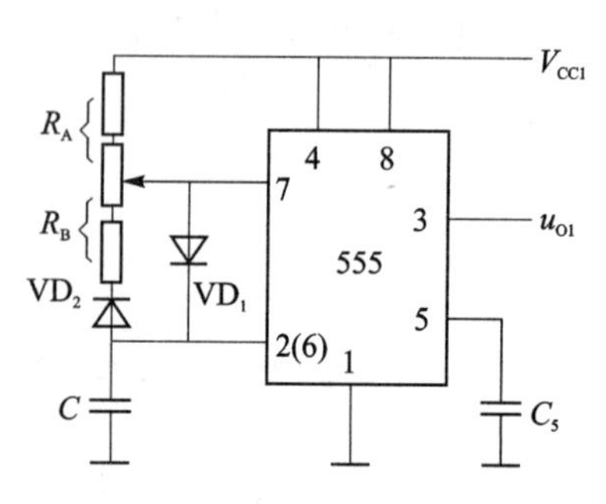

图 4.48　占空比可调的多谐振荡器

占空比 $D=\frac{T_1}{T}=\frac{T_1}{T_1+T_2}\times 100\%=\frac{R_A+R_B}{R_A+2R_B}\times 100\%$。

对于图 4.47 所示的多谐振荡器，因为 $T_1>T_2$，它的占空比大于 50%，所以要想使占空比可调，应从能改变调节充、放电通路上想办法。图 4.48 是 1 种占空比可调的电路图。该电路因加入了二极管，使电容器的充电和放电回路不同，可以调节电位器使充、放电时间常数相同。如果 $R_A=R_B$，调节电位器可以获得 50%的占空比。

4.8.4　密特触发器

555 定时器构成施密特触发器的电路图如图 4.49 所示，波形图如图 4.50 所示。施密特触发器的工作原理和多谐振荡器基本一致，无原则不同。只不过多谐振荡器是靠电容器的充放电去控制电路状态的翻转，而施密特触发器是靠外加电压信号去控制电路状态的翻转。所以，在施密特触发器中，外加信号的高电平必须大于 $\frac{2}{3}V_{CC}$，低电平必须小于 $\frac{1}{3}V_{CC}$，否则电路不能翻转。

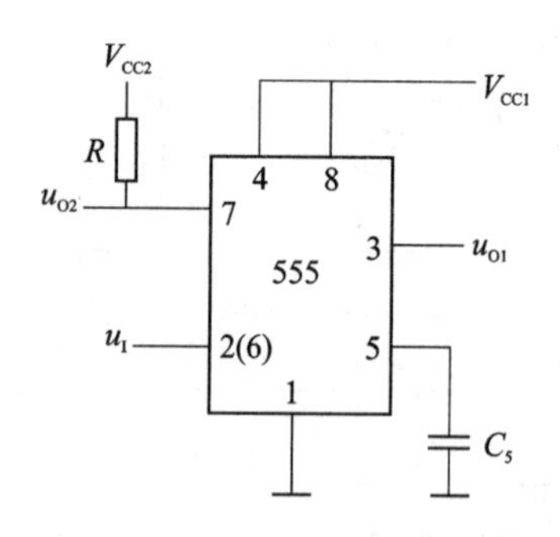

图 4.49　施密特触发器电路图

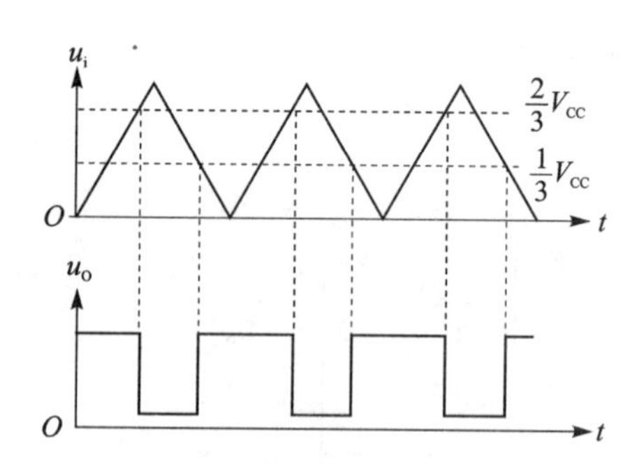

图 4.50　施密特触发器的三角波形转换

由于施密特触发器采用外加信号，所以放电端 7 脚就空闲了出来。利用 7 脚加上拉电阻，就可以获得 1 个与输出端 3 脚一样的输出波形。如果上拉电阻接的电源电压不同，7 脚输出的高电平与 3 脚输出的高电平在数值上会有所不同。

施密特触发器主要用于对输入波形的整形。如图 4.50 所示将三角波整形为方波，其他形

状的输入波形也可以整形为方波。

4.8.5　压控振荡器

一般的振荡器改变振荡频率，是通过改变谐振回路或选频网络的参数实现的。压控振荡器是通过改变 1 个控制电压来实现对振荡器频率的改变，因此，压控振荡器特别适合用于控制电路之中。利用 555 定时器的 5 脚，可以方便实现这一功能。由于 555 定时器是 1 种低价格通用型的电路，其压控非线性较大，性能较差，只能满足一般技术水平的需要。如果需要高的性能指标，可采用专用的压控振荡器芯片，如 AD650 等。555 定时器构成的压控振荡器电路图如图 4.51 所示，波形图如图 4.52 所示。

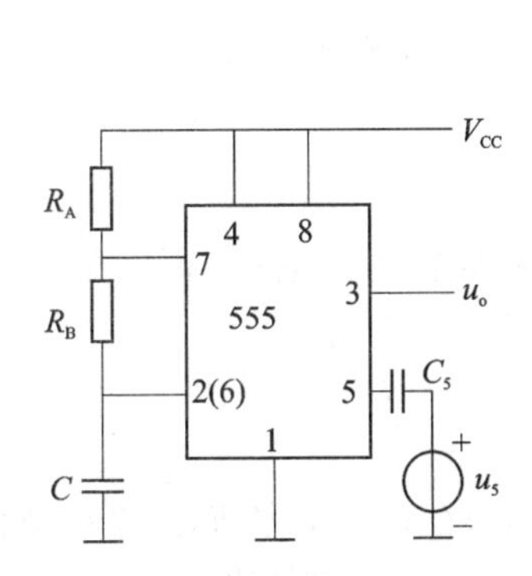

图 4.51　压控振荡器电路图

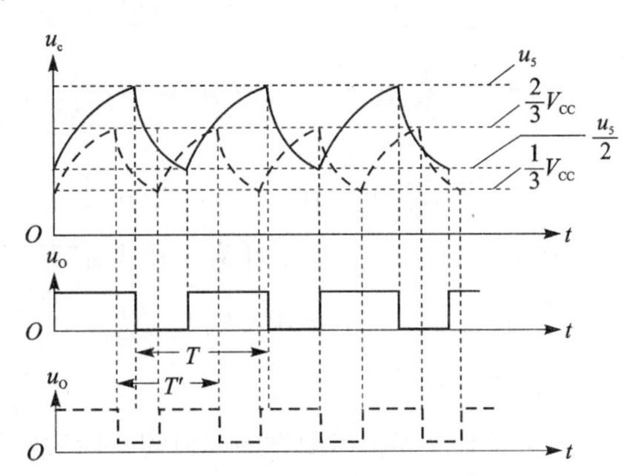

图 4.52　压控振荡器的波形图

555 定时器做压控振荡器，其工作原理与多谐振荡器没有本质的不同。在压控振荡器中，实质上是通过 5 脚加入 1 个控制电压 u_5，u_5 的加入使 555 定时器的阈值随之改变，从而可以改变多谐振荡器的振荡频率。为了使 u_5 的控制作用明显，u_5 应是 1 个低阻的信号源。因为 555 定时器内部的阈值是由 3 个 5 kΩ 的电阻分压取得，u_5 的内阻大或串入较大的电阻，压控作用均不明显。

4.9　由门电路构成的三种应用电路

4.8 节中用 555 定时器构成了三种应用电路，即暂稳电路、脉冲发生电路和施密特触发器。本节介绍由基本门电路构成的上述三种应用电路。

4.9.1　CMOS 反相器组成的施密特触发器

(1) 电路结构

图 4.53 所示电路是由 CMOS 非门和电阻组成的，即为施密特触发器。

当 v_i =**“0”**时，v_o =**“0”**；当 v_i =**“1”**时，$v_o = V_{DD}$。可见电路实现的是同相输出。

(2) 原理分析

当 v_i 较小，在低电平范围内时，v_o =0 V。由于 CMOS 门 G_1 没有输入电流，所以，R_1 上的电流等于 R_2 上流过的电流，即 $\frac{v_i - v_A}{R_1} = \frac{v_A - v_o}{R_2}$，得 $v_A = \frac{R_2}{R_1 + R_2} v_i$。

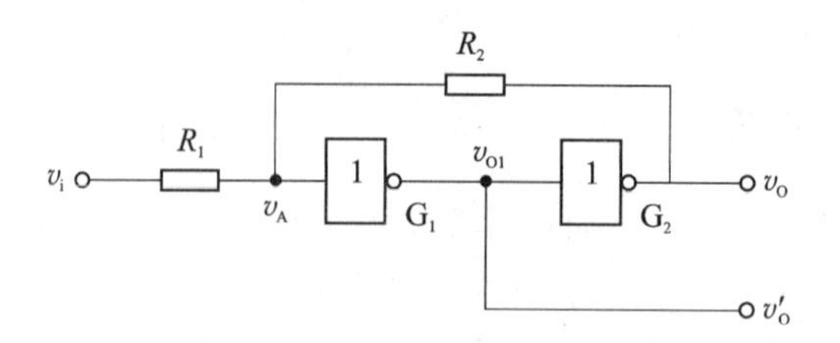

图 4.53 CMOS 门组成的施密特触发器

当 v_i 逐渐增大,使 v_A 达到 G_1 门的开启电压 V_{TH} 时,门 G_1 就触发翻转为低电平。也就是:$v_A=V_{TH}=\frac{1}{2}V_{DD}$ 时,v_i 的值即为正向阈值电压 V_{T+},$V_{T+}=v_i=\frac{1}{2}V_{DD}\left(1+\frac{R_1}{R_2}\right)$。

当 v_i 较大,在高电平范围内时,$v_o=V_{DD}$,同样有表达电流相等的等式,$\frac{v_i-v_A}{R_1}=\frac{v_A-v_o}{R_2}$,即得到 $v_A=\frac{R_2}{R_1+R_2}v_i+\frac{R_1}{R_1+R_2}V_{DD}$

当 v_i 逐渐减小,到 v_A 小于开启电压 V_{TH} 时,门 G_1 触发翻转为高电平,也就是:$V_A=V_{TH}=\frac{1}{2}V_{DD}$,求得 V_{T-} 这个负向阈值电压为 $V_{T-}=v_i=\frac{1}{2}V_{DD}\left(1-\frac{R_1}{R_2}\right)$。

(3) 滞回特性

由于施密特触发器正向触发的阈值和负向触发的阈值不同,存在一个差值,这个差值称为回差,回差电压为 $\Delta V_T=V_T+(-V_{T-})$,即称滞回电压。其输入输出特性如图 4.54(a)所示,也称滞回曲线,图 4.54(b)所示为滞回触发器的逻辑符号。

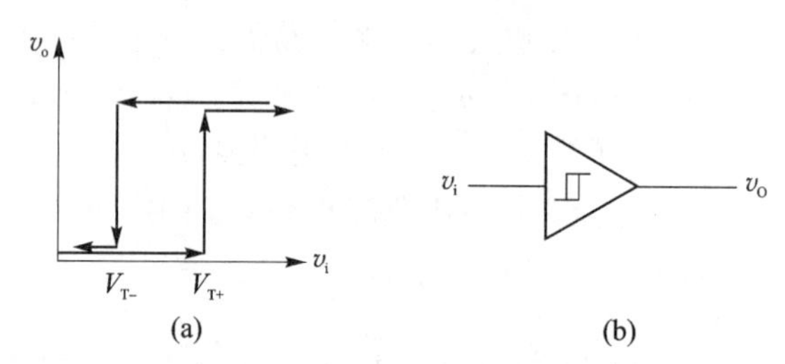

图 4.54 施密特触发器的滞回曲线

4.9.2 TTL 电路组成的单稳态触发器

(1) 电路结构与原理

由 TTL 门电路和电阻电容元件构成的积分型单稳态触发器如图 4.55 所示。

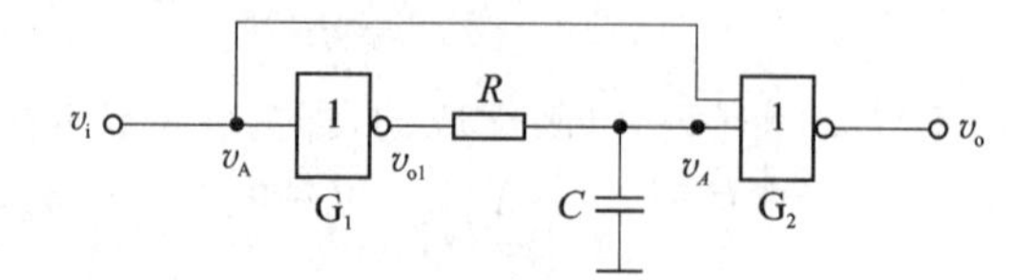

图 4.55 积分型单稳态触发器

电路在稳态时,v_i 为低电平,v_{o1} 为高电平,v_o 为高电平;v_{o1} 向电容 C 充电,使 v_A 也为高

电平，这是个稳定状态。

当 v_i 正跳变时，G_1 门翻转 V_{OL} 变为低电平，G_2 门由于 v_i 和 v_A 均为高电平也翻转为低电平。电容经过 R 形成放电回路，v_A 开始下降，直至 v_A 降到 V_{TH} 开启电压，G_2 门触发翻转为高电平，v_o 的低电平结束。这个低电平状态就是暂稳态，当电容电压放电小于 V_{TH} 时，v_o 就重新回到高电平。

（2）暂稳态波形

在 t_1 时刻输入正跳变脉冲到来，V_{o1} 翻转为低电平，电容电压 v_A 开始放电，如图 4.56 所示，当 $v_A < V_{TH}$ 时，G_2 门翻转为高电平 $v_o = V_{DD}$，至此时 v_o 维持低电平时间 t_w 称为暂稳态时间。

（3）暂稳态时间 t_w

暂稳态时间 t_w 等于电容 C 当 V_{OL} 为低电平时，v_A 开始放电至 $v_A = V_{TH}$ 时所用时间，据此画出放电回路如图 4.57 所示。

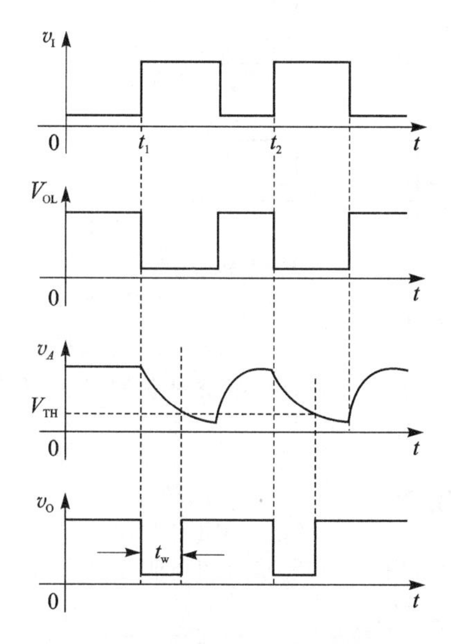

图 4.56　暂稳态触发器波形图

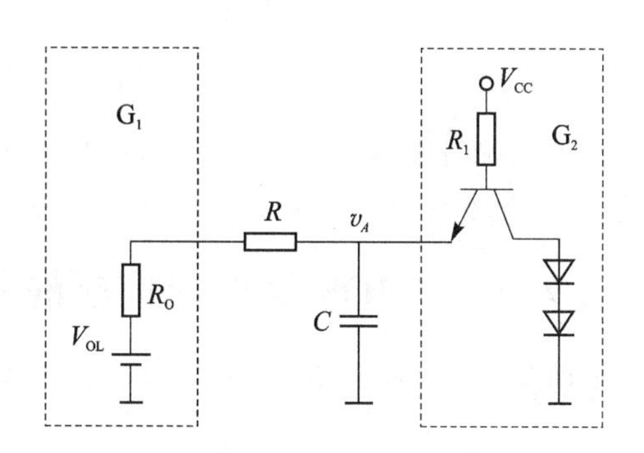

图 4.57　放电等效电路

其中门 G_1 等效为内阻 R_o 和低电平 V_{OL} 的电路模型，G_2 为 TTL 门输入端的发射极，R_1 电阻和集电极所接的 T_2 和 T_5 的发射极等效二极管组成的电路模型。

根据暂态电路的三要素法，电容上的电压 V_C 初始值 $V_C(0) = V_{OH}$，即为 G_1 输出的高电平，TTL 门取 3.6 V；当电容保持放电状态直至放到 V_{OL}，即为 $V_C(\infty) = V_{OL}$；当 v_A 放电至 V_{TH} 时，G_2 门翻转为高电平，即 $V_{C(th)} = V_{TH}$，时间常数 $\tau = (R + R_o)C$，所以，$V_C(t_w) = V_C(\infty) + [V_C(0) - V_C(\infty)]e^{-\frac{t_w}{\tau}}$，即 $t_w = \tau \ln \dfrac{V_C(\infty) - V_C(0)}{V_C(\infty) - V_C(\mathrm{TH})} = (R + R_o)C \cdot \ln \dfrac{V_{OL} - V_{OH}}{V_{OH} - V_{TH}}$。

当触发正跳变脉冲结束后，V_{OL} 恢复高电平，v_A 点电容 2 开始充电，v_A 恢复至 V_{TH} 开启电压，直至 $v_A = V_{OL} = V_{OH}$。图中 t_{re} 为恢复时，是指 v_A 恢复到高电平时所用时间，大约等于

$(3\sim5)(R+R'_o)C$,其中R'_o为G门输出高电平时的等效内阻。由此可见,输入触发脉冲的分辨时间$t_d=t_{re}+t_{TR}$,t_{TR}为正跳触发时间。这个触发脉冲宽度t_{TR}不能太宽,要大于输出脉冲宽度t_w,是因为如果触发脉冲宽度小于输出脉冲宽度,获得的输出脉冲宽度就与输入的触发脉冲宽度一样,就不是单稳态触发器了。脉冲宽度与类型如图4.58所示。

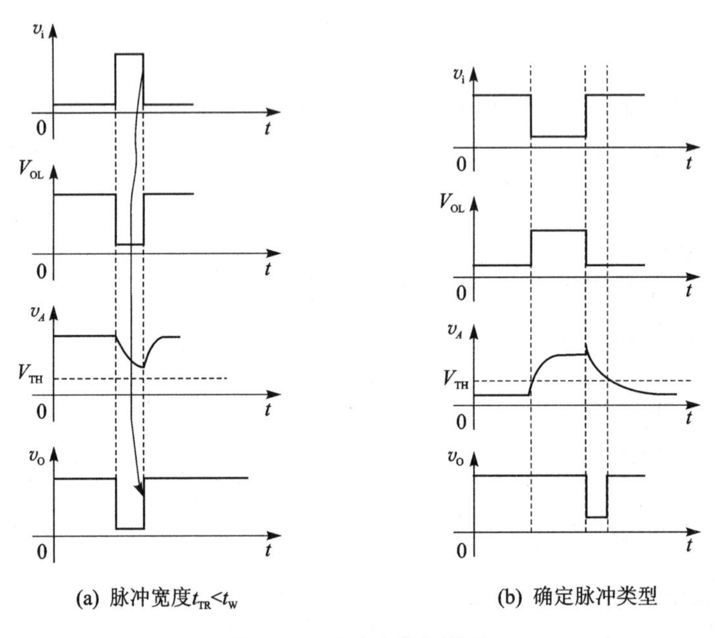

(a) 脉冲宽度$t_{TR}<t_W$　　(b) 确定脉冲类型

图4.58　脉冲宽度与类型

在不明确触发器是正脉冲触发,还是负脉冲触发时,可以分别对正跳变和负跳变脉冲进行分析,如果触发跳变后不能保持状态,则是触发脉冲。

4.9.3　CMOS反相器构成的多谐振荡器

下面介绍一种非对称式多谐振荡器,如图4.59所示,由CMOS非门和电阻电容组成。

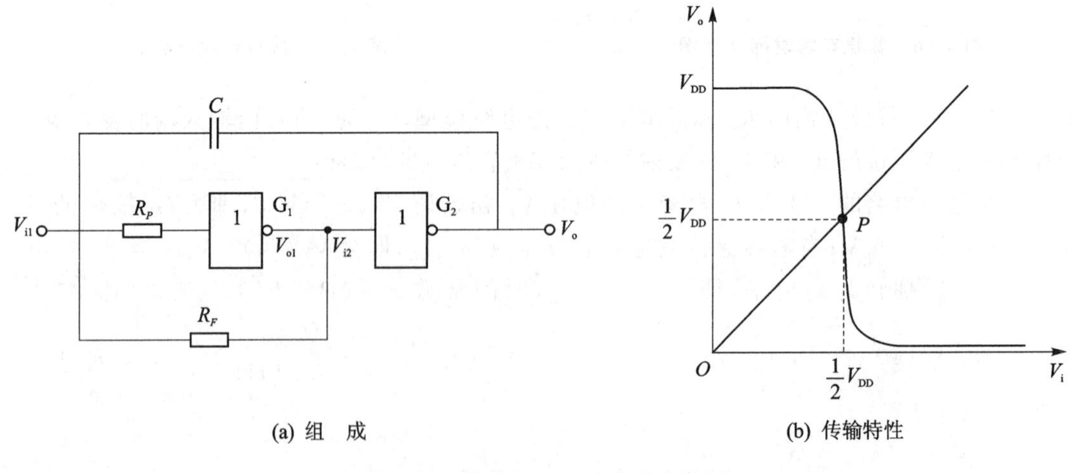

(a) 组　成　　(b) 传输特性

图4.59　CMOS门组成的多谐振荡器

(1) 电路结构与原理

首先是充电过程：当 $v_{i1}=0$ 时，v_{o1} 为高电平，v_o 为低电平。v_{o1} 经 R_F 向 C 充电，如图 4.60(a)所示；充到 $v_{i1}=V_{TH}$ 时充电结束，V_{OL} 等于低电平，v_o 等于高电平，然后将开始放电。

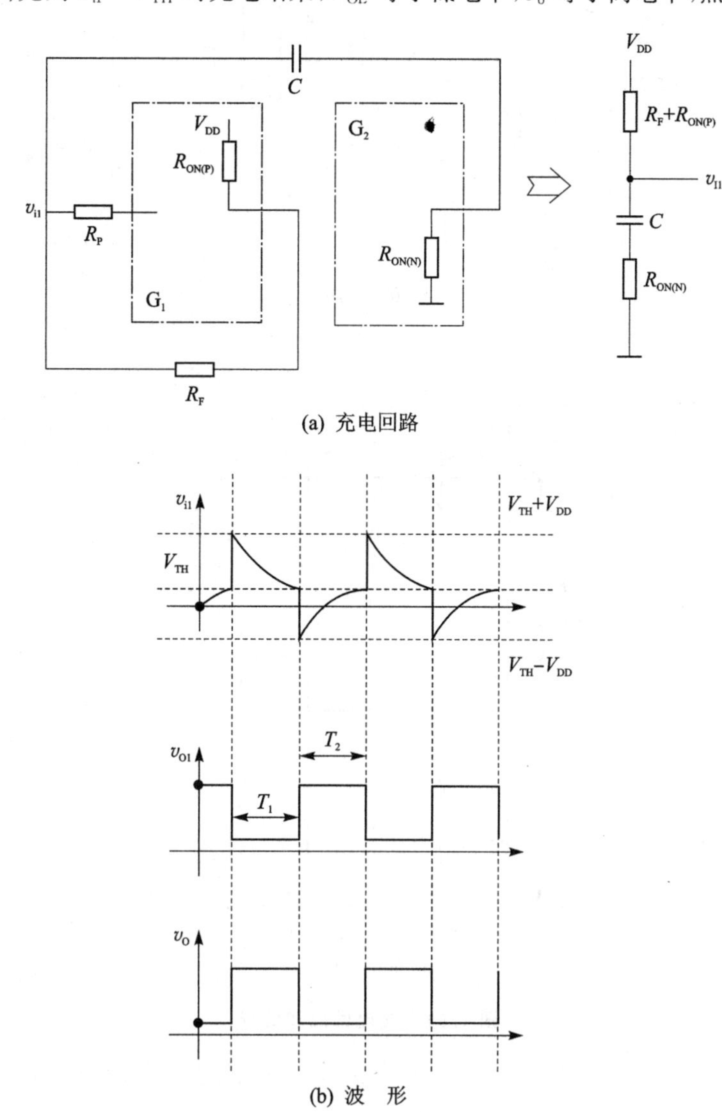

(a) 充电回路

(b) 波　形

图 4.60　充电回路和波形

然后是放电过程：电容 C 经 R_F 放电，放电回路是 C 从右至左经 v_{i1} 点与 v_{o1} 的电平构成回路，如图 4.61(a)所示。放电波形如图 4.61(b)所示。

电路在静态时，门 G_1G_2 均工作在电压转输特性转折区的中间，如图 4.59(b)所示。

由图 4.60(b)可以看出，充电时，v_{i1} 上升至 V_{TH}，v_{o1} 迅速降低，v_o 迅速升高，电路进入第一暂态；放电时，v_{i1} 下降至 V_{TH}，v_{o1} 迅速升高，v_o 迅速降低，电路进入第二暂态。

(2) 振荡周期

从放电波形图 4.61(b)可以看出，振荡周期 $T=T_1+T_2$，其中 T_1 是放电时间，T_2 是充电时间。根据电容暂态电压的三要素法可知：

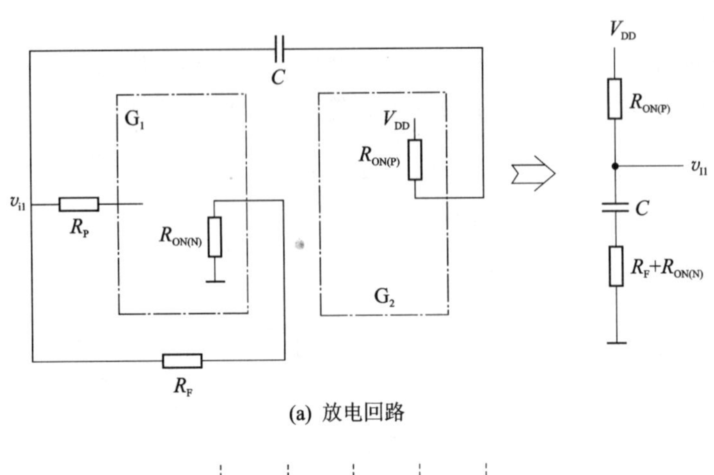

(a) 放电回路

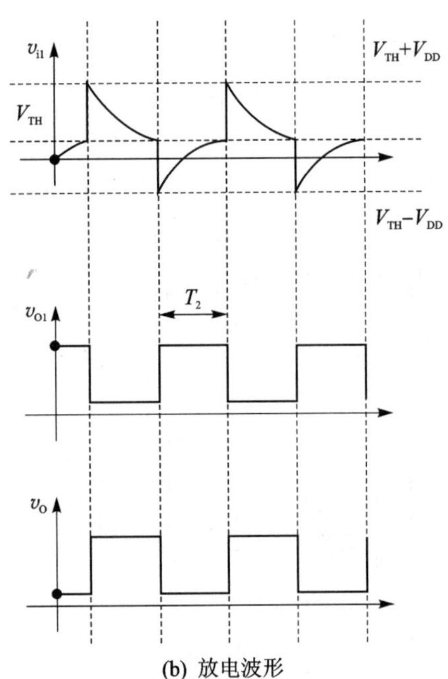

(b) 放电波形

图 4.61　放电回路和波形

充电时,$v_{i1}(0)=V_{TH}+V_{DD}$,$v_{i1}(\infty)=0$,$v_{i1(th)}=V_{TH}$,由 $v_{i1(TH)}=v_{i1}(\infty)+[v_{i1}(0)-v_{i1}(\infty)]e^{-\frac{T_2}{\tau_2}}$,$\tau_2=R_F\cdot C$ 得 $T_2=R_F\cdot C\cdot\ln\dfrac{V_{DD}-(V_{TH}-V_{DD})}{V_{DD}-V_{TH}}=R_F\cdot C\cdot\ln 3$。

放电时,$v_{i1}(0)=V_{TH}+V_{DD}$,$v_{i1}(\infty)=0$,$v_{i(TH)}=V_{TH}$,代入三要素公式,可得

$$T_1=R_F\cdot C\cdot\ln\frac{0-(V_{TH}-V_{DD})}{0-V_{TH}}=R_F\cdot C\cdot\ln 3$$

习　题

1. 图 4.62(a)所示是由与非门构成的基本 RS 触发器,试画出在图 4.44(b)所示输入信号的作用下的输出波形。

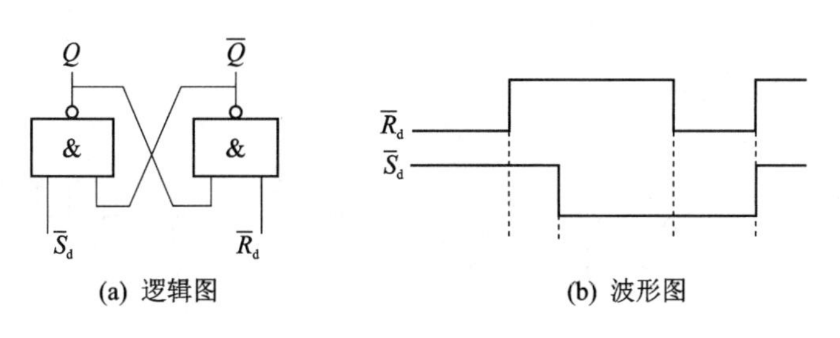

(a) 逻辑图　　(b) 波形图

图 4.62　习题 1 图

2. 由 CMOS 门构成的电路如图 4.63(a)所示。

(1) 分别写出 $C=\mathbf{0}$ 、$C=\mathbf{1}$ 时，输出端 Q 的表达式。

(2) 当 $C=\mathbf{0}$ 、$C=\mathbf{1}$ 时，该电路分别属于组合电路还是时序电路？

(3) 画出在图 4.63(b)所示输入波形作用下，输出 Q 的波形。

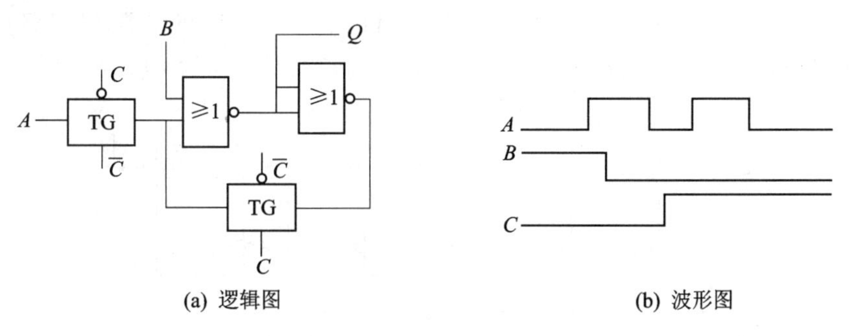

(a) 逻辑图　　(b) 波形图

图 4.63　习题 2 图

3. 分析图 4.64(a)所示电路，列出特征表，写出特征方程，说明其逻辑功能，并画出在图 4.46(b)所示 CP 和 D 信号作用下的电路输出 Q 的波形。(Q 的初始状态为 $\mathbf{0}$)

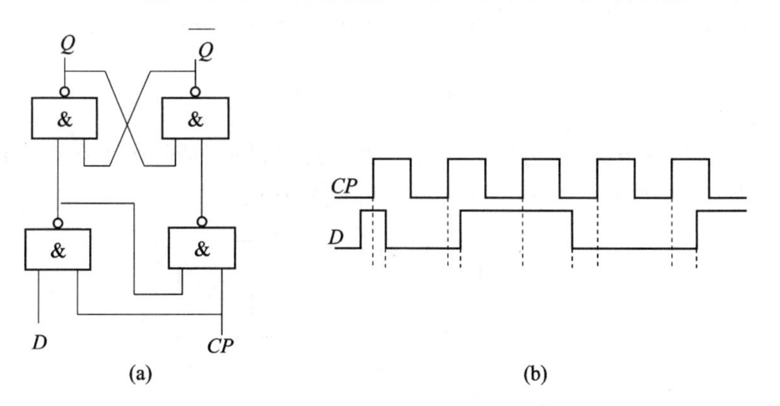

(a)　　(b)

图 4.64　习题 3 图

4. 按图 4.65 所示的输入波形，分别画出正电位和正边沿 2 种触发方式 D 触发器的输出波形。

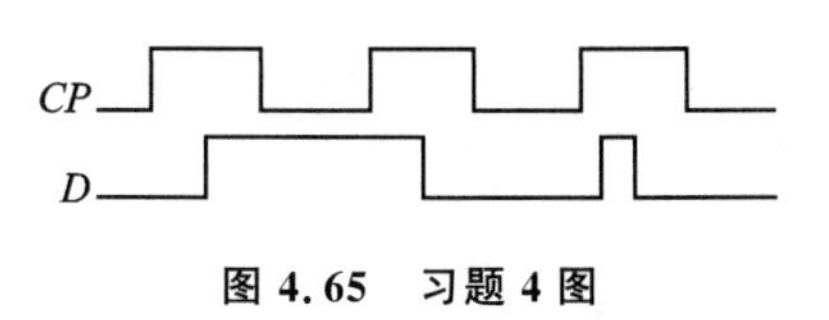

图 4.65　习题 4 图

5. 时序逻辑电路如图 4.66(a)所示，触发器为维持阻塞型 D 触发器，初态均为 $\mathbf{0}$。

(1) 画出在图 4.66(b)所示 CP 作用下的输出

Q_1Q_2 和 Z 的波形;

(2) 分析 Z 与 CP 的关系。

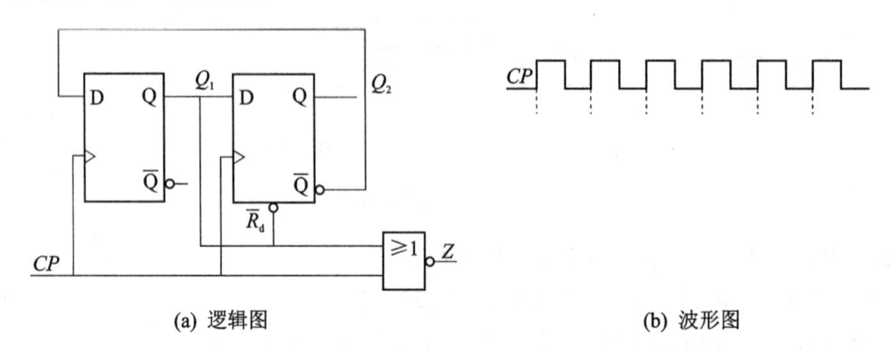

(a) 逻辑图　　(b) 波形图

图 4.66　习题 5 图

6. 在图 4.67 所示电路中,F_1 为 D 锁存器,F_2和 F_3 为边沿 D 触发器,试根据 CP 和 X 的信号波形,画出 Y_1、Y_2 和 Y_3 的波形。(F_1、F_2 和 F_3 的初始状态均为 **0**)

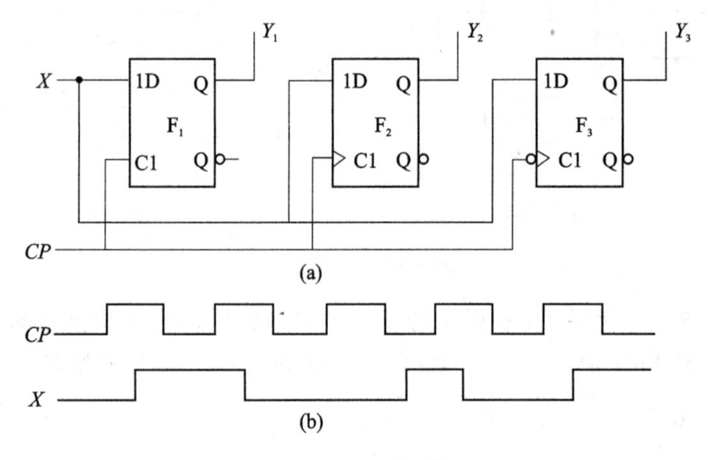

图 4.67　习题 6 图

7. 根据图 4.68 所示电路,若忽略门及触发器的传输延迟时间,画出在 CP 和 X 信号作用下所对应的 Q_1 及 Q_2 的波形。(设 Q_1、Q_2 的初始状态为 **0**)

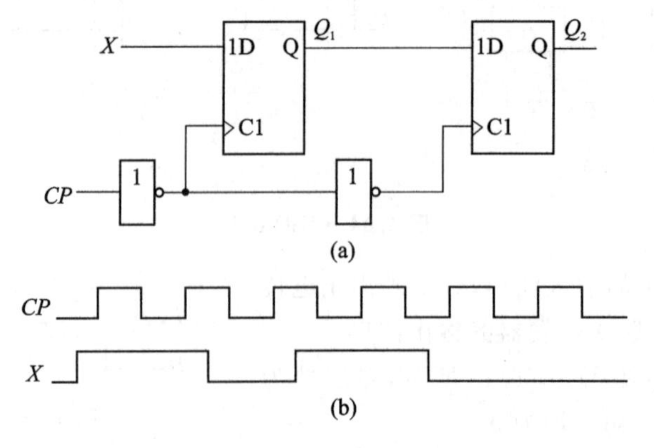

图 4.68　习题 7 图

8. 已知电路 CP 及 A 的波形如图 4.69(a)和(b)所示,设触发器的初态为 **0**,试画出输出端 B 和 C 的波形。

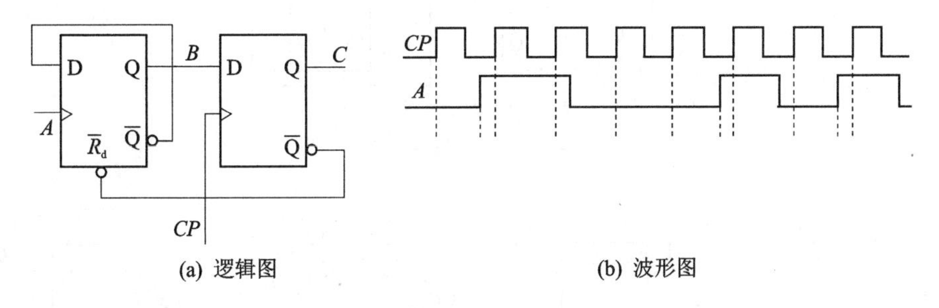

(a) 逻辑图　　(b) 波形图

图 4.69　习题 8 图

9. 逻辑电路如图 4.70 所示,已知:CP 和 X 的波形,试画出 Q_1 和 Q_2 的波形。(设触发器的初始状态为 **0**)

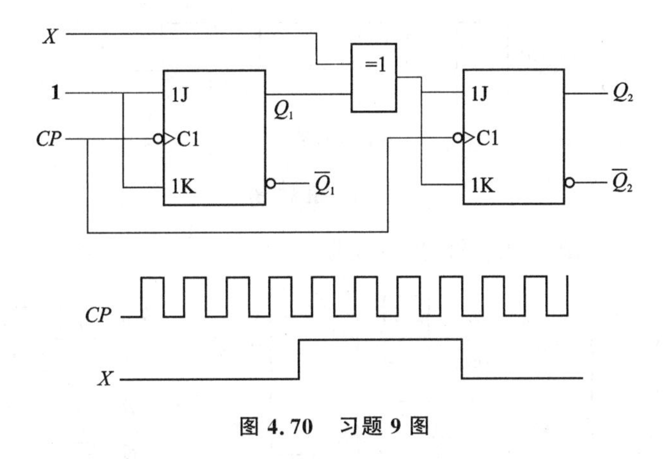

图 4.70　习题 9 图

10. 试画出图 4.71 所示电路在图(b)所示输入信号 CP 和 X 作用下的输出 Q_1、Q_2 和 Z 的波形。(Q_1、Q_2 的初态为 **0**)

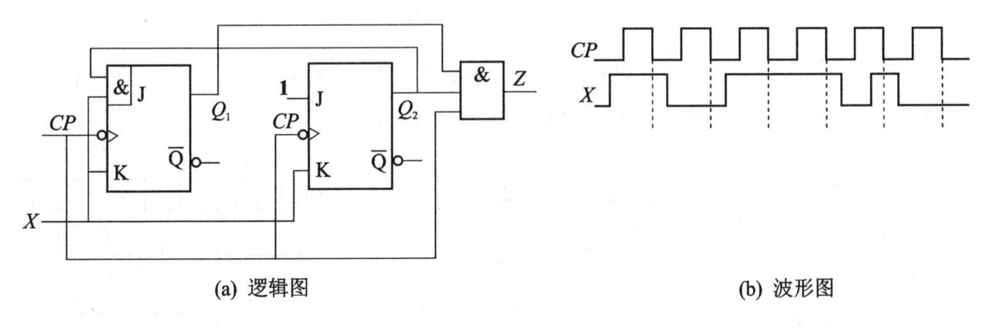

(a) 逻辑图　　(b) 波形图

图 4.71　习题 10 图

11. 试画出图 4.72 所示电路在连续 3 个 CP 周期信号作用下,Q_1、Q_2 端的输出波形。(设各触发器的初始状态为 **0**)

12. 试写出图 4.73(a)中各 TTL 触发器输出的次态函数(Q^{n+1}),并画出在 4.73 图(b)所示 CP 波形作用下的输出波形。(各触发器的初态均为 **0**)

13. 电路如图 4.74(a)所示,其中 $\overline{R}_D$ 为异步置 **0** 端;输入信号 A、B、C 和触发脉冲 CP 的

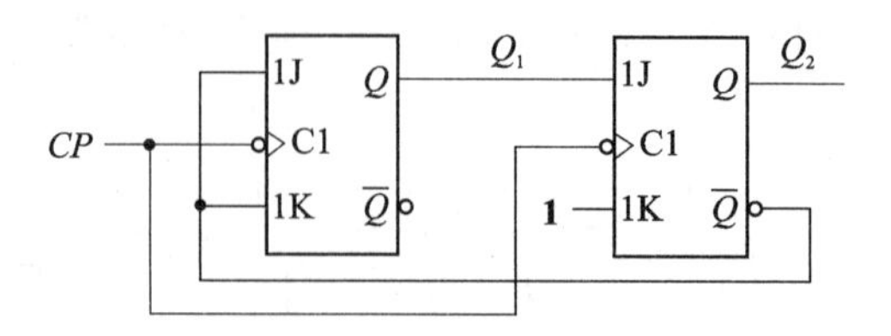

图 4.72　习题 11 图

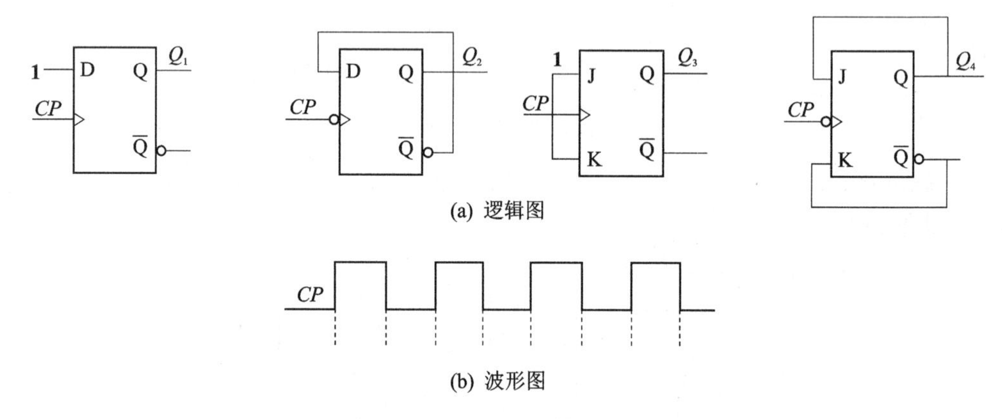

图 4.73　题 12 图

波形如图 4.74(b)所示,试画出 Q_1 和 Q_2 的波形。

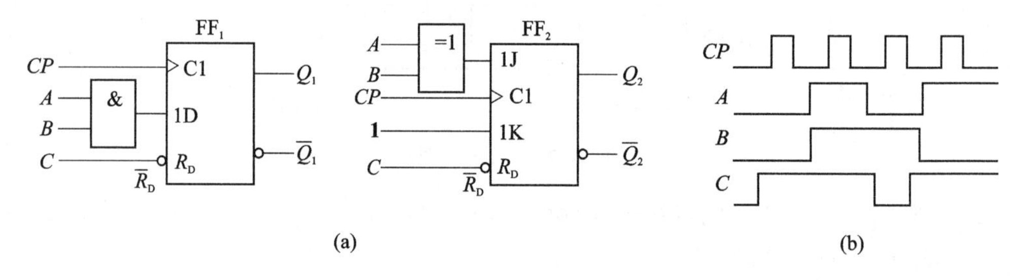

图 4.74　习题 13 图

14. 求如图 4.75(a)所示各触发器输出端 Q 的表达式,并根据图 4.75(b)所示 CP、A、B、C 的波形画出 Q_1 和 Q_2 的波形。(设各触发器的初态为 **0**)

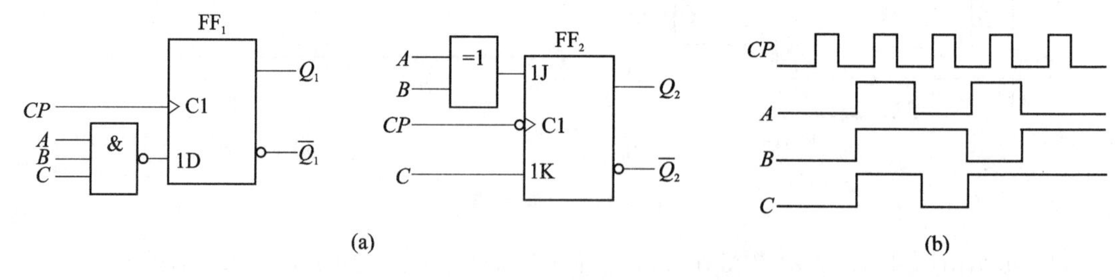

图 4.75　习题 14 图

15. 在图 4.76 所示电路中,FF_1 和 FF_2 均为负边沿型触发器,试根据 CP 和 X 信号波形,画出 Q_1、Q_2 的波形(设 FF_1、FF_2 的初始状态为 **0**)。

16. 电路如图 4.77(a)所示,R、S 和 CP 波形如图(b)所示,试分别画出 Q_1～Q_4 的波形。

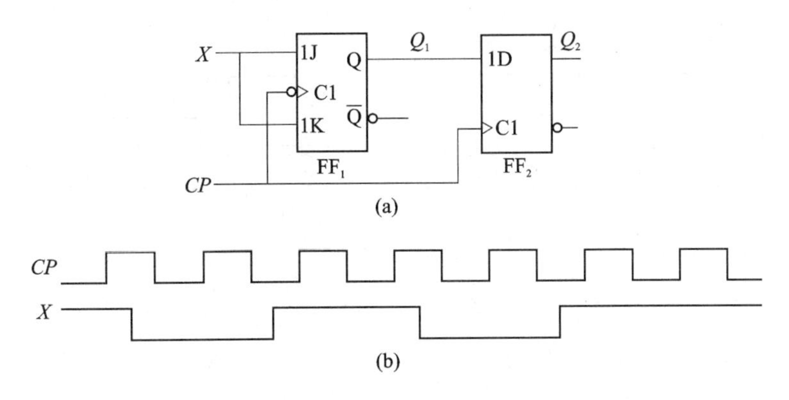

图 4.76　习题 15 图

（设各触发器的初态为 **0** 态）

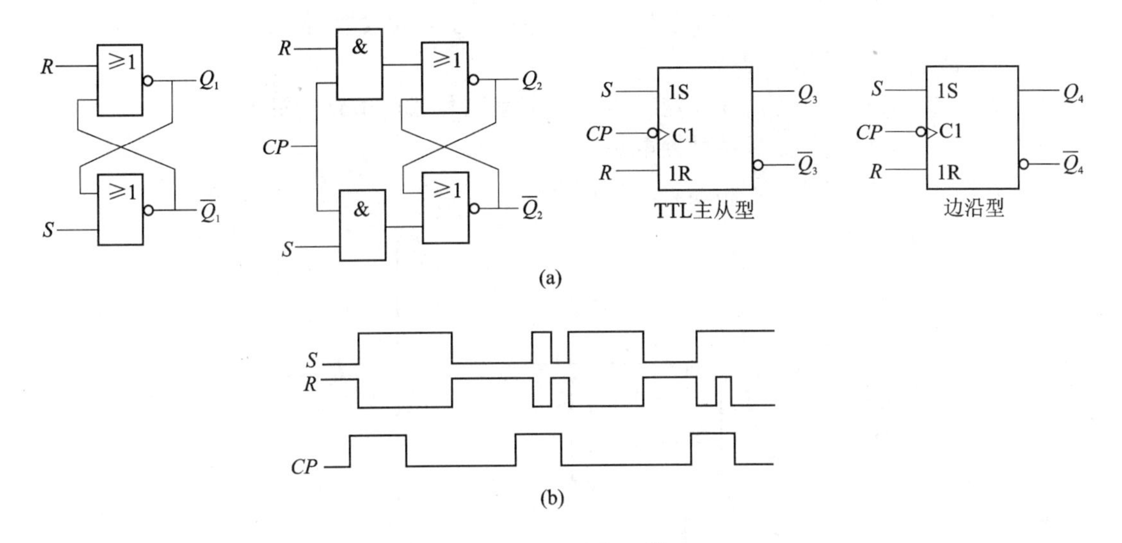

图 4.77　习题 16 图

17. 今有 2 个 TTL JK 触发器，1 个是主从触发方式，另 1 个是下降边沿触发，已知两者的输入波形均如图 4.78 所示，试分别画出 2 个触发器的输出波形。（初始状态均为 **0**）

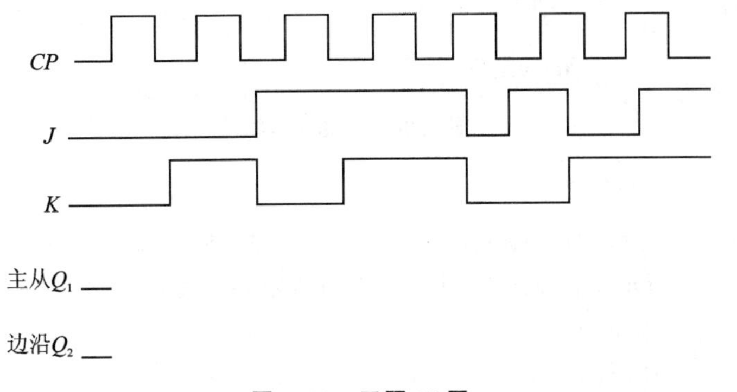

主从Q_1 ___

边沿Q_2 ___

图 4.78　习题 17 图

18. 分别按图 4.79(a)和(b)所示 JK 触发器的输入波形，试画出主从触发器及负边沿

JK 触发器的输出波形。

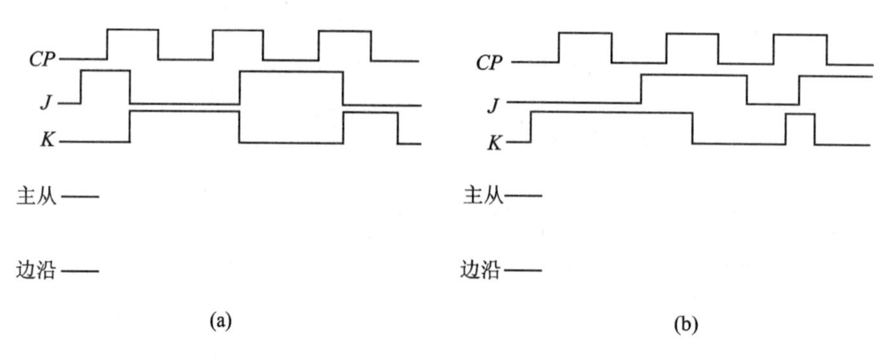

图 4.79　习题 18 图

19. 请用1个与门和1个 D 触发器构成1个 T 触发器。

20. 根据特性方程,外加与非门将 D 触发器转换为 JK 触发器;若反过来将 JK 触发器转换为 D 触发器,当如何实现?

21. 如图 4.80(a)所示为由 555 定时器和 D 触发器构成的电路逻辑图,

(1) 555 定时器构成的是哪种脉冲电路?

(2) 在图 4.80(b)中画出 u_c,u_{01},u_{02} 的波形;

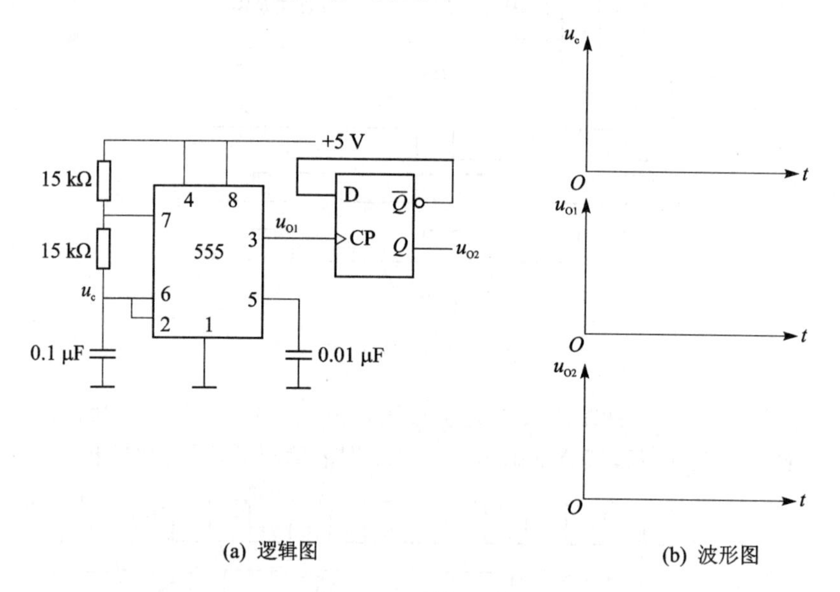

图 4.80　习题 21 图

(3) 计算 u_{01} 和 u_{02} 的频率;

(4) 如果在 555 定时器的第 5 脚接入 4 V 的电压源,则 u_{01} 的频率将变为多少?

22. 如图 4.81(a)所示是由 555 定时器构成的单稳态触发电路逻辑图,

(1) 简要说明其工作原理;

(2) 计算暂稳态维持时间 t_w;

(3) 画出在图 4.81(b)所示输入 u_i 作用下的 u_C 和 u_O 的波形;

(4) 若 u_i 的低电平维持时间为 15 ms,要求暂稳态维持时间 t_w 不变,应采取什么措施?

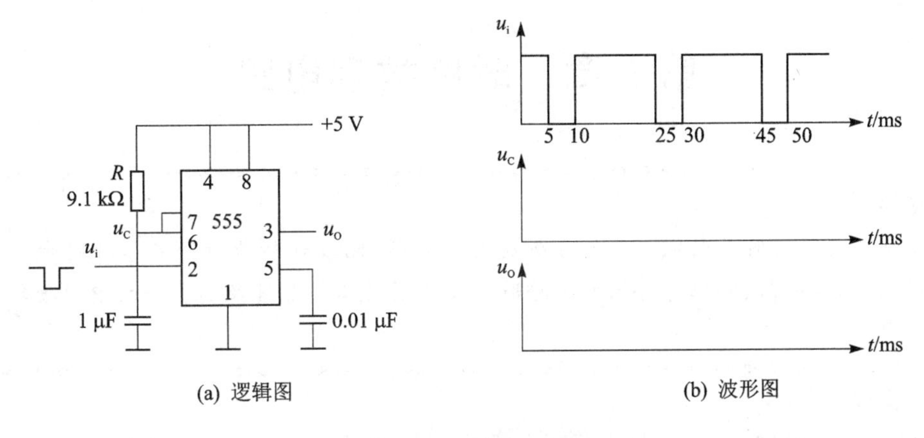

(a) 逻辑图　　　　(b) 波形图

图 4.81　习题 22 图

23. 由 555 定时器构成的施密特触发器如图 4.82(a)所示，

(1) 在图 4.82(b)中画出该电路的电压传输特性曲线；

(2) 如果输入 u_i 为图 4.82(c)的波形所示信号，对应画出输出 u_O 的波形；

(3) 为使电路能识别出 u_i 中的第 2 个尖峰，应采取什么措施？

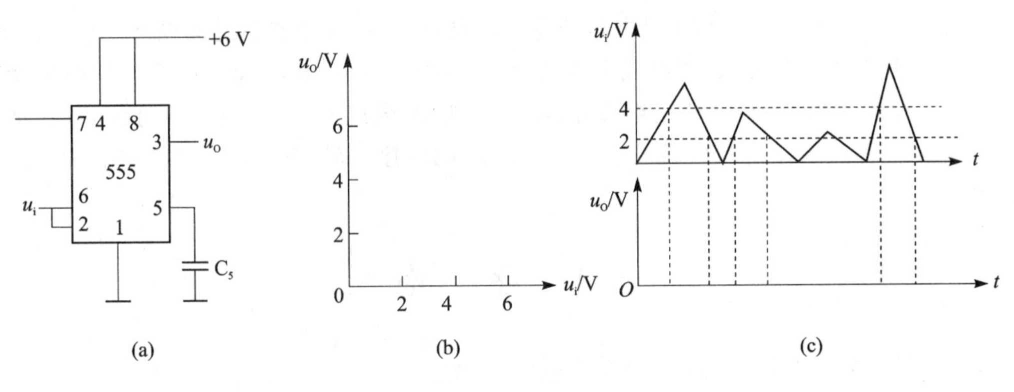

(a)　　　　(b)　　　　(c)

图 4.82　习题 23 图

24. 图 4.83 为由 2 个 555 定时器接成的延时报警器，当开关 S 断开后，经过一定的延迟时间 t_d 后扬声器开始发出声音，如果在迟延时间内闭合开关，扬声器停止发声。在图中给定的参数下，计算延迟时间 t_d 和扬声器发出声音的频率。

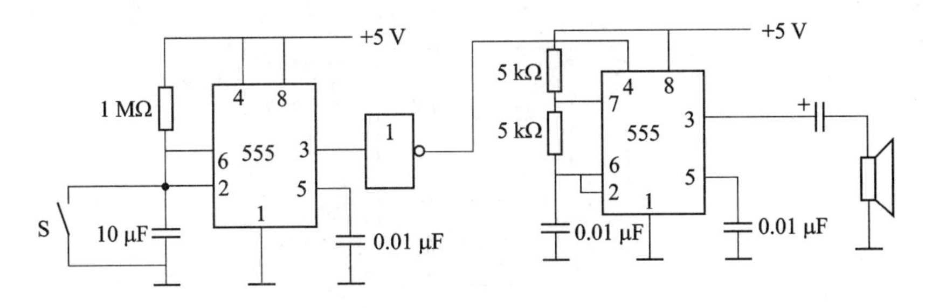

图 4.83　习题 24 图

第5章　时序数字电路

内容提要：

本章主要讨论时序数字电路的分析及设计问题，比较详细地讨论了各种同步及异步计数器、数码寄存器、移位寄存器和时序脉冲发生器的工作原理及其相应的中规模集成电路和应用。

问题探究

1. 如何实现**11100**这个数据串行存入暂时存放，之后再串行输出？如果这个数据串行输出后，如何检测这个数是否正确出现？

2. 设计1个周历(一周)电路。月历可以设计吗？尝试一下设计年历？倒计时电路如何设计？

3. 如何设计1个自动售报机，当你投5角硬币后自动给出报纸？再思考设计自动售水机，当你投够1元5角时将自动给水？

4. 如何设计1个控制三相步进电机的逻辑电路，要求在4个状态之间循环工作。状态1为A绕组导通、B绕组截止、C绕组截止；状态2为A绕组导通、B绕组导通、C绕组截止；状态3为A绕组截止、B绕组导通、C绕组截止；状态4为A绕组截止、B绕组导通、C绕组导通。设M为输入控制变量，$M=\mathbf{1}$时按状态1、2、3、4、1的顺序正转；$M=\mathbf{0}$时则按状态为1、4、3、2、1的顺序反转？

5.1　导　论

上述问题属于时序数字电路的研究范畴。

什么是时序数字电路呢？若在一个数字电路中，当前的输出不仅仅取决于当前的输入，而且还取决于过去的输入，这样的数字电路就称为时序数字电路。根据定义，时序数字电路必须有记住电路过去状态的功能，所以，必须有存储电路。因此，时序数字电路是由组合数字电路和存储电路2部分组成的，存储电路一般是由各类触发器组成的。如图5.1所示为一般时序电路的构成。

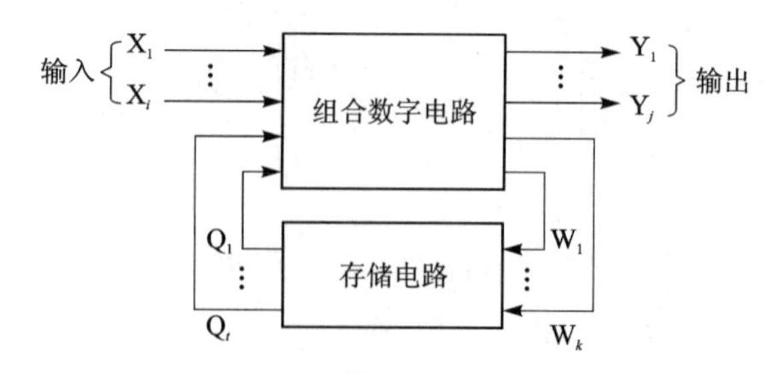

图5.1　时序数字电路结构示意

定义表示输入、输出的符号，其中：

$X(X_1,\cdots X_i)$：时序电路输入信号；

$Y(Y_1,\cdots Y_j)$：时序电路输出信号；

$W(W_1,\cdots W_k)$：存储电路输入信号；

$Q(Q_1,\cdots Q_l)$：存储电路输出信号；

基于这些符号，可以建立时序电路的方程，描述电路输入、输出和状态之间的逻辑关系：

输出方程：$Y=f_1(X,Q^n)$

激励方程：$W=f_2(X,Q^n)$

状态方程：$Q^{n+1}=f_3(W,Q^n)$

输出方程描述了组合数字电路的输出 Y 与输入 X、电路现态 Q^n 之间的关系。激励方程描述了存储电路的输入 W 与输入 X、现态 Q^n 的关系。状态方程则在时序上描述了电路次态 Q^{n+1} 与现态 Q^n 和 W 之间的关系。这三个方程建立了对时序逻辑的完整描述。

除了电路图(见图 5.1)和逻辑方程这两种形式，时序电路还可以通过状态转换表、状态转换图、时序图等方式表示：

① 状态转换表：用列表的方式表示输入 X、现态 Q^n 与输出 Y、次态 Q^{n+1} 的关系。表中下一行以上一行的次态作为新的现态，结合此时的输入，再次列出新的次态和输出。

② 状态转换图：以有限状态机的形式表示电路状态之间的转换。电路状态以圆圈表示，并用箭头表示状态的转换方向。箭头旁通常需要注明状态转换前的输入值 X 和输出值 Y。

③ 时序图：绘制出在一系列时钟脉冲的作用下，绘制出电路状态和输出值随时间变化的波形图。

上述描述方式在逻辑上具有等价性。实际应用中通常需要综合应用多种方式实现对时序电路的分析和设计。这将随着本章内容的展开逐渐体现。

本章学习的主要目标是掌握时序数字电路的分析和设计方法。

时序数字电路的分析是指已知逻辑图，求解电路的逻辑功能。分析时序数字电路的步骤如下：

① 根据逻辑电路写出输出方程、激励方程和状态方程；

② 根据状态方程列出状态转换表或状态转换图；

③ 根据状态转换表(图)和输出方程对逻辑电路进行分析，最后确定其功能。

时序数字电路的设计是指：已知对电路逻辑功能的要求，将对应的逻辑电路设计出来。与分析过程相反，是对提出的实际逻辑问题得到满足的逻辑电路。时序逻辑电路的设计步骤如下：

① 明确实际问题的逻辑功能，即将实际问题进行逻辑抽象，并确定状态变量数、输入变量数、输出变量数及表示符号；

② 根据状态变量数确定所用触发器的类型和数量；

③ 根据要求列出状态转换表或状态转换图；

④ 根据状态转换表写出激励方程和输出方程；

⑤ 画出逻辑图并进行校验。

时序数字电路分同步时序数字电路和异步时序数字电路 2 类。同步数字电路的特点是，电路中起存储作用的触发器是时钟触发器，时钟触发器的状态是在同一个时钟的控制下一起翻转。异步时序数字电路中触发器的状态不是由同一个时钟源控制，触发器的翻转可以有先有后。

5.2 时序电路分析

5.2.1 同步电路分析

同步时序电路的分析方法：首先写出逻辑表达式，包括输出方程、激励方程和状态方程；然后画出状态表、状态图和时序图；最后分析电路功能。

1. 分析图 5.2(a)电路的逻辑功能和外特性

由于该电路没有方程输入和输出，因此可以直接写出激励方程和状态方程。

① 激励方程：描述触发器的输入逻辑

$$D_0=\overline{Q_2^n}$$

$$D_1=Q_0^n$$

$$D_2=Q_1^n$$

② 状态方程：描述次态和现态的转换逻辑

$$Q_0^{n+1}=D_0=\overline{Q_2^n}$$

$$Q_1^{n+1}=D_1=Q_0^n$$

$$Q_2^{n+1}=D_2=Q_1^n$$

③ 状态表：如表 5.1 所列。

注意：式中、表中的 n 及 $n+1$ 分别表示此触发器的现态和次态。

表 5.1 状态表

Q_2^n	Q_1^n	Q_0^n	Q_2^{n+1}	Q_1^{n+1}	Q_0^{n+1}
0	0	0	0	0	1
0	0	1	0	1	1
0	1	1	1	1	1
1	1	1	1	1	0
1	1	0	1	0	0
1	0	0	0	0	0

④ 状态图如图 5.2(b)所示。

⑤ 时序图如图 5.2(c)所示。

⑥ 电路功能分析：该电路是1个不能自启动的六进制计数器。自启动是指当电路由于某种原因处在无效循环中的某一个状态时，电路能够自行进入到有效循环中。不能自启动就是不能回到有效循环中。

2. 分析图 5.3 所示电路的逻辑功能

① 确定触发器的激励方程。

由图 5.3 可以写出

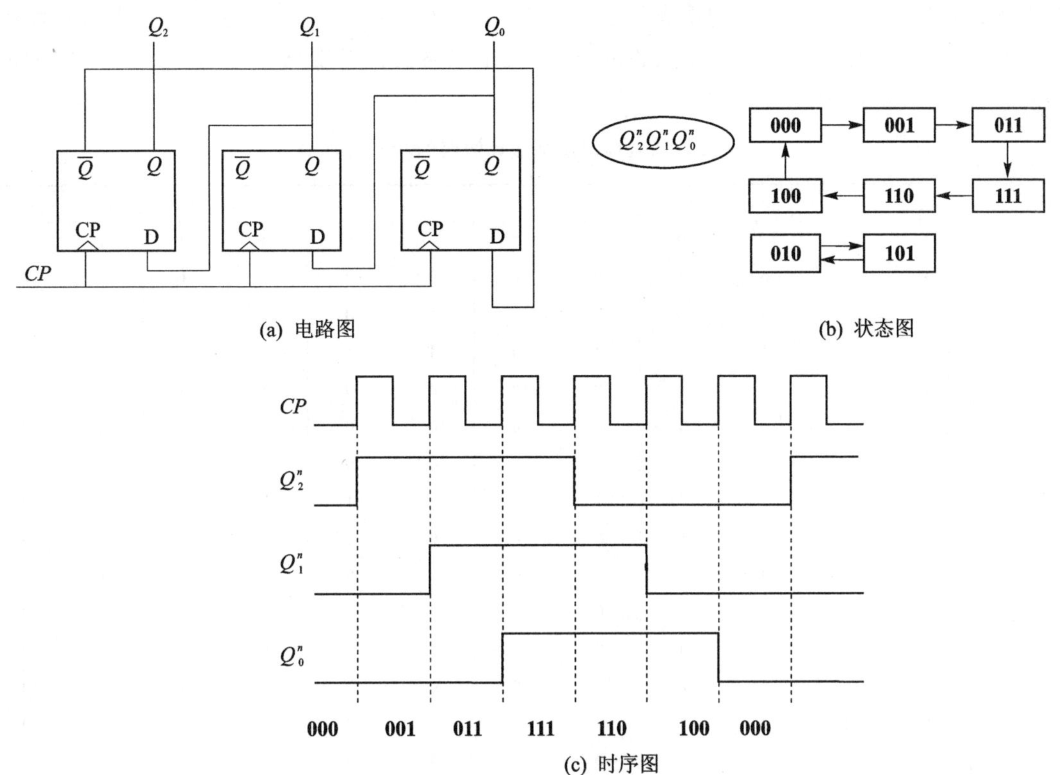

(a) 电路图　　(b) 状态图

(c) 时序图

图 5.2　六进制计数器

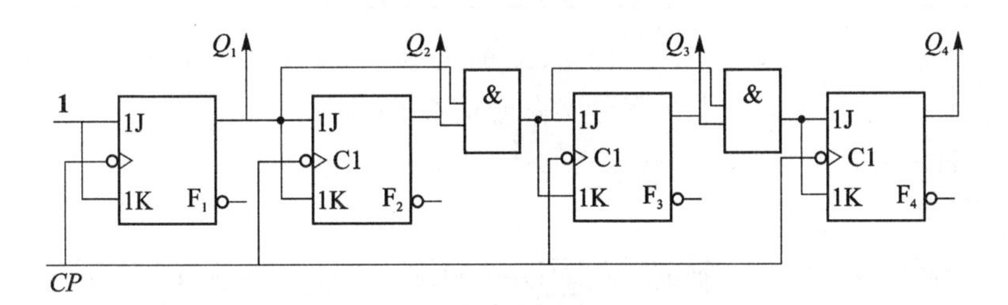

图 5.3　同步时序数字电路(二进制同步加法计数器)

$$J_1=\mathbf{1} \qquad K_1=\mathbf{1}$$

$$J_2=Q_1^n \qquad K_2=Q_1^n$$

$$J_3=Q_1^nQ_2^n \qquad K_3=Q_1^nQ_2^n$$

$$J_4=Q_1^nQ_2^nQ_3^n \qquad K_4=Q_1^nQ_2^nQ_3^n$$

② 写出状态方程

$$Q_1^{n+1}=\overline{Q_1^n} \qquad Q_2^{n+1}=Q_1^n\overline{Q_2^n}+\overline{Q_1^n}Q_2^n$$

$$Q_3^{n+1}=Q_1^nQ_2^n\overline{Q_3^n}+\overline{Q_1^nQ_2^n}Q_3^n \qquad Q_4^{n+1}=Q_1^nQ_2^nQ_3^n\overline{Q_4^n}+\overline{Q_1^nQ_2^nQ_3^n}Q_4^n$$

③ 列出态转换表绘制状态转换图。

状态转换表的推导，先设 1 个电路的初态，一般是设全部触发器的状态为“**0**”，即全“**0**”为初态。由此推导出在时钟作用下，电路状态是如何变化的。具体方法是将状态“**0**”代入以上状态方程式,得出对应态序0时的次态状态值,然后再将对应态序1的状态值代入状态方程式,得到对应态序1的次态状态值,依次不断进行,直至电路状态出现循环为止(态序16和态序0相同)。以上过程如表5.2所列。

表5.2　二进制同步加法计数器的状态转换表

态　序	Q_4	Q_3	Q_2	Q_1	J_4	K_4	J_3	K_3	J_2	K_2	J_1	K_1
0	0	0	0	0	0	0	0	0	0	0	1	1
1	0	0	0	1	0	0	0	0	1	1	1	1
2	0	0	1	0	0	0	0	0	0	0	1	1
3	0	0	1	1	0	0	1	1	1	1	1	1
4	0	1	0	0	0	0	0	0	0	0	1	1
5	0	1	0	1	0	0	0	0	1	1	1	1
6	0	1	1	0	0	0	0	0	0	0	1	1
7	0	1	1	1	1	1	1	1	1	1	1	1
8	1	0	0	0	0	0	0	0	0	0	1	1
9	1	0	0	1	0	0	0	0	1	1	1	1
10	1	0	1	0	0	0	0	0	0	0	1	1
11	1	0	1	1	0	0	1	1	1	1	1	1
12	1	1	0	0	0	0	0	0	0	0	1	1
13	1	1	0	1	0	0	0	0	1	1	1	1
14	1	1	1	0	0	0	0	0	0	0	1	1
15	1	1	1	1	1	1	1	1	1	1	1	1
16	0	0	0	0	0	0	0	0	0	0	1	1

表5.2中包括了状态转换的条件,即J、K的真值。所以,该表也可以称为状态转换条件表,一般状态转换表是指表5.2左半部分状态变量Q的部分。

状态转换图如图5.4所示。

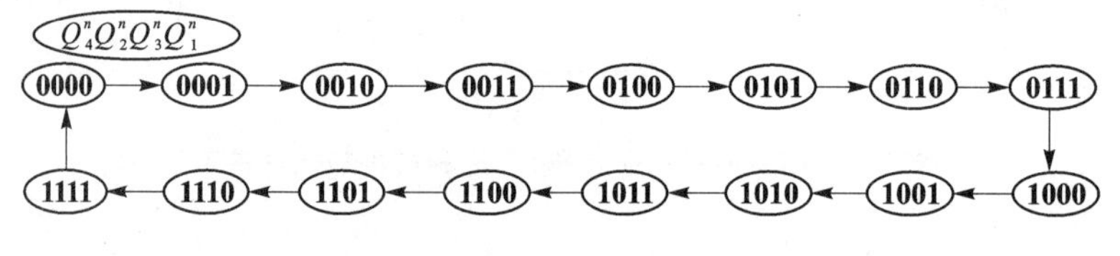

图5.4　状态转换图

时序电路的状态是由触发器Q端状态的集合来表示的。对于同步时序数字电路而言,状态数与触发器的级数有关,若触发器级数为n,时序电路的状态数等于或小于2^n。将时序电路的状态按照它的转换顺序排列成表格就是状态转换表,状态的转换是受时钟的控制,状态的转换顺序称为**态序**。

④ 分析逻辑功能。

通过状态转换表可以确定该电路是按二进制码增加的方向转换的,它能根据电路的状态判断并记下了经过几个时钟脉冲,所以这个电路称为同步二进制加法计数器,也称为4位二进制加法计数器,共有16个状态,或称为十六进制计数器。电路没有无效状态,无须验证自启动,即此电路能够自启动。

5.2.2　异步电路分析

异步电路中的触发器并非共用1个时钟信号源，这是与同步电路的最大区别，分析异步电路时应该特别注意状态变化与时钟信号的对应关系。异步电路分析包括写时钟方程、输出方程、激励方程和状态方程等步骤，然后通过绘制状态表、状态转换图或时序图分析其逻辑功能。

分析如图 5.5 所示电路的功能。

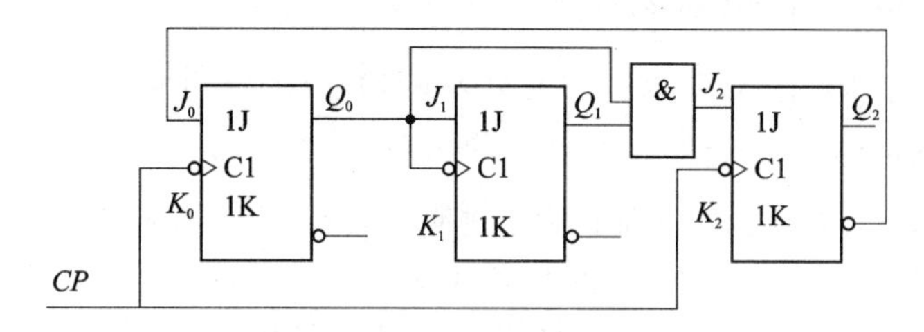

图 5.5　异步电路逻辑图

① 时钟方程

$$CP_0 = CP \qquad CP_1 = Q_0^n \qquad CP_2 = CP$$

② 激励方程

$$J_0 = \overline{Q_2^n} \qquad J_1 = Q_0^n \qquad J_2 = Q_1^n Q_0^n$$

$$K_0 = \mathbf{1} \qquad K_1 = \mathbf{1} \qquad K_2 = \mathbf{1}$$

③ 状态方程

$$Q_0^{n+1} = \overline{Q_2^n} \cdot \overline{Q_0^n} \qquad (CP\downarrow)$$

$$Q_1^{n+1} = Q_0^n \overline{Q_1^n} \qquad (Q_0^n\downarrow)$$

$$Q_2^{n+1} = Q_0^n Q_1^n \overline{Q_2^n} \qquad (CP\downarrow)$$

④ 状态转换表如表 5.3 所列。

⑤ 状态转换图如图 5.6 所示。

表 5.3　状态转换表

态　序	Q_2^n	Q_1^n	Q_0^n	Q_2^{n+1}	Q_1^{n+1}	Q_0^{n+1}
0	**0**	**0**	**0**	**0**	**0**	**1**
1	**0**	**0**	**1**	**0**	**1**	**0**
2	**0**	**1**	**0**	**0**	**1**	**1**
3	**0**	**1**	**1**	**1**	**0**	**0**
4	**1**	**0**	**0**	**0**	**0**	**0**
5	**1**	**0**	**1**	**0**	**1**	**0**
6	**1**	**1**	**0**	**0**	**1**	**0**
7	**1**	**1**	**1**	**0**	**0**	**0**

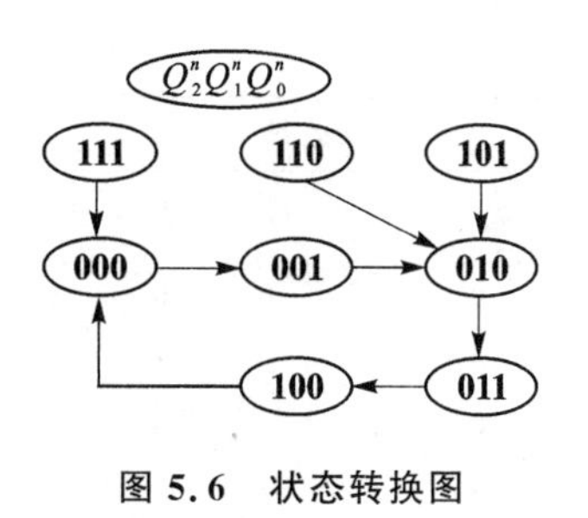

图 5.6　状态转换图

⑥ 电路功能分析：该电路为能自启动的异步五进制加法计数器。

5.3 同步时序数字电路的设计

同步时序数字电路的设计过程基本上与时序数字电路的分析过程相反。先给出一个设计的逻辑要求,根据这个要求确定电路的状态转换图,进而得到电路的状态转换表,根据状态转换表即可确定驱动方程,根据驱动方程即可画出所设计的时序数字电路的逻辑图。

5.3.1 同步计数器设计

下面以BCD8421码同步计数器为例说明同步计数器的设计步骤。

1. 确定触发器的级数和类型

BCD8421码同步计数器为自然加计数十进制计数器,计数器状态数 $N=10$。如果用 n 表示触发器的级数,则该时序数字电路的状态数最多为 $N=2^n$,则相当于二进制计数器;若 $2^{n-1}<N<2^n$,则必须舍去多余的状态。例如:$N=10$,应用 $n=4$,$2^4=16>N=10$(BCD8421码是10个状态),$16-10=6$,多余的6个状态应舍去。所以,设计BCD8421码计数器应采用4级触发器,且舍去最后的6个状态。对于同步计数器来说,N 无论多少,其分析方法和设计原则都是一致的。市场上一般提供的触发器产品只有 JK 触发器和 D 触发器这2个品种,要使用其他类型逻辑功能的触发器,可以通过它们进行转换。由于 JK 触发器的逻辑功能最齐全,设计结果往往比较简单,所以,经常使用 JK 触发器,但在大规模集成电路中则经常采用 D 触发器。

2. 确定状态转换表和状态转换条件表

因为采用BCD8421码,所以舍去的6个状态就是确定的,即后面的6个状态舍去。如果所用的编码是非标准的,就要自己选出6个码舍去,原则上舍去哪6个都可以。

将BCD8421码列于表5.4中,并根据原状态确定新状态。新状态实际上是把原态的第1行,即:初始状态[**0000**]拿到下面放在最后1行,其余状态依前向上移1行而得到的。态序0转换到态序1,态序1就是态序0的新状态;态序1转化到态序2,态序2就是态序1的新状态……直至态序9。

有了原状态与新状态的对应关系,就不难通过被选用触发器的派生表得出数据输入端的"**0**""**1**"值。表5.4就是按 JK 触发器做出的状态转换表。

表5.4 状态转换真值表

态序	原状态				新状态				J_D	J_C	J_B	J_A	K_D	K_C	K_B	K_A
	Q_D^n	Q_C^n	Q_B^n	Q_A^n	Q_D^{n+1}	Q_C^{n+1}	Q_B^{n+1}	Q_A^{n+1}								
0	**0**	**0**	**0**	**0**	**0**	**0**	**0**	**1**	**0**	**0**	**0**	**1**	×	×	×	×
1	**0**	**0**	**0**	**1**	**0**	**0**	**1**	**0**	**0**	**0**	**1**	×	×	×	×	**1**
2	**0**	**0**	**1**	**0**	**0**	**0**	**1**	**1**	**0**	**0**	×	**1**	×	×	**0**	×
3	**0**	**0**	**1**	**1**	**0**	**1**	**0**	**0**	**0**	**1**	×	×	×	×	**1**	**1**
4	**0**	**1**	**0**	**0**	**0**	**1**	**0**	**1**	**0**	×	**0**	**1**	×	**0**	×	×
5	**0**	**1**	**0**	**1**	**0**	**1**	**1**	**0**	**0**	×	**1**	×	×	**0**	×	**1**
6	**0**	**1**	**1**	**0**	**0**	**1**	**1**	**1**	**0**	×	×	**1**	×	**0**	**0**	×

续表 5.4

态　序	原状态				新状态				J_D	J_C	J_B	J_A	K_D	K_C	K_B	K_A
	Q_D^n	Q_C^n	Q_B^n	Q_A^n	Q_D^{n+1}	Q_C^{n+1}	Q_B^{n+1}	Q_A^{n+1}								
7	0	1	1	1	1	0	0	0	1	×	×	×	×	1	1	1
8	1	0	0	0	1	0	0	1	×	0	0	1	0	×	×	×
9	1	0	0	1	0	0	0	0	×	0	0	×	1	×	×	1
10	0	0	0	0												

3. 确定数据端的驱动方程式

用卡诺图即可求出驱动方程式，以 Q_D^n、Q_C^n、Q_B^n、Q_A^n 作为逻辑变量，将相应的 J 列和 K 列的“**0**”“**1**”值移入对应的最小项的格子中即可作出卡诺图。舍去 6 项按约束项处理，如图 5.7 所示。

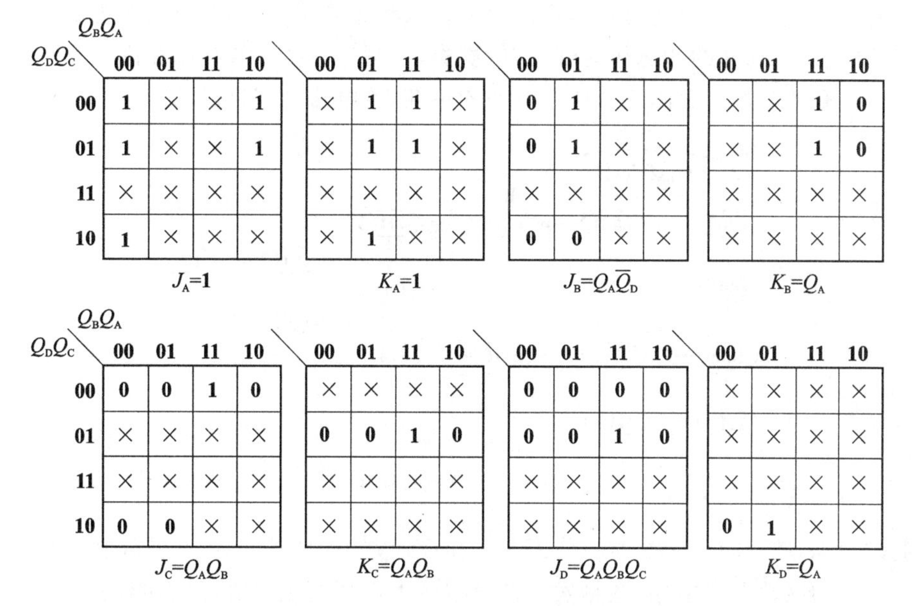

图 5.7　设计 BCD8421 码同步计数器的卡诺图

得到状态方程为

$$Q_A^{n+1} = \overline{Q_A^n} \qquad Q_B^{n+1} = Q_A^n \overline{Q_D^n Q_B^n} + \overline{Q_A^n} Q_B^n$$

$$Q_c^{n+1} = Q_A^n Q_B^n \overline{Q_C^n} + \overline{Q_A^n Q_B^n} Q_C^n \qquad Q_D^{n+1} = Q_A^n Q_B^n Q_C^n \overline{Q_D^n} + \overline{Q_A^n} Q_D^n$$

4. 画出逻辑图

如果选用的 JK 触发器的数据输入端有多个，它们就是多发射极晶体管的射极输入端，它们之间满足**与**逻辑关系。如果驱动方程的逻辑式需要**与**逻辑，可直接使用这一组数据输入端而无须另外设置**与**门；如果只有 1 个数据输入端，需要**与**逻辑时就要另外设置**与**门，如图 5.8 所示。如果要在 CP 信号加入之前使电路进入工作时序，还应加启动置“**0**”作用的预置电路。

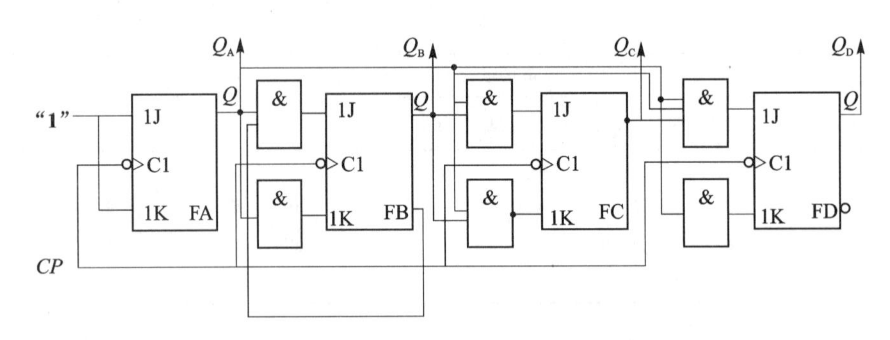

图 5.8 BCD8421 码同步加法计数器

5. 自启动校验

检查所设计的电路能否自启动,就是验证电路在舍去的 6 个无效状态中能否自行进入有效循环。将舍去的 6 个无效状态作为现态分别代入状态方程,得到的新状态为次态,如果还没有进入有效状态,再以新的状态作为现态,依次类推,画出包括无效状态在内的完整状态图,看最终能否进入有效状态。由图 5.9 所示状态图可知,该电路可以自启动。

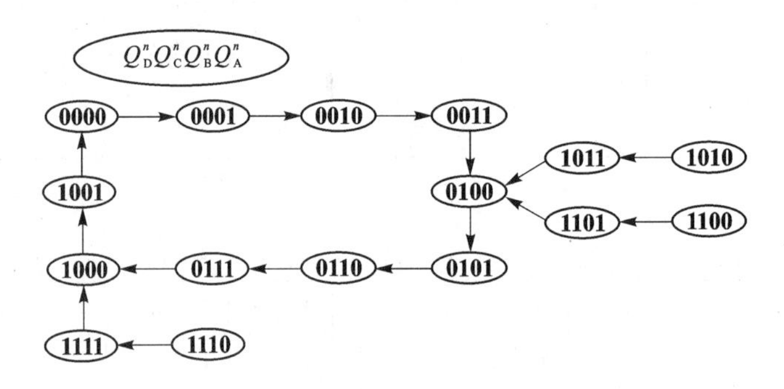

图 5.9 状态转换图

以上讨论 N 进制同步计数器的分析方法和设计方法,原则上 N 不受限制,但是 N 太大,意味着触发器的级数要增加,有些触发器的负载过大而超过允许值,是不能正常工作的。这样可以采取分组的方式,某几级触发器在一起构成一组,组内按同步方式工作;用上一组的进位信号去推动下一组的工作,组间按异步方式工作。这样计数器的计数速度要降低一些。TTL 触发器一般可以带 10 个以下的门负载,一般不超过 6~7 级。

计数器通常要求具有自启动能力。下面结合图 5.2(a)中的电路,设计自启动的六进制计数器。

六进制计数器设计时,取 $n=3,2^n=N=8$,8 个状态中选 6 个状态可以有多种计数状态选择,可以是自然加计数,也可以是自然减计数,也可以是从中任意选择 6 个状态。为了与图 5.2(b)计数状态一致,直接将其作为六进制计数器的状态转换图,那么,状态转换表也与表 5.1 一致。

根据状态转换表填写次态卡诺图,如图 5.10 所示。

卡诺图化简得到

$$Q_2^{n+1}=D_2=Q_1^n,Q_1^{n+1}=D_1=Q_0^n,Q_0^{n+1}=D_0=\overline{Q_2^n}$$

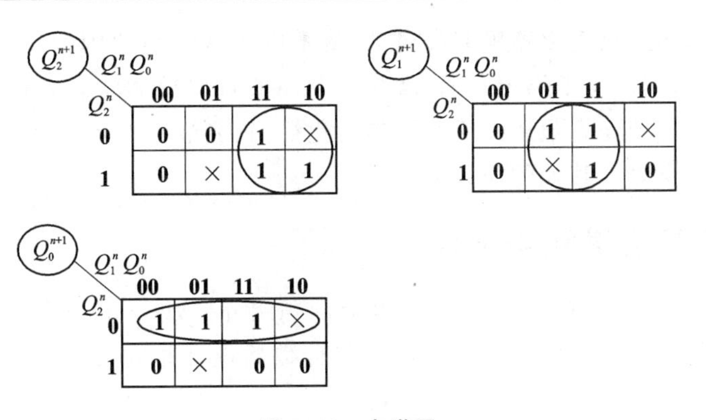

图 5.10　卡诺图

发现得到的状态方程与图 5.2(a)电路原状态方程一样，验证了设计的正确性。与此同时，我们也知道这是一个不能自启动的设计方案。为了使电路能够自启动，只要在次态卡诺图中不使用任意项参与化简即可。可以尝试先改变一个卡诺图的化简。以 Q_0^{n+1} 为例，修改后的态卡诺图如图 5.11 所示。

这样，卡诺图化简得到：$Q_0^{n+1}=(Q_0^n+\overline{Q_1^n})\overline{Q_2^n}$。新自启动校验，发现无效循环中 **101** 的下一个状态是 **010**，而 **010** 的下一个状态是 **100** 进入了有效循环，如图 5.12 所示。

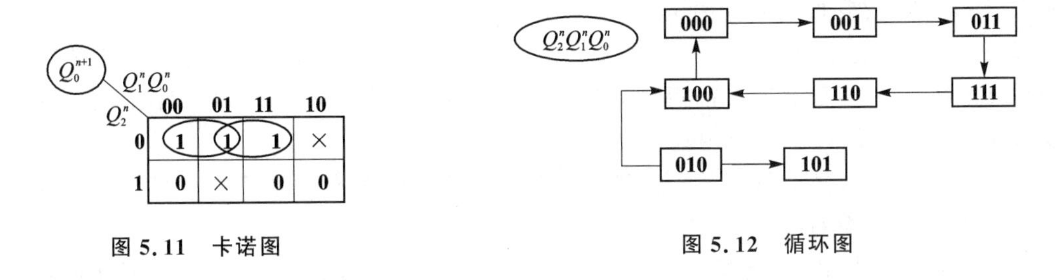

图 5.11　卡诺图　　　　图 5.12　循环图

根据最后得到的状态方程：$Q_0^{n+1}=(Q_0^n+\overline{Q_1^n})\overline{Q_2^n}$，$Q_1^{n+1}=D_1=Q_0^n$，$Q_2^{n+1}=D_2=Q_1^n$，画出逻辑电路图(见图 5.13)，这是一个能够自启动的六进制计数器设计方案。

综上所述，在设计计数器时，为了使设计方案电路简单，使用任意项参与次态卡诺图化简

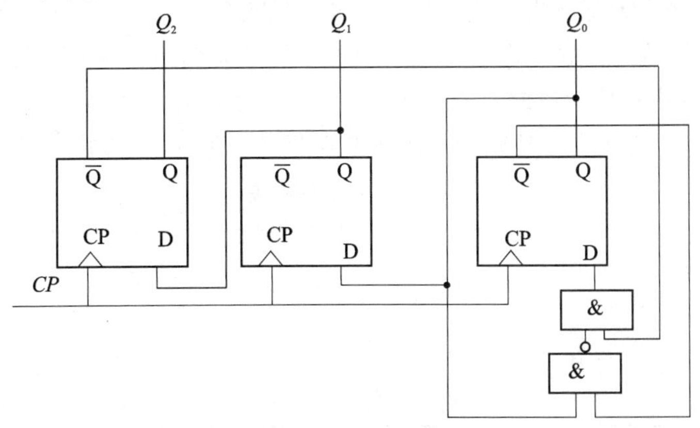

图 5.13　逻辑电路

是一般原则。但是,如果出现电路不能自启动,就不应该按一般原则设计了。这时,可以将部分或全部任意项不参与次态卡诺图化简,就会得到能够自启动的状态方程。这是一个逐步迭代的过程,可以先将1个任意项还原成**0**不参与化简,得到新的状态方程;若经校验后电路能够自启动了,就不必再更改其他的任意项了。

5.3.2 时序逻辑问题设计

与上一节的计数器设计相比,实际时序逻辑问题的分析,即逻辑抽象是一个难点。一旦将实际问题转化为逻辑问题,后面的设计基本上与计数器设计相同,设计过程可以用如图5.14所示的方框图表示。

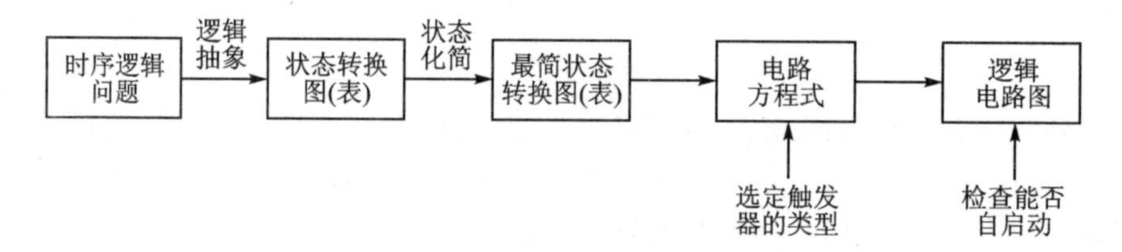

图5.14 时序逻辑问题设计过程

下面通过2个例子来说明上述设计方法。

【例5.1】设计1个串行数据检测器,其输入是与时钟同步的串行数据X,输出是Z。仅当输入出现**11100**序列时,输出才为**1**,否则输出为**0**。

解:序列检测是一种常见的功能需求,主要用于检测连续输入中是否存在特定的二进制序列。根据响应检测结果的方式,可分为"可重叠"检测和"不可重叠"检测。例如本例中,如果连续出现4个**1**,有两种可能的响应方式:

- 把第4个**1**信号与前面已经出现的**1**组合,解读为"连续出现了3个**1**"。这种方式称为"可重叠"检测;
- 重新回到初始状态,且把第4个**1**信号解读为"第1个**1**信号",则是"不可重叠检测"。

这里按"可重叠"检测的方式求解。

首先进行逻辑抽象:由于检测器的输入与时钟同步,因此是一个输入为X,输出为Z的同步单时序电路。

设电路在初态或序列检测失败后的状态为S_0,输入出现一个**1**后的状态为S_1,输入连续出现2个**1**后的状态为S_2,输入连续出现3个**1**后的状态为S_3,输入出现**1110**后的状态为S_4,输入出现**11100**序列成功后的状态为S_5。若以S^n表示电路的现态,以S^{n+1}表示电路的次态,依据设计要求可得表5.5所列的状态转换表和图5.15所示的状态转换图。

表5.5 状态转换表

S^n / S^{n+1}/Z / X	S_0	S_1	S_2	S_3	S_4	S_5
0	S_0/**0**	S_0/**0**	S_0/**0**	S_4/**0**	S_5/**1**	S_0/**0**
1	S_1/**0**	S_2/**0**	S_3/**0**	S_3/**0**	S_1/**0**	S_1/**0**

进行状态化简:比较一下S_0和S_5这2个状态便可以发现,它们在同样的输入下有相同

的输出，而且转换后得到同样的次态。因此，S_0 和 S_5 是等价状态，可以合并为 1 个状态。由此得到了化简后的状态转换图 5.16。

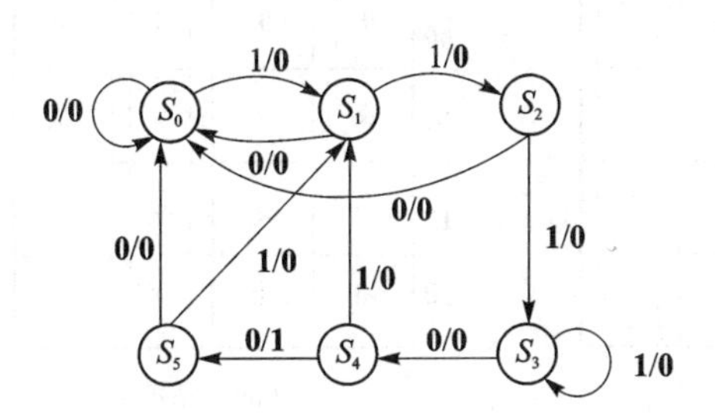

图 5.15　状态转换图

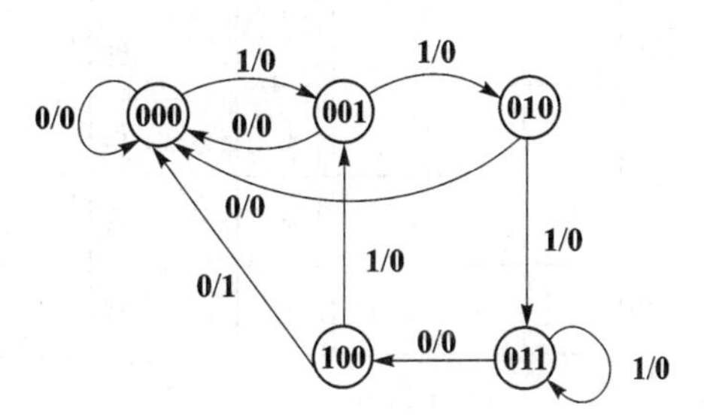

图 5.16　化简后的状态转换图

从物理概念上也不难理解，当电路处于 S_4 状态时表明当继续输入 **0**，则电路完成 1 个完整序列，进入初始状态 S_0。如果输入 **1**，则电路进入状态 S_1，因而无需再设置 1 个电路状态 S_5。

最后进行状态分配：按自然态序编码，如表 5.6 所列。

表 5.6　状态分配

状　态	Q_2	Q_1	Q_0
S_0	0	0	0
S_1	0	0	1
S_2	0	1	0
S_3	0	1	1
S_4	1	0	0

求驱动方程和输出函数。若选 JK 触发器，状态转换表如表 5.7 所列。

表 5.7　状态转换

Q_2^n	Q_1^n	Q_0^n	X	Q_2^{n+1}	Q_1^{n+1}	Q_0^{n+1}	Z	J_2	K_2	J_1	K_1	J_0	K_0
0	0	0	0	0	0	0	0	0	×	0	×	0	×
0	0	0	1	0	0	1	0	0	×	0	×	1	×
0	0	1	0	0	0	0	0	0	×	0	×	×	1
0	0	1	1	0	1	0	0	0	×	1	×	×	1
0	1	0	0	0	0	0	0	0	×	×	1	0	×
0	1	0	1	0	1	1	0	0	×	×	0	1	×
0	1	1	0	1	0	0	0	1	×	×	1	×	1
0	1	1	1	0	1	1	0	0	×	×	0	×	0
1	0	0	0	0	0	0	1	×	1	0	×	0	×
1	0	0	1	0	0	1	0	×	1	0	×	1	×

驱动方程和输出函数的卡诺图如图 5.17 所示。

驱动方程

$$J_2=Q_1^nQ_0^n\overline{X}\qquad K_2=1$$

同样，画出 J_1、K_1、J_0、K_0 和 Z 的卡诺图，并求得

$$J_1=Q_0^nX, K_1=\overline{X}, J_0=X, K_0=\overline{Q_1^n}+\overline{X}=\overline{Q_1^n\cdot X}, Z=Q_2^n\overline{X}$$

画出电路，如图 5.18 所示。

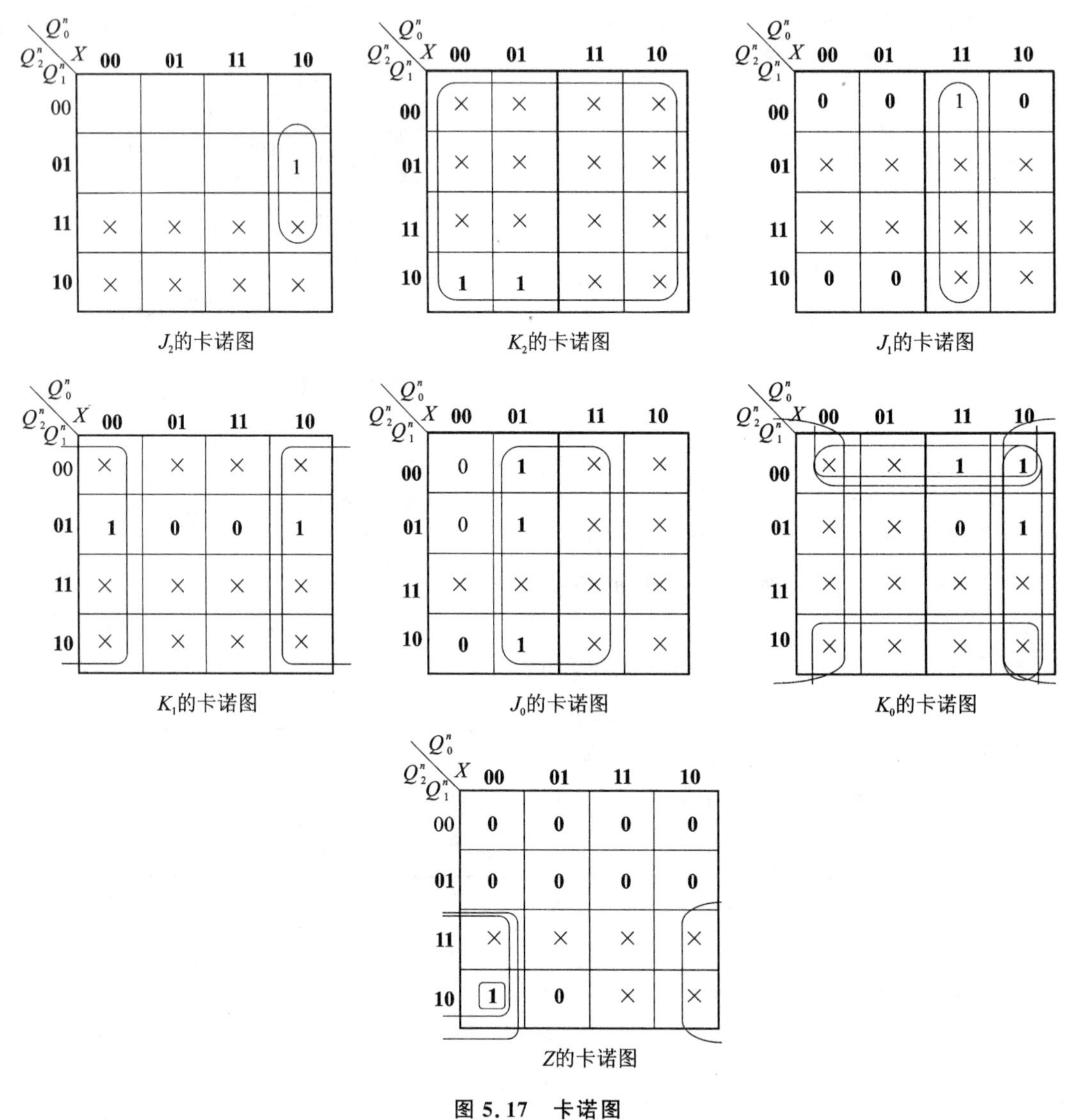

图 5.17　卡诺图

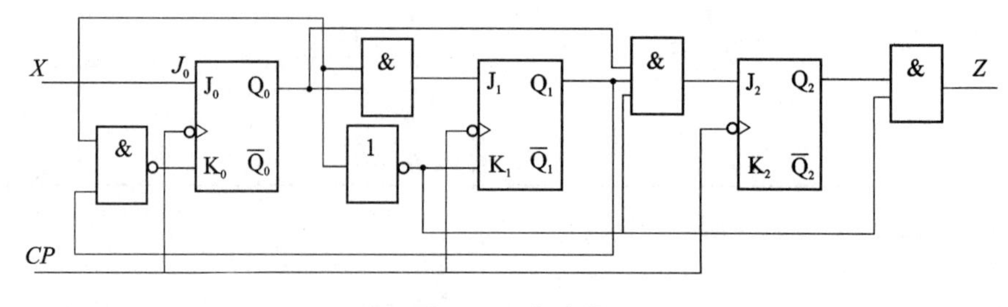

图 5.18　电路图

时序数字电路在设计时还可以建立次态卡诺图直接求状态方程,然后再转化为激励方程。现结合例 5.1,介绍这个方法。

例 5.1 的次态卡诺图的状态转换表如表 5.8 所列。

表 5.8　状态转换

Q_2^n	Q_1^n	Q_0^n	X	Q_2^{n+1}	Q_1^{n+1}	Q_0^{n+1}	Z
0	0	0	0	0	0	0	0
0	0	0	1	0	0	1	0
0	0	1	0	0	0	0	0
0	0	1	1	0	1	0	0
0	1	0	0	0	0	0	0
0	1	0	1	0	1	1	0
0	1	1	0	1	0	0	0
0	1	1	1	0	1	1	0
1	0	0	0	0	0	0	1
1	0	0	1	0	0	1	0

将每个状态的次态分别填入卡诺图中对应这个状态的格子里。Q_1^{n+1} 次态卡诺图如图 5.19 所示。

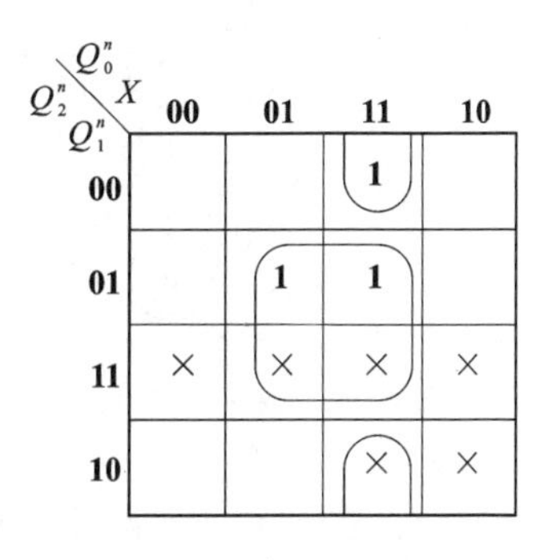

图 5.19　Q_1^{n+1} 次态卡诺图

从卡诺图求出：$Q_1^{n+1}=Q_1^nX+\overline{Q_1^n}Q_0^nX$，与 JK 触发器的特征方程对照得到

$$J_1=Q_0^nX \qquad K_1=\overline{X}$$

同理可求出

$$J_2=Q_1^nQ_0^n\overline{X} \qquad K_2=1$$

$$J_0=X \qquad K_0=\overline{Q_1^n\cdot X} \qquad Z=Q_2^n\overline{X}$$

因此求得特征方程与前面得到的结果是一致的，大家在设计时任意选择其中 1 种方法即可。

自启动校验状态机、卡诺图如图 5.20(a)所示。可见在无效状态时都能回到有效循环中，但是当 $X=\mathbf{0}$ 时输出 Z 的结果是错误的。为了消除这个错误输出，需要对输出方程作适当修改，即：将输出 Z 的卡诺图内的无关项不画在包围圈内，如图 5.20(b)所示，只圈一个 **1**，则输出方程变为 $Z=Q_2^n\cdot\overline{Q_1^n}\cdot\overline{Q_0^n}\cdot\overline{X}$，根据此式对图 5.14 电路也作相应修改即可。

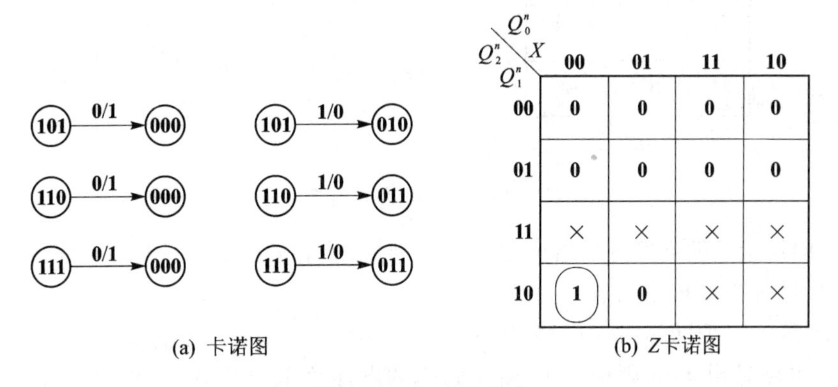

图 5.20　自启动校验

综上所述,如果发现设计的电路没有自启动的能力,则应对设计进行修改。其方法是:在驱动信号卡诺图的包围圈中,对无效状态“×”的处理作适当修改,即:原来取 **1** 画入包围圈的,可试改为取 **0** 而不画入包围圈,或者相反。得到新的驱动方程和逻辑图,再检查自启动能力,直到能够自启动为止。

在例 5.1 中,可以发现有的状态之间可以合并、化简。状态化简的目的是减少最终电路中触发器的数量。如果状态之间是等价的,就可以化简。如何判断状态是否等价呢?要看在输入相同时,对应状态的:1) 输出是否相同;2) 次态是否相同。例如,在图 5.21 中,A、B 两个状态就是等价的。

此外,还有一些更为隐蔽的状态等价情形。观察图 5.22,可以看出:在输入 $X=0$ 时,状态 B、C 的输出均为 1、次态均为 B;在输入 $X=1$ 是,状态 B、C 的输出均为 0、次态均为 C。因此可判定状态 B 和 C 等价。在此基础上进一步判定,会发现状态 A、D 也是等价的。

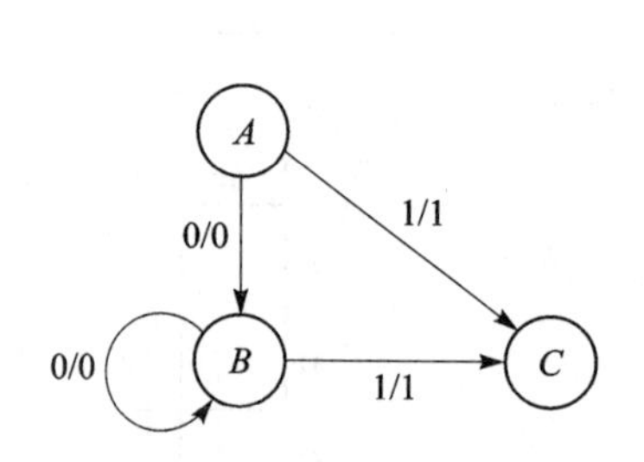

图 5.21　等价状态判断

Q^n \ X	0	1
A	A/0	B/0
B	B/1	C/0
C	B/1	C/0
D	A/0	C/0

图 5.22　状态的隐含等价

图 5.23 展示了另外两种等价的情况。从图 5.23(a)可看出:若状态 B、C 等价,则状态 A、D 等价;而状态 A、D 等价,又能判定状态 B、C 等价。这意味着 A、D 和 B、C 互为隐含等价。这种情况下可将 A、D 和 B、C 分别合并。

Q^n \ X	0	1
A	A/0	B/0
B	B/1	C/0
C	B/1	C/0
D	A/0	C/0

(a)

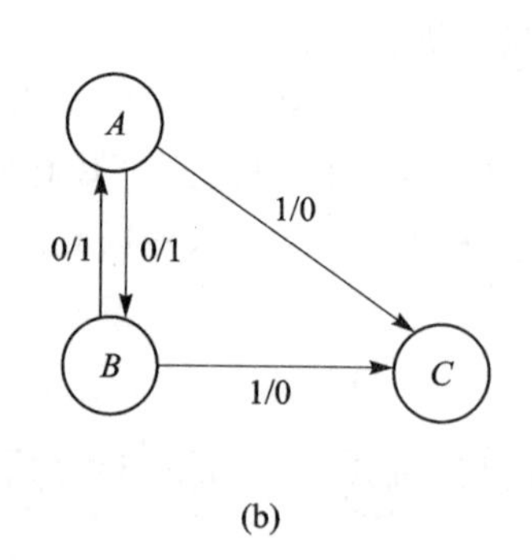

(b)

图 5.23　其他状态等价情况

图 5.23(b)展示了循环等价的情形,即:状态 A、B 在相同的输入下具有相同的输出(0/1)且互为次态。此时可合并状态 A、B。

【例 5.2】设计一个同步时序电路,用来监视一条 8421 码串行传输线。若线上出现非法的 8421 码时,该电路输出 **1**,否则输出 **0**(输入码串的顺序为低位先入)。检测逻辑如图 5.24 所示。请进行化简。

解:根据状态等价条件判断,发现状态 H、L 等价,状态 I、J、K、M、N、P 等价。将前一

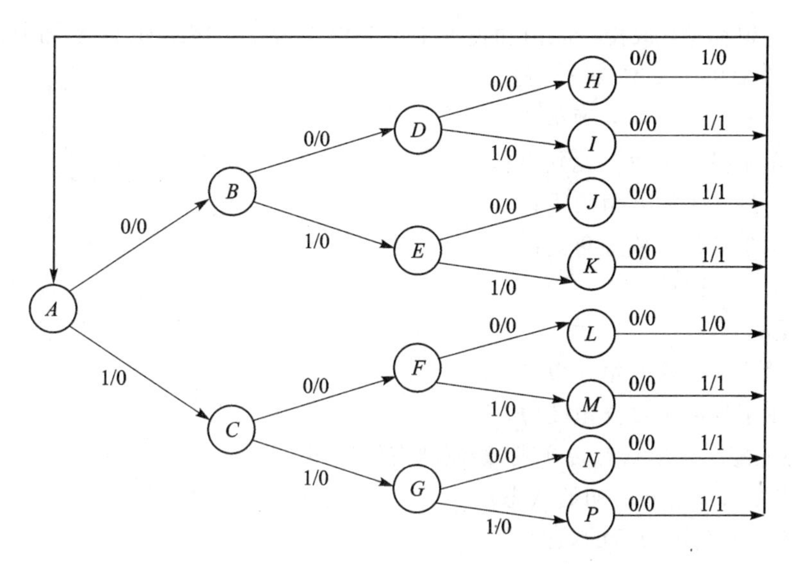

图 5.24　8421 码串检测逻辑

组合并为状态 H，后一组合并为状态 I，得到合并的等价状态，如图 5.25 所示。

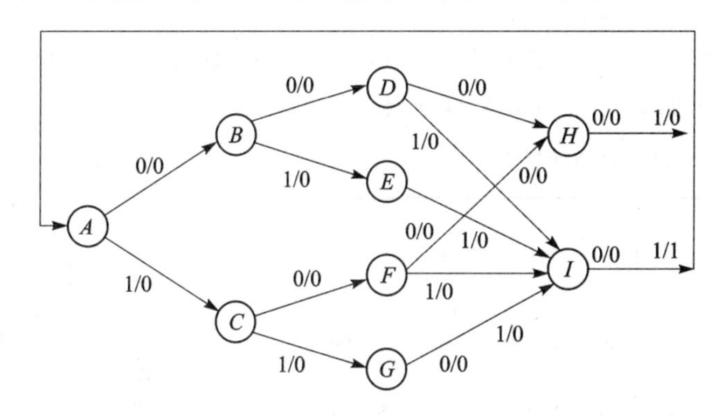

图 5.25　等价状态合并一次

此时，可再次判定状态 D、F 等价，状态 E、G 等价。合并可得到图 5.26(a)所示逻辑：

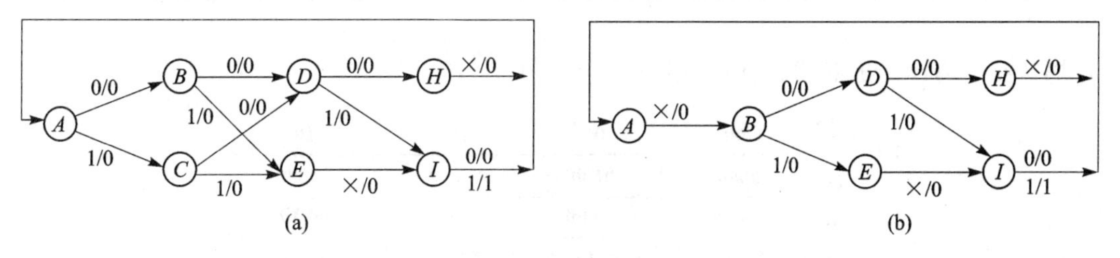

图 5.26　继续执行等价状态合并

再次判定 B、C 等价，得到图 5.26(b)。至此，初始共 15 个状态，等价合并后减少为 6 个，大大简化了逻辑复杂度和电路实现。

【例 5.3】设计 1 个自动售货机的逻辑电路。它的投币口每次只能投入 1 枚五角或一元的硬币。投入一元五角硬币后机器自动给出货物；投入两元(2 枚一元)硬币后，在给出货物的同时找回五角的硬币。

解:进行逻辑抽象:取投一元币和投五角币分别作为输入逻辑变量 A 和 B,给出货物和找钱分别为2个输出变量 Y 和 Z。设:

$A=\mathbf{1}$,表示投入1枚一元硬币;

$A=\mathbf{0}$,表示未投入1枚一元硬币;

$B=\mathbf{1}$,表示投入1枚五角硬币;

$B=\mathbf{0}$,表示未投入1枚五角硬币;

$Y=\mathbf{1}$,表示给出饮料;

$Y=\mathbf{0}$,表示不给饮料;

$Z=\mathbf{1}$,表示找回1枚五角硬币;

$Z=\mathbf{0}$,表示不找回1枚五角硬币。

进行状态分配。列出状态转换表,绘制状态转换图。

S_0 表示未投币前电路的初始状态;

S_1 表示投入五角硬币后的状态;

S_2 表示投入一元硬币后的状态(包括投入1枚硬币和2枚五角硬币的情况)。再投入1枚五角硬币后电路返回 S_0,同时输出为 $Y=\mathbf{1}$、$Z=\mathbf{0}$。如果投入的是1枚一元硬币,则电路返回 S_0,同时输出为 $Y=\mathbf{1}$、$Z=\mathbf{1}$。

取触发器的位数 $n=2$,触发器的状态 Q_1Q_0 的 **00**、**01**、**10** 分别代表 S_0、S_1、S_2。可列出表5.9状态转换表,画出如图5.27所示的状态转换图。

表5.9 状态转换表

S^n \ S^{n+1}/YZ \ AB	00	01	11	10
S_0	S_0/**00**	S_1/**00**	×/××	S_2/**00**
S_1	S_1/**00**	S_2/**00**	×/××	S_0/**10**
S_2	S_2/**00**	S_0/**10**	×/××	S_0/**11**

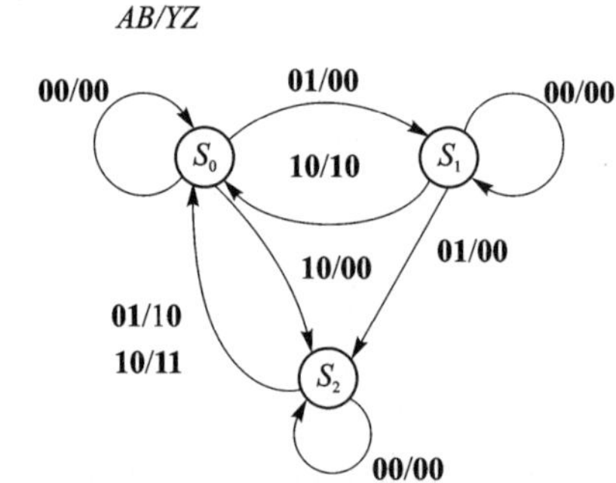

图5.27 例5.2的状态转换图

用次态卡诺图法求取状态方程,如图5.28所示。

$Q_1^nQ_0^n$ \ AB	00	01	11	10
00	00/00	01/00	×/××	10/00
01	01/00	10/00	×/××	00/10
11	×/××	×/××	×/××	×/××
10	10/00	00/10	×/××	00/11

图5.28 例5.3电路的次态/输出($Q_1^{n+1}Q_0^{n+1}/YZ$)的卡诺图

将图5.28的卡诺图分解,分别画出表示 Q_1^{n+1}、Q_0^{n+1}、Y、Z 的卡诺图,如图5.29所示。

若选用 D 触发器,则从图5.29的卡诺图可写出电路的状态方程、驱动方程和输出方程分别为

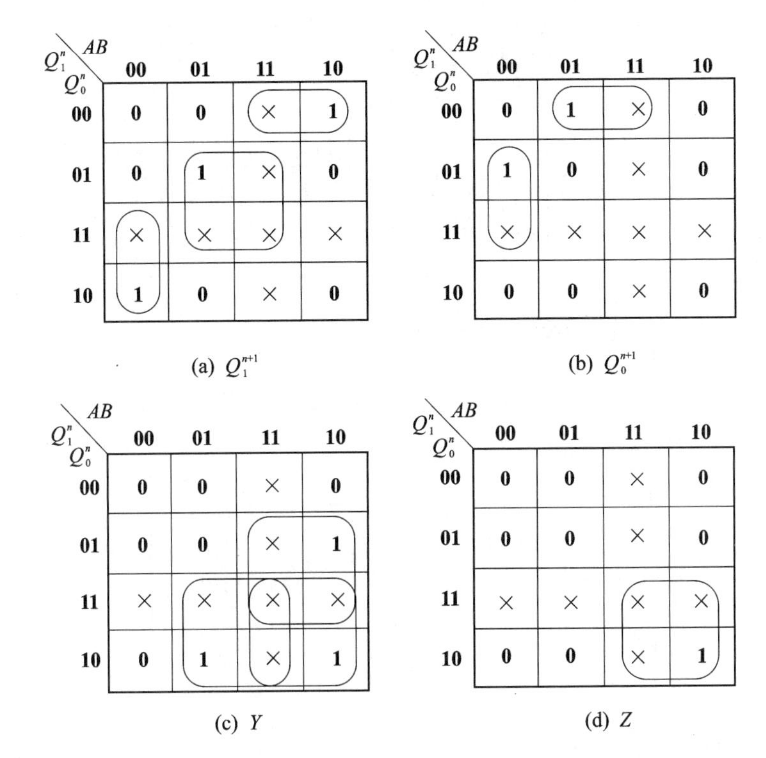

(a) Q_1^{n+1}　(b) Q_0^{n+1}　(c) Y　(d) Z

图 5.29　图 5.28 卡诺图分解

$$Q_1^{n+1}=Q_1^n\overline{AB}+\overline{Q_1^nQ_0^n}A+Q_0^nB,\qquad Q_0^{n+1}=\overline{Q_1^nQ_0^n}B+Q_0^n\overline{AB}$$

$$D_1=Q_1^n\overline{AB}+\overline{Q_1^nQ_0^n}A+\overline{Q_0^n}B,\qquad D_0=\overline{Q_1^n}\cdot\overline{Q_0^n}\cdot B+\overline{Q_0^n}\cdot\overline{A}\cdot\overline{B}$$

$$Y=Q_1^nB+Q_1^nA+Q_0^nA,\qquad Z=Q_1^nA$$

根据上式画出逻辑图如图 5.30 所示。

最后进行自启动校验：状态转换图如图 5.31 所示，可以看出当电路进入无效状态 **11** 后，在 AB=**00** 时不能自行返回有效状态，所以，不能自启动。当 AB=**01** 或 AB=**10** 时，虽然能返回有效循环中，但收费结果是错误的。因此，要加异步清零端$\overline{R}_d$，在电路开始工作时将电路置为 **00** 状态。至于收费结果的错误要通过修改输出表达式 Y 和 Z 来进行，方法与例 5.1 相同，在 Y 和 Z 的卡诺图中对无效状态"×"的处理作适当修改，即：原来取 **1** 画入包围圈的，可试改为取 **0** 而不画入包围圈，或者相反，得到新的输出表达式 Y 和 Z，再进行校验，直至正确。

【例 5.4】设计 1 个控制三相步进电机的逻辑电路，要求在 4 个状态之间循环工作。状态 1 为 A 绕组导通、B 绕组截止、C 绕组截止；状态 2 为 A 绕组导通、B 绕组导通、C 绕组截止；状态 3 为 A 绕组截止、B 绕组导通、C 绕组截止；状态 4 为 A 绕组截止、B 绕组导通、C 绕组导通。设 M 为输入控制变量，M=**1** 时按状态 1、2、3、4、1 的顺序正转；M=**0** 时则按状态为 1、4、3、2、1 的顺序反转，并用 D 触发器实现逻辑电路。

解：三相 A、B、C 绕组导通时分别用"**1**"来表示，截止时用"**0**"来表示，$Q_2Q_1\ Q_0$ 分别表示 A、B、C 绕组的状态。

状态转换表如表 5.10 所列。

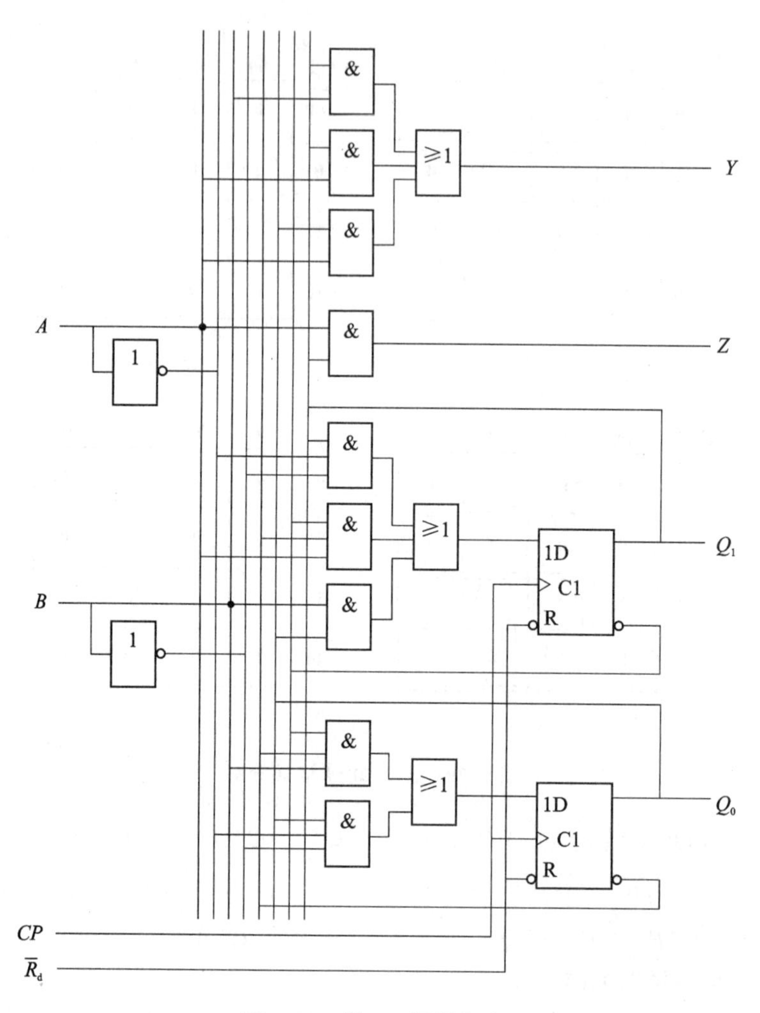

图 5.30　例 5.3 逻辑电路

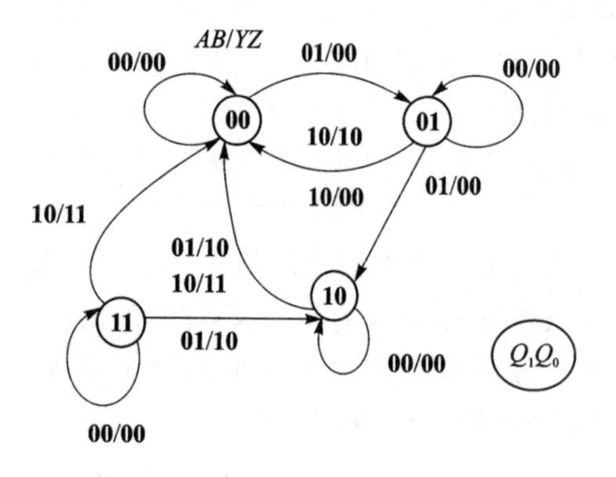

图 5.31　例 5.3 的完整状态转换图

表 5.10　状态转换表

$Q_2Q_1Q_0$ \ M	0	1
000	×	×
001	×	×
010	110	011
011	010	100
100	011	110
101	×	×
110	100	010
111	×	×

次态卡诺图如图 5.32(a)所示。

状态方程：$Q_2^{n+1}=\overline{M}Q_1^n\overline{Q_0^n}+MQ_0^n+M\overline{Q_1^n}$

$$Q_1^{n+1}=\overline{M}\,\overline{Q_2^n}+M\overline{Q_0^n}+\overline{Q_1^n}$$

$$Q_0^{n+1}=\overline{M}\,\overline{Q_1^n}+M\,\overline{Q_2^n}\,\overline{Q_0^n}$$

逻辑电路如图 5.32(b)所示。

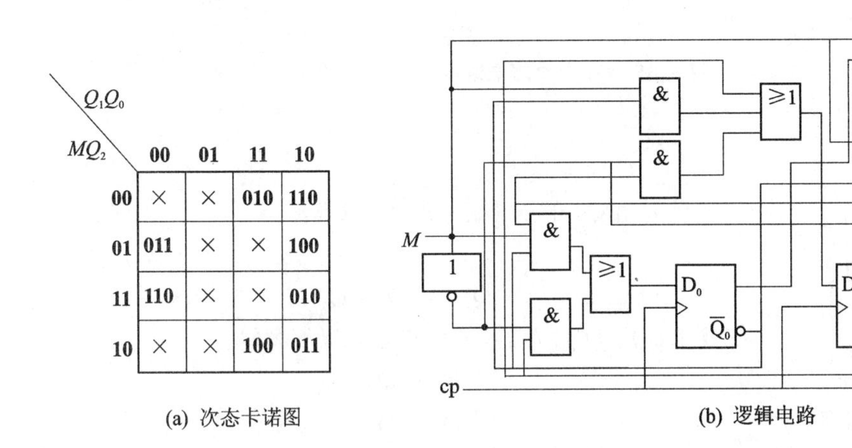

(a) 次态卡诺图　　(b) 逻辑电路

图 5.32　例 5.4 次态卡诺图逻辑电路图

【例 5.5】 试用 D 触发器设计一个异步五进制加法计数器，时序图如图 5.33 所示。

解： 观察时序图，发现 $Q_2Q_1Q_0$ 的时序转移为 **000→001→010→011→100→000**。虽然 $Q_0\sim Q_2$ 的状态变化都可以由时钟信号 CP 的上升沿驱动，但也观察到，Q_1 的状态变化可由 Q_0 的下降沿驱动。建立以下异步时钟信号：

$$CP_0=CP_2=CP$$

$$CP_1=\overline{Q}_0$$

基于时序图(图 5.33)，可根据相邻时钟周期间现态、次态的转化情况列出次态卡诺图。图 5.34 为 Q_2^{n+1} 的次态卡诺图：

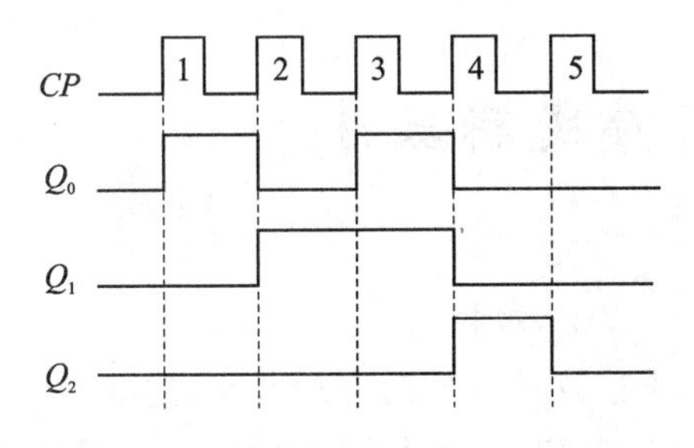

图 5.33　五进制加法计数器时序图

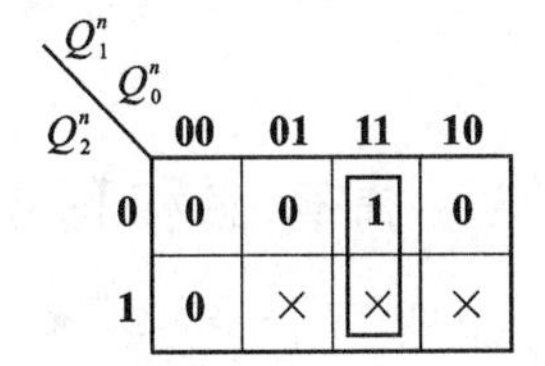

图 5.34　Q_2^{n+1} 次态卡诺图

由图 5.34 可得到：

$$Q_2^{n+1}=Q_1^nQ_0^n$$

对 Q_1，先以同样的方式列出次态卡诺图，如图 5.35(a)所示。由于 Q_1 由时钟信号 $CP_1=\overline{Q}_0$ 驱动，因此对 Q_1 而言，只须关注 CP_1 下降沿触发的次态即可，如图 5.35(b)所示：只保留

CP_1 下降沿的状态变化,不需要的现态、次态转化被设置为了无关项。

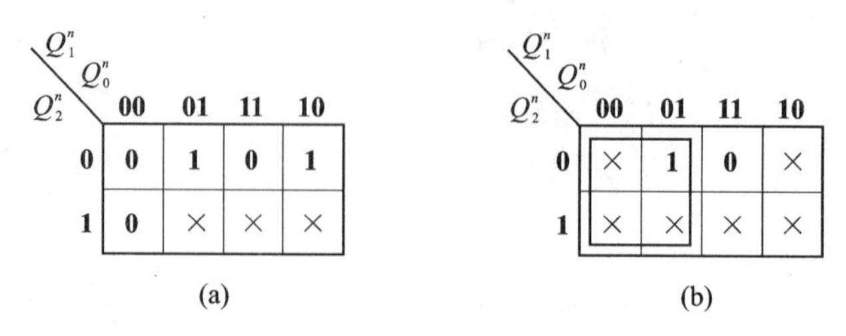

图 5.35　Q_1^{n+1} 次态卡诺图

得到:

$$Q_1^{n+1}=\overline{Q_1^n}$$

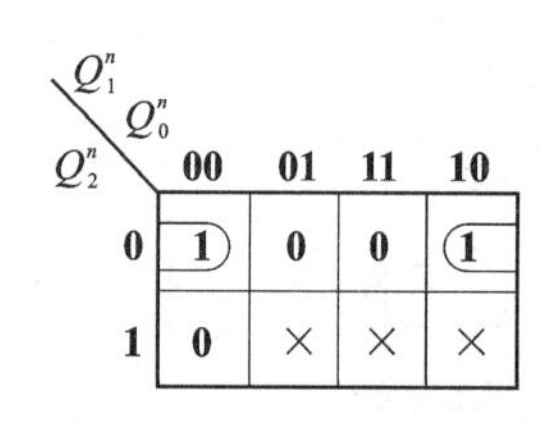

图 5.36　Q_0^{n+1} 次态卡诺图

然后列出 Q_0 的卡诺图(见图 5.36):

得到:

$$Q_0^{n+1}=\overline{Q_2^n}\cdot\overline{Q_0^n}$$

要求使用 D 触发器,可直接建立以下逻辑:

$$D_2=Q_2^{n+1}$$

$$D_1=Q_1^{n+1}$$

$$D_0=Q_0^{n+1}$$

最后,画出该计数器的电路图。注意:触发器 D_1 的时钟信号来自 $\overline{Q_0}$

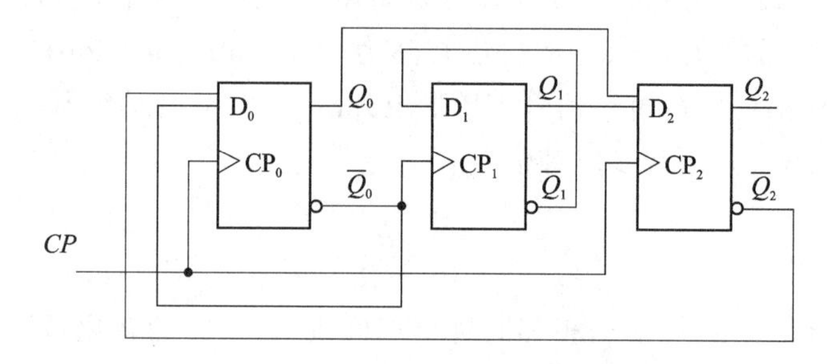

图 5.37　用 D 触发器建立的异步五进制加法计数器

5.4　常用时序逻辑器件

5.4.1　寄存器和移位寄存器

在数字电路中,常常需要将一些数码、指令或运算结果暂时存放起来,这些暂时存放数码或指令的部件就是寄存器。由于寄存器具有清除数码、接收数码、存放数码和传送数码的功能,因此,它必须具有记忆功能,所以寄存器都由触发器和门电路组成。

寄存器和移位寄存器的共同之处是都具有暂时存放数码的记忆功能;不同之处是后者具有将寄存的数码向高位或低位移位的功能,而前者却没有。

1. 寄存器

一般说来,需要存入多少位二进制码就需要多少个触发器。

1 个 4 位的集成寄存器 74LS175 的逻辑电路图及逻辑符号如图 5.38 所示。

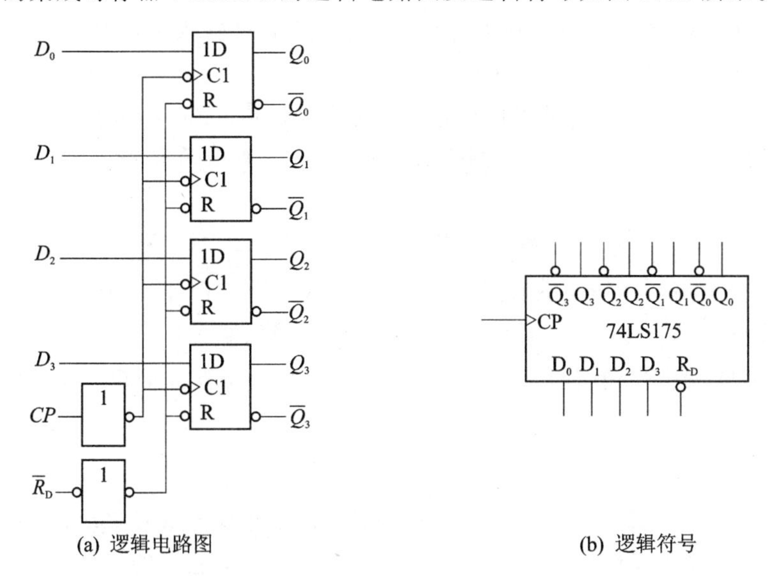

图 5.38　集成寄存器 74LS175

74LS175 由维持阻塞触发器组成，因此，寄存器的输出仅取决于 CP 上升沿到达时刻 D 端的状态。

CC4076 是三态输出的 4 位寄存器，逻辑电路和逻辑符号如图 5.39 所示。

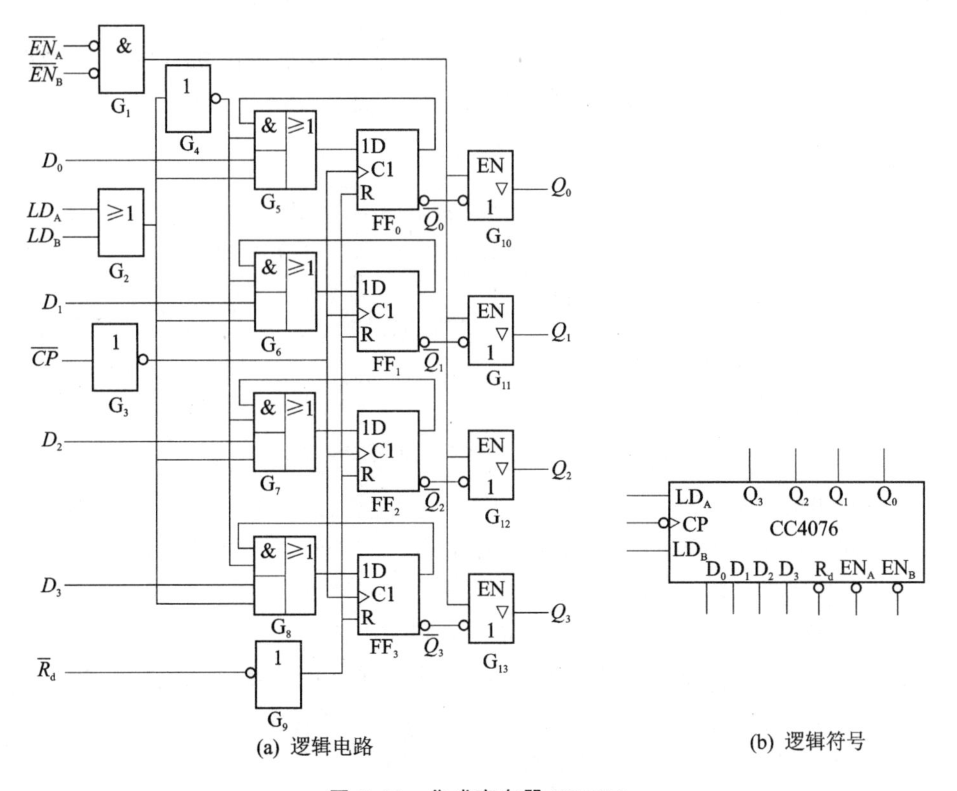

图 5.39　集成寄存器 CC4076

当 $LD_A+LD_B=\mathbf{1}$ 时，电路处于装入数据的工作状态，输入数据 D_0、D_1、D_2、D_3 经与或门 G_5、G_6、G_7、G_8 分别加到 FF_1、FF_2、FF_3、FF_4 四个触发器的输入端。在 CP 信号的下降沿到达后，将输入数据存入对应的触发器中。

当 $LD_A+LD_B=\mathbf{0}$ 时，电路处于保持状态。每个触发器的 Q 端经与或门接回到自己的输入端，故在 CP 信号的下降沿到达后，触发器接收的是原来 Q 端的状态，即保持原来的状态不变。

当 $\overline{EN}_A=\overline{EN}_B=\mathbf{0}$ 时，门 G_1 输出高电平，使输出的三态缓冲器 $G_{10}\sim G_{13}$ 处于工作状态，$\overline{Q}_0\sim\overline{Q}_3$ 经反相以后出现在输出端 $Q_0\sim Q_3$。如果 $\overline{EN}_A$ 和 $\overline{EN}_B$ 任何一个为高电平，则 G_1 输出为低电平，使 $G_{10}\sim G_{13}$ 处于高阻态，将触发器与输出端的联系切断。

此外，在 CC4076 上还设置有异步复位端 $\overline{R}_d$，用于将寄存器的输出直接清零，而不受时钟控制。

2. 移位寄存器

在数字系统中，常常要将寄存器中的数码按时钟的节拍向左或右移动，能实现这种移位功能的寄存器称为**移位寄存器**。移位寄存器是数字装置中大量应用的一种逻辑部件，例如：在计算机中，进行二进制数的乘法和除法都可以由移位操作结合加法操作来完成。

移位寄存器的每一位也是由触发器组成的，但是由于它需要有移位功能，所以，每位触发器的输出端与下一位触发器的数据输入端相连接，所有触发器共用1个时钟脉冲，使它们同步工作。下面介绍几种移位寄存器电路。

(1) D 触发器构成的移位寄存器

图5.40所示电路是边沿 D 触发器组成的4位移位寄存器。其中，第1个触发器输入端接收输入信号，其余的每个触发器输入端均与前1个触发器的 Q 端相连。

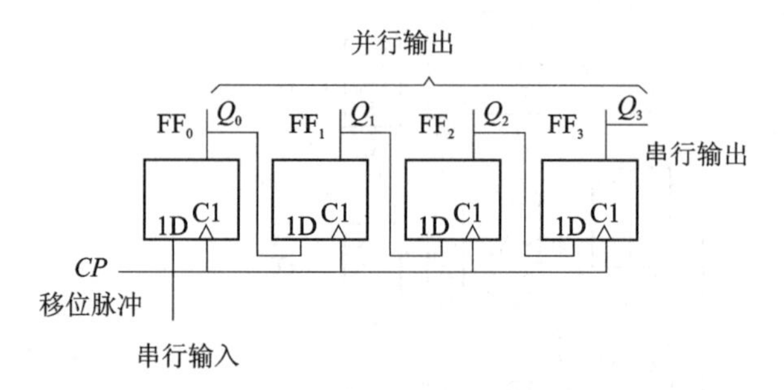

图5.40 用 *D* 触发器构成的移位寄存器

因为从 CP 上升沿到达开始到输出端新状态的建立需要经过一段传输延迟时间，所以当 CP 的上升沿同时作用于所有的触发器时，它们输入端(D 端)的状态没有改变。于是第2个触发器按 Q_0 原来状态翻转，第3个触发器按 Q_1 原来状态翻转，第4个触发器按 Q_2 原来状态翻转，总的效果是移位寄存器里的原有代码依次右移了1位。

例如：要右移串行输入数码(**1011→**)，第1个移位脉冲 CP 到来之前，各触发器的状态为：$Q_3=\mathbf{0}$，$D_3=Q_2=\mathbf{0}$，$D_2=Q_1=\mathbf{0}$，$D_1=Q_0=\mathbf{0}$，$D_0=\mathbf{1}$。(因为输入数码第1位为"**1**"，但时钟的上升沿还没有到达，所以触发器还没有接收这个"**1**")。

在第1个移位脉冲作用下，各触发器状态为

$$Q_3=\mathbf{0}, D_3=Q_2=\mathbf{0}, D_2=Q_1=\mathbf{0}, D_1=Q_0=\mathbf{1}, D_0=\mathbf{0}$$

在各时钟脉冲作用下，触发器的状态转换关系如表5.11所列。

表5.11　右移移位寄存器的状态转换表

时钟编号 CP	输　入 D_0	寄存器状态				备　注
		Q_0^n	Q_1^n	Q_2^n	Q_3^n	
0	**1**	**0**	**0**	**0**	**0**	第一个数据"**1**"准备
1	**0**	**1**	**0**	**0**	**0**	第一个数据"**1**"串入
2	**1**	**0**	**1**	**0**	**0**	第二个数据"**0**"串入
3	**1**	**1**	**0**	**1**	**0**	第三个数据"**1**"串入
4	×	**1**	**1**	**0**	**1**	第四个数据"**1**"串入
	1011 向右移(向高位移)————————→					

表5.11表示右移寄存器在移位脉冲作用下的状态转换情况。即：第1个脉冲来后，把1个数码"**1**"送到FF_0，第2个移位脉冲后，把第2位数码"**0**"送到FF_0，而FF_0中第1个数码送往FF_1，如此下去，来4个移位脉冲，移位4次便可把数码**1011**全部向右送入移位寄存器中去。

若需要从移位寄存器中取出数码，可以从每位触发器的输出端一起引出，这种输出方式称为**并行输出**。另一种输出方式是由最后一级触发器F_4输出端引出。若寄存器中已有数码**1011**，每来1个移位脉冲输出1个数码(即将寄存器中的数码右移1位)，来4个移位脉冲后，4位数码全部逐个输出，这种方式称之为**串行输出**。

(2) 集成4位双向移位寄存器

为了便于扩展逻辑功能和增加使用的灵活性，在定型生产的移位寄存器集成电路上有的又附加了左、右移控制、数据并行输入、保持和异步置零(复位)等功能。74LS194A就是一个4位双向移位寄存器集成芯片，逻辑电路如图5.41所示。

74LS194A由4个触发器FF_0、FF_1、FF_2、FF_3和各自的输入控制电路组成。图中的D_{IR}为数据右移串行输入端，D_{IL}为数据左移串行输入端，$D_0 \sim D_3$为数据并行输入端，$Q_0 \sim Q_3$为数据并行输出端。移位寄存器的工作状态由控制端S_1和S_0的状态指定。

现以第2位触发器FF_1为例，分析一下S_1和S_0为不同取值时移位寄存器的工作状态。由图可见，FF_1的输入控制电路是由门G_{11}和门G_{12}组成的一个具有互补输出的4选1数据选择器。它的互补输出作为FF_1的输入信号。

当$S_1=S_0=\mathbf{0}$时，G_{11}最右边的输入信号Q_1^n被选中，使触发器FF_1的输入为$S=Q_1^n$、$R=\overline{Q_1^n}$，故CP上升沿到达时FF_1被置成$Q_1^{n+1}=Q_1^n$。因此，移位寄存器工作在保持状态。

当$S_1=S_0=\mathbf{1}$时，G_{11}左边第2个输入信号D_1被选中，使触发器FF_1的输入为$S=D_1$、$R=\overline{D_1}$，故CP上升沿到达时FF_1被置成$Q_1^{n+1}=D_1$，移位寄存器处于数据并行输入状态。

当$S_1=\mathbf{0}, S_0=\mathbf{1}$时，$G_{11}$最左边的输入信号$Q_0^n$被选中，使触发器$FF_1$的输入为$S=Q_0^n$、$R=\overline{Q_0^n}$，故$CP$上升沿到达时$FF_1$被置成$Q_1^{n+1}=Q_0^n$，移位寄存器工作在右移状态。

当$S_1=\mathbf{1}, S_0=\mathbf{0}$时，$G_{11}$右边第2个输入信号$Q_2^n$被选中，使触发器$FF_1$的输入为$S=Q_2^n$、$R=\overline{Q_2^n}$，故CP上升沿到达时$FF_1$被置成$Q_1^{n+1}=Q_2^n$，移位寄存器工作在左移状态。

当$\overline{R_D}=\mathbf{0}$时$FF_0$、$FF_1$、$FF_2$、$FF_3$将同时被置成$Q=\mathbf{0}$，所以，正常工作时应使$\overline{R_D}$处于高

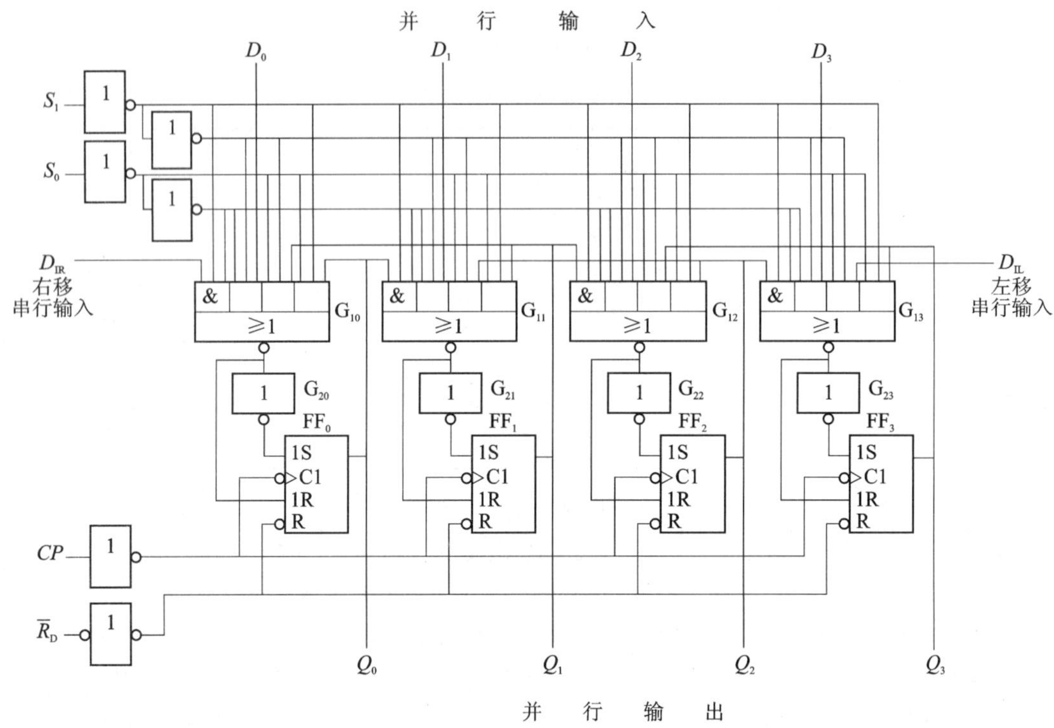

图 5.41　4 位双向移位寄存器 74LS194A 的逻辑图

电平。其他 3 个触发器的工作原理与FF_1基本相同,请自行分析。根据上面的分析可以得到如表 5.12 所列的 74LS194A 的功能表。

表 5.12　双向移位寄存器 74LS194A 功能表

$\overline{R_D}$ 工作状态	S_1	S_0	工作状态
0	×	×	置零
1	**0**	**0**	保持
1	**0**	**1**	右移
1	**1**	**0**	左移
1	**1**	**1**	并行输入

图 5.42 所示为 2 片 74LS194A 接成的 8 位双向移位寄存器。这时只需将其中 1 片的 Q_3 接至另 1 片的 D_{IR} 端,而将另 1 片的 Q_0 接到这 1 片的 D_{IL},同时把 2 片的 S_1、S_0、CP 和 $\overline{R_D}$ 分别并联就可以了。

3. 移位寄存器应用

【例 5.6】 分析图 5.43 中由 4 位移位寄存器构成的电路功能。

解: 该电路围绕双向移位寄存器 74XX194A 构成。由 $S_1=\mathbf{0}$,$S_0=\mathbf{1}$ 可判断此时寄存器工作在右移状态。当清零信号 $\overline{R_D}$ 收到低电平时,状态 $Q_0\sim Q_3$ 均被置为 0。Q_3 取反后连接右移数据输入端 D_R。随着时钟信号持续输入,状态变化如表 5.13 所列。

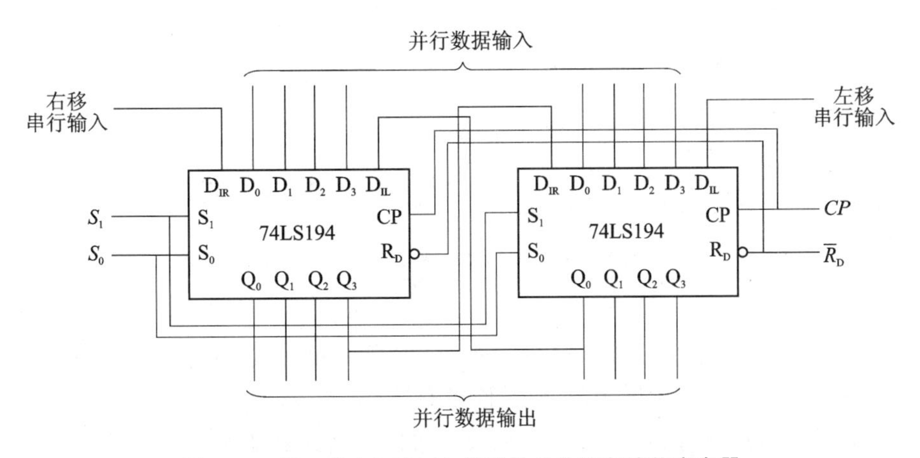

图 5.42　用 2 片 74LS194A 接成的 8 位双向移位寄存器

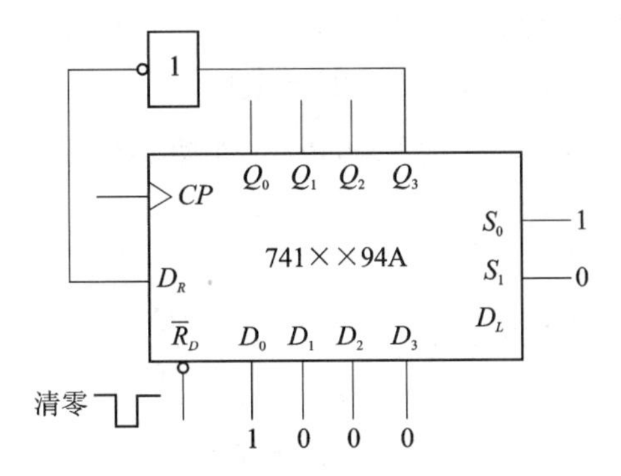

图 5.43　由 4 位移位寄存器构成的电路

表 5.13　例 5.6 的电路状态转换表

时钟编号 CP	输入 D_R	寄存器状态				备　注
		Q_0	Q_1	Q_2	Q_3	
0	1	0	0	0	0	右移动输入信号 $D_R=\overline{Q}_3$
1	1	1	0	0	0	同上
2	1	1	1	0	0	同上
3	1	1	1	1	0	同上
4	0	1	1	1	1	同上
5	0	0	1	1	1	同上
6	0	0	0	1	1	同上
7	0	0	0	0	1	同上
8	1	0	0	0	0	同上

画出状态转换图(见图 5.44),可看出其功能为 4 位格雷码计数器。

在本例中,如果初始状态设置 $Q_0=\mathbf{0}, Q_1=\mathbf{1}, Q_2=Q_3=\mathbf{0}$,且清零信号 $\overline{R}_D$ 始终为高电平,则可形成另外一组状态转换。该过程留给同学们思考分析。

【例 5.7】利用移位寄存器设计序列信号发生器,生成重复的序列信号 **101000 101000**

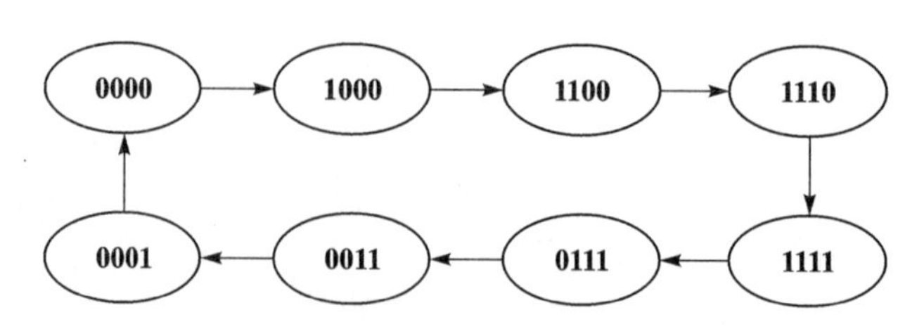

图 5.44 状态转换图：4位格雷码计数器

101000 …。

解：利用移位寄存器生成重复序列是一种常见功能，一般的设计方法可归纳为：

- 确定输入 D_R 的组合逻辑函数(假设使用右移寄存器)；
- 确定需要的移位寄存器的位数 n：假设二进制序列的长度为 m，应使 $2^n \geqslant m$。

另外，一般要求设计的序列发生器"无阻塞"，即能够自动进入工作循环。

题目给出的重复序列为 **101000**，长度 $m=6$。因此，可以先尝试取寄存器个数 $n=3$。假设初始时 $Q_0 \sim Q_2$ 均为 0，则输入信号 D_R 应具有表 5.14 所列的输入序列。

表 5.14 使用三个寄存器的状态转换表

时钟编号 CP	输入 D_R	寄存器状态		
		Q_0	Q_1	Q_2
0	**1**	**0**	**0**	**0**
1	**0**	**1**	**0**	**0**
2	**1**	**0**	**1**	**0**
3	**0**	**1**	**0**	**1**
4	**0**	**0**	**1**	**0**
5	**0**	**0**	**0**	**1**

重复状态

若取 Q_0 为输出端，则已经可以获得输出序列 **101000**。但观察发现状态转移过程中出现了重复状态(见表 5.14)。一般希望 D_R 信号是由状态信号 $Q_0 \sim Q_1$ 组合生成，就像例 5.6 一样。但重复状态的出现使这一要求无法满足。为避免重复状态，可尝试设置移位寄存器位数 $n=4$，此时有表 5.14 所列状态转换表。

表 5.15 4位移位寄存器的状态转换表

时钟编号 CP	输入 C_R	寄存器状态			
		Q_0	Q_1	Q_2	Q_3
0	**1**	**0**	**0**	**0**	**0**
1	**0**	**1**	**0**	**0**	**0**
2	**1**	**0**	**1**	**0**	**0**
3	**0**	**1**	**0**	**1**	**0**
4	**0**	**0**	**1**	**0**	**1**
5	**0**	**0**	**0**	**1**	**0**
6	**1**	**0**	**0**	**0**	**1**

可见，使用 4 位移位寄存器可获得正确的状态序列转移且无重复。此时，通过卡诺图确定 D_R 的逻辑，如图 5.45 所示：

可得到 D_R 表达式：

$$D_R = Q_3^n \overline{Q_1^n} + \overline{Q_3^n} Q_1^n$$

检查电路是否能“无阻塞”启动。绘制所有状态转移过程，发现除了图 5.46(a)所示的正常工作循环外，还存在多个非工作循环，如图 5.46(b)所示。如果从这些非工作循环状态启动，则无法进入正常的工作循环。

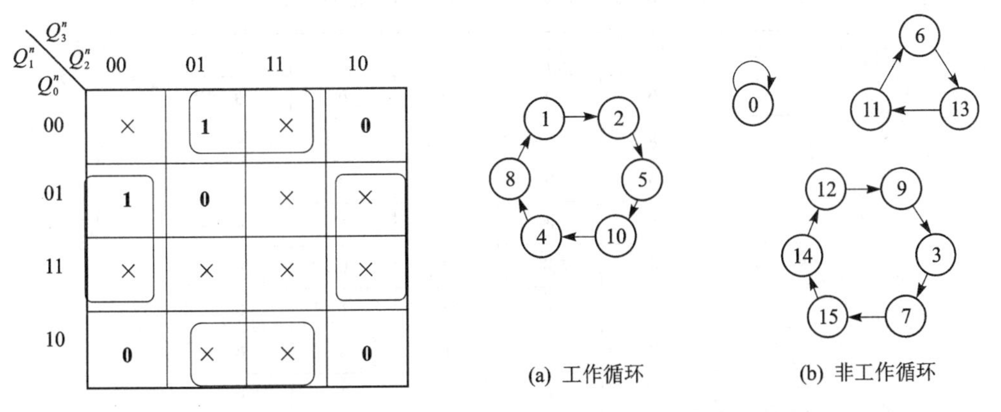

图 5.45　D_R 卡诺图　　**图 5.46　检查是否“无阻塞”**

因此，需要进一步改进 D_R 的组合逻辑，改进原则为：使非工作循环状态经过若干时钟信号后，可自动进入工作循环。例如，若要求状态 $Q_3Q_2Q_1Q_0$ = **0000** 能自动进入工作循环状态 **1000**，则需要 $Q_3Q_2Q_1Q_0$ = **0000** 能使 $D_R = 1$，这样当脉冲到达后，D_R 右移使状态变为 **1000**。

直接修改卡诺图如图 5.47 所示。

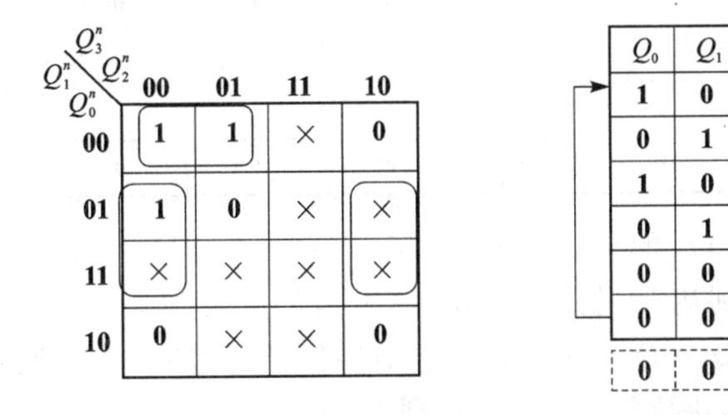

Q_0	Q_1	Q_2	Q_3
1	**0**	**0**	**0**
0	**1**	**0**	**0**
1	**0**	**1**	**0**
0	**1**	**0**	**1**
0	**0**	**1**	**0**
0	**0**	**0**	**1**
0	**0**	**0**	**0**

图 5.47　通过修改卡诺图实现“无阻塞”地序列生成

修改后的 D_R 逻辑为

$$D_R = \overline{Q_3^n} Q_1^n + \overline{Q_2^n}\,\overline{Q_1^n}\,\overline{Q_0^n}$$

再次检查，发现已经能够“无阻塞”启动。

【例 5.8】 用 T 触发器建立 4 位同步二进制加法计数器，状态转换如表 5.16 所列。

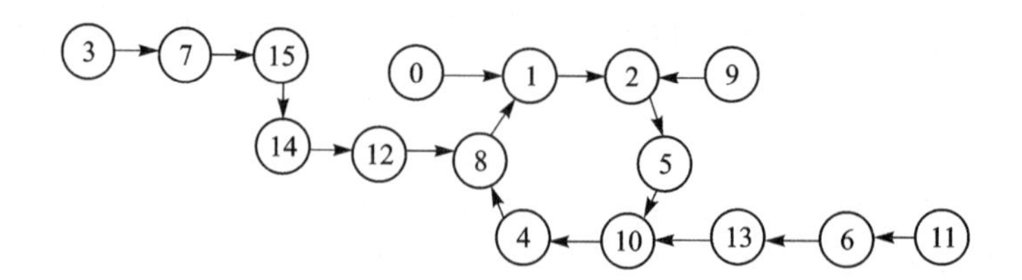

图 5.48　实现了“无阻塞”工作要求

表 5.16　四位二进制加法计数器状态转换表

CLK	Q_3	Q_2	Q_1	Q_0	C
0	0	0	0	0	0
1	0	0	0	1	0
2	0	0	1	0	0
3	0	0	1	1	0
4	0	1	0	0	0
5	0	1	0	1	0
6	0	1	1	0	0
7	0	1	1	1	0
8	1	0	0	0	0
9	1	0	0	1	0
10	1	0	1	0	0
11	1	0	1	1	0
12	1	1	0	0	0
13	1	1	0	1	0
14	1	1	1	0	0
15	1	1	1	1	1
16	0	0	0	0	0

解:由表 5.16 可得 $Q_0 \sim Q_3$ 的翻转规律:

Q_0:每当一个时钟信号到达,状态翻转一次;

$Q_i(i=1,2,3)$:只有当 $Q_0 \cdots Q_{i-1}$ 状态均 1 且时钟信号到达时,状态翻转,否则保持;

当 $Q_3 Q_2 Q_1 Q_0 = 1111$ 时,进位信号 $C=1$,否则 $C=0$。

将 $J-K$ 触发器的 J 端、K 端连接在一起构成 T 触发器。根据 T 触发器的特点,则第 i 位$(i=1,2,3)T$ 触发器的输入 T_i 逻辑式应为

$$T_i = Q_{i-1} Q_{i-2} \cdots Q_0$$

$$T_0 = 1$$

可建立如图 5.49 所示的电路图。

思考:若用 T' 触发器实现上述二进制加法计数器,应如何设计?

【例 5.9】用 T 触发器建立 4 位同步二进制减法计数器,状态转换如表 5.17 所列。

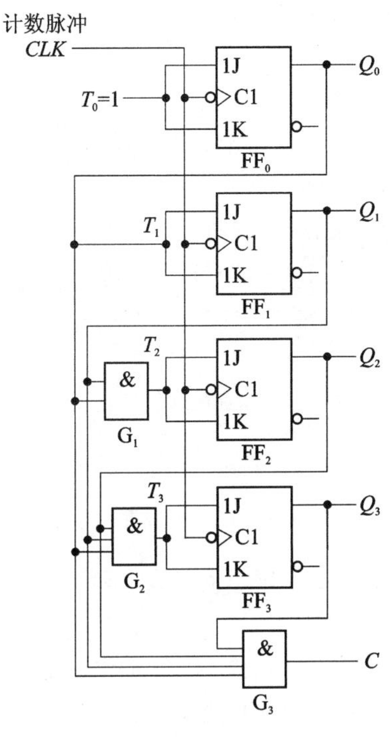

图 5.49　由 T 触发器构成的四位二进制加法计数器电路图

表 5.17　四位二进制减法计数器状态转换表

CLK	Q_3	Q_2	Q_1	Q_0	B
0	0	0	0	0	1
1	1	1	1	1	0
2	1	1	1	0	0
3	1	1	0	1	0
4	1	1	0	0	0
5	1	0	1	1	0
6	1	0	1	0	0
7	1	0	0	1	0
8	1	0	0	0	0
9	0	1	1	1	0
10	0	1	1	0	0
11	0	1	0	1	0
12	0	1	0	0	0
13	0	0	1	1	0
14	0	0	1	0	0
15	0	0	0	1	0
16	0	0	0	0	1

解：同样先观察状态的翻转规律：

- Q_0：每当一个时钟信号到达，状态翻转一次；
- $Q_i(i=1,2,3)$：只有当 $Q_0 \cdots Q_{i-1}$ 状态均 0 且时钟信号到达时，状态翻转，否则保持；
- 当 $Q_3Q_2Q_1Q_0=0000$ 时，借位信号 $B=1$，否则 $B=0$。

使用 T 触发器构成减法计数器，则第 i 位（$i=1,2,3$）T 触发器的输入 T_i 逻辑式应为

$$T_i=\overline{Q}_{i-1}\overline{Q}_{i-2}\cdots\overline{Q}_0$$

$$T_0=1$$

类似地，建立如图 5.50 所示电路图。

思考：若用 T′触发器实现上述二进制减法计数器，应如何设计？

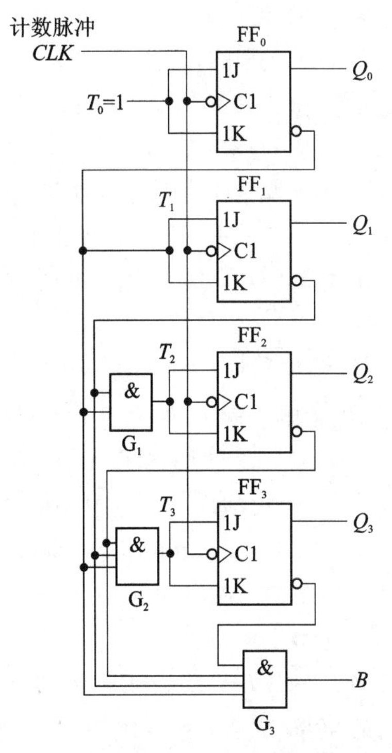

图 5.50　由 T 触发器构成的四位二进制减法计数器电路图

5.4.2　计数器

我国目前已系列化生产多种中规模集成电路计数器，可以在一个芯片上将整个计数器全部集成在上面，因此这种计数器使用起来很方便。为了增强中规模计数器的适应能力，一般中规模计数器比小规模集

成电路构成的计数器有更多的功能,有的还能方便地改变计数进制。

集成电路计数器产品种类很多,它们是:

二-十进制可预置同步加法计数器(异步清零),如74LS160、74HC160等;

二-十六进制可预置同步加法计数器(异步清零),如74LS161、74HC161等;

二-十进制可预置同步加法计数器(同步清零),如74LS162、74HC162等;

二-十六进制可预置同步加法计数器(同步清零),如74LS163、74HC163等。

二-十进制可预置同步可逆计数器(加减控制型),如74LS190、74HC190等;

二-十六进制可预置同步可逆计数器(加减控制型),如74LS191、74HC191等;

二-十进制可预置同步可逆计数器(双时钟型),如74LS192、74HC192等;

二-十六进制可预置同步可逆计数器(双时钟型),如74LS193、74HC193等。

二-五分频异步加法计数器,如74LS290等;

二-六分频异步加法计数器,如74LS292等;

二-八分频异步加法计数器,如74LS293等。

上述同步计数器可分成2对,'160和'161('190和'191)为1对;'162和'163('192和'193)为另1对,这两对计数器只是计数进制不同,功能是类似的。二-十、二-十六进制中的二代表二进制;十代表十进制,采用的是BCD8421码;十六代表十六进制,即4位二进制码。既然这样,下面重点介绍74LS161、74LS193和74LS290三种芯片的电路,其他芯片直接给出功能表。

1. 4位二-十六进制计数器74LS161

图5.51为中规模集成的4位二-十六进制计数器74LS161的逻辑图。这个图是在图5.3的基础上演变来的,附加了一些控制电路,以增加电路的功能和使用的灵活性。该电路除了具有二进制加法计数功能外,还具有预置数、保持和异步置零等附加功能。图中$\overline{LD}$为预置数控制端,$D_0 \sim D_3$为数据输入端,C为进位输出端,$C=Q_0Q_1Q_2Q_3 \cdot ET$,$\overline{R_D}$为异步置0(复位)端,EP和ET为工作状态控制端。

表5.18为74LS161的功能表,列出了当EP和ET为不同取值时的电路工作状态。

由图5.51可见,当$\overline{R_D}=\mathbf{0}$时,所有触发器将同时被置0,而且指令操作不受其他输入端状态影响。

当$\overline{R_D}=\mathbf{1}$、$\overline{LD}=\mathbf{0}$时,电路工作在预置数状态。这时门$G_{16} \sim G_{19}$的输出始终是**1**,所以$FF_0 \sim FF_3$输入端$J$、$K$的状态由$D_0 \sim D_3$的状态决定。例如:若$D_0=\mathbf{1}$,则$J_0=\mathbf{1}$、$K_0=\mathbf{0}$,$CP$上升沿到达后$FF_0$被置**1**。

当$\overline{R_D}=\mathbf{1}$、$\overline{LD}=\mathbf{1}$而$EP=\mathbf{0}$、$ET=\mathbf{1}$时,由于这时门$G_{16} \sim G_{19}$的输出均为**0**,即:$FF_0 \sim FF_3$均处于$J=K=\mathbf{0}$的状态,所以$CP$信号到达时它们保持原来的状态不变。同时$C$的状态也得到保持。$ET=\mathbf{0}$,则$EP$无论为何状态,计数器的状态也将保持不变,但这时仅为输出端C等于**0**。

当$\overline{R_D}=\overline{LD}=EP=ET=\mathbf{1}$时,电路工作在计数状态,与图5.3电路的工作状态相同。从电路的**0000**状态开始连续输入16个计数脉冲时,电路将从**1111**状态返回**0000**状态,C端从高电平跳变至低电平。可以利用C端输出的高电平或下降沿作为输出信号。

同步十进制计数器74LS160与74LS161有相同的引脚排列和功能表,请自行参照。

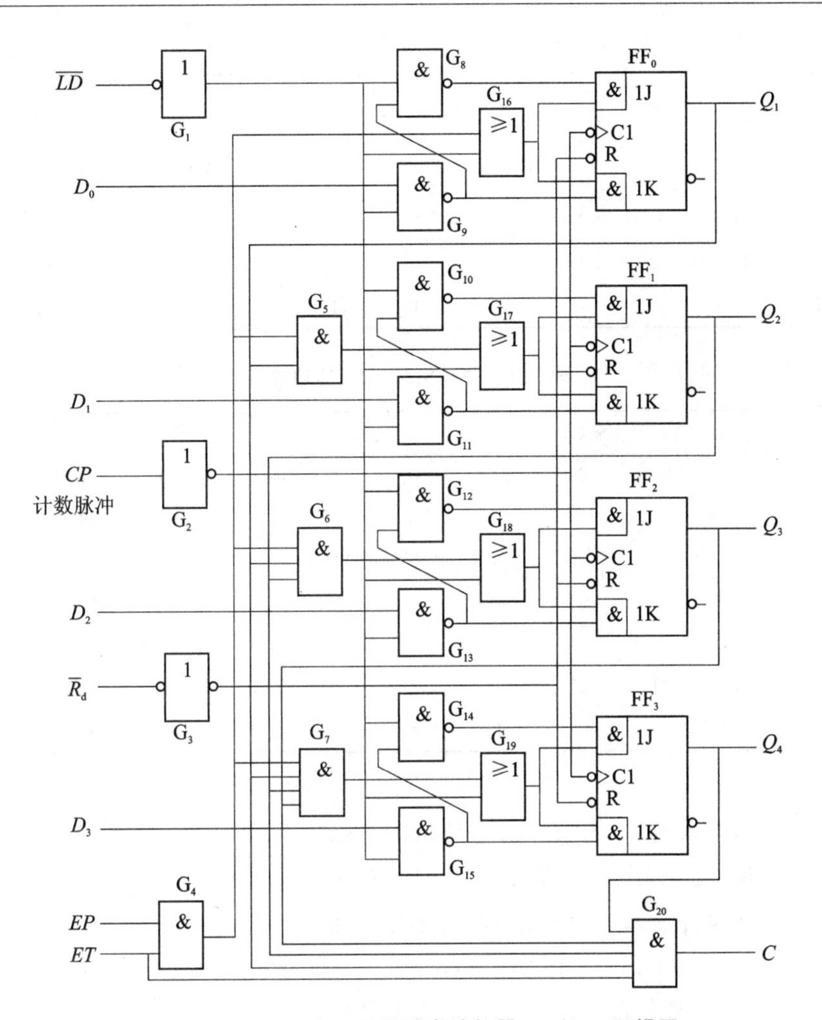

图 5.51　4 位二-十六进制同步计数器 74LS161 逻辑图

此外，同步计数器 74LS162（同步十进制计数器）和 74LS163（同步二-十六进制计数器）分别具有与 74LS160 和 74LS161 一样的功能，只是应注意与 74LS160 和 74LS161 不同的是它们采用同步置 **0** 方式，即：当$\overline{R_D}$出现低电平后要等 CP 信号到达时才能将触发器置 **0**。而在异步置 **0** 的计数器（74LS160 和 74LS161）电路中，只要$\overline{R_D}$出现低电平，触发器立即被置 **0**，不受 CP 信号的控制。

74LS160/161 和 74LS162/163 计数器的功能表分别如表 5.18 和表 5.19 所列，74LS160/161 和 74LS162/163 计数器的逻辑符号如图 5.52 所示。

表 5.18　74LS160/161 的功能表

输　入									输　出			
CP	$\overline{R_D}$	$\overline{LD}$	EP	ET	A	B	C	D	Q_A	Q_B	Q_C	Q_D
×	L	×	×	×	×	×	×	×	L	L	L	L
↑	H	L	×	×	A	B	C	D	A	B	C	D

续表 5.18

输入									输出			
CP	$\overline{R_D}$	$\overline{LD}$	EP	ET	A	B	C	D	Q_A	Q_B	Q_C	Q_D
×	H	H	L	×	×	×	×	×	保持			
×	H	H	×	L	×	×	×	×	保持			
↑	H	H	H	H	×	×	×	×	计数			
↑	H	L	×	×	L	L	L	L	L	L	L	L

表 5.19　74LS162/163 的功能表

输入									输出			
CP	$\overline{R_D}$	$\overline{LD}$	EP	ET	A	B	C	D	Q_A	Q_B	Q_C	Q_D
↑	L	×	×	×	×	×	×	×	L	L	L	L
↑	H	L	×	×	A	B	C	D	A	B	C	D
×	H	H	L	×	×	×	×	×	保持			
×	H	H	×	L	×	×	×	×	保持			
↑	H	H	H	H	×	×	×	×	计数			
↑	H	L	×	×	L	L	L	L	L	L	L	L

(1) 清　零

参阅功能表和逻辑符号,对这 2 对计数器的逻辑功能加以说明。$\overline{R_D}$ 是清零符号,低电平有效。对于 74LS160/161 这 1 对计数器是异步清零,只要 $\overline{R_D}=\mathbf{0}$ 就执行清零操作;对于 74LS162/163 这 1 对计数器是同步清零,清零时不但要有清零信号,而且还需要时钟参与。在功能表中,对应清零这 1 行,异步清零的 CP 为任意值,可以是高电平,也可以是低电平;同步清零的 CP 为上升沿,说明清零操作不但需要 $\overline{R_D}=\mathbf{0}$,而且还需要有时钟的动作沿。

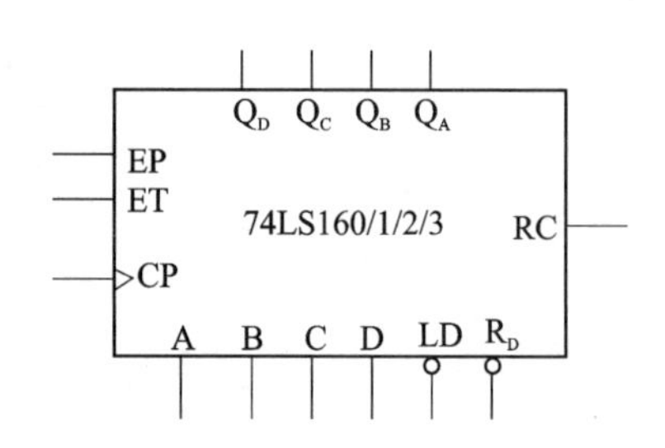

图 5.52　74LS160/74LS161/74LS162/74LS163 的逻辑符号图

计数器的清零,除了通过 $\overline{R_D}$ 端执行外,还可以通过预置端进行,设 $ABCD=\mathbf{0000}$,也可将计数器置成全"**0**"状态。

(2) 预置数

这 2 对计数器都有预置数功能,功能相同、操作相同。预置数是该计数器可以将数据输入端 A、B、C、D 的数据送入计数器,使 $Q_AQ_BQ_CQ_D=ABCD$,在此是并行输入。预置数的条件是 $\overline{LD}=\mathbf{0}$ 和 CP 为上升沿,二者缺一不可。功能表 5.19 中的第 2 行,$\overline{R_D}=\mathbf{1}$、$\overline{LD}=\mathbf{0}$ 和 CP 为上升沿,$ABCD \rightarrow Q_AQ_BQ_CQ_D$。

(3) 计数功能

计数器执行计数功能的条件从逻辑图中可以看出,EP 和 ET 是计数使能端,$EP=ET=\mathbf{1}$、$\overline{R_D}=\mathbf{1}$、$\overline{LD}=\mathbf{1}$ 时,在时钟上升沿作用下可执行计数功能。若 EP 和 ET 中有 1 个是低电平则禁止计数。同时,ET 还控制进位信号 RC 的输出,RC 的作用在下面说明。

(4) 计数器的进位使能与计数器的级联

当计数容量不够时,需要几片计数器级联组成计数链。当低位片计数器没有计到它的最大数时,高位片计数器应不计数,处于保持状态,仅仅低位片计数器计数。当低位片计数器计到最大数时,应送出 1 个进位信号给高位片计数器,使之脱离保持状态而计数。因此多位计数链的规则是,只有所有的低位片计数器计入最大数时,高位片才计数,否则该片处于保持状态。例如:二-十进制计数到 9 时,或者二-十六进制计数到 15 时,再来 1 个时钟脉冲,计数器返回初态,同时计数器应发生进位。如果进位状态要保留下来,应再增加一级计数器。例如:两级二-十进制计数器的计数容量为 10×10=100 个状态,从 0~99,99 是最大数。

图 5.53 是 3 片二-十进制计数器级联的连线图。在图中第(I)片计数器的 $ET=EP=\mathbf{1}$,RC 接第(II)片的 ET 端,第(II)片的 RC 接第(III)片的 ET 端,其他端头所接逻辑电平在图中已标明。计数器在时钟的作用下从全"**0**"开始计数,此时第(I)片的 $RC=\mathbf{0}$,第(II)、第(III)片计数器禁止计数。当第(I)片计数器计数到 9 时,$RC=\mathbf{1}$,第(II)片计数器具备计数条件,等下 1 个时钟来到时,第(I)片计数器返回 **0000** 状态,同时第(II)片计数器计 1 个数,即进入 **0001** 状态。第(I)片计数器返 **0000** 后,$RC=\mathbf{0}$,第(II)片即退出计数状态,在第(I)片计数器不断计数时,第(II)片计数器一直保持 **0001** 状态。直至第(I)片又计数到最大数 9 时,$RC=\mathbf{1}$,第(II)片又具备计数条件。再来 1 个时钟时,第(I)片返 **0000**,第(II)片状态为 **0010**。第(II)片计数器向第(III)片计数器进位的传递,原理同上。以上过程不断进行,直至计数到 999,图 5.53 中 RC 起到进位使能的作用。

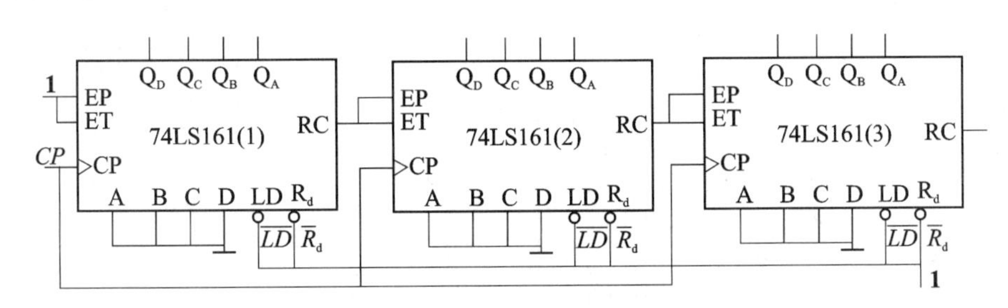

图 5.53　计数器之间的级联

2. 可逆计数器 74LS191

在有些场合要求计数器既能进行递增计数,又能进行递减计数,这就需要做成加/减计数器(或称为可逆计数器)。其中,74LS191(74HC191)是单时钟同步十六进制计数器加/减计数器;74LS190(74HC190)是单时钟同步十进制计数器加/减计数器;74LS193(74HC193)是双时钟同步十六进制计数器加/减计数器;74LS192(74HC192)是双时钟同步十进制计数器加/减计数器。

现以 74LS191 为例,介绍其电路结构和功能。图 5.54 给出了可逆计数器 74LS191 的电路原理图。当电路处于计数状态时(这时应使 $\overline{S}=\mathbf{0}$、$\overline{LD}=\mathbf{1}$),各个触发器输入端的逻辑分别为

$$T_0=\mathbf{1}$$

$$T_1=\overline{\overline{U}/D}Q_0+\overline{U}/D\overline{Q}_0$$

$$T_2 = \overline{\overline{U}/D}(Q_0Q_1) + \overline{U}/D(\overline{Q_0Q_1})$$

$$T_3 = \overline{\overline{U}/D}(Q_0Q_1Q_2) + \overline{U}/D(\overline{Q_0Q_1Q_2})$$

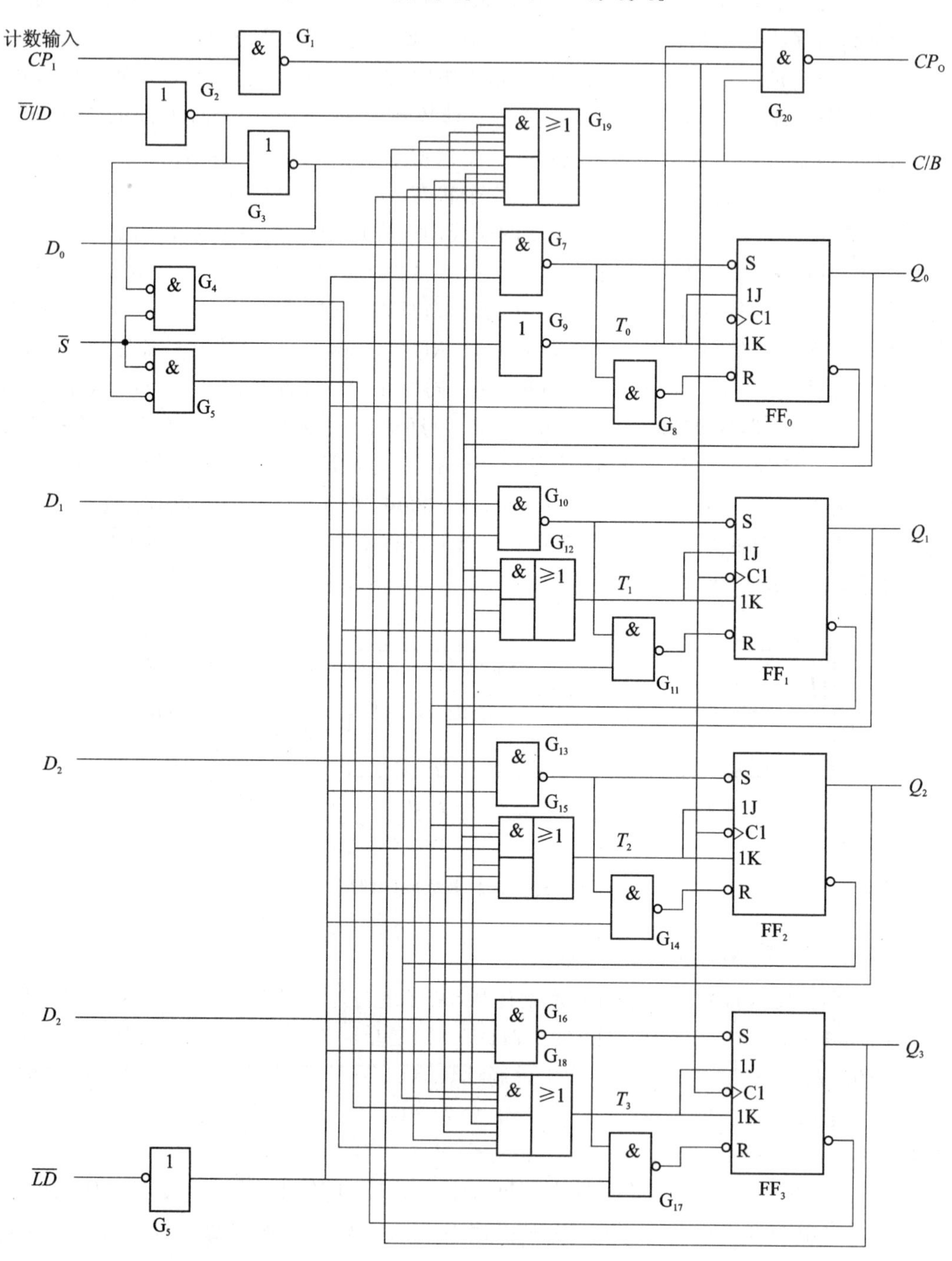

图 5.54　可逆计数器 74LS191 电路原理图

不难看出,当$\overline{U}/D=\mathbf{0}$时,计数器做加法计数;当$\overline{U}/D=\mathbf{1}$时,计数器做减法计数。除了能做加/减计数外,74LS191 还有一些附加功能。图 5.54 中的$\overline{LD}$为预置数控制端。当$\overline{LD}=\mathbf{0}$

时电路处于预置数状态，$D_0 \sim D_3$ 的数据立刻被置入 $FF_0 \sim FF_3$ 中，而不受时钟信号 CP_1 的控制。因此，它的预置数是异步的，与 74LS161 的同步式预置数不同。$\overline{S}$ 是使能控制端，当 $\overline{S}=\mathbf{1}$ 时 $T_0 \sim T_3$ 全部为零，故 $FF_0 \sim FF_3$ 保持不变。C/B 是进位/借位信号输出端。当做加法计数 ($\overline{U}/D=\mathbf{0}$)，且 $Q_3Q_2Q_1Q_0=\mathbf{1111}$ 时，$C/B=\mathbf{1}$，有进位输出；当做减法计数 ($\overline{U}/D=\mathbf{1}$)，且 $Q_3Q_2Q_1Q_0=\mathbf{0000}$ 时，$C/B=\mathbf{1}$，有借位输出。CP_0 是串行时钟输出端。当 $C/B=\mathbf{1}$ 的情况下，在下一个 CP_1 上升沿到达前 CP_0 端有 1 个负脉冲输出。

74LS191/74LS190 的功能如表 5.20 所列。图 5.55 是它的时序图。在时序图上可以比较清楚地看到 CP_0 和 CP_1 的时间关系。

表 5.20　74LS191/74LS190 的功能表

输入								输出			
$\overline{LD}$	$\overline{S}$	$\overline{U}/D$	CP_1	D_0	D_1	D_2	D_3	Q_0	Q_1	Q_2	Q_3
L	×	×	×	A	B	C	D	A	B	C	D
H	L	L	↑	×	×	×	×		加计数		
H	L	H	↑	×	×	×	×		减计数		
H	H	×	×	×	×	×	×		保持		

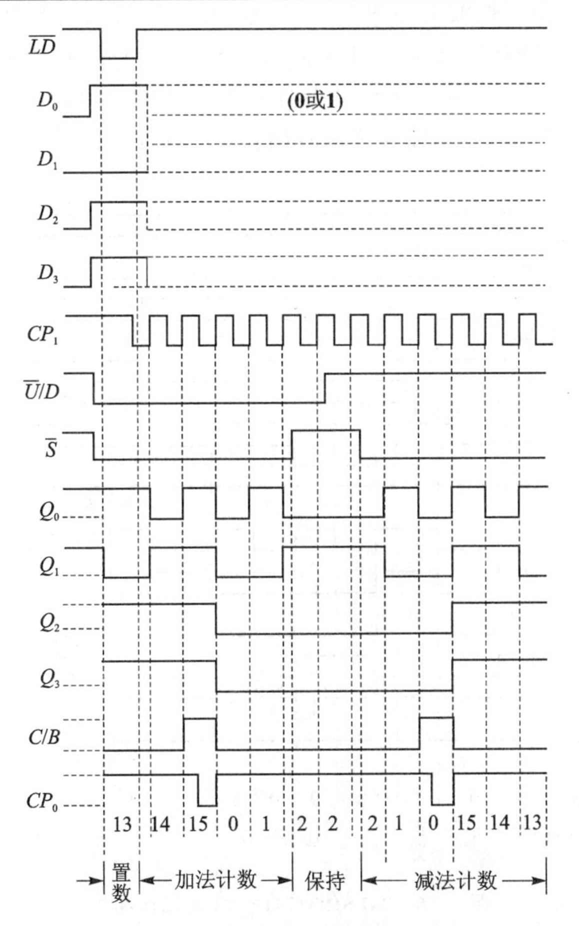

图 5.55　同步十六进制加/减计数器 74LS191 的时序图

由于图5.54电路只有1个时钟信号输入端,电路的加和减由$\overline{U}/D$的电平决定,所以称这种电路结构为单时钟结构。单时钟可逆计数器74LS191/74LS190的功能表如表5.20所列。如果加法计数脉冲和减法计数脉冲来自2个不同的脉冲源,则需要使用双时钟结构的加/减计数器计数,在这里我们不再介绍电路结构。表5.21所列为双时钟加/减计数器74LS193/74LS192的功能表。

表5.21 74LS193/74LS192的功能表

输入								输出			
R_D	$\overline{LD}$	CP_+	CP_-	D_0	D_1	D_2	D_3	Q_0	Q_1	Q_2	Q_3
H	×	×	×	×	×	×	×	L	L	L	L
L	L	×	×	A	B	C	D	A	B	C	D
L	H	↑	H	×	×	×	×	加计数			
L	H	H	↑	×	×	×	×	减计数			
L	H	H	H	×	×	×	×	保持			

双时钟加/减计数器74LS193/74LS192的逻辑功能有清零、预置数、加法计数和减法计数等。

74LS193/74LS192的工作波形如图5.56所示,从该图可以清楚地看出执行清零、预置、加计数和减计数的情况,当$R_D=\mathbf{1}$时,74LS193/74LS192双时钟型可逆计数器是高电平清零,这与74LS160/161/162/163不同;74LS193/74LS192双时钟型可逆计数器的预置数功能与74HC160/161/162/163不同,由功能表可以看出:预置数时,只要$\overline{LD}=\mathbf{0}$就产生预置,无须时

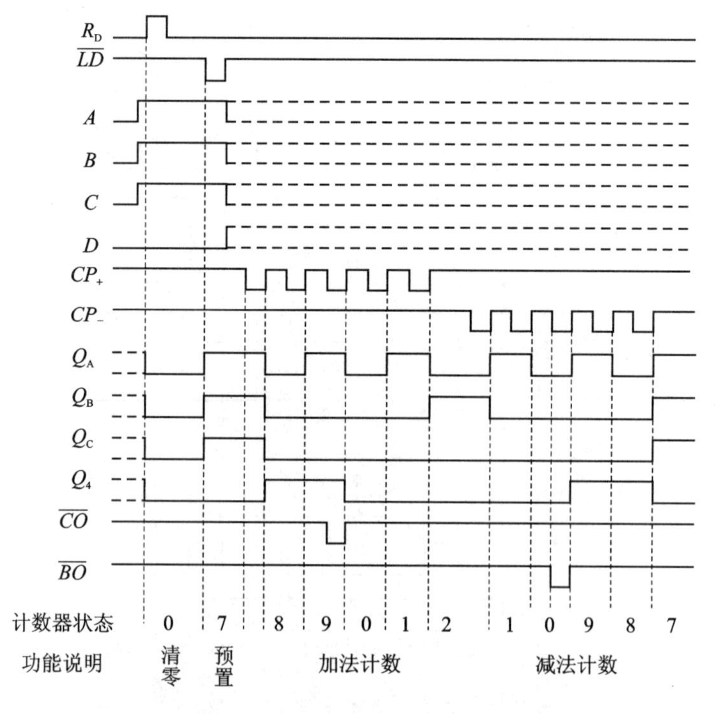

图5.56 74LS193/74LS192的工作波形

钟参与；加计数时，$CP_{-}=\mathbf{1}$；减计数时，$CP_{+}=\mathbf{1}$；当加法计数达到最大数时，下 1 个 CP_{+} 上升沿来到时，该位计数器应返回 **0000**，同时给出 1 个进位脉冲；当减法计数达到 **0000** 时，在下 1 个 CP_{-} 的上升沿来到时，该计数器应给出借位脉冲。

74LS191/74LS190 和 74LS193/74LS192 的逻辑符号如图 5.57 所示。

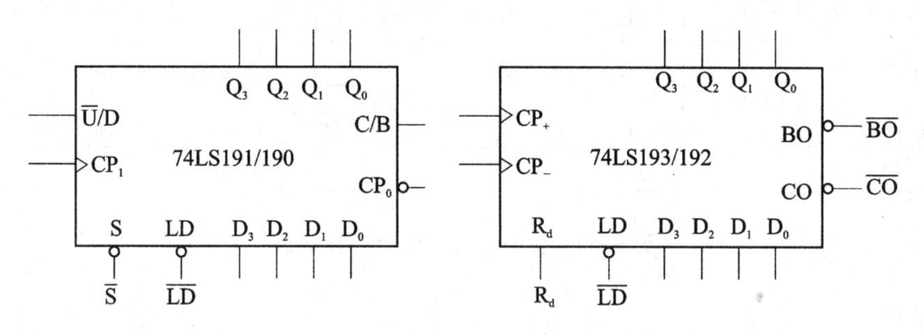

图 5.57　4LS191/74LS190 和 74LS193/74LS192 的逻辑符号

当需要多片可逆计数器级联时，有多种方式。对于上升沿动作的计数器，观察图 5.55 可知，CP_0 正好在需要进位处有 1 个上升沿。所以用低位片的 CP_0 作为高 1 位计数器的时钟，如图 5.58 所示，级间为异步方式。图 5.59 是另一种级联方式，各片的时钟都接在一起，低位片的 CP_0 接到高 1 位的 $\overline{S}$ 端，这种方式的进位速度要快一些。图 5.60 是利用 C/B 端进行进位，将各片的时钟都接在一起，C/B 信号反相，作为高 1 位计数器的 $\overline{S}$，这种接法，计数器只有产生 C/B 信号的延迟，计数速度快。

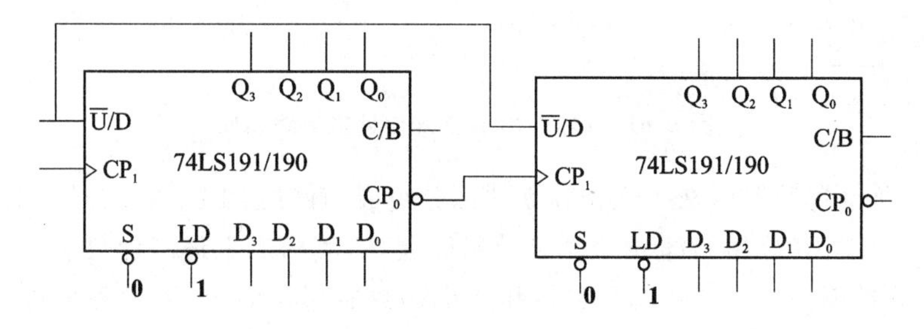

图 5.58　级间串行进位异步方式

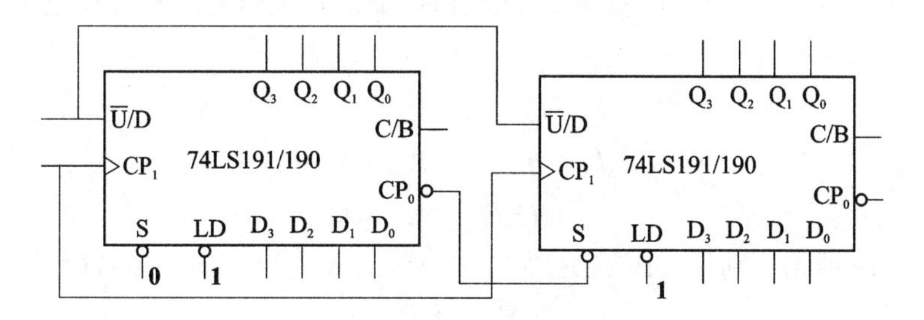

图 5.59　级间串行进位同步计数器

3. 异步加法计数器 74LS290

74LS290 是应用很广的一款集成异步计数器，它是由 2 分频计数器和 5 分频计数器 2 部分构成的，除了供电电源是共用的，2 分频和 5 分频 2 部分是互相独立的。74LS290 的逻辑图如图 5.61 所示。

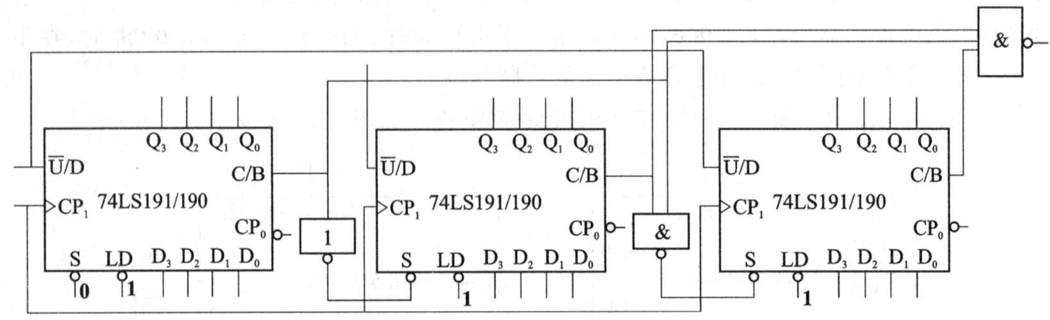

图 5.60 级间并行进位同步计数器

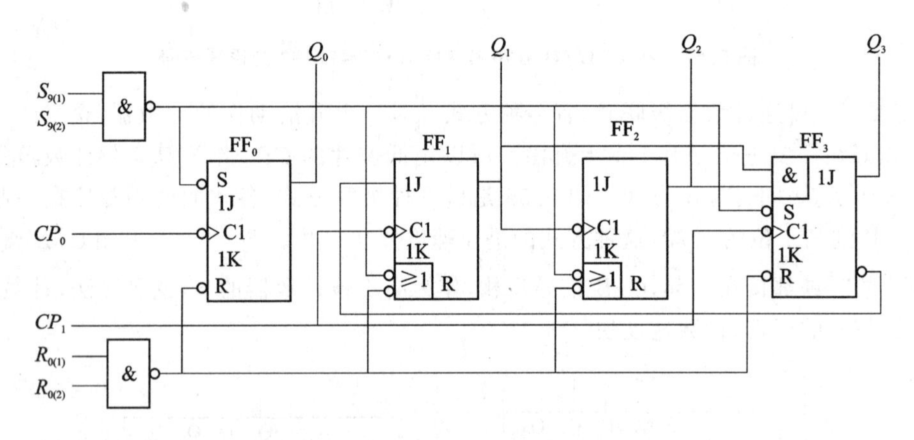

图 5.61 74LS290 异步加法计数器逻辑图

如图 5.61 所示计数器由 2 个互相独立的部分组成,触发器 FF_0 是 T′触发器,按 2 分频计数。所以只需要分析 5 分频的部分,2 个部分级联起来,就构成十进制计数器。不过非二进制异步计数器的分析不像异步二进制计数器和同步计数器那样简单,因为各个触发器的时钟不是接在同 1 个时钟源。所以,触发器是否翻转不但要看触发器数据端的条件,还要看是否有时钟的动作沿。所以,在分析非二进制异步计数器时,确定触发器的时钟方程很重要。5 分频部分触发器数据端的驱动方程式为

$$J_1=\overline{Q_3} \qquad K_1=\mathbf{1}$$

$$J_2=\mathbf{1} \qquad K_2=\mathbf{1}$$

$$J_3=Q_1Q_2 \qquad K_3=Q_3$$

各触发器的时钟端分别用 CP_1、CP_2 和 CP_3 表示,于是可写出以下各时钟方程式为

$$CP_1=CP_1$$

$$CP_2=Q_1$$

$$CP_3=CP_1$$

设初始状态为全 **000**,由数据端和时钟端的逻辑式做出状态转换表,如表 5.22 所列。

表 5.22　状态转换表

态　序	CP_3	Q_3	CP_2	Q_2	CP_1	Q_1	J_3	K_3	J_2	K_2	J_1	K_1
0	↓	0		0	↓	0	0	1	1	1	1	1
1	↓	0	↓	0	↓	1	0	1	1	1	1	1
2	↓	0		1	↓	0	0	1	1	1	1	1
3	↓	0	↓	1	↓	1	1	1	1	1	1	1
4	↓	1		0	↓	0	0	1	1	1	0	1
5	↓	0		0	↓	0	0	1	1	1	1	1
CP_1	CP_1		Q_1	CP_1								

根据该表可以决定 74LS290 五分频部分的状态转换顺序是

$$Q_3Q_2Q_1=\mathbf{000\rightarrow001\rightarrow010\rightarrow011\rightarrow100\rightarrow000}$$

如果 2 分频和 5 分频级联起来，即 Q_0 接 CP_1，整个 74LS290 的态序为 BCD8421 码。

$$Q_3Q_2Q_1Q_0=\mathbf{0000\rightarrow0001\rightarrow0010\rightarrow0011\rightarrow0100\rightarrow0101\rightarrow0110\rightarrow0111\rightarrow1000\rightarrow1001\rightarrow0000}$$

为了做出完整的状态转换图，必须考查工作时序之外的其他状态与工作时序的关系。74LS290 完整的状态转换图如图 5.62 所示。该电路只有 1 个循环时序，电路可自行启动。

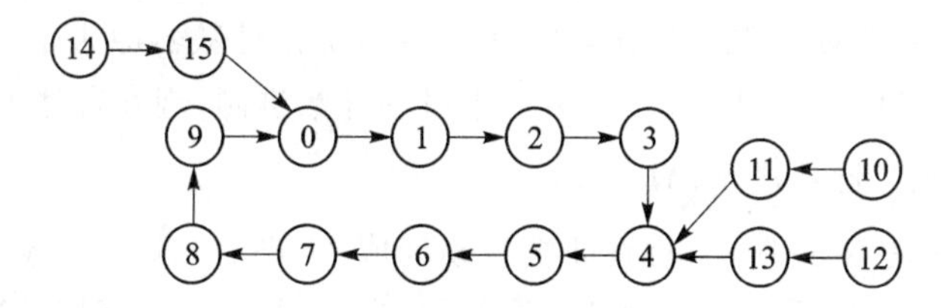

图 5.62　74LS290 的状态转换图

该计数器为加法计数器，从 0→9 时应给出进脉冲 RCO。RCO 可由如下逻辑门引出

$$RCO=Q_3Q_0=\overline{\overline{Q}_3+\overline{Q}_0}$$

为外接其他电路留有余地，各触发器的扇出数均不超出规定数值。异步计数器线路简单，对时钟源的负载能力要求不高，广泛用于工作速度较低的场合。

74LS290 有 2 个置“0”端，高电平有效，用 $R_{0(1)}$ 和 $R_{0(2)}$ 表示，计数时至少有一端接低电平；同时有 2 个置“9”端，高电平有效，用 $S_{9(1)}$ 和 $S_{9(2)}$ 表示，计数时也至少有一端接低电平。逻辑符号如图 5.63 所示。

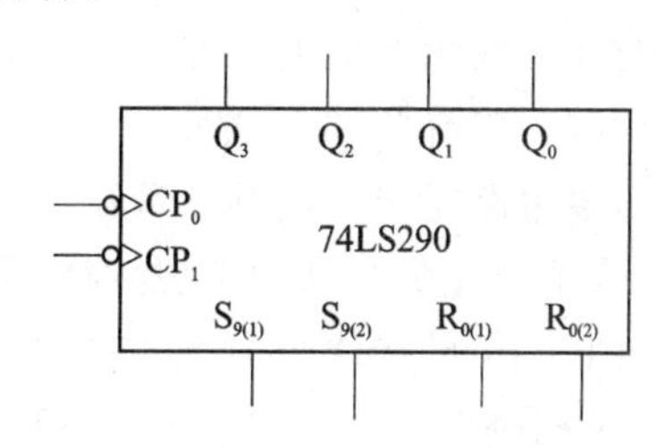

图 5.63　2-5 分频计数器

了解了 2-5 分频异步计数器 74LS290 以后，对 2-6 分频的 74LS292 和 2-8 分频的 74LS293 就可以掌握了，它们的简化逻辑符号如图 5.64 和图 5.65 所示。74LS292 和 74LS293 只有置“0”端，无置“9”端，另外 74LS292 的电源和地线引出端的位置与 74LS293 不同。

2-6 分频 74LS292 的 6 分频部分的态序

$$Q_3Q_2Q_1=0\rightarrow1\rightarrow2\rightarrow3\rightarrow4\rightarrow5\rightarrow0$$

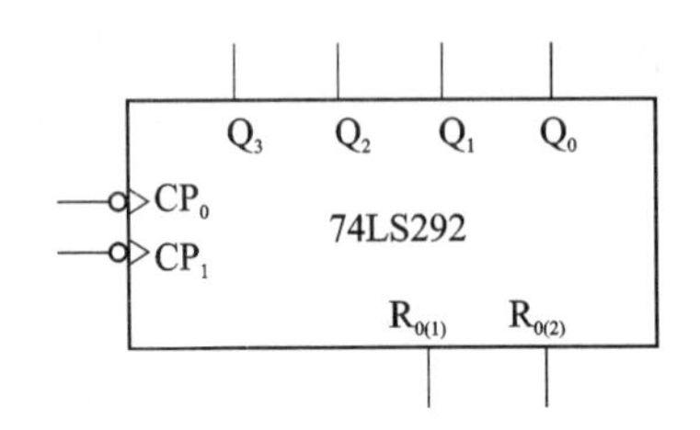

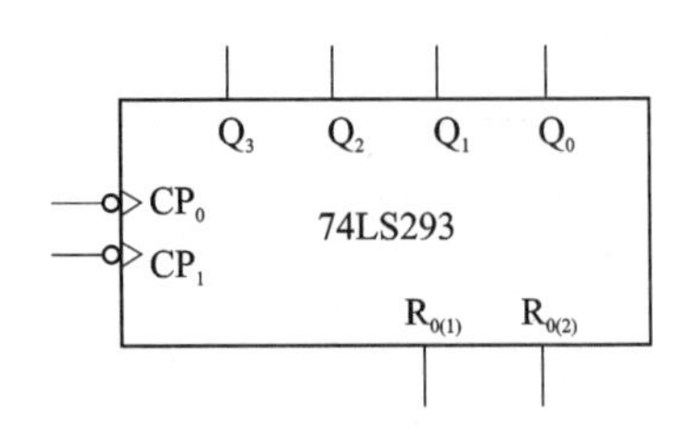

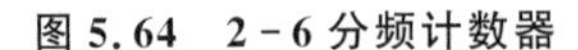
图 5.64　2-6 分频计数器

图 5.65　2-8 分频计数器

如果 2 分频和 6 分频级联起来,即 Q_0 接到 CP_1,整个 74LS292 的态序为

$$Q_3Q_2Q_1Q_0=0\to1\to2\to3\to4\to5\to6\to7\to8\to9\to10\to11\to0$$

2-8 分频 74LS293(74LS93)的 8 分频部分的态序为

$$Q_3Q_2Q_1=0\to1\to2\to3\to4\to5\to6\to7\to0$$

如果 2 分频和 8 分频级联起来,即 Q_0 接到 CP_1,74LS293 的态序为 4 位二进制码

$$Q_3Q_2Q_1Q_0=0\to1\to2\to3\to4\to5\to6\to7\to8\to9\to10\to11\to12\to13\to14\to15\to0$$

5.4.3　用集成计数器实现任意进制计数器

用集成计数器改变计数器的计数进制主要有 2 种情况:一种情况是计数器原来是 N 进制的,现在要把它改变成 M 进制,且 $M<N$;另一种情况是计数器原来是 N 进制的,现在要把它改变成 M 进制,但 $M>N$,即:大于计数器本身的计数进制,现在分述如下。

1. 反馈置零法改变计数进制($M<N$)

如果计数器原来是 N 进制的,现在要把它改变成 M 进制,且 $M<N$。也就是说,从原有编码 0 开始截取了一段,而丢弃了后面的一段编码,只要用 1 片 74LS160/161 或 74LS160/161 即可实现。但是,采用异步清零的 74LS160/161 和采用同步清零的 74LS162/163 还有一点小的差别,下面通过例子加以说明。

例如:74LS161 采用反馈归零法改变计数进制,如图 5.66 所示。其状态转换顺序是 0→1→2→3→4→5→6→7→8→9→10→11→0,当计数器进入状态 $Q_DQ_CQ_BQ_A=$ **1100** 时,与非门输出低电平,计数器清零。所以,**1100** 这个状态并不能持久,$\overline{R}_D$ 端是异步清零,它的优先级最高,与非门输出的低电平即刻产生清零,然后进入 **0000** 状态。也就是说 **1100** 状态只存在一瞬间,也称为尖峰脉冲,一般远小于 1 个时钟周期持续的时间,因此不把这个尖峰脉冲计为 1 个状态,该电路是十二进制计数器。

为了避免尖峰脉冲出现,通常采用同步清零计数器 74LS163 来实现。

图 5.67 的接线与图 5.66 完全一样,只是计数器换成同步清零的 74LS163,电路的态序仍然是 0→1→2→3→4→5→6→7→8→9→10→11→0。因为当达到译码位的状态 $Q_DQ_CQ_BQ_A=$ **1011** 时,与非门虽然输出低电平,但不能发生清零动作,必须在下 1 个时钟脉冲来到时,才能发生清零,使计数器复位到 **0000**,因此,该电路也实现十二进制计数。

用集成计数器实现计数进制的改变,有时会出现清零不可靠的问题。以图 5.66 为例,对电路进行改进。当计数器的态序达到译码位时,译码门输出低电平,计数器开始清零。但是由于把 4 个触发器清零,在时间上会有一些差异,只要清掉了译码门输入端中任何 1 个逻辑变量,使之为 **0**,译码门的输出就会变为 **1**,使清零作用丧失。为了解决这个问题,必须保持清零作用直至清零完成，必须使用有记忆功能的触发器，最简单的电路就是基本 RS 触发器，经过改进的电路如图 5.68 所示。

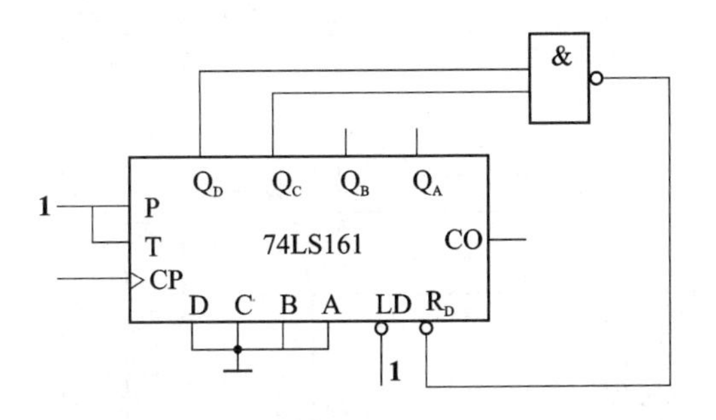

图 5.66　用反馈置零法实现十二进制计数

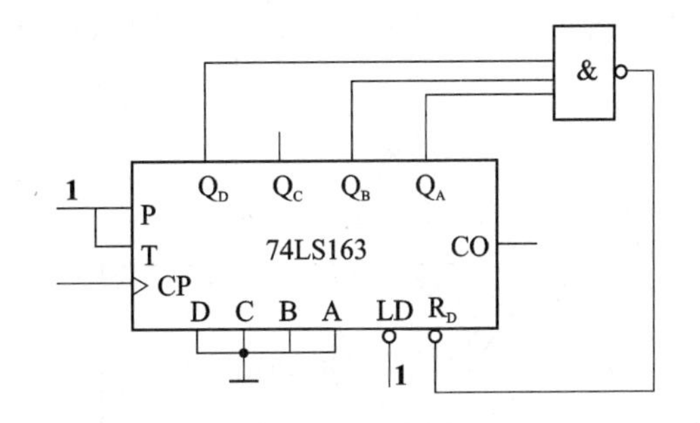

图 5.67　用 74LS163 实现十二进制计数

与同步计数器一样，异步计数器也可以改变计数进制，由于 74LS290 等没有预置端，没有同步清零，只有异步清零。所以，能通过异步清零方式改变计数器的进制，可以采用反馈归零法去改变计数进制，基本原理与同步计数器相同。

可以确定 1 个译码位的反馈逻辑，例如：图 5.69 是用 74LS290 改变为 $N=6$ 的异步计数器的接线图。图中 Q_0 接 CP_1，$S_{9(1)}$ 或 $S_{9(2)}$ 接"**0**"，$R_{0(1)}=R_{0(2)}$ 接译码逻辑门的输出，即：$R_{0(1)}=R_{0(2)}=Q_2Q_1$。

当计数器计数到 **0110** 时，译码门输出"**1**"，计数器清零，为异步清零，所以 **0110** 这个状态不在计数时序之内，计数器的态序是 0～5，是六进制计数器。

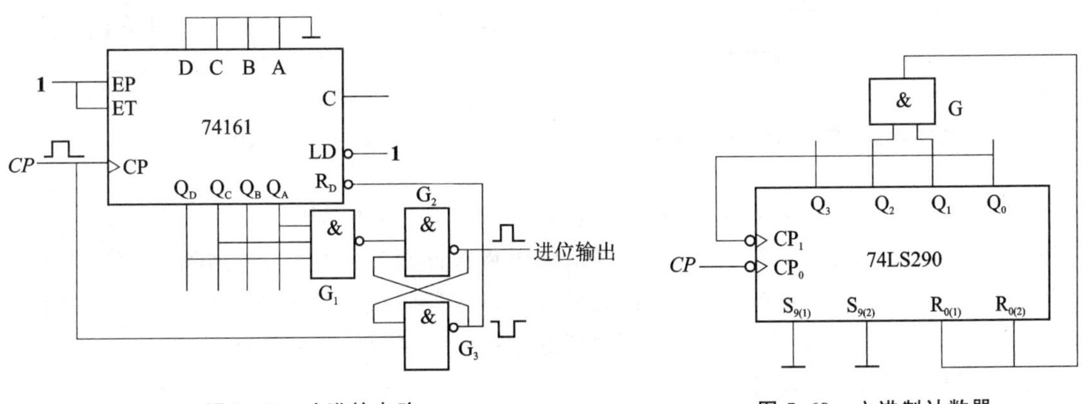

图 5.68　改进的电路

图 5.69　六进制计数器

图 5.70 是由 74LS293(74LS93)构成的十二进制计数器，译码逻辑为

$$R_{0(1)}=R_{0(2)}=Q_3Q_2$$

计数器的态序为 0～11。图 5.71 给出了可靠清零电路。

2. 预置法改变计数进制($M<N$)

利用计数器的预置功能也可以改变计数器的计数周期，有 2 种情况，一是预置数是固定的，二是预置数是变化的。预置数固定的情况：图 5.72 是预置数固定的情况，因为 74LS161 和 74LS163 的预置功能相同，所以，预置法改变计数进制与异步清零还是同步清零无关。预置法改变计数进制，也是从原计数器的二进制编码中截取一段，计数器的计数范围是从预置数

X 到译码位M,显然 $X<M$。X 可以大于0;X 也可以等于0。若 $X=0$,则结果与反馈置零法中的同步清零计数器的情况相同,则计数的状态转换顺序是0→$M-1$。若 $X>0$,则计数的状态转换顺序是 X→$M-1$。图5.72的状态转换顺序是3→12,相当是余三码,实现了十进制计数。

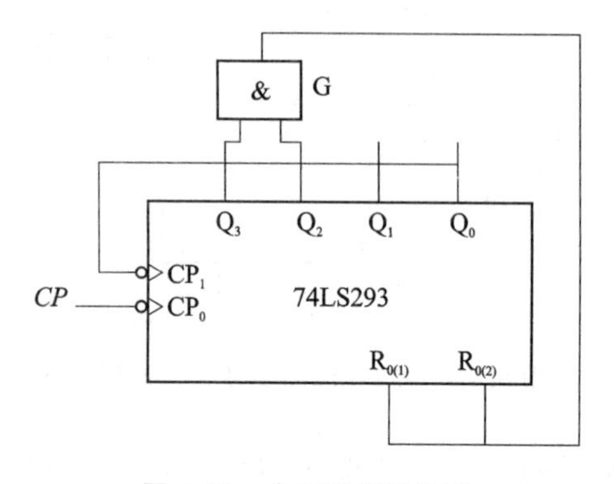

图5.70 十二进制计数器

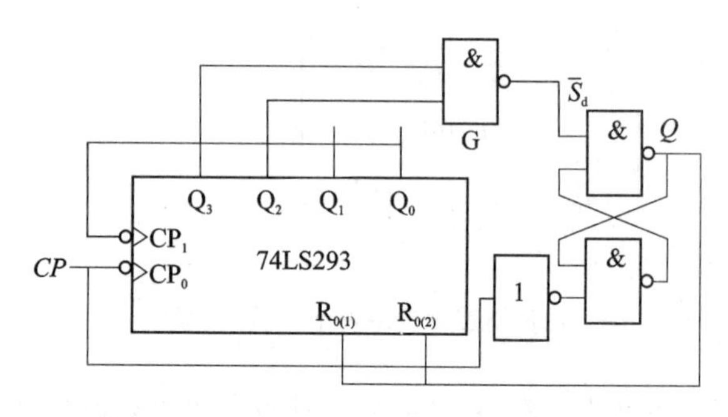

图5.71 用触发器保持清零电平

还可以用进位端反馈置数实现十进制计数,即:状态从**0110**→**1111**的循环,如图5.73所示。

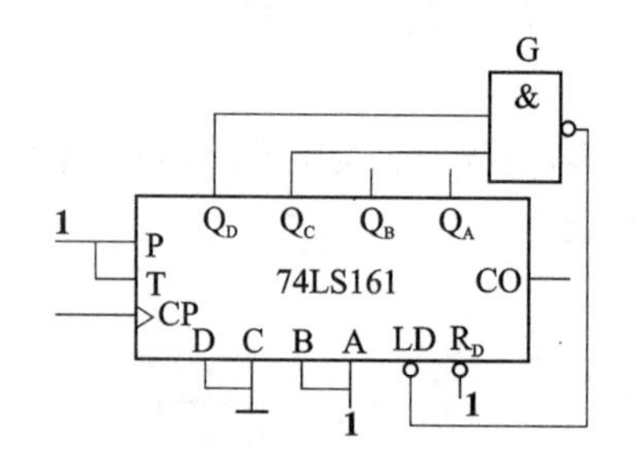

图5.72 预置法改变计数周期(预置数固定)

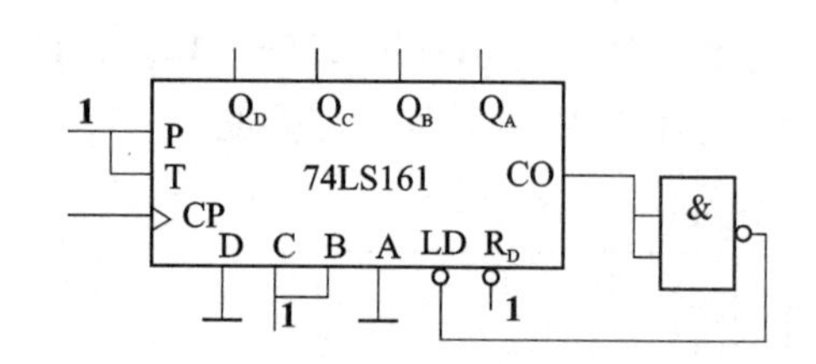

图5.73 用进位端实现置数

图5.74是预置数可变的情况,输入数据 $A=\mathbf{0}$、$B=\mathbf{0}$、$C=\mathbf{1}$ 是固定的,$D=Q_D$ 是可变的。电路的状态转换表如表5.23所列。计数器的编码将在计数和预置2个工作状态之间不断转换。计数时,计数器状态的变化是连续的;预置时,计数器将跳过若干个状态。电路的状态转换图如图5.75所示。状态转换图的循环时序是根据表5.23做出的,工作时序之外的状态转换关系是根据续表5.23做出的。

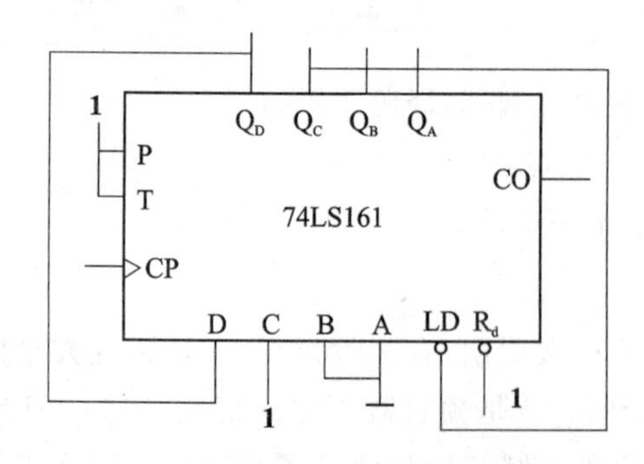

图5.74 预置法改变计数周期(预置数可变)

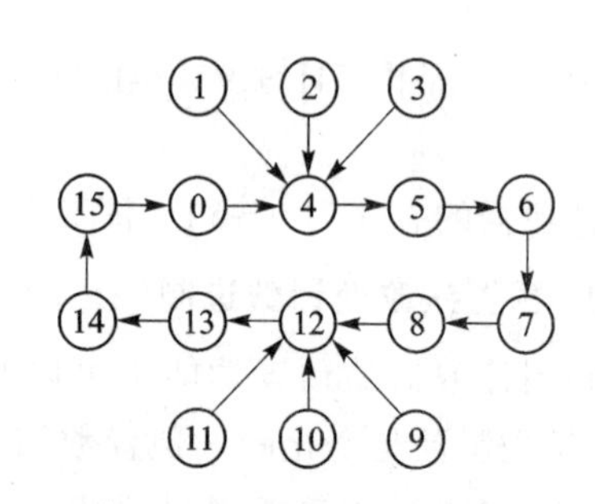

图5.75 完整状态转换图

表 5.23　状态转换表

态　序	输　出				$\overline{LD}$	
	Q_D	Q_C	Q_B	Q_A		
0	0	0	0	0	0	预置
1	0	1	0	0	1	计数
2	0	1	0	1	1	
3	0	1	1	0	1	↓
4	0	1	1	1	1	
5	1	0	0	0	1	
6	1	1	0	0	0	预置
7	1	1	0	1		计数
8	1	1	1	0		↓
9	1	1	1	1		
10	0	0	0	0		
0	0	0	0	1	0	预置
1	0	1	0	0	1	
0	0	0	1	0	0	预置
1	0	1	0	0	1	
0	0	0	1	1	0	预置
1	0	1	0	0	1	
0	1	0	0	1	0	预置
1	1	1	0	0	1	
0	1	0	1	0	0	预置
1	1	1	0	0	1	
0	1	0	1	1	0	预置
1	1	1	0	0	1	

3. 当 $M>N$ 时采用 74LS160/161/162/163 计数器的设计方法

当改变的计数进制大于计数器本身的计数进制时，即 $M>N$，就必须采用 2 个以上的计数器构成。

例如：要实现一百进制，可以有几种方法：

方法 1：直接用 2 个十进制的计数器级联即可得到，即：采用 74LS160/162，$10\times10=100$，如图 5.76 所示。

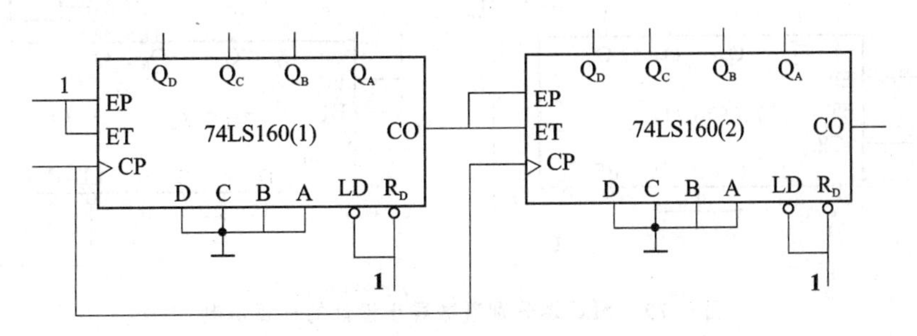

图 5.76　用十进制的计数器实现 100 进制

方法 2：用预置端整体置数，用 74LS161/163，并且采用同步设计。$100=16\times6+4$，如图 5.77 所示。

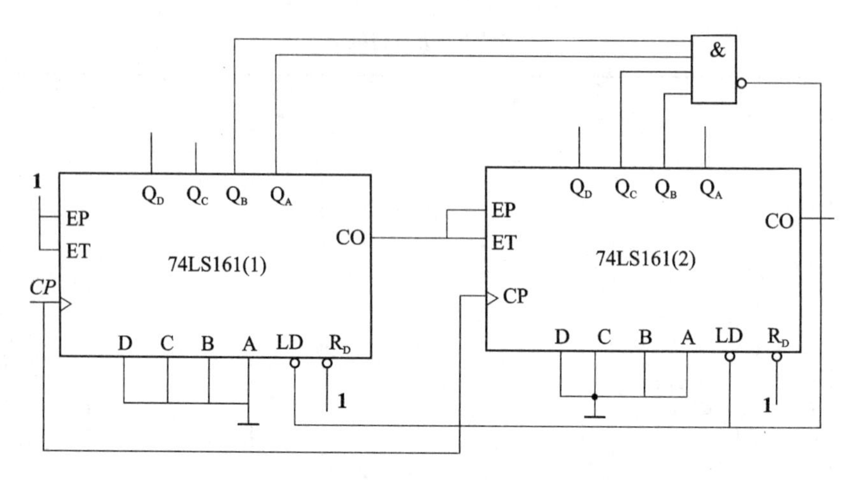

图 5.77 预置端整体置数的一百进制

方法3：用预置端分别置数，用74LS161/163，并且采用同步设计。100＝10×10，如图5.78所示。

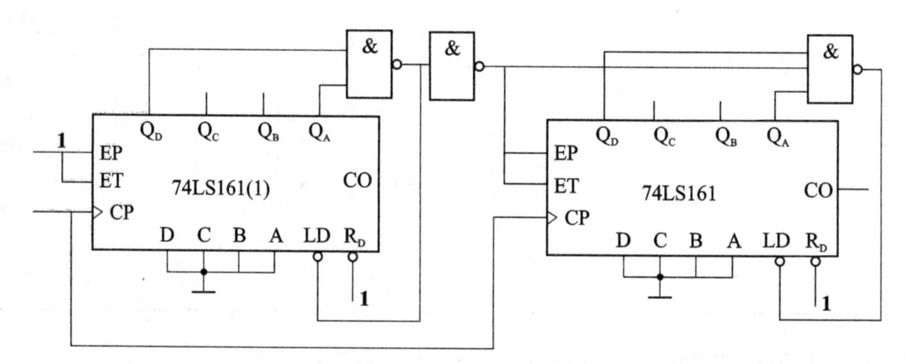

图 5.78 预置端分别置数的一百进制

方法4：用预置端分别置数，用74LS161/163，并且采用异步设计。100＝10×10，如图5.79所示。

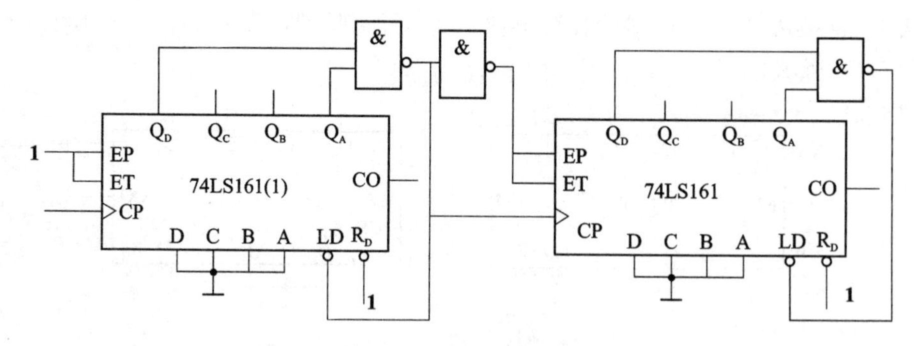

图 5.79 预置端分别置数异步设计的一百进制

方法5：采用进位端异步设计，用74LS161/160实现。100＝10×10，如图5.80所示。这种方法不可以用74LS163/162来实现，因为用它们时2个芯片不能同时清零。

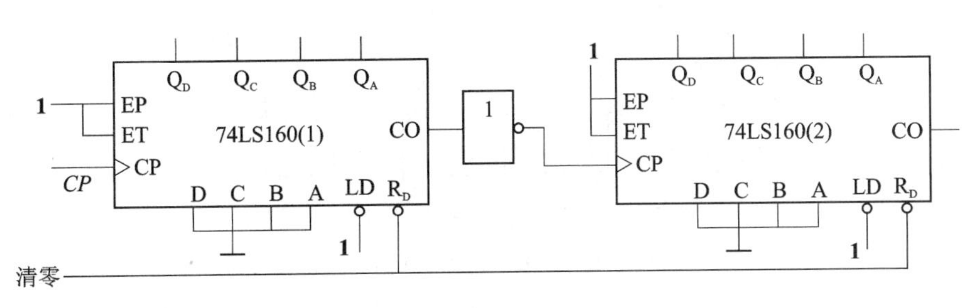

图 5.80　进位端异步设计的一百进制

4. 当 $M>N$ 时采用 74LS290 计数器的设计方法

例如：实现三十六进制，可以用 2 种方法：异步的整体置数和分别置数方法。

方法 1：采用异步的整体置数实现，10×3+6=36，如图 5.81 所示。

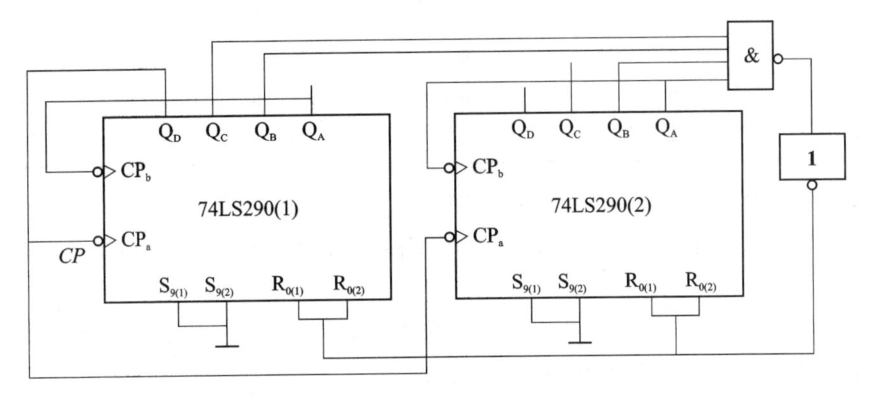

图 5.81　异步的整体置数实现三十六进制

方法 2：采用异步的分别置数实现，4×9=36。芯片(1)为四进制，芯片(2)为九进制，如图 5.82 所示。

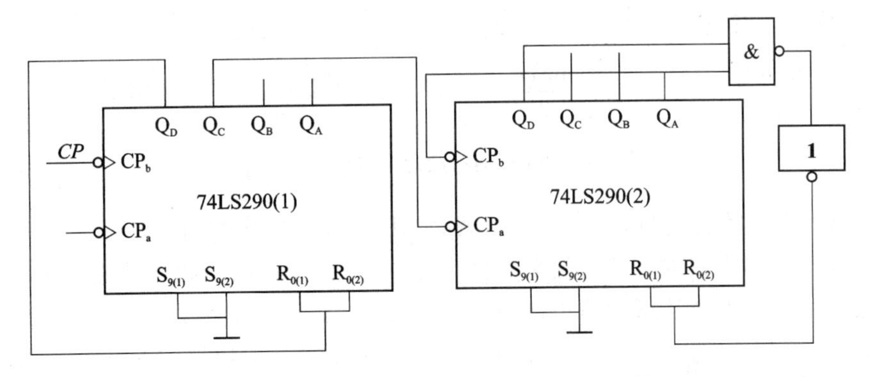

图 5.82　异步的分别置数实现三十六进制

【例 5.10】用移位寄存器实现环形计数器和环扭型计数器，并进行自启动校验。

解：(1) 环形计数器设计

设计 1 个 4 位环形计数器，把移位寄存器最低 1 位的串行输出端 Q_1 反馈到最高位的串行输入端 D，如图 5.83 所示。假设寄存器初始状态为 $Q_3Q_2Q_1Q_0=\mathbf{1000}$，那么在移位脉冲的作用下，其状态将按表 5.24 的顺序转换。

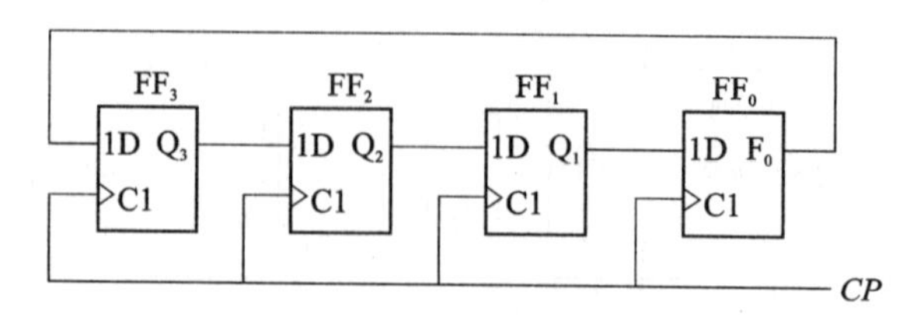

图 5.83 环形计数器

表 5.24 状态转换表

移位脉冲顺序	计数器状态			
	Q_3	Q_2	Q_1	Q_0
0	**1**	**0**	**0**	**0**
1	**0**	**1**	**0**	**0**
2	**0**	**0**	**1**	**0**
3	**0**	**0**	**0**	**1**
4	**1**	**0**	**0**	**0**

当第3个移位脉冲到来后，$Q_0=\mathbf{1}$，它反馈到 D_3 输入端，在第4个移位脉冲作用下 $Q_3=\mathbf{1}$，回复到初始状态。状态转换表中的各状态将在移位脉冲作用下，反复在4位移位寄存器中不断循环。

它的状态转换图如图5.84所示。如果移位寄存器中的初态不同，就会有不同的循环时序，4位环形计数器可能有的其他几种状态转换图。

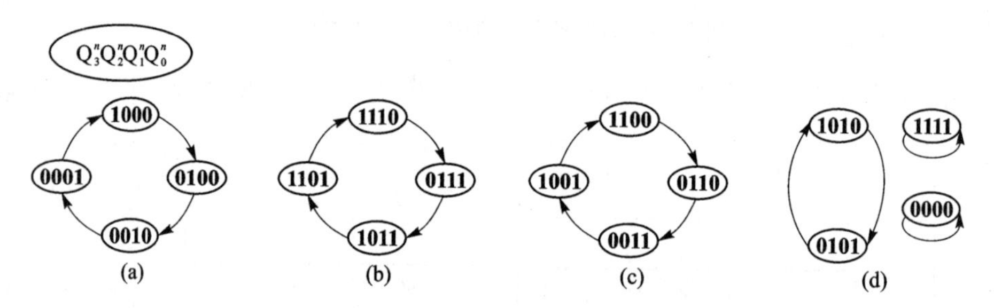

图 5.84 状态转换图

要想使环形计器在选定的时序中工作，就必须防止无效时序的出现，方法有2种。

第1种是利用触发器的直接置位端和直接复位端，将计数器的状态预置到正常时序中的某一个状态上去。这种方法虽然简单，但有2个缺点：其一，电路在工作中一旦受干扰脱离了正常时序，就不能自动返回；其二，对于中规模电路，由于受到引出线的限制，1个单片中的几个触发器不会同时引出直接置位端和直接复位端，因而不能采用预置的办法对某一级单独置"**0**"或是置"**1**"。

第2种是利用外接反馈逻辑电路的办法，使计数器自动进入正常时序。所以这种电路即使受干扰脱离了正常时序也能自动返回，实现自启动。设计方法如下：

① 将正常时序和多余状态排列成表，如表5.25所列。

② 根据状态转换的要求，写出各个状态下反馈到 D_3 端的反馈函数 F 的真值。F 的选择

要保证环形计数器 4 位触发器的状态向只有一个“1”的方向发展，以保证计数器按正常时序工作。

③ 做反馈函数的卡诺图，即可求出反馈函数。实际上这个结果很简单，从状态转换表 5.25 中 F 等于“1”的最小项即可求出

$$F=\overline{Q}_3\overline{Q}_2\overline{Q}_1$$

④ 断开原来的通向 D_3 的反馈线，按求出的自启动反馈逻辑重新设置反馈电路，即可得到自启动的环形计数器的逻辑图，如图 5.85 所示。图 5.86 是能自启动 4 位环形计数器的完整状态转换图。

表 5.25　状态转换表

	Q_3	Q_2	Q_1	Q_0	反馈函数 F
正常时序	1	0	0	0	0
	0	1	0	0	0
	0	0	1	0	0
	0	0	0	1	1
多余状态	0	0	0	0	1
	0	0	1	1	0
	0	1	0	1	0
	0	1	1	0	0
	0	1	1	1	0
	1	0	0	1	0
	1	0	1	0	0
	1	0	1	1	0
	1	1	0	0	0
	1	1	0	1	0
	1	1	1	0	0
	1	1	1	1	0

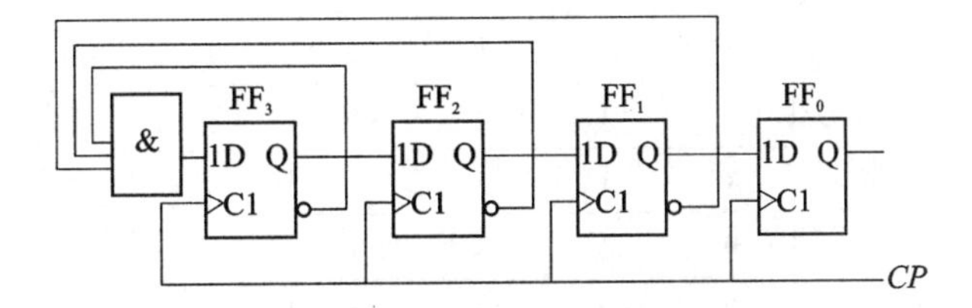

图 5.85　能自启动的 4 位环行计数器

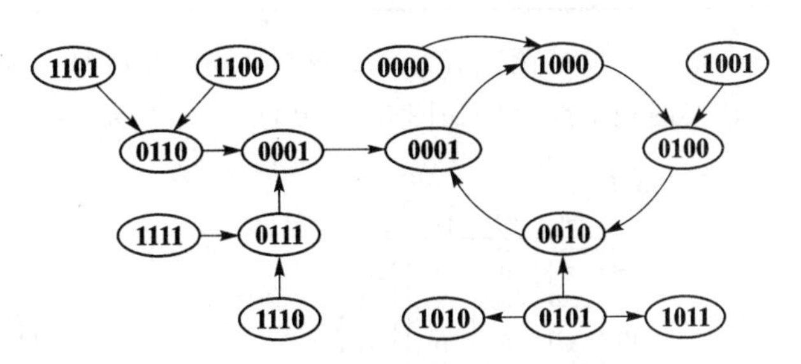

图 5.86　能自启动 4 位环形计数器的完整状态转换图

(2) 环扭型计数器设计

4 位环扭型计数器是从 $\overline{Q}_0$ 端反馈到 D_3 端，将 FF_0 的输出端扭向 FF_3 的输入端，故得此名，如图 5.87 所示。环扭型计数器也称约翰逊计数器。它的循环时序有 2 个，一般选图 5.88(a)为工作时序，因为它符合相邻 2 个数码之间只有 1 位码元不同，具有邻接的特点。

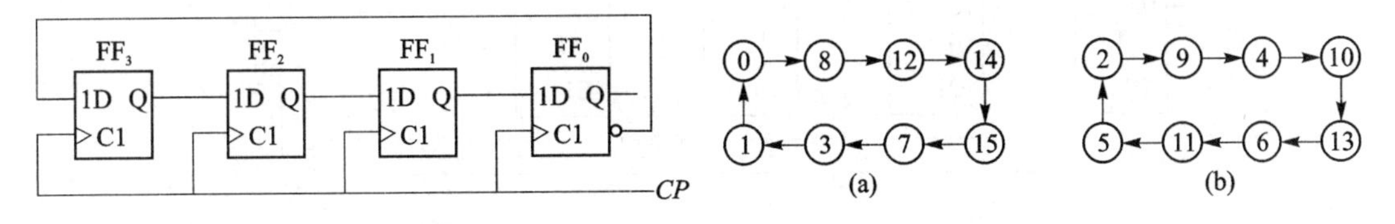

图 5.87　4 位环扭型计数器　　**图 5.88　4 位环扭型计数器的状态转换图**

表 5.26 是填写了反馈函数的真值表。对于正常时序，按 $F=\overline{Q}_0$ 填写反馈值。对于异常时序应使之向正常时序过渡，先按 $F=\overline{Q}_0$ 填写 F 的真值，再考察异常时序中的一部分状态，修改反馈后可一起进入正常时序的，需要修改反馈为“1”的，在旁边标上 s；需要修改反馈为“0”的，在旁边标上 r，小写字母 s、r 以后一起填入卡诺图中。填有小写字母的状态就是异常时

序被拆开进入正常时序突破口处的状态。选择几个突破口要以在卡诺图上使反馈函数最简来确定。图 5.89 中标有 r 的方格应按原来的“**1**”看待,2 个有 s 的方格视为“**1**”可使反馈函数最简。但是每个异常时序至少要选上 1 个突破口。于是有

$$F=\overline{Q}_0+Q_3\overline{Q}_1$$

表 5.26 状态转换表

态 序	Q_3	Q_2	Q_1	Q_0	F	态 序	Q_3	Q_2	Q_1	Q_0	F
正常时序	**0**	**0**	**0**	**0**	**1**	异常时序	**0**	**0**	**1**	**0**	**1** r
	1	**0**	**0**	**0**	**1**		**1**	**0**	**0**	**1**	**0** s
	1	**1**	**0**	**0**	**1**		**0**	**1**	**0**	**0**	**1**
	1	**1**	**1**	**0**	**1**		**1**	**0**	**1**	**0**	**1**
	1	**1**	**1**	**1**	**0**		**1**	**1**	**0**	**1**	**0** s
	0	**1**	**1**	**1**	**0**		**0**	**1**	**1**	**0**	**1** r
	0	**0**	**1**	**1**	**0**		**1**	**0**	**1**	**1**	**0**
	0	**0**	**0**	**1**	**0**		**0**	**1**	**0**	**1**	**0**

对上述反馈函数有 2 个突破口 **1001** 和 **1101**。加有自启动电路的 4 位环扭型计数器的状态转换图和电路分别如图 5.90 和图 5.91 所示。

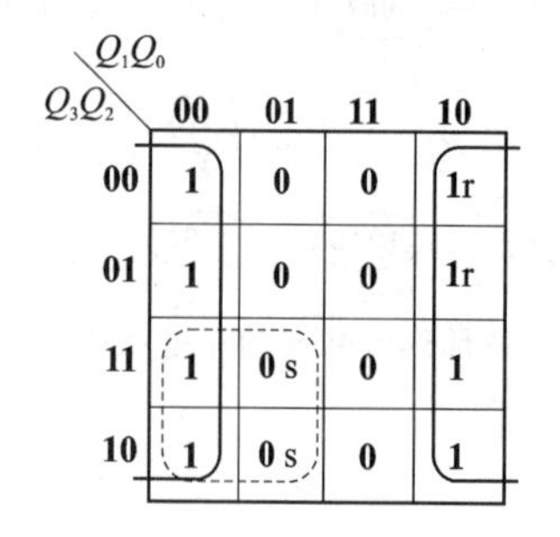

图 5.89 *F* 卡诺图

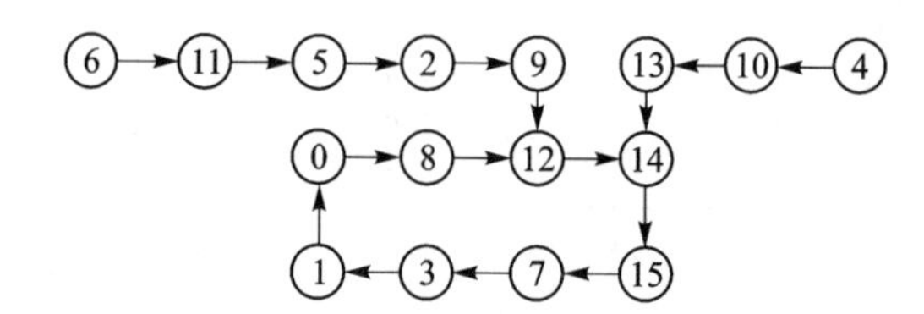

图 5.90 能自启动的完整状态转换图

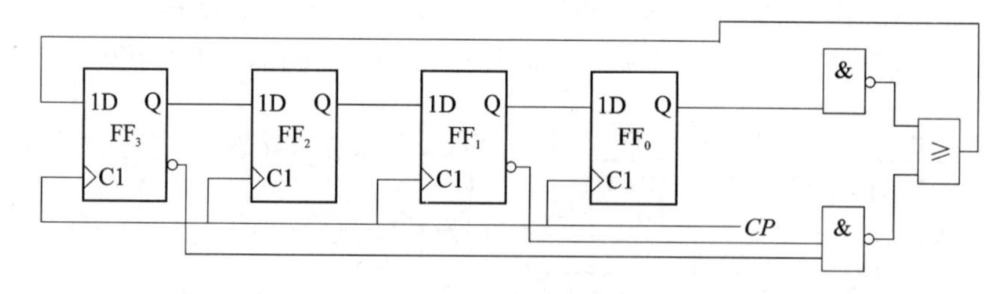

图 5.91 能自启动的环扭型计数器

还可以用集成双向移寄存器实现环形计数器和环扭形计数器。环形计数器常用来实现脉冲顺序分配的功能。

(3) 用 74LS194 实现环形计数器

将输出 Q_D 反馈回来接至右移输入端 D_R,若开始时 S_1 为“**1**”,预置数为 **0001**,输出 $Q_DQ_CQ_BQ_A$ 被置数为 **0001**,然后,S_1 变为“**0**”则为右移状态,电路如图 5.92(a)所示。4 个时

钟周期后，电路回到原始状态，状态转换如图 5.92(b)所示，构成四进制计数器。当预置数不同时，循环的状态会不同，如图 5.92(c)所示。

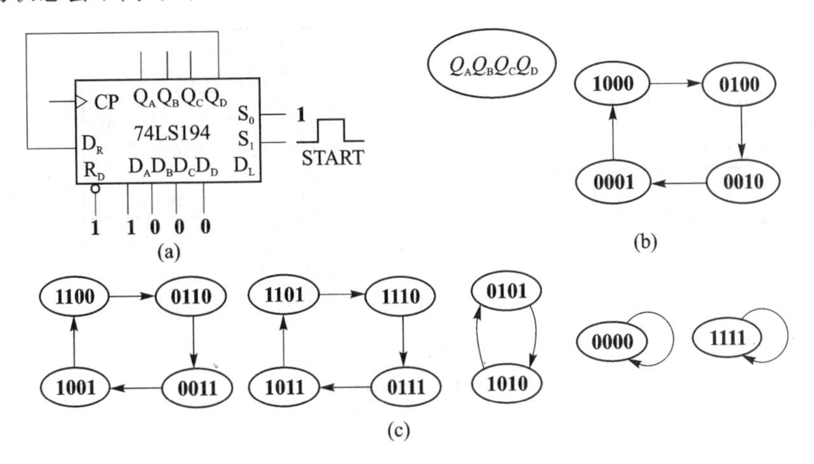

图 5.92　用 74 LS194 实现环形计数器

(4) 用 74LS194 实现环扭形计数器

若按图 5.93(a)接线，开始清零，然后右移计数，状态转换如图 5.93(c)上部的循环；若按图 5.93(b)接线，开始置数 **0100**，然后右移计数，状态转换如图 5.93(c)下部的循环。

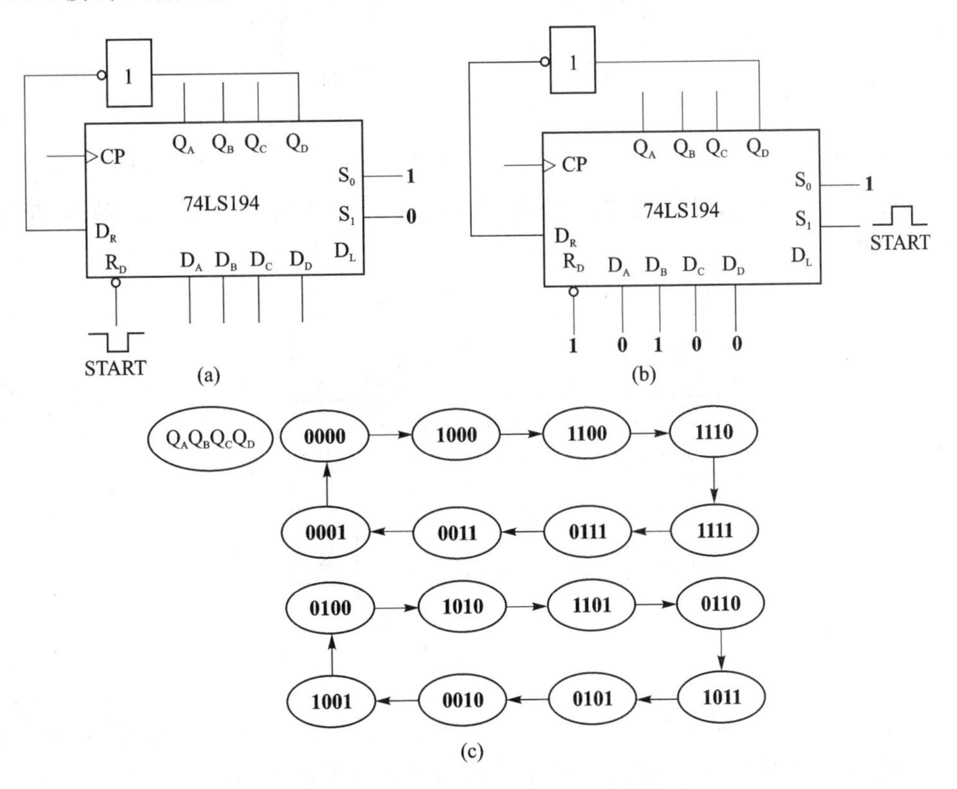

图 5.93　用 74 LS194 实现环扭形计数器

【例 5.11】 试用计数器 74LS161 和数据选择器设计 1 个 **01100011** 序列发生器。

解： 由于序列长度 $P=8$，故将 74LS161 构成模 8 计数器，并选用数据选择器 74LS151 产

生所需序列,如图5.94所示。

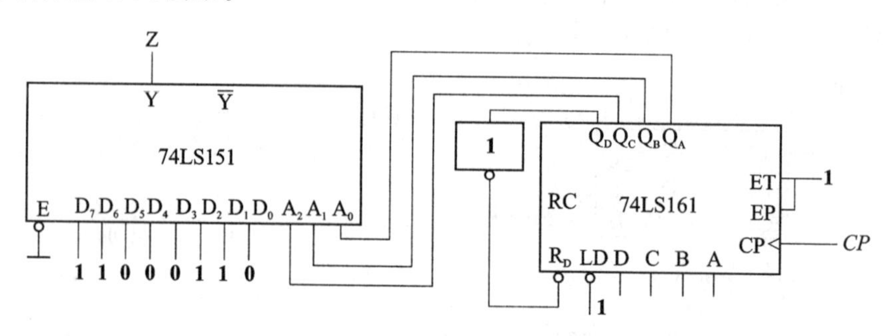

图 5.94 序列脉冲发生器

习 题

1. 分析图5.95所示电路的逻辑功能。写出电路的激励方程、状态方程和输出方程,并画出状态转换图和时序图。

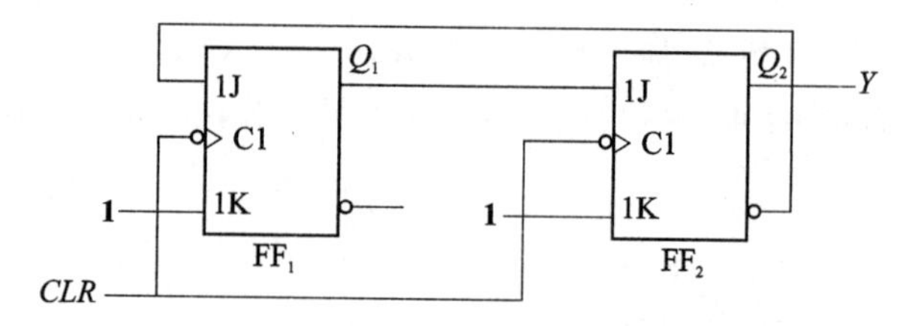

图 5.95 习题1图

2. 分析图5.96所示时序电路的功能,并做出它的状态表和状态转换图,其起始状态 $Q_2Q_1Q_0=\mathbf{000}$。

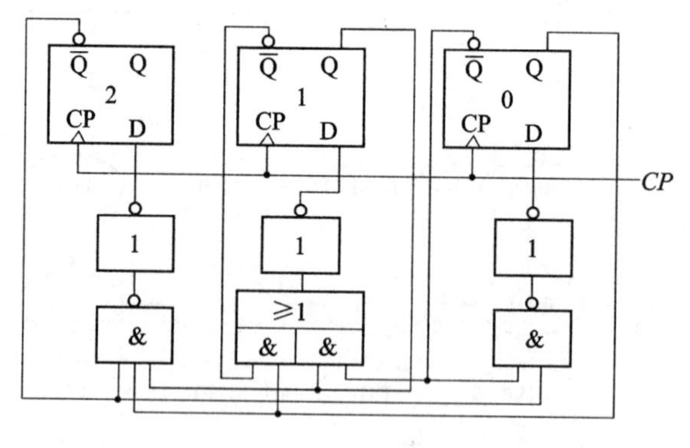

图 5.96 习题2图

3. 分析图5.97所示时序电路的逻辑功能。要求列出状态表,画出状态图,并说明它是同步计数器还是异步计数器,是几进制计数器,是加法还是减法计数器,能否自启动?

4. 同步时序电路如图5.98所示。图中 X 为输入量,Z 为输出量。分析电路功能,并画出电路状态转换图。

5. 分析图5.99所示异步时序逻辑电路的逻辑功能。

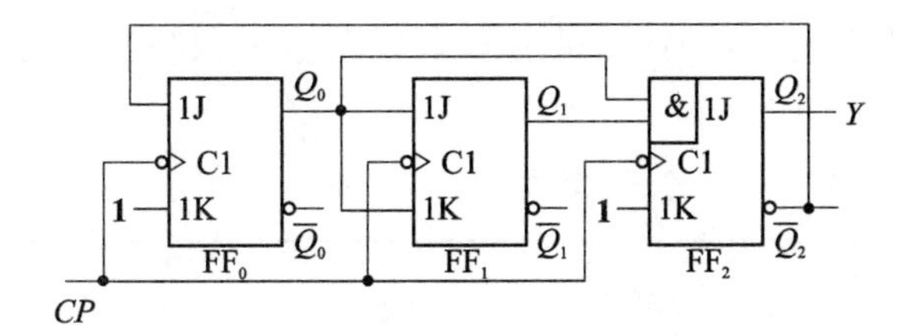

图 5.97　习题 3 图

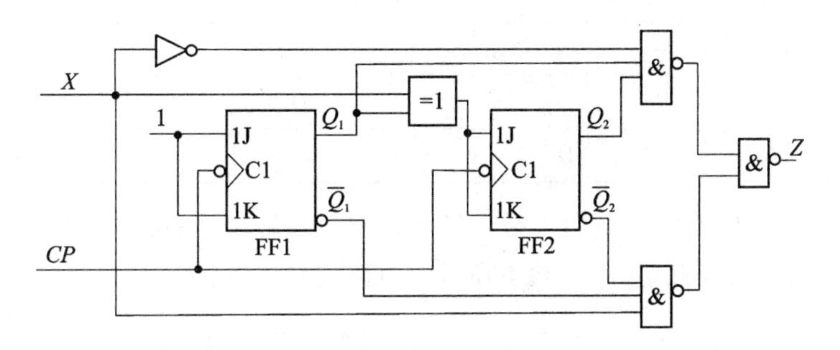

图 5.98　习题 4 图

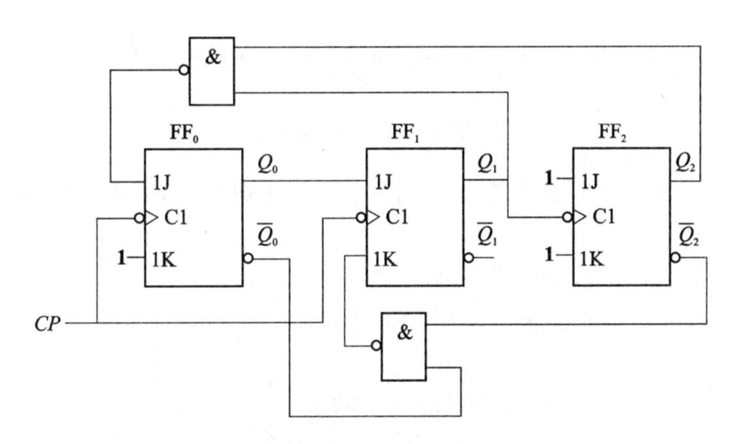

图 5.99　习题 5 图

6. 异步时序电路如图 5.100(a)所示，试画出在图 5.100(b)时钟脉冲 CP 作用下，Q_0、Q_1、Q_2 和 Z 端的波形。(设各触发器的初态为 **0**)

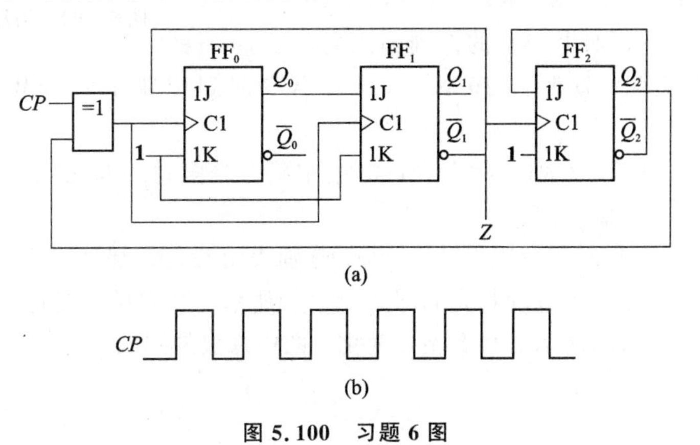

图 5.100　习题 6 图

7. 按照规定的状态分配,分别写出采用 D 触发器、JK 触发器来实现状态表 5.27 所列的时序逻辑电路。

表 5.27　状态表

$Q_1^n Q_0^n$		Q_0^n	X	
			0	1
0	0	A	$B/0$	$D/0$
0	1	B	$C/0$	$A/0$
1	0	C	$D/0$	$B/0$
1	1	D	$A/1$	$C/1$

8. 试用 JK 触发器设计 1 个同步余 3 循环码十进制减法计数器,状态转换图如图 5.101 所示。用 JK 触发器实现此电路,并检查所设计电路的自启动情况。

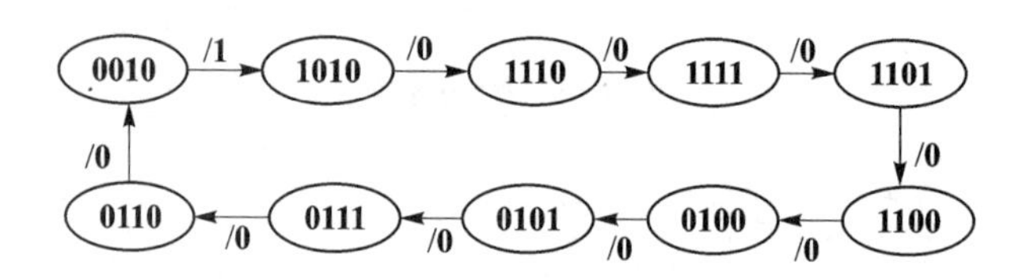

图 5.101　习题 8 图

9. 试用下降沿触发的 JK 触发器和适当的门电路,实现图 5.102 所示输出 Z_1 和 Z_2 波形的电路。

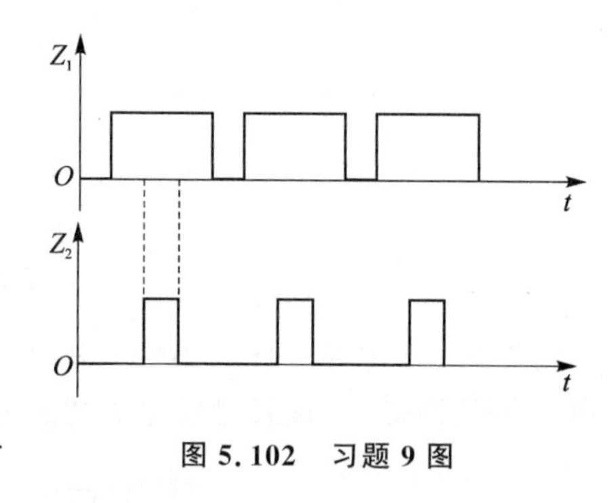

图 5.102　习题 9 图

10. 用 JK 触发器设计"**1011**"序列检测器。要求写出:(1)状态图;(2)状态表;(3)激励方程;(4)逻辑电路图。

11. 用上升沿 D 触发器设计 1 个具有如下功能的电路(如图 5.103 所示)。

(1) 开关 S 处于位置 1(即 $X=\mathbf{0}$)时,输出 $ZW=\mathbf{00}$;(2)当开关 S 掷到 2(即 $X=\mathbf{1}$)时,电路要产生完整的系列输出,即 ZW: **00→01→11→10**(开始 X 在位置 1);(3)如果完整的系列输出后,S 仍在位置 2,则 ZW 一直保持 **10** 状态,只有当 S 回到位置 1 时,ZW 才重新回到 **00**。要求:

(1)画出最简状态图;(2)列出状态表;(3)给定状态分配;(4)写出状态方程及输出方程;(5)画出逻辑图。

12. 设计 1 个彩灯控制逻辑电路。R、Y、G 分别表示红、黄、绿 3 个不同颜色的彩灯。当控制信号 $A=\mathbf{0}$ 时,要求 3 个灯的状态如图 5.104(a)所示的状态循环变化;而 $A=\mathbf{1}$ 时,要求 3 个灯的状态如图 5.104(b)所示的状态循环变化。图中涂黑的圆圈表示灯点亮,空白的圆圈表示灯熄灭。

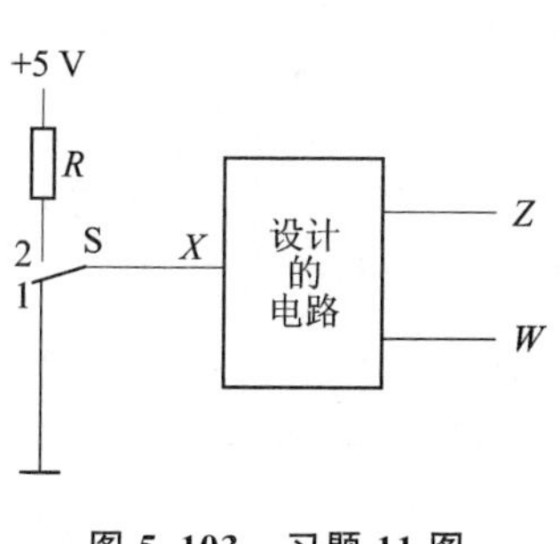

图 5.103　习题 11 图

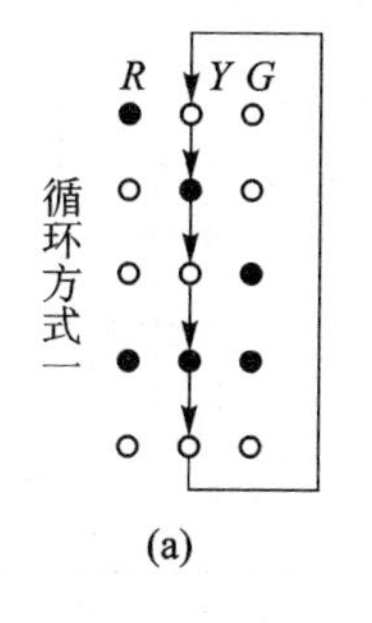

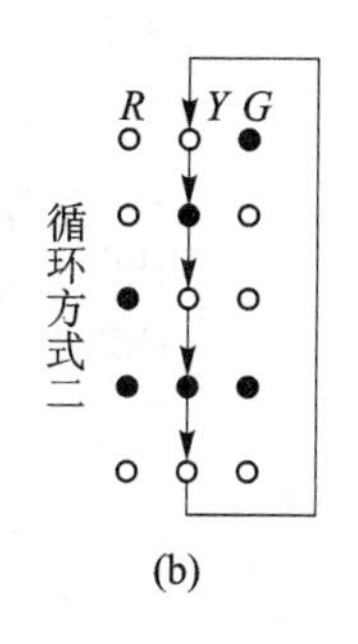

图 5.104　习题 12 图

13. 如图 5.105 所示是 1 个移位寄存器型计数器，试画出它的状态转换图，说明这是几进制计数器，能否自启动。

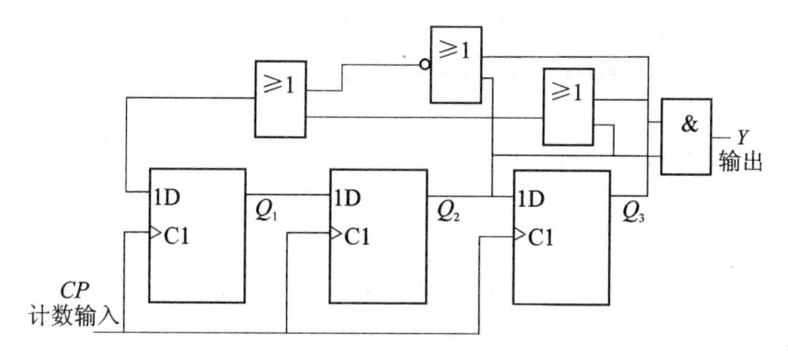

图 5.105　习题 13 图

14. 试分析如图 5.106 所示的计数器在 $M=\mathbf{1}$ 和 $M=\mathbf{0}$ 是各是几进制。

15. 分析如图 5.107 所示(a)和(b)电路，说明是多少进制的计数器。

16. 使用 74LS160 芯片接成计数长度为 $M=7$ 的计数器。要求分别用 $\overline{LD}$ 端复位法、$\overline{LD}$ 端置最大数法和直接清零复位法来实现，画出相应的接线图。

17. 用 74160 芯片设计 1 个三百六十五进制计数器，要求各片间为十进制关系，允许附加必要的门电路。

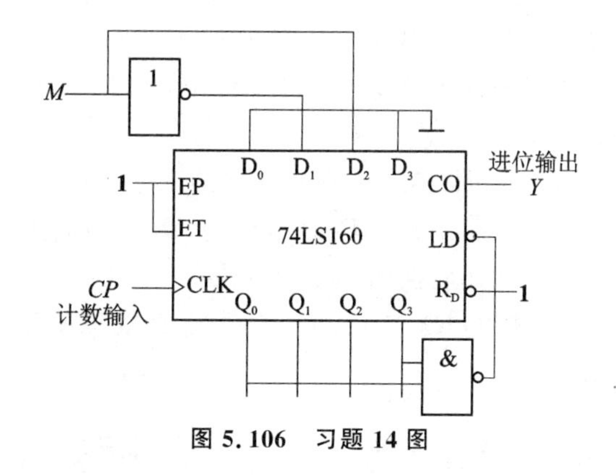

图 5.106　习题 14 图

18. 分析如图 5.108 所示由 74LS161 构成的电路。

(1) 画出完整的状态转换图；

(2) 画出 Q_d 相对于 CP 的波形，说明是几分频，Q_d 的占空比是多少。

19. 使用 74LS161 芯片接成计数长度为 $M=13$ 的计数器。要求分别用 $\overline{LD}$ 端复位法、$\overline{LD}$ 端置最大数法和直接清零复位法来实现，画出相应的接线图。

20. 试用 2 片 74LS161 组成模为 90 的计数器，要求 2 片间采用异步串级法，并工作可靠。

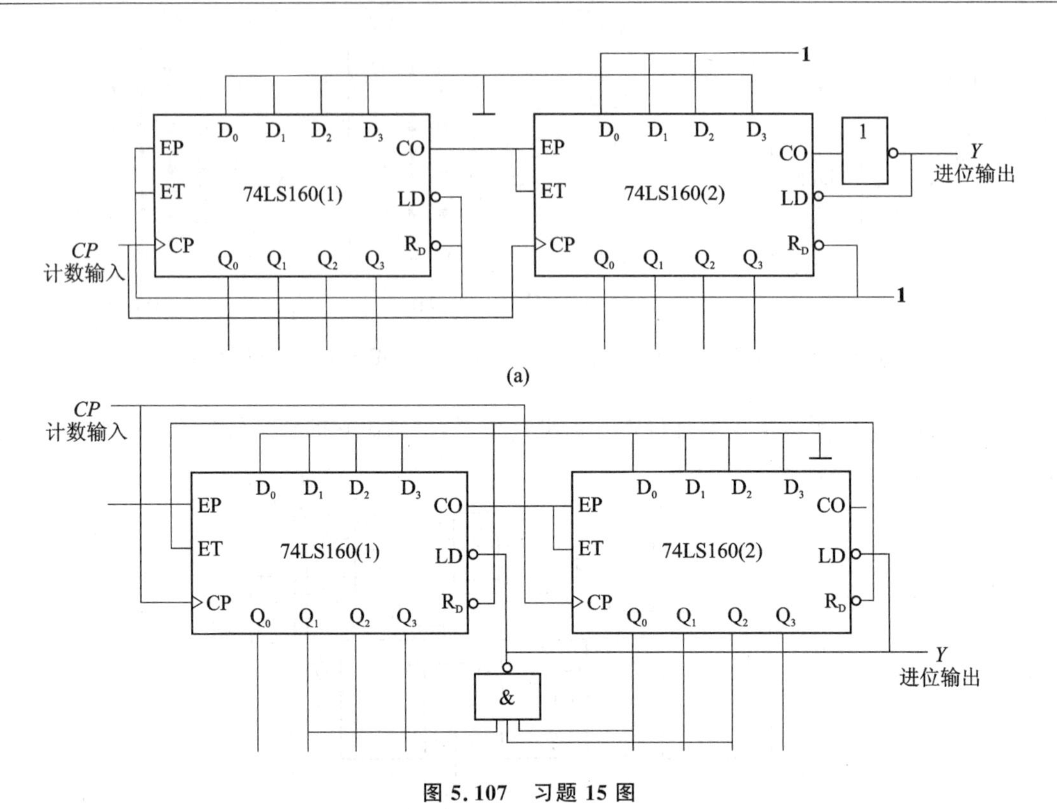

图 5.107 习题 15 图

21. 同步可预置数的可加/减 4 位二进制计数器 74LS191 芯片组成图 5.109 所示电路。分析各电路的计数长度 M 为多少？画出相应的状态转换图。

22. 分析图 5.110 所示电路的工作过程。

(1) 画出对应 CP 的输出 $Q_A Q_D Q_C$ 和 Q_B 的波形和状态转换图(Q_A 为高位)。

(2) 按 $Q_A Q_D Q_C$ 和 Q_B 顺序电路给出的是什么编码？

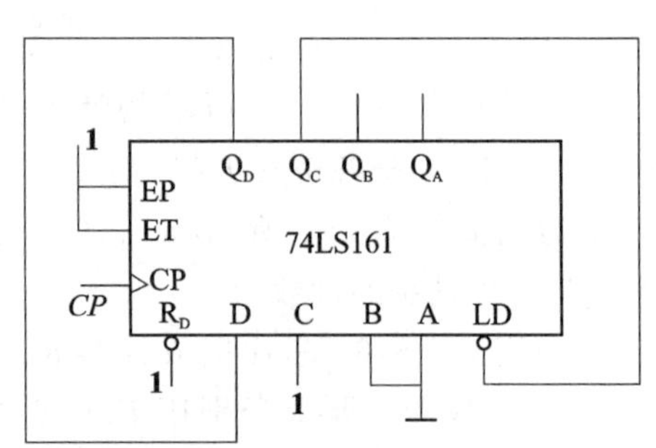

图 5.108 习题 18 图

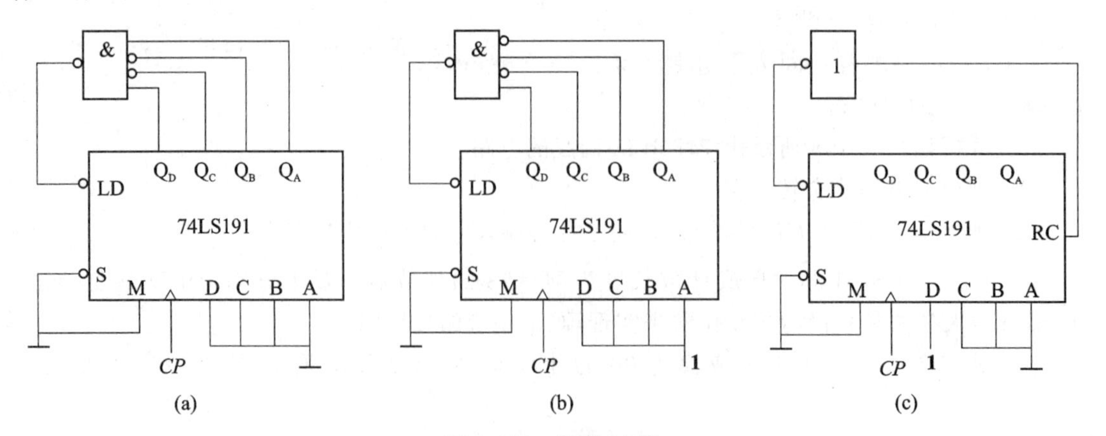

图 5.109 习题 21 图

(3) 按 Q_DQ_C 和 Q_BQ_A 顺序列出电路给出的编码？

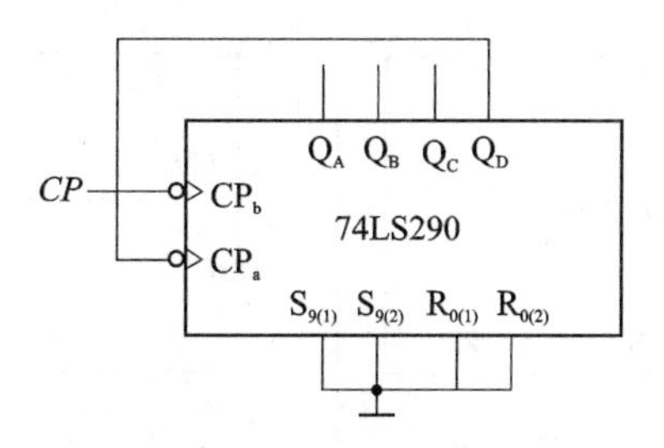

图 5.110　习题 22 图

23. 分析图 5.111 所示各电路，分别指出它们各是几进制计数器。

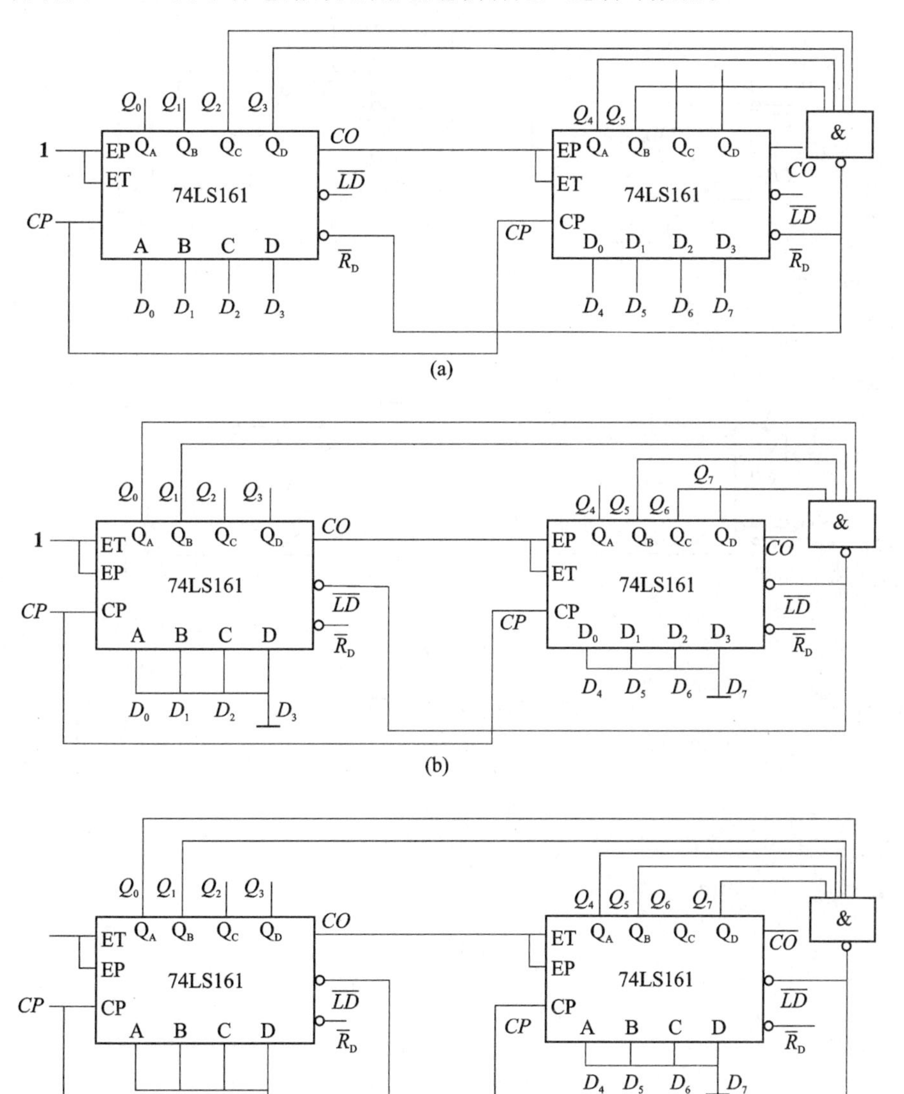

图 5.111　习题 23 图

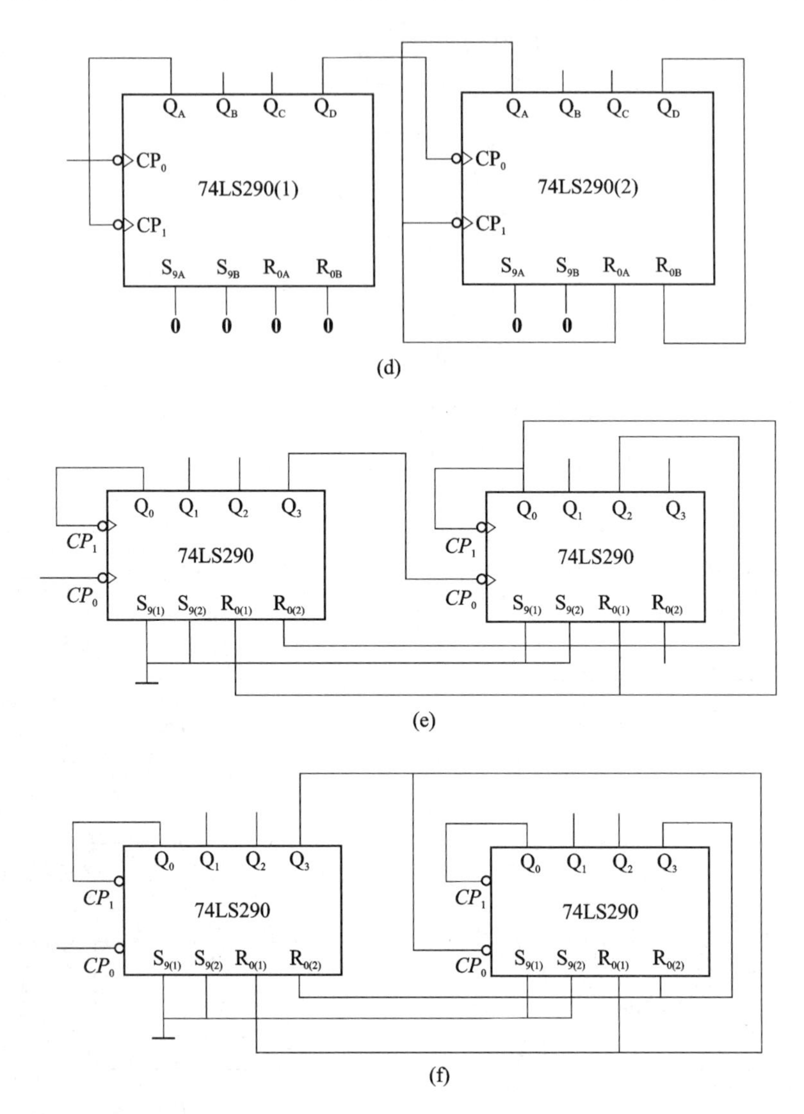

图 5.111　习题 23 图(续)

第6章　存储器及大规模集成电路

内容提要：

介绍半导体存储器及应用，可编程逻辑器件是在半导体存储器基础上发展起来的一种大规模集成电路，它通过对器件内部的编程来改变器件的逻辑功能，可以在普通的实验室里制作专用集成电路。可编程逻辑器件主要有半导体存储器、通用阵列逻辑、现场可编程门阵列和在系统可编程逻辑器件等。本章介绍这些电路的基本结构、工作原理和初步的编程方法。

问题探究

1. 图6.1为半导体存储器原理图。其中地址译码器的原理和结构应该是怎样的？前面学过的几种译码器哪一种可以用做地址译码器？存储单元如何设计？用什么电路和器件？该原理图是怎样实现数据存储的？

2. 当有多个地址输入时，地址译码器的地址不够时怎么办？

3. ROM存储矩阵的结构和原理是什么？存储矩阵有怎样的结构才能使所存数据可以通过编程实现？目前这样的存储器有几种类型？

4. 为什么要使用可编程器件？它的发展前景和应用领域如何？

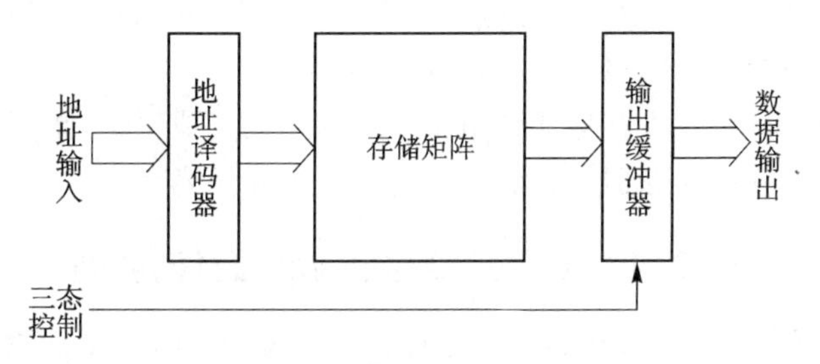

图6.1　半导体存储器原理图

5. 怎样实现编程？用什么语言？语言规则是什么？

6. 通过实验室验证的方法，研究编程过程。

6.1　导　论

随着科学技术的发展，集成电路生产工艺水平的提高，数字电路的集成度越来越高，从小规模(SSIC)、中规模(MSIC)、大规模集成电路(LSIC)发展到超大规模集成电路(VLSIC)。品种也越来越多，如果从逻辑功能的特点将数字电路分类，则可以分为通用型和专用型2类。前面讲到的54/74系列及CC4000系列、74HC系列都属于通用型数字集成电路。它们的集成度较低，逻辑功能固定，难于改变。通用型数字集成电路在组成复杂数字系统时经常要用到。

从理论上讲，用这些通用型的中、小规模集成电路可以组成任何复杂的数字电路系统，但如果能把所设计的数字系统做成一片大规模集成电路，则不仅能减小电路的体积、重量和功耗，而且会使电路的可靠性大大提高。这种为某种专门用途而设计的集成电路称为ASIC(Application Specific Integrated Circuit，专用集成电路)。但是随着微电子技术的发展，设计与制造集成电路的任务已不完全由半导体厂商独立承担。这是由于定制的ASIC芯片要承担一定的设计风险，制造周期较长，成本高，从而延迟了上市时间。

可编程只读存储器(PROM)和可擦除可编程只读存储器(EPROM)是最基本的可编程逻辑器件PLD(Programmable Logic Device)。同时由于半导体存储器也在不断发展,还出现了通用阵列逻辑GAL(Generic Array Logic)、现场可编程门阵列FPGA(Field Programmable Gate Grray)和在系统可编程逻辑器件ispPLD(in sytem programmable PLD)等。这些可编程逻辑器件的出现,解决了ASIC的缺点。PLD是标准器件,在使用前其内部是"空的",用一定的方式对其编程,可将其配置成特定的逻辑功能;有许多品种可反复修改,使得产品设计变得容易,降低了设计的风险,缩短了上市时间。

6.2 只读存储器ROM

存储器是存储信息的器件,用来存放二进制数据、程序等信息,是数字系统中不可缺少的部件,按功能半导体存储器分为2大类:**只读存储器** ROM(Read-Only Memory)和**随机存储器** RAM(Random Access Memory)。只读存储器ROM的特点是信息存入以后,在电路的工作过程中只能读取不能随意改写信息,断电信息也不丢失;而随机存储器的信息,在电路工作过程中可以根据需要随时存储或读出,断电信息就会丢失。按器件类型分,有双极型和场效应型2大类。双极型的速度快,但功耗大,使用较少;场效应型的速度较低,但功耗很小,集成度高,在大规模集成电路中广泛采用。

半导体存储器是由多个存储单元组成,每个单元都能存放一位二进制数**"1"**或**"0"**,通常称半导体存储器中存储单元的数目为存储容量。

6.2.1 ROM的结构和工作原理

ROM的电路结构主要包括3部分:输入缓冲器、地址译码器及存储矩阵和输出缓冲器。如图6.2所示。

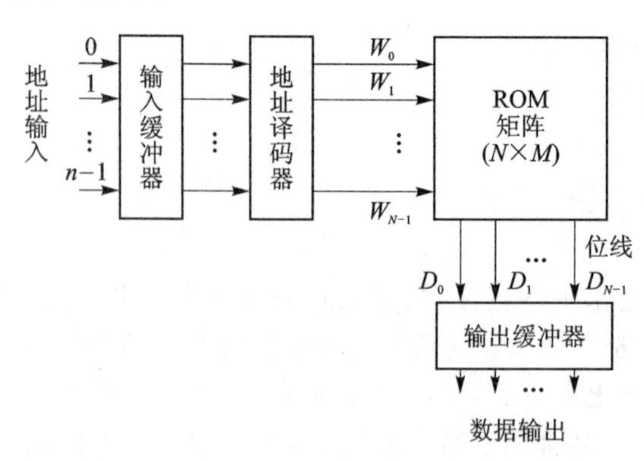

图6.2 ROM的结构图

地址译码器是1个最小项译码器,有n个输入,它的输出W_0、W_1、…、W_{N-1},共有$N=2^n$个,称为**字线**。字线是ROM矩阵的输入,ROM矩阵有M条输出线,称为**位线**。字线与位线的交点,即是ROM矩阵的存储单元,存储单元个数代表了ROM矩阵的容量,所以,ROM矩阵的容量等于$M\times N$。输出缓冲器的作用有3个:一是能提高存储器的带负载能力;二是通过使能端实现对输出的三态控制,以便与系统的总线连接;三是规范逻辑电平,将输出的高、低电平变换为标准的逻辑电平。

图6.3是1个说明ROM存储单元和工作原理的电路图。ROM矩阵的存储单元是由N沟道增强型MOS管构成的,MOS管采用了简化画法。它具有2位地址输入,共4条字线W_0、W_1、W_2和W_3,有4位数据线输出,即:4条位线D_0、D_1、D_2和D_3,共16个存储单元。地址译码器的输入A_1、A_0称为**地址线**。2位地址代码可决定4个不同的地址,每输入1个地

址，地址译码器的字线 $W_0 \sim W_3$ 中将有 1 根为高电平，其余为低电平。即

$$W_0 = \overline{A}_1\overline{A}_0 \qquad W_1 = \overline{A}_1 A_0 \qquad W_2 = A_1\overline{A}_0 \qquad W_3 = A_1 A_0$$

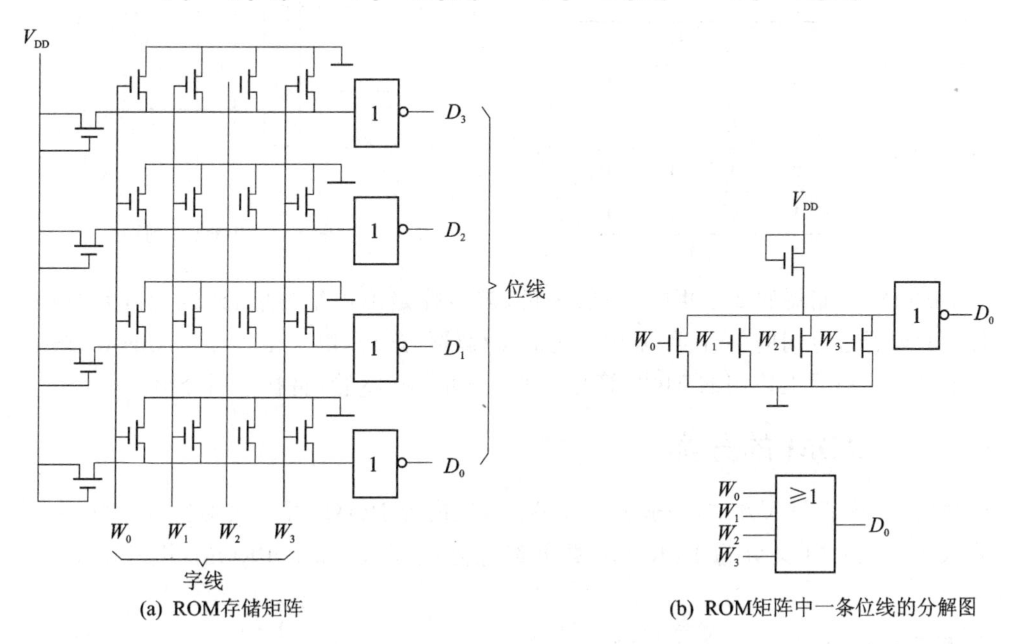

(a) ROM存储矩阵　　(b) ROM矩阵中一条位线的分解图

图 6.3　ROM 矩阵字线和位线的关系

当字线 $W_0 \sim W_3$ 中某一根线上给出高电平信号时，就会在位线上输出一个 4 位二进制码。图 6.3 中有 4×4=16 个跨接在字线和位线上的存储单元，MOS 管的栅极接字线，源极接地。MOS 管是否存储信息用栅极是否与字线相连接来表示，如果 MOS 管存储信息，该 MOS 管的栅极与字线连接，该单元是存"**1**"；如果该 MOS 管不存储信息，则栅极与字线断开，该单元存"**0**"。根据图 6.3(a)在输出端加反相器，如输入 1 个地址码 A_1A_0=**00** 时，仅字线 W_0 等于高电平。接在字线 W_0 上的 MOS 管导通，并使与这些 MOS 管漏极相连的位线为低电平，经输出缓冲器反相后，在输出端输出高电平。当地址输入 A_1A_0=**00** 时，从相应位线上读出的信息为 $D_3D_2D_1D_0$=**0101**。

ROM 全部 4 个地址内的存储内容如表 6.1 所列，其中，与位线 D_0 相连的各字线的有关部分单独画在图 6.3(b)中。显然

$$D_0 = W_0 + W_1 + W_2 + W_3 = \overline{A}_1\overline{A}_0 + \overline{A}_1 A_0 + A_1\overline{A}_0 + A_1 A_0$$

$$D_1 = W_1 + W_2 + W_3 = \overline{A}_1 A_0 + A_1\overline{A}_0 + A_1 A_0$$

$$D_2 = W_0 + W_1 = \overline{A}_1\overline{A}_0 + \overline{A}_1 A_0$$

$$D_3 = W_1 + W_3 = \overline{A}_1 A_0 + A_1 A_0$$

每 1 个位线与字线间的逻辑关系是**或**逻辑关系，位线与地址码 A_1、A_0 之间是**与或**逻辑关系。这里最小项译码器相当 1 个与矩阵，ROM 矩阵相当**或**矩阵，整个存储器是 1 个**与或**矩阵。为了简单起见，不画出 MOS 管，接通的 MOS 管用小黑点表示，对应表 6.1 存储内容的 ROM 矩阵用图 6.4 表示，这个简化图称为**阵列图**。

表 6.1 ROM 中的存储数据

	D_3	D_2	D_1	D_0
W_0	0	1	0	1
W_1	1	1	1	1
W_2	0	0	1	1
W_3	1	0	1	1

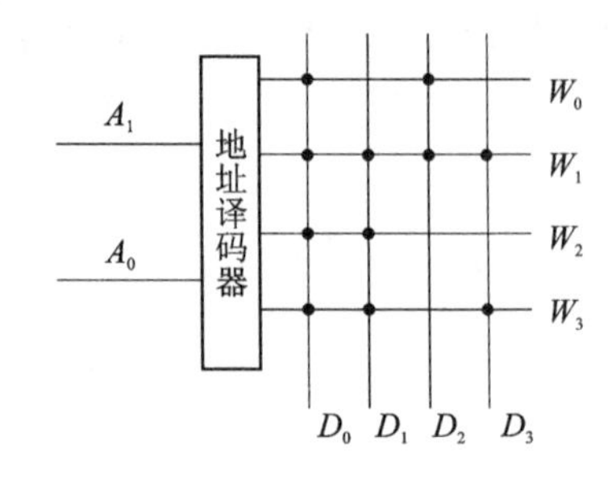

图 6.4 ROM 阵列图

对于 ROM 存储器的 2 个矩阵,一般来说,**与**矩阵是不可编程的,而**或**矩阵是可编程的。编程时一般要通过专门的编程器,采用一定的编程软件进行,以决定存储单元的 MOS 管是否接入。不过存储单元上使用的 MOS 管是一种特殊的 MOS 管,将在下面介绍。

6.2.2 ROM 的分类

ROM 按其内容写入方式,一般分为 3 种:固定内容 ROM、可一次编程 ROM(PROM)和可擦除 ROM。ROM 又分为 EPROM(紫外线擦除电写入)和 E^2PROM(电擦除电写入)等类型。

1. 固定内容 ROM

这种 ROM 是采用掩模工艺制作的,其内容在出厂时已按要求固定,用户无法修改,图 6.3 所示为固定内容 ROM 存储矩阵的例子。由于固定 ROM 所存信息不能修改,断电后信息不消失,所以,常用来存储固定的程序和数据。例如:在计算机中,用来存放监控和管理等专用程序。

2. 可一次编程 PROM

PROM(Programmable ROM)是可一次编程 ROM。这种存储器在出厂时未存入数据信息。单元可视为全"0"或全"1",用户可按设计要求将所需存入的数码"一次性地写入",一旦写入后就不能再改变了。这种 PROM 在每一个存储单元中都接有快速熔断丝,在用户写入数据前,各存储单元相当于存入"1"。写入数据时,将应该存"0"的单元,通以足够大的电流脉冲将熔丝烧断即可。哪些熔丝烧断,哪些保留,可用**熔丝图**表示。在其他没有熔丝结构的存储器中,也沿用熔丝图这一名词。

3. EPROM

为了克服 PROM 只能写入一次的缺点,又出现了可多次擦除和编程的存储器。这种存储器在擦除方式上有 2 种:一种是电写入紫外线擦除的存储器 EPROM(Erasable Programmable Read-Only Memory);另一种是电写入电擦除的存储器,称为 EEPROM 或 E^2PROM(Electrically Erasable Programmable Read-Only Memory)。

EPROM 内容的改写不像 RAM 那么容易,在使用过程中,EPROM 的内容是不能擦除重写的,所以,仍属于只读存储器。要想改写 EPROM 中的内容,必须将芯片从电路板上拔下,将存储器上面的一块石英玻璃窗口对准紫外灯光照数分钟,使存储的数据消失。数据的写入可用软件编程,生成电脉冲来实现。

EPROM 存储器之所以可以多次写入和擦除信息，是因为采用了一种浮栅雪崩注入 MOS 管 FAMOS(Floating gate Avalanche injection MOS)来实现的。浮栅型 MOS 晶体管的结构示意图如图 6.5 所示。FAMOS 的浮动栅本来是不带电的，所以在 S、D 之间没有导电沟道，FAMOS 管处于截止状态。如果在 S、D 间加入 10～30 V 的电压使 PN 结击穿，这时产生高能量的电子，这些电子中的一部分有能力穿越 SiO_2 层而驻留在多晶硅构成的浮动栅上。于是浮栅被充上电荷，在靠近浮栅表面的 N 型半导体形成导电沟道，使 MOS 管处于长久导通状态。FAMOS 管作为存储单元存储信息，就是利用其截止和导通 2 个状态来表示“**1**”和“**0**”的。

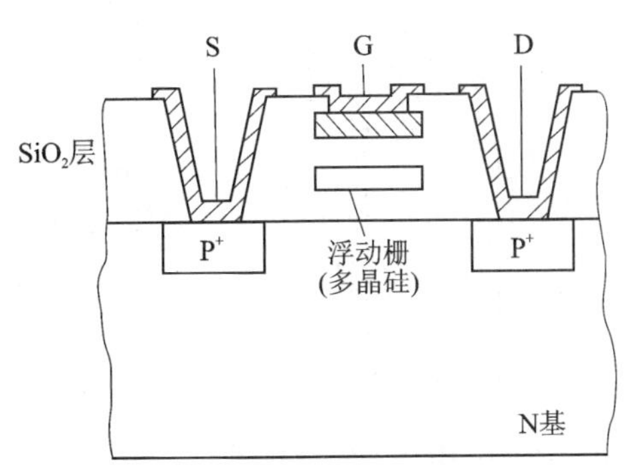

图 6.5　FAMOS 管的结构示意图

要擦除写入信息时，用紫外线照射氧化膜，可使浮栅上的电子能量增加从而逃逸浮栅，于是 FAMOS 管又处于截止状态。擦除时间大约为 10～30 min，视型号不同而异。为便于擦除操作，在器件外壳上装有透明的石英盖板，便于紫外线通过。在写好数据以后应使用不透明的纸将石英盖板遮蔽，以防止数据丢失。

4. E^2PROM

EPROM 要改写其中的存储内容，需要放到紫外线擦除器中进行照射，使用起来不太方便。E^2PROM 是一种电写入电擦除的只读存储器，擦除时不需要紫外线，只要用加入 10 ms、20 V 左右的电脉冲即可完成擦除操作。擦除操作实际上是对 E^2PROM 进行写“**1**”操作，全部存储单元均写为“**1**”状态，编程时只要对相关部分写为“**0**”即可。

E^2PROM 之所以具有这样的功能，是因为采用了一种浮栅隧道氧化层 MOS 管 Flotox (Floating gate tunnel oxide)。在 Flotox 管的浮栅与漏区之间有 1 个 20 nm 左右十分薄的氧化层区域，称为隧道区，当这个区域的电场足够大时，可以在浮栅与漏区出现隧道效应，形成电流，以便对浮栅进行充电或放电。放电相当写“**1**”，充电相当写“**0**”。所以 E^2PROM 使用起来比 EPROM 方便得多，改写重新编程也节省时间。

5. Flash Memory

快闪存储器 Flash Memory 是新一代 E^2PROM，它具有 E^2PROM 擦除的快速性，结构又有所简化，进一步提高了集成度和可靠性，从而降低了成本。目前除了各种快闪存储器的产品面世外，快闪存储器还向其他应用领域拓展，例如：现在已经出现的应用于计算机上的可移动磁盘，以代替软磁盘。快闪存储器磁盘容量大的已经做到 1 G，大小只相当 1 只普通的打火机，它采用 USB 口，可以带电插拔，工作速度快，使用十分方便。可以预见，经 Flash Memory 的进一步完善，有可能取代计算机的硬盘，更新和诞生许多电子产品。

6. 集成只读存储器

在集成只读存储器中，最常用的是 EPROM。EPROM 有 2716、2732、2764、27128 等型号。存储容量分别为 2k×8、4k×8、8k×8、16k×8 个单元，型号 27 后面的数字即为以千位计的存储容量。下面以 EPROM2764 为例说明它的 5 种工作方式，如表 6.2 所列。该芯片的引

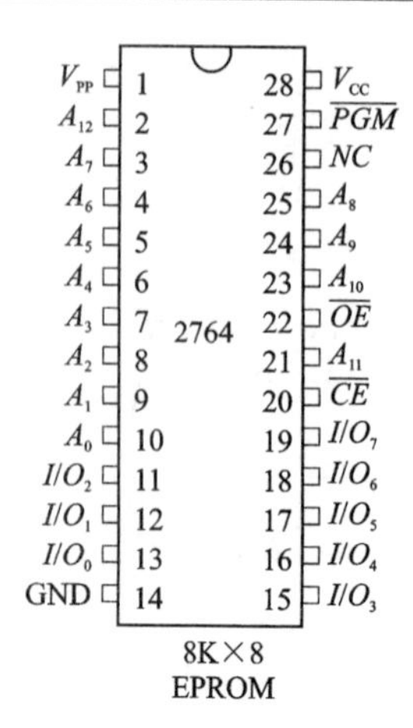

图 6.6 EPROM2764 管脚图

脚如图 6.6 所示,共有 28 个管脚,除电源 V_{CC} 和地 GND 外,$A_{12}\sim A_0$ 为地址译码器输入端,数据输出端有 8 位,用 $I/O_0\sim I/O_7$ 表示,共有 2^{13} 条字线,8 条位线,存储容量为 $2^{13}\times 8$。$\overline{CE}$ 是片选端,$\overline{CE}$=H 时 2764 的输出为高阻,与总线脱离;$\overline{PGM}$ 为编程脉冲输入线;$\overline{OE}$ 数据输出选通线;V_{CC}=5 V 时,工作电流约 100 mA,维持电流50 mA;V_{PP} 编程电源,编程时 25 V,读出时 V_{PP}=5 V。

EPROM 擦除需使用专用设备,写入时需要较高的电压,因此,更改存储的数据不太方便。而 E^2PROM 在写数据时不需要升压,电擦除所需时间也很短(几十毫秒),型号如 2815/2816 和 58064 等。

表 6.2 EPROM2764 的工作方式

工作方式	$\overline{CE}$(20)	$\overline{OE}$(22)	$\overline{PGM}$(27)	V_{PP}(1)	V_{CC}(28)	输 出 (11~13, 15~19)
读出	U_{1L}	U_{1L}	U_{1H}	V_{CC}	V_{CC}	D_{OUT}
维持	U_{1H}	任意	任意	V_{CC}	V_{CC}	高阻
编程	U_{1L}	U_{1H}	U_{1L}	V_{PP}	V_{CC}	D_{IN}
编程检验	U_{1L}	U_{1L}	U_{1H}	V_{PP}	V_{CC}	D_{OUT}
编程禁止	U_{1H}	任意	任意	V_{PP}	V_{CC}	高阻

6.2.3 ROM 的应用

ROM 除了在单片机和微型计算机中存储运行程序外,还有多种用途,分述如下。

由 6.2.1 的分析可知,位线与相连各字线的关系为**或**逻辑,而字线是地址码的最小项,所以,W 实际上是 1 个与项,从输出位线和地址输入关系看,D 是 1 个最小项的**与或**式。在组合数字电路中可知,任何一个组合数字电路都可以变换为若干个最小项之和的形式,因此,都可以用 ROM 实现,如图 6.7 所示为使用 ROM 构成全加器的阵列图。

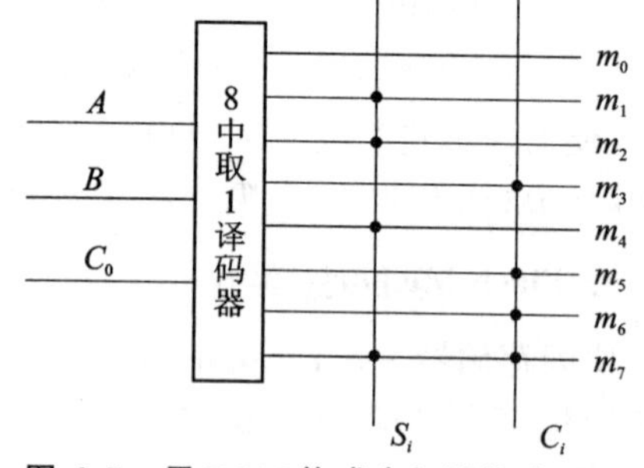

图 6.7 用 ROM 构成全加器的阵列图

【例 6.1】用 ROM 构成全加器。

解:全加器的逻辑式为

$$S_i(A,B,C_0)=\overline{A}\overline{B}C_0+\overline{A}B\overline{C}_0+A\overline{B}\overline{C}_0+ABC_0=m_1+m_2+m_4+m_7$$

$$C_i(A,B,C_0)=\overline{A}BC_0+A\overline{B}C_0+AB\overline{C}_0+ABC_0=m_3+m_5+m_6+m_7$$

全加器有 3 个输入变量,还有加数 A 和 B 以及低位的进位信号 C_0,所以,选用 1 个 ROM。确定 3 个地址线,分别代表 A、B 和 C_0。从输出位线中选 2 个,分别代表 S_i 和 C_i,于是可以确定或矩阵中的存储单元。

所以,用 ROM 构成组合数字电路的方法是先将逻辑函数化为最小项之和的形式,即**与或**

标准型,然后画阵列图。由上述分析可知,用 ROM 构成组合数字电路时,首先,不必像用小规模集成逻辑门构成组合数字电路那样,应先进行化简。因为 ROM 中给出了全部最小项,用也存在,不用也存在。其次,ROM 一般都有多条位线,所以,可以方便地构成比较复杂的多输出组合数字电路。

6.3 随机存储器

6.3.1 RAM 的结构和原理

RAM 是 Random Access Memory 的缩写,通常称为随机存储器。它的特点是在工作过程中,数据可以随时写入和读出,使用灵活方便,但所存数据在断电后消失。

RAM 电路由地址译码器、存储矩阵和读/写控制电路组成。如图 6.8 所示,RAM 中的核心是存储单元,其结构有双极型和 MOS 型 2 种。

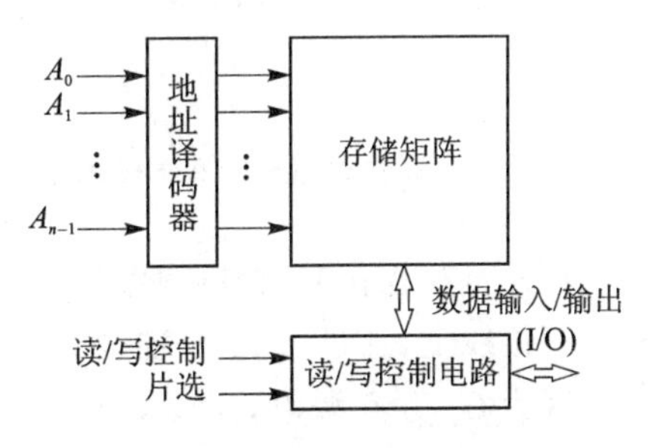

图 6.8 RAM 的结构框图

6.3.2 RAM 的存储单元

RAM 按工作原理分为静态随机存储器 SRAM(Static Random Access Memory)和动态随机存储器 DRAM(Dynamic Random Access Memory)2 种。

1. 静态存储单元

如图 6.9 所示,为 6 个 CMOS 管组成的静态 RAM 存储单元。图中 $VT_1 \sim VT_4$ 构成基本 RS 触发器,用以存储二进制信息。VT_5、VT_6 为门控管,其状态由行选择线 X_i 决定。当 $X_i = \mathbf{1}$ 时,VT_5、VT_6 导通,Q 和 $\overline{Q}$ 的状态分别送至位线 B_j 和 $\overline{B}_j$。VT_7、VT_8 是每列存储单元的门控管,其状态取决于列选择线 Y_j。当 $Y_j = \mathbf{1}$ 时,VT_7、VT_8 导通,数据端 D、$\overline{D}$ 和位线接通进行读(输出)、写(输入)等操作。当 X_i、Y_j 都为"**1**"时,存储单元进行读或写,这种状态称为选中。只要 X_i 或 Y_j 有一条线为"**0**"时,存储单元就处于维持状态。

2. 动态存储单元

动态存储单元是利用 MOS 管的栅极电阻十分大,栅极电容上存储的电荷短时间内不易消失,从而对信号起到存储作用。但是时间不能太长,太长存储的信息就会丢失,所以动态存储器,需要隔一段时间就对栅极电容补充电荷,通常把这种操作称为**刷新**。因此,DRAM 的外围要配备刷新电路和相应的控制电路,整个电路要复杂一些。

图 6.10 是 1 个三 MOS 管动态存储单元,信息存储在 VT_2 管的栅极电容 C_g 上,并用 C_g 上的电压控制 VT_2 的状态。读字线和写字线是分开的,读位线和写位线也是分开的。读字线控制 VT_3 管,写字线控制 VT_1 管。VT_4 管是同列若干存储单元写入时的预充管。

在进行读操作时,首先使位线上的电容 C_D 预充到 V_{DD},然后选通读字线为高电平,则 VT_3 管导通。如果 C_g 上充有电荷,且 C_g 上的电压超过了 VT_2 管的开启电压,则 VT_2 导通。那么 C_D 将通过 VT_3 和 VT_2 放电到低电平。如果 C_g 上没有电荷,VT_2 管截止,C_D 没有放电通路,仍保持预充后的高电平。可见,在读字线上获得的电平和栅极电容 C_g 上的电平是相反

的。通过读出放大器可将读字线上的电平数据送至存储器的输出端。

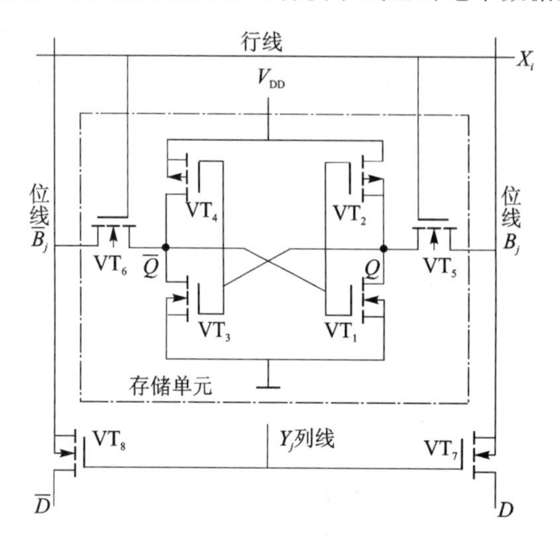

图 6.9　6 管 CMOS 静态存储单元电路图

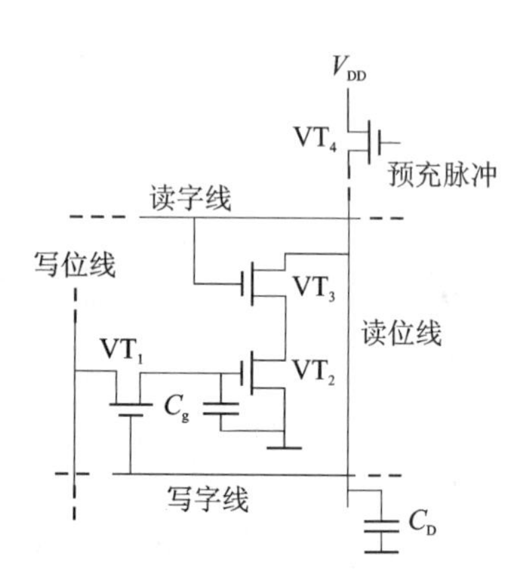

图 6.10　3 管动态存储单元

在进行写操作时,控制写字线为高电平,使 VT_1 管导通。由存储器输入端送来的信号传输至写位线上,通过 VT_1 管控制 C_g 上的电位,将信息存储到 C_g 上。

因为 C_g 存在漏电,需要对 C_g 上的信息定时刷新。可周期性的读出 C_g 上信息到读字线上,经过反相器,再对存储单元进行写操作,即可完成刷新。

就存储单元本身而言,DRAM 的结构比 SRAM 简单,因此 DRAM 的集成度可以制作得更高。但是,加上外围电路后,如读/写电路和预充电路后,DRAM 的结构也比较复杂。

6.3.3　集成 RAM

集成 RAM 的种类也很多。静态 RAM 如 2114(容量为 1k×4)、6116(2k×8);动态 RAM 如 4116(16k×1)、4164(64k×1)、6264(8k×8)。下面以 MOTOROLA 公司生产的 MCM6264 为例,说明 RAM 的使用情况。图 6.11 为 MCM6264 的引脚图。其中 $A_{12}\sim A_0$ 为 13 根地址线,容量 $2^{13}\times 8$ bit;$DQ_7\sim DQ_0$ 为 8 位写入读出数据线,$\overline{E}_1$、E_2 为片选端;$\overline{G}$、$\overline{W}$ 为读/写控制端,表 6.3 为功能表。

表 6.3　功能表

$\overline{E}_1$	E_2	$\overline{G}$	$\overline{W}$	方　式	I/O
H	×	×	×	无选择	高阻态
×	L	×	×	无选择	高阻态
L	H	H	H	输出禁止	高阻态
L	H	L	H	读	DO
L	H	×	L	写	DI

MCM6264

引脚	名称	引脚	名称
1	NC	28	V_{CC}
2	A_{12}	27	W
3	A_7	26	E_2
4	A_6	25	A_8
5	A_5	24	A_9
6	A_4	23	A_{10}
7	A_3	22	G
8	A_2	21	A_{11}
9	A_1	20	E_1
10	A_0	19	DQ_7
11	DQ_0	18	DQ_6
12	DQ_1	17	DQ_5
13	DQ_2	16	DQ_4
14	V_{SS}	15	DQ_3

图 6.11　6264 管脚图

存储器在使用过程中如果容量不够,可以进行扩展。用相同型号的存储器进行位数扩展时,将各片对应的地址线、片选端及读写控制端分别接在一起,各片的数据输出端并列使用即可。

6.4 可编程逻辑器件概述

可编程逻辑器件 PLD 出现于 20 世纪 70 年代,是一种半定制逻辑器件,它为用户最终把自己所设计的逻辑电路直接写入到芯片上提供了物质基础。

使用这类器件可及时方便地研制出各种所需的逻辑电路,并可重复擦写多次,因而它的应用越来越受到重视,上节存储器中介绍的 PROM、EPROM 和 E^2PROM 皆属于可编程逻辑器件。

可编程逻辑器件大致经历了从 PROM→PLA→PAL→GAL→EPLD→FPGA→CPLD 的发展过程,至今在结构、工艺、集成度、功能、速度和灵活性方面都有很大的改进和提高。

可编程逻辑器件大至的演变过程如下:

① 20 世纪 70 年代,熔丝编程的 PROM 和可编程逻辑阵列 PLA(Programmable Logic Array)器件是最早的可编程逻辑器件。

② 20 世纪 70 年代末,AMD 公司开始推出可编程阵列逻辑 PAL (Programmable Array Logic)器件。

③ 20 世纪 80 年代初,Lattice 公司发明可电擦写的,比 PAL 使用更灵活的通用阵列逻辑 GAL(Generic Array Logic)器件。

④ 20 世纪 80 年代中期,Xilinx 公司提出现场可编程概念,同时生产了世界上第一片现场可编程门阵列 FPGA(Field Programmable Gare Array)器件;同一时期,Altera 公司推出 EPLD(Erasable Programmble Logic Device)器件,较 GAL 器件有更高的集成度,可以用紫外线或电擦除。

⑤ 20 世纪 80 年代末,Lattice 公司又提出了在系统可编程技术 isp(in sytem programmable),并且推出了一系列具备在系统可编程能力的器件 CPLD(复杂可编程逻辑器件)。

进入 20 世纪 90 年代,可编程逻辑集成电路技术进入飞速发展时期。器件和软件几乎每两三年更新一次。这些 PLD 器件按着集成度分为低密度可编程逻辑器件(LDPLD)和高密度可编程逻辑器件(HDPLD)。

6.4.1 可编程逻辑器件的分类和特点

通常按集成度将 PROM、PLA、PAL 和 GAL 称为低密度可编程逻辑器件(LDPLD),而将 EPLD、CPLD、FPGA 称为高密度可编程逻辑器件(HDPLD)。首先对其中 4 种 LDPLD 器件进行比较,如表 6.4 所列。

PLD 所用的单元器件数目很多,按常规绘制电路原理图非常不便,制造厂商推出了一套简化的表示方法。如图 6.12 和图 6.13 所示。

表 6.4　4 种 LDPLD 器件比较

PLD 类型	阵列		输出
	与	或	
PROM	固定	可编程,一次性	三态,集电极开路
PLA	可编程,一次性	可编程,一次性	三态,集电极开路寄存器
PAL	可编程,一次性	固定	三态 I/O 寄存器互补带反馈
GAL	可编程,多次性	固定或,可编程	输出逻辑宏单元,组态由用户定义

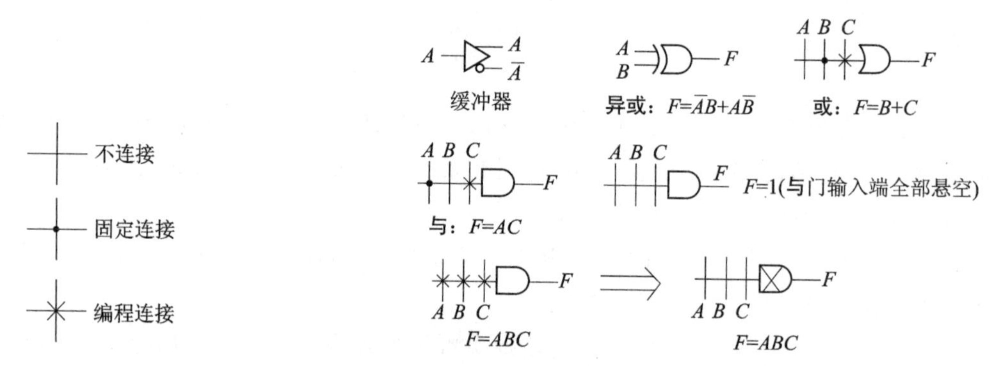

图 6.12　PLD 器件中的连接方式

图 6.13　PLD 电路中器件的表示方法

6.4.2　实现可编程的基本方法

PLD 器件内部电路虽然十分复杂,但 PLD 器件实现可编程的基本方法不外乎通过**与**矩阵、**或**矩阵的编程,通过改变内部连接线的编程,通过数据传输方向的编程来构成功能复杂的逻辑电路。

1. 与阵列和或阵列编程方法

在 ROM 的应用中,曾讲述了用 ROM 构成组合逻辑电路的方法,在此介绍一种更加灵活的方法以实现电路的可编程。电路可以通过软件编程,确定**与**矩阵和**或**矩阵内部硬件电路的连接。下面通过可变模计数器的例子来说明如何实现电路逻辑功能的可编程。

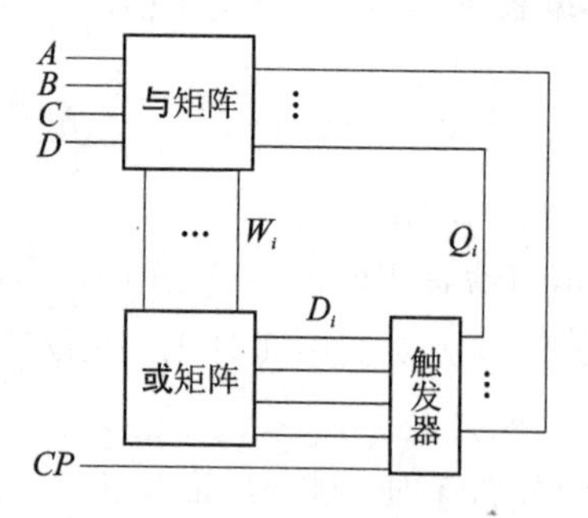

图 6.14　可变模计数器的方框图

可变模计数器的逻辑方框图如图 6.14 所示。在一般的同步计数器中,通过卡诺图的设计,在触发器之间连接一些门电路。这些门电路的作用是检测触发器的现态,以确定触发器的新状态。当计数器计数到第 $N-1$ 个状态时,这些门电路要保证下一个时钟来到后,计数器能够复零。所以,计数器不同的进制,这些门电路的连接也是不同的。

在可变模计数器的逻辑方框图中,包括 ROM 中的**与**矩阵、**或**矩阵以及作为反馈网络的一些触发器和逻辑门。A_{n-1}、…、A_1、A_0 是**与**矩阵的输入,称为地址输入。**与**矩阵是可编程的,而 ROM 中**与**矩阵是不可编程的。**或**矩阵与 ROM 中的**或**矩阵相同，是可编程的。触发器在这里作为反馈网络，将电路中触发器的状态反馈到**与**矩阵的内部输入，以实现对计数器模，即计数周期的编程控制。

可变模计数器编程的基本工作原理是在可编程的**与**矩阵和**或**矩阵的基础上，设置了一个符合函数。在计数过程中，触发器的输出，即计数器的状态和**与**矩阵输入的地址码进行比较。当计数器的状态与地址码一致时，则给出符合信号，强迫计数器进入所希望的状态，即：初始状态；随后计数器则按卡诺图确定的程序继续工作，直到最后一个状态，即由地址码确定的第 $N-1$ 个状态，再强迫计数器回到初始状态。所以，每个触发器应当受到 2 个控制函数的控制，即

$$P=\overline{T}F+Tf$$

式中：f 为正常由卡诺图得到的控制函数；F 为强迫计数器进入的希望状态；T 为符合函数。

符合函数是一组**异或**函数，即

$$T=D\oplus Q_{\mathrm{D}}+C\oplus Q_{\mathrm{C}}+B\oplus Q_{\mathrm{B}}+A\oplus Q_{\mathrm{A}}$$

当符合函数 $T=1$ 时，F 不起作用，$P=f$，计数器按正常程序计数；当 $T=0$ 时，F 起作用，$P=F$，强迫计数器跳变到所希望的状态。当 $Q_{\mathrm{D}}Q_{\mathrm{C}}Q_{\mathrm{B}}Q_{\mathrm{A}}=DCBA$ 时，$T=0$；$Q_{\mathrm{D}}Q_{\mathrm{C}}Q_{\mathrm{B}}Q_{\mathrm{A}}\neq DCBA$ 时，$T=1$。

在大规模可编程集成电路中，为了减少连线，往往不采用 JK 触发器，而采用 D 触发器，因为 D 触发器占用较小的芯片面积。

例如：采用 4 级触发器，可从 **0000** 一直计数到 **1111**，可实现二进制计数到十六进制计数，一般就以二进制的计数顺序作为 N 进制同步计数器的计数顺序，状态转换表如表 6.5 所列。确定计数器的驱动方程，这一过程与传统的计数器的设计步骤一样，如图 6.15 所示的卡诺图。

地址码与 N 之间的关系如表 6.6 所列，地址码的状态即为计数器的最后 1 个状态。由 F、f 和 T 确定新的驱动方程式为

$$P=\overline{T}F+Tf$$

根据求出的 T 和 f_{D}、f_{C}、f_{B}、f_{A}，当计数器计数到 $N-1$ 状态时，$Q_{\mathrm{D}}Q_{\mathrm{C}}Q_{\mathrm{B}}Q_{\mathrm{A}}$ 与 $DCBA$ 符合，$T=\mathbf{0}$，则 $P=F$；再来 1 个计数脉冲 CP，强迫计数器进入初始状态。如果设初态为 **0000**，则 $P=F=\mathbf{0}$，可以使驱动方程比较简单，于是有

$$P_{\mathrm{A}}=Tf_{\mathrm{A}}=T\overline{Q}_{\mathrm{A}}=D_{\mathrm{A}}$$

$$P_{\mathrm{B}}=Tf_{\mathrm{B}}=T(\overline{Q}_{\mathrm{B}}Q_{\mathrm{A}}+Q_{\mathrm{B}}\overline{Q}_{\mathrm{A}})=D_{\mathrm{B}}$$

$$P_{\mathrm{C}}=Tf_{\mathrm{C}}=T(Q_{\mathrm{C}}\overline{Q}_{\mathrm{B}}+Q_{\mathrm{C}}\overline{Q}_{\mathrm{A}}+\overline{Q}_{\mathrm{C}}Q_{\mathrm{B}}Q_{\mathrm{A}})=D_{\mathrm{C}}$$

$$P_{\mathrm{D}}=Tf_{\mathrm{D}}=T(Q_{\mathrm{D}}\overline{Q}_{\mathrm{C}}+Q_{\mathrm{D}}\overline{Q}_{\mathrm{B}}+Q_{\mathrm{D}}\overline{Q}_{\mathrm{A}}+\overline{Q}_{\mathrm{D}}Q_{\mathrm{C}}Q_{\mathrm{B}}Q_{\mathrm{A}})=D_{\mathrm{D}}$$

$$\begin{aligned}T&=(Q_{\mathrm{D}}\oplus D)+(Q_{\mathrm{C}}\oplus C)+(Q_{\mathrm{B}}\oplus B)+(Q_{\mathrm{A}}\oplus A)\\&=(\overline{Q}_{\mathrm{D}}D+Q_{\mathrm{D}}\overline{D})+(\overline{Q}_{\mathrm{C}}C+Q_{\mathrm{C}}\overline{C})+(\overline{Q}_{\mathrm{B}}B+Q_{\mathrm{B}}\overline{B})+(\overline{Q}_{\mathrm{A}}A+Q_{\mathrm{A}}\overline{A})\end{aligned}$$

根据以上 5 个**与或**逻辑式，可以根据图 6.14 所示方框图的基本原理来实现，即**与**项可以在**与**矩阵中编程实现，**或**项可以在**或**矩阵中编程实现。

表 6.5 状态转换图

态序	原状态				新状态			
	Q_D	Q_C	Q_B	Q_A	Q_D	Q_C	Q_B	Q_A
0	0	0	0	0	0	0	0	1
1	0	0	0	1	0	0	1	0
2	0	0	1	0	0	0	1	1
3	0	0	1	1	0	1	0	0
4	0	1	0	0	0	1	0	1
5	0	1	0	1	0	1	1	0
6	0	1	1	0	0	1	1	1
7	0	1	1	1	1	0	0	0
8	1	0	0	0	1	0	0	1
9	1	0	0	1	1	0	1	0
10	1	0	1	0	1	0	1	1
11	1	0	1	1	1	1	0	0
12	1	1	0	0	1	1	0	1
13	1	1	0	1	1	1	1	0
14	1	1	1	0	1	1	1	1
15	1	1	1	1	0	0	0	0

表 6.6 地址码与 N 的关系

N	D	C	B	A
2	0	0	0	1
3	0	0	1	0
4	0	0	1	1
5	0	1	0	0
6	0	1	0	1
7	0	1	1	0
8	0	1	1	1
9	1	0	0	0
10	1	0	0	1
11	1	0	1	0
12	1	0	1	1
13	1	1	0	0
14	1	1	0	1
15	1	1	1	0
16	1	1	1	1

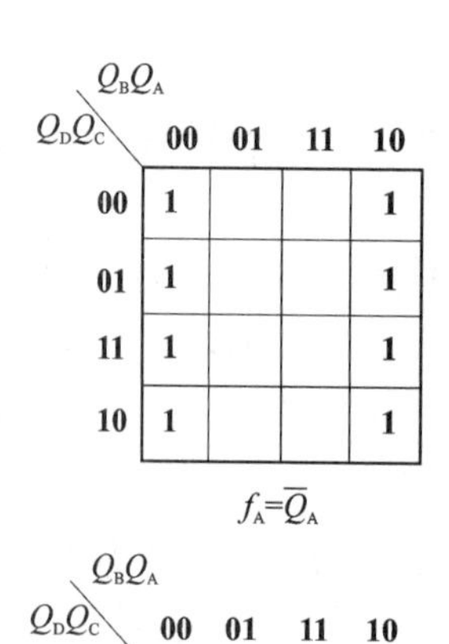

$f_A=\overline{Q}_A$

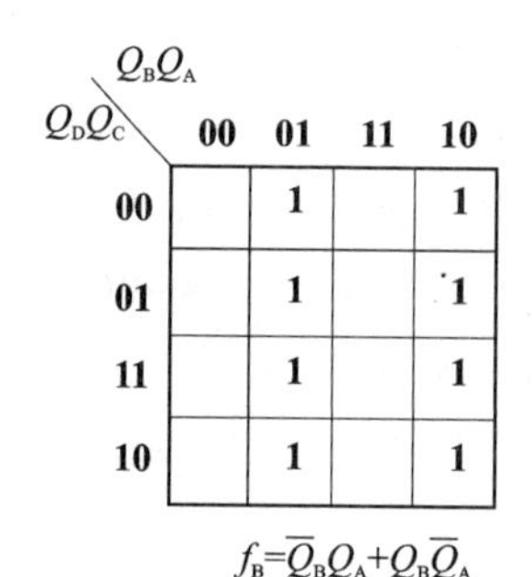

$f_B=\overline{Q}_BQ_A+Q_B\overline{Q}_A$

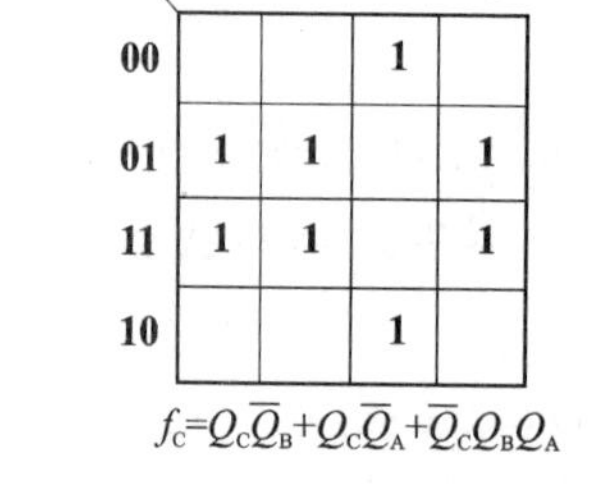

$f_C=Q_C\overline{Q}_B+Q_C\overline{Q}_A+\overline{Q}_CQ_BQ_A$

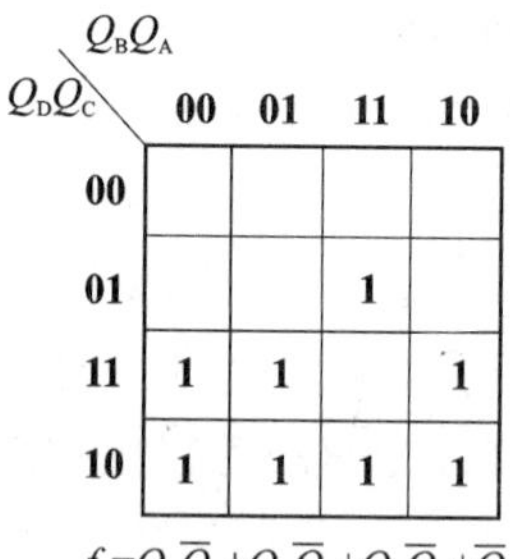

$f_D=Q_D\overline{Q}_C+Q_D\overline{Q}_B+Q_D\overline{Q}_A+\overline{Q}_DQ_CQ_BQ_A$

图 6.15 卡诺图

N 进制可变模计数器的阵列图如图 6.16 所示。上方是**与**矩阵,它的输入是 A、B、C、D,即 4 个地址码和触发器提供的反馈信号 Q_D、$\overline{Q}_D$、Q_C、$\overline{Q}_C$、Q_B、$\overline{Q}_B$、Q_A 和 $\overline{Q}_A$。可通过编程构成符合信号 T 和 4 个触发器驱动方程式中所需要的**与**项。下方的**或**矩阵对各个与项进行相加。根据设计的结果,对矩阵进行编程,一旦编程完毕,计数器将根据地址码进行计数,不同的地址码,计数周期将不同。

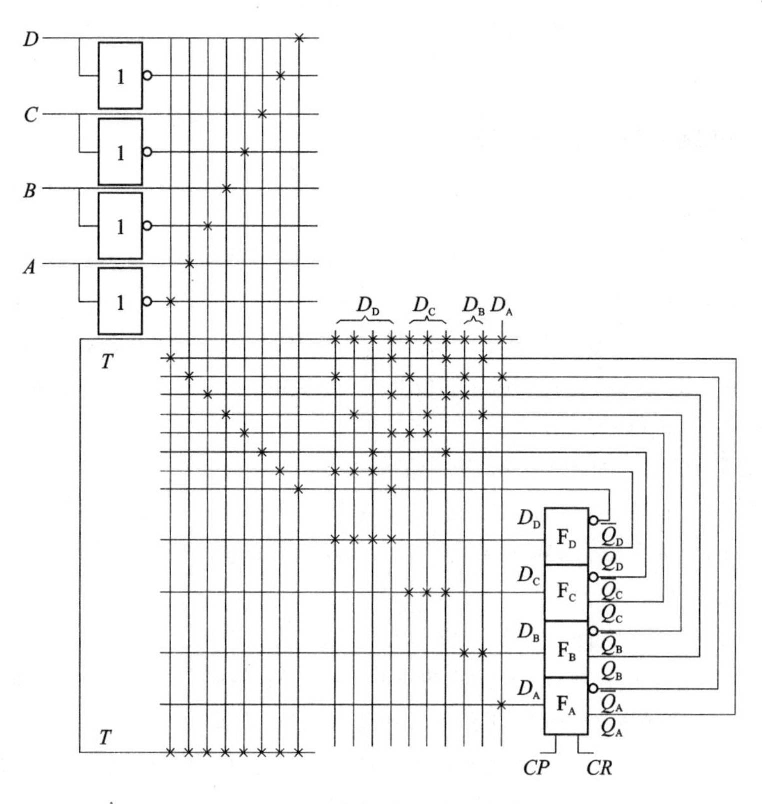

图 6.16　可变模计数器的阵列图

2. 编程实现连线

通过电子开关实现连线的可编程,电子开关有 MOS 晶体管和传输门。图 6.17 是 1 个通用开关阵列,每一个接点上有 6 个电子开关,通过编程可实现任意方向的连线接通。根据需要也可以在 1 个方向进行编程连线。在复杂可编程逻辑器件内部的数据传输,以及单片的在系统通用阵列开关,基本上都采用这种方式来对电路的连接进行编程,以确定信号的传输去向。

3. 可编程实现数据传输

数据传输的编程一般是通过**异或**门或数据选择器实现的,如图 6.18 所示。图 6.18(a)是采用**异或**门的形式,来确定信号是以原变量的形式,还是反变量的形式向前传输。图 6.18(b)是采用 MUX 的形式,通过对选择变量 C_2、C_1、C_0 的编程,可控制数据快速直通、输出高

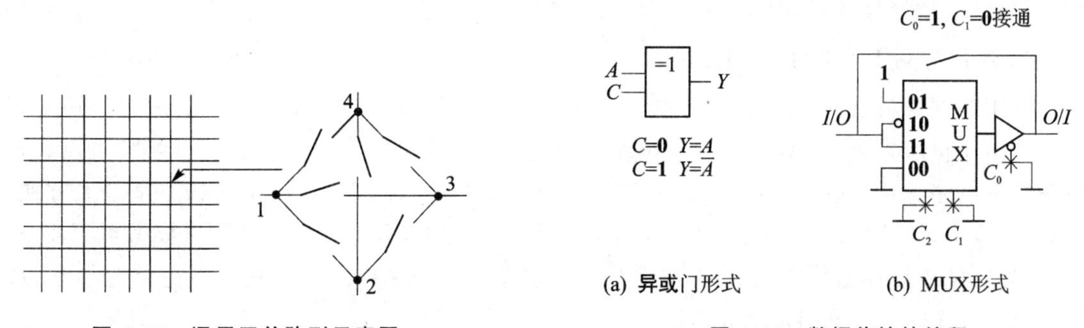

图 6.17　通用开关阵列示意图

图 6.18　数据传输的编程

电平、输出反变量、输出原变量和输出低电平等形式传输。这种方式在低密度和高密度可编程器件中都有采用。

6.4.3 可编程逻辑器件的发展

1. 可编程阵列逻辑PAL

可编程逻辑阵列PAL是一种可编程逻辑装置,它的**与**阵列(AND array)和**或**阵列(OR array)均为可编程,输出电路为不可组态。PLA又叫作FPLA(field - programmable logic array)。可编程逻辑阵列PLA是一种可程式化的装置,可用来实现组合逻辑电路。PLA具有一组可程式化的AND阶,AND阶之后连接一组可程式化的OR阶,如此可以达到:"只在合乎设定条件时才允许产生逻辑讯号输出。"

可编程逻辑阵列PLA如此的逻辑布局能用来规划大量的逻辑函数,这些逻辑函数必须先以积项(有时是多个积项)的原始形式进行齐一化。

从实现逻辑函数的角度看,对于大多数逻辑函数而言,并不需要使用全部最小项,尤其对于包含约束条件的逻辑函数,许多最小项是不可能出现的。PROM的**与**阵列固定地产生n个输入变量的全部最小项。因此,PROM的**与**阵列不能获得充分利用而造成硬件浪费,使得芯片面积的利用率不高。为了克服PROM的不足,出现了一种"与"阵列和"或"阵列均可编程的逻辑器件,即可编程逻辑阵列PLA(可编程逻辑控制器件)。

PLA可分为组合可编程逻辑阵列PLA和时序可编程逻辑阵列PLA两种类型。

(1) 组合可编程逻辑阵列PLA

逻辑结构:由一个**与**阵列和一个**或**阵列构成,**与**阵列和**或**阵列都是可编程的。

在PLA的发展中,n个输入变量的"与"阵列不是产生$2n$个**与**项,而是有P个与门就提供P个**与**项,每个"与"项与哪些变量相关可由编程决定。**或**阵列通过编程可选择需要的**与**项,形成**与-或**函数式。

由PLA实现的函数式是最简**与-或**表达式。PLA的存储容量不仅与输入变量个数和输出端个数有关,而且还和它的**与**项数(即**与**门数)有关,其存储容量用输入变量数(n)、与项数(p)、输出端数(m)来表示。

(2) 时序可编程逻辑阵列PLA

逻辑结构:由**与**阵列、**或**阵列和一个用于存储以前状态的触发器网络构成。

触发器网络中包含若干触发器,它们的输入接受**或**阵列输出及时钟脉冲、复位信号的控制,其输出反馈到**与**阵列,用来和现有输入一起产生**与**项输出。

2. 通用阵列逻辑器件(GAL)

通用阵列逻辑器件(GAL)的结构和ROM基本一样,但GAL在输出端增加了通用性很强的输出逻辑宏单元OLMC(output logic macro cell),既可以实现组合数字电路又可以实现时序数字电路。若想改变输出方式,通过软件对其编程即可实现,这给设计者带来很大方便。GAL存储单元采用E^2CMOS技术,是用电可重复擦除改写的器件。写入的数据可保存20年,另外器件还有加密功能、电子标签等特点。支持使用GAL器件的软件也简单容易学,所以,GAL器件的应用范围是比较广泛的。

图 6.19 为 GAL16V8 的引脚图，从图中可见，GAL16V8 有 20 个管脚，10、20 脚分别为地(GND)和电源(VCC)，1 脚为时序电路时钟端，11 脚为使能端，2～9、12～19 脚为输入端，共 16 个，8 个输出端分别为 12～19 脚。

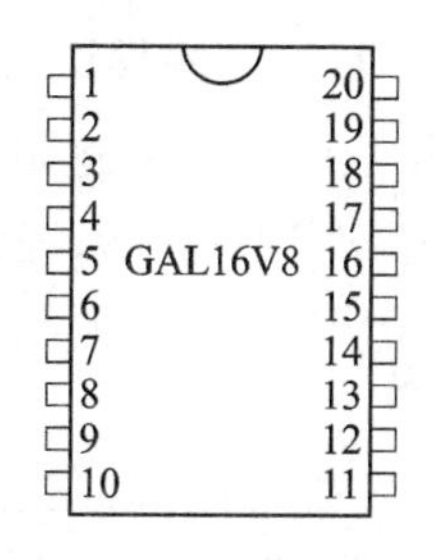

图 6.19　GAL16V8 管脚图

GAL16V8 **与**阵列为编程阵列，共 64 行，分成 8 组，每组 8 个与项。GAL16V8 的 8 个输出端，各对应一个输出逻辑宏单元 OLMC，通过 4 个数据选择器的不同工作方式来实现不同电路的组合，其连接方式如图 6.20 所示，图中各部分的功能分别介绍如下。

① G_1 是具有 8 个输入端的或门，其中有一个输入端接到乘积项数据选择器 PTMUX；其他输入端来自与阵列。

② PTMUX 是 2 选 1 数据选择器，可根据结构控制 AC0 和 AC1(n)的状态决定来自与矩阵的第一乘积项是否作为或门 G_1 的一个输入。当 $G_3=1$ 时，第一乘积项经过 PTMUX 加到 G_1 的输入；而 $G_3=0$ 时，第一乘积项不加到 G_1 的输入。(n)代表器件的某一个管脚号，即 OLMC 的编号。

③ G_2 是异或门，其作用是将 G_1 的输出，同相传输或反相传输到 D 触发器，由 $XOR(n)$端编程决定。

④ TSMUX 是三态数据选择器，它的作用是通过 AC0 和 AC1(n)的状态控制三态门 G_5 的输出。

⑤ OMUX 是输出数据选择器，它受 AC0、AC1(n)经或非门 G_4 的控制。当 G_4 输出为 0 时，OMUX 将 G_2 的输出送到 G_5；当 G_4 输出为 1 时，OMUX 将 D 触发器的 Q 端输出送到 G_5。

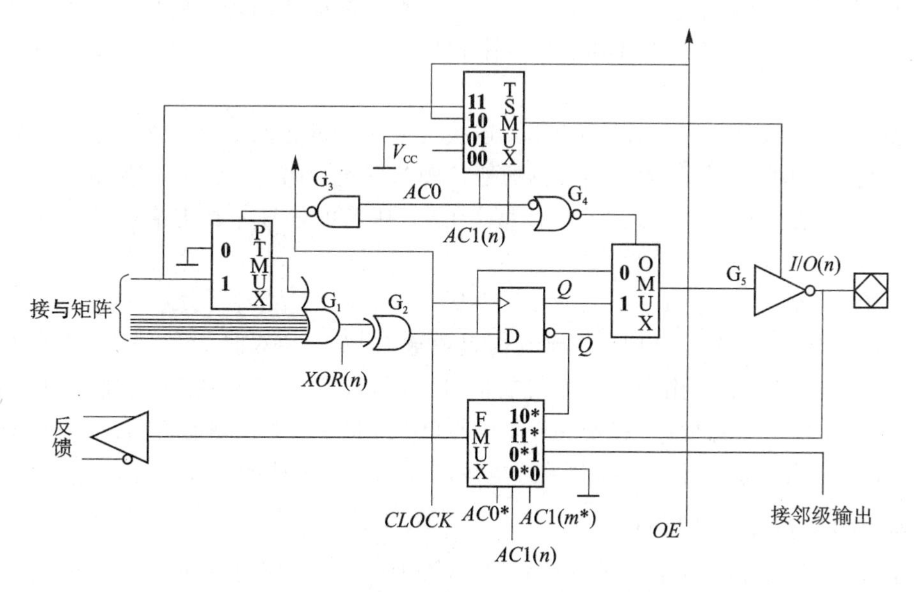

图 6.20　GAL16V8 输出逻辑宏 OLMC 的结构

⑥ FMUX 是反馈数据选择器，是 8 选 1 数据选择器，但输入信号只有 4 个。

3. 复杂可编程逻辑器件 CPLD

复杂的可编程逻辑器件 CPLD 规模大,结构复杂,属于大规模集成电路范围。适合控制密集型数字型数字系统设计,其时延控制方便。

CPLD 有五个主要部分:逻辑阵列块、宏单元、扩展乘积项、可编程连线阵列和 I/O 控制块。

(1) 逻辑阵列块(LAB)

一个逻辑阵列块由 16 个宏单元的阵列组成,多个 LAB 通过可编程阵列(PIA)和全局总线连接在一起。全局总线从所有的专用输入、I/O 引脚和宏单元馈入信号。

(2) 宏单元

宏单元一般由 3 个功能块组成:逻辑阵列、乘积项选择矩阵和可编程寄存器。各部分可以被独自配置为时序逻辑和组合逻辑工作方式。其中逻辑阵列实现组合逻辑,可以为每个宏单元提供 5 个乘积项。乘积项选择矩阵分配这些乘积项作为到"或门"和"异或门"的主要逻辑输入,以实现组合逻辑函数,或者把这些乘积项作为宏单元中寄存器的辅助输入:如清零、置位、时钟和时钟使能控制。

每个宏单元中的触发器可以单独地编程为具有可编程时钟控制的 D、T、JK 或 RS 触发器的工作方式。触发器的时钟、清零输入可以通过编程选择使用专用的全局清零和全局时钟,或使用内部逻辑(乘积项逻辑阵列)产生的时钟和清零。触发器也支持异步清零和异步置位功能,乘积项选择矩阵分配乘积项来控制这些操作。如果不需要触发器,也可以将此触发器旁路,信号直接输给 PIA 或输出到 I/O 引脚,以实现组合逻辑工作方式。

(3) 扩展乘积项

每个宏单元的一个乘积项可以反相回送到逻辑阵列。这个"可共享"的乘积项能够连到同一个 LAB 中的任何其他乘积项上。尽管大多数逻辑函数能够用每个宏单元中的 5 个乘积项实现,但在某些复杂的逻辑函数中需要附加乘积项。

(4) 可编程连线阵列 PIA

通过可编程连线阵列可将各 LAB 相互连接构成所需的逻辑。这个全局总线是可编程的通道,它能把器件中任何信号源连到其目的地。PIA 可把专用输入、I/O 引脚和宏单元输出这些信号送到整个器件内的各个地方,只有每个 LAB 所需的信号才真正给它布置从 PIA 到该 LAB 的连线。

(5) I/O 控制块

I/O 控制块允许每个 I/O 引脚单独地配置成输入/输出和双向工作方式。所有 I/O 引脚都有一个三态缓冲器,它能由全局输出使能信号控制,或者把使能端直接连接到地(GND)或电源(V_{CC})上。当三态缓冲器的控制端接地(GND)时,其输出为高阻态,而且 I/O 引脚可作为专用输入引脚。当三态缓冲器的控制端接电源(V_{CC})时,输出使能有效。

4. 现场可编程门阵列 FPGA

FPGA(Field-Programmable Gate Array),即现场可编程门阵列,它是在 PAL、GAL、CPLD 等可编程器件的基础上进一步发展的产物。它是作为专用集成电路(ASIC)领域中的一种半定制电路而出现的,既解决了定制电路的不足,又克服了原有可编程器件门电路数有限的缺点。

可以根据需要通过可编辑的连接把 FPGA 内部的逻辑块连接起来，就好像一个电路试验板被放在了一个芯片里。一个出厂后的成品 FPGA 的逻辑块和连接可以按照设计者而改变，所以 FPGA 可以完成所需要的逻辑功能。

FPGA 架构主要包括可配置逻辑块 CLB(Configurable Logic Block)、输入输出块 IOB(Input Output Block)、互连资源 IR(Interconnect Resouce)和其他内嵌单元四个部分。

CLB 是 FPGA 的基本逻辑单元。实际数量和特性会依器件的不同而改变，但是每个 CLB 都包含一个由 4 或 6 个输入、若干选择电路(多路复用器等)和触发器组成的可配置开关矩阵。开关矩阵具有高度的灵活性，经配置可以处理组合型逻辑、移位寄存器或 RAM。

FPGA 可支持许多种 I/O 标准，因而可以为系统设计提供理想的接口。FPGA 内的 I/O 按 bank 分组，每个 bank 能独立支持不同的 I/O 标准。目前最先进的 FPGA 提供了十多个 I/O bank，能够灵活地支持 I/O。

CLB 提供了逻辑性能，灵活的互连布线则负责在 CLB 和 I/O 之间传递信号。布线有几种类型，从设计用于专门实现 CLB 互连(短线资源)、到器件内的高速水平和垂直长线(长线资源)、再到时钟与其他全局信号的全局低 skew 布线(全局性专用布线资源)。一般，各厂家设计软件会将互连布线任务隐藏起来，用户看不到，从而大幅降低了设计复杂性。

内嵌硬核单元包括 RAM、DSP、DCM(数字时钟管理模块)及其他特定接口硬核等。

一般来说，器件型号数字越大，表示器件能提供的逻辑资源规模越大。在 FPGA 器件选型时，根据对逻辑资源(CLB)、内部 BlockRAM、接口、数字信号处理(DSP)硬核数以及今后扩展等多方面的需求，综合考虑项目最合适的逻辑器件。

主要的 CPLD 和 FPGA 生产厂商有 Xilinx，Altera，Actel，Lattice 以及 Atmel 等。各家公司的产品各有特点，在架构上会略有区别，但基本原理都是相同的。CPLD 和 FPGA 的主要区别如下。

① CPLD 的逻辑阵列更适合可重复编程的 E^2PROM 或 Flash 技术来实现；FPGA 使用 SRAM 技术更合适。

② 由于是 EEPROM 或 Flash 工艺决定了 CPLD 是有一定的擦写次数限制的；FPGA 在实际使用中几乎可以说是无配置次数限制。

③ CPLD 由于采用的是 EEPROM 或 Flash 工艺所以配置掉电后不丢失，不需要外挂配置芯片；FPGA 采用的是 SRAM 工艺，配置在掉电后会丢失，因此需要一个外部配置芯片。

④ CPLD 的安全性更高；由于配置芯片的存在，FPGA 的保密性就会比 CPLD 略差，逻辑数据有可能被读取(FPGA 芯片会有一定的加密措施)。

⑤ CPLD 由于不需要上电重新配置，上电后可以立刻工作；FPGA 上电后需要配置时间，逻辑量的大小、配置方式的区别也会影响配置时间的长短。

⑥ 由于 CPLD 的连续式布线结构，决定了它的时序延时是均匀和固定的；FPGA 采用的分段式布线结构造成了延时不固定。

⑦ 由于工艺难度的差异，CPLD 一般集成度较低，大多为几千门或几万门的芯片规模，做到几十万门已经很困难；FPGA 基于 SRAM 工艺，集成度更高，可以轻松做到几十万门甚至几百万门的芯片规模，最新的 FPGA 产品已经接近千万门的规模。

⑧ 同样由于结构的差异，CPLD 更适合完成的是复杂的组合逻辑，如编、译码的工作；FPGA 更适合做复杂的时序逻辑。换句话说就是 FPGA 更适合触发器丰富的逻辑结构，CPLD

适合于触发器有限但是乘积项丰富的逻辑结构。

⑨ 由于工艺的原因,一般 CPLD 会比 FPGA 的功耗高。

6.5 现场可编程门阵列 FPGA

现场可编程门阵列 FPGA(field programmable gate array)器件是 Xilinx 公司于 1985 年首次推出的。它是一种新型的高密度 PLD,采用 CMOS-SRAM 工艺制作。FPGA 的结构与门阵列 PLD 不同,其内部由许多独立的可编程逻辑模块(CLB)组成,逻辑模块之间可以灵活地相互连接。CLB 的功能很强,不仅能够实现逻辑函数,还可以配置成 RAM 等复杂的形式。配置数据存放在片内的 SRAM 或者熔丝图上,基于 SRAM 的 FPGA 器件工作前需要从芯片外部加载配置数据。配置数据可以存储在片外的配置芯片或者计算机上,设计人员可以控制加载过程,在现场修改器件的逻辑功能,即所谓现场可编程。FPGA 出现后受到电子设计工程师的普遍欢迎,发展十分迅速。Xilinx、Altera 和 Actel 等公司都提供了高性能的 FPGA 芯片。

6.5.1 FPGA 的基本结构

前面所讲的几种 PLD 电路中,都采用了与或逻辑阵列加上输出逻辑单元的结构形式。而 FPGA 的电路结构形式则完全不同,它由若干独立的可编程逻辑模块组成。用户可以通过编程将这些模块连接成所需要的数字系统。因为这些模块的排列形式和门阵列中单元的排列形式相似,所以,沿用了门阵列这个名称。FPGA 属于高密度 PLD,其集成度可达 3 万门/片以上。

图 6.21 是 FPGA 基本结构形式示意图,它由三种可编程单元和一个用于存放编程数据

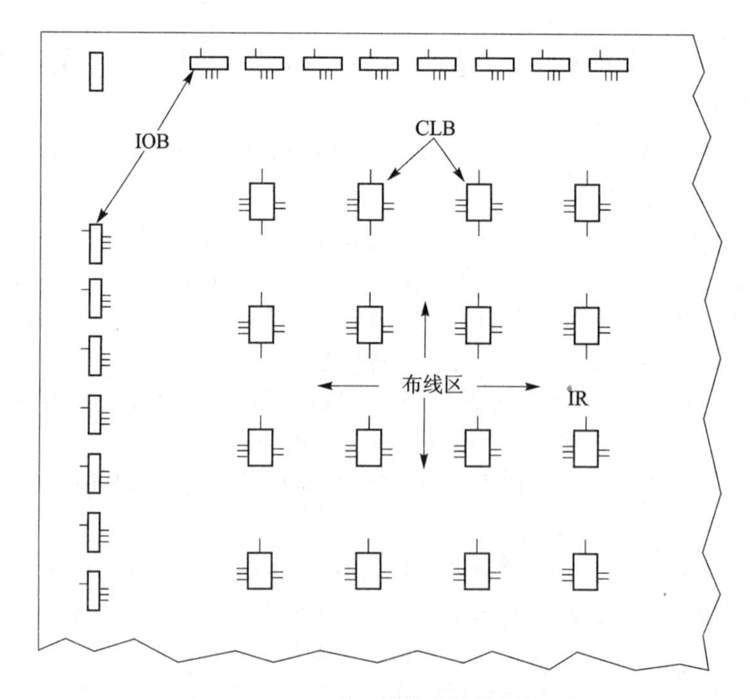

图 6.21 FPGA 的基本结构框图

的静态存储器组成。这三种可编程的单元是输入/输出模块 IOB(I/O block)、可编程逻辑模块 CLB(configurable logic block)和互连资源 IR(interconnect resouce)。它们的工作状态全都由编程数据存储器中的数据设定。

FPGA 中除了个别的几个引脚以外,大部分引脚都与可编程 IOB 相连,均可根据需要设置成输入端和输出端。

每个 CLB 中都包含组合逻辑电路和存储电路(触发器)两部分,可以设置成规模不大的组合逻辑电路或时序逻辑电路。

为了能将这些 CLB 灵活地连接成各种应用电路,在 CLB 之间的布线区内配备了丰富的连线资源。这些互连资源包括不同类型的金属线、可编程的开关矩阵和可编程的连接点。

静态存储器的存储单元有很强的抗干扰能力和很高的可靠性。但停电以后存储器中的数据不能保存,因而每次接通电源以后必须重新给存储器"装载"编程数据。装载的过程是在 FPGA 内部的一个时序电路的控制下自动进行的。这些数据通常都需要存放在一片 EPROM 当中。

FPGA 的这种 CLB 阵列结构形式克服了早期 PLD 器件中那种固定的与或逻辑阵列结构的局限性,在组成一些复杂的、特殊的数字系统时显得更加灵活。同时,由于加大了可编程 I/O 端数目,也使得各引脚信号的安排更加方便和合理。

但 FPGA 本身也存在着一些明显的缺点。首先,它的信号传输延迟时间不是确定的。在构成复杂的数字系统时一般总要将若干个 CLB 组合起来才能实现。而由于每个信号的传输途径各异,所以,传输延迟时间也就不可能相等。这不仅会给设计工作带来麻烦,而且也限制了器件的工作速度。

其次,由于 FPGA 中的编程数据存储器是一个静态随机存储器结构,所以,断电后数据随之丢失。因此,每次开始工作时都要重新装载编程数据,并需要配备保存编程数据的 EPROM。这些都给使用带来一些不便。

此外,FPGA 的编程数据一般是存放在 EPROM 中的,而且要读出并送到 FPGA 的 SRAM 中,因而不便于保密。

6.5.2　Verilog 编程语言简介

数字系统是非常复杂的。从最基本的层次来看,如果把一个系统看作逻辑门或传输晶体管的集合,它们可能由数以百万计的元件组成。从更抽象的层次来看,这些元件可以组成一些功能部件,如高速缓存、浮点部件、信号处理器或实时控制器等。硬件描述语言已经发展起来,用来辅助设计具有大量元件、从电路级到逻辑抽象级诸多层次的系统。

数字系统的设计过程是先建立逻辑系统设计的概念,最终实现必须满足的一组约束以及建立系统的一组基本元件。设计是一个先用手工做或者先用自动综合,然后再根据给出的约束进行测试的迭代过程。一个设计一般可划分为许多更小的部分(根据众所周知的分治工程方法),而各部分可以再划分,直到整个设计用已知的基本元件说明为止。Verilog 语言为数字系统设计人员提供了一种在广泛的抽象层次上描述数字系统的方式,同时,在这些层次上为计算机辅助设计工具在工程设计中进行辅助设计提供了方法。该语言支持早期的行为结构设计的概念,以及其后层次化结构设计的实现。在设计过程中,进行逻辑结构设计部分时可以将行为结构和层次化结构混合起来。为确认正确性可以将描述进行模拟,也有一些用于自动设计

的综合工具。Verilog 语言为设计者进行大型复杂的数字系统设计提供了途径。

1. Verilog 基础语法

Verilog 和 C 在外形上有很多相似的地方,有了 C 基础背景,Verilog 看起来就并不陌生。C 语言和 Verilog 的关键词和结构对比如表 6.7 所列。

表 6.7　C 语言和 Verilog 的关键词和结构对比

C	Verilog
function	module,function,task
if-then-else	if-then-else
Case	Case
{,}	begin,end
For	For
While	While
Break	Disable
Int	Int
Printf	monitor,display,strobe

C 语言和 Verilog 运算符对比如表 6.8 所列。

表 6.8　C 语言和 Verilog 运算符对比

C	Verilog	功　能
*	*	乘
/	/	除
+	+	加
−	−	减
%	%	取模
!	!	反逻辑
&&	&&	逻辑且
||	||	逻辑或
>	>	大于
<	<	小于
>=	>=	大于等于
<=	<=	小于等于
==	==	等于
!=	!=	不等于
~	~	位反相
&	&	按位逻辑与
|	|	按位逻辑或

续表 6.8

C	Verilog	功　能
∧	∧	按位逻辑异或
~∧	~∧	按位逻辑同或
>>	>>	右移
<<	<<	左移
?：	?：	同等于 if-else 叙述

2. 关键词

(1) 信号部分

线信号，三态类型，我们一般常用的线信号类型有 input，output，inout，wire；

input 关键词，模块的输入信号，比如 input Clk，Clk 是外面关键输入的时钟信号；

output 关键词，模块的输出信号，比如 output[3：0]Led；这是一组输出信号，其中[3：0]表示 0～3 共 4 路信号。

inout 模块输入输出双向信号，这种信号被广泛应用；

wire 关键词，线信号。例如：wire C1_Clk；其中 C1_Clk 就是 wire 类型的信号；

reg 关键词，寄存器。和线信号不同，它可以在 always 中被赋值，经常用于时序逻辑中。比如 reg[3：0]Led；表示了一组寄存器。

(2) 结构部分

module()

…

endmodule

代表一个模块，代码写在这个两个关键字中间。

always@()括号里面是敏感信号。always@(posedge Clk)敏感信号是 posedge Clk，含义是在上升沿的时候有效，敏感信号还可以 negedge Clk 含义是下降沿的时候有效，这种形式一般时序逻辑都会用到。还可以是 * 这一个符号，如果是一个 * 则表示一直是敏感的，一般用于组合逻辑。

assign 用来给 output，inout 以及 wire 这些类型进行连线。assign 相当于一条连线，将表达式右边的电路直接通过 wire(线)连接到左边，左边信号必须是 wire 型(output 和 inout 属于 wire 型)。当右边变化了左边立马变化，方便用来描述简单的组合逻辑。示例：

wire a, b, y;

assign y= a & b;

if-else 语句、case 语句含义上和高级语言一样，如下：

```
if(...)begin
............
end
else begin
............
end
```

```
//--------------------------------
case(...)
............
endcase
```

begin ..... end 作用域范围,类似于C的大括号。用法举例:

```
always@(posedge clk)begin
............
end
```

(3) 符号部分(FALSH为0,TRUE为1)

“;”分号,用于每一句代码的结束,以表示结束,和C语言一样。

“:”冒号,用在数组、条件运算符以及case语句结构中。

“＜＝”赋值符号,非阻塞赋值,在一个always模块中,所有语句一起更新。它也可以表示小于等于,具体是什么含义编译环境根据当前编程环境判断,如果“＜＝”是用在一个if判断中如:if(a ＜＝ 10),当然就表示小于等于了。

“＝”阻塞赋值,或者给信号赋值,如果在always模块中,这条语句被立刻执行。

“＋,－,＊,/,%”是加、减、乘、除运算符号,这些使用和C语言基本是一样的,当用到这些符号时,编译后会自动生成或者消耗FPGA原有的加法器或是乘法器等。其中符号/,%会消耗大量的逻辑,谨慎使用。

“＜”小于,比如A＜B含义就是A和B比较,如果A小于B就是TURE,否则为FALSE。

“＜＝”小于等于,比如A＜＝B含义就是A和B比较,如果A小于等于B就是TURE,否则为FALSE。

“＞”大于,比如A＞B含义就是A和B比较,如果A大于B就是TURE,否则为FALSE。

“＞＝”大于等于,比如A＞＝B含义就是A和B比较,如果大于等于B就是TURE,否则为FALSE。

“＝＝”等于等于,比如A＝＝B含义就是A和B比较,如果A等于B就是TURE,否则为FALSE。

“!＝”不等于,A!＝B含义是A和B比较,如果A不等于B就是TURE,否则为FALSE。

“≫”右移运算符,比如A≫2表示把A右移2位。

“≪”左移运算符,比如A≪2表示把A左移2位。

“～”按位取反运算符,比如A＝8'b1111_0000;则～A的值为8'b0000_1111;

“&”按位于与,比如A＝8'b1111_0000;B＝8'b1010_1111;则A&B结果为8'b1010_0000;

“∧”异或运算符,比如A＝8'b1111_0000;B＝8'b1010_1111;则A∧B结果为8'b0101_1111;

“&&”逻辑与,比如A＝＝1,B＝＝2;则A&&B结果为TRUE;如果A＝＝1,B＝＝0,则A&&B结果为FALSE,一般用于条件判断。

A＝B?C:D是一个条件运算符,含义是如果B为TRUE则把C连线A,否则把D连线A。B通常是个条件判断,用小括弧括起:

assign C1_Clk＝(C1＝＝ 25'd24999999)?1:0;

C1_Clk,是一个wire类型的信号,当C1＝＝25'd24999999时候,连线到1,否则连线到0。

“{}”在 Verilog 中表示拼接符，{a，b}这个的含义是将括号内的数按位并在一起，比如：{1001，1110}表示的是 10011110。拼接是 Verilog 相对于其他语言的一大优势。

(4) 参数部分

parameter 定义一个符号 a 为常数(十进制 180 常量的定义等效方式)：

```
parameter a = 180;//十进制，默认分配长度 32bit(编译器默认)
parameter a = 8'd180; //十进制
parameter a = 8'haa; //十六进制
parameter a = 8'b1010_1010; //二进制
```

(5) 预处理命令

预处理命令如下：

```
//---------------------------------
`include file1.v
//---------------------------------
`define X = 1;
//---------------------------------
`deine Y;
`ifdef Y
    Z = 1;
`else
    Z = 0;
`endif
//---------------------------------
```

有的时候一些公共的宏参数，可以放在一个文件中，比如这个文件名字为 xx.v，那么可以`include xx.v 就可以包含这个文件中定义的一些宏参数。

6.5.3　FPGA 的开发

1. FPGA 开发流程介绍

FPGA 的设计流程就是利用 EDA 开发软件和编程工具对 FPGA 芯片进行开发的过程。FPGA 的开发流程一般如下所述，包括功能定义/器件选型、设计输入、功能仿真、逻辑综合、布局布线与实现、编程调试等主要步骤。本书所介绍的开发平台的设计是基于 ALTERA 的 Quartus17.1 Lite 环境。

① 功能定义/器件选型：在 FPGA 设计项目开始之前，必须有系统功能的定义和模块的划分，另外就是要根据任务要求，如系统的功能和复杂度，对工作速度和器件本身的资源、成本、以及连线的可布性等方面进行权衡，选择合适的设计方案和合适的器件类型。

② 设计输入：设计输入指使用硬件描述语言将所设计的系统或电路用代码表述出来。最常用的硬件描述语言是 Verilog HDL。

③ 功能仿真：功能仿真指在逻辑综合之前对用户所设计的电路进行逻辑功能验证。仿真前，需要搭建好测试平台并准备好测试激励，仿真结果将会生成报告文件和输出信号波形，从中便可以观察各个节点信号的变化。如果发现错误，则返回设计修改逻辑设计。常用仿真

工具有 Mentor 公司的 ModelSim、Sysnopsys 公司的 VCS 等软件。

④ 逻辑综合：所谓综合就是将较高级抽象层次的描述转化成较低层次的描述。综合优化根据目标与要求优化所生成的逻辑连接，使层次设计平面化，供 FPGA 布局布线软件进行实现。就目前的层次来看，综合优化是指将设计输入编译成由**与门**、**或门**、**非门**、RAM、触发器等基本逻辑单元组成的逻辑连接网表，而并非真实的门级电路。

真实具体的门级电路需要利用 FPGA 制造商的布局布线功能，根据综合后生成的标准门级结构网表来产生。为了能转换成标准的门级结构网表，HDL 程序的编写必须符合特定综合器所要求的风格。常用的综合工具有 Synplicity 公司的 Synplify/Synplify Pro 软件以及各个 FPGA 厂家自己推出的综合开发工具。

⑤ 布局布线与实现：布局布线可理解为利用实现工具把逻辑映射到目标器件结构的资源中，决定逻辑的最佳布局，选择逻辑与输入输出功能链接的布线通道进行连线，并产生相应文件（如配置文件与相关报告）；实现是将综合生成的逻辑网表配置到具体的 FPGA 芯片上。由于只有 FPGA 芯片生产商对芯片结构最为了解，所以布局布线必须选择芯片开发商提供的工具。

⑥ 编程调试：设计的最后一步就是编程调试。芯片编程是指产生使用的数据文件（位数据流文件），将编程数据加载到 FPGA 芯片中；之后便可进行上板测试。最后将 FPGA 文件（如.bit 文件）从电脑下载到单板上的 FPGA 芯片中。

⑦ 验证实现：FPGA 开发完毕，最终得到验证好的加载文件。输出加载文件后，即可开始正常业务处理和验证：a. 逻辑加载；b. 单板软件加载逻辑后，需要复位逻辑；c. 复位完成后，软件需等待一段时间至逻辑锁相环工作稳定；d. 软件启动对逻辑的外部 RAM、内部 Block RAM、DDRC 等的自检操作；e. 软件完成自检以后，对逻辑所有可写 RAM 空间及寄存器进行初始化操作；f. 初始化完毕，软件参考逻辑芯片手册配置表项及寄存器；g. 逻辑准备好，可以开始处理业务。

2. 主要功能

为熟悉 FPGA 的开发流程，构建一个以 FPGA 为核心的开发平台，并对其进行详细介绍，帮助大家了解 FPGA 的主要功能。

该 FPGA 开发平台使用的是 ALTERA 公司的 Cyclone IV 系列 FPGA，型号为 EP4CE6F17C8，采用 256 个引脚的 FBGA 封装。主要的参数如表 6.9 所列。

表 6.9　主要参数表

参　数	数　值
逻辑单元 Logic elements(LEs)	6272
内存 Embedded memory(Kbits)	270
乘法器 Embedded 18x18multipliers	15
全局锁相环 PLLs	2
时钟单元 Global Clock Networks	10
最大可用 IO 数量	179
内核电压/V	1.15～1.25(推荐 1.2 V)
工作温度/℃	0～85

图 6.22 为整个开发平台系统的结构示意图。

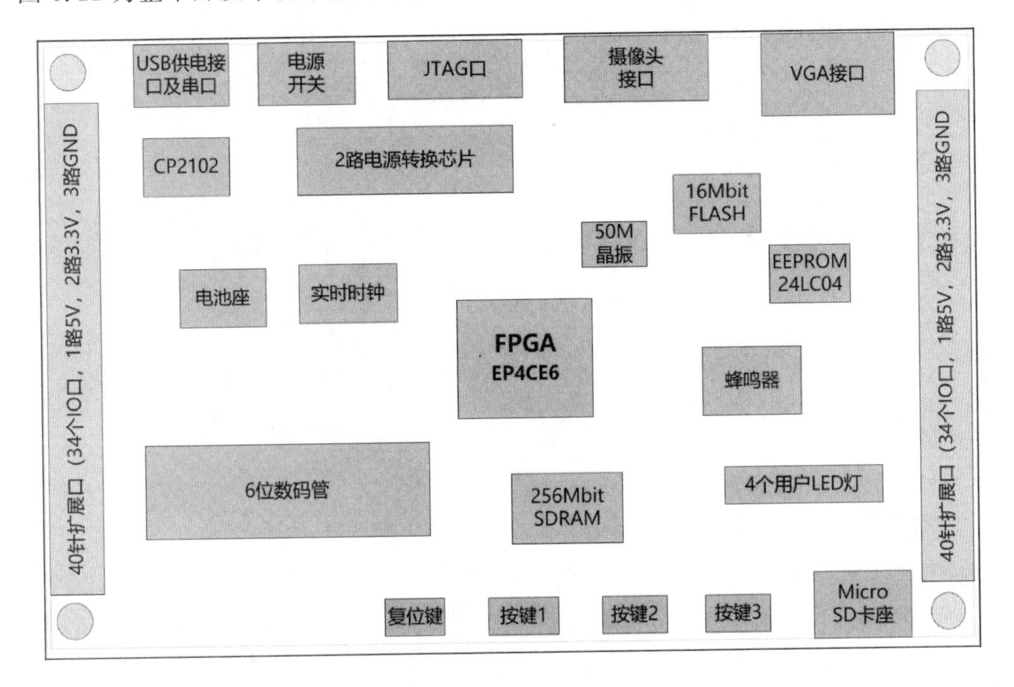

图 6.22　结构示意图

由图 6.22 可以看出，这个开发平台所能实现的功能。

① USB 接口供电，同时实现 USB 转串口功能；

② 一片大容量的 256 Mbit SDRAM，可作为数据的缓存；

③ 一片 16 Mbit 的 SPI FLASH，可用作 FPGA 配置文件和用户数据的存储；

④ 一个摄像头接口，可以选用像素为 500 万的 OV5640 摄像头；

⑤ 一路 VGA 接口，VGA 接口为 16 bit，可以显示 65 536 种颜色，可以显示彩色图片等信息。

⑥ 一片的 RTC 实时时钟，配有电池座，电池的型号为 CR1220。

⑦ 一片 IIC 接口的 EEPROM 24LC04；

⑧ 4 个红色 LED，可实现流水灯功能；

⑨ 4 个按键，一个复位按键，3 个用户按键；

⑩ 板载 50M 的有源晶振，给开发平台提供稳定的时钟源；

⑪ 2 路 40 针的扩展口(2.54mm 间距)，其中 34 个 IO 口，1 路 5 V 电源，2 路 3.3 V 电源，3 路 GND。可同时接两个扩展模块，例如 4.3 寸 TFT 模块和 AD/DA 模块等扩展模块。

⑫ 预留了 JTAG 口，可对 FPGA 进行调试和程序固化。

⑬ 1 路 Micro SD 卡座，支持 SPI 模式。

⑭ 1 个 6 位数码管，可以 6 位数字的动态显示。

开发平台通过 USB 供电，用 MINI USB 线将开发平台跟电脑的 USB 连接，通过电源开关，即可以给开发平台供电。图 6.23 为开发平台上的电源设计示意图。

开发平台用 USB 供电，通过 3 路 LDO 电源芯片分别产生＋3.3 V，＋2.5 V，＋1.2 V 三路电源，满足 FPGA 的 BANK 电压和内核电压。

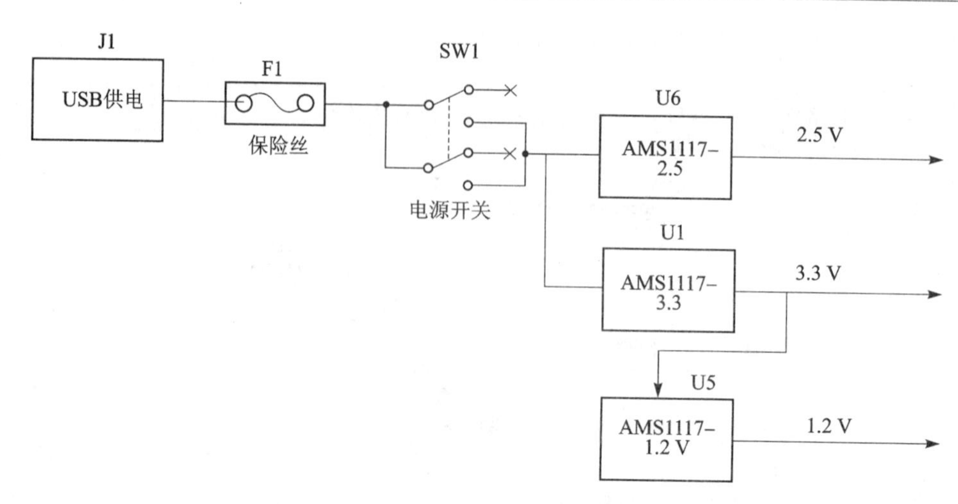

图 6.23　电源设计示意图

3. FPGA 应用系统的结构

前面已经介绍过了,开发平台所使用的 FPGA 型号为 EP4CE6F17C8,属于 ALTERA 公司 Cyclone IV 的产品。此型号为 BGA 封装,256 个引脚。很多 FPGA 都是非 BGA 封装的,比如 144 引脚,208 引脚的 FPGA 芯片,它们的引脚定义是由数字组成,比如 1 到 144,1 到 208 等,而当使用 BGA 封装的芯片以后,引脚名称变为由字母+数字的形式,比如 E3,G3 等,因此在看原理图的时候,看到的字母+数字这种形式的,就是代表了 FPGA 的引脚。下面介绍与 FPGA 有关系的各个部分的功能。图 6.24 为开发平台所用的 FPGA 芯片实物图。

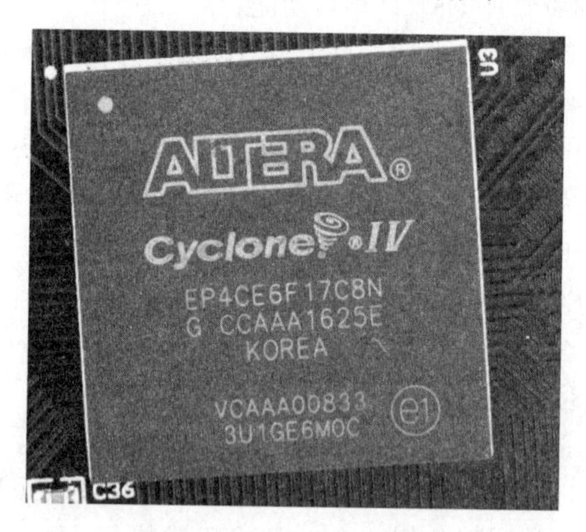

图 6.24　FPGA 芯片实物图

(1) JTAG 接口

首先来介绍 FPGA 的配置和调试接口:JTAG 接口。JTAG 接口的作用是将编译好的程序(.sof)下载到 FPGA 中或把 FLASH 配置程序(.jic)下载到 SPI FLASH,sof 文件下载到 FPGA 后,掉电以后就会丢失,需要上电重新下载才可以。这时可以通过 Quartus 软件把 sof 文件转换成 jic 文件,通过 JTAG 下载到 jic 文件到开发平台的 FLASH 以后,掉电以后就不会丢失,重新上电后 FPGA 会读取 FLASH 中的 jic 配置文件并运行。

图 6.25 就是 JTAG 的原理图部分，其中涉及到 TCK，TDO，TMS，TDI 这四个信号。这四个信号直接由 FPGA 引脚引出，每个信号在开发板上做了二级管的过压保护电路。

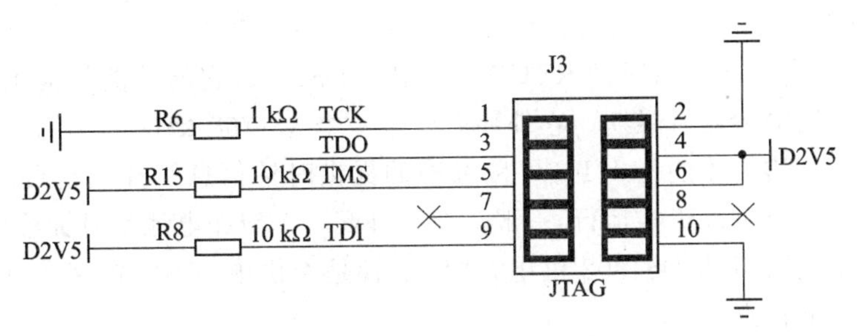

图 6.25 JTAG 原理图

JTAG 接口采用 10 针的 2.54 mm 标准的连接器，图 6.26 为 JTAG 接口在开发平台上的实物图。

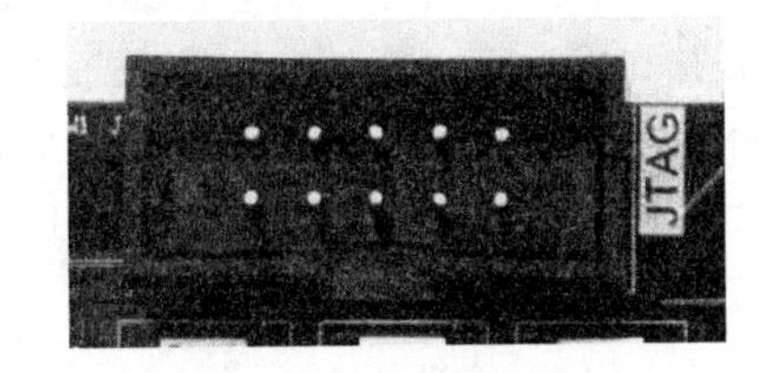

图 6.26 JTAG 实物图

(2) FPGA 电源和 GND 引脚

FPGA 的电源引脚部分，其中包括每一个 bank 的电源引脚，内核电压引脚，模拟电压和锁相环供电引脚，VCCINT 为 FPGA 内核供电引脚，接 1.2 V；VCCIO 是 FPGA 的每个 BANK 的供电电压，其中 VCCIO0 是 FPGA 的 BANK0 的供电引脚，同理，VCCIO1～VCCIO3 分别是 FPGA 的 BANK1～BANK3 的供电引脚，在开发平台中，VCCIO 都接了 3.3 V 电压，也就是说，该开发平台 FPGA 引脚均为 3.3 V 输入和输出。VCCA 为 FPGA 模拟供电引脚，接 2.5 V，VCCD_PLL 为 FPGA 的锁相环供电引脚，也接 1.2 V。

另外，FPGA 还有很多引脚需要连接 GND，保证 FPGA 内部有一个平稳的参考地。

(3) 50M 有源晶振

采用 50M 有源晶振电路为开发平台提供时钟源。晶振输出连接到 FPGA 的全局输入时钟管脚(CLK1 管脚 E1)，这个 CLK1 可以用来驱动 FPGA 内的用户逻辑电路，可以通过配置 FPGA 内部的 PLL(锁相环)来分频倍频实现其他频率的时钟。

(4) SPI Flash

开发平台上使用了一片 16 Mbit 大小的 SPI FLASH 芯片，型号为 M25P16，它使用 3.3 V CMOS 电压标准，完全替代 ALTERA 的配置芯片 EPCS16。由于它的非易失特性，在使用中，SPI FLASH 可以作为 FPGA 系统的启动镜像。这些镜像主要包括 FPGA 的 jic 配置文件、软核的应用程序代码以及其他的用户数据文件。

(5) SDRAM

开发平台板载了一片 SDRAM 芯片，型号：HY57V2562GTR，容量：256 Mbit(16M * 16 bit)，16 bit 总线。SDRAM 可用于数据缓存，比如摄像头采集到的数据，暂存到 SDRAM 中，然后通过 VGA 接口进行显示，这里面 SDRAM 用于数据缓存。

(6) EEPROM

EEPROM 采用的型号为 24LC04，容量为：4 kbit(2 * 256 * 8bit)，由 2 个 256 byte 的 block 组成，通过 IIC 总线进行通信。EEPROM 一般用在仪器仪表等设计上，用作一些参数的存储,掉电不丢失。这种芯片操作简单,具有极高的性价比,价格非常便宜,对于那些对成本要求很高的产品来说,是个不错的选择。

(7) 实时时钟

开发平台板载了一片实时时钟 RTC 芯片,型号 DS1302,它的功能是提供到 2099 年内的日历功能,年月日时分秒还有星期。它外部需要接一个 32.768 kHz 的无源时钟,提供精确的时钟源给时钟芯片,这样才能让 RTC 可以准确的提供时钟信息给开发平台。同时为了平台掉电以后,实时时钟还可以正常运行,一般需要另外配一个纽扣电池给时钟芯片供电。当系统掉电后,纽扣电池还可以给 DS1302 供电,这样不管是否供电,DS1302 都会不间断的正常运行,提供持续的时间信息。

(8) USB 转串口

开发平台包含了 Silicon Labs CP2102GM 的 USB - UAR 芯片,USB 接口采用 MINI USB 接口,这个 USB 接口即实现了供电功能,又可以实现 USB 转串口功能,可以用一根 USB 线将它连接到 PC 的 USB 口上进行串口数据通信。

同时对串口信号设置了 2 个 led 指示灯,两个 led 灯会分别指示串口是否有数据发出、数据接收。

(9) VGA 接口

VGA 接口是电脑显示器上最主要的接口,从块头巨大的 CRT 显示器时代开始,VGA 接口就被使用,并且一直沿用至今,另外 VGA 接口还被称为 D - Sub 接口。

VGA 接口是一种 D 型接口,共有 15 针孔,分成三排,每排五个。比较重要的是 3 根 RGB 彩色分量信号和 2 根扫描同步信号 HSYNC 和 VSYNC 针。图 6.27 为 VGA 接口部分原理图。

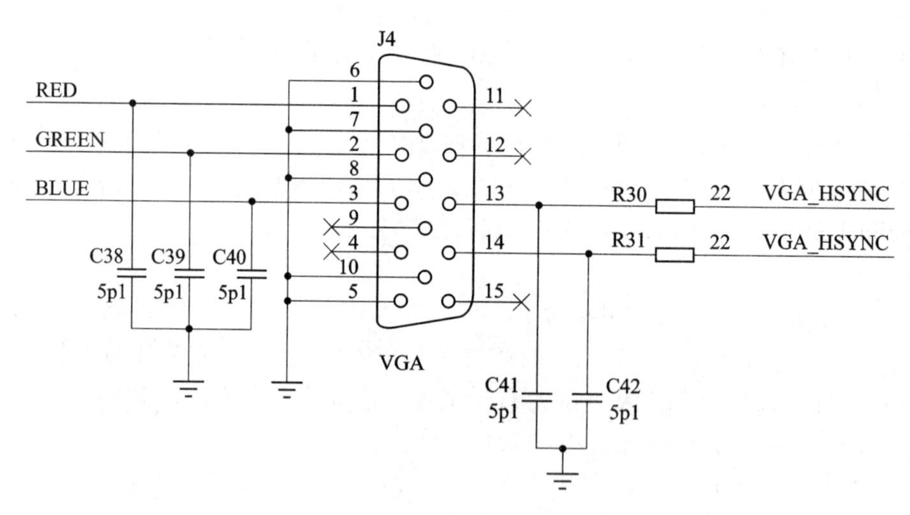

图 6.27 VGA 接口部分原理图

引脚 1、2、3 分别为红绿蓝三基色模拟电压,为 0～0.714 V peak - peak(峰-峰值),0V 代表无色,0.714 V 代表满色。一些非标准显示器使用的是 1 V(峰-峰值)的满色电平。三基色的源端及终端匹配电阻均为 75 Ω。

HSYNC 和 VSYNC 分别为行数据同步和帧数据同步,为 TTL 电平。FPGA 只能输出数字信号,而 VGA 需要的 R、G、B 是模拟信号,VGA 的数字转模拟信号是通过一个简单的电阻电路

来实现,产生32个梯度等级的红色和蓝色信号和64个梯度等级的绿色信号(RGB 5-6-5)。

(10) SD卡

SD卡(Secure Digital Memory Card)是一种基于半导体闪存工艺的存储卡,1999年由日本松下主导概念,东芝和美国SanDisk公司进行实质研发完成。2000年成立了SD协会(Secure Digital Association简称SDA),阵容强大,吸引了大量厂商参加,包括IBM,Microsoft,Motorola,NEC、Samsung等。在这些厂商的推动下,SD卡已成为目前消费数码设备中应用最广泛的一种存储卡。

SD卡是现在非常常用的存储设备,开发平台可以扩展出支持SPI模式的SD卡,使用的SD卡为MicroSD卡。

(11) LED

开发平台板载了4个LED发光二极管,原理图如图6.28。当FPGA的引脚输出为逻辑0时,LED会熄灭。输出为逻辑1时,LED被点亮。

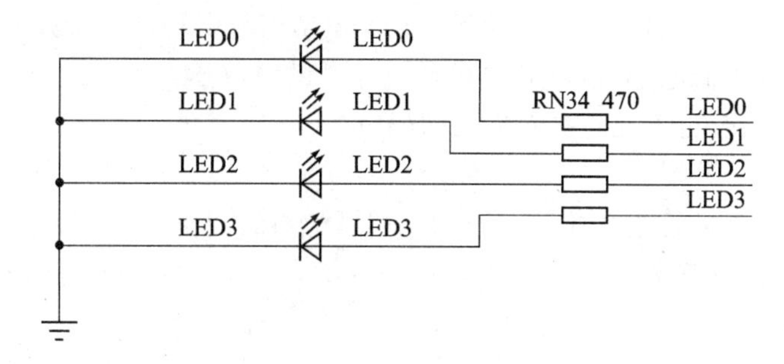

图6.28　LED原理图

(12) 按键

开发平台板载了4个独立按键,3个用户按键(KEY1～KEY3),1个功能按键(RESET)。按键按下为低电平(0),松开为高电平(1),4个按键的原理如图6.29所示。

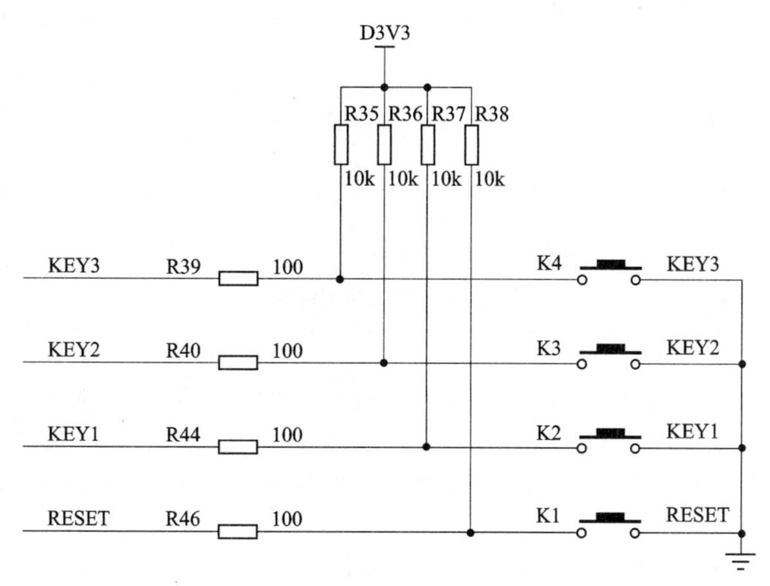

图6.29　按键原理图

(13) 摄像头接口

开发平台包含了一个18针的CMOS摄像头接口,可以连接OV5640摄像头模块,可以实现视频采集功能,采集以后,可以通过TFT液晶屏或者VGA接口连接显示器进行显示。

(14) 数码管

数码管是很常见的一种显示设备,一般分为七段数码管和八段数码管,两者区别就在于八段数码管比七段数码管多了一个“点”。平台采用的数码管为6位一体的八段数码管,为共阳极数码管,当某一字段对应的引脚为低电平时,相应字段就点亮,当某一字段对应的引脚为高电平时,相应字段就不亮。

六位一体数码管是属于动态显示,由于人的视觉暂留现象及发光二极管的余辉效应,尽管实际上各位数码管并非同时点亮,但只要扫描的速度足够快,给人的印象就是一组稳定的显示数据,不会有闪烁感。

六位一体数码管的相同的段都接在了一起,一共是8个引脚,对应数码管的A,B,C,D,E,F,G,H(即点DP),然后加上6个数码管的6个控制信号引脚,一共是14个引脚,均是低电平有效。当控制引脚为低电平时,对应的数码管有了供电电压,这样数码管才能点亮,否则无论数码管的段如何变化,也不能点亮对应的数码管。

(15) 蜂鸣器

蜂鸣器通过一个三极管进行控制,当低电平时,三极管导通,蜂鸣器响;当高电平,三极管截止,蜂鸣器不响。在蜂鸣器跟FPGA之间还可以加入一个跳帽。原理图如图6.30所示。

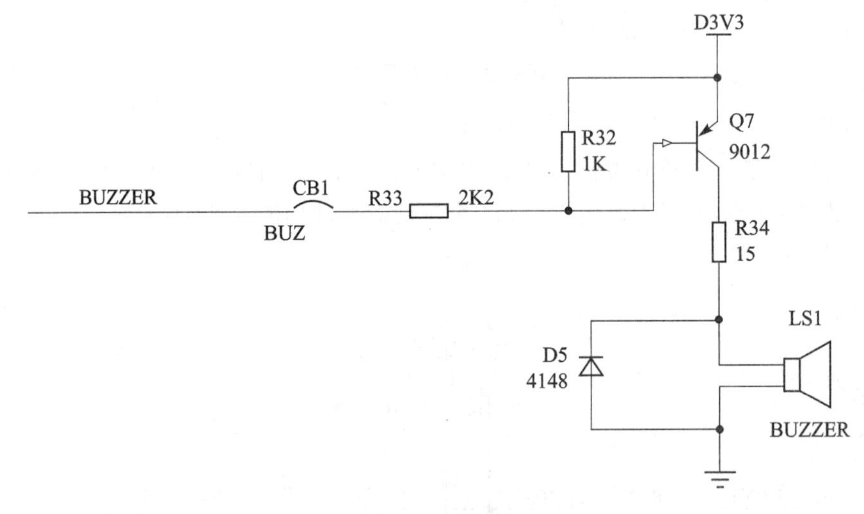

图6.30 蜂鸣器原理图

(16) 扩展口

开发平台预留2个扩展口,每个扩展口有40个信号,其中,5 V电源1路,3.3 V电源2路,GND 3路,IO口34路。这些IO口都是独立的IO口,没有跟其他设备复用。IO口连接到FPGA引脚上,电平为3.3 V。切勿直接跟5 V设备直接连接,以免烧坏FPGA。如果要接5 V设备,需要接电平转换芯片。

在扩展口和FPGA连接之间串联了33 Ω的排阻,以免外界电压或电流过高造成FPGA损坏,扩展口J1、J2原理如图6.31所示。

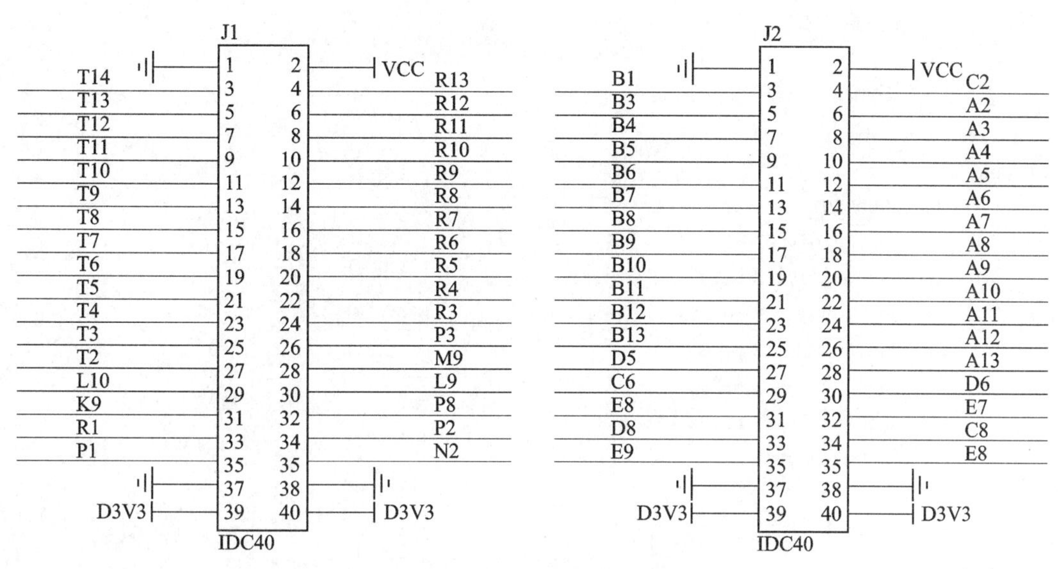

图 6.31　J1、J2 扩展口原理图

6.5.4　标准数字集成电路的 Verilog 设计

1. 编码器

在数字系统中，常常需要将某一信息(输入)变换为某一特定的代码(输出)。把二进制码按一定的规律排列，例如 8421 码、格雷码等，使每组代码具有特定的含义(代表某个数字或是控制信号)称为编码。具有编码功能的逻辑电路称为编码器。编码器有若干个输入，在某一时刻只有一个输入被转换为二进制码。例如，8 线－3 线编码器和 10 线－4 线编码器分别有 8 输入、3 位输出和 10 位输入、4 位输出。表 6.10 为 8 线－3 线编码器的真值表。

表 6.10　编码器真值表

输入								输出		
A7	A6	A5	A4	A3	A2	A1	A0	Y2	Y1	Y0
0	0	0	0	0	0	0	1	0	0	0
0	0	0	0	0	0	1	0	0	0	1
0	0	0	0	0	1	0	0	0	1	0
0	0	0	0	1	0	0	0	0	1	1
0	0	0	1	0	0	0	0	1	0	0
0	0	1	0	0	0	0	0	1	0	1
0	1	0	0	0	0	0	0	1	1	0
1	0	0	0	0	0	0	0	1	1	1

编程设计核心思路：

8－3 编码器将接收到的 8 个输入转换为二进制码，可以通过 case 语句来实现。

Verilog 代码示例：

```
module encode8_3 (
input wire[7:0] x,
output reg[2:0] y);
always@( * ) begin
case (x)
        8'b00000001:y = 3'b000;
        8'b00000010:y = 3'b001;
        8'b00000100:y = 3'b010;
        8'b00001000:y = 3'b011;
        8'b00010000:y = 3'b100;
        8'b00100000:y = 3'b101;
        8'b01000000:y = 3'b110;
        8'b10000000:y = 3'b111;
    default: y = 3'b000;
    endcase
end
endmodule
```

TestBench 测试仿真代码示例:

```
module encode8_3_tb;
reg[7:0] x_tb;
wire [2:0] y_tb;
encode8_3 encode8_3_tb(.x(x_tb),.y(y_tb));
initial begin
    x_tb = 8'b00000000;#100;
    x_tb = 8'b00000001;#100;
    x_tb = 8'b00000010;#100;
    x_tb = 8'b00000100;#100;
    x_tb = 8'b00001000;#100;
    x_tb = 8'b00010000;#100;
    x_tb = 8'b00100000;#100;
    x_tb = 8'b01000000;#100;
    x_tb = 8'b10000000;#100;
end
endmodule
```

仿真结果:

由图6.32可以看出,程序将8线输入信号,变换为3位二进制输出。在TestBench测试代码中,8线的输入依此给出高电平信号,输出的信号即为输入对应的8421码。这就实现了将某一信息(输入)变换为某一特定的代码(输出)。

2. 译码器

译码是编码的逆过程,它的功能是将特定含义的二进制码进行辨别,并转换成控制信号,具有译码功能的逻辑电路称为译码器。

译码器可分为两种类型,一种是将一系列代码转换成与之一一对应的有效信号。这种译

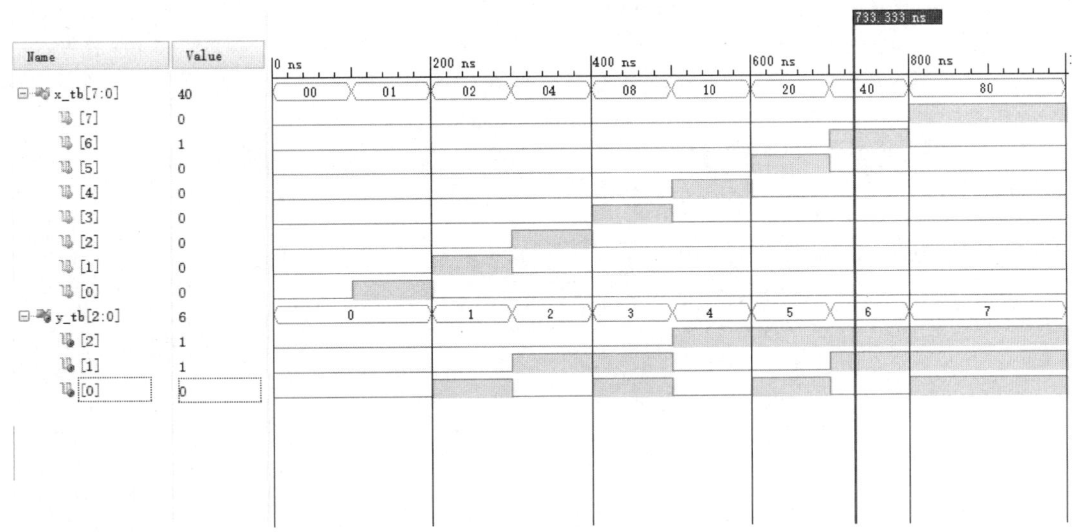

图 6.32　8－3 编码器仿真结果

码器可以称为唯一地址译码器，它常用于计算机中对存储器单元地址的译码，即将每一个地址代码换成一个有效信号，从而选中对应的单元。另一种是将一种代码转换成另一种代码，所以也称为代码变换器。译码器真值如表 6.11 所列。

表 6.11　译码器真值表

输　入						输　出							
G1	G2	G3	A2	A1	A0	Y7	Y6	Y5	Y4	Y3	Y2	Y1	Y0
x	1	x	x	x	x	1	1	1	1	1	1	1	1
x	x	1	x	x	x	1	1	1	1	1	1	1	1
0	x	x	x	x	x	1	1	1	1	1	1	1	1
1	0	0	0	0	0	1	1	1	1	1	1	1	0
1	0	0	0	0	1	1	1	1	1	1	1	0	1
1	0	0	0	1	0	1	1	1	1	1	0	1	1
1	0	0	0	1	1	1	1	1	1	0	1	1	1
1	0	0	1	0	0	1	1	1	0	1	1	1	1
1	0	0	1	0	1	1	1	0	1	1	1	1	1
1	0	0	1	1	0	1	0	1	1	1	1	1	1
1	0	0	1	1	1	0	1	1	1	1	1	1	1

编程设计核心思路：

译码器是将输入代码转换成特定的输出状态的逻辑电路。3－8 译码器有 3 位输入，8 个输出。每一个码，2^n 个输出线中只能有一位有输出状态；其他各位状态不变。输出低电平有效，有输出时状态为 **0**，无输出时状态 **1**。

Verilog 代码示例：

```
module decode3_8 (data_out,data_in,enable) ;
input [2:0] data_in;
input enable;
output reg [7:0] data_out;
always @(data_in or enable) begin
if (enable = = 1) begin
    case (data_in )
    3'b000: data_out = 8'b11111110;
    3'b001: data_out = 8'b11111101;
    3'b010: data_out = 8'b11111011;
    3'b011: data_out = 8'b11110111;
    3'b100: data_out = 8'b11101111;
    3'b101: data_out = 8'b11011111;
    3'b110: data_out = 8'b10111111;
    3'b111: data_out = 8'b01111111;
    default: data_out = 8'bxxxxxxxx;
    endcase
end
else
    data_out = 8'b11111111;
end
endmodule
```

TestBench 测试仿真代码示例：

```
module decode3_8_tb;
reg [2:0] data_in_tb;
wire [7:0] data_out_tb;
reg enable_tb;
decode3_8 decode3_8(.data_in (data_in_tb),.data_out (data_out_tb ),.enable (enable_tb));
initial begin
    enable_tb = 0;
    data_in_tb = 0;
    #20; enable_tb = 1;
    #50; data_in_tb = 1;
    #50; data_in_tb = 2;
    #50; data_in_tb = 3;
    #50; data_in_tb = 4;
    #50; data_in_tb = 5;
    #50; data_in_tb = 6;
    #50; data_in_tb = 7;
    #50; $finish();
end
endmodule
```

仿真结果：

由图 6.33 可以看出，3 位输入信号转换成了 8 线输出。在 TestBench 测试代码中，3 位的输入信号依此给出了从 0 到 7 的二进制信号，输出得到了相应的 8 线译码输出。实现了将输入代码转换成特定的输出状态的逻辑。

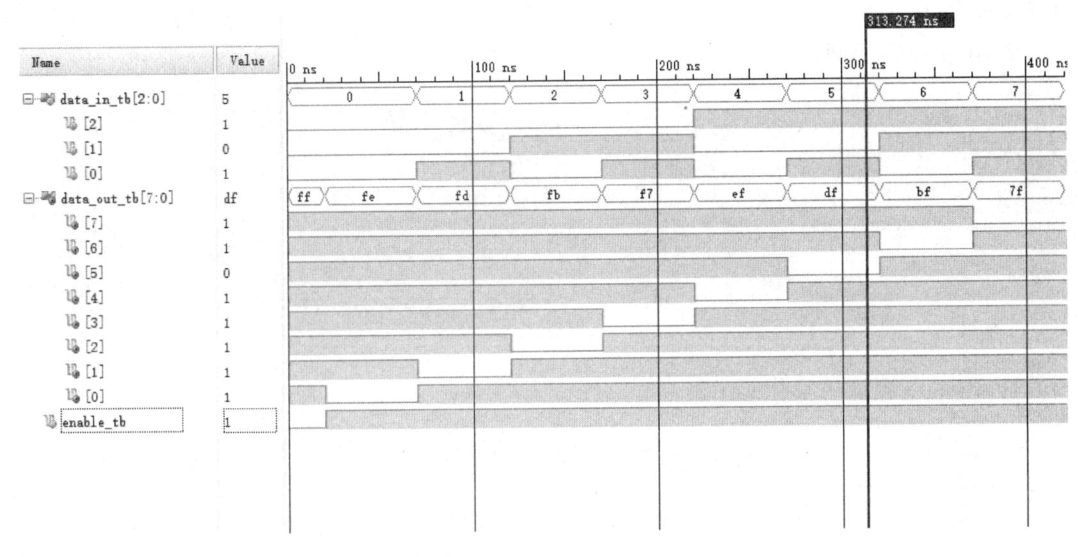

图 6.33 译码器仿真结果

3. 四位加法器

算术运算是数值系统的基本功能，更是计算机中不可缺少的组成单元。

（1）半加器

半加器和全加器是算术运算电路中的基本单元，它们是完成 1 位二进制相加的一种组合逻辑电路。一位加法器的真值表见表 6.12；由表可以看出，这种加法没有考虑低位来的进位，所以称为半加。半加器就是实现表中逻辑关系的电路。一位半加器真值表如表 6.12 所列。

（2）全加器

全加器能进行加数、被加数和低位来的进位信号相加，并根据求和结果给出该位的进位信号。根据它的功能，可以列出它的真值表（见表 6.13）。

表 6.12 一位半加器真值表

数 A	数 B	和 S	进位 C
0	0	0	0
0	1	1	0
1	0	1	0
1	1	0	1

表 6.13 一位全加器真值表

数 A	数 B	低位进位 Ci	和 S	进位 C
0	0	0	0	0
0	0	1	1	0
0	1	0	1	0
0	1	1	0	1
1	0	0	1	0
1	0	1	0	1
1	1	0	0	1
1	1	1	1	1

编程设计核心思路：

加法器是算术运算电路中的基本单元，要实现四位半加器，需要两个四位输入，一个四位输出。由于设计的是半加器，不考虑低位来的进位，可以选择直接将两个输入相加来获得输出和进位输出。

Verilog 代码示例：

```
module add4(
input [3:0] num_1,
input [3:0] num_2,
output [3:0] out_num,
output CF);
assign {CF, out_num} = num_1 + num_2;
endmodule
```

TestBench 测试仿真代码示例：

```
module add4_tb;
wire [3:0]out_num;
wire CF;
reg [3:0]num_1;
reg [3:0]num_2;
add4 add(.num_1(num_1),.num_2(num_2),.out_num(out_num),.CF(CF));
initial begin
    num_1 = 0;     num_2 = 0;#50;
    num_1 = 0;     num_2 = 1;#50;
    num_1 = 0;     num_2 = 3;#50;
    num_1 = 0;     num_2 = 7;#50;
    num_1 = 0;     num_2 = 15;#50;
    num_1 = 1;     num_2 = 15;#50;
    num_1 = 3;     num_2 = 15;#50;
    num_1 = 7;     num_2 = 15;#50;
    num_1 = 15;    num_2 = 15;#50;
end
endmodule
```

仿真结果：

由图 6.34 可以看出，程序实现了将输入 1(num_1)和输入 2(num_2)相加，得到输出(out_num)和进位(CF)。在 TestBench 测试代码中，先给定输入 1(num_1)为 0，输入 2(num_2)依此给定 0、1、3、7、f；而后输入 2(num_2)固定为 15，输入 1(num_1)依此给定 1、3、7、f。由仿真图 6.34 可以看到输出(out_num)依此得到 0、1、3、7、f、0、2、6、e；进位(CF)在输出从 f 变为 0 时，从 0 变为 1，实现进位功能。因此实际加法输出{CF,out_num}，实现了半加器功能。

4. 八选一数据选择器

数据选择是指经过选择，把多个通道的数据传送到唯一的公共数据通道上去。实现数据选择功能的逻辑电路称为数据选择器，它的作用相当于多个输入的单刀多掷开关。数据选择

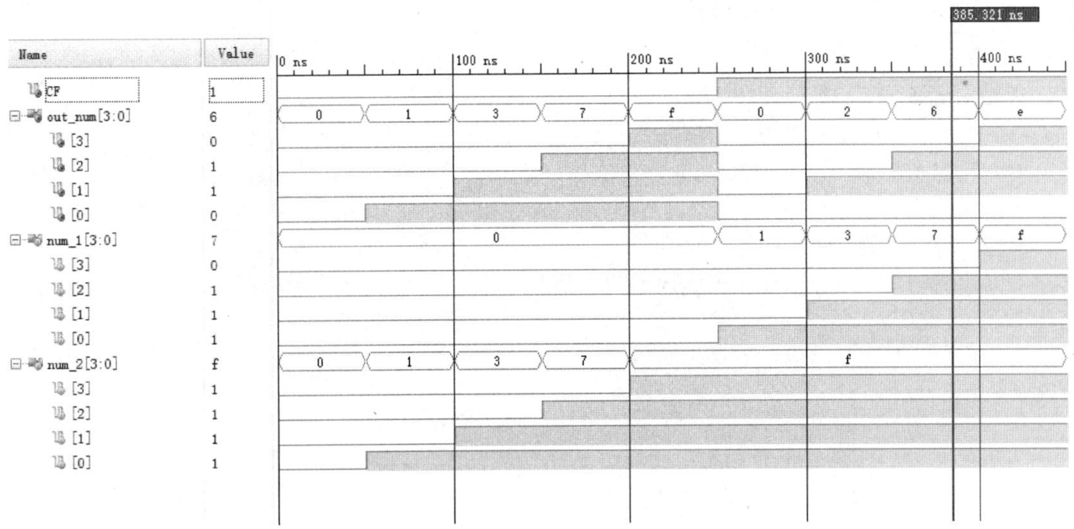

图 6.34　四位加法器仿真结果

器真值如表 6.14 所列。

表 6.14　数据选择器真值表

输　入				输　出
使能	A2	A1	A0	Y
1	x	x	x	0
0	0	0	0	D0
0	0	0	1	D1
0	0	1	0	D2
0	0	1	1	D3
0	1	0	0	D4
0	1	0	1	D5
0	1	1	0	D6
0	1	1	1	D7

编程设计核心思路：

八选一数据选择器将在使能为低的情况下，根据 3 位控制信号，来选择 8 路输入中的一路进行输出。因此需要有一个使能信号，三个控制信号，8 路输入，1 路输出。可以使用条件运算符来进行控制信号判断，从而给出相应的输出。

Verilog 代码示例：

```
module mux8_to_1(out,i0,i1,i2,i3,i4,i5,i6,i7,s2,s1,s0);
output out;
input i0,i1,i2,i3,i4,i5,i6,i7;
input s2,s1,s0;
assign out = s2? (s1? (s0? i7:i6):(s0? i5:i4)):(s1? (s0? i3:i2):(s0? i1:i0));
endmodule
```

TestBench 测试仿真代码示例：

```
`timescale 1ns/100ps
module mux8_to_1_tb;
reg I0,I1,I2,I3,I4,I5,I6,I7;
reg S2,S1,S0;
wire OUT;
mux8_to_1 ul(.out(OUT), .i0(I0), .i1(I1), .i2(I2), .i3(I3), .i4(I4), .i5(I5),
.i6(I6), .i7(I7), .s2(S2), .s1(S1), .s0(S0));
initial begin
    I0 = 1; I1 = 0; I2 = 0; I3 = 1; I4 = 1; I5 = 1; I6 = 0; I7 = 0;
    S2 = 0; S1 = 0; S0 = 0;
    #10 S2 = 0; S1 = 0; S0 = 1;
    #10 S2 = 0; S1 = 1; S0 = 0;
    #10 S2 = 0; S1 = 1; S0 = 1;
    #10 S2 = 1; S1 = 0; S0 = 0;
    #10 S2 = 1; S1 = 0; S0 = 1;
    #10 S2 = 1; S1 = 1; S0 = 0;
    #10 S2 = 1; S1 = 1; S0 = 1;
end
endmodule
```

仿真结果：

由图 6.35 可以看出，输入信号 I0、I3、I4、I5 为高电平，其余输入为低电平。在 TestBench 测试代码中控制信号{S2,S1,S0}从 0 到 7 依此变化，当其为 0、3、4、5 时，输出(OUT)信号为高，其余时刻为低，符合输入信号情况，实现了八选一数据选择器的逻辑功能。

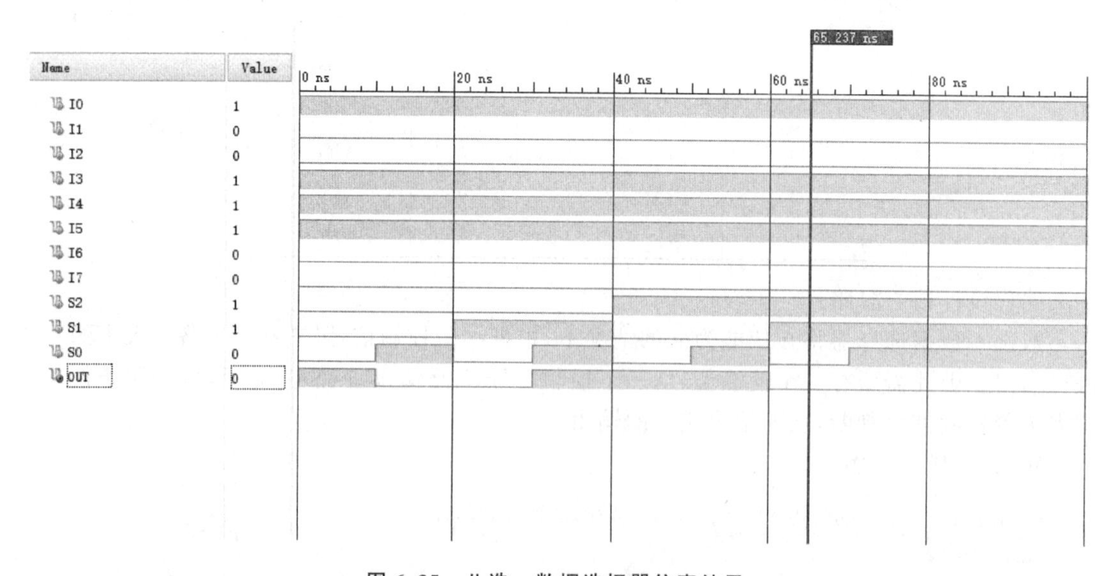

图 6.35　八选一数据选择器仿真结果

5. 四位比较器

数值系统、计算机都具有运算功能，一种简单的运算就是比较它们的大小。数值比较器就是对两数 A、B 进行比较，以判断其大小的逻辑电路。

编程设计核心思路：

如果要比较 4 位二进制数 A、B 的大小，可以先实现 1 位二进制数的大小比较模块。比较的“进位”功能可以通过与、或、非的组合逻辑来实现。通过多次实例化 1 位数据比较模块，就可实现 4 位数二进制的大小比较。

Verilog 代码示例：

```
module compare_1(
input wire G_in, L_in,
input wire x, y,
output wire G_out, E_out, L_out );
reg Gn_out, En_out, Ln_out;//作为运算结果
always @( * ) begin
    Gn_out <= x & ~y | x & G_in | ~y & G_in;
    En_out <= ~x & ~y & ~G_in & ~L_in | x & y & ~G_in & ~L_in;
    Ln_out <= ~x & y | ~x & L_in | y & L_in;
end
assign G_out = Gn_out;
assign E_out = En_out;
assign L_out = Ln_out;
endmodule

module compare_4(
input wire [3:0] x,
input wire [3:0] y,
input wire G0,L0,
output wire G_out, E_out, L_out );
wire [2:0] G;
wire [2:0] L;//内在信号
//实例化
compare_1 C1(.G_in(G0),
.L_in(L0),
.x(x[0]),
.y(y[0]),
.G_out(G[0]),
.L_out(L[0]) );
compare_1 C2(.G_in(G[0]),
.L_in(L[0]),
.x(x[1]),
.y(y[1]),
```

```
.G_out(G[1]),
.L_out(L[1]) );
compare_1 C3(.G_in(G[1]),
.L_in(L[1]),
.x(x[2]),
.y(y[2]),
.G_out(G[2]),
.L_out(L[2]) );
compare_1 C4(.G_in(G[2]),
.L_in(L[2]),
.x(x[3]),
.y(y[3]),
.G_out(G_out),
.E_out(E_out),
.L_out(L_out) );
endmodule
```

TestBench 测试仿真代码示例：

```
module compare_4_tb;
reg [3:0] x;
reg [3:0] y;
reg G0, L0;
wire G_out, E_out, L_out;
compare_4 infect(.x(x),
.y(y),
.G0(G0),
.L0(L0),
.G_out(G_out),
.E_out(E_out),
.L_out(L_out) );
initial begin
    x = 4'b1100; y = 4'b1111; G0 = 0; L0 = 0; #100;
    x = 4'b1100; y = 4'b0011; G0 = 0; L0 = 0; #100;
    x = 4'b0001; y = 4'b0000; G0 = 0; L0 = 0; #100;
    x = 4'b0100; y = 4'b1001; G0 = 0; L0 = 0; #100;
    x = 4'b1010; y = 4'b1010; G0 = 0; L0 = 0; #100;
end
endmodule
```

仿真结果：

由图 6.36 可以看出，仿真进行了 5 次数值比较。当 x=12，y=15 时，输出应为小于，L_out 信号为高；当 x=12，y=3 时，输出应为大于，G_out 信号为高；当 x=1，y=0 时，输出应为大于，G_out 信号为高；当 x=4，y=9 时，输出应为小于，L_out 信号为高；当 x=10，y=10 时，输出应为等于，E_out 信号为高。可以看出四位比较器的逻辑实现正确。

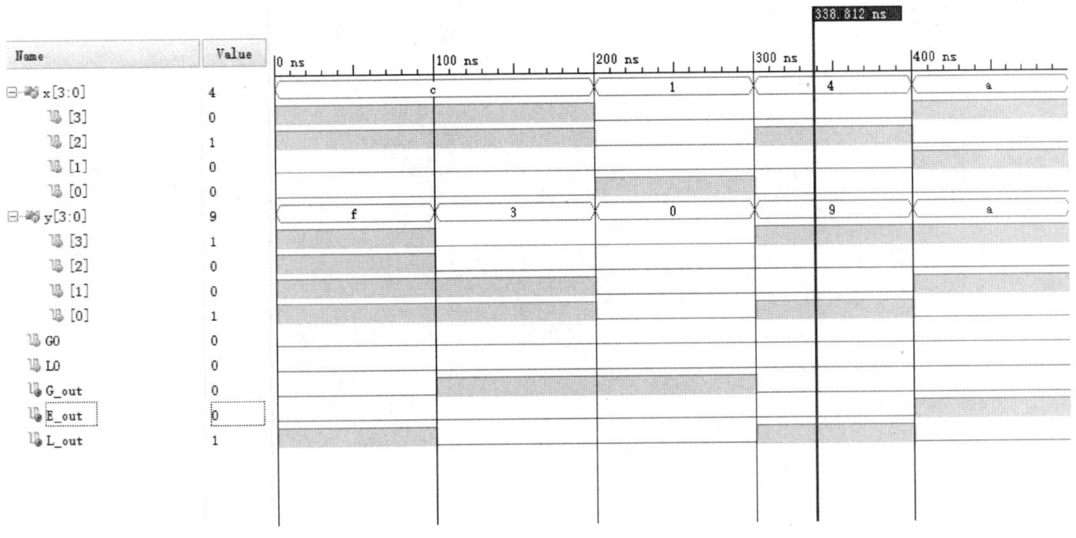

图 6.36　四位比较器仿真结果

6. 移位寄存器

寄存器是计算机和其他数字系统中用来存储代码或数据的逻辑部件。它的主要组成部分是触发器。一个触发器能储存一位二进制代码，所以要存储 n 位二进制代码的寄存器需要 n 个触发器组成。

一般的寄存器只有寄存数据和代码的功能。有时为了处理数据，需要将寄存器中的各位数据在移位控制信号的作用下，依次向高位或是低位移动移位。具有移位功能的寄存器称为移位寄存器。

表 6.15　移位寄存器逻辑功能表

S1	S0	Q3,Q2,Q1,Q0
0	0	Q3,Q2,Q1,Q0
0	1	Dsr,Q3,Q2,Q1
1	0	Q2,Q1,Q0,Dsl
1	1	D3,D2,D1,D0

本小节将设计一个双向的移位寄存器，该寄存器可以对 4 位输入的数据进行移动输出。另外，该寄存器有两个控制信号，可以控制寄存器实现保持、右移、左移、并行输入，其功能如表 6.15 所列。

编程设计核心思路：

要实现双向的移位寄存器，需要有两个控制信号，四个数据输入信号。而左右移动时，寄存器还需要信号填充，因此还需要两个数据信号。可以通过 case 来实现不同控制信号时的寄存器操作，通过拼接符即可方便的完成信号拼接。

Verilog 代码示例：

```
module ls194(Rst_n,clk,S0,S1,Dsl,Dsr,D0,D1,D2,D3,Q0,Q1,Q2,Q3);
input Rst_n,clk,S0,S1,Dsl,Dsr,D0,D1,D2,D3;
output Q0,Q1,Q2,Q3;
reg [3:0] q_reg = 4'b0000;
wire [1:0] s_reg;
assign s_reg = {S1,S0};
```

```
always @(posedge clk or negedge Rst_n) begin
    if (! Rst_n) begin
        q_reg<= 4'b0000;
    end
    else begin
        case (s_reg)
        2'b00: q_reg <= q_reg;//保持
        2'b01: q_reg <= {Dsr,q_reg[3:1]};//右移
        2'b10: q_reg <= {q_reg[2:0],Dsl};//左移
        2'b11: q_reg <= {D3,D2,D1,D0};//并行输入
        default:q_reg <= 4'b0000;
        endcase
    end
end
assign Q0 = q_reg[0];
assign Q1 = q_reg[1];
assign Q2 = q_reg[2];
assign Q3 = q_reg[3];
endmodule
```

TestBench 测试仿真代码示例：

```
module ls194_tb;
reg clk_tb,Rst_n_tb;
reg [1:0]S;
reg Dsl_tb,Dsr_tb;
reg [3:0]D;
wire [3:0]Q;
ls194 ls194_tb(.Rst_n(Rst_n_tb),.clk(clk_tb),.S0(S[0]),.S1(S[1]),
.Dsl(Dsl_tb),.Dsr(Dsr_tb),.D0(D[0]),.D1(D[1]),.D2(D[2]),.D3(D[3]),
.Q0(Q[0]),.Q1(Q[1]),.Q2(Q[2]),.Q3(Q[3]));
initial begin
    D = 4'b0000; #180;
    D = 4'b1010; #220;
end
initial begin
    S = 2'b00; #100;
    S = 2'b01; #100;
    S = 2'b10; #100;
    S = 2'b11; #100;
end
initial begin
    Dsl_tb = 0;Dsr_tb = 0; #115;
    Dsl_tb = 0;Dsr_tb = 1; #285;
end
```

```
initial begin
    clk_tb = 0;Rst_n_tb = 0; #20;
    Rst_n_tb = 1; #380;
end
always #10 clk_tb = ~clk_tb;
endmodule
```

仿真结果：

在 TestBench 测试代码中，开始时数据信号（Dsl）、数据信号（Dsr）均为低，而后数据信号（Dsl）保持为低、数据信号（Dsr）跳转为高；控制信号则是从“保持”、“右移”、“左移”到“并行输入”依此切换。由图 6.37 可以看出，当 110 ns 时，控制信号为“右移”，数据信号（Dsr）为 0，因此此时移位后的输出还是“0000”。而数据信号（Dsr）115ns 翻转为 1，此后的右移、左移可以看出输出的变化。在四种不同的控制模式下，移位寄存器均很好地实现了逻辑。

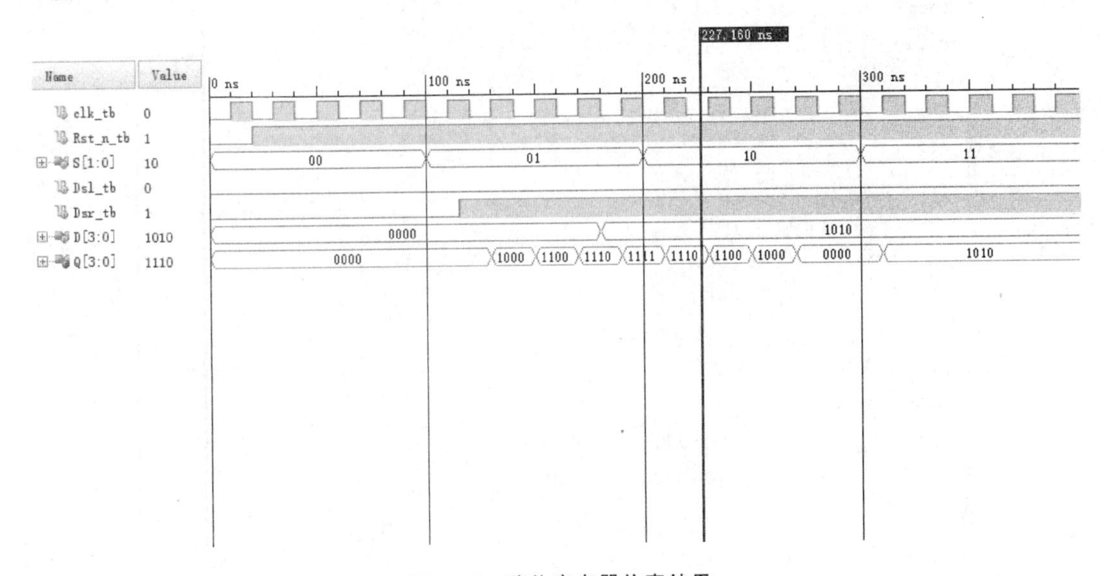

图 6.37　移位寄存器仿真结果

7. 双时钟计数器

本小节将设计一个双时钟计数器，该计数器可以通过接收到 UP 时钟信号进行加计数，接收到 DOWN 时钟信号进行减计数。另外，该计数器还有一个清零输入，用于清零；一个 load 装载数据的信号输入，用于预置数据。还有一个 C 的输出，表示进位；一个 B 的输出，表示借位。其功能如表 6.16 所列。

表 6.16　双时钟计数器逻辑功能表

Clear	CLK_UP	CLK_DOWN	Load	状态
H	x	x	x	置零
L	x	x	L	置数
L	↑	x	H	加法
L	x	↑	H	减法

编程设计核心思路：

双时钟计数器的可以通过判断所记录的时钟信号前后变化,来实现计数器的加法和减法操作,同时通过计数器的值和时钟此时的状态来考虑借位和进位的信号处理。

Verilog 代码示例：

```
module l74193 (Clear, LOAD_n, DOWN, UP, A, B, C, D, CARRY,
BORROW,Qa, Qb, Qc, Qd);
input Clear, LOAD_n, DOWN, UP, A, B, C, D;
output reg CARRY, BORROW;
output Qa, Qb, Qc, Qd;
reg [3:0] q_reg;
reg up_old, down_old;
always @(Clear or LOAD_n or UP or DOWN) begin
    if(Clear)
        q_reg <= 4'b0000;
    else if(! LOAD_n)
        q_reg <= {D, C, B, A};
    else begin
        if((! up_old) && UP)
        q_reg <= q_reg + 4'd1;
    else if((! down_old) && DOWN)
        q_reg <= q_reg - 4'd1;
    end
    up_old <= UP;
    down_old <= DOWN;
    CARRY <= ! ((q_reg == 4'b1111) && ! UP ) ;
    BORROW <= ! ((q_reg == 4'b0000) && ! DOWN);
end
assign Qa = q_reg[0];
assign Qb = q_reg[1];
assign Qc = q_reg[2];
assign Qd = q_reg[3];
endmodule
```

TestBench 测试仿真代码示例：

```
module ls194_tb;
reg Clear_tb,LOAD_n_tb;
reg DOWN_tb,UP_tb;
wire CARRY_tb,BORROW_tb;
reg [3:0]D;
wire [3:0]Q;
l74193 l74193_tb(.Clear(Clear_tb), .LOAD_n(LOAD_n_tb), .DOWN(
DOWN_tb), .UP(UP_tb), .A(D[0]), .B(D[1]), .C(D[2]), .D(D[3]), .CARRY(
CARRY_tb), .BORROW(BORROW_tb), .Qa(Q[0]), .Qb(Q[1]), .Qc(Q[2]),
.Qd(Q[3]));
```

```
initial begin
    D = 4'b0000; #50;
    D = 4'b1101; #350;
end
initial begin
    UP_tb = 1;DOWN_tb = 1; #140;UP_tb = 0;DOWN_tb = 1; #10;
    UP_tb = 1;DOWN_tb = 1; #10;UP_tb = 0;DOWN_tb = 1; #10;
    UP_tb = 1;DOWN_tb = 1; #10;UP_tb = 0;DOWN_tb = 1; #10;
    UP_tb = 1;DOWN_tb = 1; #10;UP_tb = 0;DOWN_tb = 1; #10;
    UP_tb = 1;DOWN_tb = 1; #10;UP_tb = 0;DOWN_tb = 1; #10;
    UP_tb = 1;DOWN_tb = 1; #80;UP_tb = 1;DOWN_tb = 0; #10;
    UP_tb = 1;DOWN_tb = 1; #10;UP_tb = 1;DOWN_tb = 0; #10;
    UP_tb = 1;DOWN_tb = 1; #10;UP_tb = 1;DOWN_tb = 0; #10;
    UP_tb = 1;DOWN_tb = 1; #10;UP_tb = 1;DOWN_tb = 0; #10;
    UP_tb = 1;DOWN_tb = 1; #200;
end
initial begin
    Clear_tb = 0;LOAD_n_tb = 1; #5;
    Clear_tb = 1; #20;Clear_tb = 0; #50;
    LOAD_n_tb = 0; #20;LOAD_n_tb = 1; #380;
end
endmodule
```

仿真结果：

由图 6.38 可以看出，清零和置数功能正常，在信号上升沿处得以实现。在 UP 时钟工作时，计数器实现了加计数，数据溢出时，进位信号出现了低变高的上升沿。在 DOWN 时钟工作时，进行了减计数，当计数需要借位时，借位信号同样实现了从低翻转到高的变化，双时钟计数器的功能得以实现。

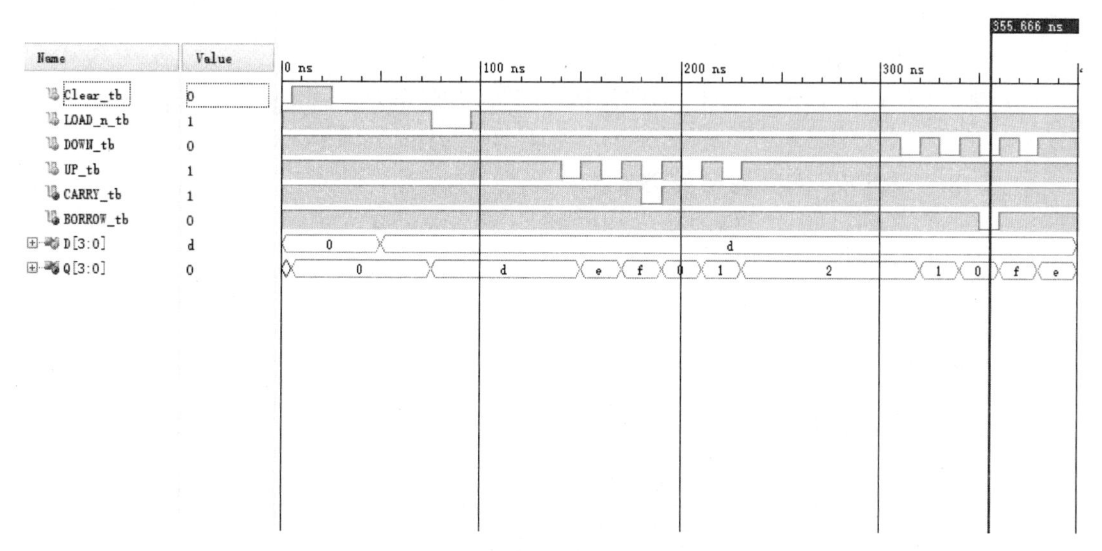

图 6.38　双时钟计数器仿真结果

习　题

1. 填空题：

(1) 半导体存储器按功能分有____________和____________ 2 种。

(2) 动态存储单元是利用____________存储信息的，为不丢失信息它必须____________。

(3) ROM 主要由____________和____________ 2 部分组成。按照工作方式的不同进行分类，ROM 可分为____________、____________和____________ 3 种。

(4) 某 EPROM 有 8 位数据线，13 位地址线，则其存储容量为____________。

(5) 在系统可编程逻辑器件简称为____________器件，这种器件在系统工作时____________(可以、不可以)对器件的内容进行重构。

(6) 对 ispLSI 器件进行编程时____________(需要、不需要)专门的编程器，对 GAL 器件进行编程时____________(需要、不需要)专门的编程器。

(7) 对 GAL 器件和 ispLSI 器件进行编程时可以选用下列哪几种输入方式：____________。

(a) 原理图方式；　　(b) ABEL - HDL 语言；

(c) VHDL 语言；　　(d) 原理图与 ABEL 语言混合输入方式；

(e) FM 输入方式。

2. 图 6.39 是 16×4 位 ROM，A_3、A_2、A_1、A_0 为地址输入，D_3、D_2、D_1、D_0 为数据输出，试分别写出 D_3、D_2、D_1 和 D_0 的逻辑表达式。

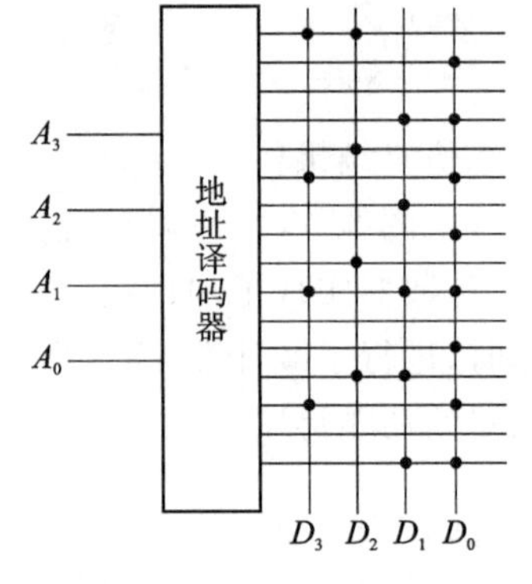

图 6.39　习题 2 图

3. 用 16×4 位 ROM 做成 2 个 2 位二进制数相乘($A_1A_0 \times B_1B_0$)的运算器，列出真值表，画出存储矩阵的结点图。

4. 由 1 个 3 位二进制加法计数器和 1 个 ROM 构成的电路如图 6.40(a)所示。

(1) 写出输出 F_1、F_2 和 F_3 的表达式；

(2) 画出 CP 作用下 F_1、F_2 和 F_3 的波形(计数器的初态为"0")

5. 用 PLA 的与或 ROM 对实现全加器。

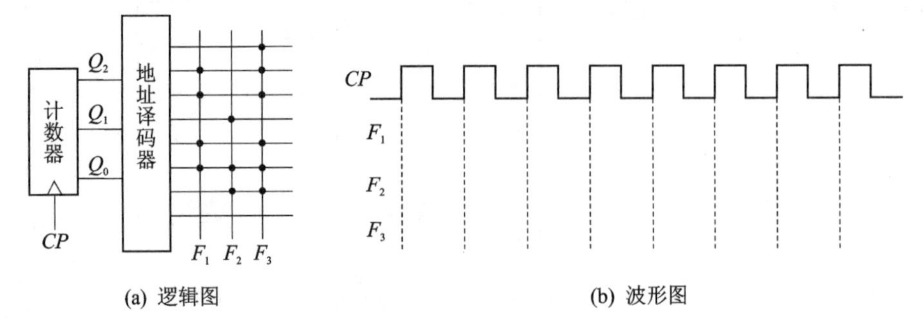

(a) 逻辑图　　(b) 波形图

图 6.40　习题 4 图

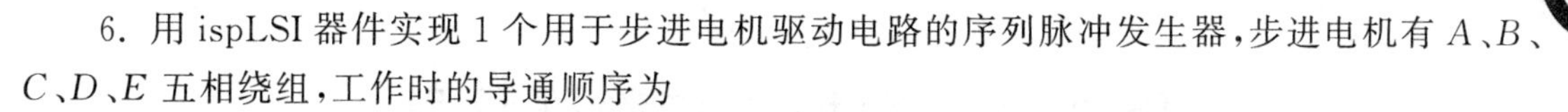

6. 用 ispLSI 器件实现 1 个用于步进电机驱动电路的序列脉冲发生器，步进电机有 A、B、C、D、E 五相绕组，工作时的导通顺序为

$AB \to ABC \to BC \to BCD \to CD \to CDE \to DE \to DEA \to EA \to EAB \to AB$（用 5 个 D 触发器实现）。要求：

(1) 列出状态转换表，写出状态方程；

(2) 用 ABEL－HDL 或 VHDL 语言编写程序。

7. 试分析如图 6.41 所示电路的工作原理，画出共阴极 7 段数码管显示内容。（表 6.19 中列出的是 2716 的十六个地位地址单元中所存的数据）。

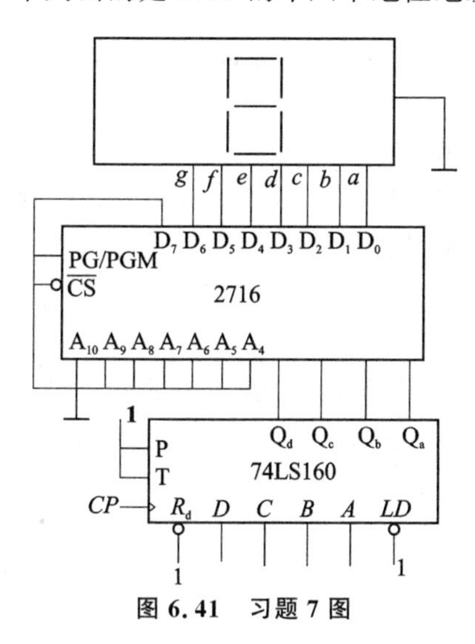

图 6.41　习题 7 图

表 6.19

A_3	A_2	A_1	A_0	D_6	D_5	D_4	D_3	D_2	D_1	D_0
0	0	0	0	0	1	1	1	1	1	1
0	0	0	1	0	0	0	0	1	1	0
0	0	1	0	1	0	1	1	0	1	1
0	0	1	1	1	0	0	1	1	1	1
0	1	0	0	1	1	0	0	1	1	0
0	1	0	1	1	1	0	1	1	0	1
0	1	1	0	1	1	1	1	1	0	1
0	1	1	1	0	0	0	0	1	1	1
1	0	0	0	1	1	1	1	1	1	1
1	0	0	1	1	1	0	1	1	1	1

8. 查资料，介绍目前两个主要的 FPGA 生产厂家的主要产品有哪些？各有什么特点？

9. 用 Verilog 语言设计一个 5 人投票表决器，当有 3 人或 3 人以上同意该事件时，该事件通过，否则该事件不通过。

10. 时钟信号的处理是 FPGA 的特色之一，因此分频器也是 FPGA 设计中使用频率非常高的基本设计之一。用 Verilog 实现二分频电路，要求输出 50％占空比。

11. 用 Verilog 实现三分频电路，要求输出 50％占空比。

12. 用 Verilog 实现按键抖动消除电路，抖动小于 15 ms，输入时钟 12 MHz。

13. 设计一个序列检测器：有“101”序列输入时输出为 1，其他输入情况下，输出为 0。用 Verilog 语言描述。

14. 论述一下 FPGA 和 CPLD 的区别。

第7章　数模与模数转换器

内容提要:

数模(DA)与模数(AD)转换器是一种连接模拟电路和数字电路的信号变换电路,它是能将模拟、数字这两类电路联系在一起的接口电路。本章主要介绍模拟数字转换的概念,模数转换和数模转换电路的工作原理和典型应用电路。

问题探究

1. 自然界中存在的物理量大都是连续变化的量,例如:温度、时间、角度、速度、流量和压力等。由于数字电子技术的迅速发展,尤其是计算机在控制、检测以及许多其他领域中的广泛应用,用数字电路处理模拟信号的情况非常普遍。怎样将模拟量转换为数字量?

2. 怎样再将数字信号变换为模拟信号?

3. 模拟信号变换为数字信号有几种方法?

4. 为了保证数据处理结果的准确性,转换必须有足够的转换精度。同时,为了适应快速过程的控制和检测的需要,转换器还必须有足够快的转换速度。因此,转换精度和转换速度怎样确定?

7.1　导　论

一般来说,自然界中存在的物理量大都是连续变化的物理量,例如:温度、时间、角度、速度、流量和压力等。由于数字电子技术的迅速发展,尤其是计算机在控制、检测以及许多其他领域中的广泛应用,用数字电路处理模拟信号的情况非常普遍。这就需要将模拟量转换为数字量,这种转换称为模数转换,用AD表示(Analog to Digital);而将数字信号变换为模拟信号称为数模转换,用DA表示(Digital to Analog)。带有模数和数模转换电路的测控系统框图如图7.1所示。

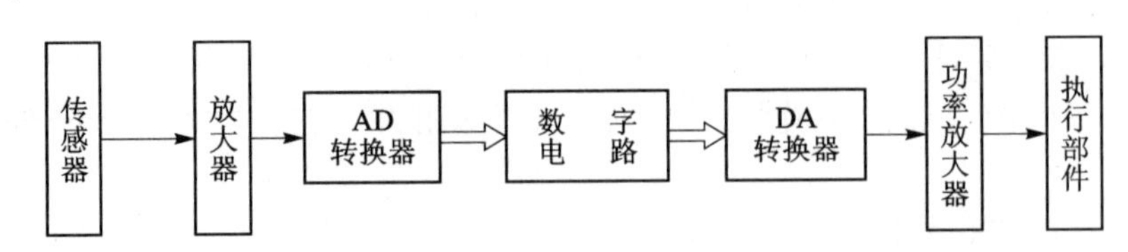

图7.1　模数、数模转换电路测控系统框图

图7.1中模拟信号由传感器转换为电信号,经放大器送入AD转换器转换为数字量,由数字电路进行处理,再由DA转换器还原为模拟量,去驱动执行部件。图7.1中将模拟量转换为数字量的装置称为AD转换器,简写为ADC(Analog to Digital Converter);把实现数模转换的电路称为DA转换器,简写为DAC(Digital to Analog Converter)。

为了保证数据处理结果的准确性,AD转换器和DA转换器必须有足够的转换精度。同时,为了适应快速过程的控制和检测的需要,AD转换器和DA转换器还必须有足够快的转换

速度。因此，转换精度和转换速度是衡量 AD 转换器和 DA 转换器性能优劣的主要标志。

7.2　DA 转换器

DA 转换器利用电阻网络和模拟开关，将多位二进制数 D 转换为与之成比例的模拟量。假设输入 n 位二进制数，按二进制数转换为十进制数的通式展开为

$$D_n = d_{n-1}\times 2^{n-1} + d_{n-2}\times 2^{n-2} + \cdots + d_1\times 2^1 + d_0\times 2^0$$

而输出应当是与输入数字量成比例的模拟量 A 为

$$A = KD_n = K(d_{n-1}\times 2^{n-1} + d_{n-2}\times 2^{n-2} + \cdots + d_1\times 2^1 + d_0\times 2^0)$$

式中的 K 为转换系数。输入的二进制数中为 **1** 的每一位代码，按每位权的大小，转换成相应的模拟量；然后将各位转换以后的模拟量，经求和运算放大器相加，其和便是与数字量成正比的模拟量。一般 DA 转换器输出 A 是正比于输入数字量 D 的模拟电压量。转换系数 K 为常数，单位为伏特(V)。

7.2.1　倒 T 型电阻解码网络 DA 转换器

倒 T 型电阻解码网络 DA 转换器是目前使用最为广泛的一种形式，其电路结构如图 7.2 所示。

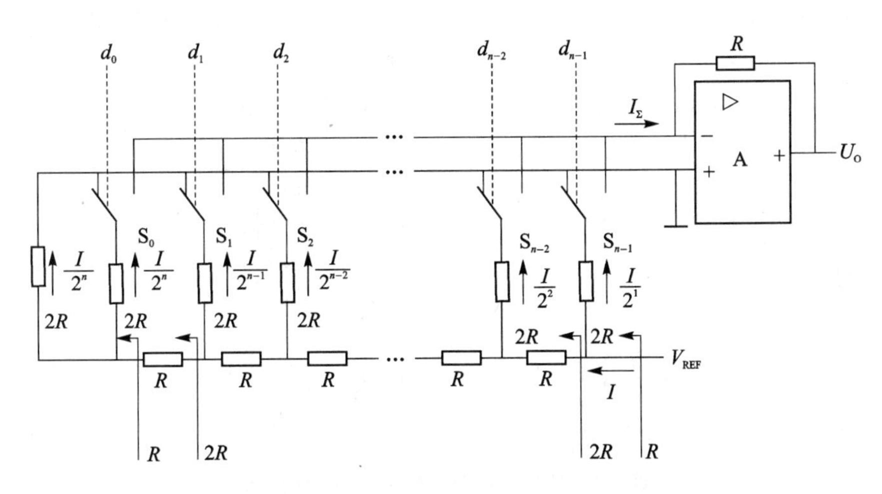

图 7.2　倒 T 型电阻解码网络 DA 转换电路图

当输入数字信号的任何一位是“**1**”时，对应开关便将 $2R$ 电阻接到运放反相输入端；而当其为“**0**”时，则将电阻 $2R$ 接地。由图 7.2 可知，按照虚短、虚断的近似计算方法，求和放大器反相输入端的电位为虚地，所以，无论开关合到那一边，都相当于接到了“地”电位上。在图示开关状态下，从最左侧将电阻折算到最右侧，先是 $2R//2R$ 并联，电阻值为 R，再和 R 串联，又是 $2R$，一直折算到最右侧，电阻仍为 R，则可写出电流 I 的表达式为

$$I = \frac{V_{REF}}{R}$$

只要 V_{REF} 选定，电流 I 为常数。流过每个支路的电流从右向左，分别为$\frac{I}{2^1}$、$\frac{I}{2^2}$、$\frac{I}{2^3}$、…。当

输入的数字信号为“**1**”时，电流流向运放的反相输入端；当输入的数字信号为“**0**”时，电流流向地，可写出 I_{Σ} 的表达式为

$$I_{\Sigma}=\frac{I}{2}d_{n-1}+\frac{I}{4}d_{n-2}+\cdots+\frac{I}{2^{n-1}}d_1+\frac{I}{2^n}d_0$$

在求和放大器的反馈电阻等于 R 的条件下，输出模拟电压为

$$U_{\circ}=-RI_{\Sigma}=-R(\frac{I}{2}d_{n-1}+\frac{I}{4}d_{n-2}+\cdots+\frac{I}{2^{n-1}}d_1+\frac{I}{2^n}d_0)$$

$$=-\frac{V_{\mathrm{REF}}}{2^n}(d^{n-1}2^{n-1}+d^{n-2}2^{n-2}+\cdots+d_1 2^1+d_0 2^0)$$

$$U_0=-\frac{V_{\mathrm{REF}}}{2^n}(d_{n-1}\times 2^{n-1}+d_{n-2}\times 2^{n-2}+\cdots+d_1\times 2^1+d_0\times 2^0) \tag{7.1}$$

倒 T 型电阻解码网络所用的电阻阻值仅 2 种，串联臂为 R，并联臂为 $2R$，便于制造和扩展位数。

7.2.2 权电流型 DA 转换器

倒 T 型电阻解码网络 DA 转换器通过模拟开关的打开、闭合动作来决定是否将 $2R$ 电阻接到运算放大器的反相输入端。模拟开关自身带有电阻器件特性的不一致，为电阻网络引入了不确定的误差；电流可能不会精确符合期望的倍数关系。为了克服模拟开关引入的误差，可基于恒流源建立权电流型 DA 转换器，如图 7.3 所示。

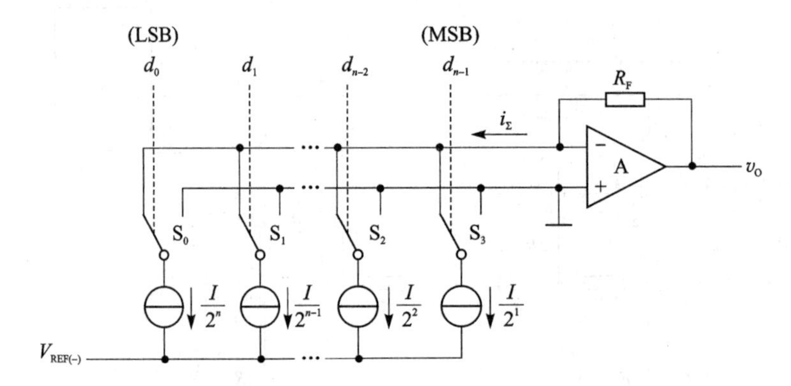

图 7.3 使用恒流源的权电流 DA 转换器

权电流型 DA 转换器尽管也使用了模拟开关，但电流是由恒流源产生的，具有较高的精度。如图 7.3 所示，当输入数字量的任何一位是“1”时，开关便将对应的恒流源接到运算放大器的反相输入端；而当值为“0”时，则将恒流源接地。由于运算放大器的反相输入端电位虚地，可得到以下关系：

$$v_0=i_{\Sigma}R_F=R_F\left(\frac{I}{2^1}d_{n-1}+\frac{I}{2^2}d_{n-2}+\cdots+\frac{I}{2^{n-1}}d_1+\frac{I}{2^n}d_0\right)$$

$$=\frac{R_F I}{2^n}(d_{n-1}2^{n-1}+d_{n-2}2^{n-2}+\cdots+d_1 2^1+d_0)$$

显然，此时的输出电压 v_0 通用正比于输入数字量 $d_{n-1}d_{n-2}d_1d_0$，其中 d_{n-1} 为高位数据。

7.2.3　具有双极性输出的 DA 转换器

很多情况下，输入数字量是有±符号的，此时希望输出的模拟电压也有±极性的分别。但无论是倒 T 型电阻解码网络 DA 转换器，还是权电流型 DA 转换器，都只能处理无符号输入数字量，且输出电压最小为 0 V。需要设计具有双极性输出的 DA 转换器，能将有符号数字量转换为具有±极性的电压。

有符号数采用二进制补码表示。输入 3 位二进制补码输入时，双极性 DA 转换器需要输出与之对应的±电压，如图 7.4(a)所列。图 7.4(b)则列出了实际的 DA 转换器输入、输出关系。

补码输入			对应的十进制	要求的输出
d_2	d_1	d_0		
0	1	1	+3	+3 V
0	1	0	+2	+2 V
0	0	1	+1	+1 V
0	0	0	0	0 V
1	1	1	−1	−1 V
1	1	0	−2	−2 V
1	0	1	−3	−3 V
1	0	0	−4	−4 V

(a)

取反

补码输入			对应的十进制	要求的输出
d_2	d_1	d_0		
1	1	1	+7 V	+3 V
1	1	0	+6 V	+2 V
1	0	1	+5 V	+1 V
1	0	0	+4 V	0 V
0	1	1	+3 V	−1 V
0	1	0	+2 V	−2 V
0	0	1	+1 V	−3 V
0	0	0	0 V	−4 V

(b)

图 7.4　使用恒流源的权电流 DA 转换器

观察图 7.4(a)、(b)两个表，可看出：对输入的补码，将其符号位（最高位）取反，同时偏移输出电压、使输入 **100** 时输出电压 0 V，即可实现具有双极性输出的 DA 转换器。

图7.5是基于权电阻解码网络建立的双极性DA转换器。在权电阻解码网络中,输入数据中的"**1**"位对应开关把$2R$电阻接到运算放大器的反相输入端,"**0**"位则将电阻$2R$接地。当输入补码$d_2d_1d_0$=**100**时,对d_2取反,使权电阻解码网络的实际输入为**000**。此时,令:

$$I_B = i_\Sigma \rightarrow \frac{V_B}{R_B} = \frac{I}{2} = \frac{|V_{REF}|}{2R}$$

则输出电压v_0=0 V,实现了双极性输出。

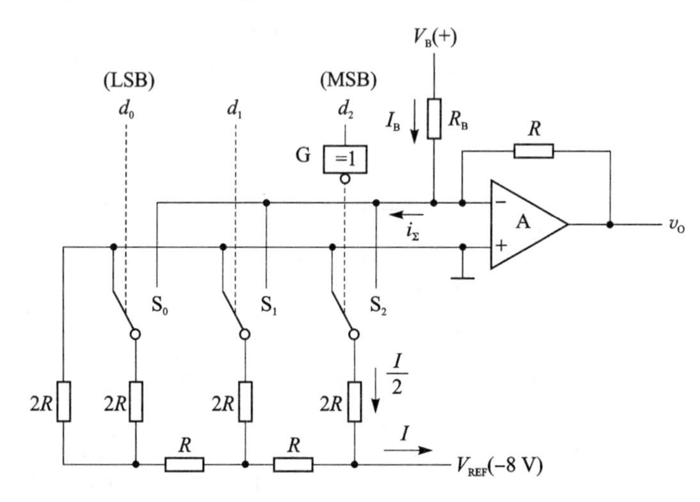

图7.5 基于权电阻解码网络建立双极性DA转换器

需要注意的是,这里并没有建立一种新的DA转换器,而是通过对输入、输出的处理实现了双极性输出。

7.2.4 集成DA转换器AD7524

AD7524是CMOS单片低功耗8位DA转换器,采用倒T型电阻网络结构。型号中的"AD"表示美国生产模拟器件芯片的公司代号。图7.6所示为典型实用电路。

图7.6中供电压V_{DD}为+5～+15 V;D_0～D_7为输入数据,可输入TTL/CMOS电平;$\overline{CS}$为片选信号,$\overline{WR}$为写入命令,V_{REF}为参考电源,可正、可负;I_{OUT}是模拟电流输出,一正一负;A为运算放大器,将电流输出转换为电压输出,输出电压的数值可通过接在16脚与输出端的外接反馈电阻R_{FB}进行调节。16脚内部已经集成了1个电阻,所以,外接的R_{FB}可为零,即:将16脚与输出端短路。AD7524的功能如表7.1所列。

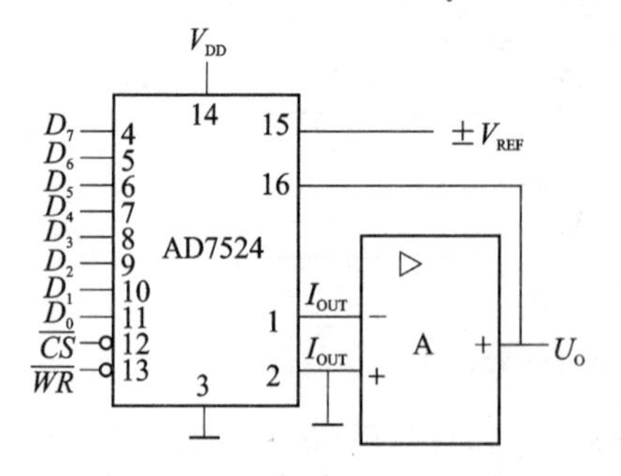

图7.6 AD7524典型实用电路

表7.1 AD7524功能表

$\overline{CS}$	$\overline{WR}$	功 能
0	0	写入寄存器,并行输出
0	1	保持
1	0	保持
1	1	保持

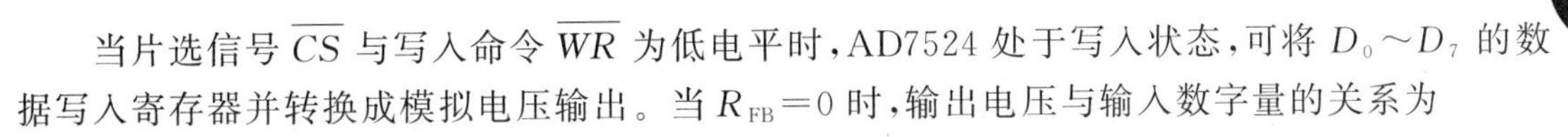

当片选信号 $\overline{CS}$ 与写入命令 $\overline{WR}$ 为低电平时，AD7524 处于写入状态，可将 $D_0 \sim D_7$ 的数据写入寄存器并转换成模拟电压输出。当 $R_{FB}=0$ 时，输出电压与输入数字量的关系为

$$U_o = \mp \frac{V_{REF}}{2^8}(D_{n-1} \times 2^{n-1} + D_{n-2} \times 2^{n-2} + \cdots + D_1 \times 2^1 + D_0 \times 2^0)$$

7.2.5　DA 转换器的转换精度与转换时间

DA 转换器的转换精度有 2 种表示方法：分辨率和转换精度。

1. 分辨率

分辨率是用以说明 DA 转换器在理论上可达到的精度，用于表征 DA 转换器对输入微小量变化的敏感程度，显然输入数字量位数越多，输出电压可分离的等级越多，即分辨率越高。所以，实际应用中，往往用输入数字量的位数表示 DA 转换器的分辨率。此外，DA 转换器的分辨率也定义为电路所能分辨的最小输出电压 U_{LSB}[1] 与最大输出电压 U_m 之比来表示，即

$$分辨率 = \frac{U_{LSB}}{U_m} = \frac{-\frac{V_{REF}}{2^n}}{-\frac{V_{REF}}{2^n}(2^n - 1)} = \frac{1}{2^n - 1} \tag{7.2}$$

式(7.2)说明，输入数字代码的位数 n 越多，分辨率越小，分辨能力越高。例如：5G7520 十位 DA 转换器的分辨率为

$$\frac{1}{2^{10} - 1} = \frac{1}{1023} \approx 0.000978$$

2. 转换误差

转换误差是用以说明 DA 转换器实际上能达到的转换精度。转换误差可用输出电压满度值的百分数表示，也可用 LSB 的倍数表示。例如：转换误差为 $\frac{1}{2}$LSB，用以表示输出模拟电压的绝对误差等于当输入数字量的 LSB 为 **1**，其余各位均为 **0** 时输出模拟电压的 1/2。转换误差又分静态误差和动态误差。产生静态误差的原因有，基准电源 V_{REF} 的不稳定，运放的零点漂移，模拟开关导通时的内阻和压降以及电阻网络中阻值的偏差等。动态误差则是在转换的动态过程中产生的附加误差，它是由于电路中分布参数的影响，使各位的电压信号到达解码网络输出端的时间不同所致。

DA 转换器的转换速度也有 2 种衡量方法。

(1) 建立时间 t_{set}

它是在输入数字量各位由全 **0** 变为全 **1**，或由全 **1** 变为全 **0**，输出电压达到某一规定值(如误差最小值取 $\frac{1}{2}$LSB 或满度值的 0.01%)所需要的时间。目前，在内部只含有解码网络和模拟开关的单片集成 DA 转换器中，$t_{set} \leqslant 0.1\ \mu s$；在内部还包含有基准电源和求和运算放大器的集成 DA 转换器中，最短的建立时间在 1.5 μs 左右。

---

[1]：输入的 n 位数字代码最低有效位用 LSB 表示，U_{LSB} 即最低位为 **1**，其余各位都为 **0** 时所对应的电压值；U_m 为输入数字代码所有各位为 **1** 时，所对应的电压值。

(2) 转换速率 S_R

转换速率 S_R 是在大信号工作时,即:输入数字量的各位由全**0**变为全**1**,或由全**1**变为**0**时,输出电压 u_o 的变化率。这个参数与运算放大器的压摆率类似。

7.3 AD转换器

7.3.1 AD转换的基本概念

AD转换器的功能是将输入的模拟电压转换为输出的数字信号,即将模拟量转换成与其成比例的数字量。一个完整的AD转换过程,必须包括采样、保持、量化和编码4部分电路。在具体实施时,常把这4个步骤合并进行。例如:采样和保持是利用同一电路连续完成的,量化和编码是在转换过程中同步实现的,而且所用的时间又是保持的一部分。

1. 采样定理

如图7.7所示是某一输入模拟信号经采样后得出的波形。为了保证能从采样信号中将原信号恢复,必须满足条件

$$f_s \geqslant 2f_{i,max} \tag{7.3}$$

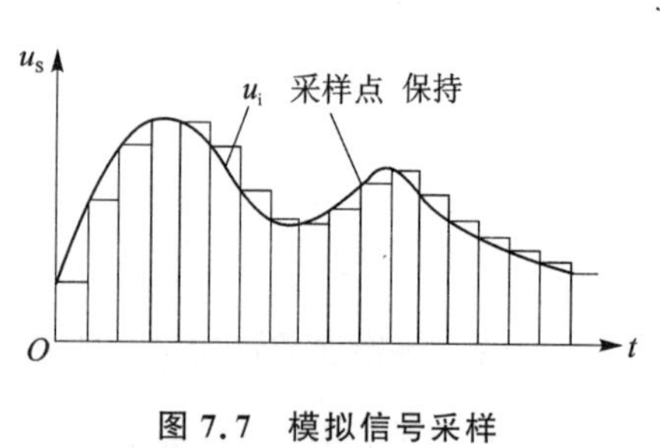

图7.7 模拟信号采样

式(7.3)中,f_s 为采样频率,$f_{i,max}$ 为信号 u_i 中最高次谐波分量的频率。这一关系称为**采样定理**。

AD转换器工作时的采样频率必须大于等于式(7.3)所规定的频率。采样频率越高,留给每次进行转换的时间就越短,这就要求AD转换电路必须具有更高的工作速度。因此,采样频率通常取 $f_s=(3\sim5)f_{i,max}$ 已能满足要求。有关采样定理的证明将在数字信号处理课程中讲解。

2. 采样保持电路

如图7.8所示是1个实际的采样保持电路LF198的电路结构图,图中 A_1、A_2 是2个运算放大器,S是模拟开关,L是控制S状态的逻辑单元电路。采样时令 $u_L=\mathbf{1}$,S随之闭合。A_1、A_2 接成单位增益的电压跟随器,故 $u_o=u'_o=u_i$。同时 u'_o 通过 R_2 对外接电容 C_h 充电,使 $u_{ch}=u_i$。因电压跟随器的输出电阻十分小,故对 C_h 充电很快结束。当 $u_L=\mathbf{0}$ 时,S断开,采

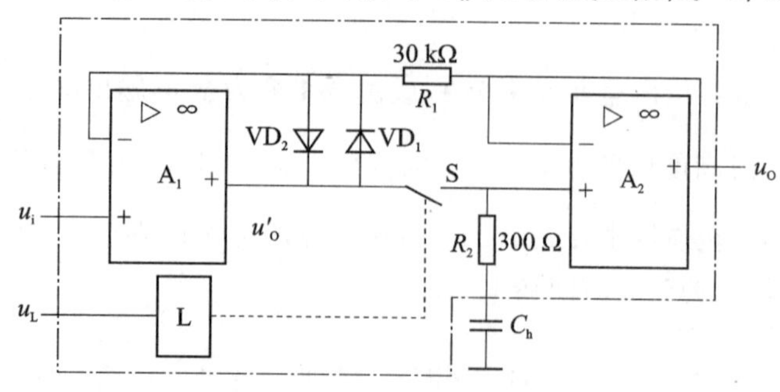

图7.8 采样保持电路

样结束，由于 u_{ch} 无放电通路，其上电压值基本不变，故使 u_o 得以将采样所得结果保持下来。

图 7.8 中还有 1 个由二极管 VD_1、VD_2 组成的保护电路。在没有 VD_1 和 VD_2 的情况下，如果在 S 再次接通以前 u_i 变化了，则 u'_o 的变化可能很大，以致于使 A_1 的输出进入非线性区，u'_o 与 u_i 不再保持线性关系，并使开关电路有可能承受过高的电压。接入 VD_1 和 VD_2 以后，当 u'_o 比 u_o 所保持的电压高出 1 个二极管的正向压降时，VD_1 将导通，u'_o 被钳位于 u_i+U_{D1}。这里的 U_{D1} 表示二极管 VD_1 的正向导通压降。当 u'_o 比 u_o 低 1 个二极管的压降时，将 u'_o 钳位于 u_i-U_{D2}。在 S 接通的情况下，因为 $u'_o \approx u_o$，所以 VD_1 和 VD_2 都不导通，保护电路不起作用。

3. 量化与编码

为了使采样得到的离散模拟量与 n 位二进制码的 2^n 个数字量一一对应，还必须将采样后离散的模拟量归并到 2^n 个离散电平中的某一个电平上，这样的一个过程称之为**量化**。量化后的值再按数制要求进行**编码**，以作为转换完成后输出的数字代码。量化和编码是所有 AD 转换器不可缺少的核心部分之一。

数字信号具有在时间上离散和幅度上断续变化的特点。这就是说，在进行 AD 转换时，任何一个被采样的模拟量只能表示成某个规定最小数量单位的整数倍，所取的最小数量单位叫做**量化单位**，用 Δ 表示。若数字信号最低有效位用 LSB 表示，1LSB 所代表的数量大小就等于 Δ，即：模拟量量化后的一个最小分度值。把量化的结果用二进制码，或是其他数制的代码表示出来，称为**编码**。这些代码就是 AD 转换的结果。

既然模拟电压是连续的，那么它就不一定是 Δ 的整数倍，在数值上只能取接近的整数倍，因而量化过程不可避免地会引入误差，这种误差称为**量化误差**。将模拟电压信号划分为不同的量化等级时通常有以下 2 种方法，如图 7.9 所示，它们的量化误差相差较大。

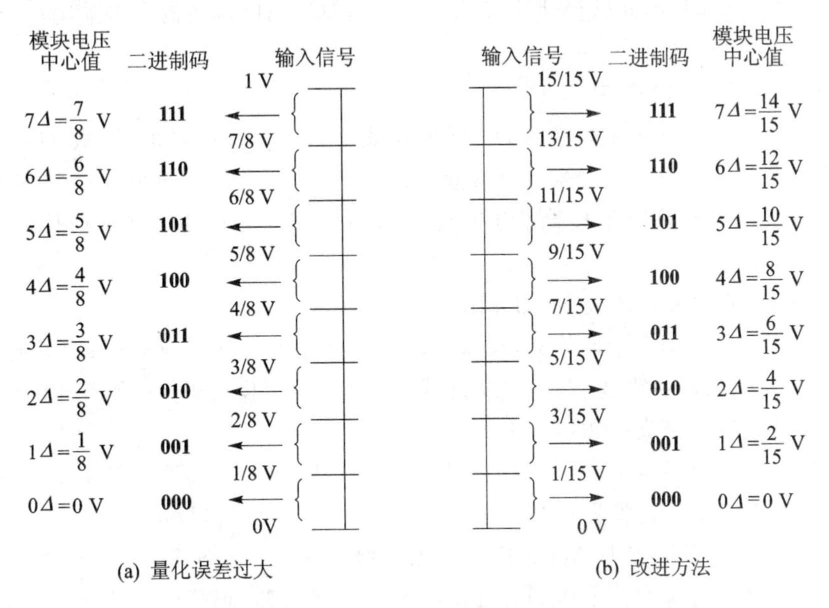

图 7.9　划分量化电平的两种方法

图 7.9(a)的量化结果误差较大，例如：把 0～1 V 的模拟电压转换成 3 位二进制代码，取最小量化单位 $\Delta=\frac{1}{8}$ V，并规定模拟量数值在 0～$\frac{1}{8}$ V 时，都用 0Δ 来替代，用二进制数 **000**

来表示;凡数值在$\frac{1}{8}\sim\frac{2}{8}$ V的模拟电压都用1Δ代替,用二进制数**001**表示等。这种量化方法带来的最大量化误差可能达到Δ,即$\frac{1}{8}$ V。若用n位二进制数编码,则所带来的最大量化误差为$\frac{1}{2^n}$ V。

为了减小量化误差,通常采用图7.9(b)所示的改进方法来划分量化电平。在划分量化电平时,基本上是取第1种方法Δ的1/2,在此取量化单位$\Delta'=\frac{2}{15}$ V。将输出代码**000**对应的模拟电压范围定为$0\sim\frac{1}{15}$ V,即$0\sim\frac{1}{2}\Delta$;$\frac{1}{15}\sim\frac{3}{15}$ V对应的模拟电压用代码用**001**表示,对应模拟电压中心值为$1\Delta=\frac{2}{15}$ V;依此类推。这种量化方法的量化误差可减小到$\frac{1}{2}\Delta$,即$\frac{1}{15}$ V这是因为在划分的各个量化等级时,除第一级($0\sim\frac{1}{15}$ V)外,每个二进制代码所代表的模拟电压值都归并到它的量化等级所对应的模拟电压的中间值,所以,最大量化误差自然不会超过$\frac{1}{2}\Delta$。

4. AD转换器的分类

① 积分型(如TLC7135)。

积分型AD工作原理是将输入电压转换成时间信号(脉冲宽度)或频率信号(脉冲频率),然后由定时器/计数器获得数字值。其优点是用简单电路就能获得高分辨率,但缺点是由于转换精度依赖于积分时间,因此转换速率极低。初期的单片AD转换器大多采用积分型,现在逐次比较型已逐步成为主流。

② 逐次比较型(如TLC0831)。

逐次比较型AD由一个比较器和DA转换器通过逐次比较逻辑构成,从MSB开始,顺序地对每一位将输入电压与内置DA转换器输出进行比较,经n次比较而输出数字值。其电路规模属于中等。其优点是速度较高、功耗低,在低分辩率(<12位)时价格便宜,但高精度(>12位)时价格很高。

③ 并行比较型/串并行比较型(如TLC5510)。

并行比较型AD采用多个比较器,仅做一次比较而实行转换,又称Flash(快速)型。由于转换速率极高,n位的转换需要2^n-1个比较器,因此电路规模也极大,价格也高,只适用于视频AD转换器等速度特别高的领域。

串并行比较型AD结构上介于并行型和逐次比较型之间,最典型的是由2个$n/2$位的并行型AD转换器配合DA转换器组成,用2次比较实行转换,所以称为Half Flash(半快速)型。还有分成3步或多步实现AD转换的叫做分级(Multistep/Subrangling)型AD转换器,而从转换时序角度又可称为流水线(Pipelined)型AD转换器,现代的分级型AD转换器中还加入了对多次转换结果作数字运算而修正特性等功能。这类AD转换器速度比逐次比较型高,电路规模比并行比较型小。

④ Σ-Δ(Sigma-delta)调制型(如AD7705)。

Σ-Δ型AD转换器由积分器、比较器、1位DA转换器和数字滤波器等组成。原理上近似于积分型，将输入电压转换成时间(脉冲宽度)信号，用数字滤波器处理后得到数字值。电路的数字部分基本上容易单片化，因此容易做到高分辨率。主要用于音频处理和测量。

⑤ 电容阵列逐次比较型。

电容阵列逐次比较型 AD 转换器在内置 DA 转换器中采用电容矩阵方式，也可称为电荷再分配型。一般的电阻阵列 DA 转换器中多数电阻的值必须一致，在单芯片上生成高精度的电阻并不容易。如果用电容阵列取代电阻阵列，可以用低廉成本制成高精度单片 AD 转换器。最近的逐次比较型 AD 转换器大多为电容阵列式的。

⑥ 压频变换型(如 AD650)。

压频变换型(Voltage－Frequency Converter)是通过间接转换方式实现模数转换的。其原理是首先将输入的模拟信号转换成频率，然后用计数器将频率转换成数字量。从理论上讲这种 AD 转换器的分辨率几乎可以无限增加，只要采样的时间能够满足输出频率分辨率要求的累积脉冲个数的宽度。其优点是分辨率高、功耗低、价格低，但是需要外部计数电路共同完成 AD 转换。

在本章节里我们主要介绍常用的 3 种 AD 转换器：并行比较型、逐次逼近型和积分型。

7.3.2　并行比较型 AD 转换器

3 位并行比较型 AD 转换器原理电路如图 7.10 所示，它由电阻分压器、电压比较器、寄存器及编码器组成。图 7.10 中的 8 个电阻将参考电压 V_{REF} 分成 8 个等级，其中 7 个等级的电

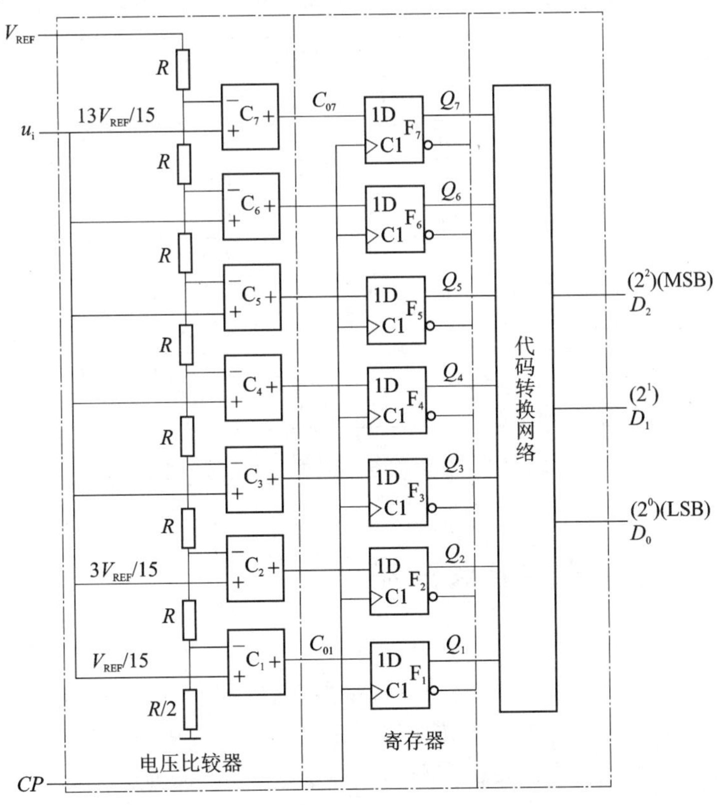

图 7.10　3 位并行比较型 AD 转换器原理电路

压分别作为7个比较器$C_1 \sim C_7$的参考电压,其数值分别为$V_{REF}/15$、$3V_{REF}/15$、…、$13V_{REF}/15$。输入电压为u_i,它的大小决定各比较器的输出状态。例如:当$0 \leqslant u_i < (V_{REF}/15)$时,$C_1 \sim C_7$的输出状态都为**0**;当$(3V_{REF}/15) < u_i < (5V_{REF}/15)$时,比较器$C_1$和$C_2$的输出$C_{01}=C_{02}=\mathbf{1}$,其余各比较器输出状态都为**0**。

根据各比较器的参考电压值,可以确定输入模拟电压值与各比较器输出状态的关系。比较器的输出状态由D触发器存储,CP作用后,触发器的输出状态$Q_7 \sim Q_1$与对应的比较器的输出状态$C_{07} \sim C_{01}$相同。经代码转换网络(优先编码器)输出数字量$D_2D_1D_0$。优先编码器优先级别最高是Q_7,最低是Q_1。

设u_i变化范围是$0 \sim V_{REF}$,输出3位数字量为D_2、D_1、D_0,3位并行比较型AD转换器的输入、输出关系如表7.2所列。通过观察此表,可确定代码转换网络输出、输入之间的逻辑关系

$$D_2 = Q_4$$

$$D_1 = Q_6 + \overline{Q}_4 Q_2$$

$$D_0 = Q_7 + \overline{Q}_6 Q_5 + \overline{Q}_4 Q_3 + \overline{Q}_2 Q_1$$

在并行AD转换器中,输入电压u_i同时加到所有比较器的输出端,从u_i加入经比较器、D触发器和编码器的延迟后,可得到稳定的输出。如不考虑上述器件的延迟,可认为输出的数字量是与u_i输入时刻同时获得的。并行AD转换器的优点是转换时间短,可小到几十纳秒,但所用的元器件较多,例如:1个n位转换器,所用的比较器的个数为2^n-1个。

表7.2 并行比较型AD转换器的输入、输出关系

模拟量输出	比较器输出状态							数字输出		
	C_{07}	C_{06}	C_{05}	C_{04}	C_{03}	C_{02}	C_{01}	D_2	D_1	D_0
$0 \leqslant u_i < V_{REF}/15$	0	0	0	0	0	0	0	0	0	0
$V_{REF}/15 \leqslant u_i < 3V_{REF}/15$	0	0	0	0	0	0	1	0	0	1
$3V_{REF}/15 \leqslant u_i < 5V_{REF}/15$	0	0	0	0	0	1	1	0	1	0
$5V_{REF}/15 \leqslant u_i < 7V_{REF}/15$	0	0	0	0	1	1	1	0	1	1
$7V_{REF}/15 \leqslant u_i < 9V_{REF}/15$	0	0	0	1	1	1	1	1	0	0
$9V_{REF}/15 \leqslant u_i < 11V_{REF}/15$	0	0	1	1	1	1	1	1	0	1
$11V_{REF}/15 \leqslant u_i < 13V_{REF}/15$	0	1	1	1	1	1	1	1	1	0
$13V_{REF}/15 \leqslant u_i < V_{REF}$	1	1	1	1	1	1	1	1	1	1

单片集成并行比较型AD转换器产品很多,例如:AD公司的AD9012(8位)、AD9002(8位)和AD9020(10位)等。

7.3.3 逐次逼近型AD转换器

1. 概　述

逐次逼近型AD转换器属于直接型AD转换器,它能把输入的模拟电压直接转换为输出的数字代码,而不需要经过中间变量。转换过程相当于一架天平秤量物体的过程,不过这里不是加减砝码,而是通过DA转换器及寄存器加减标准电压,使标准电压值与被转换电压平衡。这些标准电压通常称为**电压砝码**。

逐次逼近型AD转换器由比较器、环形分配器、控制门、寄存器与DA转换器构成。比较

的过程首先是取最大的电压砝码,即:寄存器最高位为 **1** 时的二进制数所对应的 DA 转换器输出的模拟电压,将此模拟电压 u_A 与 u_i 进行比较,当 $u_A>u_i$ 时,最高位置 **0**;反之,当 $u_A<u_i$ 时,最高位 **1** 保留,再将次高位置 **1**,转换为模拟量与 u_i 进行比较,确定次高位 **1** 保留还是去掉。依次类推,直到最后 1 位比较完毕,寄存器中所存的二进制数即为 u_i 对应的数字量。

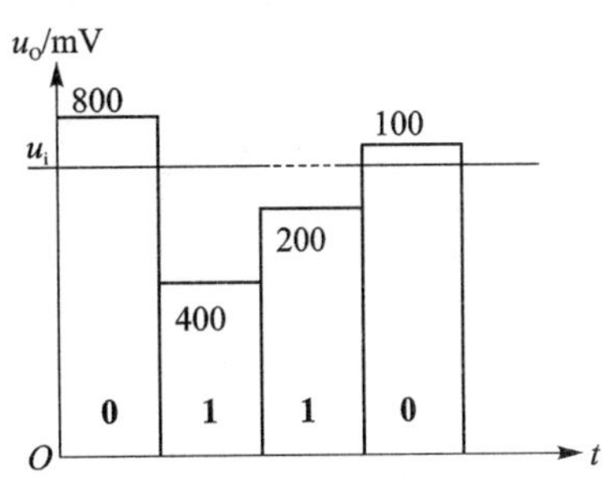

图 7.11　逐次逼近型 AD 转换器的逼近过程示意图

以上过程可以用图 7.11 加以说明,图中表示将模拟电压 u_i 转换为 4 位二进制数的过程。图中的电压砝码依次为 800 mV、400 mV、200 mV 和 100 mV,转换开始前先将寄存器清零,所以加给 DA 转换器的数字量全为 **0**。当转换开始时,通过 DA 转换器送出 1 个 800 mV 的电压砝码与输入电压比较,由于 $u_i<800$ mV,将 800 mV 的电压砝码去掉,再加 400 mV 的电压砝码,$u_i>400$ mV,于是保留 400 mV 的电压砝码,再加 200 mV 的砝码,$u_i>400$ mV+200 mV,200 mV 的电压砝码也保留;再加 100 mV 的电压砝码,因 $u_i<400$ mV+200 mV+100 mV,故去掉100 mV 的电压砝码。最后寄存器中获得的二进制码 **0110**,即为 u_i 对应的二进制数。

2. 逐次逼近 AD 转换器的工作原理

下面结合图 7.12 的逻辑图具体说明逐次比较的过程。这是 1 个输出 3 位二进制数码的逐次逼近型 AD 转换器。图中的 C 为电压比较器,当 $u_i \geq U_A$ 时,比较器的输出U_B=**0**;当 $u_i<U_A$ 时 U_B=**1**。F_A、F_B和 F_C 三个触发器组成了 3 位数码寄存器,触发器 F_1～F_5 构成环形分配器和门 G_1～G_9 一起组成控制逻辑电路。

转换开始前先将 F_A、F_B、F_C 置零,同时将 F_1～F_5 组成的环型移位寄存器置成 $Q_1Q_2Q_3Q_4Q_5$=**10000** 状态。

转换控制信号 U_L 变成高电平以后,转换开始。第 1 个 CP 脉冲到达后,F_A 被置成"**1**",而 F_B、F_C 被置成"**0**"。这时寄存器的状态 $Q_AQ_BQ_C$=**100** 加到 DA 转换器的输入端上,并在 DA 转换器的输出端得到相应的模拟电压 U_A(800 mV)。U_A 和 u_i 比较,其结果不外乎 2 种:若$u_i \geq U_A$,则 U_B=**0**;若 $u_i<U_A$,则 U_B=**1**。同时,移位寄存器右移 1 位,使 $Q_1Q_2Q_3Q_4Q_5$=**01000**。

第 2 个 CP 脉冲到达时 F_B 被置成 **1**。若原来的 U_B=**1**($u_i<U_A$),则 F_A 被置成"**0**",此时电压砝码为 400 mV;若原来的 U_B=**0**($u_i \geq U_A$),则 F_A 的"**1**"状态保留,此时的电压砝码为 400 mV 加上原来的电压砝码值。同时移位寄存器右移 1 位,变为 **00100** 状态。

第 3 个 CP 脉冲到达时 F_C 被置成 **1**。若原来的 U_B=**1**,则 F_B 被置成"**0**";若原来的 U_B=**0**,则 F_B 的"**1**"状态保留,此时的电压砝码为 200 mV 加上原来保留的电压砝码值。同时移位寄存器右移 1 位,变成 **00010** 状态。

第 4 个 CP 脉冲到达时,同时根据这时 U_B 的状态决定 F_C 的"**1**"是否应当保留。这时 F_A、F_B、F_C 的状态就是所要的转换结果。同时,移位寄存器右移 1 位,变为 **00001** 状态。由于 Q_5=**1**,于是 F_A、F_B、F_C 的状态便通过门 G_6、G_7、G_8 送到了输出端。

第 5 个 CP 脉冲到达后,移位寄存器右移 1 位,使得 $Q_1Q_2Q_3Q_4Q_5$=**10000**,返回初始状态。同时,由于 Q_5=**0**,门 G_6、G_7、G_8 被封锁,转换输出信号随之消失。

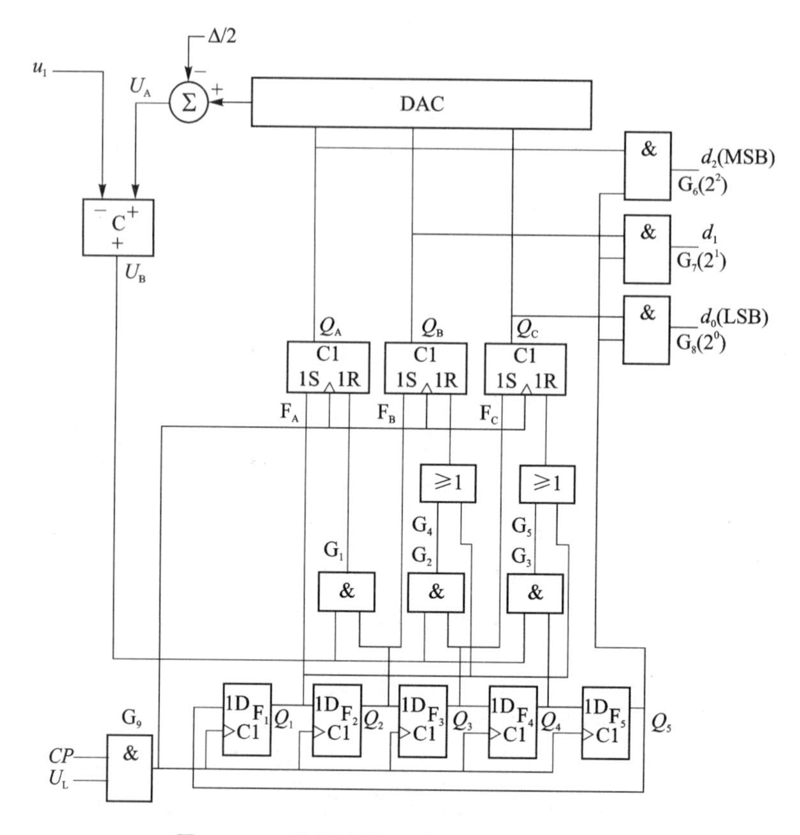

图 7.12　3 位逐次逼近型 AD 转换器逻辑图

综上所述，对于图 7.12 所示的 AD 转换器完成 1 次转换的时间为$(n+2)\ T_{CP}$。同时为了减小量化误差，令 DA 转换器的输出产生$-\Delta/2$的偏移量。另外，图 7.12 中量化单位Δ的大小依u_i的变化范围和 AD 转换器的位数而定，一般取$\Delta=V_{REF}/2^n$。显然，在一定的限度内，位数越多，量化误差越小，精度越高。

3. 逐次逼近型集成 AD 转换器 ADC0809

逐次逼近型 AD 转换器和下面将要介绍的双积分型 AD 转换器都是大量使用的 AD 转换器，现在介绍 AD 公司生产的一种逐次逼近型集成 AD 转换器 ADC0809。ADC0809 由 8 路模拟开关、地址锁存与译码器、比较器、DA 转换器、寄存器、控制电路和三态输出锁存器等组成，电路如图 7.13 所示。

ADC0809 采用双列直插式封装，共有 28 条引脚，现分 4 组简述如下：

① 模拟信号输入 IN0～IN7。

IN0～IN7 为 8 路模拟电压输入线，加在模拟开关上，工作时采用时分割的方式，轮流进行 AD 转换。

② 地址输入和控制线。

地址输入和控制线共 4 条，其中 *ADDA*、*ADDB* 和 *ADDC* 为地址输入线，用于选择 IN0～IN7 上哪一路模拟电压送给比较器进行 *AD* 转换。*ALE* 为地址锁存允许输入线，高电平有效。当 *ALE* 线为高电平时，*ADDA*、*ADDB* 和 *ADDC* 三条地址线上地址信号得以锁存，经译码器控制 8 路模拟开关工作。

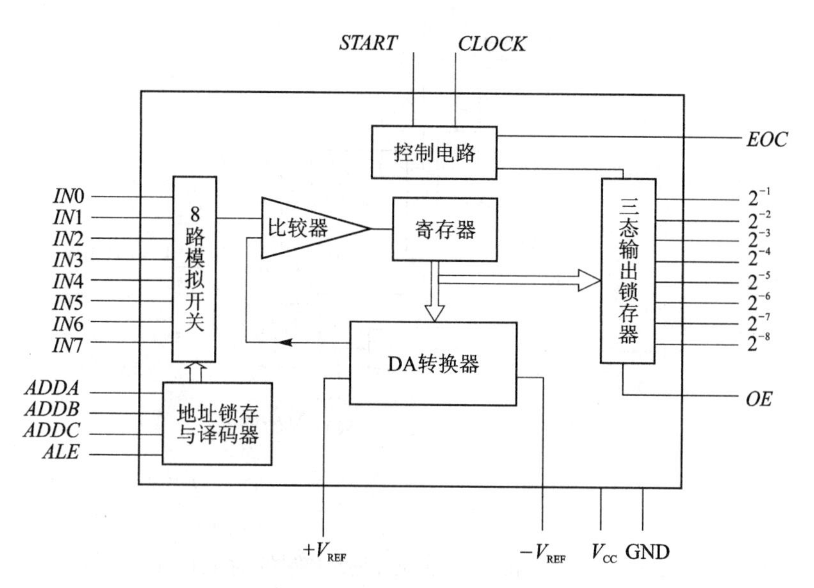

图 7.13　ADC0809 逻辑框图

③ 数字量输出及控制线(11 条)。

START 为“启动脉冲”输入线，该线的正脉冲由 CPU 送来，宽度应大于 100 ns，上升沿将寄存器清零，下降沿启动 ADC 工作。*EOC* 为转换结束输出线，该线高电平表示 AD 转换已结束，数字量已锁入“三态输出锁存器”。2^{-1}～2^{-8} 为数字量输出线，2^{-1} 为最高位。*OE* 为“输出允许”端，高电平时可输出转换后的数字量。

④ 电源线及其他(5 条)。

CLOCK 为时钟输入线，用于为 ADC0809 提供逐次比较所需的 640 kHz 时钟脉冲。V_{CC} 为+5 V 电源输入线，GND 为地线。$+V_{REF}$ 和 $-V_{REF}$ 为参考电压输入线，用于给 DA 转换器供给标准电压。$+V_{REF}$ 常和 V_{CC} 相连，$-V_{REF}$ 常接地。

7.3.4　双积分型 AD 转换器

1. 双积分型 AD 转换器的工作原理

双积分型 AD 转换器属于间接型 AD 转换器，它是把待转换的输入模拟电压先转换为一个中间变量，如时间 T；然后再对中间变量量化编码，得出转换结果，这种 AD 转换器多称为电压—时间变换型(简称 VT 型)。图 7.14 所示的是 VT 型双积分型 AD 转换器的原理图。

转换开始前，先将计数器清零，并接通 S_0 使电容 C 完全放电。转换开始，断开 S_0。整个转换过程分 2 阶段进行：

第 1 阶段，令开关 S_1 置于输入信号 U_i 一侧。积分器 A_1 通过电容 C 对 U_i 进行固定时间 T_1 的积分。积分结束时积分器的输出电压为

$$U_{O1}=\frac{1}{C}\int_0^{T_1}\left(-\frac{U_i}{R}\right)dt=-\frac{T_1}{RC}U_i \tag{7.4}$$

可见积分器的输出 U_{O1} 与 U_i 成正比。这一过程称为转换电路对输入模拟电压的采样过程。在采样开始时，逻辑控制电路将计数门打开，计数器计数。当计数器达到满量程 N 时，计数器由全“**1**”复“**0**”，这个时间正好等于固定的积分时间 T_1。计数器复“**0**”时，同时给出 1 个溢

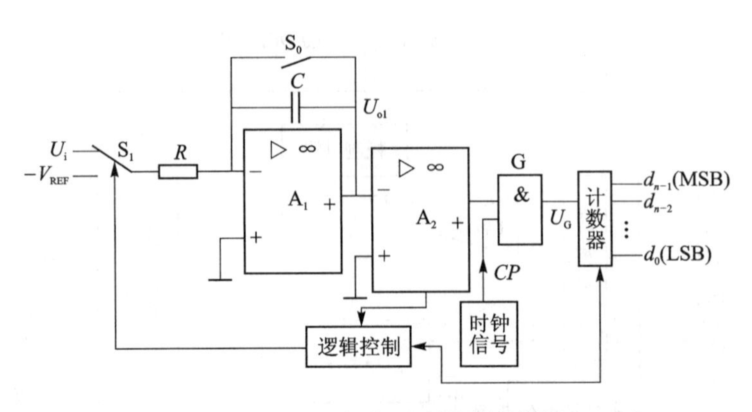

图 7.14 双积分型 AD 转换器的框图

出脉冲(即进位脉冲)使控制逻辑电路发出信号,令开关 S_1 转换至参考电压$-V_{REF}$一侧,采样阶段结束。

第2阶段称为定速率积分过程,将 U_{O1} 转换为成比例的时间间隔。采样阶段结束时,一方面因参考电压$-V_{REF}$的极性与 U_i 相反,积分器向相反方向积分。计数器由0开始计数,经过 T_2 时间,积分器输出电压 U_0 回升为零,过零比较器 A_2 输出低电平,关闭计数门,计数器停止计数。转换过程如图7.15所示。因此得到

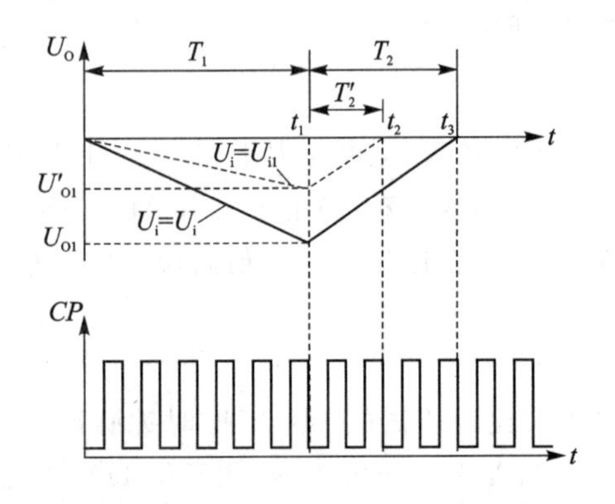

图 7.15 双积分 AD 转换器波形图

$$\frac{T_2}{RC}V_{REF}=\frac{T_1}{RC}U_i$$

即

$$T_2=\frac{T_1}{V_{REF}}U_i \tag{7.5}$$

式(7.5)表明,反向积分时间 T_2 与输入模拟电压成正比。

在 T_2 期间计数门 G_2 打开,标准频率为 f_{CP} 的时钟通过 G_2,计数器对 U_G 计数,计数结果为 D,由于

$$T_1=NT_{CP}\qquad T_2=DT_{CP}$$

则计数的脉冲数为

$$D=\frac{T_1}{T_{CP}V_{REF}}U_i=\frac{N}{V_{REF}}U_i \tag{7.6}$$

计数器中的数值就是AD转换器转换后数字量,至此即完成了电压—时间转换。若输入电压 $U_{i1}<U_i$,$U'_{O1}<U_{O1}$,则 $T'_2<T_2$,它们之间也都满足固定的比例关系,如图7.15所示。

双积分型AD转换器若与逐次逼近型AD转换器相比较,因有积分器的存在,积分器的输出只对输入信号的平均值有所响应,所以,它的突出优点是工作性能比较稳定且抗干扰能力强。此外,只要2次积分过程中积分器的时间常数相等,计数器的计数结果与 RC 无关。所以,该电路对 RC 精度的要求不高,而且电路的结构也比较简单。双积分型AD转换器属于低速型AD转换器,1次转换时间在1~2 ms,而逐次比较型AD转换器可达到1 μs。不过在工业控制系统中的许多场合,毫秒级的转换时间已经足够,双积分型AD转换器的优点正好有了

用武之地。

2. 集成双积分型 AD 转换器

集成双积分型 AD 转换器品种有很多，大致分成二进制输出和 BCD 输出 2 大类，图 7.16 是 BCD 码双积分型 AD 转换器的框图，它是 1 种 $3\frac{1}{2}$ 位 BCD 码 AD 转换器。这一芯片输出数码的最高位(千位)仅为 0 或 1，其余 3 位均由 0～9 组成，故称为 $3\frac{1}{2}$ 位。$3\frac{1}{2}$ 位的 3 表示完整的 3 个数位有十进制数码 0～9，$\frac{1}{2}$ 的分母 2 表示最高位只有 0、1 二个数码，分子 1 表示最高位显示的数码最大为 1，显示的数值范围为 0000～1999。同类产品有 ICL7107、7109 和 5G14433 等。双积分型 AD 转换器一般外接配套的 LED 显示器件或 LCD 显示器件，可以将模拟电压 u_i 用数字量直接显示出来。

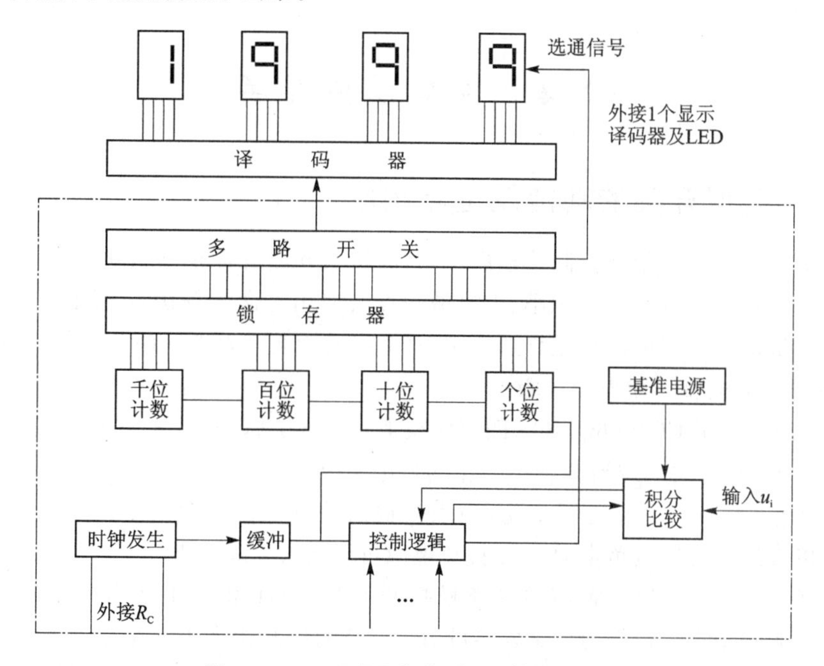

图 7.16　BCD 码双积分型 AD 转换器框图

为了减少输出线，译码显示部分采用动态扫描的方式，按着时间顺序依次驱动显示器件，利用位选通信号及人眼的视觉暂留效应，就可将模拟量对应的数字量显示出来。

这种双积分型 AD 转换器的优点是，利用较少的的元器件就可以实现较高的的精度(如 $3\frac{1}{2}$ 位折合 13 位二进制)；一般输入都是直流或缓变化的直流量，抗干扰性能很强。广泛用于各种数字测量仪表，工业控制柜面板表和汽车仪表等方面。

7.3.5　AD 转换器的转换精度与转换时间

1. AD 转换器的转换精度

在单片 AD 转换器中，也用分辨率和转换误差来描述转换精度。分辨率是指引起输出二

进制数字量最低有效位变动1个数码时,输入模拟量的最小变化量。小于此最小变化量的输入模拟电压,将不会引起输出数字量的变化。也就是说,AD转换器的分辨率,实际上反映了它对输入模拟量微小变化的分辨能力。显然,它与输出的二进制数的位数有关;输出二进制数的位数越多,分辨率越小,分辨能力越高。但超出了AD转换器分辨率的极限值,再增加位数,也不会提高分辨率。

转换误差通常以相对误差的形式给出,它表示AD转换器实际输出的数字量与理想输出的数字量之间的差别,并用最低有效位LSB的倍数来表示。

2. 转换时间

表示完成1次从模拟量到数字量之间的转换所需要的时间,它反映了AD转换器的转换速度。例如:逐次比较型的AD0801～0803、0808～0809的转换时间为100 μs;AD571为25 μs;AD574为35 μs;AD578为2.5 μs。双积分AD转换器的转换时间一般在几十到一二百毫秒。

7.4 多路模拟开关

7.4.1 模拟开关的功能及电路组成

模拟开关是通过数字量来控制传输门(TG)的接通和断开以传输数字信号或模拟信号的开关。它具有功耗低、速度快、体积小、无机械触点及使用寿命长等优点,因此,在一定程度上可以用来代替继电器。它的缺点是导通电阻不够小(几十至几百欧),断开时仍有泄露电流(约0.1 μA),且通过的电流一般为mA级。

图7.17(a)给出了CC4066CMOS四双向模拟开关的引脚,它由4个传输门构成,图7.17(b)为其中1个模拟开关的逻辑图。当V_{C1}为低电平时,开关断开,反之,当V_{C1}为高电平时,则接通。输入信号在0～V_{DD}之间变化,输入与输出端可互换。图中V_{DD}为正电源,CC4066的V_{SS}端可以接地也可以接负电源,V_{SS}接负电源可以增大关断电阻。

模拟开关除CC4066以外还有单8路模拟开关CC4051和双4路模拟开关CC4052等,CC4051的引脚图如图7.18所示,受数字量A、B、C的控制相当于1个单刀八掷开关。图中V_{SS}为地,V_{EE}为负电源,V_{DD}为正电源。INH(Inhibit)为禁止端,当INH为低电平时,模拟开关工作。

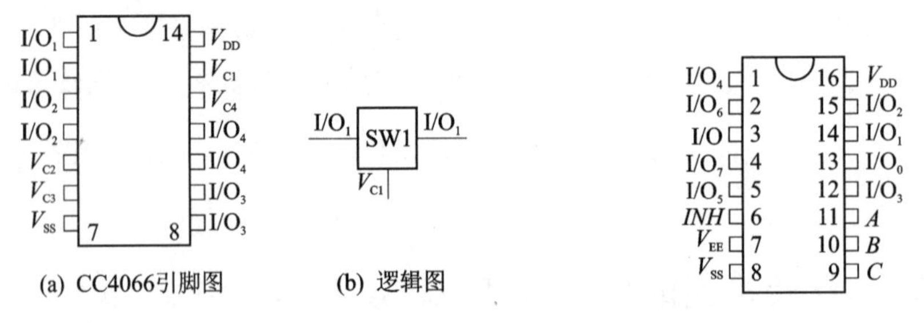

图7.17 CC4066管脚图和逻辑图

图7.18 CC4051引脚图

7.4.2　模拟开关的各种工作模式

双向模拟开关有多种规格，表 7.3 中列出了与机械开关对应的各模拟开关的连接方法。

表 7.3　各种模拟开关的连接方式

功能名称	表示符号	电路连接方式
单刀单掷	u_i　u_O　EN	u_i　SW　u_O　EN
单刀双掷	u_i　u_{O1}　u_{O2}　EN	u_i　SW1　u_{O1}　SW2　u_{O2}　EN　1　$\overline{EN}$
双刀单掷	u_{i1}　u_{O1}　u_{i2}　u_{O2}　EN	u_{i1}　SW1　u_{O1}　u_{i2}　SW2　u_{O2}　EN　1　$\overline{EN}$
双刀双掷	u_{i1}　u_{O11}　u_{O12}　u_{i2}　u_{O21}　u_{O22}　EN	u_{i1}　SW1　u_{O11}　SW2　u_{O12}　u_{i2}　SW3　u_{O21}　SW4　u_{O22}　EN　1　$\overline{EN}$

*7.5　数据采集系统简介

数据采集和控制系统是对生产过程或科学实验中的各种物理量进行实时采集、测试和处理，并可将相应的量输出以构成反馈控制系统。

数据采集和控制系统多种多样，但其基本工作过程相似，汇集被测控对象的各种模拟量，通过 AD 转换器转换为数字信号，再通过计算机、数字信号处理芯片等器件对所采集的信号进行加工处理后，再通过 DA 转换器转换成相应的模拟量，实现所需的控制。有关单片机的内容将在其他课程中介绍，也可以自学。本节主要介绍数据采集系统的组成，模数和数模转换器等集成电路的使用，以及通过简要介绍一种温度控制器，说明电子电路小系统的设计过程。

7.5.1 系统的技术要求

设计1个温度控制器,来控制1个加热器,当环境温度达到设定值时,加热器自动断电。电路应包括:

① 测温和控制范围18~65 ℃。

② 控温精度应≤1 ℃。

③ 电路具有显示温度环节和超温报警指示。

④ 采用单片机作为控制电路,采用继电器作为执行机构。

7.5.2 系统方框图

本系统由集成温度传感器、放大电路、AD转换器、单片机、DA转换器、控制驱动电路、加热器、锁存器、译码显示电路、键盘接口电路、数据存储器RAM和程序存储器EPROM等部分组成。温度控制器的方框图如图7.19所示。

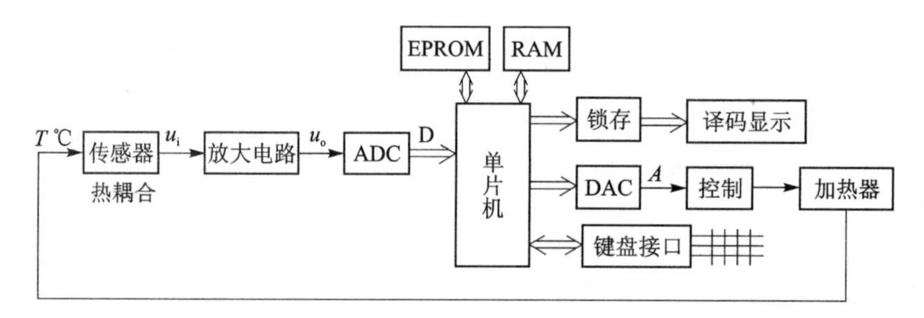

图7.19 温度控制器的方框图

传感器采用集成温度传感器AD590,AD590是按K氏度标定的电流型温度传感器。温度每变化1 K,电流就变化1 μA。经过放大电路的放大,在温度达到最高温度时,放大电路的输出可以达到AD转换器所需要的最大模拟量数值。模拟信号送入AD转换器,变换成数字信号后,将数字量送往单片机。

单片机将传输过来的数字信号存入单片机中的存储器,如果数据量大,可以转存到外挂的RAM中。从数据传感器测得的信号,单片机处理后通过LED数码管显示实时温度。通过键盘,用户可设置温度的上限值,当温度超过上限时,单片机通过可控硅控制加热器停止工作,并报警显示温度值,直到温度下降到允许范围内。单片机的运行程序应事先存放在EPROM之中。在图7.19的方框图中,主要包括的元器件如下:

单片机最小系统一套,温度传感器AD590一个 ,运算放大器LM324一片,共阴极LED译码管四个,LED驱动器MC14495四片,8输入与非门74LS30一片,非门74LS04一片,固态继电器一个,NPN三极管9013一个 ,电阻及导线若干。

7.5.3 电路设计

本设计采用80C52单片机对加热器实行自动控制,系统主要包括温度测量、键盘显示、输出控制3部分,现分别介绍如下。

1. 温度测量电路

温度测量是整个控制系统的关键，控制的可靠性取决于温度测量的精度。AD590 是一种输出电流信号的高精度温度传感器，它测量范围从 −50～+100 ℃，为了便于对信号进行放大，先利用 1 个电阻将所测的电流信号转化为电压信号。AD590 在制造时按照 K 氏度标定，即：在 0 ℃时的电流为 273 μA，温度每增加 1 ℃，电流随之增加 1 μA，为了使温度为 0 ℃时输出电压为 0 V，应加入一偏移量，来抵消 0 ℃时 AD590 的输出。

在图 7.20 的电路中，DW233 是标准稳压二极管，因 $I_{RW}=I_{0+}I_{R3}$，保持恒定值。在一定温度条件下 I_0 是固定的，例如：0 ℃时 $I_0=273\ \mu A$。调节 RW_1 可改变其中的电流 I_{RW}，使 0 ℃时的

$$I_{R3}=I_{RW}-I_0=(273-273)\ \mu A=0\ \mu A$$

于是 A_1 的输出 $U_{O1}=0$ V。若温度等于 65 ℃，AD590 的电流 $I_0=(273+65)\ \mu A=338\ \mu A$，而 I_{RW} 仍然等于 273 μA，增加的 65 μA 电流由 I_{R3} 提供，于是 $I_{R3}=-65\ \mu A$，$U_{O1}=-I_{R3}\times R_3=650$ mV，对应 65 ℃。由此可以确定电路的温度电压转换当量为 10 mV/℃。

由于此时所得的电压信号幅度较小，在进行 AD 转换以前需进行放大。这可由图中运放 A_2 构成的同相比例放大电路来完成。

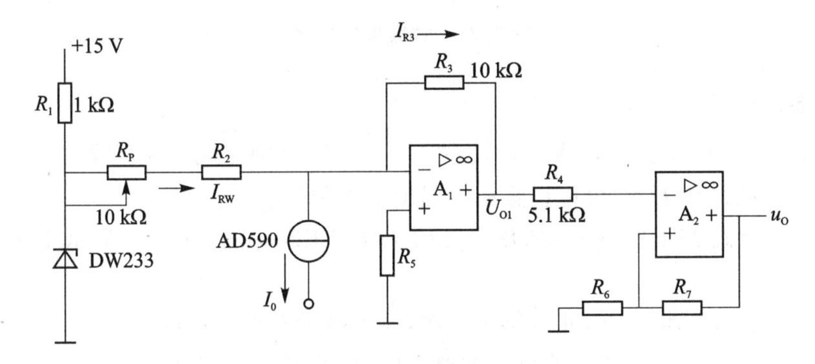

图 7.20　温度测量电路

2. 数据采集电路

电压信号通过 A_2 放大后送入模数转换器 ADC0809 输入端，单片机采集 ADC0809 的输出数字信号进行处理转化为温度值进行显示。

采集电路如图 7.21 所示。外部传感器将采集来的数据（图中 IN0 端）送入模数转换器 ADC0809，模数转换器将模拟数据转化为数字信息然后送到数据线上，单片机通过对地址的选择可以分别选通各个通道并读取信息。图 7.21 中，Y_3 为单片机地址译码信号，WR 和 RD 分别是单片机的写信号和读信号。当 Y_3 和 WR 同时为低电平时，**与非**门输出高电平，即：ADC0809 的 ALE 和 START 为高电平，控制 ADC0809 转换开始；当 Y_3 和 RD 为低电平时，ADC0809 的 ENABLE 为高电平，则 ADC0809 处于读数状态。4 分频电路时钟端所接的 ALE 信号，即：单片机的 ALE 输出，频率为单片机输入的晶振频率的 1/6；一般单片机晶振频率为 12 MHz，则 ALE 信号的频率为 2 MHz，而 ADC0809 的工作频率为 10～1280 kHz，若选取 500 kHz，则需将单片机的 ALE 进行 4 分频。

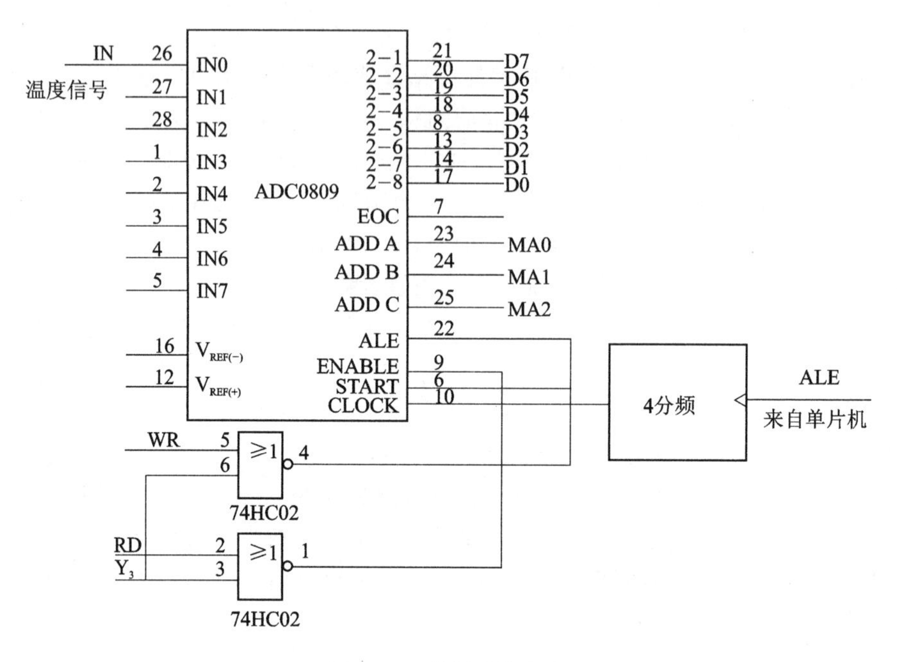

图 7.21 数据采集电路

3. 键盘显示电路

为对系统中必要的参数作输入设定,设置了5个键,分别完成的功能是:

① 设置——此键按下后,可以设置系统温度的上限值。

② 工作——此键按下的同时,加热器开始工作,LED每隔200 ms显示1次加热器内的温度。

③ 移动——在设置状态下,此键每按1次,标志显示右移1位(可循环移动)。

④ 修改——对设置温度的当前位上的值作修改,按键1次,数据增1。

⑤ 确定——系统保存对温度上限值所做的修改。

键盘接线电路如图7.22所示。键盘接单片机P1口,并且与8输入**与非**门相连接,然后通过非门接入单片机的INT0中断口,当有按键按下时系统响应中断,同时查询P1口状态以确定键盘值并做处理。

4. 输出控制电路

单片机P17口经74HC04接NPN型三极管的基极,继电器的输出端接220 V交流电源带动的负载。作为一种开关电路,当P17输出低电平加热器停止工作,输出高电平加热器正常加热。输出电路接反相器是为了在单片机复位的时候,能够保证继电器的断开状态,因为单片机各个复位引脚都是高电平有效。

单片机每隔200 ms对温度信号进行采集并与温度的上限进行比较,若超过上限值,则控制加热器停止工作,并且显示报警。基本电路如图7.23所示。

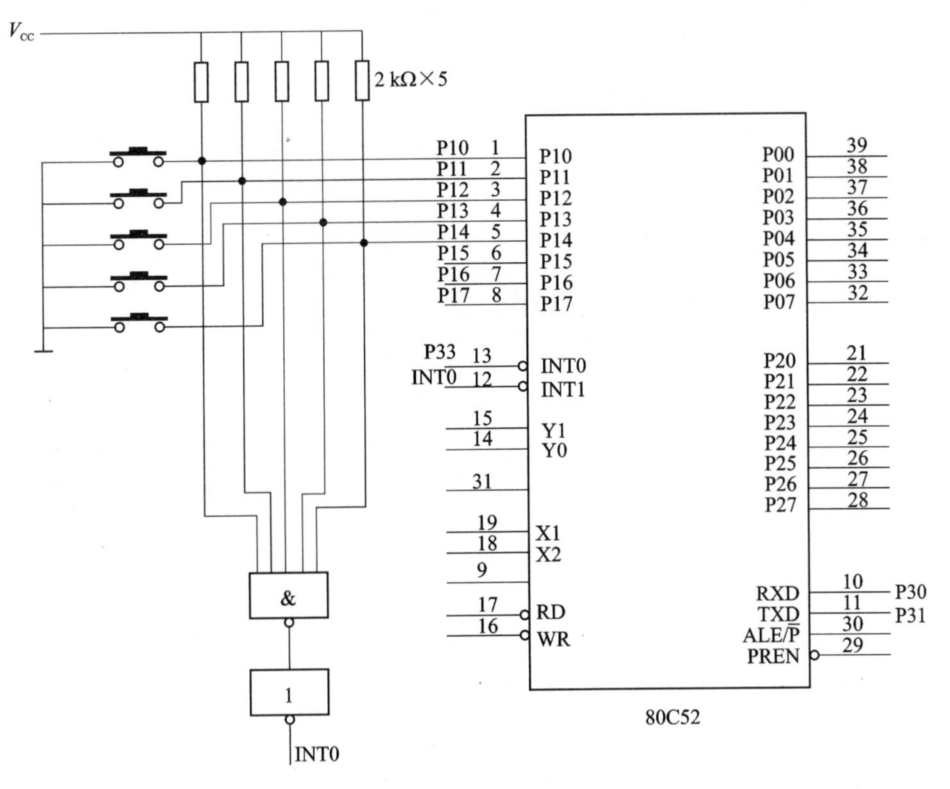

图 7.22　键盘接线电路图

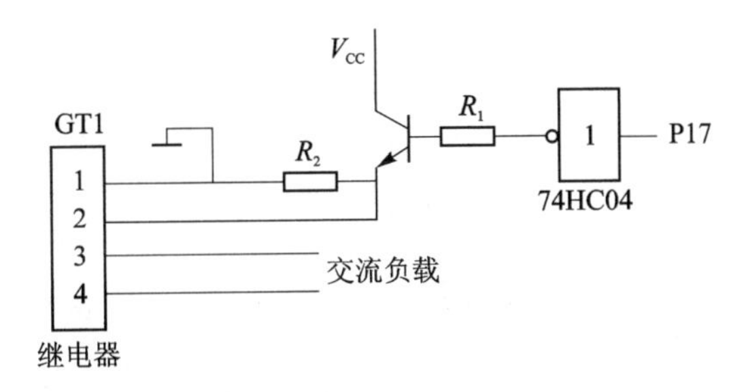

图 7.23　输出控制电路图

习　题

1. 填空题:

(1) 8 位 DA 转换器当输入数字量只有最高位为高电平时输出电压为 5 V,若只有最低位为高电平,则输出电压为____________。若输入为 **10001000**,则输出电压为____________。

(2) AD 转换的一般步骤包括____________、____________、____________和____________。

(3) 已知被转换信号的上限频率为 10 kHz,则 AD 转换器的采样频率应高于____________。完成一次转换所用时间应小于____________。

(4) 衡量 AD 转换器性能的 2 个主要指标是____________和____________。

(5) 就逐次逼近型和双积分型2种AD转换器而言,＿＿＿＿＿＿抗干扰能力强;＿＿＿＿＿＿转换速度快。

2. 图7.24为1个由4位二进制加法计数器,DA转换器,电压比较器和控制门组成的数字式峰值采样电路。若被检测信号为1个三角波,试说明该电路的工作原理(测量前在 $\overline{R_D}$ 端加负脉冲,使计数器清零)。

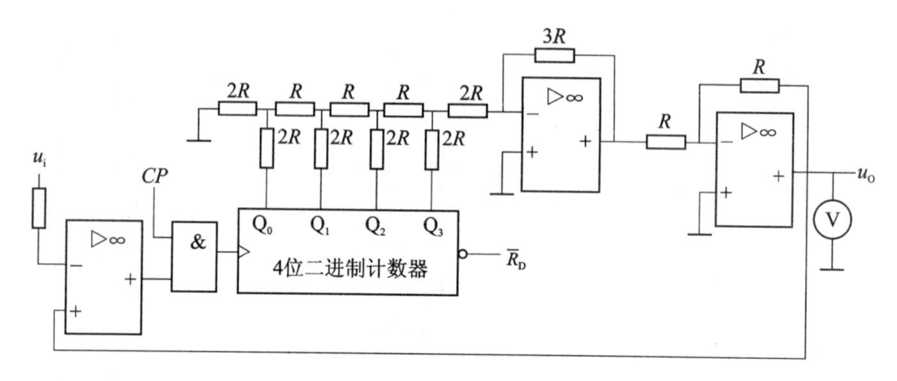

图7.24 习题2图

3. 双积分型AD转换器如图7.25所示,请简述其工作原理并回答下列问题:

(1) 若被检测电压 $u_{i,max}=2$ V,要求能分辨的最小电压为0.1 mV,则二进制计数器的容量应大于多少?需用多少位二进制计数器?

(2) 若时钟频率 $f_{CP}=200$ kH$_Z$,则采样时间 $T_1=$?

(3) 若 $f_{CP}=200$ kHz,$u_i<V_{REF}=2$ V,欲使积分器输出电压 u_O 的最大值为5 V,积分时间常数 RC 应为多少。

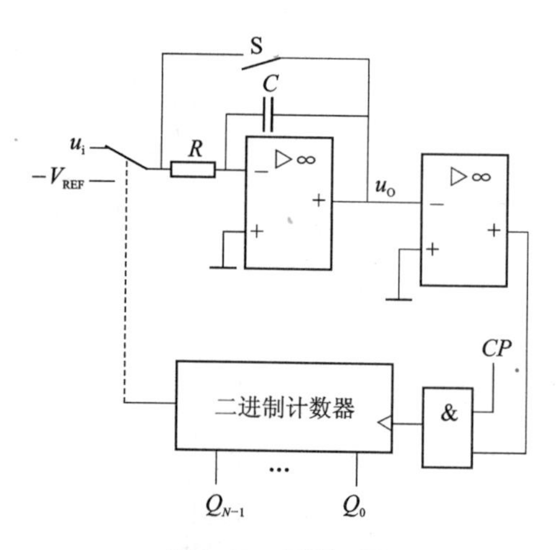

图7.25 习题3图

4. 双积分型AD转换器如图7.26所示。试问:

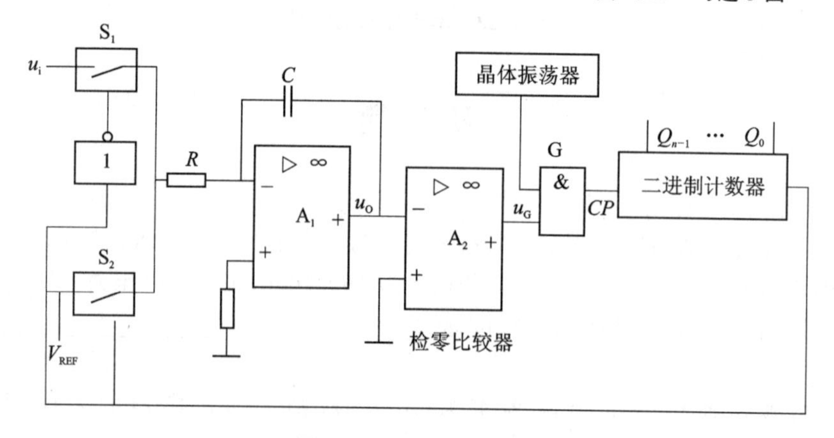

图7.26 习题4电路图

(1) 若被检测信号的最大值为 $u_{i,max}=2$ V，要能分辨出输入电压的变化小于等于 2 mV，则应选择多少位的 AD 转换器？

(2) 若输入电压大于参考电压，即 $|u_i|>|V_{REF}|$，则转换过程中会出现什么现象？

5. 有 1 个逐次逼近型 8 位 AD 转换器，若时钟频率为 250 kHz。

(1) 完成 1 次转换需要多长时间？

(2) 输入 u_i 和 DA 转换器的输出 u_o 的波形如图 7.27 所示，则 AD 转换器的输出为多少？

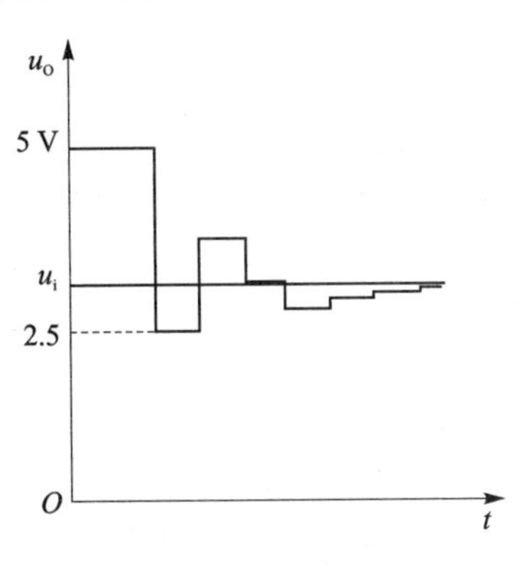

图 7.27　习题 5 图

6. 逐次逼近型 AD 转换器中的 10 位 DA 转换器的 $U_{o,max}=12.276$ V，CP 的频率 $f_{CP}=500$ kHz。

(1) 若输入 $u_i=4.32$ V，则转换后输出状态 $D=Q_9Q_8\cdots Q_0$ 是什么？

(2) 完成这次转换所需的时间 t 为多少？

7. 试分析如图 7.28 所示电路的工作原理，画出输出电压 U_o 的波形。(表 7.4 所列的是 2716 的十六个地址单元中所存的数据)。

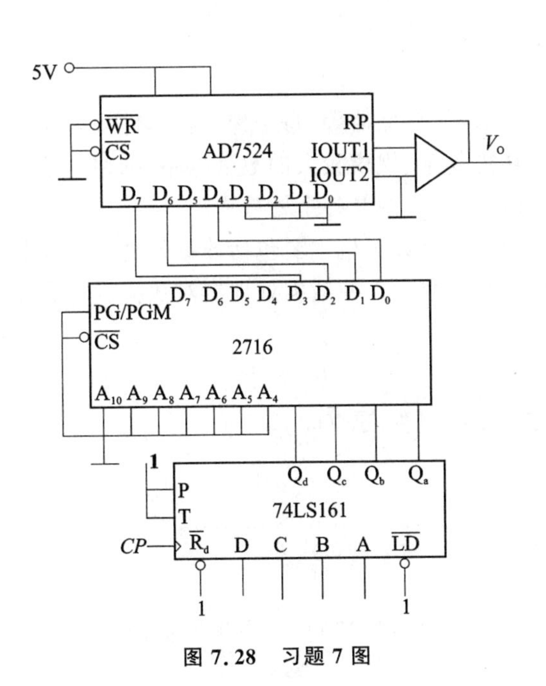

图 7.28　习题 7 图

表 7.4

A_3	A_2	A_1	A_0	D_3	D_2	D_1	D_0
0	0	0	0	0	0	0	0
0	0	0	1	0	0	1	0
0	0	1	0	0	0	0	0
0	0	1	1	0	0	1	0
0	1	0	0	0	1	0	0
0	1	0	1	0	0	0	0
0	1	1	0	0	0	0	0
0	1	1	1	0	0	1	0
1	0	0	0	0	1	0	0
1	0	0	1	0	1	1	0
1	0	1	0	0	0	0	0
1	0	1	1	0	0	1	0
1	1	0	0	0	1	0	0
1	1	0	1	0	1	1	0
1	1	1	0	0	0	0	0
1	1	1	1	0	0	0	0

第 8 章　模型计算机系统

内容提要：

数字计算机是典型的数字系统。本章介绍数字计算机的组成和基本工作原理，并以一个 8 位的模型计算机执行加法运算为例，介绍用逻辑器件设计模型计算机系统的基本思想和方法。

问题探究

1. 数字计算机由哪几部分组成？

2. 数字计算机是如何自动地执行程序的？

3. 如何利用前面学习的中小规模集成电路和大规模集成电路设计一个模型计算机，并完成 6＋17 的运算？

4. 如何设计功能更多更复杂的数字计算机？

8.1　导　论

前面已讨论了一些基本逻辑部件，如加法器、计数器、存储器等，每一种逻辑部件都能完成某种单一的逻辑功能。如果把这些逻辑部件组成功能复杂、规模较大的数字电路，则称为数字系统。数字系统广泛应用于航空航天、交通控制、医疗、互联网等各个领域。

数字计算机是一种具有通用性的典型数字系统。数字计算机主要包括数据处理器和控制器，最重要的特性就是通过控制器控制一系列指令的自动执行，使数据处理器对数据进行操作和处理。

8.2　基本结构及工作原理

8.2.1　模型计算机的基本结构

计算机的体系结构是 1945 年冯·诺伊曼提出的。

模型计算机与微型计算机具有相似的基本结构，由运算器、控制器、内存储器、输入/输出设备构成，并通过总线结构传送信息，如图 8.1 所示。

1. 运算器

运算器是执行运算任务的器件，包括算术运算和逻辑运算。运算器主要由算术逻辑运算部件(Arithmetic Logic Unit，ALU)、寄存器组、标志寄存器组成。

寄存器组由若干寄存器组成，如累加器 AX、通用寄存器 BX 等，用于存储二进制数据，可以是初始数据、中间数据或运算结果。

核心部件 ALU 完成算术与逻辑运算，如加、减、乘、除等算术运算和与、或、非、异或等逻

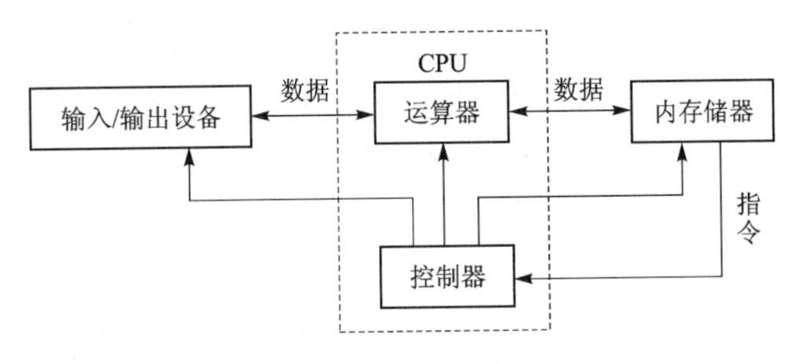

图 8.1　模型计算机基本结构

辑运算，如图 8.2 所示。参与运算的数据来自于寄存器 R、存储器 M，也可以是一个立即数 data；运算结果存于寄存器或存储器中；运算结果的特征存于标志寄存器 FR 中，包括零标志、进位标志、符号标志、溢出标志、奇偶标志等。

ALU 工作过程如图 8.2 所示：假设两个参加运算的操作数事先放在寄存器 AX 和 BX 中。在 ALU 中进行的算术或逻辑运算可用寄存器描述语言描述为：AX←AX 运算 BX，其中的“运算”表示某种算术或逻辑运算，如 AX←AX+BX 为加法运算；箭头表示数据传送与存放动作，而非相等，此处表示运算后结果存放到 AX 中。运算结果状态存储到 FR 中。

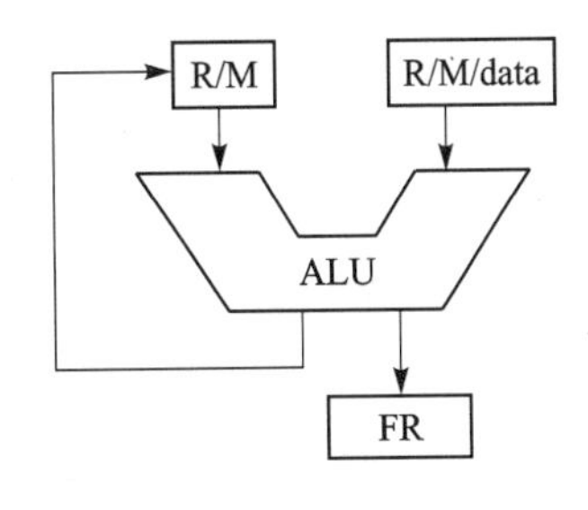

图 8.2　ALU 示意图

例如，设 AX=**01110000**B，BX=**10010000**B，进行 AX←AX+BX 运算后，有 AX=**00000000**B，BX=**10010000**B。

标志寄存器的进位标志 CF=**1**，零标志 ZF=**1**，溢出标志 OF=**0**，符号标志 SF=**0**，辅助进位标志 AF=**0**，奇偶标志 PF=**1**。

2. 控制器

时序电路按时钟 CLK 节拍工作，一个 CLK 完成一个基本操作。

控制器是根据程序对模型计算机进行控制的部件。它对全机进行指挥操纵，控制模型计算机系统的工作步骤，主要用来实现模型计算机本身运行过程的自动化，即实现程序的自动执行。

控制器主要由程序计数器（Program Counter，PC）、内存地址寄存器（Memory Address Register，MAR）、指令寄存器（Instruction Register，IR）、操作码译码器（Instruction Decode，ID）、脉冲分配器、操作控制部件等组成。

程序计数器记录要执行的下一条指令在内存中的存放地址，在每条指令取出后自动修改。正是通过程序计数器的自动修改实现了模型计算机程序的自动运行。内存地址寄存器中存储要访问的存储单元的地址，可以是指令的地址，也可以是数据的地址。指令寄存器存储正在执行的指令的机器码。操作码译码器对指令机器码的操作码部分进行译码，通过操作控制部件控制 CPU 产生执行该指令的各种控制信号，在时序脉冲的同步下控制各个部件的动作。

控制器通过内部总线和寄存器、运算器连接。控制器根据不同指令，控制执行状态机的状态转换，并在取指、取数、译码、执行、回写五个状态中分别实现输入信号的处理和相应信号的输出。每条指令都包含取指、译码、执行三个状态。

3. 内存储器

内存储器(简称内存)是存储程序指令和数据的装置,可寄存程序指令、原始数据、中间结果和最后结果,是计算机各种信息的存储和交流中心。

内存一般由地址译码器、存储矩阵、控制逻辑和三态双向缓冲器等部分组成,如图8.3所示。

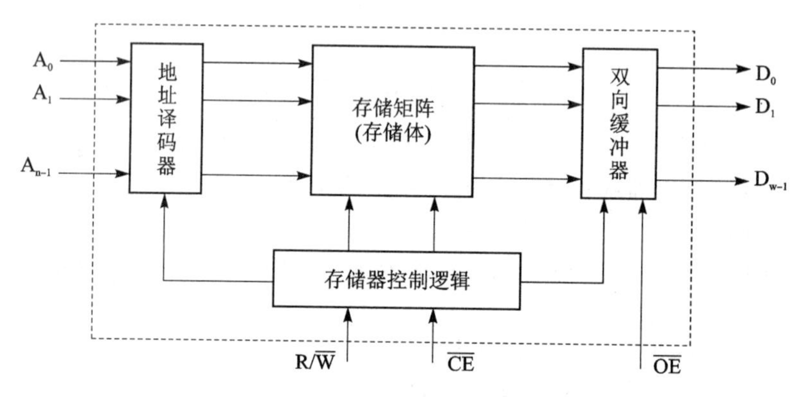

图8.3 内存的结构框图

内存包含很多存储单元,被存储的信息分别存在这些存储单元之内。存储单元内存储的数为存储单元的内容。每个存储单元有固定的位数,与计算机的数据总线宽度有关,一个存储单元存储w位二进制数,一般将8位二进制数记做一个字节,每个内存单元中存放一个字节的二进制信息。每个存储单元有自己的编号,叫做地址。CPU能访问的内存储器的存储单元的数量与计算机的地址总线宽度有关,n位地址线能访问2^n个存储单元。

地址	内容
0000	01001000
0001	00101111
……	……
1111	00000000

图8.4 内存中信息存储形式

内存容量是内存储器的一个重要指标,指它所包含的内存单元的数量,通常用该存储器所能存储的字数及其字长的乘积来表示。

$$存储容量=字数\times字长$$

内存按功能一般分为程序指令区和数据区。在模型计算机的状态机转换的过程中,在执行状态机的相应状态中(取指令、取数据、存数据),根据控制信号的逻辑设定,实现其中二进制码的读出和写入。指令和数据都以二进制形式存储在内存的存储单元中,要访问内存中的指令和数据,必须给出指令和数据在内存中的地址信息。

指令区存放程序指令的机器码。在程序运行时,程序计数器的初值指向程序第一条指令在内存的地址,从内存中读取指令到CPU中译码并执行,同时修改程序计数器的值使其指向下一条待执行的指令的内存地址,在下一个指令周期取下一条指令译码并执行,如此不断重复,实现程序的自动运行。数据区用来存储程序运行中用到的数据,可以是原始数据、中间结果和最终结果等,通过指令中操作数的寻址方式得到数据在内存中的地址信息,读出操作数进行算术或逻辑运算,若需要则在回写状态将运算结果写入存储器中。

模型计算机有8根地址线,8根数据线,可访问256个存储单元,每个存储单元存储一个8位字长的字节数据,它的容量是256×8位。

4. 输入/输出设备

计算机存储与处理的都是二进制信号，如何将程序或数据转换成计算机所能处理的二进制数并输入给计算机，如何将计算机运算的结果转换成人们所能理解和接受的视听信号，都需借助输入/输出设备。

输入设备和输出设备统称外设。输入设备是把程序或数据或其他信号转换成计算机所能接受的二进制信号的装置。通过输入设备向计算机输入原始数据和程序，如键盘、鼠标等。输出设备是把计算机中的二进制数转换成人们所能接受的信息的装置。输出设备将计算机运算的中间结果或最后结果加以显示、打印等，如显示器，打印机等。

5. 总线结构

CPU 与内存及输入/输出设备的连线称为总线。总线是计算机用来传送信息并具有逻辑控制功能的一组通信线。

按数据传送方向，总线分单向总线和双向总线两种。双向总线可用来发送数据，也可用来接收数据，即可以朝两个方向传送数据。单向总线只能朝一个方向传送数据。

按功能，总线分为数据总线（Data Bus，DB）、地址总线（Address Bus，AB）和控制总线（Control Bus，CB）。数据总线用来在 CPU 和其他部件之间传送信息。地址总线用于传送 CPU 所要访问的存储单元地址或输入/输出设备接口的地址信号。控制总线指 CPU 向其他部件传送控制信号，以及其他部件向 CPU 传送状态信号及请求信号的一组通信线。

模型计算机设置 8 根地址线、8 根数据线和所需的控制信号线。

8.2.2　模型计算机基本工作原理

数字计算机是通过 CPU 自动地执行一条条指令工作的。

1. 指令分类

模型计算机的指令系统包含六大类，如表 8.1 所列

表 8.1　指令系统分类

类　别	操作内容
传送类	传送数据或数据的地址信息等
运算类	完成算术运算或逻辑运算，运算结果送目的操作数，运算结果的状态送标志寄存器
比较类	进行数据的比较，比较结果不回送到目的操作数，运算结果的状态送标志寄存器，表示两个操作数之间的关系
控制转移类	修改程序计数器的内容，改变程序运行的顺序
I/O 类	从输入设备读数据到 CPU，或 CPU 写数据到输出设备
CPU 控制类	控制 CPU 的工作状态，如停机操作等

每类指令包含若干条指令。CPU 的功能越强，指令就越多越复杂。

2. 指令格式

每条指令可用指令助记符的形式表示，便于用户书写和记忆。其格式为

[标号:] 指令助记符 目的操作数,源操作数[;注释]

[ ]的内容可有可无;指令助记符必须有,它指明了指令的功能;操作数部分根据指令的功能可以没有操作数,有1个操作数或2个操作数。

编写程序时,按程序功能用CPU提供的指令,按其要求的格式编写指令序列。

3. 指令机器码

指令在计算机中是以二进制编码形式存储的,称为指令机器码,每条指令的机器码可以是1到多个字节。指令机器码包含两方面内容:操作码和操作数。操作码指明指示机器执行什么操作,即给出操作要求,如是加法指令、减法指令等;操作数部分指明参与操作的数据是什么或给出操作数的地址信息。

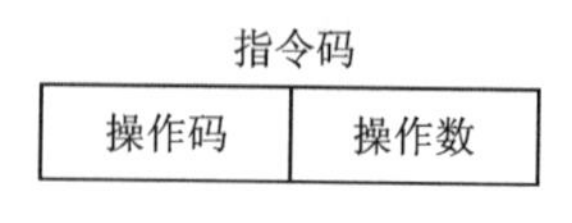

图8.5 指令机器码

用户用指令助记符的形式编写的程序,经编译后得到相应指令机器码。程序运行时,这些指令机器码存储在内存的指令区。

4. 指令执行过程

模型计算机系统结构如图8.6所示。

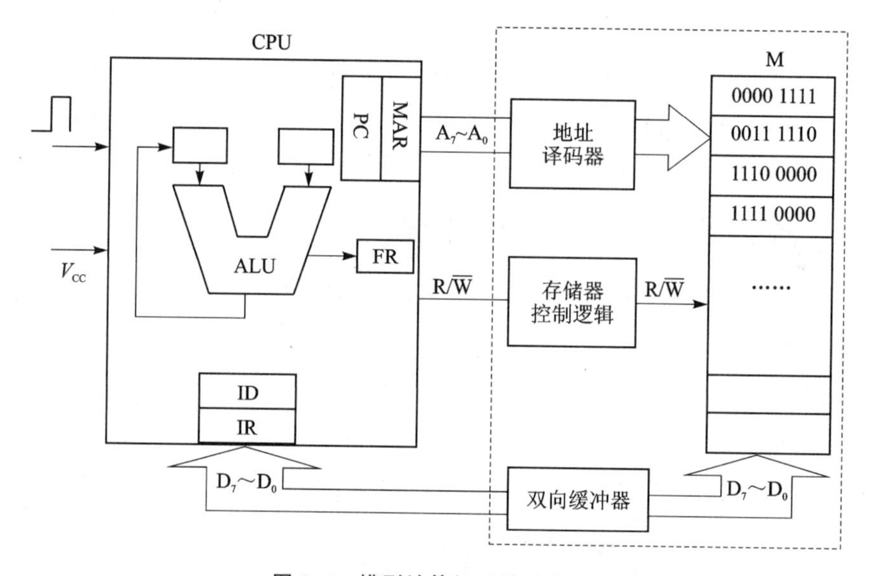

图8.6 模型计算机系统结构图

每一条指令是在时钟信号CP的控制下按节拍工作的。执行每条指令所需要的时间称为一个指令周期,每个指令周期包含若干时钟周期。

每个指令周期CPU完成取指、译码并执行的工作,可分成取指周期和执行周期两个阶段。

在取指周期,CPU完成从内存中取指令的操作。CPU根据程序计数器PC所指出的现行指令地址,通过地址总线发出要访问的内存的地址信息,访问内存指令区,从内存中取出该条指令的机器码,指令机器码放入CPU的指令寄存器IR中,完成了取指操作。然后CPU的指令译码器ID对IR的操作码部分进行译码,从而确定指令的功能。在取指周期,CPU取指令后要修改PC的内容,使其指向下条指令的地址。对除了停机指令的任何一条指令,其取指过

程都相同。

在指令执行周期，根据指令译码的结果产生不同的控制信号，由操作控制部件向计算机各部分发出控制电位，控制各部件执行相应的操作，从而完成该指令的功能。对于不同的指令，计算机在执行周期的操作是不同的。如执行加法运算时，指令执行时操作控制部件产生控制信号，控制 ALU 完成两个操作数(加数)的求和操作，并将运算结果(和数)存入目的操作数。如果加数在内存中，在指令执行周期需产生控制信号从内存中取操作数送到 ALU 的数据输入端。

8.3　指令集

一种型号 CPU 的所有机器指令(助记符)构成该型号 CPU 的指令系统。不同型号的 CPU 由于内部结构不同，其指令系统可能不同。

8.3.1　常用指令集

这里模型计算机的指令系统包含六大类指令：数据传送类、算术运算类、比较类、控制转移类、I/O 类、CPU 控制类。

每类指令可包含多条指令。表 8.2 中列出了模型计算机的主要指令。指令越多越复杂，模型计算机性能越强，硬件也越复杂。

表 8.2　模型计算机常用指令集

类　别	助记符	操作内容
传送类	MOV AX,Data	Data→AX，把数据 Data 送至 AX
	MOV AX,BX	BX→AX，把寄存器 BX 内容送 AX
	MOV AX,[Address]	[Address]→AX，把存储单元内容送 AX，存储单元的地址为 Address
算术运算类	ADD AX,Data	AX+Data→AX，影响 AX
	SUB AX,Data	AX－Data→AX，影响 AX
	ANDAX,Data	AX ˆ Data→AX，影响 AX
	ORAX,Data	AX v Data→AX，影响 AX
比较类	CMP AX,Data	AX－Data，影响 AX
	TESTAX,Data	AX ˆ Data，影响 AX
控制转移类	JMP　Label	Label→PC
	CALLFunction	PC→RAR，Function→PC
	RET	RAR→PC
I/O 类	OUT AX	AX→Output 并显示
	IN AX	输入设备→AX
CPU 控制类	HLT	停机

8.3.2 指令编码设计

模型计算机的机器码用1～2个字节表示。第1字节为操作码部分,指明指令要执行的操作,第2个字节为操作数部分,给出操作数的寻址信息,可以是立即数操作数Data或存储器操作数在内存的地址Address。有的指令不需要操作数部分或使用寄存器操作数,指令机器码只需一个字节。

对指令操作码的编码规则如表8.3所列。

表8.3 指令操作码的编码规则

D_7～$(D_6)D_5$	$(D_5)D_4$～D_3	D_2	D_1～D_0
指令类别	指令功能	目的操作数	源操作数
00*:传送类 010:比较类 011:CPU控制类 100:控制转移类 101:I/O类 11*:算术运算类	传送类、运算类3位,其他类2位 如传送类MOV:000 如运算类ADD:101,还有SUB、AND、OR、NOT、XOR等 输入输出IN:11,OUT:00	0:M 1:AX	00:AX 01:BX 10:Data 11:M

最高2～3位给出指令的类别,数据传送类和算术运算类指令较多,留出更多的位进行指令编码,此处只用2位表示,D_7D_6=00表示数据传送类指令,D_7D_6=11表示算术运算类指令,$D_7D_6D_5$=011表示CPU控制类指令,$D_7D_6D_5$=101表示I/O类指令。

紧接着的2～3位对指令功能编码,数据传送类和算术运算类指令用3位编码,其他类指令用两位编码。对于算术运算类指令,$D_5D_4D_3$=000表示非指令NOT,$D_5D_4D_3$=001表示逻辑或指令OR,$D_5D_4D_3$=101表示加法指令ADD,$D_5D_4D_3$=110表示减法指令SUB等。对于I/O类指令,D_4D_3=00表示输出指令OUT,D_4D_3=00表示输入指令IN。对于CPU控制类,D_4D_3=10表示停机指令HLT。

D_2位表示目的操作数的寻址方式,D_2=0表示目的操作数是存储器操作数,机器码的第2个字节给出操作数在内存的地址信息,D_2=1表示目的操作数是累加器AX。

最低两位表示源操作数的寻址方式,D_1D_0=00表示源操作数在AX中,D_1D_0=01表示源操作数在BX中,D_1D_0=10表示源操作数是立即数,其数值在机器码的第2字节给出,D_1D_0=11表示源操作数在存储器中,操作数在内存的地址在机器码的第2字节给出。

8.3.3 程序设计

例:计算6+17,并用七段码显示器显示运算结果。

这个问题是加法运算问题,完成c=a+b运算,且两个加数a=6=**0000 0110**B,b=17=**00010001**B。

根据问题需求和模型计算机的指令系统,可绘制程序流程图,如图8.7所示。

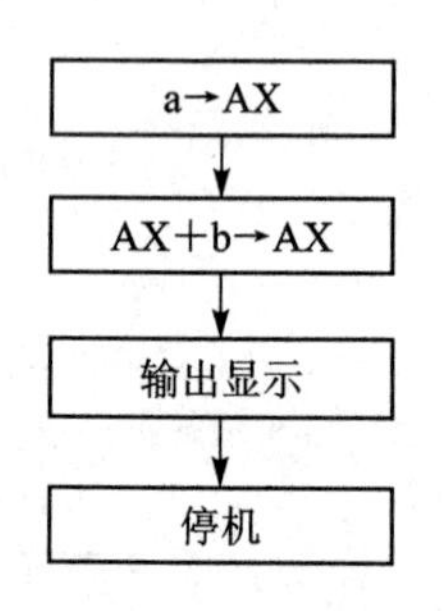

图8.7 程序流程图

用助记符编制程序如下。

```
MOV   AX,6        ;加数 6 送 AX
ADD   AX,17       ;AX 内容与 17 求和,和数送给 AX
OUT   AX          ;将 AX 内容(和数)送输出设备显示
HLT   ;停机
```

每条指令对应的机器码编码如表 8.4 所列。

表 8.4　指令及其机器码编码

指　令	机器码(操作码+操作数)
MOV　AX,6	00000110 00000110
ADD　AX,17	11101110 00010001
OUT　AX	101001 * *
HLT	01110 * * *

注：* 表示此位无意义,可为 0 或 1。

8.3.4　指令执行微操作设计

模型计算机在指令周期内完成取指、译码、执行的过程,一个指令周期包括 7 个机器节拍 $T_0 \sim T_6$,即需要 7 个时钟周期完成。

$T_0 \sim T_2$ 节拍为取指周期,根据程序计数器 PC 所指出的现行指令地址,从内存中取出该条指令的机器码(这里取指令的操作码),放入指令寄存器 IR,并对操作码进行译码,产生对应于本指令的操作码译码的信号。修改程序计数器 PC 的内容,使 PC+1,计算下一条指令的地址。这三个节拍对除 HLT 以外的任何一条指令都一样。

取指周期的微操作设计为：T_0 节拍,将指令码地址从程序计数器 PC 送入内存地址寄存器 MAR,并送到内存 EPROM 地址译码器;T_1 节拍,从内存 EPROM 中取出指令操作码,送到指令寄存器 IR ;T_2 节拍,将指令寄存器 IR 中操作码部分译码,将程序计数器 PC 内容加 1。

$T_3 \sim T_6$ 节拍为执行周期。根据指令分析的结果,由操作控制部件向计算机各部分发出控制电位,执行相应的操作。对于不同的指令,计算机在执行周期的操作是不同的。

MOV 指令执行周期的微操作设计为：T_3 节拍,将程序计数器 PC 的内容送入内存地址寄存器 MAR,并送到内存 EPROM 地址译码器;T_4 节拍,从内存 EPROM 中取出操作数,送到数据暂存器 DR 中;T_5 节拍,将程序计数器 PC 内容加 1,使其指向下一条指令的地址;T_6 节拍,将数据暂存器的内容送给累加器 AX,从而完成将操作数送给累加器 AX 的操作,该 MOV 指令执行完毕。

ADD 指令执行周期的微操作设计为：T_3 节拍,将程序计数器 PC 的内容送入内存地址寄存器 MAR,并送到内存 EPROM 地址译码器;T_4 节拍,从内存 EPROM 中取出操作数,送到数据暂存器 DR 中;T_5 节拍,通过加法器 FA 完成累加器 AX 的内容(加数 1)与数据暂存器 DR 的内容(加数 2)求和,并将和数送到数据锁存器 SR 中锁存,将程序计数器 PC 内容加 1,使其指向下一条指令的地址;T_6 节拍,将数据锁存器 SR 的内容(和数)送给累加器 AX,从而完成将累加器的内容与源操作数求和,结果送给累加器 AX 的操作,该 ADD 指令执行完毕。

OUT 指令执行周期的微操作设计为：T_3 节拍，将 AX 内容送入七段码显示译码器，控制七段码显示器以十六进制形式显示相应内容。OUT 指令执行完毕，$T_4 \sim T_6$ 节拍无操作。

HLT 指令在取指周期译码后知是停机指令，使计算机的时钟控制信号 ICP＝0，中断计算机的时钟信号，将不进行任何操作，停机。

上述指令的微操作设计，用寄存器传送语言描述见表 8.5。

表 8.5 指令微操作设计

指　令	机器码	指令执行微操作	操　作
MOV　AX,6	00000110 00000110	T0：MAR←PC T1：IR ←M(操作码 06H) T2：PC←PC＋1 T3：MAR←PC T4：DR←M(操作数 06H) T5：PC←PC＋1 T6：AX←DR	取数指令 AX←Data
ADD　AX,17	11101110 00010001	T0～T2：同 MOV 指令 T3：MAR←PC T4：DR←M(操作数 11H＝17) T5：FA←AX＋DR,SR←FA,PC←PC＋1 T6：AX←SR	加法指令 AX　←　Data ＋AX
OUT　AX	10100100	T0～T2：同 MOV 指令 T3：AX 送七段码显示器 T4～T6：无操作	输出指令 AX→七段码显 示器
HLT	01110110	T0：MAR←PC T1：IR ←M,ICP＝0,停机	停机指令

8.4 模型计算机的硬件设计

以 8.3 节的加法运算为例，介绍模型计算机的硬件设计的思想和方法，若需增加新的指令功能，按照下面介绍的方法设计新的指令的硬件，同时考虑与已设计的协调即可。

8.4.1 时钟信号发生器

时钟信号发生器产生固定频率的方波脉冲，为模型计算机提供时钟信号。可以用晶振实现，也可用 555 定时器组成的多谐振荡器实现。图 8.8 所示为时钟发生器的电路图，用 555 定时器构成多谐振荡器，在其 Q 端输出占空比为 50％的方波信号，方波周期为

$$T=0.7(R_A+R_B)C$$

当 $R_A=R_B=10\ \text{k}\Omega$，$C=10\ \mu\text{F}$ 时，时钟周期 $T=0.14\ \text{s}$。改变 R_A、R_B 和 C 的值，可以改变方波的频率，从而改变模型计算机的主频。

ICP 为时钟控制信号，ICP＝1 时，在 CP 端产生模型计算机的时钟信号，ICP＝0 时，中断时钟信号，计算机停止工作。

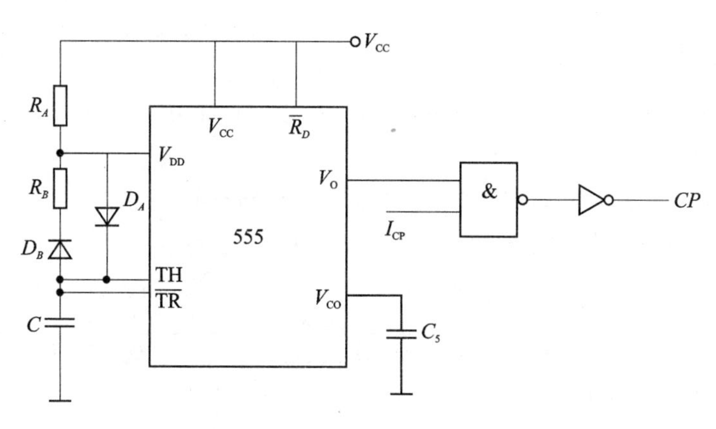

图 8.8　时钟发生器

8.4.2　内存储器

内存储器可用 EPROM 和 RAM 实现。EPROM 可以存放用户程序指令序列机器码及一些固化程序机器码，需在程序执行前固化到相应的存储空间，对于 EPROM 只能进行读出的操作。RAM 可以存储数据，如中间数据和运算结果等，对 RAM 可以进行读出或写入的操作。

这里没有对内存的写操作，用 2K×8 位的 EPROM 存储芯片 2716 实现内存，因模型计算机只有 8 根地址线，故内存只使用了存储器的 256 个字节的存储空间。如图 8.9 所示，存储器地址的低 8 位 A_0～A_7 与 CPU 的内存地址寄存器 MAR 输出的地址总线信号连接，高 5 位地址 A_8～A_{10} 接低电平，内存地址空间为 00H～FFH。存储器 2716 的 8 根数据线 D_0～D_7 接数据暂存器 DR 的输入端。由于 DR 受 CPU 控制，可将 EPROM－2716 的片选信号和输出允许信号接地，使该片总处于选通输出状态。

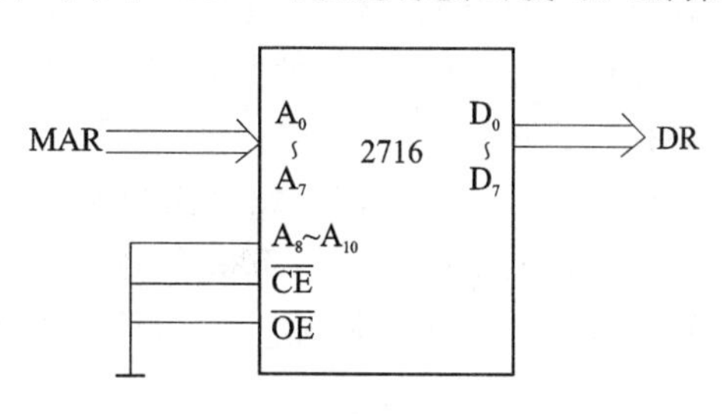

图 8.9　内存连线图

对于前面的指令序列，将指令的机器码(6 个字节)固化到内存地址为 00H～05H 的存储单元中，如图 8.10 所示，对于两字节机器码，指令的操作码和操作数存入地址位 n 及 $n+1$ 的存储单元中。

	存储器地址	存储内容
MOV指令地址→	00000000	00000110
	00000001	00000110
ADD指令地址→	00000010	11101110
	00000011	00010001
OUT指令地址→	00000100	10100100
HLT指令地址→	00000101	01110110

图 8.10　内存地址及内容

8.4.3 程序计数器

程序计数器PC用来记录下一条指令的地址信息。CPU从内存中每取出一条指令,PC值将自动修改,指向下一条指令。

模型计算机有8根地址线,可访问256个字节的存储空间。用二个4位同步二进制计数器74LS161级联作为8位的程序计数器,如图8.11所示。

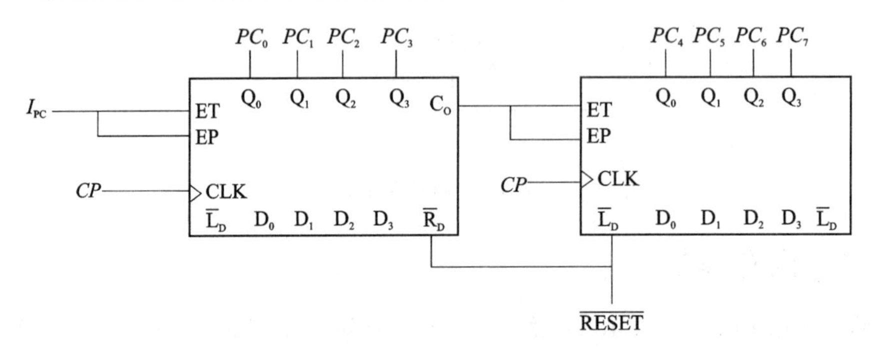

图8.11 程序计数器

模型计算机开始工作时,通过清零电路产生低电平有效的复位信号$\overline{\text{RESET}}$,使程序计数器PC初值置为00000000,使其指向第一条指令在内存的地址信息,模型计算机从第一条指令处开始执行程序。

CPU每取走一条指令,发出控制命令$I_{PC}=1$有效,在时钟信号CP的上升沿,计数器加1,及PC内容加1指向下一条指令的存储地址。若是两字节指令,则需要在一个指令周期发出两次$I_{PC}=1$的控制命令,执行两次PC加1的操作,使PC执行下一条指令的存储地址。

8.4.4 内存地址寄存器

内存地址寄存器MAR用于存放要访问的存储单元的地址,此处8位地址线,需用8个D触发器,选两片74LS378(6位D触发器)芯片实现。74LS378的功能如表8.6所列,其CE端接CPU的控制信号$\overline{\text{IMAR}}$,其输出端$AB_0 \sim AB_7$接EPROM的地址输入端。

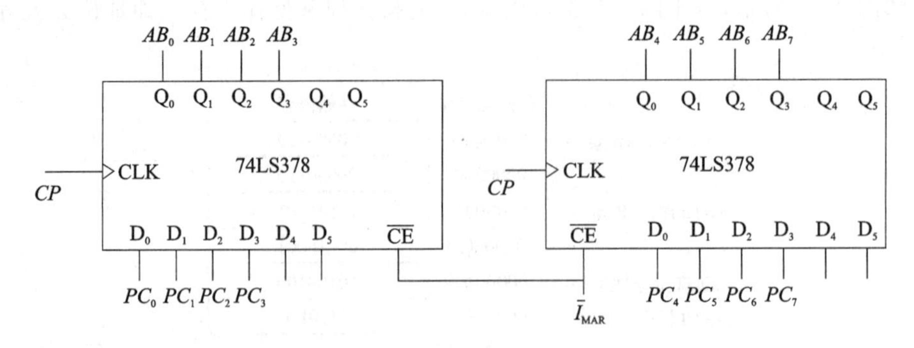

图8.12 内存地址寄存器

表 8.6　74LS378 功能表

输　入			输　出	
$\overline{CE}$	时钟	数据	Q	$\overline{Q}$
H	×	×	Q_0	$\overline{Q}_0$
L	↑	H	H	L
L	↑	L	L	H
×	L	×	Q_0	$\overline{Q}_0$

8.4.5　数据暂存寄存器 *DR*

数据暂存寄存器 *DR* 暂时存放从存储器读出的指令或数据。由于模型计算机是 8 位数据线，*DR* 又与数据总线 *DB*[0..7]相连，所以选用带三态输出的 8 位 D 锁存器 74LS373 实现。

74LS373 的功能如表 8.7 所列。数据暂存器的输入端 $D_7 \sim D_0$ 接 EPROM 的数据端，输出端 $Q_7 \sim Q_0$ 为数据总线 $DB_7 \sim DB_0$，当 $I_{DR}=\mathbf{1}$ 时，将指令或数据写入 *DR*，当 $EDR'=\mathbf{0}$ 时，取出指令送指令寄存器 IR 或取出数据参与算数逻辑运算。

表 8.7　74LS373 功能表

输出控制$\overline{OE}$	允许 LE	输入 D	输出 Q
L	H	H	H
L	H	L	L
L	L	×	Q_0
H	×	×	Z

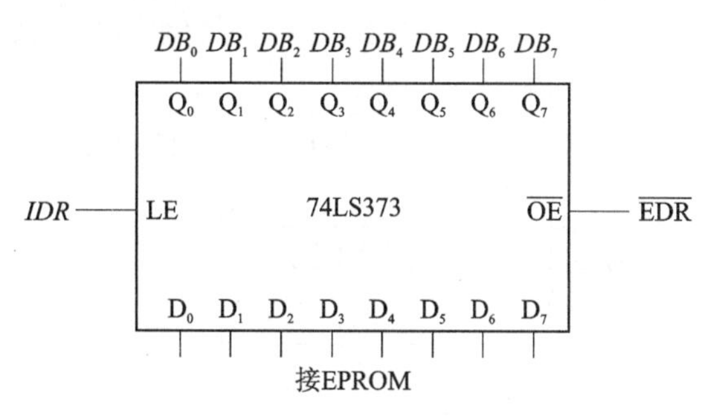

图 8.13　数据暂存器

8.4.6　指令寄存器及译码器

指令寄存器 IR 存储指令操作码，用 8 位 *D* 触发器 74LS374 实现，如图 8.14 所示，根据内存地址寄存器 MAR 给出的地址，将从内存取出的操作码，通过数据暂存器 *DR* 送到数据总线 *DB* 上，在 T_1 节拍上升沿将指令码锁存到 *D* 触发器的 *Q* 端，即送入指令寄存器 *IR* 中。在后面的指令执行期间，74LS374 无触发信号，*IR* 的内容保持不变。

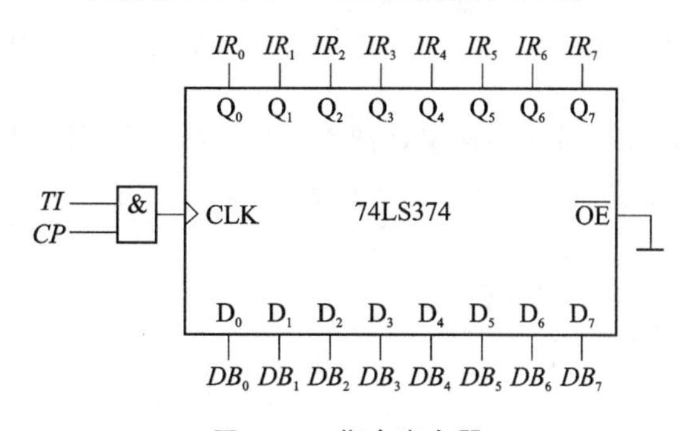

图 8.14　指令寄存器

指令译码器可用可编程器件如GAL16V8实现,这里用8输入与非门及反相器实现,图8.15给出了MOV、ADD、OUT和HLT指令的译码电路。当操作码为**00000110**时,MOV=1,表示是数据传送指令,将从内存中下一存储单元取一个字节数据送给AX;当操作码为**11101110**时,ADD=1,表示是加法指令,将从内存中下一存储单元取一个字节数据,与AX中数据求和,结果送给AX。

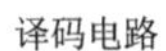

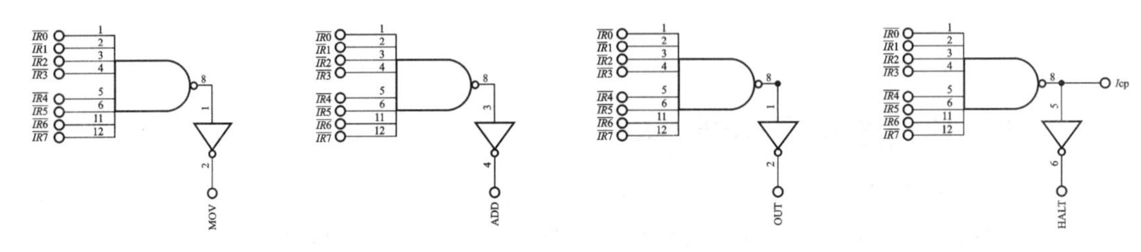

图 8.15　指令译码电路

8.4.7　节拍发生器设计

节拍发生器产生指令周期所需要的节拍信号 $T_0 \sim T_6$,波形如图8.16所示,以控制计算机按固定节拍有序地工作。

根据节拍发生器的输出波形,可以画出状态转换图,如图8.17所示。

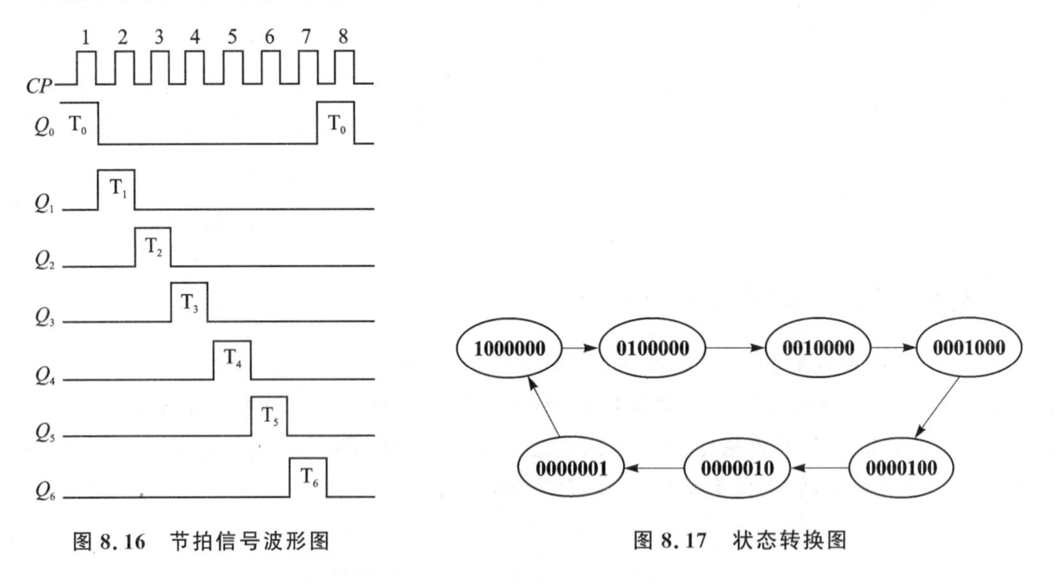

图 8.16　节拍信号波形图　　　　**图 8.17　状态转换图**

节拍发生器是一个七状态的环形移位计数器,可用移位寄存器74LS194级联实现。初始状态为**1000000**,可用 D 触发器设置其初始移位输入信号1,并与74LS194移位级联,共同实现环形移位计数。

节拍发生器实现电路如图8.18所示。

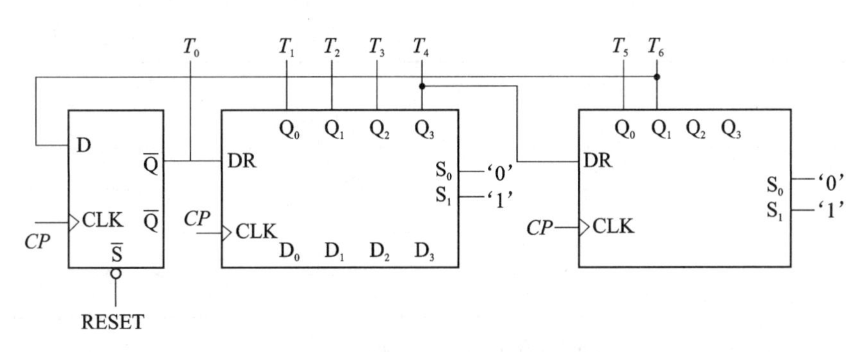

图8.18　节拍发生器实现电路图

8.4.8　控制电路

指令的执行是在控制电路发出的控制信号作用下一步步完成的。控制电路发出的控制命令称为微命令,一个微命令所实现的操作称为微操作。

根据表8.7中各指令语句设计的微操作,将执行同一微操作的语句所对应的控制函数找出来设计产生各种控制信号的控制电路。

如,在每条指令取指周期的 T_0 节拍,在 MOV 指令和 ADD 指令执行周期的 T_3 节拍,都需要执行 MAR←PC 微操作,所以微操作 MAR←PC 的控制函数可描述为

$$I_{MAR}=T_0+T_3\cdot MOV+T_3\cdot ADD$$

这是一个**与或**表达式,进一步变换为

$$I_{MAR}=T_0+T_3(MOV+ADD)$$

此逻辑函数可用**与门**和**或门**实现,如图8.19所示。

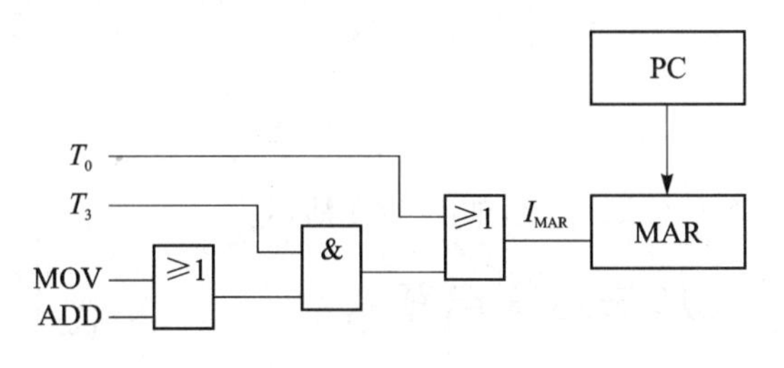

图8.19　控制信号 I_{MAR}

同理,可将每一类完成相同操作的语句的控制函数组合起来,如表8.7所列。

表8.7　控制函数

序　号	控制函数	功能实现
1	$I_{MAR}=T_0+T_3\cdot MOV+T_3\cdot ADD$	MAR←PC
2	$I_{DR}=T_1+T_4\cdot MOV+T_4\cdot ADD$	DR←M
3	$I_{IR}=T_1$	T_1 完成(未用)
4	$I_{PC}=T_2+T_5\cdot MOV+T_5\cdot ADD$	PC←PC+1
5	$I_A=T_6\cdot MOV+T_6\cdot ADD$	A←DBus
6	$E_{DR}=T_1+T_6\cdot MOV+T_5\cdot ADD$	DBus←DR

续表 8.7

序　号	控制函数	功能实现
7	$I_{\Sigma}=T_5 \cdot \mathrm{ADD}$	SR←FA
8	$E_{\Sigma}=T_6 \cdot \mathrm{ADD}$	A←SR
9	$I_{CP}=\mathrm{HLT}'$	CP=0
10	$I_{OUT}=T_3 \cdot \mathrm{OUT}$	7SEG←A
11	$E_A=T_5 \cdot \mathrm{ADD}+T_3 \cdot \mathrm{OUT}$	A→ALU 或 7SEG

根据表 8.7 中的控制逻辑,可得到各器件的控制命令,用**与非门**实现图 8.20 所示控制电路。

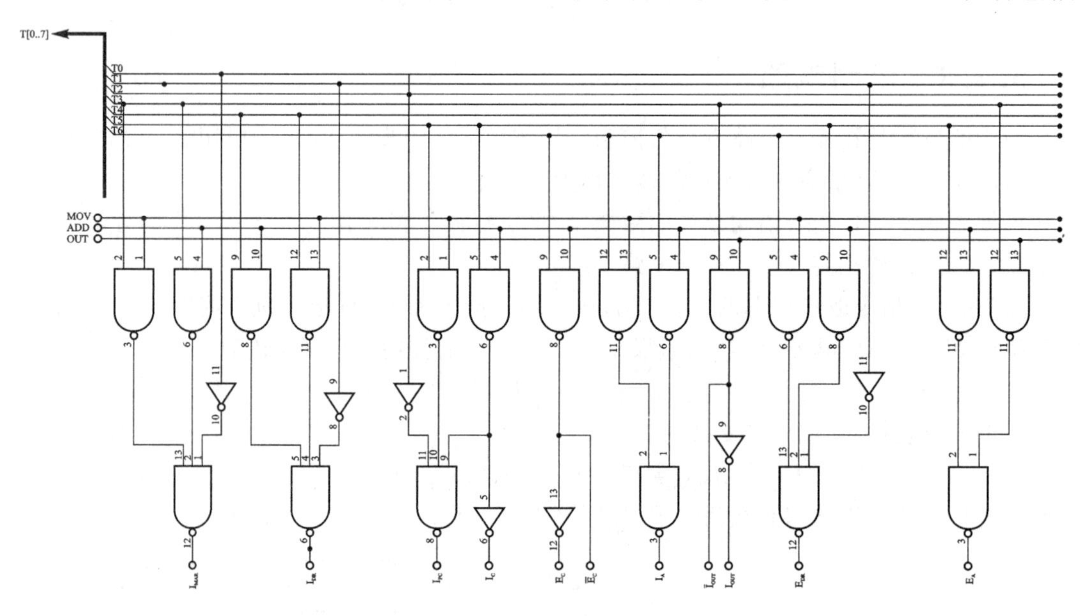

图 8.20　控制电路

控制电路也可用通用阵列 GAL 实现,如图 8.21 所示。

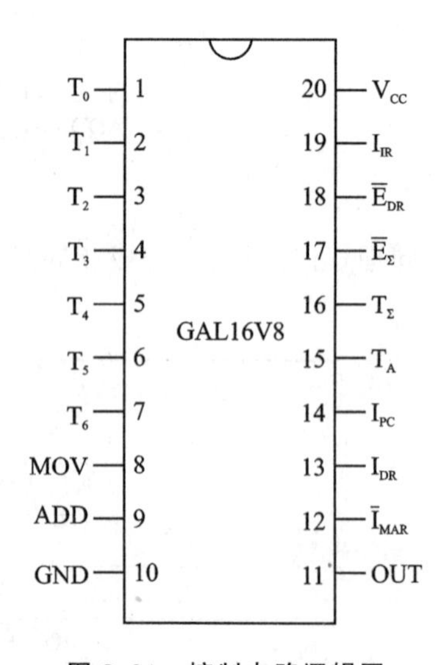

图 8.21　控制电路逻辑图

8.4.9　累加器及加法运算电路

累加器与加法运算电路设计如图 8.22 所示。

1. 累加器 AX

累加器是存放操作数和计算结果的寄存器,数据可存入和取出,并与数据总线相连。用带三态输出的 8 位 *D* 触发器 74LS373 实现,用 IA 信号控制是否将来自数据总线 DB[0..7]的数据存入 AX,用 EA'控制将 AX 的数据读出用于计算和显示输出等。

2. 加法器 FA

加法运算电路完成两个 8 位二进制数据的加法运算。可用两片 4 位全加器 74LS283 级联实现,可以实现无符号数和有符号数的加法运算。

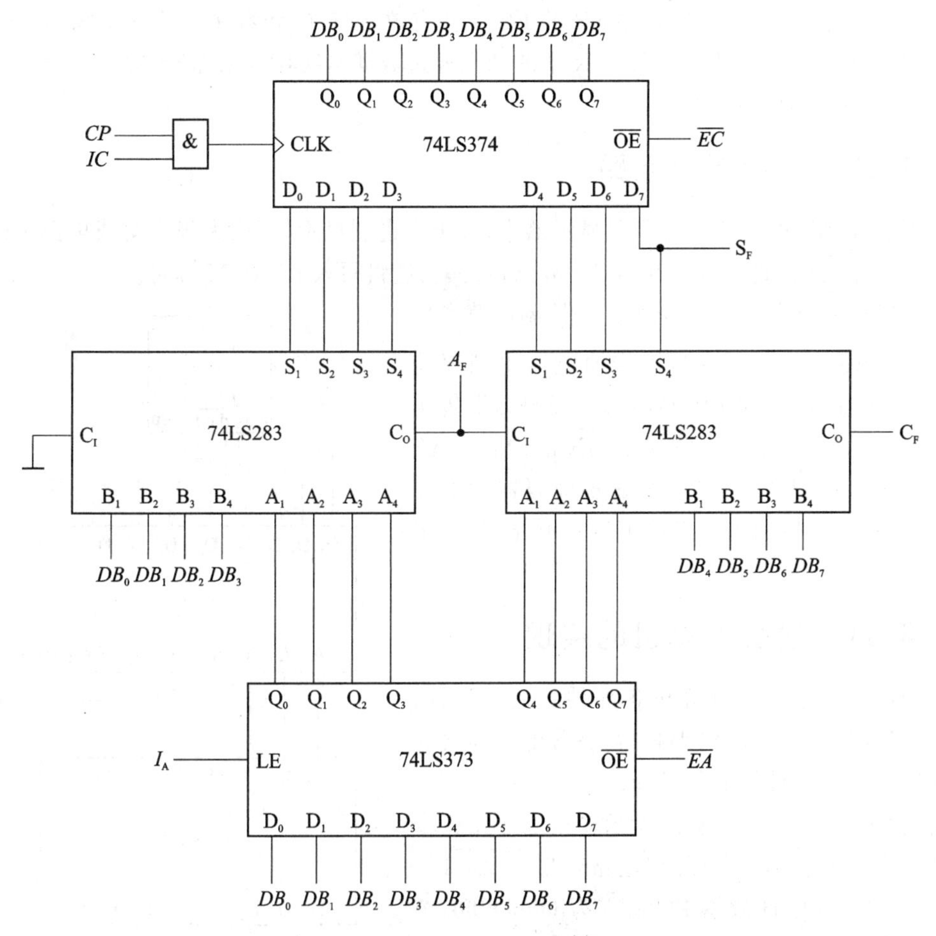

图 8.22　累加器与加法运算电路

参与运算的一个加数 1 是寄存器操作数，来自累加器 AX，由前面的 MOV 指令存入。在 ADD 指令的 T_5 节拍，发出控制指令使累加器的 $\overline{EA}=0$，累加器 AX 中的数据送至加法器 FA 的数据 A 输入端。

另一个加数 2 是立即数，在存储器中，在 ADD 指令 T_3 节拍，控制电路使 IMAR'＝0 有效，将 PC 送 MAR，将加数 2 从内存取出送暂存器 DR 输入端；T_4 节拍，使 IDR＝1 有效，将加数 2 存入暂存器 *DR* 中；T_5 节拍，使 $\overline{EDR}=0$ 有效，加数 2 通过 *DR* 输出端送上总线 DB[0..7]，并过数据总线送到加法器 283 的数据 B 输入端。

在 ADD 指令的 T_5 节拍，两个加数分别通过 AX 和数据总线 DB[0..7]送至加法器的输入端，在加法器中完成加法运算，结果在加法器的和数输出 S 端。

3. 数据暂存器 SR

加法器要完成 AX←AX＋data 的功能，所以还必须将和数通过数据总线回写到累加器 AX。而回写的操作需要在下一个时钟周期实现，这样才不会影响本次计算结果，因此在 T_5 节拍通过数据暂存器 SR 存储和数，在 T_6 节拍写回累加器 AX。数据暂存器 SR 既可以存储数据，又与数据总线相连，用带三态输出功能的 8 位 *D* 触发器 74LS374 实现。

在 ADD 指令的 T_5 节拍，使 IC＝1 有效，在 CP 上升沿将计算结果和数 S 存入数据暂存器

SR 中。在 T_6 节拍,使数据暂存器 SR 的 EC'=0 有效,锁存的和数送上数据总线 DB[0..7],同时累加器的 IA=1 有效,暂存器 SR 中的和数通过数据总线存入累加器 AX 中,完成了加法运算 AX←AX+data 的功能。

8.4.10 输出显示电路

将累加器 AX 的内容送七段码显示器中,以十六进制显示,可用大规模集成电路 EPROM 设计组合电路实现,此处用 EPROM-2716,将译码逻辑写入 EPROM 即可。

在 OUT 指令的 T_3 节拍,CPU 的控制电路产生控制信号 $\overline{EA}=0$,IOUT=1,数据通过输出锁存器(74LS373 实现),送给 EPROM 译码,译码结果传送给七段码显示器,以十六进制显示 AX 的内容。AX 内容为 8 位二进制数,需要两组显示译码器和七段显示器。图 8.23 所示为一组输出显示电路,另一组相同。

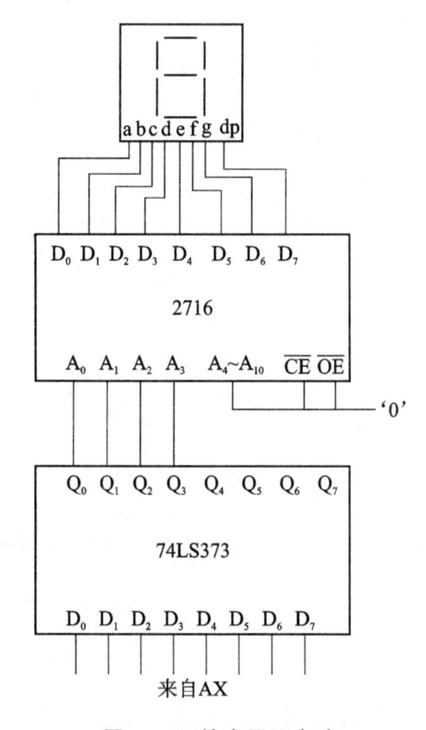

图 8.23 输出显示电路

8.4.11 模型计算机的实现

前面已完成了模型计算机各部件的逻辑设计,在 EPROM(和 GAL16V8)编程后,将各电路连接起来后就完成了模型计算机的设计。

将前面完成 6+17 运算并显示输出的 4 条指令的机器码存入内存中,通过复位电路产生 $\overline{RESET}=0$ 的复位信号,程序计数器 PC 清零为 **00000000**,节拍发生器产生 T_0 节拍。之后,在时钟信号 CP 和控制信号的作用下,CPU 不断地从内存中取指令、译码并执行,即完成:MOV 指令——从内存取加数 1 送入 AX;ADD 指令——从内存取加数 2,与 AX 内容求和,结果(和数)写回累加器 AX;OUT 指令——将 AX 内容送七段码显示;HLT 指令——停止时钟,即停止模型计算机运行的操作。

习 题

1. 计算机由哪几部分组成?各部分主要功能是什么?
2. 利用给出的模型计算机实现 3+4+5 的运算,如何实现?
3. 给出指令 MOV AX,45 的机器码。
4. 累加器与加法器电路中,标志寄存器的 CF、SF、ZF 和 PF 标志位如何实现?
5. 要实现减法运算,模型计算机中哪些部分要修改?如何修改?

附录 VHDL 的基本结构与语法规则

一个 VHDL 设计由若干个 VHDL 文件构成，每个文件主要包含如下 3 个部分中的 1 个或全部：

- 程序包(Package)；
- 实体(Entity)；
- 构造体(Architecture)。

其作用如图 1 所示：

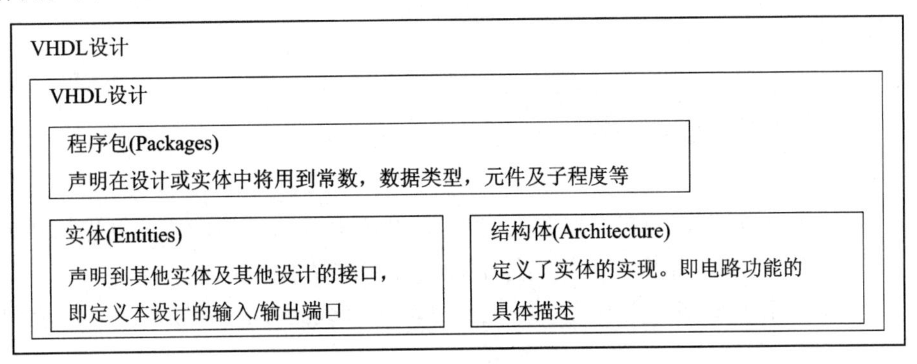

图 1 VHDL 的基本结构

1 个完整的 VHDL 设计必须包含 1 个实体和 1 个与之对应的构造体。1 个实体可对应多个构造体，以说明采用不同方法来描述电路。

以下以具有异步清零。进位输入/输出的 4 位计数为例，讲解 VHDL 的基本构件。以下为此计数器的 VHDL 代码：

```
library ieee;                          ------库程序包调用
use ieee.std_logic1164.all;
use ieee.std_logic_arith.all;
use ieee std_logic_unsigned.all;
entity cntm16 is
port (ci: in std_logic;
      nreset : in std_logic;
      clk: in std_logic;
      co: out std_logic;
      qcnt: buffer std_logic_vector(3 downto 0));
end cntm16;
architecture behave of cntm16 is ------构造体
begin
co<='1' when (pcnt="1111" and ci='1') else '0';
  process (clk, nreset)              ------进程(敏感表)
begin
    if (nreset='0') then
```

```
      qcnt<="0000";
    elsif (clk'event and clk='1') then
      If (ci='1') then
        qcnt<= qcnt+1;
      end if;
    end if;
  end process;
end behave;
```

基本的标识符由字母、数字以及下画线组成,且具有如下特征:

- 第1个字符必须为字母;
- 最后1个字符不能是下画线;
- 不允许连续2个下画线;
- 最长32个字符,不区分大小,不能和VHDL的保留字相同;
- 各完整语句均以“;”结尾,以“—”开始的语句为注释语句,不参与编译。

1. 实体(Entity)

VHDL表达的所有设计均与实体有关,实体是设计中最基本的模块。设计的最顶层是顶层实体。如果设计分层次,那么在顶级实体中将包含较低级别的实体。

实体类似于1个方框图或黑匣子,而可见的是端口或连接的信号线。实体应包含以下信息:

- 实体的名称。
- 端口的模式(或端口的方向),即:in,out,in/out,buffer。
- 端口的数据类型。

实体的格式如下:

```
entity is
port()
end;
```

以上述的4位计数器为例,则该计数器的实体部分如下:

```
entity cntm16 is
port (
    ci          :in         std_logic;
    nereset     :in         std_logic;
    clk         :in         std_logic;
    co          :in         std_logic;
    pent        :buffer     std_logic_vector(3 downto 0));
      ↓              ↓                ↓
   [信号名]       [端口模式]        [数据类型]
end cntm16;
```

由此看出,实体(entity)类似于原理图中的符号(Symbol),它并不描述模块的具体功能,实体的通信是端口(PORT),它与模块的输入/输出或器件的引脚相关联。

上述实体对应的原理图符号如图 2 所示：

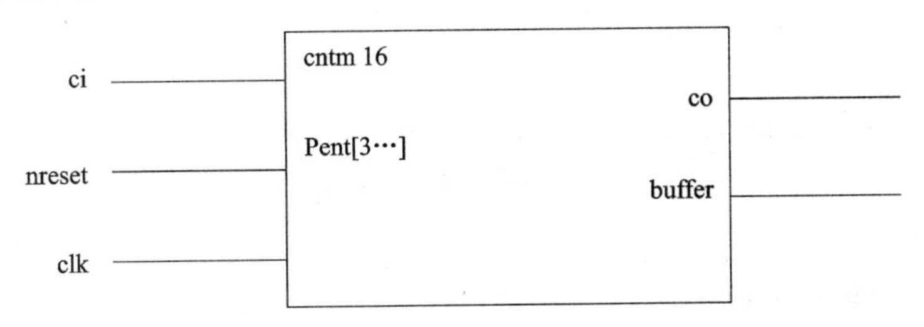

图 2　实体的原理图符号

每个端口必须定义：

① 信号名：端口信号名在实体中必须是唯一的。信号名应是合法的标识符。

② 属性：它包括

模式（mode）：决定信号的流向

数据类型（type）：端口所采用的数据类型

③ 端口模式（mode）有以下几种类型：

in：信号进入实体但并不输出；

out：信号离开实体但并不输入；并且不会在内部反馈作用；

inout：信号名是双向的（既可以进入实体，也可以离开实体）；

buffer：信号输出到实体外部，但同时也在实体内部反馈。

端口模式可用图 3 说明：（黑框代表 1 个设计或模块）

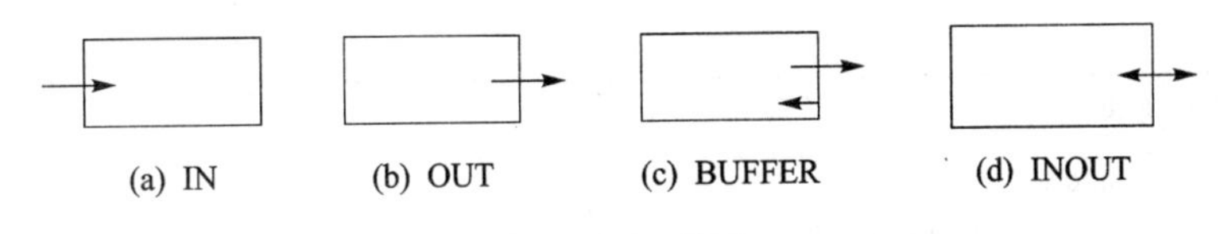

图 3　端口模式

端口类型（TYPE）定义端口的数据类型，包括以下几种：

integer 可用作循环的指针或常数，通常不用于 I/O 信号，例如：

signal count ：integer range 0 to 255；

count＜＝ count＋1；

bit 可取值“0”或“1”

std_logic 标准的逻辑类型，取值‘0’，‘1’，‘X’和‘Z’——由 IEEE1164 标准定义

std_logic_vector　std_logic 的组合，标准的逻辑类型

VHDL 是与数据类型高度相关的语言，不允许将一种信号类型赋予另一种信号类型。在此简介中主要采用 std_logic 和 std_logic_vector。若对不同类型信号进行赋值需使用类型转换函数。

在 VHDL 中除上述常用于端口类型的数据类型外，还有其他多种数据类型用于定义内部信号、变量等，如可枚举型 Enumeration（常用于定义状态机的状态）。

可枚举型语法结构如下：

type＜type_name 类型名＞is(＜valuelist 值列表＞)；

使用时和其他类型一样：

signal sig_name :type_name;

例如：

定义：type traffic_light_state is(red,yellow,green);

使用：signal current_state, next_state :traffic_light_state;

此外，还可定义二维数组。

2. 构造体(Architecture)

所有能被仿真的实体都由一个构造体描述，构造体描述实体的行为功能，即设计实体的内部功能。一个实体可以有多个构造体，构造体可为行为描述，也可为结构化描述或数据流的描述。构造体是VHDL设计中最主要部分，它的一般结构如图4所示。构造体的一般格式如下：

architecture of is

—构造体说明区域

—说明构造体所用的内部信号及数据类型

—如果使用元件例化，则在此声明所用的元件

begin —以下开始结构体，用于描述设计的功能

—current signal assihnments 并行语句信号赋值

—processes 进程（顺序语句描述设计）

—component instantiations 元件例化

end;

构造体(Architecture)

说明区(Declarations)
信号说明：说明用于该构造体的类型，常数，元件，子程序

并发语句

元件例化
(Component Instantiations)
调用另一个实体所描述的电路即元件调用
定义一个新算法实现电路功能

过程(Process)
在过程中赋值顺序语句
语句按放置顺序执行

信号赋值(Signal Assignments)
计算结果并赋值给信号

过程(Procedure Calls)
调用一个预先定义好的一个算法

图4　构造体的结构

如上述4位计数器的结构体(Architecture)如下：

这是1个模为16，同步计数，异步清零，进位输入/输出的计数器的构造体：

```
architecture behave of cntm16 is
begin
  co<='1' when (qcnt="1111" and ci='1') else '0';          ------并行赋值语句
process(nreset)
```

```
    begin
      if nreset = '0' then - - - - - - 顺序语句
          qcnt<"0000";
      elsif (clk'event and clk = '1') then
         if (ci = '1') then
           qcnt< = qent + 1;
         end if;
         end if;
    end process;
end behave;
```

构造体(Architecture)描述的是实体中的具体逻辑,采用一些语句来描述设计的具体行为。因为语句中涉及到运算符、数据对象等,所以后面将分别说明。

一个完整的、能够被综合实现的 VHDL 设计必须有一个实体和对应的构造体,一个实体和其对应的构造体可构成一个完整的 VHDL 设计,一个实体对应一个构造体或多个构造体。

3. VHDL 操作符

通常,操作符是指将 VHDL 中的基本元素连接起来的一种操作符号。在 VHDL 程序中,所有的表达式都是由操作符将基本元素连接起来组成的。VHDL 中有 4 种操作符,它们分别是关系操作符、逻辑操作符、算术操作符和并置操作符。

(1) VHDL 关系操作符

VHDL 提供了 6 种关系操作符。在 VHDL 程序中,关系操作符的使用遵循以下规则;

① 关系操作符为二元操作符,要求操作符左右两边对象的数据类型必须相同,运算的量最终结果为 boolean 数据类型。

② =(等于),/=(不等于)操作符适用于所有已经定义过的数据类型。

③ <(小于),>(大于),<=(小于等于),>=(大于等于)操作符适用的数据类 型包括整数、实数、bit 等。

④ 利用关系操作符对位矢量进行关系运算时,比较过程是从最左边的位开始,从左向右按位依次进行比较。

(2) VHDL 逻辑操作符

VHDL 提供了 7 种逻辑操作符,如表 1 所示。在 VHDL 程序中,逻辑操作符的具体使用规则如表 1 所列。

表 1 VHDL 逻辑标准符

逻辑操作符	操作符的逻辑功能	逻辑操作符	操作符的逻辑功能
NOT	逻辑非	NOR	逻辑或非
AND	逻辑与	XOR	逻辑异或
NAND	逻辑与非	XNOR	逻辑异或非
OR	逻辑或		

① 逻辑操作符可以应用的数据类型包括:Boolean,bit,std_ulogic,bit _ vector,std_u_logic_vector 和 std_ ulogic 的子类型以及它们的数组类型。

② 二元逻辑操作符左右两边对象的数据类型必须相同。

③ 对于数组的逻辑运算来说,要求数组的维数必须相同,其结果也是相同维数的数组。

④ 7种逻辑操作符中,NOT的优先级最高,其他6个逻辑操作符的优先级相同。

⑤ AND,OR,NAND和NOR通常称为"短路操作符",即:只有左边的操作结果不能确定时才执行右边的操作。其中,AND和NAND在左边的操作结果为"1"或者"true"时才执行右边的操作;OR和NOR只有在左边的操作结果为"0"或者"false"时才执行右边的操作。

⑥ 高级编程语言中的逻辑操作符有自左向右或是自右向左的优先级顺序,但是VHDL中的逻辑操作符是没有左右优先级差别的,这时设计人员经常通过加括号的方法来解决这个优先级差别问题。例如:

```
q <= xl AND x2 OR NOT x3 AND x4;
```

上面的程序语句在编译时将会有语法错误,原因是编译工具不知道将从何处开始进行逻辑运算。对于这种情况,设计人员可以采用加括号的方法来解决。这时将上面的语句修改成下面的形式:

```
q <= (xl AND x2) OR (NOT x3 AND x4);
```

这时再进行编译就不会出现语法错误了。不难看出,通过对表达式进行加括号的方法可以确定表达式的具体执行顺序,从而解决了逻辑操作符没有左右优先级差别的问题。

(3) VHDL算术操作符

VHDL提供了10种算术操作符,如表2所列。在VHDL程序中,算术操作符的具体使用规则如下。

表2 VHDL算术标准符

算术操作符	操作符的算术功能	算术操作符	操作符的算术功能
+	加运算	REM	取余运算
−	减运算	+	正号
*	乘运算	−	负号
/	除运算	**	乘方运算
MOD	取模运算	ABS	取绝对值

① +(加运算)、−(减运算)、+(正号)和−(负号)4种操作符的操作与数值运算完全相同,应用类型为整数、实数和物理类型。

② *(乘运算)和/(除运算)的操作数应用类型是整数和实数。另外,物理类型可以被整数或实数相乘或相除,其结果仍然是一个物理类型;物理类型除以同一个物理类型即可寻到一个整数。

③ MOD(取模运算)和REM(取余运算)只能用于整数类型。

④ ABS(取绝对值)操作符可以用于任何数值类型。

⑤ **(乘方运算)的左操作数可以是整数或是实数,但是右操作数必须是整数;同时,只有在左操作数为实数时,其右操作数才可以是负整数。

⑥ +(加运算)、−(减运算)和*(乘运算)能够综合为逻辑电路,其余算术运算综合为逻辑电路十分困难或者是根本不可能的。

(4) VHDL 并置操作符

VHDL 提供了一种并置操作符，它的符号“&”和“－”用来进行位和位矢量的连接运算。这里，所谓位和位矢量的连接运算是指将并置操作符右边的内容接在左边的内容之后以形成一个新的位矢量。通常采用并置操作符进行连接的方式很多，既可以将 2 个位连接起来形成 1 个位矢量，也可以将 2 个位矢量连接起来以形成 1 个新的位矢量，还可以将位矢量和位连接起来形成 1 个新的矢量。例如：

```
SIGNAL a,b:std_logic;
SIGNAL c: std_logic_vector (1 DOWNTO 0);
SIGNAL d,e: std_logic_vector (3 DOWNTO 0);
SIGNAL f: std_logic_vector (5 DOWNTO 0);
SIGNAL g: std_logic_vector (7 DOWN TO 0);
c<=a & b; 2个位连接;
f <= a & d; 位和1个位矢量连接;
```

采用并置操作符的过程中，设计人员常常采用一种称为聚合连接的方式。聚合连接就是将上面直接连接中的并置操作符换成逗号，然后再使用括号将连接的位括起来。例如：

```
SIGNAL a,b,c,d: std _logic;
SIGNAL q: std_logic_ vector (4 DOWNTO 0);
q<=a&b&c&d& a;
```

若采用聚合连接的方式，那么可以写成如下几种形式：

```
q <= (a,b,c,d,a);
q <= (4 => a,3 => b,2 => c,1 => d,0 => a);
q <= (3 => b,2 => c,1 => d,OTHERS => a);
```

参考文献

[1] 蔡惟铮. 基础电子技术[M]. 北京：高等教育出版社，2004.
[2] 蔡惟铮. 基集成电子技术[M]. 北京：高等教育出版社，2004.
[3] 阎石. 数字电子技术基础[M]. 5 版. 北京：高等教育出版社，2006.
[4] 康华光. 电子技术基础数字部分[M]. 5 版. 北京：高等教育出版社，2006.
[5] 李士雄，丁康源. 数字集成电子技术教程[M]. 北京：高等教育出版社，1993.
[6] 秦曾煌. 电工学(下册)电子技术[M]. 7 版. 北京：高等教育出版社，2014.
[7] 沈嗣昌. 数字设计引论[M]. 北京：高等教育出版社，2000.
[8] 张凤言. 电子电路基础[M]. 2 版. 北京：高等教育出版社，1995.
[9] 王毓银. 数字电路逻辑设计[M]. 北京：高等教育出版社，1999.
[10] 白中英. 数字逻辑与数字系统[M]. 2 版. 北京：科学出版社，1999.
[11] 陈俊亮. 数字电路逻辑设计[M]. 北京：人民邮电出版社，1980.
[12] 刘笃仁，杨万海. 在系统可编程技术及其器件原理与应用[M]. 西安：西安电子科技大学出版社，1999.
[13] 侯伯亨，顾新. VHDL 硬件描述语言与数字逻辑电路设计[M]. 西安：西安电子科技大学出版社，1999.
[14] 黄正瑾. 计算机结构与逻辑设计[M]. 北京：高等教育出版社，2001.
[15] 何小艇. 电子系统设计[M]. 杭州：浙江大学出版社，2000.
[16] 蔡惟铮. 数字电子线路基础[M]. 哈尔滨：哈尔滨工业大学出版社，1988.
[17] 彭介华. 电子技术课程设计指导[M]. 北京：高等教育出版社，1997.
[18] 陈大钦. 电子技术基础实验[M]. 北京：高等教育出版社，2000.
[19] 刘全盛. 数字电子技术[M]. 北京：机械工业出版社，2001.
[20] JACOB M，ARVIN G . Mcroelctronics[M]. 2nd ed. New York：Mc Graw - Hill Book Company，1987.